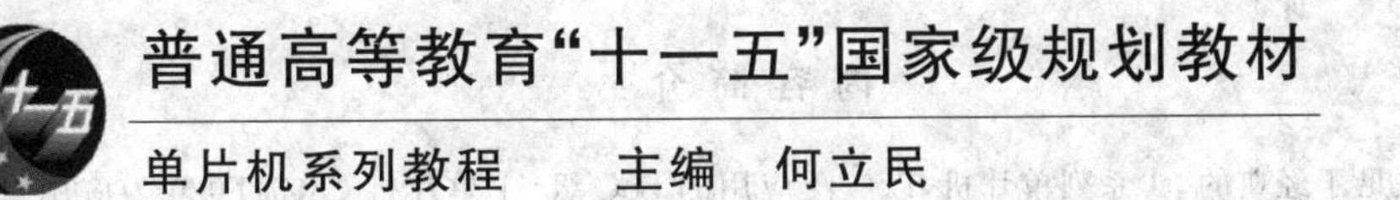

普通高等教育“十一五”国家级规划教材

单片机系列教程　　主编　何立民

单片机中级教程
——原理与应用
(第3版)

刘海成　张俊谟　编著

北京航空航天大学出版社

内 容 简 介

本书立足于经典的51系列单片机，以广泛应用的SoC级51单片机C8051F020为应用对象，深入浅出地讲述单片机及应用系统设计原理。其内容包括：计算机与单片机概论，CPU构成及存储器结构，指令系统及汇编程序设计，Keil C51语言程序设计基础与开发调试，I/O接口及人机接口技术，系统总线与系统扩展技术，中断与中断系统，定时/计数器及应用，UART接口，串行扩展技术，A/D、D/A转换及信号链接口技术，单片机应用系统设计等。

本书特色：原理与应用紧密结合；突出单片机的基本原理、体系结构、典型功能单元的完整性；重点配以系统扩展与配置方法；以构建单片机应用系统为目标。

本书可作为电类专业本科生单片机原理及应用类课程的教材，以及单片机培训教材；也可作为从事单片机应用、开发的工程技术人员和单片机自学人员的参考用书。

图书在版编目(CIP)数据

单片机中级教程：原理与应用 / 刘海成，张俊谟编著. -- 3版. -- 北京 ：北京航空航天大学出版社，2019.1

ISBN 978-7-5124-2931-4

Ⅰ.①单… Ⅱ.①刘… ②张… Ⅲ.①单片微型计算机—高等学校—教材 Ⅳ.①TP368.1

中国版本图书馆CIP数据核字(2019)第008796号

单片机中级教程——原理与应用（第3版）

刘海成　张俊谟　编著

责任编辑　张冀青

*

北京航空航天大学出版社出版发行

北京市海淀区学院路37号(邮编100191)　http://www.buaapress.com.cn

发行部电话：(010)82317024　传真：(010)82328026

读者信箱：emsbook@buaacm.com.cn　邮购电话：(010)82316936

涿州市新华印刷有限公司印装　各地书店经销

*

开本：710×1 000　1/16　印张：32　字数：682千字

2019年1月第3版　2019年1月第1次印刷　印数：3 000册

ISBN 978-7-5124-2931-4　定价：79.00元

若本书有倒页、脱页、缺页等印装质量问题，请与本社发行部联系调换。联系电话：(010)82317024

前　言

随着半导体技术和计算机技术的迅猛发展，各种各样的嵌入式计算机在应用数量上已经远远超过通用计算机。区别于个人计算机（简称 PC），我们将非台式计算机（包括笔记本式计算机）的应用系统称为嵌入式系统。单片机最显著的特点就是一片芯片即可构成一个计算机系统，单片机应用系统是最典型的嵌入式系统。基于单片机的嵌入式系统在单片机软件的组织下协调电路中各个器件有序工作，完成器件间分离时无法完成的功能。

在众多各具特色和优势的单片机产品竞相投放市场的今天，如何选择学习目标是关键的问题之一。考虑到学习的典型性，本书立足于经典的 51 系列单片机，以广泛应用的 SoC 级 51 单片机 C8051F020 为应用对象，深入浅出地讲述单片机及应用系统设计原理。

本书是在张俊谟教授编写的《单片机中级教程》基础上修订、精练和进一步工程化而成的，力求具有以下特色：

第一，以应用为目标，基于 SoC 级单片机为学习对象，资源丰富，功能强劲，学生易于快速将学习成果付诸于创新过程。

第二，采用汇编与 C51 并行的撰写方式，讲述单片机原理及接口技术，旨在避免学生长期滞留于汇编层面，而不利于单片机应用系统设计层面的软件设计。全面采用汇编与 C51 并行撰写的单片机教材还未见于图书市场。

第三，微机原理、单片机原理与接口技术是电类相关专业嵌入式系统类课程一直保留的模式。本书力求将微机原理与单片机原理有机结合，以掌握必要概念、思想和不影响单片机的学习为原则，跨越早已失去现实应用意义的 8086，以 51 单片机架构作为模型机学习计算机原理。同时，将接口技术完全融入课程，形成单片机与应用技术的全面融合。

第四，本书力求采用较新且常用的元器件作为讲述和应用对象。总线的学习以存储器、液晶应用和串行总线扩展为依托，重在讲解接口扩展方法及对应软件设计要点。而I/O扩展,按照目前主流的串行扩展法讲述,避免过于陈旧的8155和8255等I/O扩展方法的讲解,系统总线扩展向主流的PLD方向引领。这样的安排,旨在总体上不失总线时序及其接口技术的学习和讲解的同时,使读者与具体工程技术应用和技术发展主流快速接轨。

在单片机技术日益广泛应用的今天,较全面系统地讲述单片机及应用系统设计原理的书较少见,尤其立足国内51单片机教学的现状,采用汇编与C51并行的撰写方式的书籍既符合教学需求,也符合工程应用需求。本书在选材设计上力求叙述简洁,涵盖内容广,知识容量大,涉及的应用实例多,尤其是加强了与其他课程的联系。本书在讲述单片机原理的同时,通过单片机的应用来理解并掌握单片机的应用原理,使读者建立起嵌入式系统应用的概念。本书可作为本科院校电气信息类和仪器仪表等专业单片机及接口技术等课程的教材,同时也可以作为工程技术人员的参考书。有了教材,初学者最关心的问题就是"如何学好单片机"。其实,掌握单片机的应用开发,入门并不难,难的是长期坚持、探索和不遗余力地学习与实践。

本书由张俊谟教授统稿,由刘海成(第4~11章)和张俊谟教授(第1~3章和第12章)共同完成。书中参考和应用了一些学者和专家的著作和研究成果,在此也向他们表示诚挚的敬意和感谢。最后感谢北京航空航天大学出版社胡晓柏主任一直以来的鼓励和帮助。

本书虽然力求完美,但是水平有限,错误之处在所难免,敬请读者不吝指正和赐教,不胜感激!

作　者

2018年10月

目 录

第1章 计算机与单片机概论

1.1 计算机、单片机、SoC 与嵌入式系统

1.1.1 计算机、嵌入式系统及应用

1945 年,德国科学家冯・诺依曼(von Neumann)提出了"存储程序"的概念和二进制原理。后来,人们把利用这种概念和原理设计的电子计算机系统称为"冯・诺依曼结构"计算机。冯・诺依曼结构计算机有以下 4 个要求:

① 必须有一个存储器来存储程序,即程序存储器;

② 必须有一个控制器;

③ 必须有一个运算器,用于完成算术运算和逻辑运算;

④ 必须有输入和输出设备,用于进行人机通信。

显然,计算机由硬件系统和软件系统组成,是能够按照软件(编写的程序)自动运行、高速处理海量数据的现代化智能电子设备。计算机之所以称为计算机,就是因为其核心部件——处理器(Processor),可以进行数值计算和逻辑计算。处理器芯片的主体就是中央处理单元(Central Processing Unit,CPU)。

长期以来,通用计算机按照运算速度、结构规模、适用领域分为超级计算机、大型计算机、中型计算机、小型计算机和微型计算机(简称微机)等。其中,微型计算机就是俗称的电脑,也称为个人计算机(Personal Computer,PC)。如图 1.1 所示,以处理器为核心,以总线为信息传输的中枢,配以大容量的存储器(Memory,M)、输入/输出接口(Input/Output,I/O)电路组成的计算机即为微型计算机。以微型计算机为中心,配以电源、显示器和键盘等外部设备(Peripheral,简称外设),以及指挥协调微型计算机工作的软件,就构成了微型计算机系统。

存储器是计算机必不可少的部件。计算机中的存储器分为程序存储器和数据存储器两个部分。程序存储器是存放编写的程序和常量表格数据的区域,一般采用非易失性存储器。目前应用较多的程序存储器就是 FLASH 存储器,数据可以多次反复擦写,掉电不丢失,为嵌入式系统开发和升级提供了硬件前提。此外,PROM 由于其价格低廉,同时又拥有一次性可编程(One Time Programmable,OTP)能力,适合

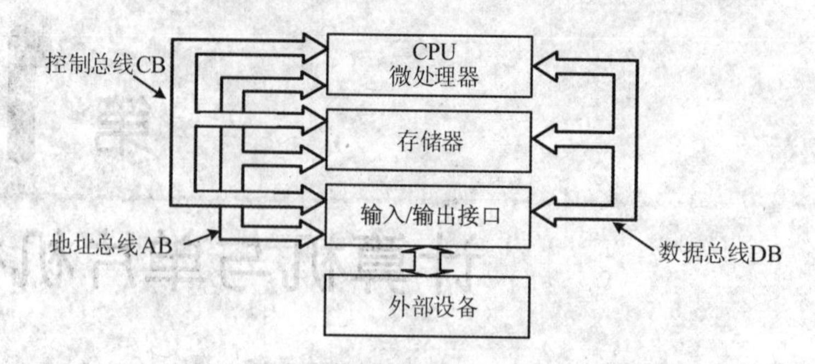

图 1.1 微型计算机组成

既要求具有一定灵活性,又要求低成本的应用场合,尤其是产品开发设计完成,软件已经成熟后,采用 FLASH 存储器意义已经不明显,这时采用 PROM 可以降低成本,提高产品的竞争力。数据存储器用来存储计算机运行期间的工作变量、运算的中间结果、数据暂存和缓冲、标志位等。随机存储器(Random Access Memory,RAM)可以快速地读/写数据,尽管为易失性,但符合作为数据存储器的需求。

计算机的操作基本上可归结为数据传送。所以计算机逻辑结构的关键在于如何实现数据的传送,即数据通路结构。计算机都采用总线结构,将所有功能部件都连接在总线上,各个部件之间的数据都通过总线传送。换言之,总线是一组导线,导线的数目取决于微处理器的结构,为多个部件共享提供公共信息传送线路,可以分时接收各个部件的信息。这里的"分时""共享"是指,同一组总线在同一时刻,原则上只能接收一个部件作为发送源,否则就会发生冲突;但可同时传送至一个或多个目的地,所以各次传送需要分时占有总线。计算机采用总线结构,不仅使系统中传送的信息有条理、有层次,便于进行检测,而且其结构简单、规则、紧凑,易于系统扩展。

CPU 能够直接访问的总线分为两种:CPU 内部总线和系统总线。CPU 内部总线用来连接 CPU 内的各个寄存器与算术逻辑运算部件。系统总线则由地址总线(Address Bus,AB)、数据总线(Data Bus,DB)和控制总线(Control Bus,CB)构成,用于连接存储器和片内外系统级外设,是计算机系统级扩展应用的基础。

外部设备通过 I/O 接口与 CPU 连接。每个 I/O 接口及其对应的外设都有一个固定的地址,挂接到系统总线上,CPU 可以像访问存储器一样访问外围接口设备,即只要系统中的功能部件符合总线规范,就可以接入系统,从而可方便地扩展系统功能。这就是以总线为基础的系统结构。

计算机是应数值计算要求而诞生的,在相当长的时期内,计算机技术都是以满足越来越多的计算量为目标来发展的。但是,随着半导体和计算机技术的发展,大量的新型微处理器不断涌现,计算机也从海量数值计算进入到智能控制等领域,微处理器被迅速嵌入到各类产品中,我们把嵌入到电子产品内部的处理器称为嵌入式微处理器。随着计算机技术和产品对其他行业的广泛渗透,为适应应用需求,计算机就开始了沿着通用计算机和嵌入式处理器两条不同的道路发展。其中,通用计算机具有计算机的标准形态，通过装配不同的应用软件，以类似的形式存在，并应用在社会的各个方面，其典型产品为PC；而嵌入式处理器则以嵌入式系统的形式隐藏在各种装置、产品和系统中。

那么，什么是嵌入式系统呢？嵌入式系统就是以应用为目标，以嵌入式微处理器为核心，基于电子技术和计算机技术，软件硬件可裁剪，适应应用系统对功能、可靠性、成本、体积、功耗严格要求的专用计算机系统。"嵌入式""专用性""计算机系统"是嵌入式系统的三个基本要素。嵌入式系统是将现今的计算机技术、半导体技术、电子技术，以及各个行业的具体应用相结合的产物，这决定了它必然是一个技术密集、资金密集、高度分散、不断创新的知识集成系统。

在现在日益信息化的社会中，计算机和网络已经全面渗透到日常生活的每一个角落，用户需要的已经不再仅仅是进行工作管理和生产控制的通用计算机，各种各样的新型嵌入式系统设备在应用数量上已经远远超过通用计算机。一台微型计算机的外部设备中就包含了多个嵌入式处理器，键盘、鼠标、硬盘、显卡、显示器、网卡、声卡、Modem、打印机、扫描仪、数码相机、USB集线器等均是嵌入式处理器控制的。小到mp3、手机等微型数字化产品，大到网络家电、智能家电、车载电子设备、数控机床、通信、仪器仪表、船舶、航空航天、军事装备等方面，都是嵌入式系统的应用领域。当我们满怀憧憬与希望跨入21世纪大门的时候，计算机技术已经进入后PC时代。

1.1.2 嵌入式处理器

嵌入式系统的核心是嵌入式处理器。目前，嵌入式系统技术已经成为了最热门的技术之一，为适应各领域需求，各类嵌入式微处理器产品百花齐放。嵌入式处理器主要包括三类：微控制器（Microcontroller Unit，MCU）、嵌入式微处理器（Embedded Microprocessor Unit，EMPU）、数字信号处理器（Digital Signal Processor，DSP）和数字信号控制器（Digital Signal Controller，DSC）。

1. 微控制器（MCU）

微控制器就是我们常说的单片机。单片机，顾名思义，就是将整个计算机系统集成到一块芯片中，它以某一种CPU为核心，芯片内部集成非易失性程序存储器（PROM或FLASH）、数据存储器SRAM、总线、定时/计数器、并行I/O接口、各种串行I/O接口（UART、SPI、I^2C、USB、CAN或IrDA等）、PWM、A/D和D/A等，或者集成其中一部分外设。概括地讲，一块芯片就成了一台计算机，故有人将单片机称为单片微型计算机。其最大的特点就是单片化，体积大幅减小，从而使功耗和成本降低、可靠性提高，极具性价比优势。微控制器是目前嵌入式系统工业应用的重要组成部分。

单片机具有性能高、速度快、体积小、价格低、稳定可靠、应用广泛、通用性强等突出优点。单片机的设计目标主要是体现"控制"能力，满足实时控制（就是快速反应）

方面的需要。它在整个装置中,起着犹如人类大脑的作用,若它出了问题,则整个装置就瘫痪了。各种产品一旦用上了单片机,就能起到使产品升级换代的作用,因此常在产品名称前冠以形容词——智能型,如智能型洗衣机等。目前,单片机已渗透到我们生活的各个方面,几乎很难发现哪个领域没有单片机。工业自动化过程的实时控制和数据处理,各种智能IC卡,豪华轿车的安全保障系统,摄像机、全自动洗衣机的控制,以及程控玩具、智能仪表等,这些都离不开单片机。

单片机作为最典型的嵌入式系统,它的成功应用推动了嵌入式系统的发展。

2. 嵌入式微处理器(EMPU)

嵌入式微处理器一般涵盖单片机的功能,但在运算能力和通信能力等方面有所增强;同时,在其工作温度、电磁干扰抑制、可靠性等方面也做了各种增强。

3. 数字信号处理器(DSP)

数字信号处理器对CPU的总线架构等进行优化,且采用流水线技术,使其适合于实时执行数字信号处理算法,指令执行速度快。在数字滤波、FFT谱分析和控制器设计等方面广泛应用。

在DSP算法中,很多算法都期望在单个周期中完成多项"乘积并累加"(Multiply Accumulate, MAC)运算。

美国德州仪器(Texas Instruments,TI)公司的TMS320系列器件是典型的DSP产品。

4. 数字信号控制器(DSC)

数字信号控制器综合了MCU(或MPU)面向控制的特性以及DSP的快速计算功能,其混合结构能解决很多以前必须依赖MCU和DSP协同(DSP作为协处理器)解决的工程难题,极大地简化了开发工作并降低了额外的开销。

当然,相比高端的DSP,DSC一般仅适合于相对低端的DSP应用。

随着大规模集成电路技术的发展,DSC集成度越来越高,可以方便地实现将各种功能模块集成于一块芯片上构成完整的系统级芯片。片上系统(System on Chip, SoC)技术,是指以嵌入式系统为核心,集软硬件于一体,并追求产品系统最大包容的集成器件。现在,嵌入式微处理器普遍将CPU、RAM、程序存储器、中断系统、定时/计数器、时钟电路等集成在一块单一的芯片上,甚至还将A/D转换器、D/A转换器、串行接口、LCD(液晶)驱动电路等都集成在单一的芯片上,具有SoC特点,且功能强大。Silicon Lab公司的C8051F系列和Cypress公司的PSOC3系列,都是典型的高集成化的SoC型单片机代表。嵌入式微处理器已发展到SoC阶段。

当芯片集成大量片上外设时,无论是从系统的集成度、可靠性、体积和性价比等哪个方面考虑,都具有应用优势。SoC与板上系统相比,具有许多优点:

① 充分利用集成技术,减少产品设计复杂性和开发成本,缩短产品开发的时间;

② 单芯片集成电路可以有效地降低系统功耗；

③ 减少芯片对外的引脚数，简化系统加工的复杂性；

④ 减少外围驱动接口单元及电路板之间的信号传递，加快了数据传输和处理的速度；

⑤ 内嵌的线路可以减少甚至避免电路板信号传送时造成的系统信号串扰。

本书重点讲述的 C8051F020 就是一款 SoC 级单片机。

1.1.3 计算机的性能和指标

计算机的性能和指标通过以下几个方面进行评价。

1. 字 长

所谓字长是指计算机的运算器一次可处理（运算、存取）二进制数的位数、数据总线的宽度及内部寄存器和存储器的长度等。常用的嵌入式处理器有 8 位计算机、16 位计算机和 32 位计算机。字长越长，一个字能表示数值的有效位就越多，计算精度也就越高，速度就越快。然而，字长越长，其硬件代价相应增大，计算机的设计要考虑精度、速度和硬件成本等方面的因素。通常，8 位二进制数称为 1 个字节，以 B（byte）表示；16 位计算机，2 个字节定义为 1 个字，以 W（word）表示；32 位计算机，4 个字节定义为 1 个字。

当今的嵌入式处理器产品琳琅满目，比较流行的 8 位内核嵌入式处理器有基于 51 及改进系列单片机、Atmel 公司的 AVR 系列单片机、Microchip 公司的 PIC 系列单片机和 NXP 公司的 68HC 系列单片机等。优秀的 16 位嵌入式计算机有 TI 公司的 MSP430 系列单片机等。ARM 是应用最为广泛的 32 位处理器。由于各种嵌入式计算机各具特色，所以不存在某个嵌入式处理器一统天下的局面，各得其所。

2. 存储器容量及访问速度

存储器容量是表征存储器存储二进制信息多少的一个技术指标。存储容量一般以字节为单位计算。例如，将 1 024 B（即 1 024×8 bit）简称为 1 KB，1 024 KB 简称为1 MB（兆字节），1 024 MB 简称为 1 GB（吉字节），存储容量越大，能存放的数据就越多。访问速度也是衡量计算机性能的一个重要指标，支持高的访问速度就意味着 CPU 可以更快地工作。

3. 指令与指令系统

仅有硬件的计算机无法工作，还需要软件（又称程序）支持。计算机的工作需要软件强有力的支持，CPU 根据需要来运行既定的程序。换言之，就是计算机的软硬件协同工作完成既定的任务。指令（Instruction）是 CPU 能完成的最基本功能单位，也是构建计算机软件的最基本单元，如加、减、乘、除、移位、与、或、异或等命令。不同的指令完成不同的操作或功能。指令系统是计算机所有指令的集合，也称为指令集体系结构(Instruction Set Architecture,ISA)。任何CPU都有它的指令系统,少则几十条,多则几百条,包含的指令越多,计算机功能就越强。丰富的指令系统是计算机软件编程的基础。

每条指令通常由操作码和操作数两部分组成。操作码表示计算机执行该指令将进行何种操作。操作数用于给指令的操作提供数据、数据的地址或指令的地址。任何一条指令一定有且仅有一个操作码,不同的指令,指令中的操作数的个数不一样,甚至有的指令没有操作数。在计算机中,指令是以一组二进制编码的数来表示和存储的,称之为机器码或机器指令。

根据CPU指令系统的特点,计算机可分为复杂指令集计算机(Complex Instruction Set Computer,CISC)和精简指令集计算机(Reduced Instruction Set Computer,RISC)。

CISC:该指令系统一般完成较复杂的任务,指令丰富,功能较强,因此,指令长度和执行周期不尽相同,CPU结构较复杂。

RISC:该指令系统中的每一条指令大都具有相同的指令长度和周期,不追求指令的复杂程度,因而,CPU结构较简练。

注意,这里只是说RISC与CISC是不同的,不是一个比另一个好,因为两者都有其优势。CISC芯片提供了更好的代码深度(更少的内存引脚)以及更成熟的软件工具,而RISC芯片有更高的时钟速度和更诱人的市场。

各个公司的嵌入式处理器对这两种指令集都有采用,不过RISC是嵌入式处理器发展的方向。

4. 指令执行效率

指令执行效率是反映计算机运算速度快慢的一项指标,它取决于系统的主时钟频率、指令系统的设计以及CPU的体系结构等。对于计算机而言,一般仅给出主时钟频率和每条指令执行所用的机器周期数。所谓机器周期就是计算机完成一种独立操作所持续的时间,这种独立操作是指存储器读或写、取指令操作码等,计算机的主频高,指令的执行时间就短,其运算速度就快,系统性能就好。如果强调平均每秒可执行多少条指令,则根据不同指令出现的频度,乘以不同的系数,即可求得平均运算速度。这时常用MIPS(Millions of Instructions Per Second,百万条指令每秒)作为单位,当然,前提是工作时钟频率为1 MHz。要说明的是,MIPS一般指DMIPS(Dhrystone Million Instructions executed Per Second),专指整数计算能力。MFLOPS(Million Floating - point Operations per Second)用于测浮点计算能力。CPI(Clock cycle Per Instruction),即(平均)每条指令的(平均)时钟周期个数,也是衡量计算机运行速度的一个非常重要的指标。MIPS、DMIPS、MFLOPS和CPI都是常用的CPU性能(指令执行效率)评估标准。

1.2 经典型51单片机

1.2.1 基本型和增强型的经典型51单片机

51单片机是一系列单片机的总称。这一系列单片机由Intel公司开发，包括众多品种，其中8051是早期最典型的产品，该系列其他单片机都是在8051的基础上进行功能的增、减、改变而来的，所以人们习惯于用51来称呼该系列单片机。Intel公司将51单片机的核心技术授权给了很多公司，各公司竞相以其作为基核，推出了许多兼容衍生产品，显示出旺盛的生命力。目前，许多单片机类教材都是以8位的51系列为基础来讲授单片机原理及其应用的，由此51单片机奠定了8位单片机的基础，形成了单片机的经典体系结构。

经典型51单片机，也称为标准型51单片机，有基本型和增强型两类。基本型(8051子系列)51单片机有8031、8051、8751、89C51、89S51等，增强型(8052子系列)51单片机有8032、8052、8752、AT89S51、AT89S52等。它们的结构基本相同，其主要差别反映在存储器的配置上。8031片内没有程序存储器ROM；8051内部设有4 KB的掩膜ROM；8751片内的ROM升级为PROM；AT89C51则进一步升级为FLASH存储器；AT89S51是4 KB的，支持ISP的FLASH。增强型51单片机产品的存储器容量为基本型的一倍，同时增加了一个定时器T2，如表1.1所列。

表1.1 经典型51单片机概况

<table>
<tr><th colspan="2">程序存储器类型</th><th>基本型</th><th>增强型</th></tr>
<tr><td rowspan="3">Intel</td><td>无</td><td>8031</td><td>8032</td></tr>
<tr><td>ROM</td><td>8051</td><td>8052</td></tr>
<tr><td>PROM</td><td>8751</td><td>8752</td></tr>
<tr><td rowspan="2">Microchip-Atmel</td><td rowspan="2">FLASH</td><td>AT89C51</td><td>AT89C52</td></tr>
<tr><td>AT89S51</td><td>AT89S52</td></tr>
<tr><td colspan="2" rowspan="4">不同的资源</td><td>4 KB程序存储器(8031无程序存储器)</td><td>8 KB程序存储器(8032无程序存储器)</td></tr>
<tr><td>128 B数据存储器(RAM)</td><td>256 B数据存储器(RAM)</td></tr>
<tr><td>两个16位定时/计数器(T0和T1)</td><td>三个16位定时/计数器(T0、T1和T2)</td></tr>
<tr><td>5个中断源、两个优先级嵌套中断结构</td><td>6个中断源、两个优先级嵌套中断结构</td></tr>
</table>

续表 1.1

程序存储器类型	基本型	增强型
相同的资源	一个8位CPU	
	一个片内振荡器及时钟电路	
	可寻址64 KB外部数据存储器和64 KB外部程序存储器空间的控制电路	
	32条可编程的I/O线(4个8位并行I/O端口)	
	一个可编程全双工串行口	

经典型51单片机内部结构框图如图1.2所示。各功能部件由内部总线连接在一起。

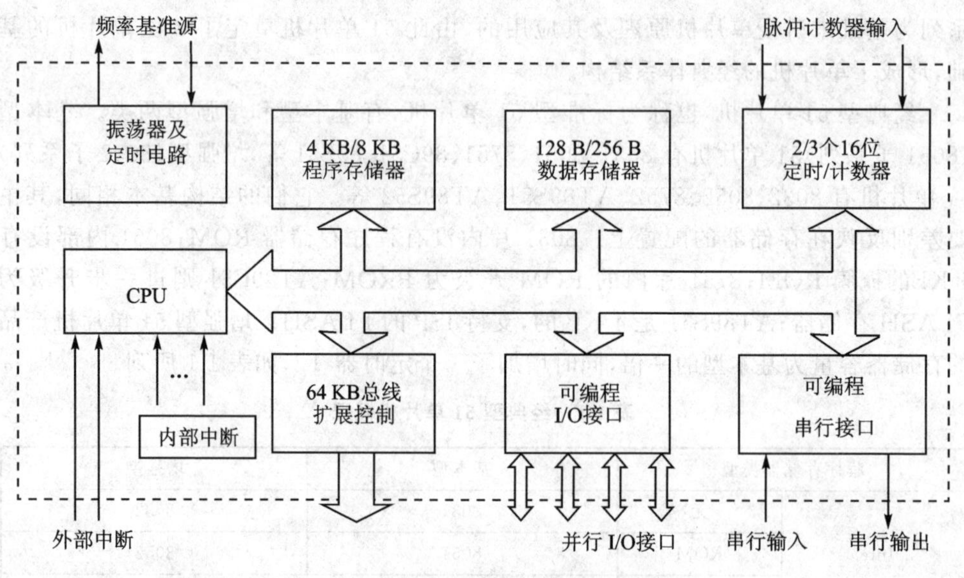

图1.2 经典型51单片机内部结构框图

1.2.2 经典型51单片机的引脚及最小系统

以AT89S52为例,如图1.3所示,经典型51单片机一般具有PDIP40、TQFP44和PLCC44三种封装形式,以适应不同产品的需求。

图1.3 AT89S52的封装

1. 经典型 51 单片机的引脚

经典型 51 单片机 PDIP(双列直插式)封装引脚如图 1.4 所示。对于基本型，P1.0和 P1.1 没有如图 1.4 所示的第二功能。

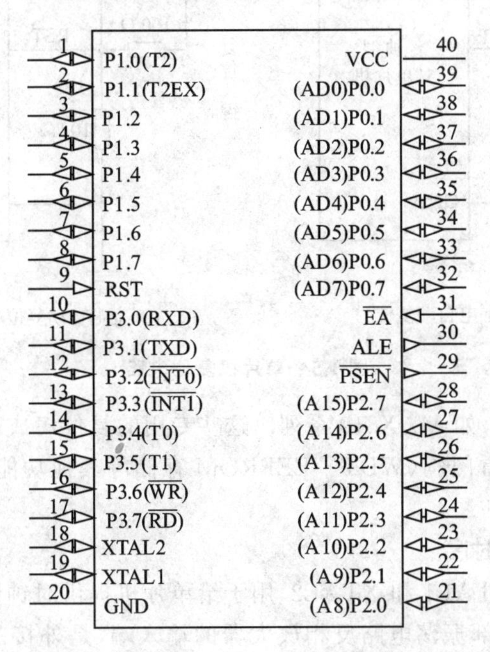

图 1.4 经典型 51 单片机 PDIP 封装引脚图

图 1.4 各引脚及工作状况说明如下：

(1) 主电源引脚 VCC 和 GND

GND 接地，VCC 为单片机供电电源。具体电压值视具体芯片而定，如 AT89S52 的供电电压范围为 4.0～5.5 V，典型供电电压为 5 V。当然也有 3.3 V 的经典型 51 单片机，如 STC89LE51RC。

(2) 复位引脚 RST 与复位电路

复位源是引发单片机复位的触发信号。当振荡器运行时，在 RST 引脚上出现两个机器周期的高电平(由低到高跳变)，将使单片机复位。上电并复位后，单片机开始工作。

为实现上电单片机自动运行，需要构建单片机上电自动复位电路。可采用简单的电阻、电容及开关构成上电自动复位和手动复位。图 1.5 为两种典型的单片机复位电路接法。

图 1.5 电路，加电瞬间，RST 端的电位与 VCC 相同，随着 RC 电路充电电流的减小，RST 的电位下降，只要 RST 端保持两个机器周期以上的高电平，就能使经典型 51 单片机有效复位。

复位电路在实际应用中很重要，不能可靠复位会导致系统不能正常工作，所以现

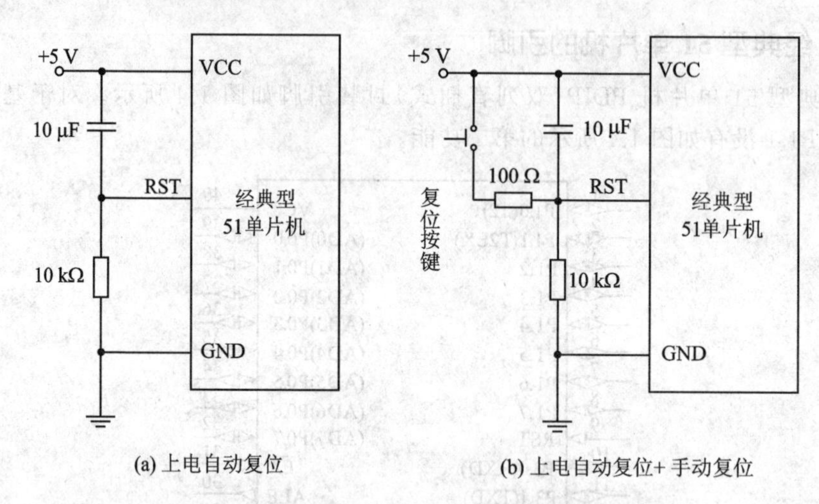

图 1.5　单片机复位电路

在有专门的复位电路，如 MAX810 系列。这些专用的复位集成芯片除集成了复位电路外，有些还集成了看门狗（WDT）、EEPROM 存储等其他功能，让使用者就实际情况灵活选用。

(3) 时钟电路与时序

外接晶振引脚 XTAL1 和 XTAL2，用于给单片机提供时钟脉冲：

① XTAL1 为内部振荡电路反相放大器的输入端，是外接晶体的一个引脚。当采用外部振荡器时，此引脚接地。

② XTAL2 为内部振荡电路反相放大器的输出端，是外接晶体的另一个引脚。当采用外部振荡器时，此引脚接外部振荡源。

图 1.6 为经典型 51 单片机时钟电路的两种典型接法。

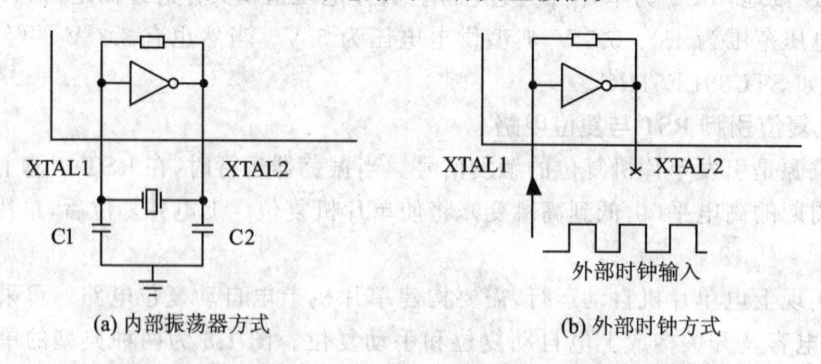

图 1.6　经典型 51 单片机时钟电路的两种典型接法

使用内部振荡器方式的时钟电路，在 XTAL1 和 XTAL2 引脚上外接定时元件，内部振荡电路就产生自激振荡。定时元件通常采用石英晶体和电容组成的并联谐振回路。晶振两侧等值抗振电容值在 18～33 pF 之间选择，电容的大小可起频率微调的作用。

经典型 51 单片机的工作时序以机器周期作为基本时序单元。1 个机器周期具有 12 个时钟周期，分为 6 个状态(S1～S6)，每个状态又分为两拍(P1 和 P2)，如图 1.7 所示。

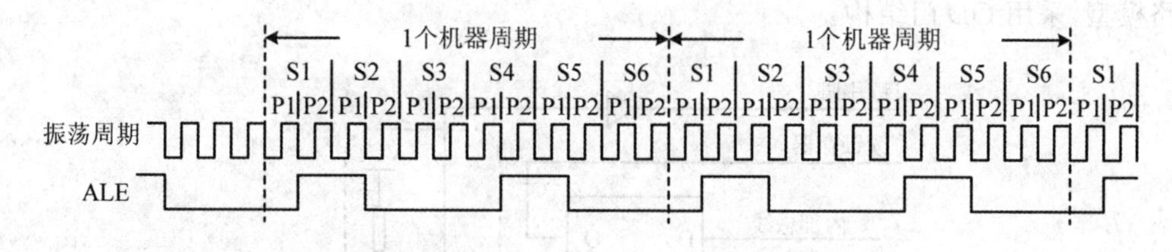

图 1.7　经典型 51 单片机的工作时序

经典型 51 单片机的指令周期(执行一条指令的时间称为指令周期)以机器周期为单位，分为单机器周期指令、双机器周期指令和四机器周期指令。对于系统工作时钟 f_{osc} 为 12 MHz 的经典型 51 单片机，1 个机器周期为 1 μs，即 12 MHz 的时钟实际上是按照 1 MHz 频率工作的。

由图 1.7 可以看出，单片机的地址锁存信号 ALE 引脚在每个机器周期中两次有效：一次在 S1P2 与 S2P1 期间，另一次在 S4P2 与 S5P1 期间。正常操作时，ALE 允许地址锁存功能把地址的低字节锁存到外部锁存器，ALE 引脚以不变的频率($f_{osc}/6$)周期性地发出正脉冲信号。因此，它可用作对外输出的时钟，或用于定时的目的。但要注意，每当访问外部数据存储器时，将跳过一个 ALE 脉冲。

ALE 引脚的核心用途是为了实现单片机的 P0 口作为外部数据总线与地址总线低 8 位的复用口线，以节省总线 I/O 的个数。

(4) $\overline{\text{EA}}$、P0、P2、ALE、$\overline{\text{RD}}$、$\overline{\text{WR}}$、$\overline{\text{PSEN}}$与 51 单片机的系统总线结构

经典型 51 单片机外露系统总线，通过地址/数据总线可以与存储器、并行 I/O 接口芯片相连接。P0 的 8 根线既作为数据总线，又作为地址总线的低 8 位；P2 作为地址总线的高 8 位；$\overline{\text{WR}}$、$\overline{\text{RD}}$、ALE 和$\overline{\text{PSEN}}$作为控制总线。

$\overline{\text{EA}}$为内部程序存储器和外部程序存储器选择端。当$\overline{\text{EA}}$为高电平时，访问内部程序存储器；当$\overline{\text{EA}}$为低电平时，访问外部程序存储器。在访问外部程序存储器指令时，$\overline{\text{PSEN}}$为外部程序存储器读选通信号输出端。

在访问外部数据存储器(即执行 MOVX)指令时，由 P3 口自动产生读/写($\overline{\text{RD}}$/$\overline{\text{WR}}$)信号，通过 P0 口对外部数据存储器单元进行读/写操作。

单片机所产生的地址、数据和控制信号与外部存储器、并行 I/O 接口芯片连接，简单、方便。在访问外部存储器时，P2 口输出高 8 位地址，P0 口输出低 8 位地址，由 ALE(地址锁存允许)信号将 P0 口(地址/数据总线)上的低 8 位锁存到外部地址锁存器中，从而为 P0 口接收数据做准备。

(5) P0.0～P0.7、P1.0～P1.7、P2.0～P2.7、P3.0～P3.7 与 I/O 端口

I/O 端口又称为 I/O 接口或 I/O 口，是单片机对外部实现控制和信息交换的必经之路。

经典型51单片机设有4个8位双向I/O口(P0、P1、P2、P3),每一条I/O线都能独立地用作输入或输出。图1.8所示为P0、P1、P2和P3口作为普通I/O的公共电路模型,采用OD门结构。

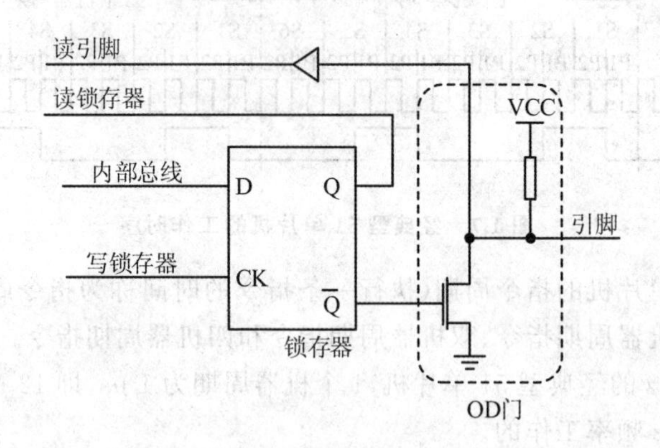

图1.8 经典型51单片机I/O口作为输入口的原理示意图

当写1时,经锁存,$\overline{Q}$为0,NMOS高阻输出,通过上拉电阻给出引脚的高电平状态;当写0时,经锁存,$\overline{Q}$为1,NMOS导通,引脚输出低电平状态。

作为输入口,也就是读引脚时,读入引脚电平状态前必须先(在锁存前)写入1,保证引脚处于正常的电平状态。分析如下:

① 若读引脚之前,引脚锁存器写入的是0,则$\overline{Q}$为1,即NMOS始终处于导通状态,读引脚将始终保持为低,与该引脚作为输入口的要求不一致。

② 若读引脚之前,引脚锁存器写入的是1,则$\overline{Q}$为0,即NMOS始终处于高阻输出,引脚电平与外部输入保持一致,读引脚自然获取的是引脚的实际电平。

因此,经典型51单片机的I/O作为输入口使用时必须先写入1,保证引脚处于正常的读状态。

2. 经典型51单片机的最小系统

所谓最小系统,是指可以保证计算机工作的最少硬件构成。对于单片机内部资源已能够满足系统需要的,可直接采用最小系统。

由于经典型51单片机片内不能集成时钟电路所需的晶体振荡器,也没有复位电路,所以在构成最小系统时必须外接这些部件。另外,根据片内有无程序存储器,51单片机最小系统分为两种情况:必须扩展程序存储器的最小系统和无需扩展程序存储器的最小系统。

8031和8032为片内无程序存储器,因此,在构成最小系统时,不仅要外接晶体振荡器和复位电路,还应在外扩展程序存储器。由于P0、P2在扩展程序存储器时作为地址线和数据线,不能作为I/O线,因此,只有P1、P3作为用户I/O接口使用。

8031 和 8032 早已淡出单片机应用系统设计领域。

对于具有片上 FLASH 的经典型 51 单片机，其最小系统电路如图 1.9 所示。此时 P0 和 P2 可以从总线应用中解放出来，以作为普通 I/O 使用。需要特别指出的是，P0 作为普通 I/O 使用时，由于开漏结构必须外接上拉电阻，P1、P2 和 P3 在内部虽然有上拉电阻，但由于内部上拉电阻太大，拉电流太小，有时因为电流不够，也会再并一个上拉电阻。

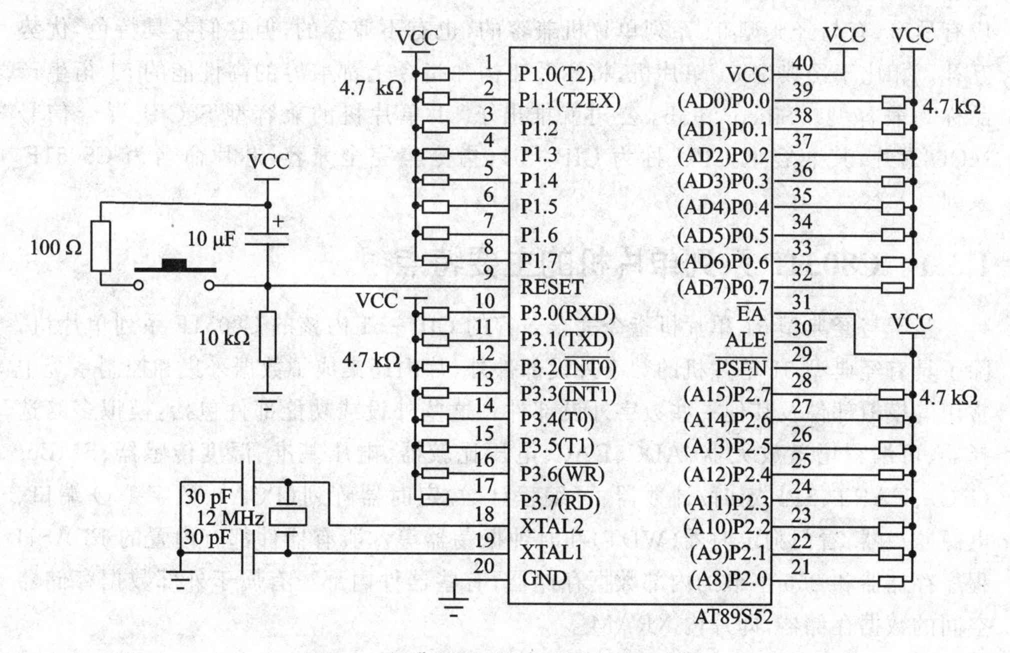

图 1.9　经典型 51 单片机最小系统电路

如果单片机系统没有工作，则检查步骤如下：

① 检查电源是否连接正确；

② 检查复位电路；

③ 查看单片机$\overline{\text{EA}}$引脚有没有问题，使用片内 FLASH 时该引脚必须接高电平；

④ 检查时钟电路，即检查晶振和磁片电容，主要是器件质量和焊接质量检查。

按照以上步骤检测时，要将无关的外围芯片去掉或断开，因为有一些是外围器件的故障导致单片机最小系统没有工作。

1.3　C8051F 系列单片机

单片机发展中表现出来的速度越来越快是以时钟频率越来越高为标志的。提高单片机抗干扰能力，降低噪声，降低时钟频率而不牺牲运算速度是单片机技术发展的追求。一些 8051 单片机兼容厂商改善了单片机的内部时序，在不提高时钟频率的条件下,运算速度提高了许多,甚至使用锁相环技术或内部倍频技术使内部总线速度远远高于时钟频率,如C8051F系列、STC系列和Cypress公司的51系列单片机产品等,都是采用经过改进的51内核,打破了机器周期的概念,运行速度平均比经典型51单片机快3~12倍,且指令系统完全兼容。

为满足不同的用户需求,可以说嵌入式处理器是百花齐放、百家争鸣,世界上各大芯片制造公司都推出了自己的内核及衍生产品,从8位、16位到32位,数不胜数,应有尽有,有与经典型51系列单片机兼容的,也有不兼容的,但它们各具特色,优势互补。相比于经典型51单片机,将体系架构和指令上都兼容的高性能的51衍生产品称为兼容型。Silicon Labs公司就推出了51单片机的兼容型SoC级混合信号MCU芯片,其兼容型CPU称为CIP-51,指令集完全兼容,芯片命名为C8051F系列。

1.3.1 C8051F系列单片机的主要特点

基于与经典型51单片机指令完全兼容的CIP-51内核的C8051F系列单片机,除了具有经典型51单片机的数字外设部件外,片内还集成了数据采集和控制系统中常用的模拟部件及其他一些数字外设部件。这些外设或功能部件包括:模拟多路选择器、可编程增益放大器、ADC、DAC、电压比较器、电压基准、温度传感器、SMBus(I^2C)、UART、SPI、定时/计数器、可编程计数/定时器阵列(PCA)、数字I/O端口、电源监视器、看门狗定时器(WDT)和时钟振荡器等。所有器件都有内置的FLASH程序存储器和256字节的内部数据存储器,有些器件内部还有属于外部数据存储器空间的数据存储器,即片内XRAM。

C8051F系列单片机型号很多,按照各自的特点,又可将其分为高速型、精密ADC型、CAN型、USB型及通用型等系列。现将其特点分述如下:

1. 高速型

高速型的器件主要包含C8051F12x、C8051F13x及C8051F35x。其主要特点是单片机的工作速度可高达100兆指令/秒或50兆指令/秒(MIPS)。

2. 精密ADC型

精密ADC型又包含C8051F06x和C8051F35x两个子系列。C8051F35x子系列的主要特点是,A/D转换的精度可高达16位或24位,转换通道可达8个。C8051F06x子系列的主要特点是,A/D转换的精度可高达16位,而且转换速度比C8051F35x高,最高可达1 Msps,但是转换通道仅有两个。

3. CAN型

CAN型也包含C8051F06x和C8051F04x两个子系列。它们的主要特点是,片内含有CAN总线模块,其中配置的CAN控制器符合CAN总线2.0B协议,传输距离可达 10 km,传输速度可达 1 Mb/s。

4. USB 型

USB 型包含 C8051F32x 和 C8051F34x。它们的主要特点是,片内含有 USB 功能控制器。该控制器符合 USB 规范 2.0,可实现高速(12 Mb/s)或低速(1.5 Mb/s)运行。支持 8 个可灵活配置的端点,有专用的 1 KB 的 USB 数据缓冲器和集成的收发器。

5. 通用型

这种类型包含 C8051F00x、C8051F01x 和 C8051F02x 等。它们具有 C8051F 系列单片机的基本特性。一般来说,它们功能比较全面,通用性较好,应用比较广泛。其中,最为典型的是 C8051F02x 子系列。

为了比较全面而准确地介绍 C8051F 系列 SoC 型的单片机,本书选取性能最为适中的 C8051F02x 子系列中的 C8051F020 单片机进行讲解。

1.3.2 C8051F020 单片机概况

C8051F020 单片机以功能较全面、应用较广泛为特点成为 C8051F 系列单片机中的代表性产品。本书将以该单片机为对象来说明 51 系列单片机。C8051F020 单片机的内部结构组成如图 1.10 所示,各部件通过内部总线连接,构成一个片上、完整的微型计算机系统。

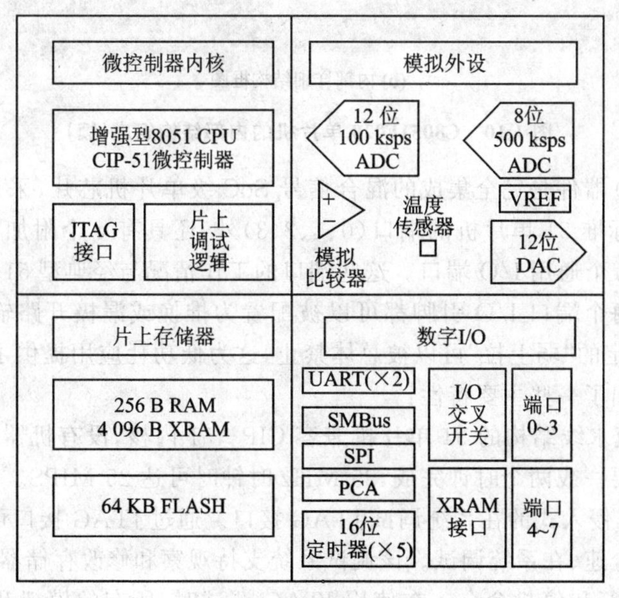

(a) 内部结构基本组成

图 1.10 C8051F020 单片机的内部结构组成

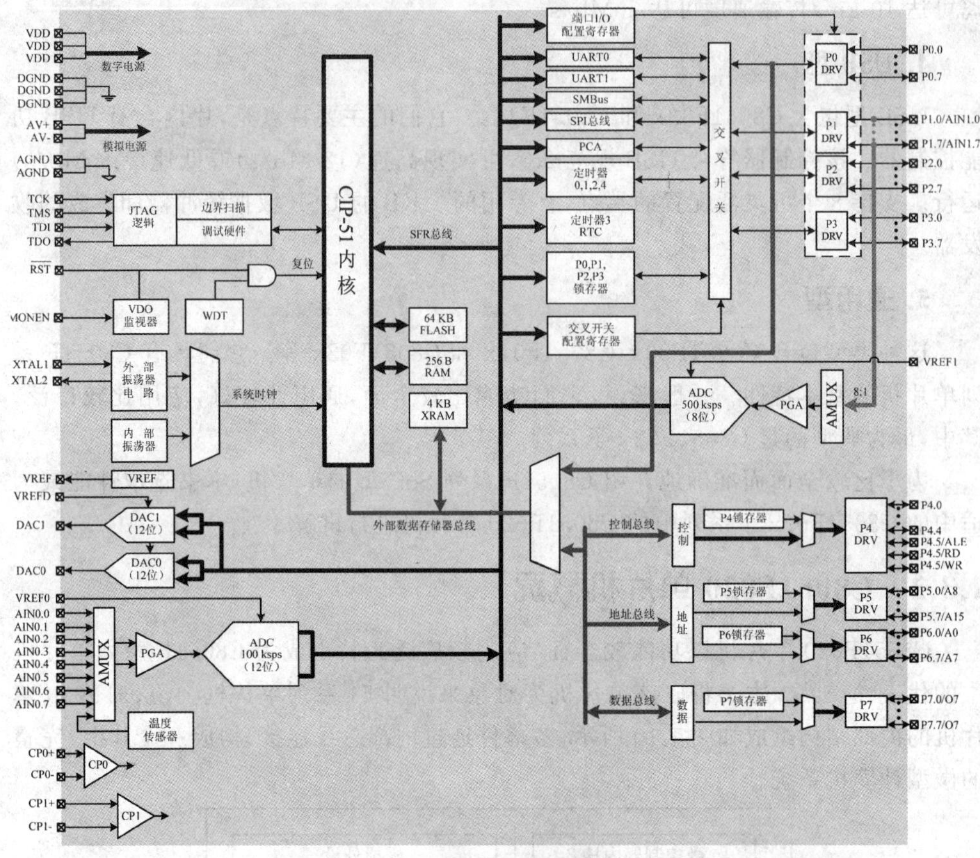

(b) 内部详细结构框图

图1.10 C8051F020单片机的内部结构组成(续)

C8051F020器件是完全集成的混合信号SoC级单片机芯片,采用TQFP100封装。它除具有标准51单片机的端口(0、1、2、3)外,还具有4个附加的端口(4、5、6、7),因此共有64个通用I/O端口。这些端口的工作情况与经典型51单片机相似,但有一些改进。每个端口I/O引脚都可以被配置为推挽或漏极开路输出。在经典型51单片机中固定的“弱上拉”可以被总体禁止,这为低功耗应用提供了进一步节电的能力。下面列出了一些主要特性:

① 高速、流水线结构的51单片机兼容CIP-51内核,没有机器周期的概念,大多数指令只需要一或两个时钟完成,25 MHz时钟时可达25 MIPS。

② 全速、非侵入式的在系统调试JTAG接口。通过JTAG接口可方便实现不占用片内资源的全速、在系统调试。该调试系统支持观察和修改存储器和寄存器,支持断点、单步及运行和停机命令。在使用JTAG调试时,所有的模拟和数字外设都可以全功能运行。

③ 真正12位、100 ksps的8通道ADC,带程控增益放大器(Programmable-

Gain Amplifier,PGA)和模拟多路开关。

④ 真正 8 位 500 ksps 的 ADC,带 PGA 和 8 通道模拟多路开关。

⑤ 两个 12 位 DAC,具有可编程数据更新方式。

⑥ 64 KB 可在系统编程的 FLASH 存储器。

⑦ 4 352 B(4 096 B+256 B)的片内 RAM。

⑧ 可寻址 64 KB 地址空间的外部数据存储器接口。

⑨ 硬件实现的 SPI、SMBus/I^2C 和两个 UART 串行接口。UART0 与经典型 51 单片机的 UART 用法兼容。

⑩ 5 个通用的 16 位定时器:T0、T1、T2、T3 和 T4。T0、T1 和 T2 与经典型 51 单片机的用法兼容。

⑪ 具有 5 个捕获/比较模块的可编程计数/定时器阵列。

⑫ 片内看门狗定时器、VDD 监视器和温度传感器。

具有片内 VDD 监视器、看门狗定时器和时钟振荡器的 C8051F020,是真正能独立工作的片上系统。所有模拟和数字外设均可由用户固件使能/禁止和配置。FLASH 存储器还具有在系统重新编程的能力,可用于非易失性数据存储,并允许现场更新 8051 固件。

C8051F 系列单片机都可在工业温度范围(−45～+85 ℃)内用 2.7～3.6 V 的电压工作。端口 I/O、$\overline{RST}$和 JTAG 引脚都容许 5 V 的输入信号电压。C8051F020 为 100 引脚 TQFP 封装。

C8051F 单片机的引脚功能不是固定的。因此,在应用时首先应该为其 I/O 引脚分配所需功能。分配引脚功能时,应该考虑两方面的内容:外部存储器接口配置和数字外设功能 I/O 配置。

1.3.3 C8051F020 单片机的引脚及最小系统

C8051F020 采用 100 引脚 QFP 形式封装,其引脚分布如图 1.11 所示。

C8051F020 单片机工作时需要 3.3 V 的数字电源和模拟电源,DGND 和 AGND 分别为内部数字器件和模拟器件的参考地引脚,VDD 和 AV+分别为内部数字器件和模拟器件的电源引脚。VREFD、VREF0 和 VREF1 分别为 DAC、ADC0 和 ADC1 的外部参考电压输入引脚。VREF 是内部参考电压源的输出引脚。

C8051F020 单片机最小系统及辅助电路如图 1.12 所示。该电路主要包括五个部分:电源电路、复位电路、外部晶振电路、JTAG 接口(TMS、TCK、TDI 和 TDO)电路、模拟输入及电压参考电路。MONEN 引脚直接连接 VDD 来使能 C8051F020 的内部 VDD 监视器。

要说明的是,C8051F 系列 51 单片机通过外部引脚进行复位的复位方式与经典型 51 单片机的复位电平极性相反,采用低电平(保持在复位状态至少 12 个时钟周期)复位方式。另外,除了外部引脚复位外,C8051F020 还有上电/掉电复位和其他

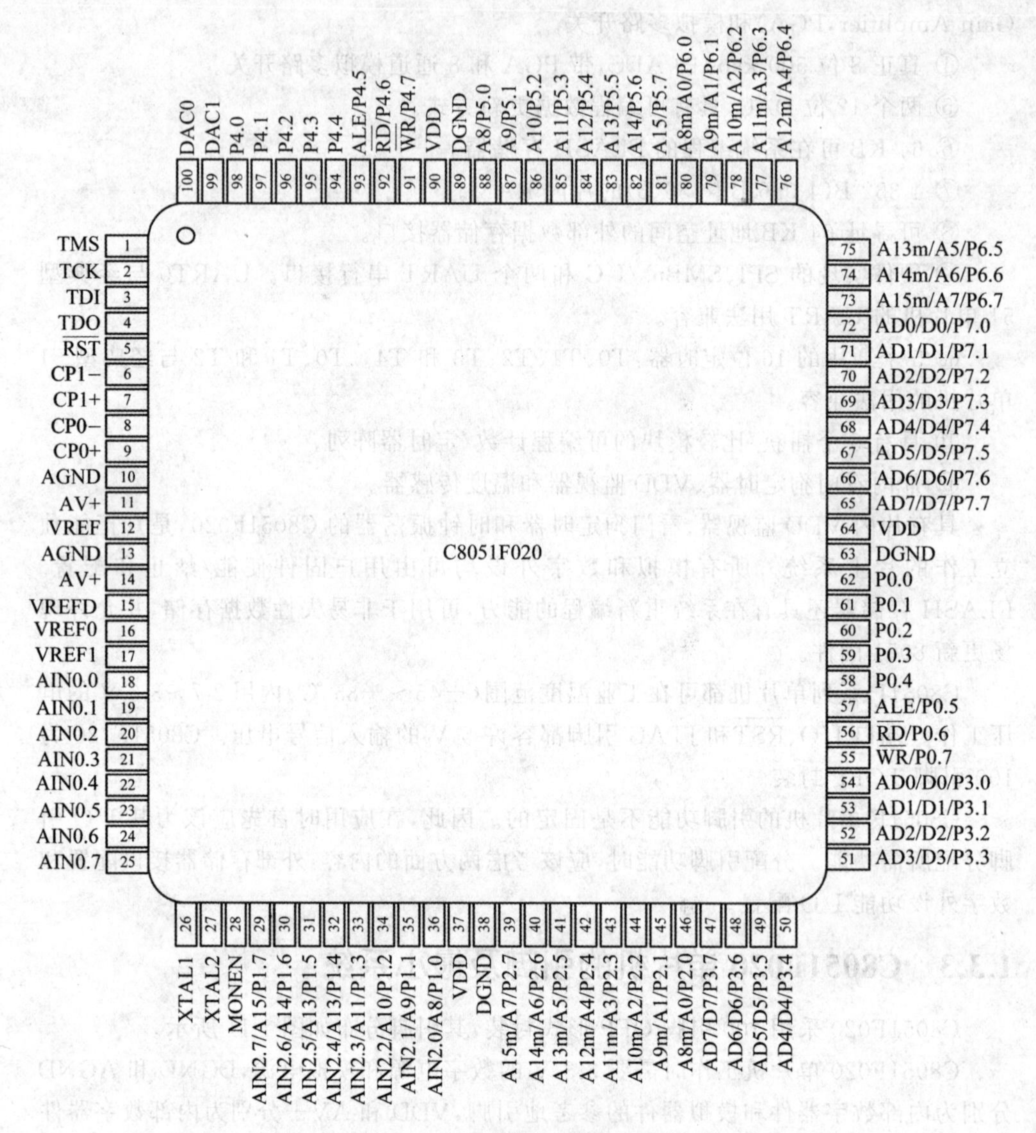

图 1.11　C8051F020 单片机芯片

5 种情况会导致 MCU 进入复位状态。C8051F020 的 7 种复位源及设置等详见 2.2.3 小节。C8051F020 具有上电/掉电复位功能是因为 C8051F020 集成了一个电源监视器电路。在上电期间，该监视器使 MCU 保持在复位状态，直到 VDD 上升到超过 2.5～2.7 V 后 100 ms(等待时间是为了使 VDD 电源稳定)，才释放RST引脚到高电平，这个过程实现了上电自动复位。当然，前提是将 MONEN 引脚直接连至 VDD 来使能 VDD 监视器。

当发生掉电或因电源不稳定而导致 VDD 下降到低于 2.5～2.7 V 时，电源监视器将$\overline{\text{RST}}$引脚置于低电平并使 CIP－51 回到复位状态。当 VDD 回升到超过 2.5～2.7 V 时，CIP－51 将离开复位状态，过程与上电自动复位相同。

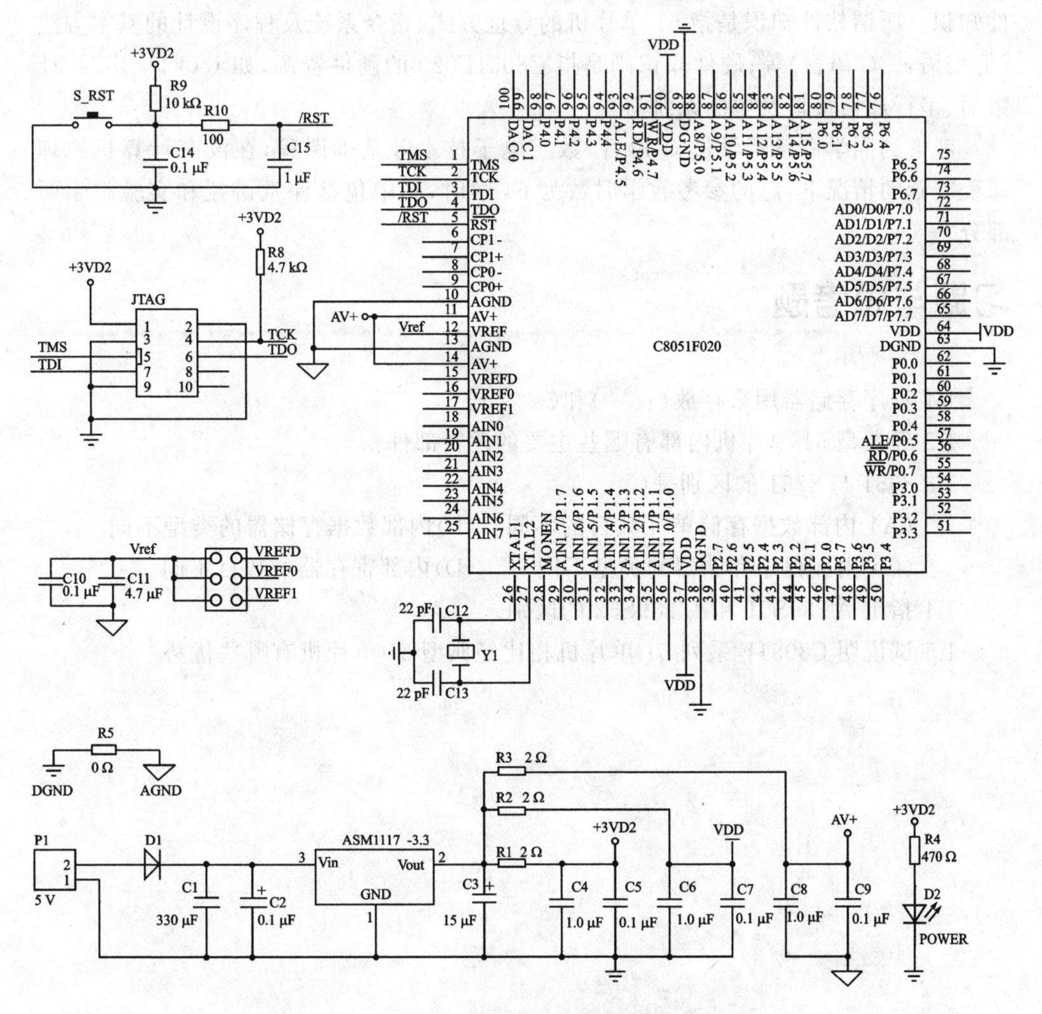

图 1.12 C8051F020 最小系统及辅助电路图

系统时钟电路用于产生单片机工作所需要的时钟信号。C8051F020 有一个内部振荡器和一个外部振荡器驱动电路，每个驱动电路都能产生系统时钟。$\overline{\text{RST}}$引脚为低电平时，两个振荡器都被禁止。控制器既可以从内部振荡器运行，也可以从外部振荡器运行。具体详见 2.2.3 小节。

JTAG 接口用于连接外部的硬件仿真器，为标准的 FC10 接口。

1.4 课程的教学安排

学习单片机，先学习一个典型且贴近应用的系列，然后在应用过程中根据需要选用其他系列,这是较好的学习与应用方法。基于此观点,我们将详细介绍C8051F020的基本结构原理与应用方法。学习与应用C8051F020,就必须掌握其软件知识和硬件知识。所谓软件知识是指51单片机的寻址方式、指令系统及程序设计的基本方法(汇编语言、C语言)等;硬件知识则是指C8051F020的硬件资源,如I/O口、定时/计数器、串行通信接口及中断系统等。

考虑到同学们已经学过C语言、数字电子技术等基础课程,在没有计算机原理课程基础的情况下,总的参考教学时数为64学时,其中包括课堂讲授和实验教学两部分。

习题与思考题

1.1 程序存储器用来存放(　　)和(　　)。

1.2 经典型51单片机内部有哪些主要的逻辑部件?

1.3 8051与8751的区别是(　　)。

(A) 内部数据存储单元数目的不同　(B)内部数据存储器的类型不同

(C) 内部程序存储器的类型不同　　(D)内部寄存器的数目不同

1.4 指出AT89S51和AT89S52的区别。

1.5 试说明C8051F系列51单片机相比经典型51单片机有哪些优势。

第2章

51 单片机的 CPU 构成及存储器结构

CPU 的结构与计算机的工作原理密切相关,只有熟悉了 CPU 的结构构成才能了解程序在计算机中是如何运行的。另外,绝大部分软件都与存储器访问密切相关,熟悉计算机的存储器结构是软件编程的基础。本章将首先研究 51 单片机的 CPU 及存储器结构,然后给出 C8051F020 的最小系统。

2.1 CPU 的构成及程序的执行过程

2.1.1 CPU 的结构

嵌入式处理器芯片的核心结构是 CPU,是任何计算机的中心。CPU 由运算器(Arithmetic Unit,AU)和控制器(Control Unit,CU)组成,CPU 的核心功能就是自动执行由指令构成的程序,以完成算术运算、逻辑运算等功能,并对整机进行控制。

1. 运算器

运算器的核心是算术逻辑单元(Arithmetic Logic Unit,ALU)。ALU 的作用是进行数据处理,即完成加、减、乘、除等算数运算,或进行与、或、非、异或、移位、比较等逻辑运算。

运算器中除了 ALU 外,还会有若干寄存器,包括累加器(Accumulator,A)、寄存器和标志寄存器等。这些寄存器辅助 ALU 完成各种运算功能。其中:

累加器是 CPU 中最繁忙的寄存器,参与运算并可以保存结果。

寄存器是指 CPU 内部的各个工作寄存器(R0、R1、R2、…),用于暂存数据、地址等信息,一般分为通用寄存器组和专用寄存器组。每种 CPU 的寄存器组构成均有不同,但对用户却十分重要。用户可以不关心 ALU 的具体构成,但对寄存器的结构和功能都必须清楚,这样才能充分利用寄存器的专有特性,简化程序设计,提高运算速度。很多 CPU,其寄存器的全部或部分兼具累加器功能,可以放弃专用累加器。

标志寄存器是用来存放 ALU 运算结果的各种特征状态的,与程序设计密切相关,如算术运算有无进(借)位、有无溢出、结果是否为零等。这些都可通过标志寄存器的相应位来反映。程序中经常要检测这些标志位的状态以决定下一步的操作。状态不同,操作处理方法就不同。微处理器内部都有一个标志寄存器,但不同型号的CPU,其名称、标志位数目和具体规定亦有不同。下面介绍几种常用的标志位。

(1) 进位标志(Carry,简记为C或CY)

两个数在做加法或减法运算时,如果高位产生了进位或借位,该进位或借位就被保存在C中,有进(借)位,C被置1,否则C被清0。另外,ALU执行比较、循环或移位操作也会影响C标志。

【例2.1】 分析105+160=265,其中:105=69H=01101001B,160=A0H=10100000B,因此

$$
\begin{array}{r}
01101001 \\
+10100000 \\
\hline
100001001=109H=265
\end{array}
$$

运算105+160=265,显然265超出了8位无符号数表示范围的最大值255,所以产生了第九位的进位CY(简称C)。对于8位二进制运算,无视进位CY将导致运算结果错误。

当运算结果超出计算机位数的限制时,会产生进位。它是由最高位计算产生的,在加法中表现为进位,在减法中表现为借位。

(2) 零标志(Zero,Z)

当ALU的运算结果为零时,零标志(Z)即被置1,否则Z被置0。一般加法、减法、比较与移位等指令会影响Z标志。

(3) 符号标志(Sign,N)

符号标志供有符号数使用,它总是与ALU运算结果的最高位的状态相同。在有符号数的运算中,N=1表示运算结果为负,N=0表示运算结果为正。很多CPU将符号标志称为负标志。

(4) 溢出标志(OverFlow,OV)

在有符号数的二进制算术运算中,如果其运算结果超过了机器数所能表示的范围,并改变了运算结果的符号位,则称之为溢出,因而OV标志仅对有符号数才有意义。

例如:

$$
\begin{array}{r}
107 \\
+\ 92 \\
\hline
199
\end{array}
\qquad
\begin{array}{r}
01101011 \\
+\ 01011100 \\
\hline
11000111=-71H
\end{array}
$$

两正数相加,结果却为一个负数,这显然是错误的。原因就在于,对于8位有符号数而言,它表示的范围为−128～+127。而相加后得到的结果已超出了范围,这种情况即为溢出,当运算结果产生溢出时,OV置1,反之OV置0。

无符号数加法的溢出判断,通过进位标志位C来判断。有符号数加法的溢出与无符号数加法判断有本质不同,计算机要设立不同的硬件单元。

综上,无符号数运算结果超出机器数的表示范围时,称为进位(或借位);有符号

数运算结果超出机器数的表示范围时，称为溢出。两个无符号数相加可能会产生进位，相减可能发生借位；两个同号有符号数相加或异号数相减可能会产生溢出。进位、借位和溢出时，超出的部分将被丢弃，留下来的结果将不正确。因此，任何计算机中都会设置判断逻辑，包括无符号数运算溢出判断和有符号数运算溢出判断。如果产生进位或溢出，要给出进位或溢出标志，软件根据标志审视计算结果。

2. 控制器

计算机之所以能够脱离人的干预自动运算，是因为它具有存储器，可以预先把解题软件（用户要解决一个或多个特定问题所编排的指令序列）和数据存放在程序存储器中。在计算机工作时，逐条取出并加以“翻译”执行。编排指令的过程称为程序设计。

软件的执行过程则是在控制器的指挥、协调与控制下完成从程序存储器中取出解题程序（并译码）或原始数据，然后控制运算器对数据信息进行传送与加工，包括运算结果的输出、外部设备与 CPU 之间的信息交换，以及计算机系统中随机事件的自动处理等，是计算机的控制和指挥中心，是发布操作命令的“决策机构”。控制器由程序计数器（Program Counter，PC）、指令寄存器（Instruction Register，IR）、指令译码器（Instruction Decoder，ID）、用于操作控制的组合逻辑阵列和时序发生器等电路组成。

2.1.2 程序的执行过程

仅有硬件的计算机无法工作，还需要软件（又称程序）支持，CPU 根据需要来运行既定的程序。换言之，就是计算机的软硬件协同工作完成既定的任务。计算机之所以能够脱离人的干预自动运算，是因为它具有记忆功能，可以预先把解题软件和数据存放在存储器中。在工作过程中，再由存储器快速将程序和数据提供给 CPU 进行运算。

1. 指令格式及执行过程

所谓指令就是使计算机完成某种基本操作，如加、减、乘、除、移位、与、或、异或等操作命令。全部指令的集合构成指令系统，任何 CPU 都有它的指令系统，少则几十条，多则几百条。

(1) 指令格式

指令通常由两部分组成：操作码和操作数。操作码表示计算机的操作性质，操作数指出参加运算的数或存放该数的地址。

指令中一定会有 1 个操作码，但是操作数可以是 1 个、2 个或者 3 个，甚至多个，当然也可以没有操作数。

在计算机中，指令是以一组二进制编码的数来表示和存储的，称这样的编码为机器码或机器指令。

(2) 指令执行过程

指令的执行过程分为两个阶段,即取指阶段和执行指令阶段。

取指阶段,由 PC 给出指令地址,从存储器中取出指令(PC+1,为取下一条指令做好准备),并进行指令译码。

经历取指阶段后就是执行指令阶段,取操作数地址并译码,获得操作数,同时执行这条指令。然后取下一条指令,周而复始。

2. 程序的执行过程

程序即用户要解决一个或多个特定问题所编排的指令序列,这些指令有次序地存放在存储器中,在计算机工作时,逐条取出并加以翻译执行。编排指令的过程称为程序设计。

一个实际的计算机结构,无论对哪一位初学者来说都显得太复杂了,因此不得不将其简化、抽象成为一个模型。图 2.1 所示模型就是 CPU 自动执行软件的原理示意图。

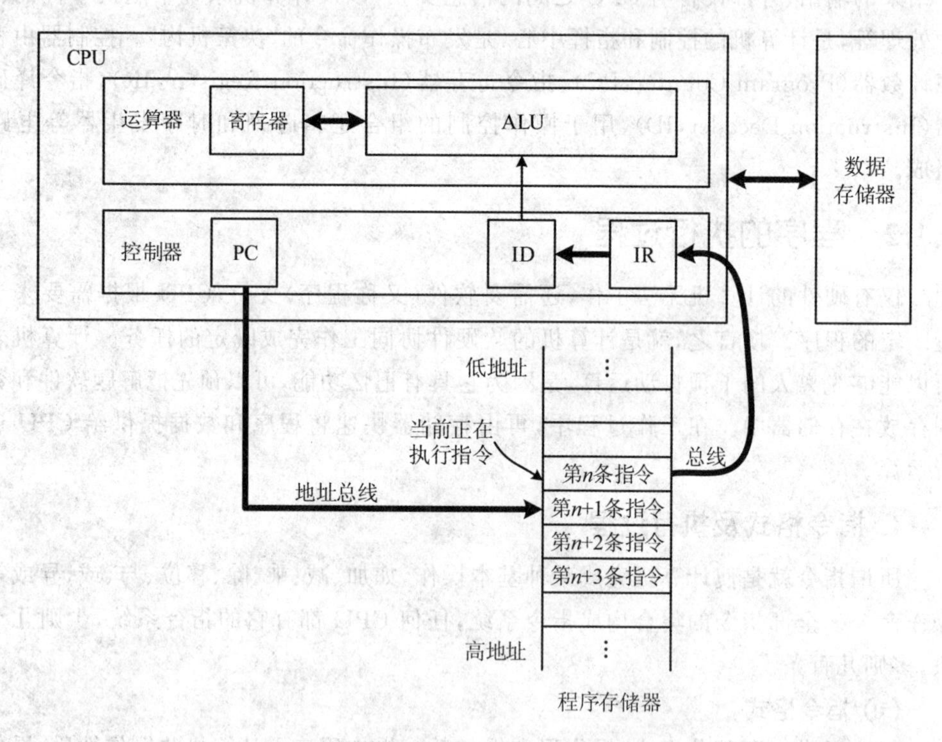

图 2.1　CPU 自动执行软件的原理示意图

指令的执行过程分为取指令(简称取指,Fatch)、指令译码(简称译码,Decode)和执行指令(简称执行,Execute)三个阶段。取指阶段,程序计数器 PC 用作指令的地址指针,从存储器中取出指令,当程序顺序执行时,第一条指令地址(即程序的起始地址)被置入 PC,此后每取出一个指令字节,指令寄存器 IR 用来保存当前正在执行的一条指令；经历取指阶段后就是指令译码阶段，该阶段将 IR 中的指令送到指令译码器 ID 进行译码；最后是执行指令阶段，根据译码输出的操作控制逻辑发出相应的控制命令，以完成指令规定的操作。由于 PC 始终指向当前正在执行指令的下一条指令在程序存储器中的地址，控制器将自动取出下一条指令并执行，周而复始。当程序执行转移（也称跳转，包括条件转移和非条件转移）、调用或返回指令时，其目标地址自动被修改并置入 PC，程序便产生转移，即修改 PC 的值就可以实现程序的转移。

2.1.3 堆栈与堆栈指针

堆栈（Stack）与堆栈指针（Stack Pointer，SP）是计算机工作原理的重要组成部分。堆栈是一种存储器的使用模型，堆栈是由数据存储器中划分出的一块连续的内存区域，和一个栈顶指针寄存器 SP 组成，用来存放现场数据，实际上是一个数据的暂存区。堆栈操作也是对内存的读/写操作，但是访问地址由 SP 给出。带暂存的数据通过 PUSH 操作存入堆栈，也称为压入堆栈，简称压栈或入栈；以后用 POP 操作从堆栈中取回，称为出栈。虽然 POP 后被压入的数值还保存在栈中，但它已经无效了，因为下次的 PUSH 将覆盖它的值。正常情况下，PUSH 与 POP 必须成对使用。堆栈有两种形式：向上增长堆栈和向下增长堆栈。向上增长堆栈是指入栈时数据存入 RAM 的更高地址处；向下增长堆栈是指入栈时数据存入 RAM 的稍低地址处。向上增长堆栈模型如图 2.2 所示。

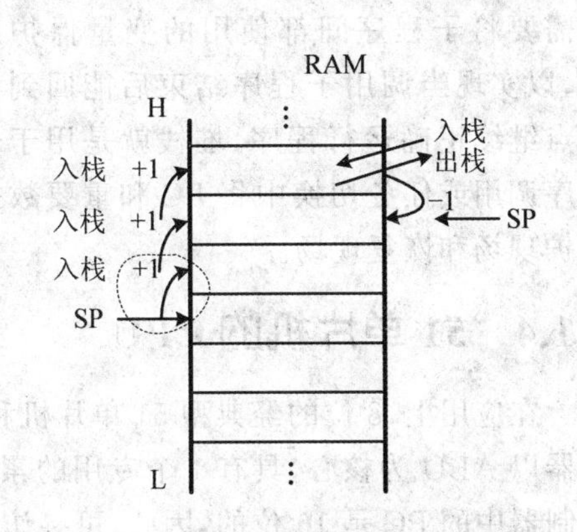

图 2.2 向上增长堆栈模型的 8 位计算机

指针 SP 指向的 RAM 地址单元称为栈顶。在 PUSH 与 POP 的操作中，SP 的值会按堆栈的工作原则由硬件自动调整。对于向上增长堆栈，当压栈时，SP 先加 1 个字地址，然后将数据写入 SP 指向的 RAM 地址单元；当出栈时，先将 SP 指向的 RAM 地址单元中的数据读出，然后 SP 减 1 个字地址。因此，堆栈与堆栈指针具有如下两个重要特点：

① 堆栈按照先入后出（First Input Last Output，FILO），后入先出（Last Input First Output，LIFO）的顺序向堆栈写、读数据。

② SP 始终指向栈顶。对于向上增长堆栈，SP 的初始值（栈底）直至 RAM 的最大地址区域就是堆栈区域。

总之，堆栈是借助堆栈指针 SP 按照“先入后出，后入先出”的原则组织的一块存储区域。

要说明的是，采用向上增长堆栈模型的计算机，软件工程师要将数据存储器合理地分成两个区域：高地址区域作为堆栈，低地址区域作为用户区存储一般变量等。若堆栈区小了,那么可能发生堆栈溢出,即压入堆栈的数据超出数据存储器的上限地址;若堆栈区大了,那么给用户使用的存储区又不够用。因此,向上增长堆栈模型需要工程师正确计算软件所需堆栈的大小,以确定堆栈区,即给出初始的SP。而向下增长的堆栈则没有该问题,因为,向下增长的堆栈,其SP初始指向数据存储器的最高地址并再加一个字的地址处,用户的一般变量等从数据存储器的最低处开始使用,避免了工程师人为确定两个区域的问题。向下增长堆栈模型如图2.3所示。

那么,堆栈有什么用呢?堆栈操作的最典型应用,就是在新的数据处理前先保存寄存器的值,再在处理任务完成后从中恢复先前保护的这些值,以避免后续操作破坏先前的数据。例如,当调用子程序时,需要记录调用前程序计数器PC的内容,还需要将子程序间都使用的变量保护起来,以实现当调用子程序结束后能回到原断点继续正确运行程序,堆栈就是用于子程序调用或任务切换中将PC和重要数据保护现场和恢复现场。

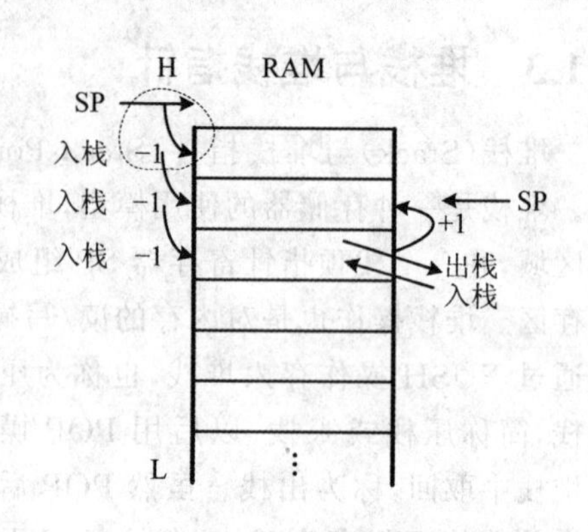

图2.3　向下增长堆栈模型的8位计算机

2.1.4　51单片机的CPU

在应用上,8位的经典型51单片机和CIP-51的CPU是一致的。其CPU的运算器以ALU为核心,具有1个专用的累加器A和8个通用寄存器R0、R1、…、R7;控制器中的PC是16位的,因此,可寻访的程序存储器空间为2^{16} B(64 KB)。

51单片机采用向上增长的堆栈模型,堆栈指针SP为8位,因此理论上,51单片机的堆栈区域空间最大为2^8 B(256 B)。

51单片机的CPU不但有字(8个位,1个字节)处理能力,还特别设置了一个结构完整、功能极强的位处理器。位处理器具有自己的位累加器C;CPU中有专门的位处理指令;存储器有专门的可位寻址区域。

利用位逻辑操作功能进行随机逻辑设计,可把逻辑表达式直接变换成软件执行,方法简便,免去了过多的数据往返传送、字节屏蔽和测试分支,大大简化了编程,节省了存储器空间,加快了处理速度;另外,其还可实现复杂的组合逻辑处理功能,特别适用于某些数据采集、实时测控等应用系统。

2.2　51单片机的存储器结构

51单片机的存储器结构将程序存储器和数据存储器分开,各有自己的寻址系统、控制信号和功能。程序存储器用来存放程序和常数。数据存储器通常用来存放程序运行中所需要的常数或变量,例如:做加法时的加数和被加数,模/数转换时实时记录的数据等。CIP-51 是 51 单片机的衍生和优化处理器,存储器结构与增强型的经典 51 单片机完全相同。

2.2.1 51 单片机的存储器构成

从物理地址空间看,所有的 51 单片机都有 4 个存储器地址空间,分别是片内程序存储器、片外程序存储器、片内数据存储器和片外数据存储器。存储器结构一致,只是容量大小不一。51 单片机的存储器分配示意图如图 2.4 所示。

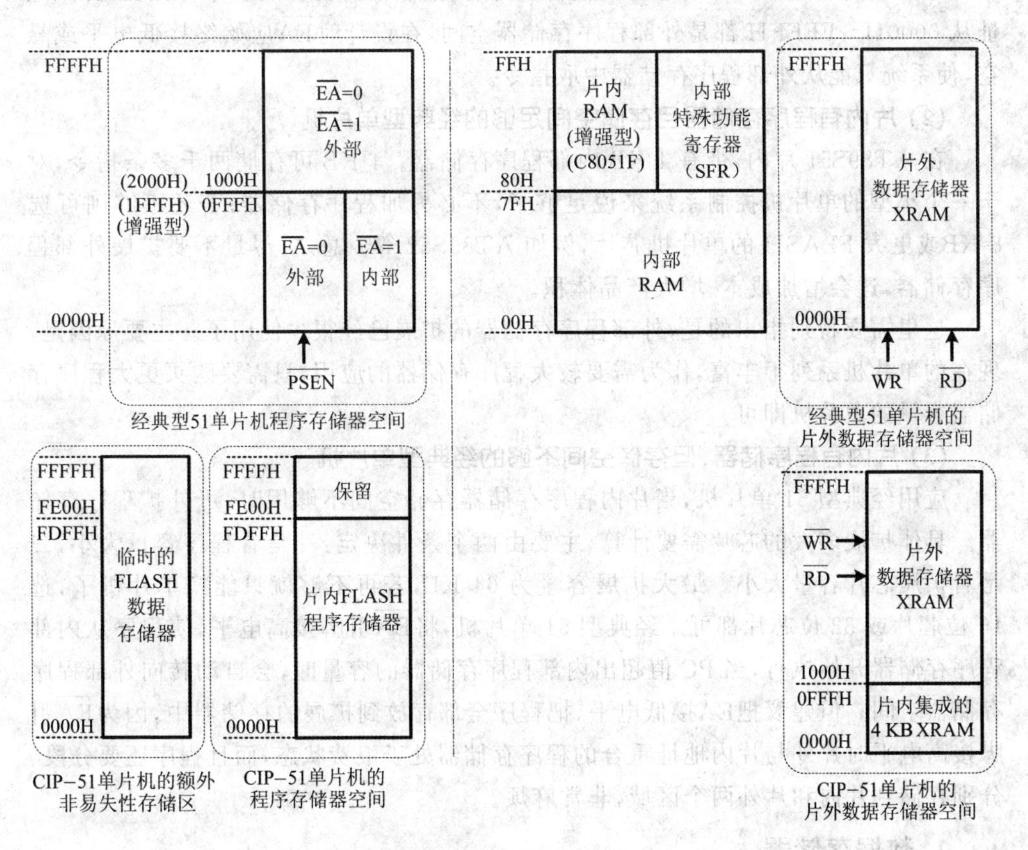

图 2.4 51 单片机存储器分配示意图

SoC 级的 C8051F020 单片机,其存储器设有三种基本的寻址空间:

◆ 64 KB 的程序存储器寻址空间;

◆ 64 KB 的外部数据存储器寻址空间;

◆ 256 B 的内部数据存储器寻址空间,其中包括特殊功能寄存器寻址空间。

1. 程序存储器

程序存储器用来存放程序和表格常数。程序存储器以 16 位的程序计数器(PC)

作地址指针，通过16位地址总线，可寻址的地址空间为64 KB。片内、片外统一编址。

C8051F020片内集成64 KB的FLASH，已是51单片机可集成程序存储器的最大容量，不存在扩展程序存储器的问题。其中，0000H～FDFFH为用户代码使用区；EE00H～FFFFH(共512 B)保留给厂家使用，不能用于存储用户程序。

经典型51单片机的程序存储器分为以下3类。

(1) 片内无程序存储器的经典型单片机

经典型的8031和8032芯片无内部程序存储器，需外部扩展程序存储器芯片，地址从0000H～FFFFH都是外部程序存储器空间，在设计时$\overline{EA}$应始终接低电平或悬空，使系统只能从外部程序存储器中取指令。

(2) 片内有程序存储器且存储空间足够的经典型单片机

在AT89S51片内，带有4 KB内部程序存储器。4 KB可存储两千多条指令，对于一个小型的单片机控制系统来说足够了，不必另加程序存储器；若还不够则可选8 KB或更大FLASH的单片机芯片，例如AT89S52等。总之，尽量不要扩展外部程序存储器，这会增加成本、增大产品体积。

这里需要特别指出的是，外部程序存储器的扩展已经很少使用了。主要原因是，现在的单片机系列很丰富，作为需要较大程序存储器的应用，只需要购买更大程序存储器容量的单片机即可。

(3) 片内有程序储器，但存储空间不够的经典型单片机

应用经典型51单片机，当片内程序存储器存储空间不够用时，可外扩程序存储器。具体扩展多大的芯片需要计算，主要由两个条件决定：一是看程序容量大小，二是看扩展芯片容量大小。最大扩展容量为64 KB，若再不够就只能换单片机了，选16位芯片或32位芯片都可。经典型51单片机，将$\overline{EA}$引脚接高电平，使程序从内部程序存储器开始执行，当PC值超出内部程序存储器的容量时，会自动转向外部程序存储器空间。但建议把$\overline{EA}$接低电平，把程序全部存放到扩展的存储器中，因为$\overline{EA}$引脚接高电平时片外与片内地址重合的程序存储器处于浪费状态，而且程序还要分段、分别存储到片内和片外两个区域，非常麻烦。

2. 数据存储器

51单片机的数据存储器(RAM)无论在物理上或逻辑上都分为两个地址空间：一个为内部数据存储器，访问内部数据存储器用MOV指令；另一个为外部数据存储器，访问外部数据存储器用MOVX指令。

51单片机具有扩展64 KB外部数据存储器和I/O口的能力。这对很多应用领域已足够使用，对外部数据存储器的访问采用MOVX指令，用间接寻址方式，R0、R1和DPTR都可作间接寻址寄存器。有关外部存储器的扩展方法将在第6章详细介绍。

C8051F020片内集成位于外部数据存储器地址空间的4 KB的XRAM块，地址空间为0x0000～0x0FFF，为很多应用提供了充足的数据存储器资源。很显然，当XRAM资源不足时，片外扩展的外部数据存储器空间为0x1000～0xFFFF。

51单片机内部RAM的地址为00H～7FH，增强型和C8051F单片机内部RAM的地址为00H～FFH。从图2.5可以看出，内部RAM与内部特殊功能寄存器(Special Function Register，SFR)具有相同的地址80H～FFH。为防止数据访问冲突，内部80H～FFH区域RAM的访问与SFR的访问是通过不同的寻址方式来实现的。高128 B RAM的访问只能采用间接寻址，而SFR的访问则只能采用直接寻址。00H～7FH的低128 B RAM直接寻址和间接寻址方式访问都可以。

地址		
FFH～80H	内部RAM(增强型、C8051F)间接寻址	特殊功能寄存器 直接寻址
7FH～00H	内部RAM 直接、间接寻址	

图2.5 51单片机内部RAM的访问方式

内部RAM可以分为00H～1FH、20H～2FH、30H～7FH(增强型和C8051F为30H～FFH)三个功能各异的数据存储器空间。各区域功能如表2.1所列。

表2.1 51单片机内部RAM各区域地址分配及功能

<table>
<tr><th colspan="2">地址范围</th><th>区　域</th><th>功　能</th></tr>
<tr><td colspan="2">80H～FFH
(增强型和C8051F，128个单元)</td><td rowspan="2">用户区</td><td rowspan="2">一般的存储单元，可以做数据存储或堆栈区</td></tr>
<tr><td colspan="2">30H～7FH
(80个单元)</td></tr>
<tr><td colspan="2">20H～2FH
(16个单元)</td><td>可位寻址区</td><td>每个单元的8位均可以位寻址及操作，即对16×8共128位中的任何一位均可以单独置1或清0</td></tr>
<tr><td rowspan="4">00H～1FH
(32个单元)</td><td>18H～1FH</td><td>工作寄存器区3(R0～R7)</td><td rowspan="4">4个工作寄存器区
(R0，R1，R2，R3，R4，R5，R6，R7)</td></tr>
<tr><td>10H～17H</td><td>工作寄存器区2(R0～R7)</td></tr>
<tr><td>08H～0FH</td><td>工作寄存器区1(R0～R7)</td></tr>
<tr><td>00H～07H</td><td>工作寄存器区0(R0～R7)</td></tr>
</table>

(1) 00H～1FH(4个工作组)

这32个存储单元以8个存储单元为一组分成4个工作区。每个工作区有8个寄存器(R0、R1、R2、R3、R4、R5、R6、R7)，分别与8个存储单元一一对应，作为一组寄存器。

51单片机在工作时,任一时刻只有一组寄存器作为寄存器区,那么是什么来决定4组寄存器中哪组作为寄存器区呢?CPU当前选择使用的工作寄存器区是由程序状态字PSW中的b4位RS1和b3位RS0确定的,RS1、RS0可通过程序置1或清0,以达到选择不同工作寄存器区的目的。具体的对应关系见表2.2。

表2.2 工作寄存器区选择

PSW.4 (RS1)	PSW.3 (RS0)	当前使用的工作寄存器区 (R0～R7)	PSW.4 (RS1)	PSW.3 (RS0)	当前使用的工作寄存器区 (R0～R7)
0	0	0区 (00H～07H)(默认)	1	0	2区(10H～17H)
0	1	1区 (08H～0FH)	1	1	3区(18H～1FH)

CPU通过对PSW中的b4、b3位内容的修改,就能任选一个工作寄存器区。由RS1和RS0确定当前的寄存器组,没有被确定的寄存器组保持原数据不变。

工作区中的每一个内部RAM都有一个字节地址,为什么还要R0、R1、R2、R3、R4、R5、R6、R7来表示呢?其原因是采用寄存器,软件可以实现高效运行,不用完全给出其8位地址,这样既可以实现时间上高速运行,又可以缩小指令,节约程序存储器。

为什么要采用多组寄存器结构呢?原因是可以进一步提高51单片机现场保护和现场恢复的速度,切换寄存器组要比直接堆栈操作快很多,这对于提高单片机CPU的工作效率和响应中断的速度是非常有用的。如果在实际应用中不需要4个工作区,那么没有用到的工作区仍然可以作为一般的数据存储器使用。51单片机的这个特点等到学习第3章的指令系统和第7章的中断系统后就会进一步理解多个寄存器组的作用。

(2) 20H～2FH(可以位寻址)

内部RAM的20H～2FH为可位寻址区。这16个单元和每一位都有一个位地址,共128位(16×8位),位地址范围为00H～7FH,如表2.3所列。位寻址区的每一位都可以视作软件触发器,由程序直接进行位处理。通常把各种程序状态标志、位控制变量设在位寻址区内,即对于内部RAM 20H～2FH,既可以与一般的存储器一样按字节操作,也可以对16个单元中8位中的某一位进行位操作,这样极大地方便了面向控制的开关量处理。

表2.3 RAM寻址区位地址映射表

字节地址	位地址							
	b7	b6	b5	b4	b3	b2	b1	b0
20H	07H	06H	05H	04H	03H	02H	01H	00H
21H	0FH	0EH	0DH	0CH	0BH	0AH	09H	08H
22H	17H	16H	15H	14H	13H	12H	11H	10H

续表 2.3

字节地址	位地址							
	b7	b6	b5	b4	b3	b2	b1	b0
23H	1FH	1EH	1DH	1CH	1BH	1AH	19H	18H
24H	27H	26H	25H	24H	23H	22H	21H	20H
25H	2FH	2EH	2DH	2CH	2BH	2AH	29H	28H
26H	37H	36H	35H	34H	33H	32H	31H	30H
27H	3FH	3EH	3DH	3CH	3BH	3AH	39H	38H
28H	47H	46H	45H	44H	43H	42H	41H	40H
29H	4FH	4EH	4DH	4CH	4BH	4AH	49H	48H
2AH	57H	56H	55H	54H	53H	52H	51H	50H
2BH	5FH	5EH	5DH	5CH	5BH	5AH	59H	58H
2CH	67H	66H	65H	64H	63H	62H	61H	60H
2DH	6FH	6EH	6DH	6CH	6BH	6AH	69H	68H
2EH	77H	76H	75H	74H	73H	72H	71H	70H
2FH	7FH	7EH	7DH	7CH	7BH	7AH	79H	78H

(3) 30H～7FH(增强型和 C8051F 为 30H～FFH)(一般存储器)

30H～7FH(增强型和 C8051F 为 30H～FFH)为一般的数据存储单元。51 单片机的堆栈区一般设在这个范围内。复位后 SP 的初值为 07H,可在初始化程序时设定 SP 来具体确定堆栈区的范围。通常情况下将堆栈区设在 30H～7FH 范围内。对于 51 增强型和 C8051F 系列,也可以将堆栈放在高 128 B 区域中。

2.2.2 C8051F020 的特殊功能寄存器

1. 特殊功能寄存器区

特殊功能寄存器(SFR)是 51 单片机 CPU 与片内外设(如串行口、定时/计数器等)的接口,以 RAM 形式发出控制指令或获取外设信息。SFR 离散地分布在地址 80H～FFH 范围的 SFR 区内。SFR 只能通过直接寻址的方式进行访问,这是区分片内高 128 B 数据存储器访问的唯一方法。

基本型 51 单片机具有 21 个 SFR,增强型 51 单片机具有 26 个 SFR,其中,定时/计数器 T2 的 5 个 SFR 为增强型 51 单片机所特有。

CIP－51 微控制器具有增强型 51 单片机中的全部 SFR,且由于 C8051F 系列 51 单片机属 SoC 级处理器,则有更多的 SFR,不同芯片根据外设数量及功能不同,SFR 的数量也不尽相同。C8051F020 的特殊功能寄存器如表 2.4 所列。

表 2.4　C8051F020 的特殊功能寄存器

首个地址	SFR							
	可位寻址	不支持位寻址						
F8	SPI0CN	PCA0H	PCA0CPH0	PCA0CPH1	PCA0CPH2	PCA0CPH3	PCA0CPH4	WDTCN
F0	B	SCON1	SBUF1	SADDR1	TL4	TH4	EIP1	EIP2
E8	ADC0CN	PCA0L	PCA0CPL0	PCA0CPL1	PCA0PL2	PCA0CPL3	PCA0CPL4	RSTSRC
E0	ACC	XBR0	XBR1	XBR2	RCAP4L	RCAP4H	EIE1	EIE2
D8	PCA0CN	PCA0MD	PCA0CPM0	PCA0CPM1	PCA0CPM2	PCA0CPM3	PCA0CPM4	
D0	PSW	REF0CN	DAC0L	DAC0H	DAC0CN	DAC1L	DAC1H	DACICN
C8	T2CON	T4CON	RCAP2L	RCAP2H	TL2	TH2		SMB0CR
C0	SMB0CN	SMB0STA	SMB0DAT	SMB0ADR	ADC0GTL	ADC0GTH	ADC0LTL	ADC0LTH
B8	IP	SADEN0	AMX0CF	AMX0SL	ADC0CF	P1MDIN	ADC0L	ADC0H
B0	P3	OSCXCN	OSCICN			P74OUT	FLSCL	FLACL
A8	IE	SADDR0	ADCICN	ADCICF	AMXISL	P3IF		EMI0CN
A0	P2	EMI0TC		EMI0DAT	P0MDOUT	P1MDOUT	P2MDOUT	P3MDOUT
98	SCON0	SBUF0	SPI0CFG	SPI0DAT	ADC1	SPI0CKR	CPT0CN	CPT1CN
90	P1	TMR3CN	TMR3RLL	TMR3RLH	TMR3L	TMR3H	P7	
88	TCON	TMOD	TL0	TL1	TH0	TH1	CKCON	PSCTL
80	P0	SP	DPL	DPH	P4	P5	P6	PCON
	→(地址递增)							

注:(1)阴影部分是经典增强型 51 单片机具有的 26 个 SFR;

(2)SCON0 与经典型 51 单片机的 SCON 一致。由于 C8051F020 有两个 UART,所以有 SCON0 和 SCON1。

2. 特殊功能寄存器的位寻址

51 单片机中,有两块数据存储器区域支持位寻址。一是片内 RAM 字节地址 20H～2FH;二是 SFR 中字节地址为 8 的倍数的特殊功能寄存器可以位寻址,且 SFR 最低位的位地址与 SFR 的字节地址相同,次低位的位地址等于 SFR 的字节地址加 1,以此类推,最高位的位地址等于 SFR 的字节地址加 7。可位寻址 SFR 及其位地址的对应关系见表 2.5。

3. 几个重要的特殊功能寄存器

(1) 累加器 A

51 单片机中,累加器 A 是一个实现各种寻址及运算的寄存器,而不是一个仅做加法的寄存器。在 51 单片机的指令系统中,所有算术运算、逻辑运算几乎都要使用它。而对程序存储器和外部数据存储器的访问只能通过它进行。只有很少的指令不需要累加器 A 的直接参与。

表 2.5 可位寻址 SFR 及其位地址的对应关系

SFR		位名或位地址							
名 称	字节地址	位 7	位 6	位 5	位 4	位 3	位 2	位 1	位 0
SPI0CN	F8H	SPIF	WCOL	MODF	RXOVRN	TXBSY	SLVSEL	MSTEN	SPIEN
B	F0H	F7H	F6H	F5H	F4H	F3H	F2H	F1H	F0H
ADC0CN	E8H	AD0EN	AD0TM	AD0INT	AD0BUSY	AD0CM1	AD0CM0	AD0WINT	AD0LJST
ACC	E0H	E7H	E6H	E5H	E4H	E3H	E2H	E1H	E0H
PCA0CN	D8H	CF	CR	—	CCF4	CCF3	CCF2	CCF1	CCF0
PSW	D0H	CY	AC	F0	RS1	RS0	OV	—	P
T2CON	C8H	TF2	EXF2	RCLK	TCLK	EXEN2	TR2	C/T2	CP/RL2
SMB0CN	C0H	BUSY	ENSMB	STA	STO	SI	AA	FTE	TOE
IP	B8H	—	—	PT2	PS/PS0	PT1	PX1	PT0	PX0
P3	B0H	B7H	B6H	B5H	B4H	B3H	B2H	B1H	B0H
IE	A8H	EA	IEGF0	ET2	ES/ES0	ET1	EX1	ET0	EX0
P2	A0H	A7H	A6H	A5H	A4H	A3H	A2H	A1H	A0H
SCON0	98H	SM00	SM10	SM20	REN0	TB80	RB80	TI0	RI0
P1	90H	97H	96H	95H	94H	93H	92H	91H	90H
TCON	88H	TF1	TR1	TF0	TR0	IE1	IT1	IE0	IT0
P0	80H	87H	86H	85H	84H	83H	82H	81H	80H

51 单片机的运算器结合特殊功能寄存器(辅助寄存器 B 和程序状态字 PSW 等)和累加器 A,实现运算和程序控制运行。其中,PSW 就是 51 单片机的标志寄存器。

虽然从功能上看,累加器 A 与一般处理器的累加器没有什么特别之处,是 CPU 进行数值运算的核心数据处理单元,是计算机中最繁忙的单元;但是,累加器 A 的进借位标志 CY(简称 C,在 PSW 中)是特殊的,因为它同时又是位处理器的位累加器。

事实上,ACC 与 A 是有区别的,见 3.2 节。

(2) 辅助寄存器 B

辅助寄存器 B 是为执行乘法和除法操作设置的,在不执行乘除法操作的一般情况下,可把辅助寄存器 B 作为一个普通的直接寻址 RAM 使用。

(3) PSW

51 单片机的标志寄存器就是程序状态字(Program Status Word, PSW),用来表示程序运行的状态。PSW 的 8 个位包含了程序状态的不同信息,包括进(借)位标志 CY、辅助进位标志 AC 和溢出标志 OV 等,但是没有零标志 Z 和符号标志 N。PSW 是编程时特殊需要关注的一个寄存器,掌握并牢记 PSW 各位的含义十分重要。

PSW 寄存器格式及各个位定义如下：

	b7	b6	b5	b4	b3	b2	b1	b0
PSW	CY	AC	F0	RS1	RS0	OV	—	P

其中：

b1 是保留位。

CY：进借位标志位，在执行算术和逻辑指令时，可以被硬件或软件置位或清除。在位处理器中，它作为累加器。

AC：辅助进位标志位，当进行加法或减法操作而产生由低 4 位数(十进制中的一个数字)向高 4 位进位或借位时，AC 将被硬件置 1，否则就被清除。AC 被用于十进位调整，同 DA 指令结合起来用。

OV：溢出标志位。当执行算术指令时，由硬件置 1 或清 0，以指示溢出状态。各种算术运算对该位的影响情况较为复杂，将在第 3 章详细说明。

F0：用户位，作为普通 RAM 供用户使用，比如作为标志位使用等。

RS[1:0]：寄存器区选择控制位，用于确定工作寄存器组。

P：奇偶(Parity)标志位。P 随累加器 A 中数值变化而变化，当累加器 A 中 1 的位数为奇数时，P 为 1，否则 P 为 0，即 P 始终保持与累加器 A 中 1 的总个数为偶数。此标志位对串行口通信中的数据传输有重要的意义，借助 P 实现偶校验，保证数据传输的可靠性。

(4) SP

堆栈指针，用以辅助完成堆栈操作。MCS－51 采用向上增长堆栈，入栈时 SP 加 1，出栈时 SP 减 1。

(5) DPTR(DPL 和 DPH)

51 单片机中有两个 16 位寄存器，即数据指针 DPTR 和 PC。PC 不是 SFR，但 DPTR 却是重要的 SFR，DPH 为 DPTR 的高 8 位，DPL 为 DPTR 的低 8 位。访问外部数据存储器时，必须以 DPTR 为数据指针通过累加器 A 进行访问。DPTR 也可以用于访问程序存储器读取常量表格数据等。

因此，51 单片机的程序存储器和数据存储器的地址范围都是 2^6＝64 KB。

其他 SFR 及 C8051F 的外设 SFR 在后面章节讲述。

4. 复位状态下的特殊功能寄存器状态

51 单片机复位后，CPU 停止程序执行，执行代码重新回到 0000H(即 PC＝0000H)，堆栈指针 SP 为 07H，各端口都为高电平(P0～P7 口的内容均为 FFH)，CIP－51单片机的 OSCICN 复位值为 14H，P1MDIN 复位值为 FFH，EMI0TC 复位值为 FFH，其他特殊功能寄存器都复位为 0。复位后 RAM 的状态和数据需要再次初始化，以防止复位过程造成的数据错误。

2.2.3 C8051F020的时钟系统设置和复位源

1. C8051F020的时钟系统

系统时钟电路是用于产生单片机工作所需要的时钟信号的。C8051F020有一个内部振荡器驱动电路和一个外部振荡器驱动电路，每个驱动电路都能产生系统时钟。复位引脚$\overline{RST}$为低电平时，两个振荡器都被禁止，MCU既可以从内部振荡器运行，也可以从外部振荡器运行，可使用OSCICN寄存器中的CLKSL位，在两个振荡器之间随意切换。C8051F020的系统时钟原理框图如图2.6所示。

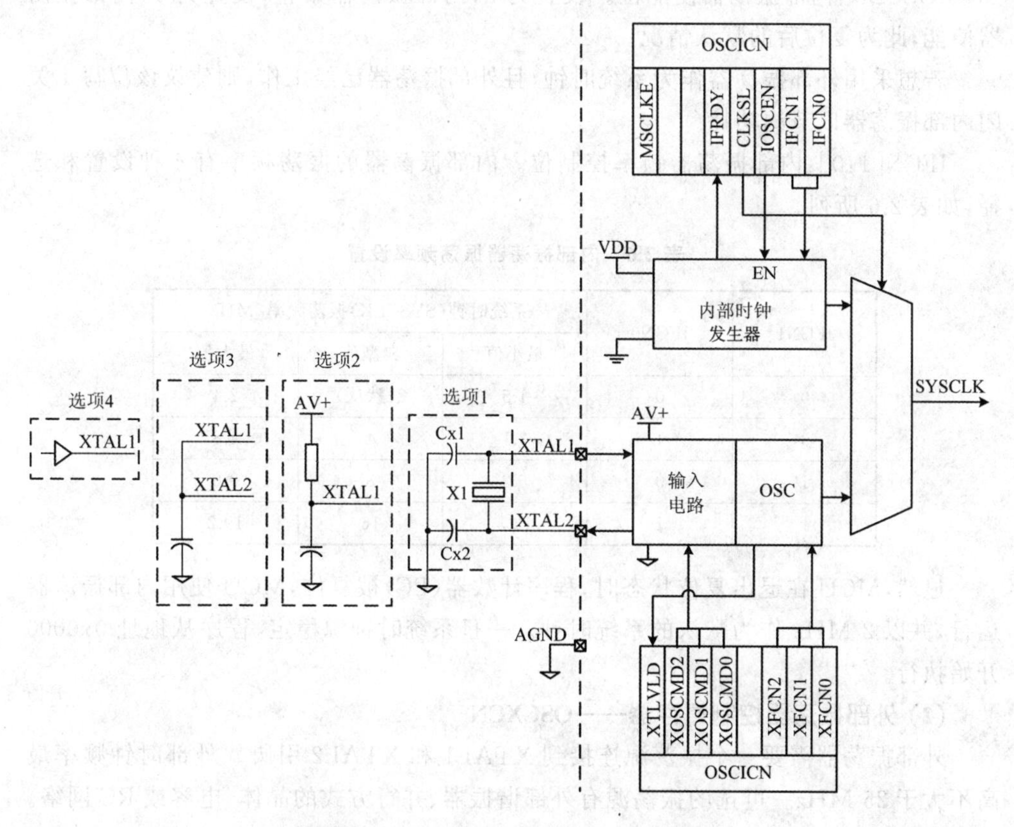

图2.6 C8051F020的系统时钟原理框图

(1) 内部振荡器控制寄存器——OSCICN

OSCICN的格式如下：

	b7	b6	b5	b4	b3	b2	b1	b0
OSCICN	MSCLKE	—	—	IFRDY	CLKSL	IOSCEN	IFCN1	IFCN0

其中：

MSCLKE：时钟丢失检测器复位使能位，将在本节的复位部分讲述。

b6、b5：未使用，读都为0，写被忽略。

IFRDY：内部振荡器频率准备好标志。读该位为0，说明内部振荡器频率不是按IFCN位指定的速度运行；该位为1，内部振荡器频率按照IFCN位指定的速度运行，此为复位后的默认情况。通过IOSCEN重新使能内部振荡器后，要查询IFRDY位，直到该位为1，说明内部振荡器已经稳定产生时钟。

CLKSL：系统时钟源选择位。设置为0，选择内部振荡器作为系统时钟；设置为1，选择外部振荡器作为系统时钟。复位之后该位为0，故复位后内部振荡器启动，MCU使用内部振荡器产生系统时钟。

IOSCEN：内部振荡器使能位。设置为0，内部振荡器禁止；设置为1，内部振荡器使能，此为复位后的默认情况。

若想采用外部振荡器作为系统时钟，且外部振荡器已经工作，则建议该位写1关闭内部振荡器以节约功耗。

IFCN[1:0]：内部振荡器频率控制位。内部振荡器的振荡频率有4种设置和选择，如表2.6所列。

表2.6　内部振荡器振荡频率设置

IFCN1	IFCN0	系统时钟(SYSCLK)振荡频率/MHz		
		最小值	典型值	最大值
0	0	1.5	2(默认)	2.4
0	1	3.1	4	4.8
1	0	6.2	8	9.6
1	1	12.3	16	19.2

显然，MCU在退出复位状态时，程序计数器(PC)被复位，MCU使用内部振荡器运行，并以2 MHz作为默认的系统时钟。一旦系统时钟源稳定，程序从地址0x0000开始执行。

(2) 外部振荡器控制寄存器——OSCXCN

外部振荡器需要一个振荡源连接到XTAL1和XTAL2引脚。外部时钟频率最高不大于25 MHz。可选的振荡源有外部谐振器、并行方式的晶体、电容或RC网络。外部振荡器由OSCXCN寄存器控制，OSCXCN不支持位寻址，格式如下：

	b7	b6	b5	b4	b3	b2	b1	b0
OSCXCN	XTLVLD	XOSCMD2	XOSCMD1	XOSCMD0	—	XFCN2	XFCN 1	XFCN 0

其中：

XTLVLD：晶体振荡器有效中断标志。当XOSCMD＝11x时用于查询晶体振荡器是否已经稳定工作。使能晶体振荡器工作至少1 ms后，若读该位为1则说明晶体振荡器正在运行并且工作稳定。此后可以切换系统时钟为外部振荡器。晶体振荡器电路对 PCB 布局非常敏感。应将晶体尽可能地靠近器件的 XTAL 引脚，并在晶体引脚接负载电容(20～33 pF)。引线应尽可能地短并用地平面屏蔽，防止其他引线引入噪声或干扰。

XOSCMD[2:0]：外部振荡器方式位。外部振荡器方式的系统时钟设置如表 2.7 所列。

表 2.7 外部振荡器方式的系统时钟设置

XOSCMD2	XOSCMD1	XOSCMD0	系统时钟(SYSCLK)
0	0	x	关闭外部晶振电路。XTAL1 引脚内部接地
0	1	0	来自 XTAL1 引脚的外部 CMOS 时钟，XTAL2 引脚悬空，如图 2.7 所示为有源晶振作为外部时钟源。XTAL1 的电压应保持在 AV+和 AGND 之间
0	1	1	来自 XTAL1 引脚的外部 CMOS 时钟/2，XTAL2 引脚悬空，如图 2.7 所示为有源晶振作为外部时钟源。XTAL1 的电压应保持在 AV+和 AGND 之间
1	0	x	RC 振荡器频率/2。本书不建议使用，故没有给出具体电路
1	1	0	晶体振荡器频率(f_{OSC})，如图 2.8 所示
1	1	1	晶体振荡器频率($f_{OSC}/2$)，如图 2.8 所示

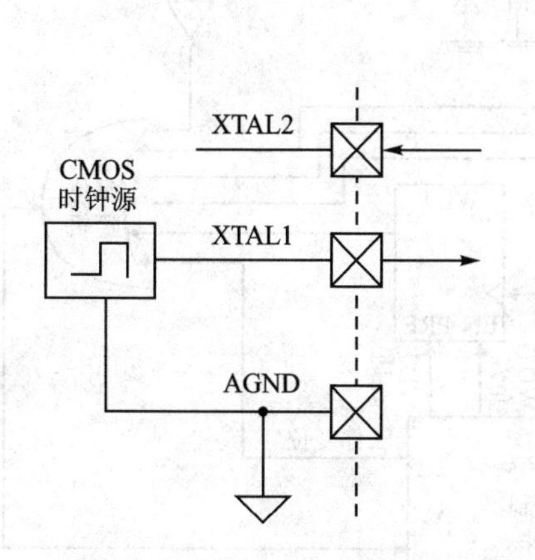

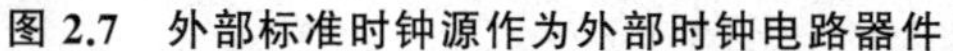

图 2.7 外部标准时钟源作为外部时钟电路器件

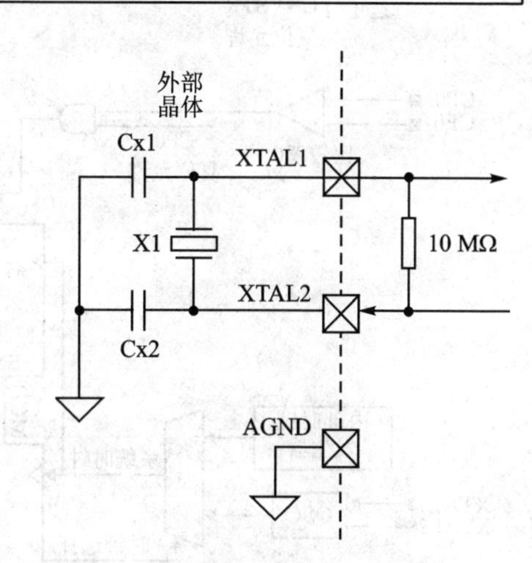

图 2.8 外部晶体作为外部时钟电路器件

b3：未使用，读为 0，写被忽略。

XFCN[2:0]：外部振荡器频率控制位，如表 2.8 所列。

表 2.8 外部振荡器频率控制

XFCN	晶体(XOSCMD=11x)	XFCN	晶体(XOSCMD=11x)
000	$f \leqslant 12$ kHz	100	270 kHz$<f\leqslant$720 kHz
001	12 kHz$<f\leqslant$30 kHz	101	720 kHz$<f\leqslant$2.2 MHz
010	30 kHz$<f\leqslant$95 kHz	110	2.2 MHz$<f\leqslant$6.7 MHz
011	95 kHz$<f\leqslant$270 kHz	111	$f>$6.7 MHz

2. C8051F020 的复位源

复位源是引发单片机复位的触发信号。如图 2.9 所示,C8051F020 有 7 种情况会导致 MCU 进入复位状态:外部$\overline{\text{RST}}$引脚低电平复位、上电/掉电自动复位、外部 CNVSTR 信号复位、软件命令复位、比较器 0 复位、时钟丢失检测器复位及看门狗定时器溢出复位。各个复位源是“或”的关系,只要有一个复位源产生有效的复位信号,MCU 都进入复位状态。前两种复位已经在 1.3.3 小节说明,这里不再赘述,下面主要说明后 5 种复位源。

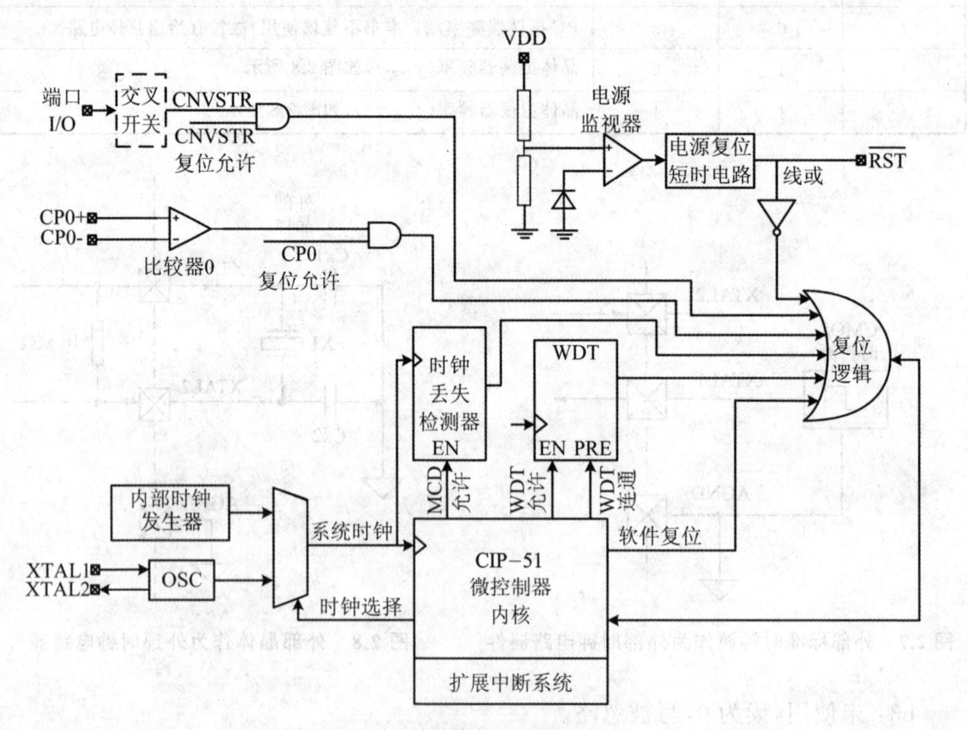

图 2.9 C8051F020 复位源框图

C8051F020 的 7 种复位源的相关设置通过特殊功能寄存器——复位源寄存器(RSTSRC)实现。RSTSRC 是一个不允许进行“读—修改—写”操作,且不支持位寻址的 SFR,其格式如下:

	b7	b6	b5	b4	b3	b2	b1	b0
RSTSRC	—	CNVRSEF	C0RSEF	SWRSEF	WDTRSF	MCDRSF	PORSF	PINRSF

其中，b7 是保留位，未使用。其他位为 7 个复位源的复位信号和复位标志，这是 RSTSRC 不允许进行“读—修改—写”操作的原因。当向对应位写 0 时，表示使该复位源无效；当向对应位写 1 时，表示使能该复位源。当该复位源产生有效复位信号时 MCU 进入复位状态。读对应位为 0，表示最近一次的复位不是由该复位源引起的；读对应位为 1，表示最近一次的复位是由该复位源引起的。

PINRSF：$\overline{\text{RST}}$引脚复位一直处于使能状态，所以 PINRSF 仅作为$\overline{\text{RST}}$引脚复位标志；为 0 说明前面的复位不是来自$\overline{\text{RST}}$引脚；为 1 则表明前面的复位来自$\overline{\text{RST}}$引脚。

PORSF：当电源监视器电路退出上电复位状态时，该位被硬件置为 1。由于所有的复位都导致程序从同一个地址(0x0000)开始执行，因此软件可以通过读 PORSF 标志来确定是否为上电过程导致的复位。PORSF 被任何其他复位清 0。

C0RSEF：比较器 0 复位源使能控制和标志。向 C0RSEF 写 1 将比较器 0 配置为复位源，当然，前提是使能比较器 0 工作(之前向 CPT0CN.7 位写 1，以防止通电瞬间在输出端产生抖动，从而产生不希望的复位)，比较器 0 比较输出低电平(同相端输入引脚电压 CP0＋小于反相端输入引脚电压 CP0－)时复位 MCU。读该位为 1 说明前面的复位来自比较器 0，即比较器输出低电平。$\overline{\text{RST}}$引脚的状态不受该复位的影响。

SWRSEF：软件强制复位和标志。该位写 0 无作用，写 1 将强制产生一个内部复位。$\overline{\text{RST}}$引脚不受影响。读该位为 1 说明前面的复位来自写 SWRSEF 位。

MCDRSF：把 OSCIN 寄存器中的 MSCLKE 位置 1 将使能时钟丢失检测器复位源，而该位仅作为时钟丢失检测器标志，即当读该位为 1 时说明前面的复位来自时钟丢失检测器超时。

时钟丢失检测器是由 MCU 的系统时钟触发的单稳态复位电路。如果未收到系统时钟的时间大于 100 μs，则单稳态电路将超时并产生一个复位。在发生时钟丢失检测器复位后，MCDRSF 标志被置 1。$\overline{\text{RST}}$引脚的状态不受该复位的影响。

CNVRSEF：外部 CNVSTR 引脚复位。可以配置 P0、P1、P2 或 P3 的任何一个 I/O 引脚作为 CNVSTR 复位源输入信号。配置并使能交叉开关定位 CNVSTR 引脚后，向 CNVRSEF 写 1 将外部 CNVSTR 信号配置为复位源，此后，当 CNVSTR 为低电平时复位 MCU。$\overline{\text{RST}}$引脚的状态不受该复位的影响。在发生 CNVSTR 复位之后，CNVRSEF 标志的读出值为 1，表示本次复位源为 CNVSTR。

WDTRSF：看门狗定时器(Watch Dog Timer，WDT)复位标志。读该位为 1，说明前面的复位来自 WDT 超时。

WDT 实质上是一个监视定时器，一旦定时时间到(发生溢出)就使 MCU 复位。在正常运行时，如果在小于定时时间间隔内对其进行重置(称为“喂狗”)，使得 WDT 处于不断地重新定时过程，就不会产生溢出。利用这一原理给单片机集成一个

WDT,在执行程序中当小于定时时间时对其进行重置。当系统出现了软件或硬件错误而“跑飞”时,因没能执行正常的程序而不能在小于定时时间内对其重置。当定时时间到,溢出信号使MCU复位。

C8051F020的WDT采用21位计数器对时钟进行计数。该定时器测量对其控制寄存器的两次特定写操作的时间间隔。如果这个时间间隔超过了编程的极限值,将产生一个WDT复位。可以根据需要,用软件使能和禁止WDT,或根据要求将其设置为永久性使能状态。

看门狗的功能可以通过看门狗定时器控制寄存器(WDTCN)进行控制,该SFR是读/写寄存器,且不支持位寻址。其中:

WDTCN[7:0]:WDT控制。写入A5H将使能并重新装载WDT;写入DEH后4个系统周期内写入ADH,将禁止WDT;写入FFH将锁定禁止功能,如果应用程序想一直使用看门狗,则应在初始化代码中向WDTCN写入FFH。

WDTCN[4]:看门狗状态位。读该位若为0,则WDT处于不活动状态;读该位若为1,则WDT处于活动状态。

WDTCN[2:0]:设置看门狗的超时间隔。在写这些位时,WDTCN[7]必须被置为0。

$$\text{超时间隔}=4^{3+\text{WDTCN}[2:0]}\times T_{\text{SYSCLK}}$$

其中,T_{SYSCLK}为系统时钟。

从任何一种复位退出时,WDT被自动使能并使用缺省的最大时间间隔运行。系统软件可以根据需要禁止WDT或将其锁定为运行状态以防止意外产生的禁止操作。WDT一旦被锁定,在下一次系统复位之前将不能被禁止。$\overline{\text{RST}}$引脚的状态不受该复位的影响。

习题与思考题

2.1 CPU是由(　　)和(　　)构成的。

2.2 PC的值是(　　)。

(A) 当前正在执行指令的前一条指令的地址

(B) 当前正在执行指令的地址

(C) 当前正在执行指令的下一条指令的首地址

(D) 控制器中指令寄存器的地址

2.3 请说明程序计数器PC的作用。

2.4 51单片机内部RAM区功能结构如何分配?4组工作寄存器使用时如何选用?位寻址区域的字节地址范围是多少?

2.5 特殊功能寄存器中哪些寄存器可以位寻址?它们的字节地址有什么特点?

2.6 简述程序状态字PSW中各位的含义。

2.7 复位状态下的特殊功能寄存器状态不为0的寄存器有哪些?值为多少?

第 3 章

51 单片机的指令系统及汇编程序设计

3.1 51 单片机汇编指令格式及标识

1.1.3 小节已经介绍,指令是使计算机完成基本操作的命令,计算机工作时是通过执行程序来解决问题的,而程序是由一条条指令按一定的顺序组成的,且计算机内部只能直接识别二进制代码指令。以二进制代码指令形成的计算机语言,称为机器语言。为了阅读和书写的方便,常把它写成十六进制形式,通常称这样的指令为机器指令。现在一般的计算机都有几十甚至几百种指令。显然,即便用十六进制去书写、记忆、理解和使用,也是不容易的,为便于人们识别、记忆、理解和使用,给每条机器语言指令赋予一个助记符号,这就形成了汇编语言。汇编语言指令是机器指令的符号化,它和机器语言指令一一对应。源程序、汇编程序与目的程序之间的关系如图 3.1 所示。机器语言和汇编语言与计算机硬件密切相关,不同类型的计算机,它们的机器语言和汇编语言指令不一样。

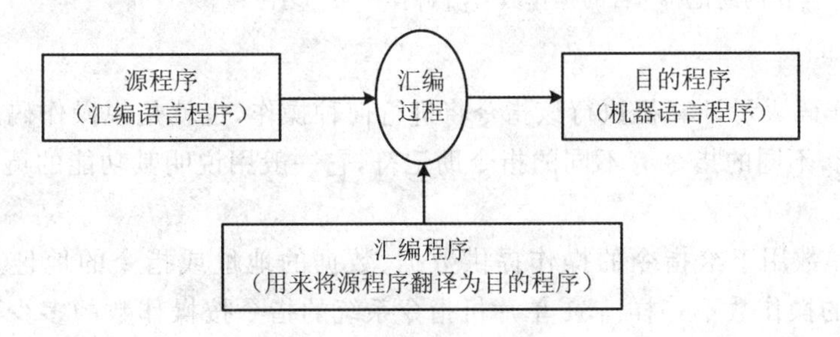

图 3.1　汇编过程示意图

每个机型的指令系统和硬件结构不同,为了方便用户,程序所用的语句要与实际问题更接近,使得用户不必了解具体结构,就能编写程序,只考虑要解决的问题即可,这就是面向问题的语言——C 语言、PASCAL 等各种高级语言。高级语言容易理解、学习和掌握,用户用高级语言编写程序就方便多了,可大大减少工作量。但计算机执行时,必须将高级语言编写的源程序翻译成机器语言表示的目标代码方能执行。这个“翻译”就是各种编译程序(Compiler)或解释程序(Interpreter)。第 4 章将学习

51单片机的C语言程序设计。本章学习51单片机的汇编语言设计。

汇编语言是由指令构成的、一种计算机能够执行的全部指令的集合,称为这种计算机的指令系统。单片机的指令系统与微型计算机的指令系统不同。51单片机指令系统共有111条指令,42种指令助记符。

CIP-51的指令系统与经典型51单片机完全兼容,所有的CIP-51指令在二进制码和功能上与经典型51单片机完全等价,包括操作码、寻址方式和对PSW标志的影响。但是,CIP-51采用了流水线结构,属于单时钟周期内核,摒弃了机器周期的概念,时钟周期直接作为指令执行时间单位,很多指令只需要1个时钟周期即可完成,执行速度大幅提高。例如,经典型51单片机的乘法、除法两条指令为四机器周期指令,每个指令需要48个系统时钟才能执行完成;而对于CIP-51,乘法指令只需要4个系统时钟,除法仅需要8个时钟。CIP-51的条件转移指令在不发生转移时的执行周期数比发生转移时少一个。

51单片机指令系统功能强,指令短,执行速度快。其从功能上可分为五大类:数据传送指令、算术运算指令、逻辑操作指令、控制转移指令和位操作指令。下面分别进行介绍。

3.1.1 指令格式

不同的指令完成不同的操作,实现不同的功能,具体格式也不一样。但从总体上来说,每条指令通常由操作码和操作数两部分组成。51单片机汇编语言指令基本格式如下:

[标号:] 操作码助记符 [目的操作数],[源操作数][;注释]

其中:

① 操作码表示计算机执行该指令将进行何种操作,也就是说操作码助记符表明指令的功能,不同的指令有不同的指令助记符,它一般用说明其功能的英文单词的缩写形式表示。

② 操作数用于给指令的操作提供数据、数据的地址或指令的地址。不同的指令,指令中的操作数不一样。51单片机指令系统的指令按操作数的多少可分为无操作数、单操作数、双操作数和三操作数四种情况。

无操作数指令是指指令中不需要操作数或操作数采用隐含形式指明。例如RET指令,它的功能是返回调用该子程序的调用指令的下一个指令位置,指令中无操作数。

单操作数指令是指指令中只需提供一个操作数或操作数地址。例如INC A指令,它的功能是对累加器A中的内容加1,操作中只需一个操作数。

多于一个操作数的指令中,通常其第一个操作数为目的操作数,其他操作数为源操作数。目的操作数不但参与指令操作,而且保存最后操作的结果;而源操作数只参与指令操作,而本身不改变。例如"MOV A, 21H",它的功能是将源操作数——21H 地址单元中的数,复制传送到目的操作数累加器 A 中,而 21H 地址单元中的数保持不变。

双操作数指令占 51 单片机指令系统的大多数。三操作数指令在 51 单片机中只有与 ADDC、SUBB 和 CJNE 三个操作码相关的指令。

③ 51 单片机的指令系统中,有单字节、双字节和三字节等不同长度的指令。

单字节指令:指令只有一个字节,操作码和操作数同在一个字节中。51 单片机的指令系统中,共有 49 条单字节指令。

双字节指令:双字节指令包括两个字节,其中一个字节为操作码,另一个字节是操作数。51 单片机的指令系统中共有 45 条双字节指令。

三字节指令:三字节指令中,操作码占一个字节,操作数占两个字节,其中操作数可能是数据,也可能是地址。51 单片机的指令系统中共有 17 条三字节指令。

④ 标号是该指令的符号地址,后面需带冒号。它主要为转移指令提供转移的目的地址。

⑤ 注释是对指令的解释,前面需带分号。它们是编程者根据需要加上去的,用于对指令进行说明。其对于指令本身功能而言是可以不要的。

3.1.2 指令中用到的标识符

为便于后面的学习,在这里先对指令中用到的一些符号的约定意义加以说明:

① Ri 和 Rn:表示当前工作寄存器区中的工作寄存器,i 取 0 或 1,表示 R0 或 R1。n 取 0~7,表示 R0~R7。

② #data:表示包含在指令中的 8 位立即数。

③ #data16:表示包含在指令中的 16 位立即数。

④ rel:以补码形式表示的 8 位相对偏移量,范围在 -128~127,主要用在相对寻址的指令中。

⑤ addr16 和 addr11:分别表示 16 位直接地址和 11 位直接地址。

⑥ direct:表示直接寻址的地址。

⑦ bit:表示可按位寻址的直接位地址。

⑧ (X):表示 X 单元中的内容。

⑨ ((X)):表示以 X 单元的内容为地址的存储单元内容,即(X)作地址,该地址单元的内容用((X))表示。

⑩ →符号:表示操作流程,将箭尾一方的内容送入箭头所指一方的单元中去。

3.2 51 单片机的寻址方式

除了 NOP 指令以外,所有的指令都有操作数,所谓寻址方式就是指令中用于说明操作数所在地址的方法,指明操作数或操作数地址的寻找方式。

根据指令操作的需要,计算机有多种寻址方式。总的来说,寻址方式越多,计算机的功能就越强,灵活性越大,指令系统也就越复杂,CPU的设计就越复杂。

51单片机的寻址方式按操作数的类型可分为数的寻址和指令寻址。数的寻址有常数寻址(立即寻址)、寄存器数寻址(寄存器寻址)、存储器数寻址(直接寻址方式、寄存器间接寻址方式、变址寻址方式)和位寻址。指令的寻址有绝对寻址和相对寻址。不同的寻址方式由于格式不同,处理的数据就不一样,51单片机的寻址方式可细化为7种,下面分别介绍。

1. 立即(数)寻址

操作数是常数,使用时直接出现在指令中,紧跟在操作码的后面,作为指令的一部分。与操作码一起存放在程序存储器中,不需要经过别的途径去寻找。常数又称为立即数,故又称为立即寻址。在汇编指令中,立即数前面以“#”符号作前缀。在程序中通常用于给寄存器或存储单元赋初值,例如:

```
MOV  A , #20H
```

其功能是把立即数20H送给累加器A,其中源操作数20H就是立即数。指令执行后,累加器A中的内容为20H。

2. 寄存器寻址

操作数在寄存器中,使用时在指令中直接提供寄存器的名称,这种寻址方式为寄存器寻址。在51单片机系统中,这种寻址方式的寄存器包括8个通用寄存器(R0～R7)和累加器A。例如:

```
MOV  A, R0
```

其功能是把R0寄存器的数据送给累加器A。在指令中,源操作数R0和目的操作数A都为寄存器寻址。如指令执行前R0的内容为20H,则指令执行后累加器A中的内容为20H。

3. 直接寻址

存储器中数据的访问必须准确提供对应存储单元的地址。根据存储器单元地址的提供方式,存储器的寻址方式有直接寻址、寄存器间接寻址和变址寻址。

直接寻址是在指令中直接提供存储器单元地址。在51单片机系统中,这种寻址方式针对的是片内低128字节数据存储器和特殊功能寄存器。例如:

```
MOV  A, 20H
```

其功能是把片内数据存储器20H单元的内容送给累加器A。如果指令执行前片内数据存储器20H单元的内容为30H,则指令执行后累加器A的内容为30H。

在51单片机中，数据前面不加“#”是指存储单元地址，而不是常数，常数前面要加符号“#”。

要注意，无论是立即数，还是直接寻址，若采用十六进制表达，且以A、B、C、D、E或F开头，则数前要加0，如0F4H。

对于特殊功能寄存器，在指令中使用时往往通过特殊功能寄存器的名称使用，而特殊功能寄存器名称实际上是特殊功能寄存器单元的符号宏替代，是直接寻址。例如：

```
MOV  A, P0
```

其功能是把P0口的内容送给累加器A。P0是特殊功能寄存器P0口的符号地址，该指令在汇编成机器码时，P0就转换成直接地址80H。

要说明的是，ACC与A在汇编语言指令中是有区别的。尽管都代表同一物理位置，但A为寄存器寻址，作为累加器；而ACC为直接寻址的一般存储单元。所以在强调直接寻址时，必须写成ACC，如进行堆栈操作和对其某一位进行位寻址时只能用ACC，而不能写成A。再如，指令INC A的机器码是04H，写成ACC后则成了INC direct的格式，对应机器码为05E0H。

类似地，工作寄存器R0～R7在指令中也有两种不同的写法，生成的机器码也不同，如“MOV 40H，R0”和“MOV 40H，00H”指令。假设当前工作寄存器为0组，前者属于寄存器寻址，后者属于存储器直接寻址。但R0和00H的级别不同，00H只是RAM区的一个普通单元，其代码效率要比R0小得多。计算机内部通常设置工作寄存器，借助寄存器编写软件可以有效地提高计算机的工作速度。

也就是说，51单片机的寄存器和一般的存储器是混叠的，同一单元用不同的指令，它就会执行不同的功能。

4. 寄存器间接寻址

寄存器间接寻址是指数据存放在存储器单元中，而存储单元的地址存放在寄存器中，在指令中通过“@寄存器名”提供存放数据的存储器的地址。例如：

```
MOV  A , @R1
```

该指令的功能是将以工作寄存器R1中的内容为地址的片内RAM单元的数据传送到累加器A中去，即为C语言中的指针操作。指令的源操作数是寄存器间接寻址。若R1中的内容为80H，片内RAM 80H地址单元的内容为20H，则执行该指令后，累加器A的内容为20H。其寄存器间接寻址的示意图如图3.2所示。

51单片机中，寄存器间接寻址用到的寄存器只能是通用寄存器R0、R1和数据指针寄存器DPTR，它能访问的数据是片内RAM和片外RAM。其中，片内RAM只能用R0或R1做间接访问，片外RAM则还可以用16位的DPTR做指针间接访问，且片外RAM高端(超过低256字节范围)的字节单元只能以DPTR做指针访问。片内RAM访问用MOV指令，片外RAM访问用MOVX指令。

需要特别指出的是,虽然现在有很多单片机把片外 RAM 集成到芯片内部了,但在指令上仍要作为外部 RAM 寻址。

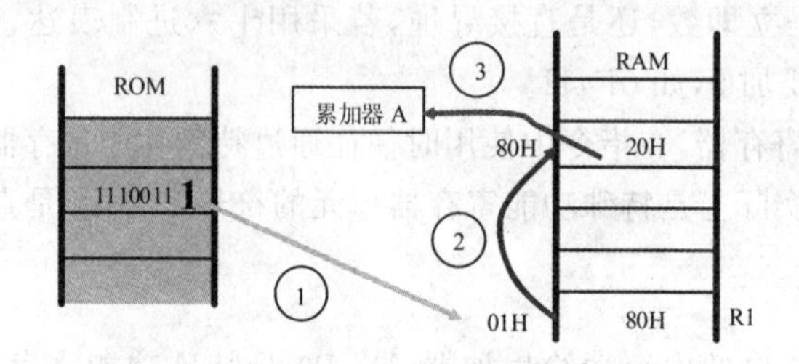

图 3.2 寄存器间接寻址的示意图

5. 变址寻址

变址寻址是指操作数据由基址寄存器的地址加上变址寄存器的地址得到。在 51 单片机系统中,它是以数据指针寄存器 DPTR 或程序计数器 PC 为基址,累加器 A 为变址,两者相加得到存储单元地址,所访问的存储器为程序储存器。这种寻址方式通常用于访问程序存储器中的表格型数据,表首单元的地址为基址,访问的单元相对于表首的位移量为变址,两者相加得到访问单元地址。51 单片机指令系统中变址寻址指令总共有 3 条:

```
JMP    @ A + DPTR
MOVC   A, @ A + PC
MOVC   A, @ A + DPTR
```

以"MOVC A, @ A+DPTR"说明变址寻址的运用。该指令是将数据指针寄存器 DPTR 的内容和累加器 A 中的内容相加作为程序存储器的地址,从对应的单元中取出内容送到累加器 A 中。指令中,源操作数的寻址方式为变址寻址,设指令执行前数据指针寄存器 DPTR 的值为 2000H,累加器 A 的值为 09H,程序存储器 2009H 单元的内容为 30H,则指令执行后,累加器 A 中的内容为 30H。其变址寻址示意图如图 3.3 所示。

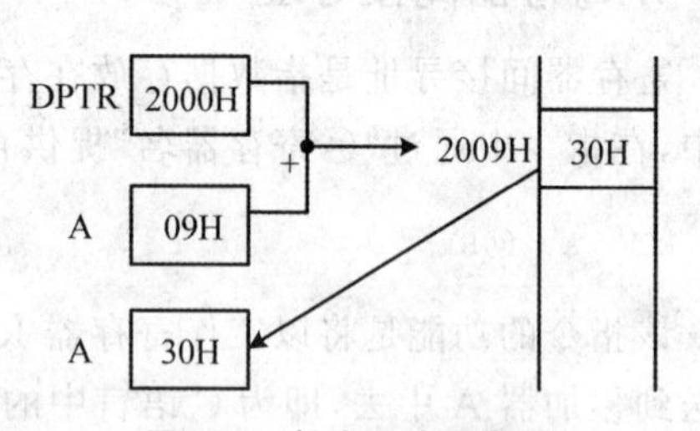

图 3.3 变址寻址示意图

变址寻址可以用数据指针寄存器 DPTR 作为基址,也可以用程序计数器 PC 作为基址。由于 PC 用于控制程序的执行,在程序执行过程中用户不能随意改变,且其始终是指向正在执行指令的下一条指令的首地址,因而就不能直接把基址放在 PC 中。那基址又是如何得到的呢?基址值可以通过由当前的 PC 值加上一个相对于表首位置的差值得到。这个差值不能加到 PC 中,可以通过加到累加器 A 中实现。这样同样可以得到对应单元的地址。

6. 位寻址

位寻址是指操作数是二进制位的寻址方式。在51单片机中有一个独立的位处理器,能够对片内RAM字节地址20H～2FH的128位和字节地址能被8整除的特殊功能寄存器位进行位寻址。51单片机指令系统中有多条位处理指令能够进行各种位运算。

在51单片机指令系统中,位寻址的表示可以用以下几种方式:

① 直接位寻址(00H～0FFH),例如:20H。

② 字节地址带位号,例如:20H.3表示20H单元的3位。

③ 特殊功能寄存器名带位号,例如:P0.1表示P0的一位。

④ 位符号地址,例如:TR0是定时/计数器T0的启动位。

7. 指令寻址

指令寻址用在控制转移指令中,它的功能是得到程序转移跳转的目的位置的地址。因此操作数用于提供目的位置的地址。在51单片机系统中,程序存储器目的位置的寻址可以通过两种方式实现。

(1) 绝对寻址

绝对寻址是在指令的操作数中直接提供程序跳转目的位置的地址或地址的一部分。在51单片机系统中,长转移和长调用提供目的位置的16位地址,绝对转移和绝对调用提供目的位置的16位地址的低11位,它们都为绝对寻址。

(2) 相对寻址

相对寻址是以当前程序计数器PC值加上指令中给出的偏移量rel得到目的位置的地址。在51单片机系统中,相对转移指令的操作数属于相对寻址。

使用相对寻址时须注意以下两点:

① 当前PC值是指转移指令执行时的PC值,它等于转移指令的地址加上转移指令的字节数。实际上是转移指令的下一条指令的地址。例如:若转移指令的地址为2010H,转移指令的长度为2字节,则转移指令执行时的PC值为2012H。

② 偏移量rel是8位有符号数,以补码表示,它的取值范围为−128～+127,当为负数时向前转移,当为正数时向后转移。汇编时,汇编器根据标号自动计算出rel。

相对寻址的目的地址为

目的地址 = 当前PC值(就是当前指令的地址+指令所占的字节数) + rel

51单片机指令系统的特点是不同的存储空间的寻址方式不同,适用的指令不同,必须进行区分。

以上介绍了51单片机指令系统的7种寻址方式,概括起来如表3.1所列。

表 3.1　51 单片机指令系统的寻址方式和寻址空间

序　号	寻址方式	使用的变量	寻址空间
1	立即寻址	—	程序存储器
2	直接寻址	—	片内 RAM 低 128 字节 特殊功能寄存器
3	寄存器寻址	R0～R7、A、B、DPTR、C	—
4	寄存器间接寻址	@R0、@R1、SP	片内 RAM
		@R0、@R1、@DPTR	片外 RAM
5	相对寻址	PC＋偏移量	程序存储器
6	变址寻址	@＋PC、@＋DPTR	程序存储器
7	位寻址	—	片内 RAM 中字节地址 20H～2FH 的位寻址区； 字节地址能够被 8 整除的特殊功能寄存器

3.3　51 单片机的指令系统

一条指令只能完成有限的功能，为使计算机完成一定的或者复杂的功能，就需要一系列指令。一般来说，一台计算机的指令越丰富，寻址方式越多，且每条指令的执行速度越快，则它的总体功能就越强。

指令是汇编程序设计的基础，51 单片机的指令系统共有 111 条指令，包括数据传送类指令、算术运算类指令、逻辑运算指令、位操作指令和控制转移类指令。这 111 条指令的具体功能自本节开始将会逐条讲解和分析。

3.3.1　数据传送指令

数据传送指令有 28 条，是指令系统中数量最多、使用最频繁的一类指令，用于实现数据的复制性传送。注意，是复制性传送，而非剪切性。这类指令可分为三组：普通传送指令、数据交换指令和堆栈操作指令。

数据传送指令除了以累加器 A 为目标的传送对 P 标志位有影响外，其余的传送类指令对 PSW 无影响。

1. 普通传送指令

普通传送指令以助记符 MOV、MOVX 和 MOVC 为基础，分成片内数据存储器传送指令、片外数据存储器传送指令和程序存储器传送指令。

(1) 片内数据存储器传送指令 MOV

指令格式：

```
MOV 目的操作数,源操作数
```

其中：源操作数可以为 A、Rn、@Ri、direct 和 ＃data，目的操作数可以为 A、Rn、@Ri 和 direct，组合起来总共 16 条，按目的操作数的寻址方法被划分为五组。

1）以 A 为目的操作数的数据传送指令

顾名思义，就是将源操作数中的数据复制到 A 中。指令及示例如下：

指　　令		示　　例
MOV　A，Rn	；(A)←(Rn)	MOV　A，R7
MOV　A，direct	；(A)←(direct)	MOV　A，30H
MOV　A，@Ri	；(A)←((Ri))	MOV　A，@R0
MOV　A，＃data	；(A)←＃data	MOV　A，＃55H

2）以 Rn 为目的操作数的数据传送指令

这里，Rn 指 R0、R1、R2、R3、R4、R5、R6 和 R7，是将源操作数中的数据复制到 Rn 中。指令及示例如下：

指　　令		示　　例
MOV　Rn，A	；(Rn)←(A)	MOV　R3，A
MOV　Rn，direct	；(Rn)←(direct)	MOV　R2，30H
MOV　Rn，＃data	；(Rn)←＃data	MOV　R0，＃20H

3）以直接地址 direct 为目的操作数的数据传送指令

就是将源操作数中的数据复制到片内 RAM 的直接地址中。指令及示例如下：

指　　令		示　　例
MOV　direct，A	；(direct)←(A)	MOV　22H，A
MOV　direct，Rn	；(direct)←(Rn)	MOV　40H，R7
MOV　direct，direct	；(direct)←(direct)	MOV　30H，40H
MOV　direct，@Ri	；(direct)←((Ri))	MOV　70H，@R1
MOV　direct，＃data	；(direct)←＃data	MOV　33H，＃12H

4）以间接地址@Ri 为目的操作数的数据传送指令

就是将源操作数中的数据复制到 Ri 指针指向的存储器单元中。指令及示例如下：

指　　令		示　　例
MOV　@Ri，A	；((Ri))←(A)	MOV　@R0，A
MOV　@Ri，direct	；((Ri))←(direct)	MOV　@R1，40H
MOV　@Ri，＃data	；((Ri))←＃data	MOV　@R0，＃8

5）以 DPTR 为目的操作数的数据传送指令

就是将立即数中的数据复制到 DPTR 中，仅 1 条。指令及示例如下：

指　　令	示　例
MOV　DPTR,＃data16　　　;DPTR←＃data16	MOV　DPTR,＃1234H

注意:51单片机指令系统中,源操作数和目的操作数不可同时为Rn与Rn,@Ri与@Ri,Rn与@Ri。例如,不允许有"MOV　Rn, Rn","MOV　@Ri, Rn"等指令。

片内RAM的MOV指令,总结起来其目的操作数可以有累加器A、工作寄存器Rn(n=0～7)、直接地址direct和间接寻址寄存器Ri(i=0～1)四种类型,其间的传送关系如图3.4所示。

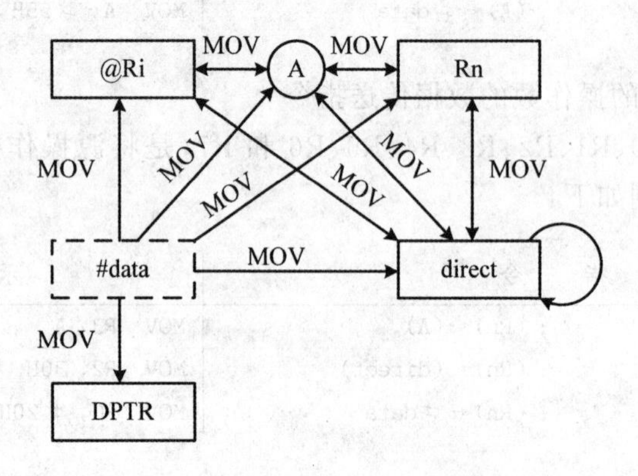

图3.4　片内RAM的数据传送关系

(2) 片外数据存储器传送指令

对片外RAM单元访问只能使用间接寻址方式。共4条指令,指令格式:

```
MOVX  A, @DPTR          ; (A)←((DPTR))
MOVX  @DPTR, A          ;((DPTR))←(A)
MOVX  A, @ Ri           ; (A)←((Ri))
MOVX  @ Ri, A           ; ((Ri))←(A)
```

其中前两条指令通过DPTR间接寻址,可以对整个64 KB片外数据存储器访问。后两条指令通过@Ri间接寻址,只能对片外数据存储器的低端的256字节访问,访问时将低8位地址存放于Ri中。

片外RAM访问具有三个特点:

① 采用MOVX指令,而非MOV;

② 必须通过累加器A;

③ 访问时,只能通过@Ri和@DPTR以间接寻址的方式进行。通过@Ri寻址片外RAM,不影响P2口的状态,P2口不作为地址总线。

(3) 程序存储器传送指令MOVC

很多时候,预先把重要的常数数据以表格形式存放在程序存储器中,然后使用指令读出以实现各种应用。这种读出表格数据的程序就称为查表程序。51 单片机指令系统中,用于访问程序存储器表格数据的查表指令有两条,指令格式:

```
MOVC  A, @ A + DPTR          ; (A)←((A + DPTR))
MOVC  A, @ A + PC            ; (A)←((A + PC))
```

这两条指令的功能类似,一条是用 DPTR 作为基址的变址寻址,一条是用 PC 作为基址的变址寻址。PC 或 DPTR 作为基址,指向表格的首地址,A 作为变址,存放待查表格中数据相对表首的地址偏移量。由于 A 的内容为 8 位无符号数,因此只能在基址以下 256 个地址单元范围内进行查表。指令执行后对应表格元素的值就取出放入累加器 A 中。

这两条指令的使用差异:在第一条指令中,基址寄存器 DPTR 提供 16 位基址,而且还能在使用前给 DPTR 赋值,一般用于指向常数表(数组)的首地址。而在第二条指令中,用 PC 作为基址寄存器来查表。由于程序计数器 PC 始终指向下一条指令的首地址,用户无法改变。应用时,表内数据的地址只有通过 PC 值加一个地址偏差值 A 来得到,因此,数据只能放在该指令后面 256 个地址单元之内。在指令执行前,累加器 A 中的值就是表格元素相对于表首的位移量与当前程序计数器 PC 相对于表首的差值。其中,由于查表指令“MOVC　A, @A＋PC”的长度为 1 个字节,所以当前程序计数器 PC 的值应为查表指令的地址加 1。

例如,若查表指令“MOVC　A, @A＋PC”所在地址为 2000H,表格的起始单元地址为 2035H,表格的第 4 个元素(位移量为 03H)的内容为 45H,则查表指令的处理过程如下:

```
MOV   A, #03H               ;表格元素相对于表首的位移量送累加器 A
ADD   A, #34H               ;当前程序计数器 PC 相对于表首的差值加到累加器 A 中
MOVC  A, @A + PC            ;查表得第 4 个元素的内容为 45H,送累加器 A
```

看来,应用指令“MOVC　A, @A＋PC”比较烦琐,必须仔细计算当前程序计数器 PC 相对表首的差值,即计算指令“MOVC　A, @A＋PC” 距离表格首地址所有指令所占程序存储器的字节数。

【例 3.1】 写出完成下列功能的程序段。

(1) 将 R0 的内容送 R6 中

R0 的内容不能直接传送到 R6 中,要借助中间变量,程序如下:

```
MOV  A, R0
MOV  R6, A
```

(2) 将片内 RAM 30H 单元的内容送片外 60H 单元中

要先将片内 RAM 中的数据读入累加器 A,且指针指向片外 RAM 之后才能实现片内数据向片外的传送,程序如下:

```
MOV  A, 30H
MOV  R0, #60H
MOVX  @R0, A
```

(3) 将片外 RAM 2000H 单元的内容送片内 20H 单元中

要先将指针指向片外 RAM 并读入数据到累加器 A,然后才能实现将片外数据写入片内 RAM,程序如下:

```
MOV  DPTR, #2000H
MOVX  A, @DPTR
MOV  20H, A
```

(4) 将 ROM 2000H 单元的内容送片内 RAM 的 30H 单元中

要先将程序存储器中的数据读入到累加器 A,然后才能实现将程序存储器中的数据写入片内 RAM,程序如下:

```
MOV  A, #0
MOV  DPTR, #2000H
MOVC  A, @A+DPTR
MOV  30H, A
```

总结:MOV、MOVX 和 MOVC 的区别:

① MOV 用于寻址片内数据存储器(RAM);

② MOVX 用于寻址片外数据存储器或设备;

③ MOVC 用于寻址程序存储器,片内、片外由 $\overline{EA}$ 引脚决定。

2. 数据交换指令

普通传送指令实现将源操作数的数据传送到目的操作数,指令执行后源操作数不变,数据传送是单向的。数据交换指令,数据是双向传送的,传送后,前一个操作数原来的内容传送到后一个操作数中,后一个操作数原来的内容传送到前一个操作数中。

数据交换指令要求第一个操作数必须为累加器 A,包括字节交换和半字节交换,共有 4 条指令。指令及示例如下:

指令		示例
XCH A, Rn	;(A)<=>(Rn)	XCH A, R2
XCH A, direct	;(A)<=>(direct)	XCH A, 30H
XCH A, @Ri	;(A)<=>((Ri))	XCH A, @R1
XCHD A, @Ri	;(A[3:0])<=>((Ri))[3:0]	XCHD A, @R1

例如,若 R0 的内容为 30H,片内 RAM 30H 单元中的内容为 23H,累加器 A 的内容为 45H,则执行"XCH A,@R0"指令后片内 RAM 30H 单元中的内容为 45H,累加器 A 中的内容为 23H。

【例 3.2】 将 R0 的内容和 R1 的内容互相交换。

R0 的内容和 R1 的内容不能直接互换,要借助累加器 A 来完成。程序如下:

```
MOV  A, R0
XCH  A, R1
MOV  R0, A
```

3. 堆栈操作指令

前面已经叙述过,堆栈是在片内 RAM 中按"先进后出,后进先出"原则设置的专用存储区。数据的进栈和出栈由指针 SP 统一管理。在 51 单片机系统中,堆栈指令操作码有两个:PUSH 和 POP。其中 PUSH 指令为入栈,POP 指令为出栈。操作时以字节为单位。51 单片机采取向上增长堆栈模型:

① 入栈时:读出 direct 中的数据到内部数据总线→ SP 指针加 1→将数据总线上的数据压入堆栈;

② 出栈时:读出栈顶数据(出栈)到内部数据总线→SP 指针减 1→将数据总线上的数据写入 direct。

指令格式:

```
PUSH  direct      ;(SP)←(SP) + 1, ((SP))←(direct)
POP   direct      ;(direct)←((SP)), (SP)←(SP) - 1
```

注意:51 的堆栈指令操作数仅能为直接寻址,即只有片内 RAM 低 128 字节和 SFR 可以作为堆栈指令的操作数。而更具有一般意义的计算机或嵌入式计算机是对寄存器保护而进行堆栈操作的。这一点要尤为注意。

用堆栈保存数据时,先入栈的内容后出栈,后入栈的内容先出栈。例如,若入栈保存时入栈的顺序为

```
PUSH  ACC
PUSH  B
```

则出栈的顺序为

```
POP  B
POP  ACC
```

若出栈顺序弄错,则将两个存储单元的数据交换,是软件编写常见的错误。另外,忘记出栈致使堆栈溢出也是常见的错误。

51 单片机复位后,SP 的值为 07H,按照 51 单片机堆栈向上增长的原则,堆栈区覆盖了高三组寄存器区和可位寻址区。所以,用汇编软件编写时,一般首先将 SP 指向高端的用户区。

还有,累加器 A 作为 SFR 时名字为 ACC,即作为堆栈操作对象时必须写为 ACC。

3.3.2 算术运算指令

51单片机指令系统中算术运算类指令有加、进位加(两数相加后还加上进位标志CY)、借位减(两数相减后还减去借位标志CY)、加1(自增)、减1(自减)、乘、除指令,以及十进制的BCD调整指令;逻辑运算有与、或、异或指令。

51单片机的算术运算指令对标志位的影响和8086有所不同,归纳如下:

① 加1、减1指令不影响CY、OV、AC标志位;

② 加、减运算指令影响P、OV、CY、AC标志位;

③ 乘、除指令使CY=0,当乘积大于255,或除数为0时,OV=1。

需要说明的是,不论编程者使用的数据是有符号数还是无符号数,51单片机的CPU按上述规则影响PSW中的各个标志位。

算术运算类指令之间的关系如图3.5所示。

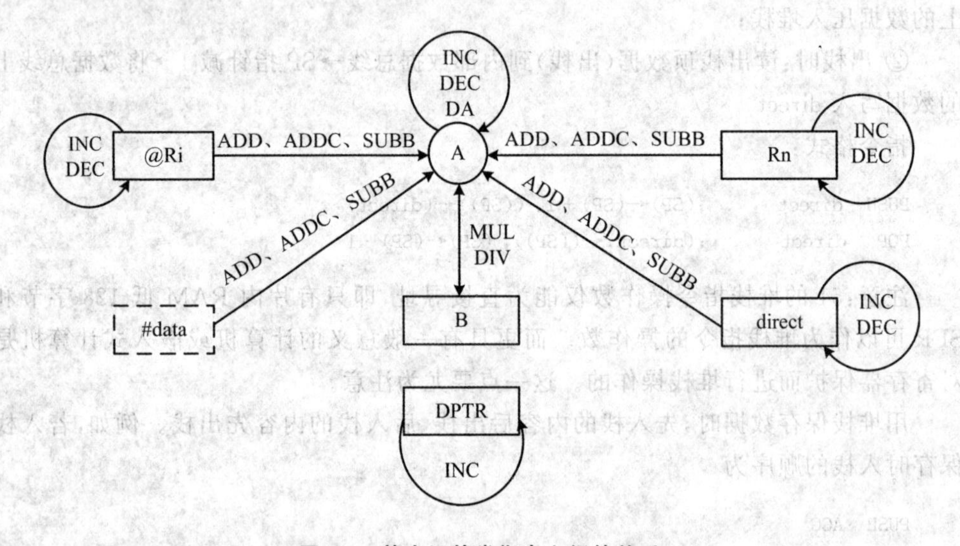

图3.5 算术运算类指令之间的关系

具体指令对标志位的影响可参阅附录A。标志位的状态是控制转移指令的条件,因此指令对标志位的影响应该熟记。下面分别介绍24条算术运算指令。

1. 加法指令

加法指令有一般的加法指令、带进位C的加法指令和自增加1指令。

(1) 一般的加法指令ADD

一般的加法指令的操作码为ADD,目的操作数固定为A(不能写成ACC)。实现计算目的操作数A与源操作数的和,结果存入A,并影响标志位CY、OV、AC和P。指令及示例如下:

指　　令		示　　例
ADD A, Rn	; (A)←(A) + (Rn)	ADD A, R4
ADD A, direct	; (A)←(A) + (direct)	ADD A, 12H
ADD A, @Ri	; (A)←(A) + ((Ri))	ADD A, @R0
ADD A, #date	; (A)←(A) + #date	ADD A, #3

(2) 带进位 C 的加法指令 ADDC

带进位 C 的加法指令的操作码为 ADDC,目的操作数固定为 A(不能写成 ACC)。实现计算目的操作数 A、源操作数和指令执行前 CY 的和,结果存入 A,并影响标志位 C、OV、AC 和 P。指令及示例如下:

指　　令		示　　例
ADDC A, Rn	; (A)←(A) + (Rn) + (C)	ADDC A, R2
ADDC A, direct	; (A)←(A) + (direct) + (C)	ADDC A, 33H
ADDC A, @Ri	; (A)←(A) + ((Ri)) + (C)	ADDC A, @R0
ADDC A, #date	; (A)←(A) + #date + (C)	ADDC A, #08H

(3) 自增加 1 指令 INC

自增加 1 指令实现操作数的自加 1,当执行前操作数为 FFH,运行该指令后,结果为 0。指令及示例如下:

指　　令		示　　例
INC A	; (A)←(A) + 1	
INC Rn	; (Rn)←(Rn) + 1	INC R0
INC diret	; (direct)←(direct) + 1	INC 30H
INC @Ri	; ((Ri))←((Ri)) + 1	INC @R0
INC DPTR	; DPTR←DPTR + 1	

要注意的是,ADD 和 ADDC 指令在执行时要影响 CY、AC、OV 和 P 标志位。而 INC 指令除了“INC A”要影响 P 标志位外,对其他标志位都没有影响。

在 51 单片机中,常将 ADD 和 ADDC 配合使用实现多字节加法运算。

【例 3.3】 试把存放在 R1、R2 和 R3、R4 中的两个 16 位数相加,结果存入 R5、R6 中。

分析:处理时,R2 和 R4 用一般的加法指令 ADD,结果存放于 R6 中,R1 和 R3 用带进位的加法指令 ADDC,结果存放于 R5 中,程序如下:

```
MOV   A,R2
ADD   A,R4
MOV   R6,A
MOV   A,R1
```

```
ADDC  A,R3
MOV   R5,A
```

2. 减法指令

减法指令有带借位减法指令和自减1指令,没有一般的减法指令。

(1) 带借位减法指令 SUBB

带借位减法指令,操作码为 SUBB,用于实现(A)←(A)－源操作数－(CY)。SUBB指令在执行时要影响CY、AC、OV和P标志位。51单片机由于没有一般的减法指令,若实现一般的减法操作,则可以通过先对CY标志清零,然后再执行带借位的减法来实现。指令及示例如下:

指　令		示　例
SUBB　A,Rn	;(A)←(A) - (Rn) - (C)	SUBB　A, R3
SUBB　A,direct	;(A)←(A) - (direct) - (C)	SUBB　A,50H
SUBB　A,@Ri	;(A)←(A) - ((Ri)) - (C)	SUBB　A, @R0
SUBB　A,＃date	;(A)←(A) - ＃date - (C)	SUBB　A, ＃4

(2) 自减1指令 DEC

自减1指令实现操作数的自减1,当执行前操作数为00H,运行该指令后,结果为FFH。DEC指令除了“DEC　A”要影响P标志位外,对其他标志位都没影响。指令及示例如下:

指　令		示　例
DEC　A	;(A)←(A) - 1	DEC　A
DEC　Rn	;(Rn)←(Rn) - 1	DEC　R7
DEC　direct	;(direct)←(direct) - 1	DEC　30H
DEC　@Ri	;((Ri)) ←((Ri)) - 1	DEC　@R0

注意:在51单片机指令系统中有“INC　DPTR”指令,但没有“DEC　DPTR”指令。

【例3.4】　求(R3) ← (R2)－(R1)。程序如下:

```
MOV   A, R2
CLR   C          ;位操作指令,C先清0
SUBB  A, R1
MOV   R3, A
```

3. 乘法指令

51单片机中,乘法指令只有一条,指令格式:

```
MUL   AB
```

该指令执行时,将对存放于累加器 A 中的无符号乘数与存放于 B 寄存器的无符号乘数相乘,积的高字节存放于 B 寄存器中,低字节存放于累加器 A 中。

指令执行后将影响 CY 和 OV 标志,CY 清 0。对于 OV,当积大于 255 时(即 B 中不为 0),OV 为 1,否则 OV 为 0。

4. 除法指令

51 单片机中,除法指令也只有一条,指令格式:

```
DIV   AB
```

该指令执行时将存放于累加器 A 中的无符号被除数与存放于 B 寄存器中的无符号除数相除,除的结果,商存放于累加器 A 中,余数存放于 B 寄存器中。

指令执行后将影响 CY 和 OV 标志,一般情况下,CY 和 OV 都清 0,只有当寄存器中的除数为 0 时,OV 才被置 1。

5. 十进制调整指令

51 单片机中,十进制调整指令只有一条,指令格式:

```
DA   A
```

它只能用在 ADD 或 ADDC 指令后面,用来对两个二位压缩的 BCD 码数通过用 ADD 或 ADDC 指令相加后存放于累加器 A 中的结果进行调整,使之得到正确的十进制结果。通过该指令可实现两位十进制 BCD 码数的加法运算。

它的调整过程为:

① 若累加器 A 的低 4 位为十六进制的 A～F(大于 9)或辅助进位标志 AC 为 1,则累加器 A 中的内容做加 06H 调整;

② 若累加器 A 的高 4 位为十六进制的 A～F(大于 9)或进位标志 CY 为 1,则累加器 A 中的内容做加 60H 调整。

【例 3.5】 在 R3 中数为 67H,在 R2 中数为 85H,用十进制运算,运算的结果放于 R5 中。程序如下:

```
MOV   A,R3          ;A←67H
ADD   A,R2          ; A←67H + 85H = ECH(152)
DA    A             ; A←52H
MOV   R5, A
```

程序中的指令对 ADD 指令运算出来的存放于累加器 A 中的结果进行调整,调整后,累加器 A 中的内容为 52H,CY 为 1,最后存放于 R5 中的内容为 52H(十进制数为 52)。

3.3.3 逻辑运算指令

逻辑运算指令用于实现逻辑运算操作,共有25条,包括逻辑与、逻辑或、逻辑异或、累加器清零、累加器求反以及累加器循环移位指令。以A为目的操作数的逻辑运算指令影响标志为P,带C的循环移位指令影响CY,其他逻辑运算指令不影响标志位。其间的关系如图3.6所示。

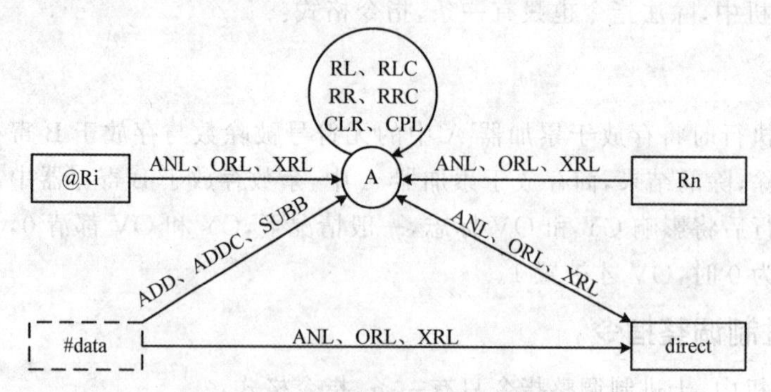

图3.6 逻辑运算类指令之间的关系

1. 逻辑与指令、逻辑或指令及逻辑异或指令

逻辑与指令、逻辑或指令、逻辑异或指令实现按位逻辑操作,即实现对应位的与运算、或运算、异或运算。逻辑与、逻辑或和逻辑异或指令格式一致。

(1) 逻辑与指令

指令		示例
ANL A,Rn	;(A)←(A)&(Rn)	ANL A,R4
ANL A,direct	;(A)←(A)&(direct)	ANL A,40H
ANL A,@Ri	;(A)←(A)&((Ri))	ANL A,@R0
ANL A,#data	;(A)←(A)&#data	ANL A,#12H
ANL direct,A	;(direct)←(direct)&(A)	ANL 30H,A
ANL direct,#data	;(direct)←(direct)&#data	ANL 60H,#55H

(2) 逻辑或指令

指令		示例
ORL A,Rn	;(A)←(A)|(Rn)	ORL A,R4
ORL A,direct	;(A)←(A)|(direct)	ORL A,30H
ORL A,@Ri	;(A)←(A)|((Ri))	ORL A,@R1
ORL A,#data	;(A)←(A)|#data	ORL A,#0AAH
ORL direct,A	;(direct)←(direct)|(A)	ORL 40H,A
ORL direct,#data	;(direct)←(direct)|#data	ORL 71H,#0FH

(3) 逻辑异或指令

指　　令		示　　例
XRL　A,Rn	;(A)←(A)^(Rn)	XRL　A, R4
XRL　A, direct	;(A)←(A)^(direct)	XRL　A,30H
XRL　A, @Ri	;(A)←(A)^((Ri))	XRL　A,@R1
XRL　A,＃data	;(A)←(A)^ ＃data	XRL　A,＃0AAH
XRL　direct, A	;(direct) ←(direct)^(A)	XRL　40H,A
XRL　direct,＃data	;(direct) ←(direct)^ ＃data	XRL　71H,＃0FH

在使用中,逻辑指令具有如下作用:

① 与运算一般用于位清零和位测试。与1"与"不变,与0"与"清零。位清零,即对指定位清0,其余位不变。待清零位和0"与",其他位和1"与"。51单片机中无位测试指令,详见控制转移指令 JZ 和 JNZ。

② 或运算一般用于位"置1"操作,与0"或"不变,与1"或"置1,即对指定位置1,其余位不变。待"置1"位与1"或",其他位与0"或"。

③ 异或运算用于"非"运算,与0"异或"不变,与1"异或"取反,即用于实现指定位取反,其余位不变。待取反位与1"异或",其他位与0"异或"。

【例3.6】 写出完成下列功能的指令段。

① 对累加器A中的b1、b3、b5位清0,其余位不变。程序如下:

```
ANL  A,＃11010101B
```

② 对累加器A中的b2、b4、b6位置1,其余位不变。程序如下:

```
ORL A,＃01010100B
```

③ 对累加器A中的b0、b1位取反,其余位不变。程序如下:

```
XRL  A,＃00000011B
```

2. A的清零和取反指令

清零指令格式:

```
CLR  A  ;A←0
```

取反指令格式:

```
CPL  A  ;A←/A
```

在51单片机系统中,只能对累加器A按字节清零和取反,如果要对其他字节单元清零和取反,则需复制到累加器A中进行,运算后再放回原位置;或通过与指令、或指令实现。

【例 3.7】 写出对 R0 寄存器内容取反的程序段。

程序如下：

```
MOV  A, R0
CPL   A
MOV  R0, A
```

3. 循环移位指令

移位指令用于实现移位寄存器操作。51 单片机系统有 5 条对累加器 A 的移位指令:4 条循环移位指令和 1 条自交换指令。

(1) 4 条循环移位指令

4 条循环移位指令每次移一位,2 条只在累加器 A 中进行循环移位,2 条还要带进位标志 CY 进行循环移位。指令格式如下：

```
RL    A          ;累加器 A 循环左移
RR    A          ;累加器 A 循环右移
RLC   A          ;累加器带进位标志 CY 的循环左移
RRC   A          ;累加器带进位标志 CY 的循环右移
```

对应 4 条循环移位指令的示意图如图 3.7 所示。

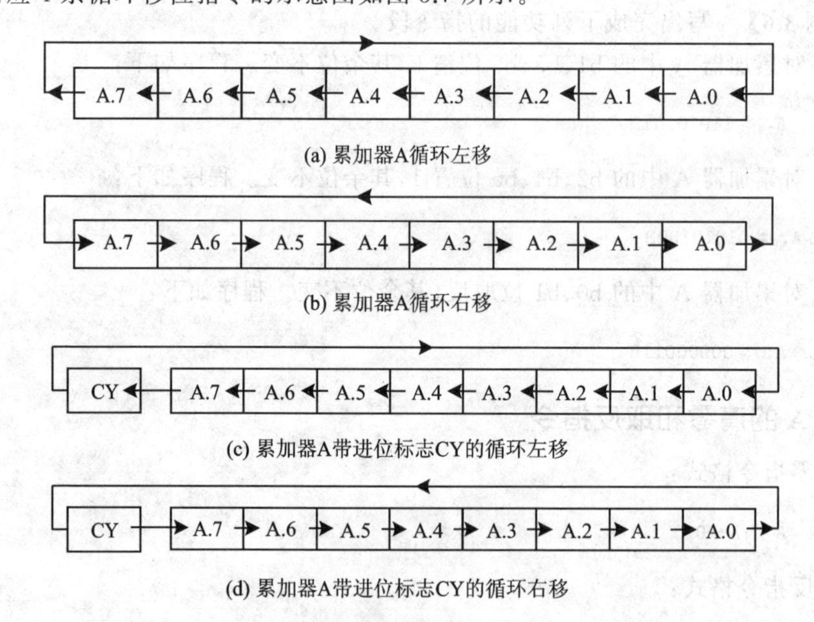

图 3.7　51 单片机的循环移位指令示意图

其中,带进位标志 CY 进行循环移位相当于 9 位移位,CY 就是第 9 位。带进位标志 CY 循环移位 8 次,A 的各个位将分别移到 CY 中,该方法常应用于通过串行移位提取每个位。

例如，若累加器 A 中的内容为 10001011B，CY＝0，则执行“RLC　A”指令后累加器 A 中的内容为 00010110，CY＝1。

(2) 自交换指令

自交换指令用于实现高 4 位和低 4 位的互换。该指令相当于一次 4 位环移，在多次移位中经常使用。如要实现左环移 3 位功能，完全不必左环移 3 次，而是先自交换 1 次后移位 1 次，两条指令即可实现。自交换指令格式如下：

```
SWAP  A       ；(A[3:0])<=>(A[7:4])
```

移位指令通常用于位测试、位统计、串行通信、乘以 2（左移 1 位）和除以 2（右移 1 位）等操作。

3.3.4 位操作指令

在 51 单片机中，除了有一个 8 位的累加器 A 外，还有一个位累加器 C（实际为标志 CY），可以进行位处理，这对于控制系统很重要。在 51 单片机的指令系统中，有 12 条位处理指令，可以实现位传送和位逻辑运算操作。位操作指令之间的关系如图 3.8 所示。

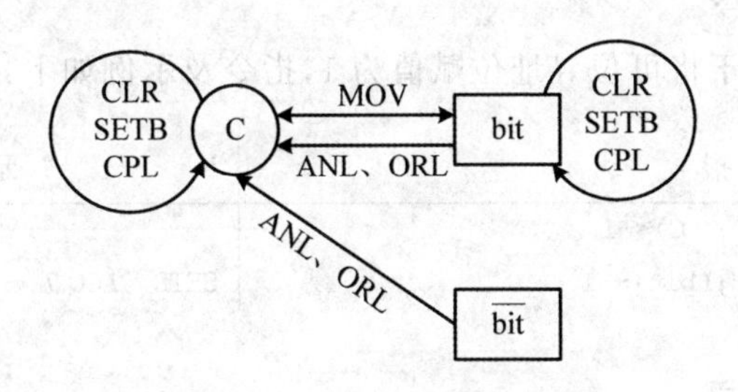

图 3.8　位操作指令之间的关系

1. 位传送指令

位传送指令有两条，用于实现位累加器 C 与一般位之间的相互传送。指令及示例如下：

指　　令		示　例
MOV C,bit	;(C)←(bit)	MOV C,20H.6
MOV bit,C	;(bit)←(C)	MOVF 0,C

位传送指令在使用时必须有位累加器 C 的参与，不能直接实现两位之间的传送。如果进行两位之间的传送，则可以通过位累加器 C 来实现。

位传送指令的操作码也为 MOV，对于 MOV 指令是否为位传送指令，就看指令中是否有位累加器 C，有则为位传送指令，否则为字节传送或字传送指令（MOV DPTR，#1234H）。

【例3.8】　把片内RAM中位寻址区的20H位的内容传送到30H位。

程序如下：

```
MOV  C，20H
MOV  30H，C
```

2. 位逻辑操作指令

位逻辑操作指令包括位清0、位置1、位取反、位与、位或，共10条指令。

位逻辑操作指令是51单片机的特色，由其CPU内的位处理器实现，用于对可位寻址区中的单个位进行操作，包括位清0、位置1和位取反三个指令。

(1)"位清0"指令

"位清0"指令用于将可位寻址位赋值为0，指令及示例如下：

指　令		示　例
CLR C	;(C)←0	
CLR bit	;(bit)←0	CLR P1.0

(2)"位置1"指令

"位置1"指令用于将可位寻址位赋值为1，指令及示例如下：

指　令		示　例
SETB C	;(C)←1	
SETB bit	;(bit)←1	SETB ACC.7

(3)"位取反"指令

"位取反"指令用于可位寻址位的非运算，指令及示例如下：

指　令		示　例
CPL C	;(C)←/(C)	
CPL bit	;(bit)←(bit)	CPL F0

(4)"位与"指令和"位或"指令

"位与"指令和"位或"指令用于可位寻址位的与运算、或运算，以CY为目的操作数。其中，"/"表示非运算。指令及示例如下：

指　令		示　例
ANL C,bit	;(C)←(C)&(bit)	ANL C,2AH.0
ANL C,/bit	;(C)←(C)&(/bit)	ANL C,/P1.0
ORL C,bit	;(C)←C|(bit)	ORL C,2AH.0
ORL C,/bit	;(C)←C|(/bit)	ORL C,/P1.0

注意，其中的“ANL　C，/bit”和“ORL　C，/bit”指令中的“bit”位内容并没有取反改变，只是用其取反值进行运算。

利用“位与”和“位或”逻辑运算指令可以实现各种各样的逻辑功能。

【例 3.9】 利用位逻辑运算指令编程实现两个位的异或操作。

分析：51 单片机指令中没有直接的两个位的异或指令。要通过下式实现：

$$位变量 X 和 Y 的异或结果 = X\bar{Y} + \bar{X}Y$$

假定 X 和 Y 的位地址为 20H.0 和 20H.1，结果存储到位累加器 C 中。程序如下：

```
MOV  C, 20H.1
ANL   C,/20H.0
MOV  F0,C         ;暂存
MOV  C, 20H.0
ANL   C,/20H.1
ORL   C,F0
```

3.3.5　控制转移指令

计算机运行过程中，有时因为操作的需要，程序不能按顺序逐条执行指令，需要改变程序运行方向，即将程序跳转到某个指定的地址再顺序执行下去。

控制转移类指令的功能就是根据要求修改程序计数器 PC 的内容，以改变程序运行方向，实现转移。控制转移指令通常用于实现循环结构和分支结构。

51 单片机的控制转移指令共有 22 条，包括无条件转移指令、条件转移指令、子程序调用及返回指令。

1. 无条件转移指令

无条件转移指令是指当执行该指令后，程序将无条件地转移到指令指定的地方。无条件转移指令包括长转移指令、绝对转移指令、相对转移指令和间接转移指令。

(1) 长转移指令 LJMP

指令格式：

```
LJMP   addr16 ; (PC)←addr16
```

指令后面带目的位置 16 位地址，执行时直接将该 16 位地址送给程序指针 PC，程序无条件地转到 16 位目标地址指明的位置。指令中只提供 16 位目标地址，所以可以转移到 64 KB 程序储存器的任意位置，故得名“长转移”。该指令不影响标志位，使用方便，缺点是字节数多(3 字节)。

(2) 绝对转移指令 AJMP

指令格式：

```
AJMP  addr11
```

AJMP 指令后带的目的地址 addr11 的低 11 位有效,执行时将 11 位地址 addr11 送给程序指针 PC 的低 11 位,而程序指针的高 5 位不变,执行后转移到 PC 指针指向的新位置。

由于 11 位地址 addr11 的范围是 00000000000~11111111111,即 2 KB 范围,而目的地址的高 5 位不变,所以程序转移的位置只能是和当前 PC 指向(AJMP 指令地址+2)在同一 2 KB 范围内(共 32 个区域),而不能跳转到 2 KB 范围外的其他区域。编写软件过程中,工程师常因此犯错。

【例 3.10】 若 AJMP 指令地址为 3000H,AJMP 后面带的 11 位地址 addr11 为 123H,则执行指令"AJMP　addr11"后转移的目的位置是多少?

分析:执行 AJMP 指令时 PC 值为 3000H+2=3002H=0011000000000010B

指令中的 addr11=123H=00100100011B

转移的目的地址为 0011000100100011B=3123H

(3) 相对转移指令 SJMP

指令格式:

```
SJMP  rel        ; (PC)←SJMP 指令地址 + 2 + rel
```

SJMP 指令后面的操作数 rel 是 8 位有符号补码数,执行时,先将 SJMP 指令所在地址加 2(该指令长度为 2 字节)得到程序指针 PC 的值,然后与指令中的偏移量 rel 相加得到转移的目的地址,即

$$转移的目的地址=(PC)+rel$$

因为 8 位补码的取值范围为-128~+127,所以该指令中的指令寻址范围是:相对 PC 当前值向前 128 字节,向后 127 字节。

【例 3.11】 在 2100H 单元有 SJMP 指令,若 rel=5AH(正数),则转移的目的地址为 215CH(向后转);若 rel=F0H(负数),则转移的目的地址为 20F2H(向前转)。

分析:用汇编语言编程时,指令中的相对地址 rel 往往用目的位置的标号(符号地址)表示。机器汇编时,能自动算出相对地址;但手工汇编时需自己计算相对地址 rel。rel 的计算方法如下:

$$rel=目的地址-(SJMP 指令地址+2)$$

如果目的地址等于 2013H,SJMP 指令的地址为 2000H,则相对地址 rel 为 11H。当然,现在早都不用手工汇编了。

(4) 间接转移指令 JMP

指令格式:

```
JMP  @A + DPTR  ;(PC)←(A) + (DPTR)
```

它是 51 单片机系统中唯一一条间接转移指令,转移的目的地址是由数据指针寄

存器 DPTR 的内容与累加器 A 中的内容相加得到的。指令执行后不会改变 DPTR 及 A 中原来的内容。数据指针寄存器 DPTR 的内容一般为基址，累加器 A 的内容为相对偏移量，在 64 KB 范围内无条件转移。

该指令的特点是转移地址可以在程序运行中加以改变。DPTR 一般为确定值，根据累加器 A 的值来实现转移到不同的分支。使用时，往往与一个转移指令表一起来实现多分支转移。参见 3.5.5 小节“多分支转移(散转)程序”部分。

2. 条件转移指令

条件转移指令是指当条件满足时，程序转移到指定位置；条件不满足时，程序将继续顺次执行。在 51 单片机的指令系统中，条件转移指令有 5 种：累加器 A 判零条件转移指令、判 C 条件转移指令、比较转移指令、减 1 不为零转移指令和位控制转移指令。

转移的目的地址在以下一条指令的起始地址为中心的 256 字节范围内(−128～127)。当条件满足时，把 PC 的值(下一条指令的首地址)加上相对偏移量 rel(−128～127)计算出转移地址。条件转移指令间的关系如图 3.9 所示。

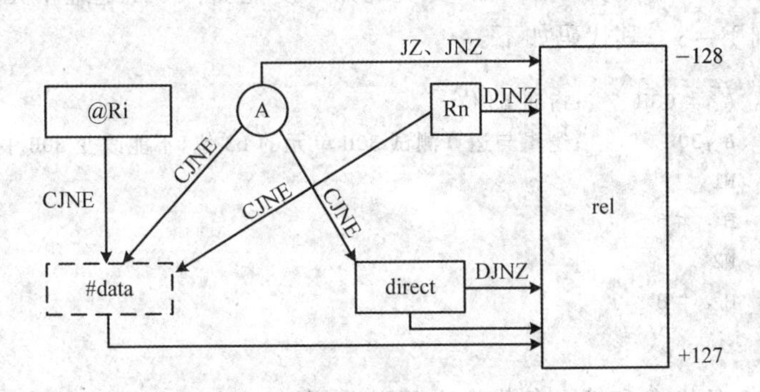

图 3.9　条件转移指令之间的关系

(1) 累加器 A 判零条件转移指令

判零指令：

```
JZ   rel ;双字节指令,若 A = 0,则(PC)←(PC) + rel,否则继续向下执行
```

判非零指令：

```
JNZ  rel ;双字节指令,若 A≠0,则(PC)←(PC) + rel,否则继续向下执行
```

要说明的是，由于 51 单片机没有零标志，因此，在 51 单片机中结果是否为零的判断步骤是，首先将结构复制到累加器 A 中，然后通过 JZ 和 JNZ 指令来判断。

【例 3.12】　把片外 RAM 自 30H 单元开始的数据块传送到片内 RAM 的 40H 开始的位置，直到出现零为止。

分析：片内、片外数据传送以累加器 A 过渡。每次传送一个字节，循环处理，直到处理传送的内容为0结束。程序如下：

```
      MOV  R0，#30H
      MOV  R1，#40H
LOOP：MOVX A，@R0
      MOV  @R1，A
      INC  R1
      INC  R0
      JNZ  LOOP
```

【例3.13】 利用"逻辑与"和JZ、JNZ指令实现位测试。

分析：位测试是指，判断被测试对象字节中的第n(0～7)位是0还是1。位测试通过"逻辑与"运算实现。由于不能改变测试对象中的内容，所以被测试对象一般不作为目的操作数，而是将累加器A作为目的操作数，并指向被测试位(令累加器A中的内容只有第n位为1)，然后执行逻辑与运算"ANL A，被测试对象地址"。运算结果存入A便于运用JZ、JNZ指令判断被测试位的值，若A不等于0则说明被测试对象的第n位为1，否则为0。例如，要实现如下功能：若30H地址单元的b3位为0，则B=5，否则B=8。其代码如下：

```
    MOV   A，#08H    ;指向b3位
    ANL   A，30H     ;逻辑与运算测试30H单元的b3位，不能改变30H中的内容
    JNZ   N1
    MOV   B，#5
    LJMP  N2
N1：MOV   B，#8
N2：
```

当然，第2条指令和第3条指令也可以采用"JB ACC.3，N1"指令，后面会讲到。位测试软件是基本的单片机应用软件，很多其他单片机具有专门的测试指令(TEST)，读者必须深入体会和掌握。

(2) 判C条件转移指令

根据进(借)位标志(位累加器)C的值实现有条件跳转，共两条指令。指令如下：

```
JC   rel    ;双字节指令，CY = 1时转移，(PC)←(PC) + rel，否则程序继续向下执行
JNC  rel    ;双字节指令，CY = 0时转移，(PC)←(PC) + rel，否则程序继续向下执行
```

一般是在该条语句之前，执行了能够对C产生影响的语句，程序需要根据进位位不同结果，跳转到不同程序段执行不同功能。

(3) 比较转移指令

比较转移指令用于对两个数作比较，并根据比较情况进行相对转移。比较转移指令有4条，都为三字节指令。执行CJNE指令影响标志位C。CJNE指令及示例如下：

指　　令	示　　例
CJNE　A,#date,rel	CJNE　A,#12H,rel
CJNE　Rn,#date,rel	CJNE　R0,#33H,rel
CJNE　@Ri,#date,rel	CJNE　@R1,#0F0H,rel
CJNE　A,direct,rel	CJNE　A,30H,rel

注意：该指令实质是两个无符号数做减法影响标志位 C 用于转移判断，但不存储计算结果，即两个数只是比较数值大小，而不会改变这两个数：

- 若目的操作数＝源操作数，则不转移，继续向下执行。
- 若目的操作数＞源操作数，则 C＝0，(PC)←(PC)＋rel(－128～127)，转移。
- 若目的操作数＜源操作数，则 C＝1，(PC)←(PC)＋rel(－128～127)，转移。

51 单片机指令系统中没有专门作比较的指令，该指令除用于是否相等的判断外，还用作比较，如：

```
    CJNE A, #12H, Ni
Ni:
```

这条指令，无论 A 中的内容是否为 12H，都执行到了其下一行，目的是影响标志位 C，若 A≥12H，则 C＝0，否则 C＝1，从而根据 C 就可以实现 A 中的数与 12H 的大小关系判断。

下面是 30H 单元与立即数 3 的大小条件判断跳转应用实例。条件利用 C 语言形式给出，并假定 i 变量即为 30H 单元，如表 3.2 所列，其极具典型性，敬请读者揣摩。

表 3.2　数值大小条件判断设计实例

<table>
<tr><th rowspan="2">C 语言形式</th><th colspan="2">汇编语言形式</th></tr>
<tr><th>示例代码</th><th>说　明</th></tr>
<tr><td>if(i>=3)
{
}
else
{
}</td><td>　　MOV　A, 30H
　　CJNE　A, #3,N1
N1: JC　ELSE_
　　;此处填写满足条件时的任务
　　LJMP　N2
ELSE_:
　　;此处填写不满足条件时的任务
N2:</td><td>“大于或等于”就是直接做减法，进位标志 CY 等于 0</td></tr>
</table>

续表 3.2

C语言形式	汇编语言形式	
	示例代码	说　明

if(i>3)
{
}
else
{
}
	MOV　A,＃3
	CJNE　A,30H,N1
	N1:JNC　ELSE_
	;此处填写满足条件时的任务
	LJMP　N2
	ELSE_:
	;此处填写不满足条件时的任务
	N2:
		"大于"的判断要注意与"大于或等于"的判断区分。"大于"的判断不能直接做减法,因为进位标志 CY 等于 0 不但说明"大于",还可表明"等于"的关系。"大于"的判断要用后边的数减去前边的数,不够减,则 CY 为 1,也就是说后边的数"小于"前边的数,即为"大于"关系

if(i<=3)
{
}
else
{
}
	MOV　A,＃3
	CJNE　A,30H,N1
	N1:JC ELSE_
	;此处填写满足条件时的任务
	LJMP N2
	ELSE_:
	;此处填写不满足条件时的任务
	N2:
		"大于或等于"也是后边的数与前边的数做减法,进位标志 CY 等于 0

if(i<3)
{
}
else
{
}
	MOV　A,30H
	CJNE　A,＃3,N1
	N1:JNC　ELSE_
	;此处填写满足条件时的任务
	LJMP　N2
	ELSE_:
	;此处填写不满足条件时的任务
	N2:
		"小于"的判断同样要注意与"小于或等于"的判断区分。"小于"的判断不能直接采用后边的数与前边的数做减法,因为进位标志 CY 等于 0 不但说明"小于",还可表明"等于"的关系。"小于"的判断要用前边的数直接减去后边的数,不够减,则 CY 为 1,也就是说后边的数"大于"前边的数,即为"小于"关系

if(i==3)
{
}
else
{
}
	MOV　A,30H
	CJNE　A,＃3,ELSE_
	;此处填写满足条件时的任务
	LJMP N2
	ELSE_:
	;此处填写不满足条件时的任务
	N2:
		是否等于的判断方法很多,可以直接利用 CJNE 指令,也可以采用 XRL 指令与 JZ(JNZ)指令的配合等

续表 3.2

C 语言形式	汇编语言形式	
	示例代码	说　明

if(i! =3)
{
}
else
{
}
	MOV　A，30H
	XRL　A，#3
	JZ　ELSE _
	;此处填写满足条件时的任务
	LJMP　N2
	ELSE _:
	;此处填写不满足条件时的任务
	N2:
		不相等的判断方法很多,可以直接利用 CJNE 指令,也可以采用 XRL 指令与 JZ(JNZ)的配合等

(4) 减 1 不为零转移指令

减 1 不为零转移指令 DJNZ 是先将操作数的内容减 1 并保存结果,再判断其内容是否等于零,若不为零,则转移,否则继续向下执行。DJNZ 指令与 CY 无关,CY 不发生变化。DJNZ 指令共有两条,指令及示例如下:

指　令	示　例
DJNZ　Rn, rel	DJNZ　R7, rel
DJNZ　direct, rel	DJNZ　30H, rel

DJNZ 指令也为相对寻址,PC 将指向距该指令一个字节补码范围(−128～127)的位置。

在 51 单片机汇编语言设计中,通常用 DJNZ 指令来构造循环结构,实现重复处理,如图 3.10 所示。

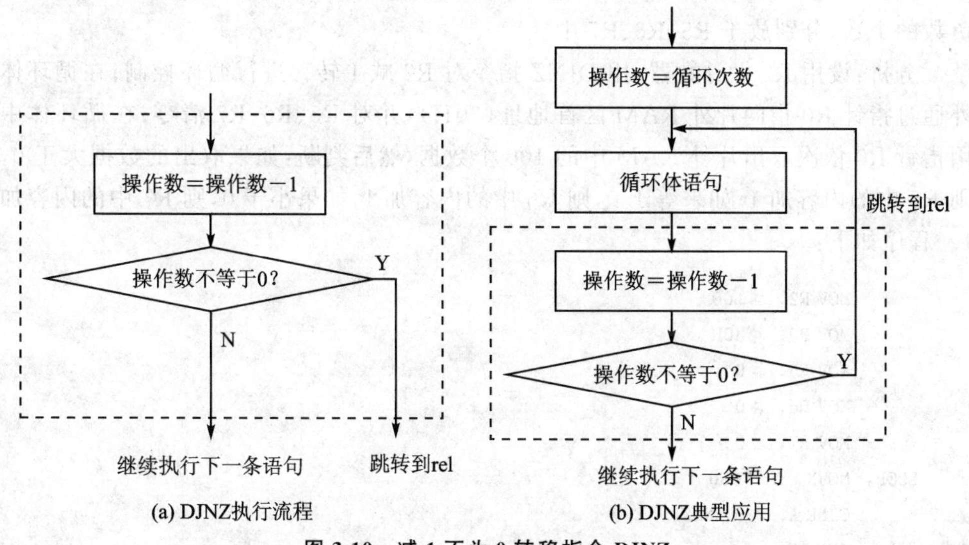

图 3.10　减 1 不为 0 转移指令 DJNZ

【例3.14】 统计片内RAM中30H单元开始的20个数据中0的个数,放于R7中。

分析:用R2做循环变量,最开始置初值为20;用R7做计数器,最开始置初值为0;用R0做指针访问片内RAM单元,赋初值为30H;用DJNZ指令对R2减1转移进行循环控制,在循环体中用指针R0依次取出片内RAM中的数据,判断如为0,则R7中的内容加1。程序如下:

```
      MOV R0, #30H
      MOV R2, #20
      MOV R7, #0
LOOP: MOV A, @R0
      JNZ NEXT
      INC   R7
NEXT: INC  R0
      DJNZ R2, LOOP
```

(5) 位控制转移指令

位转移指令共3条。指令如下:

```
JC   rel         ;双字节指令,CY = 1时转移,(PC)←(PC) + rel,否则程序继续向下执行
JNC rel          ;双字节指令,CY = 0时转移,(PC)←(PC) + rel,否则程序继续向下执行
JB   bit,rel     ;3字节指令,(bit) = 1时转移,(PC)←(PC) + rel,否则程序继续向下执行
JNB bit,rel      ;3字节指令,(bit) = 0时转移,(PC)←(PC) + rel,否则程序继续向下执行
JBC bit,rel      ;3字节指令,(bit) = 1时转移,并清零bit位,(PC)←(PC) + rel,否则继续
                 ;向下执行
```

利用位转移指令可以进行各种测试,应用广泛。

【例3.15】 从片外RAM的30H单元开始有100个数据,统计当中正数、0和负数的个数,分别放于R5、R6、R7中。

分析:设用R2做计数器,用DJNZ指令对R2减1转移进行循环控制;在循环体外通过指针R0指向片外RAM区首地址(30H),并对R5、R6、R7清零;在循环体中用指针R0依次取出片外RAM中的100个数据,然后判断:如果取出的数据大于0,则R5中的内容加1;如果等于0,则R6中的内容加1;如果小于0,则R7中的内容加1。程序如下:

```
        MOV R2, #100
        MOV R0, #30H
        MOV R5, #0
        MOV R6, #0
        MOV R7, #0
LOOP:   MOVX   A, @R0
        CJNE A, #0, NEXT1
        INC R6
```

```
        SJMP   NEXT3
NEXT1:JB   ACC.7, NEXT2
        INC     R5
        SJMP   NEXT3
NEXT2:INC   R7
NEXT3:INC   R0
        DJNZ R2,LOOP
```

3. 子程序调用及返回指令

在程序设计中,通常将反复出现、具有通用性和功能相对独立的程序段设计成子程序。子程序可以有效地缩短程序长度,节约存储空间,可被其他程序共享以及便于模块化,便于阅读、调试和修改。

为了能够成功地调用子程序,就需要通过子程序调用指令自动转入子程序,子程序完成应能够通过其末尾的返回指令自动返回到对应调用指令的下一条指令处(称为断点地址)继续执行。因此,调用子程序指令不但要完成将子程序入口地址送到 PC 实现程序转移,还要将断点地址存入堆栈保护起来。而返回指令则将断点地址从堆栈中取出送给 PC,以便返回到断点处继续原来的程序。子程序调用示意图如图 3.11 所示。

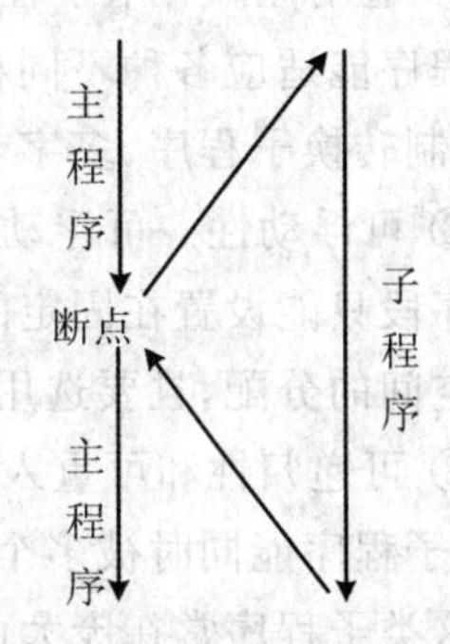

图 3.11　子程序调用示意图

子程序调用及返回指令有四条:两条子程序调用指令,两条返回指令。

(1) 子程序构成与返回指令

51 单片机的子程序构成如下:

```
FUN:                ;子函数名称,注意不能以数字开始
     PUSH   diret    ;保护现场,根据应用可选
        ⋮
     PUSH   PSW      ;可选,根据应用可选
     ;切换寄存器组,可选
        ⋮            ;子程序任务
     POP    PSW
        ⋮
     POP   diret     ;恢复现场,与 PUSH 对应
     RET
```

其中,RET 指令为子程序返回指令。RET 指令的执行过程如下:

① (PC)[15:8]←((SP))

② (SP) ←(SP)−1

③ (PC)[7:0]←((SP))

④ (SP) ←(SP)−1

执行时将子程序调用指令压入堆栈的PC地址出栈,第一次出栈的内容是程序计数器PC的高8位,第二次出栈的内容是PC的低8位。执行完后,程序转移到新的PC位置执行指令。由于子程序调用指令执行时压入的内容是其下一条指令的首地址,因此RET指令执行后,程序将返回到调用指令的下一条指令执行。

RET指令通常作为子程序的最后一条指令,用于返回到主程序。另外,也常用RET指令来实现程序转移,处理时先将转移位置的地址用两条PUSH指令入栈,低字节在前,高字节在后,然后执行RET指令,完成后程序转移到相应的位置去执行。

编制子程序时,子程序除遵循应尽量简练、占用存储空间少、执行速度快等外,还应具备以下特性:

① 通用性。一个子程序总是只完成总任务中的某一个单一而独立的任务。为使子程序能适应各种不同程序、不同条件下的调用,子程序应具有较强的通用性。例如,数制转换子程序、多字节运算子程序等,理应能适应各种不同应用程序的调用。

② 可浮动性。可浮动性是指子程序段可设置在存储器的任何地址区域。假如子程序段只能设置在固定的存储器地址段,那么在编制主程序时要特别注意存储器地址空间的分配,且要选用相对转移类指令。子程序首地址亦应采用符号地址。

③ 可递归性和可重入性。子程序能自己调用自己的性质,称为子程序的可递归性,而子程序能同时被多个任务(或多个用户程序)调用的性质,称为子程序的可重入性。这类子程序常在庞大而复杂的程序中应用,单片机应用程序设计很少用到。

子程序从结构上看,与一般程序相比没有多大的区别,唯一的区别是在子程序的末尾有一条子程序返回指令,以便子程序执行完毕后返回到主程序中去。为了能够正确地使用子程序,并在子程序执行完毕返回到主程序后还能正确地工作,在编写子程序时需要注意以下两点:

① 数据传递。子程序调用的过程都伴随着参数的传递。例如,调用开平方子程序计算$\sqrt{x}$。在调用子程序之前,必须先将被开方数x的值送到约定寄存器、存储器或堆栈。调用子程序后,子程序从交接处取得x,并进行开方计算,求出$\sqrt{x}$后,在返回主程序之前,子程序还必须把计算结果送到约定寄存器、存储器或堆栈。这样在返回主程序之后,主程序才可能从交接处得到$\sqrt{x}$的值。

② 保护现场与恢复现场。在调用子程序中,由于程序转入子程序执行,很可能破坏原程序的有关状态寄存器(PSW)、工作寄存器和累加器等的内容。因此,必要时应将这些单元的内容保护起来,这称为保护现场。对于PSW、A、B等可通过压栈指令进栈保护。

当子程序执行完后,即返回主程序时,应先将上述内容送回寄存器中,这后一过程称为恢复现场。对于PSW、A、B等内容可通过弹栈指令来恢复。

在单片机应用系统中,由于片内RAM容量小,所以限制了堆栈的深度,为了增强程序的执行速度和实时性,工作寄存器不采用进栈保护的办法,而采用选择不同工作寄存器组的方式来达到保护的目的。一般主程序中,选用工作寄存器组 0,而子程序中,则选用工作寄存器的其他组。这样既节省了入栈、出栈操作,又减少了堆栈空间的占用,且速度快。

(2) 中断返回指令

中断返回指令格式:

```
RETI
```

其执行过程如下:

① (PC)[15:8]←((SP))

② (SP) ←(SP)−1

③ (PC)[7:0]←((SP))

④ (SP) ←(SP)−1

该指令的执行过程与 RET 基本相同,只是 RETI 执行后,在转移之前将先清除中断的优先级触发器,使已申请的较低优先级中断请求得以响应。该指令用于中断服务子程序后面,作为中断服务子程序的最后一条指令。它的功能是返回主程序中断断点的位置,继续执行断点位置后面的指令。

在 51 单片机中,中断都是硬件中断,没有软件中断指令。硬件中断时,由一条长转移指令使程序转移到中断服务程序的入口位置,在转移之前,由硬件将当前的断点地址压入堆栈保存,便于以后通过中断返回到断点位置后继续执行。详细内容见第 5 章。

(3) 长调用指令

长调用指令格式:

```
LCALL   addr16
```

其执行过程如下:

① (SP)←(SP)+1

② (SP)←(PC)[7:0]

③ (SP)←(SP)+1

④ (SP)←(PC)[15:8]

⑤ (SP)←addr16

该指令执行时,先将当前的 PC("LCALL 指令的首地址"+"LCALL 指令的字节数 3")值压入堆栈保存,入栈时先低字节,后高字节。然后转移到指令中 addr16 所指定的地方执行。由于后面带 16 位地址,因而可以转移到程序存储空间的任一位置。

(4) 绝对调用指令

绝对调用指令格式：

```
ACALL  addr11
```

其执行过程如下：

① (SP)←(SP)+1

② (SP)←(PC)[7:0]

③ (SP)←(SP)+1

④ (SP)← (PC)[15:8]

⑤ (PC)[10:0]←addr11

该指令执行过程与 LCALL 指令类似，只是该指令与 AJMP 一样只能实现在 2 KB范围内转移，用 ACALL 指令调用，转移位置与 ACALL 占领的下一条指令必须在同一个 2 KB 范围内，即它们的高 5 位地址相同。指令的结果是将指令中的 11 位地址 addr11 送给 PC 指针的低 11 位。

51 单片机的子程序调用和返回过程如图 3.12 所示。

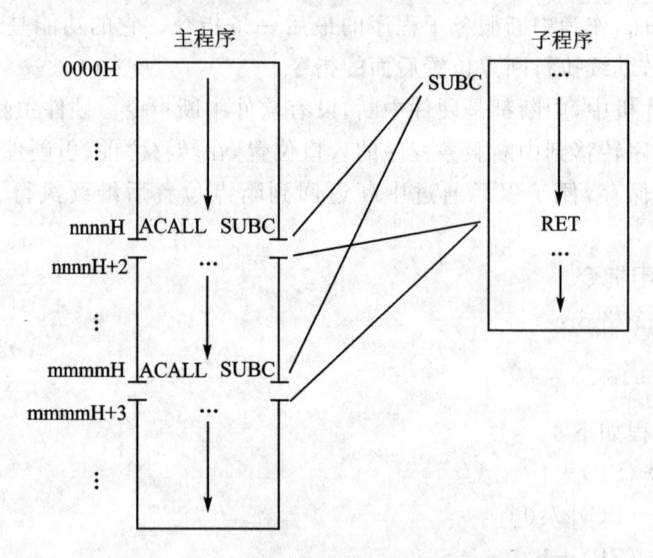

图 3.12　51 单片机子程序调用和返回过程示意图

4. 空操作指令

空操作指令格式：

```
NOP
```

这是一条单字节指令，执行时，不做任何操作(即空操作)，仅将程序计数器 PC 的内容加 1，使 CPU 指向下一条指令继续执行程序。它要占用一个机器周期，常用来产生时间延迟，构造延时程序。

3.4 51 单片机汇编程序设计常用伪指令

前面介绍了 51 单片机汇编语言指令系统。51 单片机设计应用系统时，可用汇编指令来编写程序，用汇编指令编写的程序称为汇编语言源程序。汇编语言源程序必须翻译成机器代码才能运行，翻译的过程称为汇编。翻译通常由计算机汇编程序来完成，称为机器汇编；若人工查表翻译则称为手工汇编。在翻译的过程中，需要汇编语言源程序向汇编程序提供相应的编译信息，告诉汇编程序如何汇编，这些信息是通过在汇编语言源程序中加入相应的伪指令来实现的。

伪指令是放在汇编语言源程序中用于指示汇编程序如何对源程序进行汇编的指令。它不同于指令系统中的指令。指令系统中的指令在汇编程序汇编时能够产生相应的指令代码，而伪指令在汇编程序汇编时不会产生代码，只是对汇编过程进行相应的控制和说明。

伪指令通常在汇编语言源程序中用于定义数据、分配存储空间、宏定义等。相对于一般的微型计算机汇编语言源程序，51 单片机汇编语言程序结构简单，伪指令数目少。常用的伪指令只有几条。

1. ORG 伪指令

ORG 伪指令格式如下：

```
ORG 地址(十六进制表示)
```

ORG 伪指令放在一段源程序或数据的前面，汇编时用于指明程序或数据从程序存储空间的什么位置开始存放。ORG 伪指令后的地址是程序或数据的起始地址。例如：

```
       ORG 1000H
START：MOV   A，＃7FH
                ⋮
```

指明后面的程序从程序存储器的 1000H 单元开始存放。

2. DB 伪指令

DB 伪指令格式如下：

```
[标号：] DB 项或项表
```

DB 伪指令用于定义程序存储器中的字节数据，可以定义一个字节，也可以定义多个字节。定义多个字节时，两两之间用逗号间隔，定义的多个字节在程序存储器中是连续存放的。定义的字节可以是一般常数，也可以是字符串。字符和字符串以引号括起来，字符数据在存储器中以 ASCII 码形式存放。

在定义时前面可以带标号,定义的标号在程序中是起始单元的地址。例如:

```
    ORG 3000H
TAB1: DB 12H, 34H
    DB '5', 'A', "abc"
```

汇编后,各个数据在存储单元中的存放情况如图 3.13 所示。

3. DW 伪指令

DW 伪指令格式如下:

[标号:] DW 项或项表

DW 伪指令与 DB 相似,但用于定义程序存储器中的字数据。"项或项表"所定义的一个字在存储器中占两个字节。汇编时,低字节存放在程序存储器的高地址单元,高字节存放在程序存储器的低地址单元。这种存储数据的方式称为大端模式。例如:

```
    ORG 3000H
TAB1:DW  1234H,5678H
```

汇编后,各个数据在存储单元中的存放情况如图 3.14 所示。

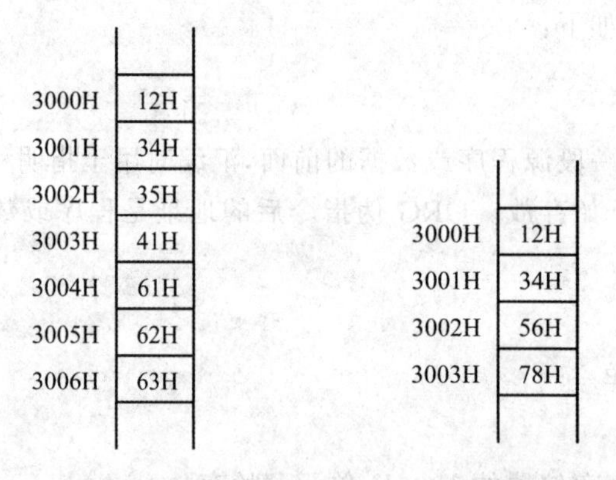

图 3.13 DB 数据分配图例　　图 3.14 DW 数据分配图例

对应于大端模式,1 个字的低字节存放在存储器的低地址单元,高字节存放在存储器的高地址单元。这种存储数据的方式称为小端模式。

4. DS 伪指令

DS 伪指令格式如下:

[标号:] DS 数值表达式

DS 伪指令用于在程序存储器中保留一定数量的字节单元。保留存储空间主要为以后存放数据。保留的字节单元数由表达式的值决定。例如：

```
      ORG 3000H
TAB1:DB  12H,34H
      DS   4H
      DB '5'
```

汇编后,存储单元中的分配情况如图 3.15 所示。

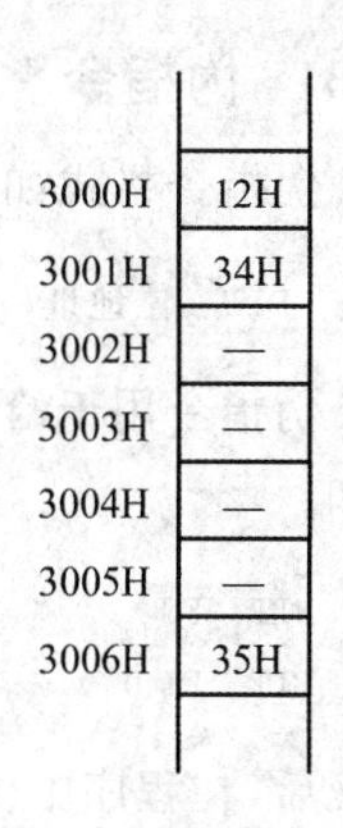

图 3.15　DS 数据分配图例

5. EQU 伪指令

EQU 伪指令格式如下：

```
符号  EQU 项
```

EQU 伪指令的功能是宏替代,是将指令中的项的值赋予 EQU 前面的符号。"项"可以是常数、地址标号或表达式。EQU 指令后面的语句就可以通过使用对应的符号替代相应的项。例如：

```
TAB1 EQU 1000H
TAB2 EQU 2000H
```

汇编后 TAB1、TAB2 分别等于 1000H、2000H。程序后面使用 1000H、2000H 的地方就可以用符号 TAB1、TAB2 替换。

用 EUQ 伪指令对某标号赋值后,该符号的值在整个程序中不能再改变。

利用 EQU 伪指令可以很好地增强软件的可读性,例如：

```
LED EQU  P1.0
SETB  LED
```

很明显,在 P1.0 口有一个 LED 发光二极管,并将其点亮。

6. DATA 伪指令

DATA 伪指令用于将一个片内 RAM 的地址赋给指定的符号名。其指令格式如下：

```
符号  EQU 数值
```

"数值"的值应在 0～255 之间。例如：

```
P0    DATA  80H
```

通过 DATA 伪指令可以事先将所有的 SFR 定义好,然后直接应用 SFR 的符号名称进行汇编语言程序设计。

用 DATA 定义的地址前面加"#",则变为立即数。

7. BIT 伪指令

BIT 伪指令格式如下：

```
符号  BIT  位地址
```

BIT 伪指令用于给位地址赋予符号,经赋值后可用该符号代替 BIT 后面的位地址。例如：

```
PLG  BIT  F0
AI   BIT  P1.0
```

定义后,在程序中位地址 F0、P1.0 就可以通过 PLG 和 AI 来使用。

同样,通过 BIT 伪指令可以事先将所有的可位寻址 SFR 的各个位定义好,然后直接应用 SFR 的位符号名称进行汇编语言程序设计。

8. NOT、HIGH 和 LOW 伪指令

NOT、HIGH 和 LOW 伪指令用于立即数前,将立即数转义为新的立即数。NOT 表示立即数按位取反后的值,HIGH 表示立即数的高 8 位,LOW 表示立即数的低 8 位。例如：

```
MOV  A, #NOT(55H)          ; AAH赋给 A
MOV  A, #HIGH(-1000)       ;(65536-1000)的高 8 位赋给 A
MOV  A, #LOW(5000)         ; 5000 的低 8 位赋给 A
```

9. END 伪指令

END 伪指令格式如下：

```
END
```

END 伪指令放在程序的最后,用于指明汇编语言源程序的结束位置。当汇编程序汇编到 END 伪指令时,汇编结束。END 后面的指令,汇编程序都不予处理。一个源程序只能有一个 END 命令,否则就有一部分指令不能被汇编。

3.5 51 单片机汇编程序设计

为了使用计算机求解某一问题或完成某一特定功能,须先对问题或特定功能进行分析,确定相应的算法和步骤,然后选择相应的指令和语句,按一定的顺序排列,这样就构成了求解某一问题或实现特定功能的程序。通常把这一编制程序的工作称为程序设计。

程序设计有时是一项很复杂的工作,为了能把复杂的工作条理化,就要有相应的步骤和方法。其步骤可概括为以下 3 点：

① 分析题意，确定算法。对复杂的问题进行具体分析，找出合理的计算方法及适当的数据结构，从而确定解题步骤。这是能否编制出高质量程序的关键。

② 根据算法画出程序框图。画程序框图可以把算法和解题步骤逐步具体化，以减少出错。

③ 编写程序。根据程序框图所表示的算法和步骤，选用适当的指令和语句排列起来，构成一个有机的整体，即程序。

程序设计的一种理想方法是结构化程序设计方法。所谓结构化程序设计是对常用到的控制结构类程序作适当的限制，特别是限制转向语句(或指令)的使用，从而控制了程序的复杂性，力求程序的上下文顺序与执行流程保持一致性，使程序易读易理解，减少逻辑错误和易于修改、调试，从而使生成周期短，可靠性高。

采用结构化方式的程序设计已成为软件工作的重要原理。这种规律性极强的编程方法，正日益被程序设计者所重视和广泛应用。

根据结构化程序设计的观点，功能复杂的程序结构可采用三种基本控制结构组成，即顺序结构、选择结构和循环结构。

1. 顺序结构程序

顺序结构是按照逻辑操作顺序，从某一条指令或语句开始逐条顺序执行，直至某一条指令或语句为止。顺序结构是所有程序设计中最基本、最单纯的程序结构形式，在程序设计中使用最多，因而是一种最简单、应用最普遍的程序结构。一般实际应用程序远比顺序结构复杂得多，但它是组成复杂程序的基础、主干。

2. 选择结构程序

选择结构程序的主要特点是程序执行流程必然包含有条件判断，选择符合条件要求的处理路径。选择结构程序有单分支选择结构和多分支选择结构两种形式。

(1) 单分支选择结构

当程序的判别仅有两个出口，两者选一，称为单分支选择结构。单分支选择结构程序有三种典型的形式，如图 3.16 所示。

形式一　当条件满足时执行分支程序 1，否则执行分支程序 2，如图 3.16 (a) 所示。

形式二　当条件满足时跳过程序段 1，从程序段 2 开始继续顺序执行，否则顺序执行程序段 1 和程序段 2，如图 3.16 (b) 所示。

形式三　当条件满足时程序顺序执行程序段 2，否则重复执行程序段 1，直到条件满足为止，如图 3.16 (c) 所示。

在第三种形式中，若以程序段 1 重复执行的次数作为判跳条件，则当重复次数满足条件时，停止重复，程序顺序往下执行。这是分支结构的一种特殊情况——循环结构程序。

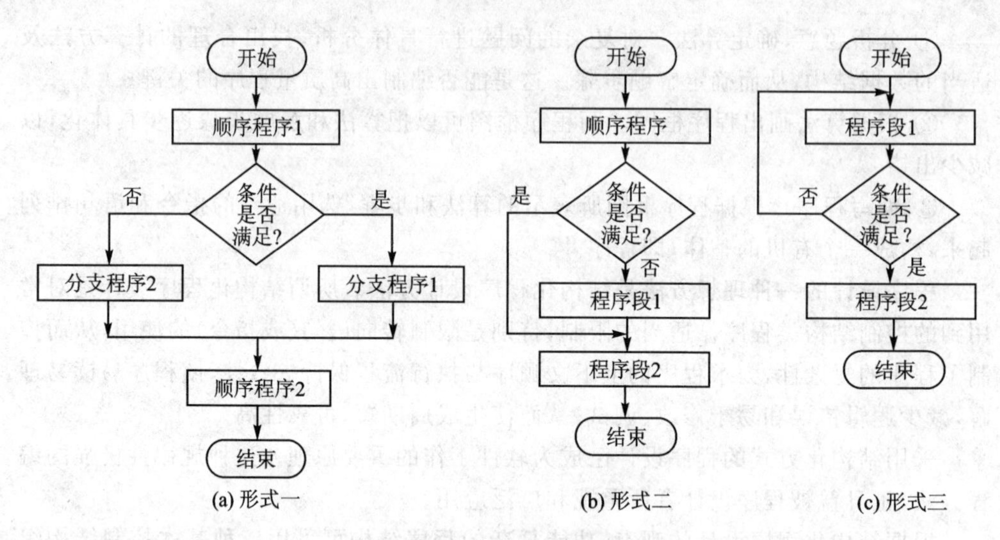

图 3.16　单分支选择结构形式

(2) 多分支选择结构

当程序的判别部分有两个以上的出口流向时,称为多分支选择结构。

一般要实现多分支选择需由几个两分支判别进行组合来实现,这不仅复杂,执行速度慢,而且分支数有一定限制。

多分支选择结构通常有两种形式,如图 3.17 所示。

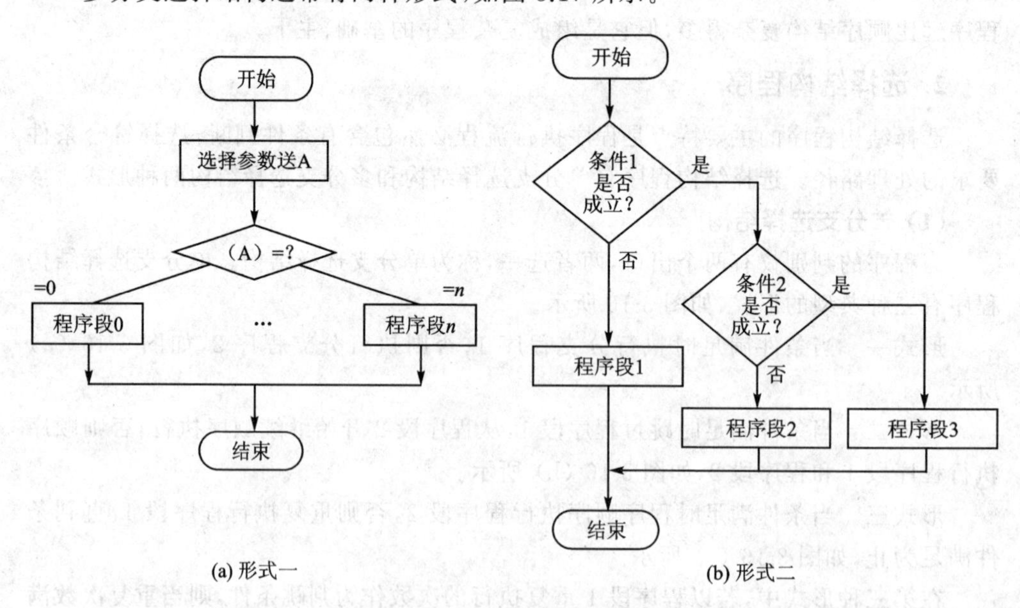

图 3.17　多分支选择结构形式

分支结构程序允许嵌套,即一个程序的分支又由另一个分支程序所组成,从而形成多级分支程序结构。这种嵌套的层次数并不限制,但过多的嵌套层次将使程序的结构变得十分复杂和臃肿，以致造成逻辑上的混乱，因而应该尽量避免。

一个较复杂的程序，总是包含多个分支程序段，为防止分支流向的混乱，应采用程序流程图具体标明每个分支的确切流向。

3. 循环结构程序

循环是强制 CPU 重复多次地执行一串指令或语句的基本程序结构。从本质上看，循环程序结构只是分支程序中的一个特殊形式而已。只是由于其在程序设计中的重要性，才把它单独作为一种程序结构的形式进行设计。循环结构由下述 4 个主要部分组成。

(1) 初始化部分

在进入循环程序体之前进行必要的准备工作：需要给用于循环过程的工作单元设置初值，如为循环控制计数设置初值，为地址指针设置起始地址，为变量预置初值等，都属于循环程序初始化部分。它是保证循环程序正确执行所必需的。

(2) 处理部分

处理部分是循环结构程序的核心部分，完成实际的处理工作，是需反复循环执行的部分，故又称为循环体。这部分的程序内容，取决于实际需处理的问题的本身。

(3) 循环控制部分

循环控制部分是控制循环程序的循环与结束部分，通过循环变量和结束条件进行控制。在重复执行循环体的过程中，不断修改循环变量，直到符合结束条件时，才结束循环程序的执行。在循环过程中，除不断修改循环变量外，还需修改地址指针等有关参数。循环处理程序的结束条件不同，相应的循环控制部分的实现方法也不一样，分为循环计数控制法和条件控制法。例如，计算结果达到给定的精度要求或找到某一个给定值时就结束循环等，这时的循环次数是不确定的。

(4) 结束部分

结束部分是对循环程序执行的结果进行分析、处理和存放。计算机对循环程序的初始化和结束部分均只执行一次，而对循环体和循环控制部分则常需重复执行多次。这两部分是循环程序的主体，它影响着循环程序的效率，是循环程序设计的重点所在，应精心设计，正确编程。

上述 4 部分有时能较明显地划分，有时则相互包含，不一定能明显区分。

根据控制部分的不同，循环可分为计数控制循环和条件控制循环两种。

图 3.18 是计数循环结构形式。计数循环结构程序，受循环计数值的控制，无论条件如何，至少执行一次循环体，当循环计数回“0”时，结束循环。

图 3.19 是条件循环结构形式。条件循环先检查控制条件是否成立，然后决定循环程序的执行。若条件一开始就已成立，则可能一次也不执行循环体。这是两种不同结构的本质区别。

基于汇编语言指令进行的程序设计即为汇编语言程序设计。本节将在具体实例

中学习汇编语言的设计方法。

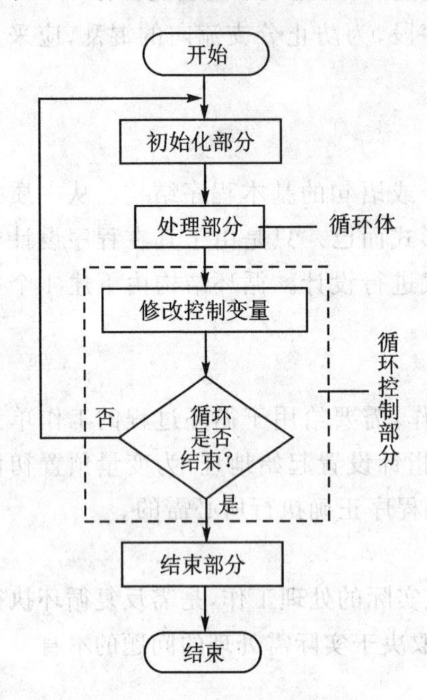

图 3.18　计数循环结构形式

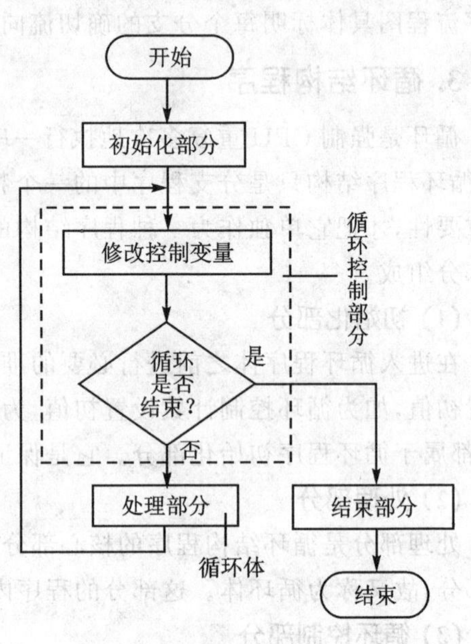

图 3.19　条件循环结构形式

3.5.1　延时程序

延时程序广泛应用于单片机应用系统，它与51单片机执行指令的时钟周期有关。如果C8051F020使用22.118 4 MHz外部时钟，则一个时钟周期为(1/22.118 4) μs，由此可计算出执行一条指令以至一个循环所需要的时间，给出相应的循环次数，便能达到延时的目的。10 ms延时需要执行221 184个时钟周期，10 ms延时程序如下：

```
DEL:   MOV  R5, #8              ;2个时钟周期
DEL0:  MOV  R6, #101            ;2个时钟周期
DEL1:  MOV  R7, #90             ;2个时钟周期
DEL2:  DJNZ R7, DEL2            ;89×3+2=t1,CIP-51的条件转移指令
       ;在不发生转移时的执行时钟周期数比发生转移时少一个
       DJNZ R6, DEL1            ;(2+t1+3)×101 - 101 = t2
       DJNZ R5, DEL0            ;2+(2+t2+3)×8-8 = 220 630 = t3

       MOV  R5, #183            ;2个时钟周期
       DJNZ R5, $               ;182×3 +2 = t4
       NOP                      ;1个时钟周期
       RET                      ;5个时钟周期
```

其中，指令“DEL2:DJNZ　R7, DEL2”和“DJNZ　R7, $”是等效的，这是因为

符号 $ 表示转移跳转到符号 $ 所在的指令，指令的书写得到简化。51 单片机的汇编语言程序设计中，凡是跳转到自身的语句均可以写为类似写法，如：

```
SJMP $
```

该指令的功能是在自己本身上循环，进入等待状态。在程序设计中，程序的最后一条指令通常用“SJMP　$”指令，使程序不再向后执行，以避免执行后面的内容而出错。

上例延时程序是一个三重循环程序，共计 t3＋t4＋1＋5＝221 184 个时钟周期，即 10 000 μs＝10 ms 延时，利用程序嵌套的方法对时间实行延迟是程序设计中常用的方法。使用多重循环程序时，必须注意要层次分明，不允许产生内外层循环交叉。

3.5.2 数据块复制/粘贴程序设计

数据块复制/粘贴程序广泛应用于数据或信号处理应用中。

【例 3.16】 将片内 RAM 以 40H 为起始地址的 8 个单元中的内容传到外部存储器以 2000H 为起始地址的 8 个单元中。

分析：连续地址块操作，一定要借助指针构筑循环来实现。本例采用两个指针分别指向两块 RAM 区域，以间接寻址方式，循环 8 次实现复制数据块功能。编写程序如下：

```
      MOV  R0，＃40H         ;指向片内 RAM 数据块的起始地址
      MOV  DPTR，＃2000H     ;指向片外存储器存数单元的起始地址
      MOV  R7，＃08          ;设定送数的个数
LOOP: MOV  A，@R0           ;读出数送 A 暂存
      MOVX @DPTR，A          ;送数到新单元
      INC  R0               ;取数单元加 1，指向下一个单元
      INC  DPTR             ;存数单元加 1，指向下一个单元
      DJNZ R7，LOOP          ;8 个送完了吗？未完转到 LOOP 继续送
```

3.5.3 数学运算程序

51 单片机指令系统只提供了单字节和无符号数的加、减、乘、除指令，而在实际程序设计中，经常要用到有符号数及多字节数的加、减、乘、除运算，以及序列求和等运算。这里，只列举几个典型例子来说明这类程序的设计方法。

为了使编写的程序具有通用性、实用性，下述运算程序均以子程序形式编写。

【例 3.17】 多个单字节数据求和。已知有 10 个单字节数据，依次存放在片内 RAM 的 40H 单元开始的连续单元中。要求把计算结果存入 R2、R3 中（高位存 R2，低位存 R3）。

分析：利用指针指向数据区首地址，R2 和 R3 清零，循环 10 次累加到 R3。每次

相加后判断进位标志,若C=1,则高8位R2就加1。程序如下:

```
SAD:MOV  R0, #40H          ;设数据指针
    MOV  R7, #10           ;加10次
    MOV  R2, #0            ;和的高8位清零
    CLR  A                 ;和的低8位清零
LOOP:
    ADD  A, @R0
    JNC  LOP1
    INC  R2                ;有进位,和的高8位+1
LOP1:
    INC  R0                ;指向下一数据地址
    DJNZ R7, LOOP
    MOV  R3, A
```

思考题:如何求多个数的平均数?

【例3.18】 多字节有符号数(原码)求补运算。设在片内RAM 30H单元开始有一个4字节数据,30H为低字节,对该数据求补,结果放回原位置。

分析:51单片机系统中没有求补指令,只有通过取反再加1得到。而当低位字节加1时,可能向高字节产生进位。因而在处理时,最低字节采用取反加1,其余字节采用取反加进位,通过循环来实现。汇编语言程序如下:

```
GET_C_CODE:
    MOV  A, 33H
    ANL  A, #80H
    JZ   OVER           ;正数的补码为其本身
    ANL  33H, #7FH      ;若原码为80000000H,即-0,等同为+0的补码
START:
    MOV  R2,#4          ;4个字节求补码
    MOV  R0, #30H
LOOP:
    MOV  A, @R0
    CPL  A
    ADD  A, #1
    MOV  @R0, A
    INC  R0
    DJNZ R2, LOOP
OVER:RET
```

【例3.19】 两个8位有符号数(补码)加法,和存入两个字节。

分析:在计算机中,有符号数一律用补码表示,两个有符号数的加法,实际上是两个数补码相加,由于和是超过8位的,因此,和就是一个16位符号数,其符号位在16

位数的最高位。在进行这样的加法运算时，应先将 8 位数符号扩展成 16 位，然后再相加。

符号扩展的原则：若是 8 位正数，则高 8 位扩展为 00H；若是 8 位负数，则高 8 位扩展为 FFH。经过符号扩展之后，再按双字节相加，则可以得到正确的结果。

子程序入口：R4 存放加数 1；R5 存放加数 2；R0 存放和的首地址。

工作寄存器：R2 做加数 1 的高 8 位，R3 做加数 2 的高 8 位。

程序如下：

```
SBADD:
    MOV  R2 ,#0        ;高 8 位先设零
    MOV  R3, #0
    MOV  A, R4         ;取出第一个加数
    JNB  ACC.7, N1     ;若是正数，则转 N1
    MOV  R2, #0FFH     ;若是负数，高 8 位送全 1
N1: MOV  A, R5         ;取第二个加数到 B
    JNB  ACC.7, N2     ;若是正数，则转 N2
    MOV  R3, #0FFH     ;是负数，高 8 位送全 1
N2: ADD  A, R4         ;低 8 位相加
    MOV  @R0, A        ;存和的低 8 位
    INC  R0            ;修改 R0 指针
    MOV  A, R2         ;取一个加数的高 8 位送 A
    ADDC R3            ;高 8 位相加
    MOV  @R0, A        ;存和的高 8 位
    RET
```

在调用该子程序时，只需把加数存入 R4 和 R5，并把和的地址置入 R0，就可以调用这个子程序。

【例 3.20】 两个 8 位带符号数(补码)的乘法程序。

分析：51 单片机的乘法指令是对两个无符号数求积，若是带符号数相乘，应做如下处理。

① 保存被乘数和乘数的符号，并由此决定乘积的符号。决定积的符号时可使用位运算指令进行异或操作(通过位的与运算、或运算来完成)。

② 被乘数或乘数均取绝对值相乘，最后，再根据积的符号，冠以正号或者负号。正数的绝对值是其原码本身，负数的绝对值是通过求补码来实现的。

③ 若积为负数，还应对整个乘积求补，变成负数的补码。

子程序入口：R5 存放被乘数，R4 存放乘数。

子程序出口：R3 存放积的高 8 位，R2 存放积的低 8 位。

工作存储器：B，F0。

程序如下：

```
SBMUL:
    MOV  A,R5        ;取被乘数
    XRL  A,R4        ;乘积结果的符号位送 ACC.7
    MOV  C, ACC.7
    MOV  F0, C       ;存积的符号
    MOV  A,  R4      ;取乘数
    JNB  ACC.7, NCP1 ;乘数为正则转
    CPL  A           ;乘数为负则求补得到对应的绝对值
    INC  A
NCP1:
    MOV  B, A        ;乘数存于 B
    MOV  A, R5       ;取被乘数
    JNB  ACC.7, NCP2 ;被乘数为正则转
    CPL  A           ;被乘数为负求补得到对应的绝对值
    INC  A
NCP2:
    MUL  AB          ;相乘
    JNB  F0, NCP3    ;积为正则转
    CPL  A           ;积为负则求补
    ADD  A, #1       ;需用加法来加 1
NCP3:
    MOV  R2, A       ;存积的低 8 位
    MOV  A, B        ;积的高 8 位送 A
    JNB  F0, NCP4    ;积为正则转
    CPL  A           ;高 8 位求反
    ADDC A, #0       ;加进位
NCP4:
    MOV  R3, A       ;存积的高 8 位
    RET
```

以上对符号数相乘的处理方法,也可以用于除法运算,以及 i 字节带符号数的乘法和除法运算。

【例 3.21】 两个 8 位带符号数(补码)的除法程序。

分析:同单字节有符号数的乘法处理方法类似。也是将被除数、除数取绝对值进行相除,根据被除数和除数的符号确定商的符号,若商为负数,还应把商求补,变成负数的补码。与乘法不同的是,除法还要处理余数,余数的符号应与被除数相同,当余数为负时,应对余数求补。OV 反映是否除数为零。

上例是通过位运算指令进行异或操作来确定积的符号,这里介绍另一种方法,即通过字节的与运算、异或运算来确定商的符号。

子程序入口:(R2)=被除数,(R3)=除数。

子程序出口：(R2)＝商，(R3)＝余数。

工作寄存器：R4 用于暂存被除数符号，R5 用于暂存除数的符号或商的符号。

程序如下：

```
SBDIV:
    MOV  A，R2      ;求被除数符号
    ANL  A，#80H
    MOV  R4，A      ;存被除数符号
    JZ   NEG2       ;正数，则转
NEG1:
    MOV  A，R2      ;被除数求补
    CPL  A
    INC  A
    MOV  R2，A
NEG2:
    MOV  A，R3      ;求除数符号
    ANL  A，#80H
    MOV  R5，A      ;存除数符号
    JZ   SDIV       ;正数，则转
    MOV  A，R3      ;除数求补
    CPL  A
    INC  A
    MOV  R3，A
SDIV:
    MOV  A，R4      ;求商的符号
    XRL  A，R5
    MOV  R5，A      ;存商的符号
    MOV  A，R2      ;求商
    MOV  B，R3
    DIV  AB
    MOV  R2，A      ;存商
    MOV  R3，B      ;存余数
    MOV  A，R5      ;取商的符号
    JZ   NEG4       ;商为正则转
NEG3:
    MOV  A，R2      ;商为负求补
    CPL  A
    INC  A
    MOV  R2 ，A
NEG4:
    MOV  A，R4      ;取被除数符号
    JZ   SRET       ;为正则转
```

```
    MOV  A, R3          ;余数求补
    CPL  A
    INC  A
    MOV  R3, A
SRET:RET
```

【例3.22】 两个16位无符号数乘法程序。

分析:由于51单片机指令系统中只有单字节乘法指令,因此,双字节相乘只能分解为4次单字节相乘。设被乘数为ab,乘数为cd,其中a、b、c、d都是8位数。两个16位无符号数的乘积运算式可列写如下:

```
                    a      b
            ×       c      d
         ─────────────────────
                    bdH    bdL
            adH     adL
            bcH     bcL
 +    acH   acL
─────────────────────────────
```

其中,bdH、bdL等为相应的两个8位数的乘积,占16位。以"H"为后缀的是积的高8位,以"L"为后缀的是积的低8位。很显然,两个16位数相乘要产生4个4部分积,需由8个单元来存放,然后再相加,其和即为所求之积。但这样做占用工作单元太多,一般是利用单字节乘法和加法指令,按竖式所列,采用边相乘边相加的方法进行。

本程序的编程思路即上面算式的运算过程。32位乘积存放在以R0内容为首地址的连续4个单元内。

子程序入口:(R7R6)=被乘数(ab),(R5R4)=乘数(cd),(R0)=存放乘积的起始地址。

子程序出口:(R0)=乘积的高位字节地址指针。

工作寄存器:R2R3暂存部分积(R2存高8位),R1用于暂存中间结果的进位。

程序如下:

```
WMUL:
    MOV  A, R6          ;取被乘数低8位
    MOV  B, R4          ;取乘数的低8位
    MUL  AB             ;两个低8位相乘
    MOV  @R0, A         ;存低位积 bdL
    MOV  R3, B          ;bdH 暂存 R3 中
    MOV  A, R7
    MOV  B, R4
    MUL  AB             ;第2次相乘
    ADD  A, R3          ;bdH + adL
    MOV  R3, A          ;暂存 R3 中
    MOV  A, B
```

```
    ADDC A, #00H        ;adh + CY
    MOV  R2, A          ;暂存 R2 中
    MOV  A, R6
    MOV  B, R5
    MUL  AB             ;第 3 次相乘
    ADD  A, R3          ;bdH + adL + bcL
    INC  R0             ;积指针加 1
    MOV  @R0, A         ;存积的第 15～8 位
    MOV  R1, #0         ;R1 清零
    MOV  A, R2
    ADDC  A, B          ;adh + bcL + CY
    MOV  R2,A           ;暂存 R2 中
    JNC  NEXT           ;无进位则转
    INC  R1             ;有进位 R1 加 1
NEXT:
    MOV  A, R7
    MOV  B, R5
    MUL  AB             ;第 4 次相乘
    ADD  A, R2          ;adh + bcH + acL
    INC  R0             ;指针加 1
    MOV  @R0, A         ;存积的第 23～16 位
    MOV  A, B
    ADDC A, R1
    INC  R0
    MOV  @R0, A         ;存积的第 31～24 位
    RET
```

本程序用到的算法很容易推广到更多字节的乘法运算中。

【例 3.23】 16 位有符号数(补码)乘法程序。

分析:16 位有符号数相乘要借用 8 位有符号数相乘和 16 位无符号数相乘的思想:

① 根据被乘数和乘数的符号计算乘积的符号;

② 被乘数、乘数均取绝对值;

③ 根据 16 位无符号数乘法子程序的入口条件设置入口参数,然后调用 16 位无符号数乘法子程序;

④ 当积为负数时,应把整个乘积求补,变成负数的补码。

子程序入口:(R7R6)=被乘数(带符号数),(R5R4)=乘数(带符号数),(R0)=存放乘积的起始地址。

子程序出口:(R0)=32 位乘积的高位字节地址指针。

工作寄存器:R1 用于临时计数器变量,F0 暂存积的符号。

程序如下:

```
SWMUL:
      MOV   A, R7              ;取被乘数高位字节
      XRL   A, R5              ;计算积的符号
      MOV   C, ACC.7
      MOV   F0, C              ;暂存积的符号到 F0
      MOV   A, R7              ;取被乘数
      JNB   ACC.7, SWMUL1      ;为正数则转
      MOV   A, R6              ;为负数则求补
      CPL   A
      ADD   A, #1
      MOV   R6, A
      MOV   A, R7
      CPL   A
      ADDC A, #0
      MOV   R7, A
SWMUL1:
      MOV   A, R5              ;取乘数
      JNB   ACC.7, SWMUL2      ;为正数则转
      MOV   A, R4              ;为负数则求补
      CPL   A
      ADD   A, #1
      MOV   R4, A
      MOV   A, R5
      CPL   A
      ADDC A, #0
      MOV   R5, A
SWMUL2:
      LCALL WMUL               ;调 16 位无符号数乘法子程序
      JNB   F0, MULEND         ;积为正,转结束
      DEC   R0                 ;积为负,修改指针,指向低字节
      DEC   R0                 ;准备对积求补
      DEC   R0
      MOV   R1, #4
      SETB C
LP:   MOV   A, @R0             ;积的最低字节取反加 1,积的其他字节取反加进位
      CPL   A
      ADDC A, #0
      MOV   @R0, A
      INC   R0
      DJNZ  R1, LP
```

```
MULEND:
    RET                     ;子程序返回
```

【例 3.24】 两个 16 位无符号数除法程序。

分析:51 单片机只有单字节无符号数除法指令,对于多字节除法,在单片机中一般都采用移位相减法。

移位相减法:先设立 1 个与被除数等长的余数单元(先清零),并设一个计数器存放被除数的位数,如图 3.20 所示。将被除数与余数单元一起左移一位,然后将余数单元与除数相减,够减,商取 1,并将所得差作为余数送入余数单元;不够减,商取零;被除数与余数再一起左移 1 位,再一次将余数单元与除数相减……重复到被除数各位均移入余数单元为止。

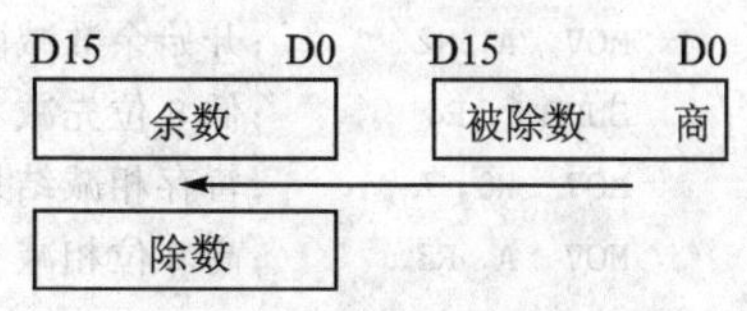

图 3.20 两个 16 位无符号数除法

被除数每左移一位,低位就空出一位,故可用来存放商。因此,实际上是余数、被除数、商三者一起进行移位。

需要特别注意的是,在进行除法运算之前,可先对除数和被除数进行判别,若除数为零,则商溢出;若除数不为零,而被除数为零,则商为零。

子程序入口:(R7R6)=被除数,(R5R4)=除数。

子程序出口:(R7R6)=商,PSW.5(即 F0),除数为 0 标志。

工作寄存器:R3R2 作为余数寄存器,R1 作为移位计数器,R0 作为低 8 位的差值暂存寄存器。

程序如下:

```
WDIV:
    MOV  A, R5
    JNZ  START          ;除数不为零则跳转
    MOV  A, R4
    JZ  OVER            ;除数为零则跳转
START:
    MOV  R2, #0         ;余数寄存器清零
    MOV  R3, #0
    MOV  R1, #16        ;R1 置入移位次数
DIV1:
    CLR  C              ;CY 清零,准备左移
    MOV  A, R6          ;先从 R6 开始左移
    RLC  A              ;R6 循环左移一位
    MOV  R6, A          ;送回 R6
    MOV  A, R7          ;再处理 R7
    RLC  A              ;R7 循环左移一位
    MOV  R7, A          ;送回 R7
```

```
    MOV  A, R2       ;余数寄存器左移
    RLC  A           ;R2左移一位
    MOV  R2, A       ;送回R2
    MOV  A, R3       ;余数寄存器
    RLC  A           ;左移一位
    MOV  R3, A       ;左移一位结束
    MOV  A, R2       ;开始余数减除数
    SUBB A, R4       ;低8位先减
    MOV  R0, A       ;暂存相减结果
    MOV  A, R3       ;高8位相减
    SUBB  A, R5
    JC   NEXT        ;不够减则转移
    INC  R6          ;够减,商加1
    MOV  R3, A       ;相减所得差送入余数单元
    MOV  A, R0
    MOV  R2, A
NEXT:
    DJNZ R1, DIV1    ;16位未移完,则继续
DONE:
    CLR  F0          ;置除数不为零标志
    RET              ;子程序返回
OVER:
    SETB  F0         ;置除数为零标志
    RET              ;子程序返回
```

【例3.25】 16位有符号数(补码)除法程序。

分析:16位有符号数除法与16位有符号数乘法的算法类似。

① 根据被除数和除数的符号计算商的符号;

② 被除数、除数均取绝对值;

③ 根据16位无符号数除法子程序的入口条件设置入口参数,然后调用16位无符号数除法子程序;

④ 当商为负数时,应把商求补,变成负数的补码。

子程序入口:(R7R6) =被除数(带符号数),(R5R4)=除数(带符号数)。

子程序出口:(R7R6)=商,PSW.5(即F0),除数为零标志。

工作寄存器:R3R2作为余数寄存器,R1作为移位计数器,R0作为差值暂存寄存器,B暂存商的符号。

程序如下:

```
SWDIV:
    MOV  A, R7           ;取被除数高位字节
    MOV  C, ACC.7
```

```
    MOV  B.6，C          ;暂存被除数的符号到 B.6
    XRL  A，R5           ;计算商的符号
    MOV  C，ACC.7
    MOV  B.7，C          ;暂存商的符号到 B.7
    MOV  A，R7           ;取被除数
    JNB  ACC.7，SWDIV1   ;为正数则转
    MOV  A，R6           ;为负数则求补
    CPL  A
    ADD  A，#1
    MOV  R6，A
    MOV  A，R7
    CPL  A
    ADDC A，#0
    MOV  R7，A
SWDIV1：
    MOV  A，R5           ;取除数
    JNB  ACC.7，SWDIV2   ;为正数则转
    MOV  A，R4           ;为负数则求补
    CPL  A
    ADD  A，#1
    MOV  R4，A
    MOV  A，R5
    CPL  A
    ADDC A，#0
    MOV  R5，A
SWDIV2：
    LCALL WDIV           ;调 16 位无符号数除法子程序
    JB   F0，MULEND
    JNB  B.7，SWDIV3     ;商为正则转
    MOV  A，R6           ;商为负则求补
    CPL  A
    ADD  A，#1
    MOV  R6，A
    MOV  A，R7
    CPL  A
    ADDC A，#0
    MOV  R7，A
SWDIV3：
    JNB  B.6，SWDIVEND   ;余数为正则转
    MOV  A ,R2           ;余数为负则求补
    CPL  A
    ADD  A ,#1
```

```
    MOV  R2, A
    MOV  A, R3
    CPL  A
    ADDC A, #0
    MOV  R3, A
SWDIVEND:
    RET                 ;子程序返回
```

3.5.4 数据的拼拆和转换程序

【例 3.26】 设在 30H 和 31H 单元中各有一个 8 位数据：

$$(30H)=X_7X_6X_5X_4X_3X_2X_1X_0 \quad (31H)=Y_7Y_6Y_5Y_4Y_3Y_2Y_1Y_0$$

现在要从 30H 单元中取出低 5 位，并从 31H 单元中取出低 3 位完成拼装，拼装结果送 40H 单元保存，并且规定：

$$(40H)=Y_2Y_1Y_0X_4X_3X_2X_1X_0$$

利用逻辑指令 ANL、ORL、RL 等来完成数据的拼拆。

分析：将 30H 单元内容的高 3 位屏蔽，并暂存到 40H 单元；31H 单元内容的高 5 位屏蔽，高低 4 位交换，左移一位；然后与 30H 单元的内容相或，拼装后更新到 40H 单元。程序如下：

```
    MOV  A, 30H
    ANL  A, #00011111B
    MOV  40H, A
    MOV  A, 31H
    ANL  A, #00000111B
    SWAP A
    RL   A
    ORL  40H, A
```

【例 3.27】 设片内 RAM 的 20H 单元的内容为

$$(20H)=X_7X_6X_5X_4X_3X_2X_1X_0$$

把该单元内容反序后放回 20H 单元，即为

$$(20H)=X_0X_1X_2X_3X_4X_5X_6X_7$$

分析：先把原内容带进位 C 右移一位，低位移入 C 中，然后结果进行带进位 C 左移一位，C 中的内容移入，只需 8 次处理即可。由于 8 次过程相同，可以通过循环完成，移位过程中必须通过累加器来处理。设 20H 单示原来的内容先暂存 R3，结果先暂存 R4，R2 用做循环变量。程序如下：

```
    MOV  R3, 20H
    MOV  R4, #0
    MOV  R2, #8
```

```
LOOP:
    MOV  A, R3
    RRC  A
    MOV  R3, A
    MOV  A, R4
    RLC  A
    MOV  R4, A
    DJNZ R2, LOOP
    MOV  20H, R4
```

另外,由于片内 RAM 的 20H 单元在位寻址区,所以这一问题还可以通过位处理方式来实现,这种方法留给读者自己完成。

【例 3.28】 8 位二进制无符号数转换为 3 位 BCD 码。8 位二进制无符号数存放在 35H 单元,要求个位、十位、百位分别存放在 40H、41H、42H 单元。

分析:利用除法指令实现,程序如下:

```
    MOV  A, 35H
    MOV  B, #10
    DIV  AB
    MOV  40H, B  ;存个位
    MOV  B, #10
    DIV  AB
    MOV  41H, B ;存十位
    MOV  42H, A ;存百位
```

【例 3.29】 1 位十六进制数转换成 ASCII 码。

分析:1 位十六进制数有 16 个符号 0~9、A、B、C、D、E、F。其中,0~9 的 ASCII 码为 30H~39H,A~F 的 ASCII 码为 41H~46H。转换时,只要判断十六进制数是在 0~9 之间还是在 A~F 之间,如果在 0~9 之间,则加 30H,如果在 A~F 之间,则加 37H,就可得到 ASCII。设十六进制数放入 R2 中,转换的结果放入 R2 中。程序如下:

```
    MOV  A, R2
    CLR  C
    SUBB A, #0AH         ;减去 0AH,判断在 0~9 之间,还是在 A~F 之间
    MOV  A, R2
    JC   ADD30           ;如在 0~9 之间,直接加 30H
    ADD  A, #07H         ;如在 A~F 之间,先加 07H,再加 30H
ADD30:
    ADD  A, #30H
    MOV  R2, A
```

【例 3.30】 多工作状态指示。

分析:实际应用中,系统一般有多种状态指示。现假定有8个发光二极管,不同组合的亮暗状态构成不同的工作状态指示。由于第n种工作状态对应的8个发光二极管的亮暗情况没有规律,也就不能通过运算得到,只能通过查表指令查表得到。

设第n种工作状态的状态号放在R2中,0～9共10种工作状态,查得对应的发光二极管的亮暗情况也存放于R2中,用"MOVC A, @A+DPTR"查表。程序如下:

```
CONVERT:
      MOV   DPTR, #TAB                                        ;DPTR指向表首地址
      MOV   A, R2                                             ;转换的数放入A中
      MOVC A, @A+DPTR                                         ;查表指令转换
      MOV   R2, A
      RET
TAB:DB  3FH,06H,5BH,4FH,66H,6DH,7DH,07H,67H,77H               ;显示译码表
```

在这个例子中,编码是一个字节,只通过一次查表指令就可实现转换。如果编码是两个字节,则需要用两次查表指令才能查得编码,第一次取得低位,第二次取得高位。

3.5.5 多分支转移(散转)程序

在单片机中,通过控制转移指令可以很方便地构造两个分支的程序。对于多个分支的程序,可以用比较转移指令CJNE来实现,如多个CJNE可直接实现多分支相等条件判断。

【例3.31】 现有4路分支,分支号为常数,要求根据R2中的分支信息转向各个分支的程序,即当

(R2) =#data1,转向PR1;

(R2) = #data2,转向PR2;

(R2) = #data3,转向PR3;

(R2) =其他值,转向PR4。

分析:用比较转移指令CJNE来实现。用PR1、PR2、PR3和PR4表示各分支程序的入口地址。程序如下:

```
      MOV     A, R2
      CJNE    A, #data1, PR2
PR1:

      LJMP    L_OUT
PR2:CJNE    A, #data2, PR3

      LJMP    L_OUT
PR3:CJNE    A,#data3, PR4
```

```
    LJMP   L_OUT
PR4:

L_OUT:
```

基于分支线性序号的多个分支的情况，一般用多分支转移指令“JMP @A+DPTR”或者“RET”指令来实现快速跳转。

1. 用多分支转移指令“JMP @A+DPTR”实现的多分支转移程序

【例 3.32】 现有 128 路分支，分支号分别为 0～127，要求根据 R2 中的分支信息转向各个分支的程序，即当

(R2)＝0，转向 PR0；

(R2)＝1，转向 PRl；

……

(R2)＝127，转向 PRl27。

分析：用 PR0，PR1，…，PR127 表示各分支程序的入口地址。DPTR 转入散转表中第 R2 个数据，累加器 A 清零，然后执行多分支转移指令“JMP @A+DPTR”实现转移。程序如下：

```
     MOV   A, R2
     RL    A                       ;分支地址为两个字节，所以乘以 2
     MOV   B, A                    ;暂存
     INC   A                       ;偏移量指向转移地址的低字节
     MOV   DPTR, # TAB             ;DPTR 指向转移指令表首地址
     MOVC A, @A + DPTR             ;读转移地址的低 8 位
     PUSH ACC
     MOV   A, B
     MOVC A, @A + DPTR             ;读转移地址的高 8 位
     MOV   DPH, A                  ;转移地址的高 8 位写入 DPTR 的高 8 位
     POP   DPL                     ;转移地址的低 8 位写入 DPTR 的低 8 位
     CLR   A
     JMP   @A + DPTR               ;转向对应分支
TAB:DW   PR0, PR1, …, PRl27        ;转移指令表
PR0:

     LJMP  L_OUT
PR1:

     LJMP  L_OUT
```

```
PR127:

L_OUT:
```

2. 采用RET指令实现的多分支转移程序

用RET指令实现多分支转移程序的方法是:先把各个分支的目的地址按顺序组织成一张地址表,在程序中用分支信息去查表,取得对应分支的目的地址,按先低字节,后高字节的顺序压入堆栈,然后执行RET指令,执行后则转到对应的目的位置。

【例3.33】 用RET指令实现根据R2中的分支信息转到各个分支程序的多分支转移程序。

分析:设各分支的目的地址分别为PR0,PR1,PR2,…,PR127。堆栈中压入转入散转表中第R2个数据,然后执行RET指令实现转移,程序如下:

```
      MOV  DPTR,#TAB           ;DPTR指向目的地址表
      MOV  A,R2                ;分支信息存放于累加器A中
      RL   A                   ;分支信息乘2,因为1个DW占2个字节
      MOV  B,A                 ;保存分支地址信息
      INC  A                   ;加1得到目的地址的低8位的变址
      MOVC A,@A+DPTR           ;取转向地址低8位
      PUSH ACC                 ;低8位地址入栈
      MOV  A,B
      MOVC A,@A+DPTR           ;取转向地址高8位
      PUSH ACC                 ;高8位地址入栈
      RET                      ;转向目的地址
TAB:DW   PR0,PR1,…,PR127       ;目的地址表
PR0:

      LJMP L_OUT
PR1:

      LJMP L_OUT

PR127:

L_OUT:
```

3.5.6 比较与排序

【例3.34】 找最大值。RAM 20H单元开始存放8个数,找出最大值存放到2BH。

分析:这是典型的比较问题。解决方法有两个:一是设定一个存储最大值的变量并初始为0,8个数据依次比较8次,该变量每比较一次都被赋予其中较大的值;二是

设定一个存储最大值的变量并初始为第一个数，8 个数据依次比较 7 次，该变量每比较一次都被赋予其中较大的值。采用第二种方式，程序如下：

```
    MOV  R0, #20H
    MOV  R7, #7             ;比较 7 次
    MOV  A, @R0
LOOP:
    INC  R0
    MOV  2AH, @R0
    CJNE A, 2AH, CHK        ;比较影响标志位 C
CHK:JNC  LOOP1
    MOV  A, @R0
LOOP1:
    DJNZ R7, LOOP
    MOV  2BH, A
```

【例 3.35】 检测 8 路单字节数据，每路的最大允许值在程序存储器的表格中(单字节)，每路采集数值若大于允许的上限值则对应 P0.x 口高电平报警，路数存在 R2 中(0～7)，采集到的数存在 30H 中。

分析：将 R2 中的数复制到累加器 A 中，经查表指令查出对应通道的最大值，然后比较判断是否报警。程序如下：

```
    MOV  DPTR, #TAB
READ_MAX:
    MOV  A, R2
    MOVC A, @A + DPTR
    CJNE A, 30H, N1         ;影响 C
N1: MOV  A, R2
    JNZ  N2                 ;R2 不等于 0 则通过移位指令给出 P0.x 高电平
    MOV  P0.0, C            ;R2 等于 0 则直接给出 P0.0 电平
    LJMP N3
N2: MOV  A, #01H
LOOP:
    RL   A
    DJNZ R2, LOOP
    MOV  B, P0
    ORL  B, A
    JC   N3
    CPL  A
    ANL  B, A
N3: MOV  P0, B
    RET
```

```
TAB:DB 23H,45H,22H,45H,22H,45H,22H,66H
```

【例 3.36】 冒泡法排序。设有 N 个数,它们依次存放于 LIST 地址开始的存储区域中,将 N 个数比较大小后,使它们按由小到大(或由大到小)的次序排列,存放在原存储区域中。

分析:依次将相邻两个单元的内容作比较,即第一个数和第二个数比较,第二个数和第三个数比较……如果符合从小到大的顺序则不改变它们在内存中的位置;否则,交换它们之间的位置。如此反复比较,直至数列排序完成为止。

由于在比较过程中将小数(或大数)向上冒,因此这种算法称为"冒泡法"排序,它是通过一轮一轮的比较,即

第一轮经过 $N-1$ 次两两比较后,得到一个最大数;

第二轮经过 $N-2$ 次两两比较后,得到次大数;

……

每轮比较后得到本轮最大数(或最小数),该数就不再参加下一轮的两两比较,故进入下一轮时,两两比较次数减 1。为了加快数据排序的速度,程序中设置一个标志位,只要在比较过程中两数之间没有发生过交换,就表示数列已按大小顺序排列了,可以结束比较。

设数列首地址为 20H,共 8 个数,从小到大排列,F0 为交换标志。程序如下:

```
    MOV  R6,#8        ;数个数
    CLR  F0           ;F0 为交换标志
SORT:
    DEC  R6           ;指出需要比较的次数
    MOV  A, R6
    JZ   L_OUT
    MOV  R0, #20H     ;R0 指向数据区首址
    MOV  R1, #20H     ;R1 指向数据区首址
    MOV  R7, A        ;内循环计数值,R7←R6,作为比较次数循环变量
LOOP:
    MOV  B, @R1       ;取数据
    INC  R0
    MOV  A, @R0
    CJNE A ,B, N1     ;两数比较影响标志位
N1: JNC  LESS         ;X[i]<X[i+1]转 LESS
    MOV  @R0, B       ;两数交换位置
    MOV  @R1, A
    SETB F0           ;给出标志
LESS:
    INC  R1
    DJNZ R7, LOOP     ;内循环计数减 1,返回进行下一次比较
```

```
    JBC  F0, SORT         ;外循环计数减 1,返回进行下一次冒泡
L_OUT:
```

上述编程实例介绍了汇编语言程序设计的各种情况。从中可以看出,程序设计主要涉及两个方面的问题:一是算法,或者说程序的流程图;二是工作单元的安排。在以上例子中,8 个工作寄存器已够用,有时也会出现不够用的情况,特别是用于间接寻址的寄存器只有 R0 和 R1,很容易不够用,这时,可通过设置 RS1、RS0 以选择不同的工作寄存器组,这一点在使用上应加以注意。

习题与思考题

3.1 在 51 单片机中,寻址方式有几种?其中对片内 RAM 可以用哪几种寻址方式?对片外 RAM 可以用哪几种寻址方式?

3.2 在对片外 RAM 单元的寻址中,用 Ri 间接寻址与用 DPTR 间接寻址有什么区别?

3.3 在位处理中,位地址的表示方式有哪几种?

3.4 51 单片机的 PSW 程序状态字中无 ZERO(零)标志位,怎样判断某内部数据存储单元的内容是否为 0?

3.5 区分下列指令有什么不同。

(1)“MOV A,20H”和“MOV A,#20H”

(2)“MOV A, @R1”和“MOVX A, @R1”

(3)“MOV A, R1”和“MOV A, @R1”

(4)“MOVX A, @R1”和“MOVX A, @DPTR”

(5)“MOVX A, @DPTR”和“MOVC A, @A+DPTR”

3.6 写出完成下列操作的指令。

(1) R0 的内容送到 R1 中。

(2) 片内 RAM 的 20H 单元内容送到片内 RAM 的 40H 单元中。

(3) 片内 RAM 的 30H 单元内容送到片外 RAM 的 50H 单元中。

(4) 片内 RAM 的 50H 单元内容送到片外 RAM 的 3000H 单元中。

(5) 片外 RAM 的 2000H 单元内容送到片外 RAM 的 20H 单元中。

(6) 片外 RAM 的 1000H 单元内容送到片外 RAM 的 4000H 单元中。

(7) ROM 的 1000H 单元内容送到片内 RAM 的 50H 单元中。

(8) ROM 的 1000H 单元内容送到片外 RAM 的 1000H 单元中。

3.7 在错误的指令后面的括号中打×。

MOV @R1, #80H ( )   MOV R7, @R1 ( )

MOV 20H, @R0 ( )   MOV R1, #0100H ( )

CPL R4 ( )   SETB R7.0 ( )

MOV 20H，21H	(　)	ORL A，R5	(　)
ANL R1，#0FH	(　)	XRL P1，#31H	(　)
MOV A，2000H	(　)	MOV 20H，@DPTR	(　)
MOV A，DPTR	(　)	MOV R1，R7	(　)
PUSH DPTR	(　)	POP 30H	(　)
MOVC A，@R1	(　)	MOVC A，@DPTR	(　)
MOVX @DPTR，#50H	(　)	RLC B	(　)
ADDC A，C	(　)	MOVC @R1，A	(　)

3.8 设内部RAM中(59H)＝50H,执行下列程序段：

```
MOV     A，59H
MOV     R0，A
MOV     A，#0
MOV     @R0，A
MOV     A，#25H
MOV     51H，A
MOV     52H，#70H
```

A＝____,(50H)＝____,(51H)＝____,(52H)＝____。

3.9 已知程序执行前有A＝02H,SP＝52H,(51H)＝FFH,(52H)＝FFH。下述程序执行后：

```
POP     DPH
POP     DPL
MOV     DPTR，#4000H
RL      A
MOV     B,A
MOVC    A，@A+DPTR
PUSH    ACC
MOV     A，B
INC     A
MOVC    A，@A+DPTR
PUSH    ACC
RET
ORG     4000H
DB      10H，80H，30H，50H，30H，50H
```

请问：A＝____,SP＝____,(51H)＝____,(52H)＝____,PC＝____。

3.10 对下列程序中各条指令作出注释,并分析程序运行的最后结果。

```
MOV     20H，#0A4H
```

```
MOV     A, #0D6H
MOV     R0, #20H
MOV     R2, #57H
ANL     A, R2
ORL     A, @R0
SWAP    A
CPL     A
ORL     20H, A
```

3.11 设片内 RAM 的(20H)=40H,(40H)=10H,(10H)=50H,(P1)=0CAH。分析下列指令执行后片内 RAM 的 30H、40H、10H 单元以及 P1、P2 中的内容：

```
MOV   R0 ,#20H
MOV   A ,@R0
MOV   R1,A
MOV   @R1, A
MOV   @R0, P1
MOV   P2, P1
MOV   10H, A
MOV   30H, 10H
```

3.12 已知(A)=02H,(R1)=7FH,(DPTR)=2FFCH,片内 RAM,(7FH)=70H,片外 RAM,(2FFEH)=11H,ROM,(2FFEH)=64H,试分别写出以下各条指令执行后目标单元的内容。

```
(1) MOV     A,@R1
(2) MOVX    @DPTR,A
(3) MOVC    A,@A+DPTR
(4) XCHD    A,@R1
```

3.13 已知:(A)=78H,(R1)=78H,(B)=04H,CY=1,片内 RAM,(78H)=0DDH,(80H)=6CH,试分别写出下列指令执行后目标单元的结果和相应标志位的值。

```
(1) ADD     A, @R1
(2) SUBB    A, #77H
(3) MUL     AB
(4) DIV     AB
(5) ANL     78H, #78H
(6) ORL     A, #0FH
(7) XRL     80H, A
```

3.14 设(A)=83H,(R0)=17H,(17H)=34H,分析当执行完下面指令段后累加器 A、R0、17H 单元的内容。

```
ANL  A,#17H
ORL  17H,A
XRL  A,@R0
CPL  A
```

3.15 写出完成下列要求的指令。

(1) 将累加器A的低4位数据送至P1口的高4位,P1口的低4位保持不变。

(2) 累加器A的低2位清0,其余位不变。

(3) 累加器A的高2位置1,其余位不变。

(4) 将P1.1和P1.0取反,其余位不变。

3.16 说明LJMP指令与AJMP指令的区别。

3.17 试用三种方法将累加器A中的无符号数乘以4,乘积存放于寄存器B和A中。

3.18 用位处理指令实现P1.4=P1.0&(P1.1|P1.2)|P1.3的逻辑功能。

3.19 下列程序段汇编后,从1000H单元开始的单元内容是什么?

```
     ORG  1000H
TAB: DB   12H, 34H
     DS   3
     DW   5567H, 87H
```

3.20 试编程将片内40H～60H单元中内容传送到片外RAM以2000H为首地址的存储区中。

3.21 在片外RAM首地址为DATA的存储器中,有10个字节的数据,试编程将每个字节的最高位无条件地置1。

3.22 编程实现将片外RAM的2000H～2030H单元的内容,全部移到片内RAM的20H单元开始位置,并将原位置清零。

3.23 试编程把长度为10H的字符串从片内RAM首地址为DAT1的存储器中向片外RAM首地址为DAT2的存储器进行传送,直到遇见字符CR,或者整个字符串传送完毕结束。

3.24 编程将片外RAM的1000H单元开始的100个字节数据相加,结果存放于R7R6中。

3.25 编程统计从片外RAM 2000H开始的100个单元中"0"的个数存放于R2中。

3.26 在片内RAM的40H单元开始存有48个无符号数,试编程找出最小值并存入B中。

3.27 试编写16位二进制数相加的程序。设被加数存放在片内RAM的20H、21H单元,加数存放在22H、23H单元,所求的和存放在24H、25H中。

3.28 设有两个无符号数X、Y分别存放在片内RAM的50H、51H单元,试编程计算3X+20Y,并把结果送入52H、53H单元(低8位先存)。

3.29 编程计算片内RAM的50H～59H 10个单元内容的平均值,并存放在

5AH 单元(设 10 个数的和小于 FFH)。

3.30 编程实现把片内 RAM 的 20H 单元的 0 位、1 位,21H 单元的 2 位、3 位,22H 单元的 4 位、5 位,23H 单元的 6 位、7 位,按原位置关系拼装在一起存放于 R2 中。

3.31 存放在片内 RAM 的 30H 单元中的变量 X 是一个无符号整数,试编程计算下面函数的函数值并存放到片内 RAM 的 40H 单元中。

Y=2X(X<20)

Y=5X(20≤X<50)

Y=X(X≥50)

3.32 设有 100 个有符号数,连续存放在片外 RAM 以 3000H 为首地址的存储区中,试编程统计出其中大于零、等于零、小于零的个数,并把统计结果分别存入片内 RAM 的 30H,31H、32H 三个单元。

3.33 试编一查表程序,从片外 RAM 首地址为 2000H、长度为 100 的数据块中找出 ASCII 码 D,将其地址依次传送到自 20A0H 到 20A1H 单元中。

3.34 试编程求 16 位带符号二进制补码数的绝对值。设 16 位补码数存放在片内 RAM 的 30H 和 31H(高字节)单元中,求得的绝对值仍放在原单元中。

3.35 试编程把片内 RAM 40H 为首地址的连续 20 个单元的内容按降序排列,并存放到片外 RAM 2000H 为首地址的存储区中。

3.36 编写程序,将存放在片内 RAM 起始地址为 30H 的 20 个十六进制数分别转换为相应的 ASCII 码,结果存入片内 RAM 起始地址为 50H 的连续单元中。

3.37 在片外 RAM 2000H 为首地址的存储区中,存放着 20 个用 ASCII 码表示的 0～9 之间的数,试编程,将它们转换成 BCD 码,并以压缩 BCD 码的形式存放在 3000H～3009H 单元中。

3.38 某单片机应用系统有 4×4 键盘,经键盘扫描程序得到被按键的键值(00H～0FH)存放在 R2 中,16 个键的键处理程序入口地址分别为 KEY0,KEYI,KEY2,…,KEY15。试编程实现,根据被按键的键值,转对应的键处理程序。

3.39 已知片内 RAM 的 30H 和 40H 单元分别存放着数 a 和 b,试编写程序计算 a^2-b^2,并将结果送入 30H 单元。

第4章

Keil C51 语言程序设计基础与开发调试

4.1 C51 与 51 单片机

前面介绍了 51 单片机汇编语言程序设计，汇编语言有执行效率高、速度快、编写的程序代码短、与硬件结合紧密等特点。尤其在进行 I/O 口管理时，使用汇编语言快捷、直观。但汇编语言比高级语言难度大，用汇编语言编写 51 单片机程序必须要考虑其存储器结构，尤其必须考虑其片内数据存储器与特殊功能寄存器的使用，以及按实际地址处理端口数据，可读性差，不便于移植，应用系统设计周期长，调试和排错也比较困难，开发时间长。

由于每个机型的指令系统和硬件结构各不相同，为了方便用户，程序所用的语句与实际问题更接近，而且用户不必了解具体结构，就能编写程序，只考虑要解决的问题即可，这就是面向问题的语言，如 BASIC、C、PASCAL 等各种高级语言。高级语言容易理解、学习和掌握，用户用高级语言编写程序会感觉方便，可大大减少工作量。但计算机执行时，必须将高级语言编写的源程序翻译成机器语言表示的目标代码方能执行。这个“翻译”就是各种编译程序(Compiler)或解释程序(Interpreter)。

另一方面，基于 C 语言的程序设计相对来说比较容易。C 语言支持多种数据类型，功能丰富，表达能力强，灵活方便，应用面广，目标程序效率高，可移植性好。尤其是 C 语言具有指针功能，允许直接访问物理地址，且具有位操作运算符，能实现汇编语言的大部分功能，可以对硬件直接进行操作。C 语言既有高级语言的特点，又有汇编语言的特点，能够按地址方式访问存储器或 I/O 端口，方便进行底层软件设计。当然，采用 C 语言编写的应用程序必须由对应单片机的 C 语言编译器转换生成单片机可执行且与汇编一一对应的代码程序。

众所周知，汇编语言生成的目标代码的效率是最高的。过去长期困扰人们的所谓“高级语言生成代码太长，运行速度太慢，因此不适合单片机使用”的致命缺点现已基本克服。目前，51 单片机上的 C 语言的代码长度，已经做到了汇编水平的 1.2～1.3 倍。4 KB 以上的程序，C 语言的优势更能得到发挥。至于执行速度的问题，可借助仿真器的辅助调试分析，找出 C 程序中对应的关键代码，进一步用人工优化，就可方便地达到具体的实时性要求。如果谈到开发速度、软件质量、可读性和可移植性等方面,则 C 语言的完美绝非汇编语言编程可比拟。现在,采用 C 语言编写程序进行单片机应用系统开发已经成为主流。

目前,支持 51 单片机的 C 语言编译器很多,其中 Keil C51 以它的代码紧凑和使用方便等特点优于其他编译器,应用广泛。本书以 Keil C51 编译器介绍 51 单片机 C 语言程序设计。和汇编语言一样,其被集成到 μVision3 的集成开发环境中,C 语言源程序经过 C51 编译器编译、L51 (或 BL51)链接/定位后生成 BIN 和 HEX 的目标程序文件。

C51 程序结构与标准的 C 语言程序结构相同,兼容标准 C。如表 4.1~表 4.5 所列,C51 中支持的运算符及表达式与标准 C 完全一致。

表 4.1 C51 中支持的算术运算符

符 号	功 能	符 号	功 能
+	加或取正值运算符	/	除运算符
-	减或取负值运算符	%	整数取余运算符
*	乘运算符		

表 4.2 C51 中支持的关系运算符

符 号	功 能	符 号	功 能
>	大于	>=	大于或等于
<	小于	<=	小于或等于
==	等于	!=	不等于

表 4.3 C51 中支持的逻辑运算符

<table>
<tr><th>符 号</th><th>功 能</th><th>格 式</th></tr>
<tr><td>&&</td><td>逻辑与</td><td>条件式 1 && 条件式 2</td></tr>
<tr><td>||</td><td>逻辑或</td><td>条件式 1 || 条件式 2</td></tr>
<tr><td>!</td><td>逻辑非</td><td>! 条件式</td></tr>
</table>

表 4.4 C51 中支持的位运算符

<table>
<tr><th>符 号</th><th>功 能</th><th>符 号</th><th>功 能</th></tr>
<tr><td>&</td><td>按位与</td><td>~</td><td>按位取反</td></tr>
<tr><td>|</td><td>按位或</td><td><<</td><td>左移</td></tr>
<tr><td>^</td><td>按位异或</td><td>>></td><td>右移</td></tr>
</table>

表 4.5 C51 中支持的复合赋值运算符

<table>
<tr><th>符 号</th><th>功 能</th><th>符 号</th><th>功 能</th><th>符 号</th><th>功 能</th><th>符 号</th><th>功 能</th></tr>
<tr><td>+=</td><td>加法赋值</td><td>-=</td><td>减法赋值</td><td>|=</td><td>逻辑或赋值</td><td>^=</td><td>逻辑异或赋值</td></tr>
<tr><td>*=</td><td>乘法赋值</td><td>/=</td><td>除法赋值</td><td>>>=</td><td>右移位赋值</td><td><<=</td><td>左移位赋值</td></tr>
<tr><td>%=</td><td>取模运算</td><td>&=</td><td>逻辑与赋值</td><td></td><td></td><td></td><td></td></tr>
</table>

当然,C51 必须支持指针运算符“*”和取地址运算符“&”。

C51 与标准 C 语言一致,具有两类条件判断语句、三种循环语句和四种无条件跳转语句:

(1) 两类条件判断语句

① if 语句[if(){}、if(){}else{}、if(){}else if(){}else if(){}…else{}];

② switch 语句[switch(){case : break; case : break;…default}]。

if 语句一般表示两个分支或是嵌套表示少量的分支,但如果分支很多则应用 switch 语句更明晰。

(2) 三种循环语句

C语言具有 for()、while()和 do{ }while()三种循环语句。

条件判断语句和三种循环语句本质上都是有条件跳转语句。

(3) 四种无条件跳转语句

① 函数内条件跳转语句:goto。goto 可构成无条件的“死循环”。

② 跳出循环或结束 switch—case 语句:break。

③ 结束本次循环,启动下次循环语句:continue。

④ 返回值语句:return。

C51 的语法规定、程序结构及程序设计方法都与标准C语言程序设计兼容,但用C51编写的单片机应用程序与标准C语言的程序也有一些区别:

① C51 编写单片机应用程序时,需要根据单片机存储结构及内部资源定义相应的数据类型和变量,而标准C语言程序不需要考虑这些问题。在C51中还增加了几种针对51单片机特有的数据类型,即特殊功能寄存器和位变量的定义。

② C51 中变量的存储模式与标准C不一样,它与51单片机的存储器是密切相关的。

③ C51 中定义的库函数和标准C也不同。标准C中定义的库函数是按通用微型计算机来定义的,而C51中的库函数是按51单片机相应情况来定义的。

④ C51 与标准C的输入/输出处理不一样,C51中输入/输出是通过51单片机串行口来完成的,输入/输出指令执行前必须要对串行口进行初始化。

⑤ C51 程序中可以用“/ * …… * /”或“//”对C程序中的任何部分作注释,以增加程序的可读性,而标准C一般只支持“/ * …… * /”注释法。

⑥ C51 与标准C在函数使用方面也有一定的区别,C51中有专门的中断函数。

本章将主要介绍 Keil C51 与标准C不兼容的相关语句,其中,C51下中断函数的编写将在第7章讲述。

4.2 C51 的数据类型

与标准C一致,C51的数据类型也有常量和变量之分。变量,即在程序运行中其值可以改变的量。一个变量由变量名和变量值构成,变量名是存储单元地址的符号表示,而变量值就是该单元存放的内容。定义一个变量,编译系统就会自动为它安排一个存储单元,具体的地址值用户不必在意。

标准C语言的数据类型可分为基本数据类型和组合数据类型,组合数据类型由基本数据类型构造而成。标准C语言的基本数据类型有字符型 char、整型 int、长整型 long、浮点型 float 和双精度型 double。组合数据类型有结构体类型、共同体类型和枚举类型,另外,还有指针类型和空类型。C51的数据类型也分为基本数据类型和组合数据类型,情况与标准C中的数据类型基本相同,其中 int 型与 short 型相同(都为双字节)，float 型与 double 型相同(都为四字节)。另外，C51 中还有专门针对 51 单片机的特殊功能寄存器型和位类型。C51 的具体情况如下：

1. 字符型 char

字符型 char 有 signed char 和 unsigned char 之分，默认为 signed char。它们的长度均为一个字节，用于存放一个单字节的数据。signed char 用于定义带符号字节数据，补码表示，所能表示的数值范围是－128～＋127；unsigned char 用于定义无符号字节数据或字符，表示的数值范围为 0～255。unsigned char 可以用来存放无符号数，也可以存放西文字符，一个西文字符占一个字节，在计算机内部用 ASCII 码存放。

2. 整型 int

整型 int 有 signed int 和 unsigned int 之分，用于存放一个双字节的数据，默认为 signed int。signed int 用于存放双字节带符号数，补码表示，所能表示的数值范围为－32 768～＋32 767。unsigned int 用于存放双字节无符号数，表示的数值范围为 0～65 535。

3. 长整型 long

长整型 long 有 signed long 和 unsigned long 之分，默认为 signed long。它们的长度均为四个字节。signed long 用于存放四字节带符号数，补码表示，所能表示的数值范围为－2 147 483 648～＋2 147 483 647。unsigned long 用于存放四字节无符号数，所能表示的数值范围为 0～4 294 967 295。

51 单片机采用大端模式，即 int 和 long 型变量，其高位字节存入低地址，低位字节存入高地址。这点，在共用体应用时要特别注意。

4. 浮点型 float

浮点型 float 数据的长度为四个字节，格式符合 IEEE 754 标准的单精度浮点型数据，包含指数和尾数两部分，最高位为符号位 S，“1”表示负数，“0”表示正数，其他 8 位为阶码 E，最后的 23 位为尾数 M 的有效数位。由于尾数的整数部分隐含固定为“1”，所以数的精度为 24 位。float 在内存中的格式如表 4.6 所列。

表 4.6　float 在内存中的格式

字节地址	3	2	1	0
浮点数的内容	SEEEEEEE	EMMMMMMM	MMMMMMMM	MMMMMMMM

8 位阶码 E 采用移码表示，E 取值范围为 1～254，对应的指数实际取值范围为－128～＋127。一个浮点数的取值范围为 $(-1)^S \times 2^{E-127} \times (1.M)$。

例如浮点数＋124.75＝＋1111100.11B＝$+1.11110011 \times 2^{+110}$，符号位为“0”，8 位阶码 E 为

$$+(110+1111111)=+10000101B$$

23 位数值位为 11110011000000000000000B

32 位浮点表示形式为

0,1000010 1,1111001 10000000 00000000B=42F98000H

阶码为 00000000 或 11111111,要么溢出,要么不是数。而 51 单片机不包括捕获浮点运算错误的中断向量,因此必须由用户自己根据可能出现的错误条件用软件进行适当的处理。

5. 指针型 *

指针型本身就是一个变量,在这个变量中存放着指向某一个数据的地址。这个指针变量要占用一定的内存单元。对不同的处理器其长度不一样,在 C51 中它的长度为 1 个字节或 2 个字节。指向片内 256 字节内,则要 1 个字节;指向片外 64 KB RAM 或 ROM 空间,则要 2 个字节。

6. 特殊功能寄存器型

特殊功能寄存器型是 C51 扩充的数据类型,用于访问 MCS-51 单片机中的特殊功能寄存器数据。它分为 sfr 和 sfr16 两种类型,其中 sfr 为单字节特殊功能寄存器类型,占 1 个内存单元,利用它可以访问 51 单片机内部的所有特殊功能寄存器;sfr16 为双字节特殊功能寄存器类型,占用 2 个字节单元,利用它可以访问 51 单片机内部的所有两个字节的特殊功能寄存器。在 C51 中,对特殊功能寄存器的访问必须先用 sfr 或 sfr16 进行声明,而不能用指针,因为特殊功能寄存器只支持直接寻址,不支持间接寻址。声明之后,程序中就可以直接引用寄存器名。例如:

```
sfr SCON = 0x98;          //串行通信控制寄存器地址 98H
sfr TMOD = 0x89;          //定时器模式控制寄存器地址 89H
sfr ACC = 0xe0;           //累加器 A 地址 E0H
sfr P1 = 0x90;            //P1 端口地址 90H
```

C51 也需要建立一个头文件,经典基本型的头文件是 reg51.h,经典增强型的头文件为 reg52. h,C8051F020 的头文件为 C8051F020.h。在该文件中,对所有的特殊功能寄存器进行了 sfr 定义,对特殊功能寄存器有位名称的可寻址位进行了 sfr 定义。因此,使用 C8051F020 时只要包括语句#include < C8051F020.h>,就可以直接引用特殊功能寄存器名,或直接引用位名称。

7. 位类型 bit

在 C51 中扩充了信息数据类型用于访问 51 单片机中可寻地址的位单元。C51 中支持两种位类型:bit 型和 sbit 型。它们在内存中都只占一个二进制位,其值可以是“1”或“0”。其中用 bit 定义的位变量在 C51 编译器编译时,分配到 20H~2FH 可位寻址区,并由编译器指定具体位地址;而用 sbit 重定义已分配位地址的位变量。具体如下:

(1) 将变量用 bit 类型直接定义

例如：

```
bit n;
```

n 为位变量，其值只能是 0 或 1，其位地址为 C51 自行安排的可位寻址区的 bdata 区。

(2) 采用字节寻址变量的位的方法

例如：

```
bdata int ibase;            //ibase 定义为整型变量
sbit mybit = ibase^15;      //mybit 定义为 ibase 的第 15 位
```

这里的运算符“^”相当于汇编语言中的“.”，其后的最大取值依赖于该位所在的字节寻址变量的定义类型，如定义为 char，最大值只能为 7。

需要注意的是，“^”在标准 C 中表示异或运算，所以字节的位提取只能在 sbit 定义中才能使用。

(3) 对特殊功能寄存器的位的定义

方法 1：用字节地址表示。例如：

```
sbit OV = 0xD0^2;
```

方法 2：使用头文件及 sbit 定义符。多用于没有位名称的可寻址位。例如：

```
#include <C8051F020.h>
sbit P1_1 = P1^1;           //P1_1 为 P1 口的第 1 位
sbit ac = ACC^7;            //ac 定义为累加器 A 的第 7 位
```

方法 3：使用头文件 C8051F020.h，因为可位寻址的 SFR 中的位已经在 C8051F020.h 头文件中通过 sbit 定义好，可直接用位名称。例如：

```
#include <C8051F020.h>
RS1 = 1;
RS0 = 0;
```

表 4.7 为 Keil C51 编译器能够识别的基本数据类型。

表 4.7 Keil C51 编译器能够识别的基本数据类型

数据类型	位长度	字节长度	取值范围
bit	1		0～1
signed char	8	1	－128～＋127
unsigned char	8	1	0～255
enum	16	2	－32 768～＋32 767
signedint	16	2	－32 768～＋32 767

续表 4.7

数据类型	位长度	字节长度	取值范围
unsignedint	16	2	0～65 535
signedlong	32	4	−2 147 483 648～+2 147 483 647
unsignedlong	32	4	0～4 294 967 295
float	32	4	+1.175 494E−38～+3.402 823E+38
sbit	1		0～1
sfr	8	1	0～255
sfr16	16	2	0～65 535

表 4.7 中，bit、sbit、sfr 和 sfr16 数据类型专门用于 51 单片机硬件和 C51 编译器，并不是标准 C 的一部分。它们用于访问 51 单片机的特殊功能寄存器，例如"sfr P0 = 0x80;"语句用于定义变量 P0 并为其分配特殊功能寄存器地址 0x80。0x80 是 51 单片机的 P0 口地址。

当结果表示不同的数据类型时，C51 编译器自动转换数据类型。例如位变量在整数分配中就被转换成一个整数。除了数据类型的转换之外，带符号变量的符号扩展也是自动完成的。C51 编译器允许任何标准数据类型的隐式转换，隐式转换的优先级顺序如下：

```
bit → char → int → long → float
signed → unsigned
```

也就是说，当 char 型与 int 型进行运算时，先自动对 char 型扩展为 int 型，然后再与 int 型进行运算，运算结果为 int 型。C51 编译器除了支持隐式类型转换外，还可以通过强制类型转换符"( )"对数据类型进行强制转换。

C51 编译器除了能支持以上这些基本数据类型之外，还能支持一些复杂的组合数据类型，如数组类型、指针类型、结构类型和联合类型等复杂的数据类型。定义和使用方法同标准 C。

C51 编译器兼容标准 C，自然也支持常量。常量，即在运行中其值不变的量，可以为字符、十进制数或十六进制数(用 0x 表示)。常量分为数值常量和符号型常量，如果是符号型常量，需用宏定义指令(＃define)对其运行定义(相当于汇编 EQU 伪指令)，例如：

```
#define  PI  3.1415
```

那么程序中只要出现 PI 的地方，编译程序都将其译为 3.1415。

除此之外，C51 还引入了 code 关键字，用于将常量定义到程序存储器中，通过"MOVC A,@A+DPTR"或"MOVC A,@A+PC"指令访问，例如：

```
code unsigned char w1 = 99;        //99 是程序存储器中的常量
```

```
unsigned int code w2 = 9988;        //code 可以与变量类型说明的位置互换
```

调用时,直接写名字即可,例如:

```
i= w1;                              //运行后 i = 99
```

C51 的数据类型及变量使用时应注意以下 6 点:

① 尽可能使用最小数据类型,51 单片机是 8 位机,因此对具有 char 类型的对象的操作比 int 或 long 类型的对象方便得多。建议编程者只要能满足要求,应尽量使用最小数据类型。这可用一个乘积运算来说明,两个 char 类型对象的乘积与 51 单片机操作码 MUL AB 刚好相符,如果用整型完成同样的运算,则需调用库函数。

② 只要有可能,尽量使用 unsigned 数据类型,51 单片机的 CPU 不直接支持有符号数的运算,因而 C51 编译必须产生与之相关的很多的代码,以解决这个问题。如果使用无符号类型,那么产生的代码要少得多。

③ 常量定义要通过 code 定义到程序存储器中以节约 RAM。

④ 只要有可能,尽量使用局部函数变量。编译器总是尝试在寄存器里保持局部变量。例如,将索引变量(如 for 和 while 循环中的计数变量)声明为局部变量是最好的,这个优化步骤只对局部变量执行。使用 unsigned char/int 类型的对象通常能获得最好的结果。

⑤ 初始化时 SP 要从默认的 0x07 指向高端,以避开寄存器组区。片内 RAM 由寄存器组、数据区和堆栈构成,且堆栈与用户 data 类型定义的变量可能重叠,为此必须合理初始化 SP,有效划分数据区和堆栈。

⑥ 访问片内 RAM 要比访问片外 RAM 快得多,经常访问的数据对象放入片内数据 RAM 中。

4.3 数据的存储类型和存储模式

4.3.1 C 语言标准存储类型

存储种类是指变量在程序执行过程中的作用范围。C51 语言变量的存储种类有四种,分别是自动(auto)、外部(extern)、静态(static)和寄存器(register),与标准 C 一致。

1. auto

使用 auto 定义的变量称为自动变量,其作用范围在定义它的函数体或复合语句内部。当定义它的函数体或复合语句执行时,C51 才为该变量分配内存空间,结束时占用的内存空间释放。自动变量一般分配在内存的堆栈空间中。定义变量时,如果省略存储种类,则该变量默认为自动(auto)变量。

2. extern

使用extern定义的变量称为外部变量。在一个函数体内,要使用一个已在该函数体外或别的程序中定义过的外部变量时,该变量在该函数体内要用extern说明。外部变量被定义后分配固定的内存空间,在程序整个执行时间内都有效,直到程序结束才释放。

3. static

使用static定义的变量称为静态变量。它又分为内部静态变量和外部静态变量。在函数体内部定义的静态变量为内部静态变量,它在对应的函数体内有效,一直存在,但在函数体外不可见。这样不仅使变量在定义它的函数体外被保护,还可以实现当离开函数时值保持不变。外部静态变量是在函数外部定义的静态变量,它在程序执行中一直存在,但在定义的范围之外是不可见的。如在多文件或多模块处理中,外部静态变化只在文件内部和模块内部有效。

4. register

使用Rn定义的变量称为寄存器变量。它定义的变量存放在CPU内部的寄存器中,处理速度快,但数目少。C51编译器编译时能自动识别程序中使用频率最高的变量,并自动将其作为寄存器变量,用户无需专门声明。

4.3.2 C51的数据存储类型

C51是面向51单片机及硬件控制系统的开发语言,它定义的任何变量必须以一定的存储类型的方式定位在51单片机的某一存储区中,否则便没有意义。因此在定义变量类型时,还必须定义它的存储类型,C51变量的存储类型如表4.8所列。

表4.8 C51变量的存储类型

存储器类型	描 述
data	直接寻址内部数据存储区,访问变量速度最快(128 B)
bdata	可位寻址内部数据存储区,允许位与直接混合访问(16 B)
idata	间接寻址内部数据存储区,可访问全部内部地址空间(256 B)
pdata	分页(256 B)外部数据存储区,由操作码“MOVX @Ri”访问
xdata	外部数据存储区(64 KB),由操作码“MOVX @DPTR”访问
code	代码存储区(64 KB),由操作码“MOVC @A+DPTR”访问

访问内部数据存储器(idata)比访问外部数据存储器(xdata)相对要快一些,因此,可将经常使用的变量置于内部数据存储器中,而将较大及很少使用的数据变量置于外部数据存储器中。例如定义变量x的语句:“data char x;”(等价于“char data x;”)。如果用户不对变量的存储类型定义,则编译器承认默认存储类型,默认的存

储类型由编译控制命令的存储模式部分决定。

定义变量时也可以省略,"存储器类型"被省略时 C51 编译器将按编译模式默认存储器类型,具体编译模式的情况在后面介绍。

【例 4.1】 变量定义存储种类和存储器类型相关情况。

```
char data var1;                //在片内 RAM 低 128 B 定义用直接寻址方式访问的字符型变量
int idata var2;                //在片内 RAM 256 B 定义用间接寻址方式访问的整型变量
auto unsigned long data var3;  //在片内 RAM 128 B 定义自动无符号长整型变量
extern float xdata var4;       //在片外 RAM 64 KB 空间用间接寻址方式访问的外部变量
int code var5;                 //在 ROM 空间定义整型变量
unsigned char bdata var6;      //在片内位寻址区 20H～2FH 单元定义 1 个无符号字符型变量
```

4.3.3 C51 的存储模式

C51 编译器支持三种存储模式:SMALL 模式、COMPACT 模式和 LARGE 模式。不同的存储模式对变量默认的存储器不一样,如表 4.9 所列。

① SMALL 模式。SMALL 模式称为小编译模式,在 SMALL 模式下,编译时函数参数和变量被默认在片内 RAM 中,存储器类型为 data。

② COMPACT 模式。COMPACT 模式称为紧凑编译模式。在 COMPACT 模式下编译时函数参数和变量被默认在片外 RAM 的低 256 字节空间,存储器类型为 pdata。

③ LARGE 模式。LARGE 模式称为大编译模式,在 LARGE 模式下,编译时函数参数和变量被默认在片外 RAM 的 64 字节空间,存储器类型为 xdata。

表 4.9 C51 的存储器模式

存储器模式	描 述
SMALL	参数及局部变量放入可直接寻址的内部存储器(最大 128 B,默认存储器类型为 data)
COMPACT	参数及局部变量放入分页外部存储区(最大 256 B,默认存储器类型为 pdata)
LARGE	参数及局部变量直接放入外部数据存储器(最大 64 KB,默认存储器类型为 xdata)

在程序中,变量的存储模式的指定通过＃pragma 预处理命令来实现。函数的存储模式可通过在函数定义时后面带存储模式说明。如果没有指定,则系统都隐含为 SMALL 模式。

【例 4.2】 变量的存储模式。

```
＃pragma small                 //变量的存储模式为 SMALL
char k1;
int xdata m1;
＃pragma compact               //变量的存储模式为 compact
char k2;
```

```
int xdata m2;
int funcl(int x1, int y1)large          //函数的存储模式为 LARGE
{
    return (x1 + y1);
}
int func2(int x2,int y2)                //函数的存储模式隐含为 SMALL
{
    return (x2 - y2);
}
```

程序编译时,k1 变量存储器类型为 data,k2 变量存储器类型为 pdata,而 m1 和 m2 由于定义时带了存储器类型 xdata,因而它们为 xdata 型;函数 funcl 的形参 x1 和 y1 的存储类型为 xdata 型,而函数 func2 由于没有指明存储模式,隐含为 SMALL 模式,形参 x2 和 y2 的存储器类型为 data。

4.4 C51 中绝对地址的访问

在 C51 中,可以通过变量的形式访问 51 单片机的存储器,也可以通过绝对地址来访问存储器。对于绝对地址,访问的形式有三种。

1. 使用 ABSACC.H 中的预定义宏

C51 编译器提供了一组宏定义来对 51 单片机的 code、data、pdata 和 xdata 空间进行绝对寻址。规定只能以无符号数方式访问,定义了 8 个强指针宏定义,其函数原型如下:

```
#define CBYTE  ((unsigned char volatile code  * ) 0)
#define DBYTE  ((unsigned char volatile data  * ) 0)
#define PBYTE  ((unsigned char volatile pdata * ) 0)
#define XBYTE  ((unsigned char volatile xdata * ) 0)
#define CWORD  ((unsigned int volatile code  * ) 0)
#define DWORD  ((unsigned int volatile data  * ) 0)
#define PWORD  ((unsigned int volatile pdata * ) 0)
#define XWORD  ((unsigned int volatile xdata * ) 0)
```

这些函数原型放在 absacc.h 文件中。使用时需用预处理命令把这些头文件包含到文件中,形式如下:

```
#include <absacc.h>
```

这 8 个强指针宏定义宏名 CBYTE 以字节形式对 code 取寻址,DBYTE 以字节形式对 data 区寻址,PBYTE 以字节形式对 pdata 区寻址,XBYTE 以字节形式对 xdata 区寻址,CWORD 以字形式对 code 区寻址,DWORD 以字形式对 data 区寻址,

PWORD 以字形式对 pdata 区寻址,XWORD 以字形式对 xdata 区寻址。访问形式如下:

宏名[地址]

其中,地址为存储单元的绝对地址,一般用十六进制形式表示。

【例 4.3】 绝对地址对存储单元的访问。

```
#include  <C8051F020.h>                  //将寄存器头文件包含在文件中
#include  <absacc.h>                     //将绝对地址头文件包含在文件中

#define uchar unsigned char              //定义符号 uchar 为数据类型符 unsigned char
#define uint unsigned int                //定义符号 uint 为数据类型符 unsigned int
void main(void)
{
    uchar var1;
    uint var2;
    var1 = XBYTE[0x0005];                //XBYTE[0x0005]访问片外 RAM 的 0005 字节单元
    var2 = XWORD[0x0002];                //XWORD[0x0002] 访问片外 RAM 的 0002 字单元
      ⋮
    while(1);
}
```

在上面程序中,XBYTE[0x0005]就是以绝对地址方式访问的片外 RAM 0005 字节单元;XWORD[0x0002]就是以绝对地址方式访问的片外 RAM 0002 字单元。

2. 通过指针访问

采用指针的方法,可以实现在 C51 程序中对任一支持间接寻址的存储器单元进行访问。

【例 4.4】 通过指针实现绝对地址的访问。

```
#define uchar unsigned char              //定义符号 uchar 为数据类型符 unsigned char
#define uint unsigned int                //定义符号 uint 为数据类型符 unsigned int
void func(void)
{
    uchardata var1;
    ucharpdata *dp1;                     //定义一个指向 pdata 区的指针 dp1
    uintxdata *dp2;                      //定义一个指向 xdata 区的指针 dp2
    uchardata *dp3;                      //定义一个指向 data 区的指针 dp3
    dp1 = 0x30;                          //dp1 指针赋值,指向 pdata 区的 30H 单元
    dp2 = 0x1000;                        //dp2 指针赋值,指向 xdata 区的 100H 单元
     *dp1 = 0xff;                        //将数据 0xff 送到片外 RAM 30H 单元
     *dp2 = 0x1234;                      //将数据 0x1234 送到片外 RAM 1000H 单元
```

```
    dp3 = &var1;                          //dp3 指针指向 data 区的 var1 变量
    * dp3 = 0x20;                         //给变量 var1 赋值 0x20
}
```

3. 使用C51扩展关键字“_at_”

使用“_at_”对指定的存储器空间的绝对地址进行访问,一般格式如下:

[存储器类型]　数据类型说明符　变量名_at_　地址常数;

其中,存储器类型为data、bdata、idata、pdata等C51能识别的数据类型,如省略则按存储模式规定的默认存储器类型确定变量所存储的区域;数据类型为C51支持的数据类型;地址常数用于指定的绝对地址,必须位于有效的存储器空间之内;使用“_at_”定义的变量必须为全局变量。

【例4.5】　通过_at_实现绝对地址的访问。

```
#define uchar unsigned char          //定义符号 uchar 为数据类型符 unsigned char
#define uint unsigned int            //定义符号 uint 为数据类型符 unsigned int
int main(void)
{
    data uchar x1_at_0x40;           //在 data 区中定义字节变量 x1,它的地址为 40H
    xdata uint x2_at_0x2000;         //在 xdata 区中定义字节变量 x2,它的地址为 2000H
    x1 = 0xff;
    x2 = 0x1234;
      ⋮
    while(1);
}
```

当然,对于SFR只能采用关键字sfr和sfr16进行绝对地址访问定义,因为SFR不支持间接寻址,也就不支持指针。而位地址的绝对地址访问定义只能采用关键字sbit。

4.5　Keil μVision集成开发环境

Keil μVision是ARM公司用于51系列单片机和ARM系列微处理器的IDE(Integrated Drive Electronics)环境。本节基于Keil μVision讲述51单片机软件开发的方法。

双击Keil μVision图标进入Keil μVision集成开发环境,如图4.1所示。

软件设计,首先需要建立用于软件工程管理的工程文件。选择Project→New μVision Project,弹出软件工程存储路径选择对话框。一般预先新建一个工程文件夹,且一个工程对应一个文件夹。键入工程名,并保存,弹出如图4.2所示界面。

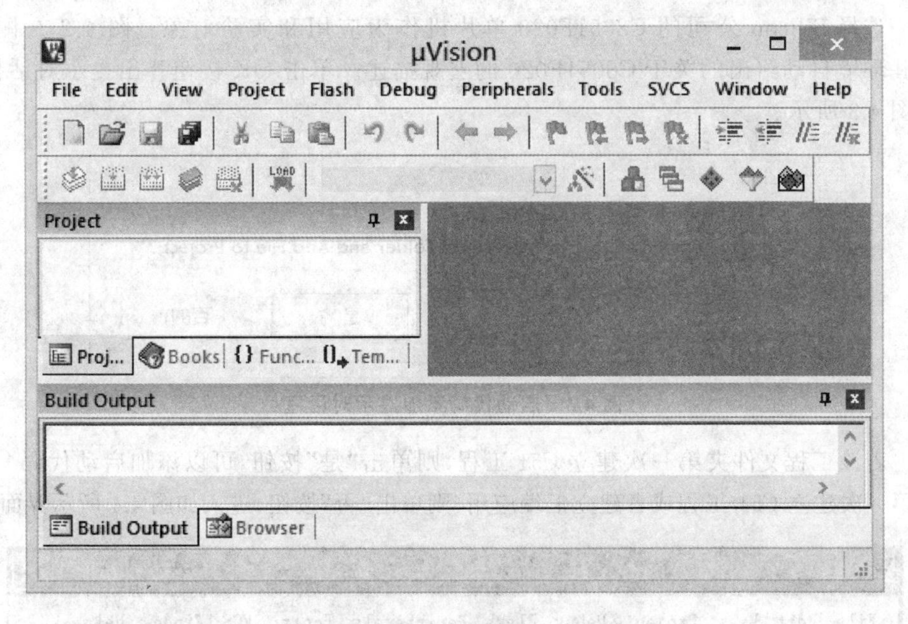

图 4.1 Keil µVision 集成开发环境

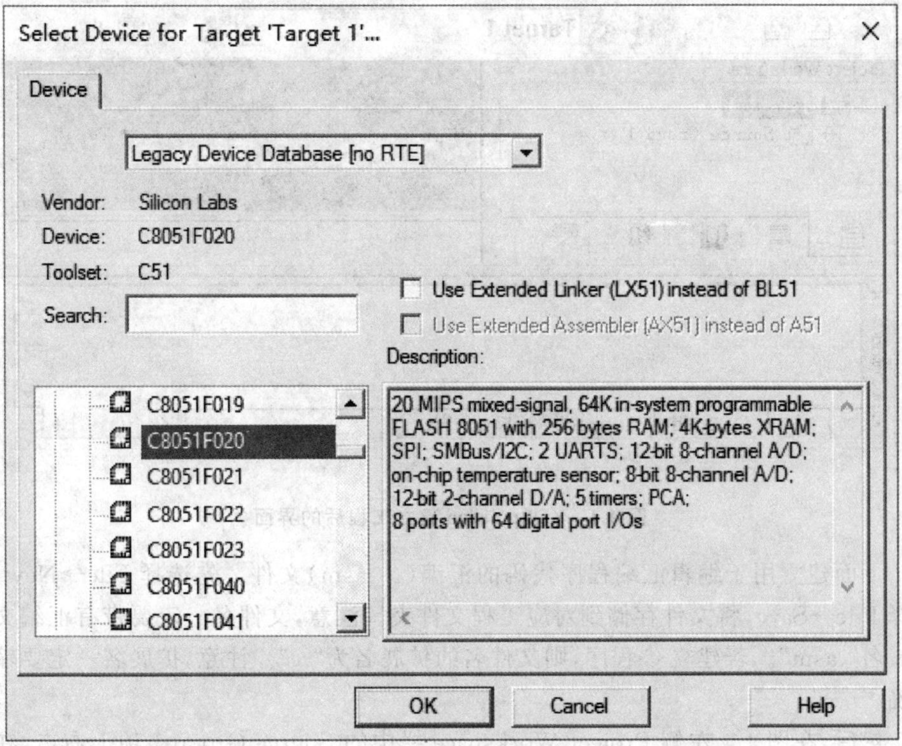

图 4.2 工程器件选择

选择Silicon公司的C8051F020单片机作为应用和实验对象。图4.2右侧是Keil环境自动给出的关于C8051F020的宏观描述。单击OK按钮弹出提示对话框，如图4.3所示。

图4.3　启动代码添加提示对话框

若该工程文件夹第一次建立C51工程,则单击“是”按钮,可以添加启动代码。若非第一次建立C51工程或者建立汇编应用,则单击“否”按钮,进入如图4.4所示界面。

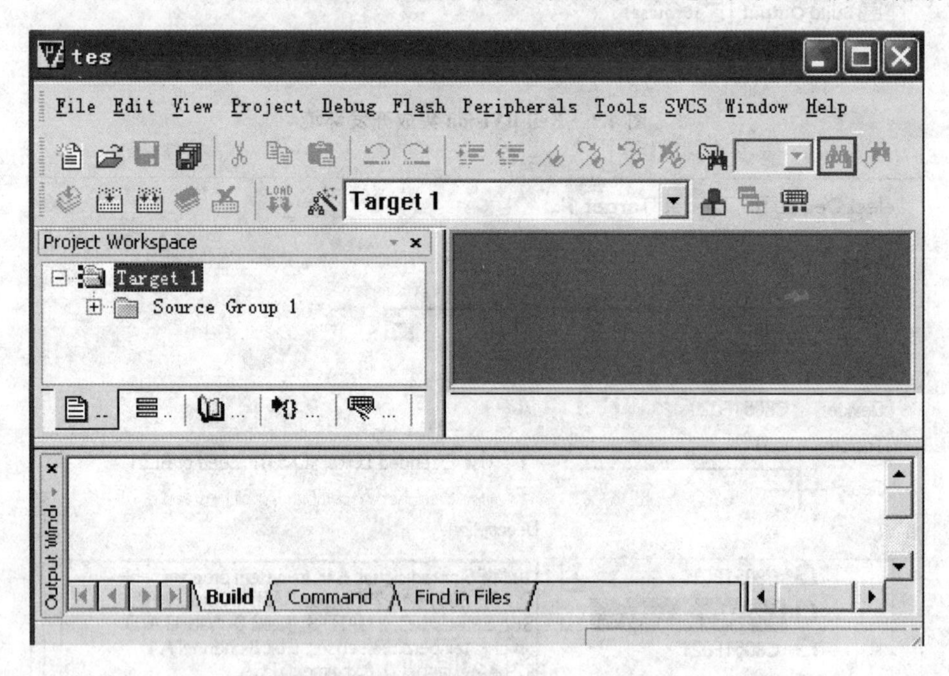

图4.4　Keil µVision建立工程后的界面

下面建立用于编辑汇编程序代码的汇编(＊.asm)文件。先选择File→New,后选择File→Save,将文件存储到对应工程文件夹。注意,文件名一定要带有汇编文件扩展名“.asm”。若建立C程序,则文件名的扩展名为“.c”。注意,扩展名一定要输入正确。

然后,在图4.4左侧Project Workspace栏中的Source Group 1项上右击,在弹出的快捷菜单中选择Add Files to Group′Source Group 1′;或者在Source Group 1

项上双击进入添加资源文件对话框，如图 4.5 所示。

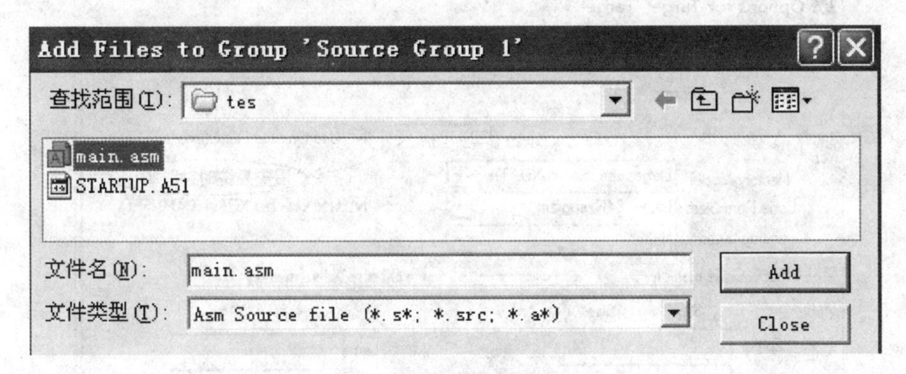

图 4.5　添加资源文件对话框

文件类型选择 Asm Source file (*.s * ; *.src; *.a *)，添加".asm"文件后，单击 Close 按钮，弹出如图 4.6 所示界面，即可编辑和调试程序。添加".c"文件同理。

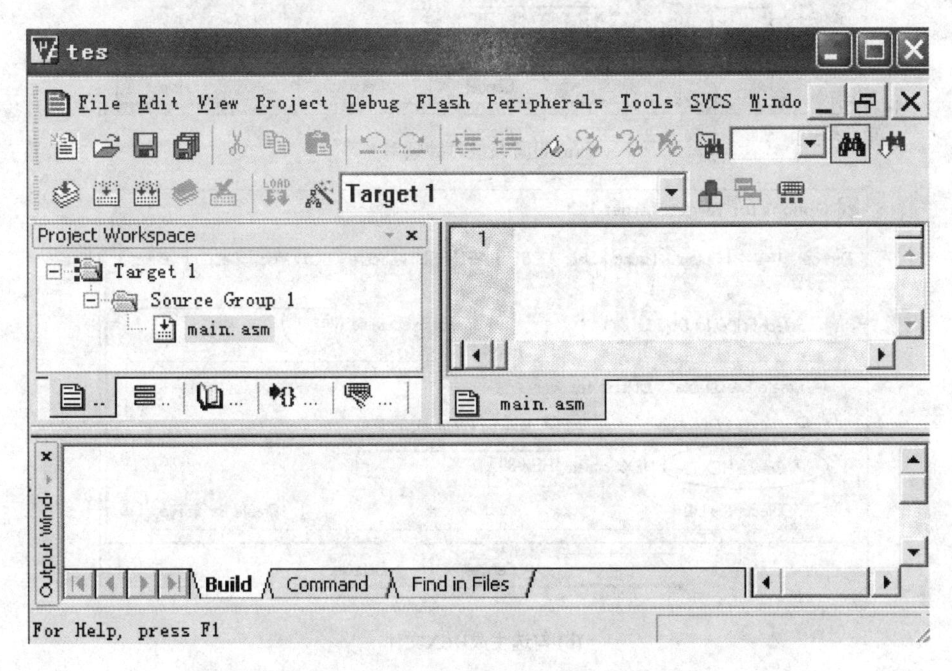

图 4.6　Keil μVision 软件编辑界面

编辑软件之前，先要设定工程的一些编译条件或要求等。选择 Project→Options for Target'Target 1'，进入 Options for Target'Target 1'对话框。如图 4.7(a)所示，设置系统时钟频率；如图 4.7(b)所示，勾选 Creat HEX File，为了生成十六进制文件，一定要选上，这样我们才能够编译生成用于下载到单片机的可执行文件 *.HEX。

(a) 设置系统时钟频率

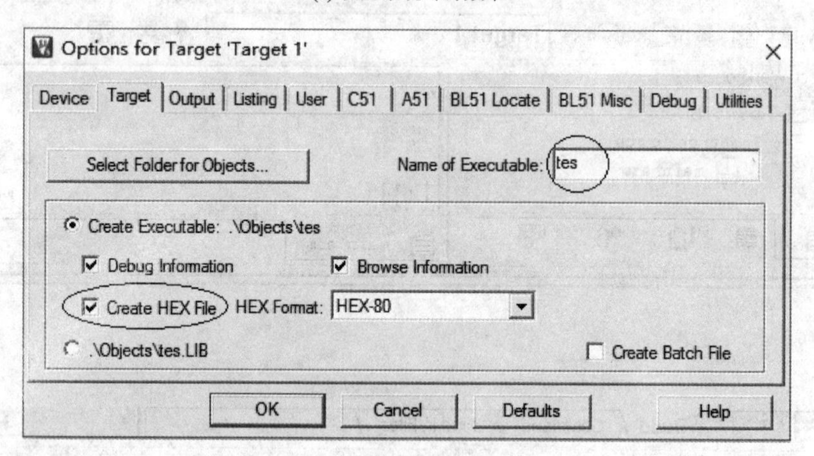

(b) 勾选生成HEX文件

图 4.7 工程选项设置对话框

下面就可以编写软件了。若编写汇编程序,就要把已经通过 DATA 和 BIT 伪指令定义好的 SFR 及相应可位寻址位的文件添加进来。若是经典型 51 单片机,默认就已经包含了,而对于 C8051F020 单片机则必须把默认包含经典型 51 单片机 SFR 及相应可位寻址位文件项去掉,然后主动包含 51 单片机的汇编语言头文件 C8051F000.inc,如图 4.8 所示。

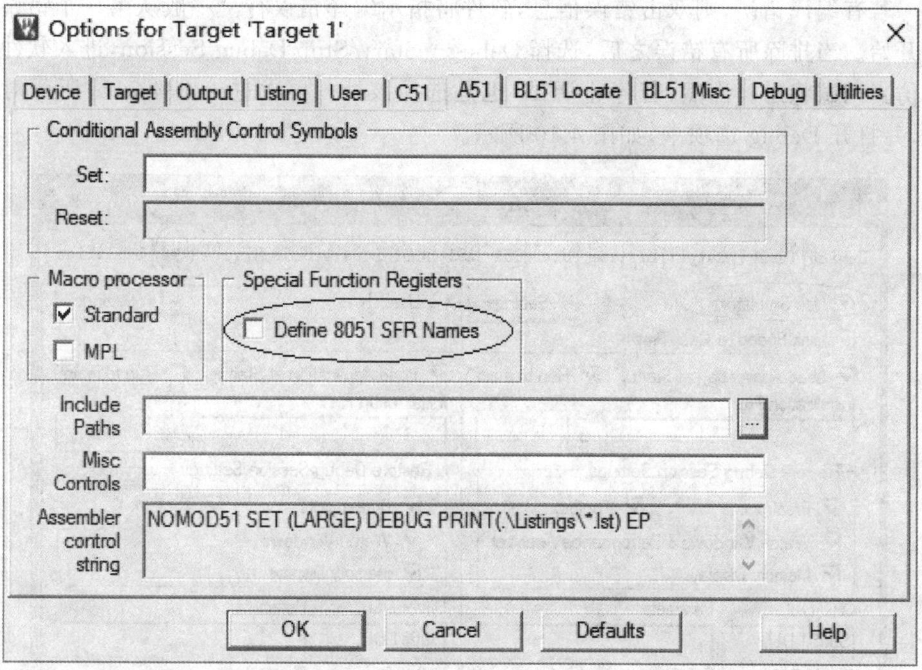

Options for Target 'Target 1'
Device | Target | Output | Listing | User | C51 | A51 | BL51 Locate | BL51 Misc | Debug | Utilities
Conditional Assembly Control Symbols
Set:
Reset:
Macro processor
Standard
MPL
Special Function Registers
Define 8051 SFR Names
Include Paths
Misc Controls
Assembler control string
NOMOD51 SET (LARGE) DEBUG PRINT(.\Listings*.lst) EP
OK
Cancel
Defaults
Help

图 4.8　去除默认包含经典型 51 单片机 SFR 及相应可位寻址位汇编头文件

下面就可以编译软件了，如图 4.9 所示。

tes
File Edit View Project Debug Flash Peripherals Tools SVCS Window
Target 1
Project Workspace
Target 1
Source Group 1
main.asm
点击该按钮编译软件
01 $include (C8051F000.inc)
02 MAIN: MOV R7,#16
03 MOV R1,#70H
04 MOV A,#0A0H
05 LOOP: MOV @R1,A
06 INC R1
07 INC A
main.asm
MODULE: STARTUP.obj (?C_STARTUP)
ADDRESS: 0051H
Program Size: data=9.0 xdata=0 code=86
"tes" - 0 Error(s), 3 Warning(s).
Output Wind
Build
Command
Find in Files

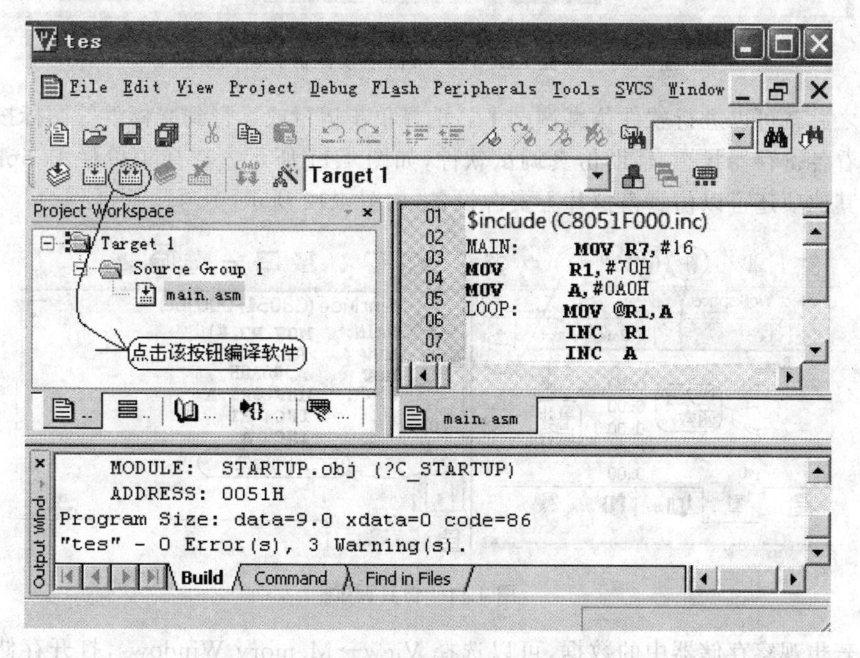

图 4.9　软件编写和编译

若有编译错误,则双击错误信息,软件将指示编译错误行。一般从第一个错误排错开始。当排除所有错误之后,选择 Debug→Start/Stop Debug Session,进入软件模拟仿真调试状态。当然,若停止调试,也是选择该处。再次进入图 4.7(a)所示对话框,并打开 Debug 选项卡,如图 4.10 所示。

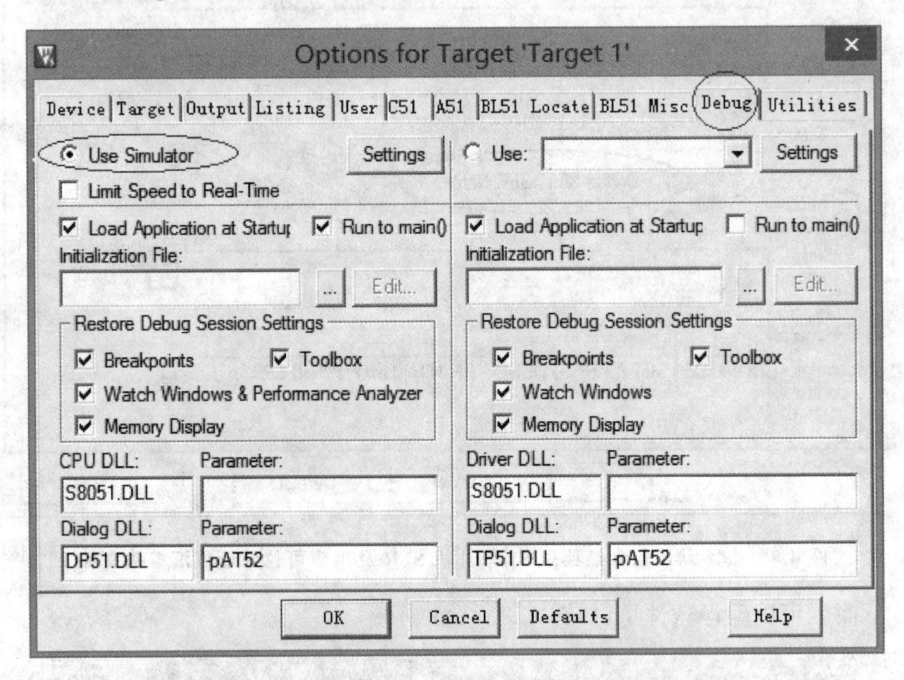

图 4.10　设置 Keil μVision 处于模拟仿真调试状态

之后就可以进行软件仿真调试了。选择单步运行或运行到光标处等图标按钮可以查看各寄存器状态,辅助仿真调试软件,如图 4.11 所示。选择菜单栏 Peripherals 中的其他项还可以仿真模拟片上资源设备,如图 4.12 所示。

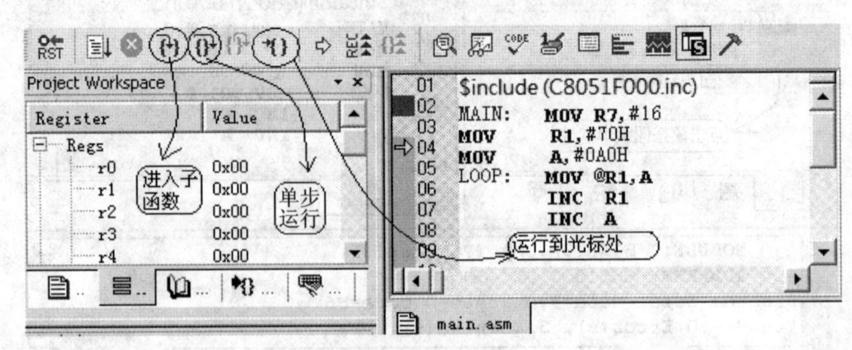

图 4.11　仿真调试

若想观察存储器中的数据,可以选择 View→Memory Windows,打开存储器观察窗口,直接观察对应地址的数据。若要观察片内低 128 B RAM 或 SFR 中的数据,

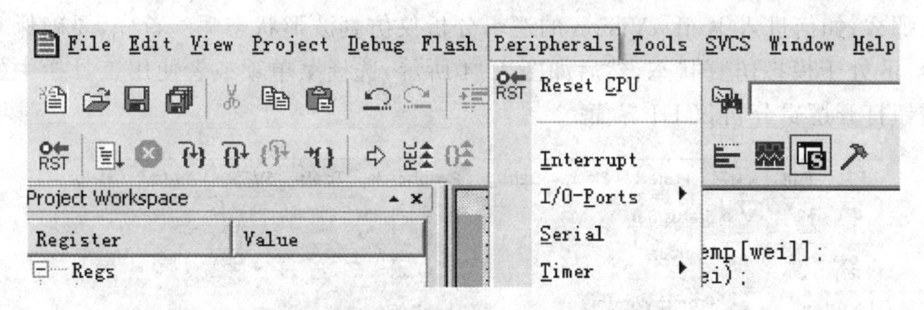

图 4.12 仿真模拟片上资源设备

地址栏中直接输入 D:地址 ,再回车即可;若要观察片内高 128 B RAM 中的数据,地址栏中直接输入 I:地址 ,再回车即可;若要观察片内、片外 RAM 中的数据,地址栏中直接输入 X:地址 ,再回车即可;若要观察 ROM 中的数据,地址栏中直接输入 C:地址 ,再回车即可。当然,若调试 C 语言软件,则选择 View→Watch,打开 Watch 窗口,直接给出变量名即可观察变量信息。

另外,使用 Keil μVision 的逻辑分析仪仿真功能还可以仿真时序波形,如图 4.13 所示实例,可以一边看代码,一边查看变量波形。

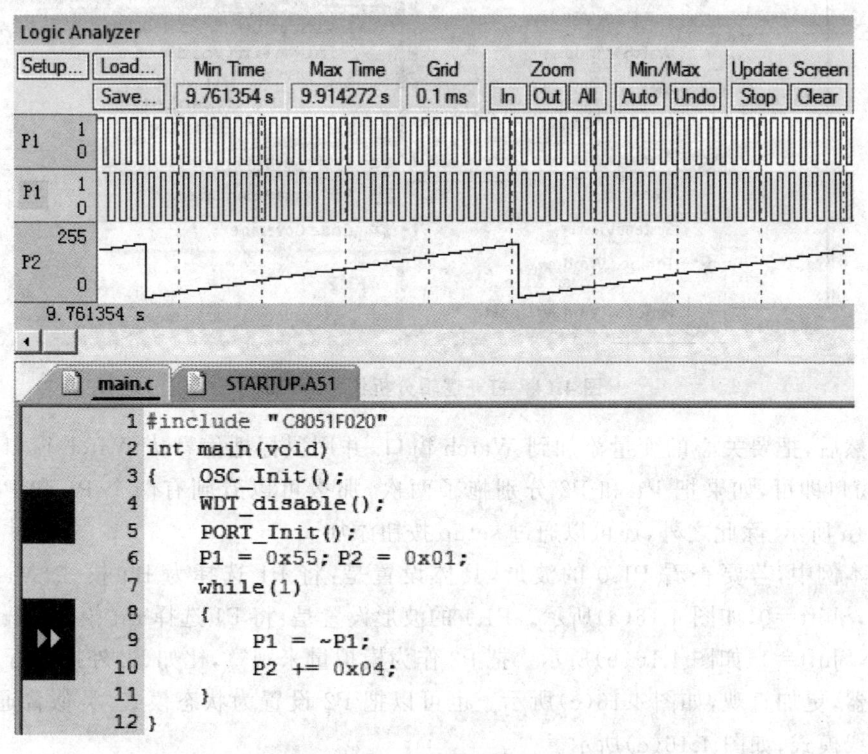


```
1 #include "C8051F020"
2 int main(void)
3 {   OSC_Init();
4     WDT_disable();
5     PORT_Init();
6     P1 = 0x55; P2 = 0x01;
7     while(1)
8     {
9         P1 = ~P1;
10        P2 += 0x04;
11    }
12 }
```

图 4.13 Keil μVision 的逻辑分析仪仿真输出实例

那么,如何进入 Keil μVision 的逻辑分析仪仿真波形状态呢?首先,要确保 Keil μVision 处于模拟仿真状态,然后如图 4.14 所示,选择菜单项或者使用工具栏中的图标按钮打开逻辑分析仪 UI 界面。

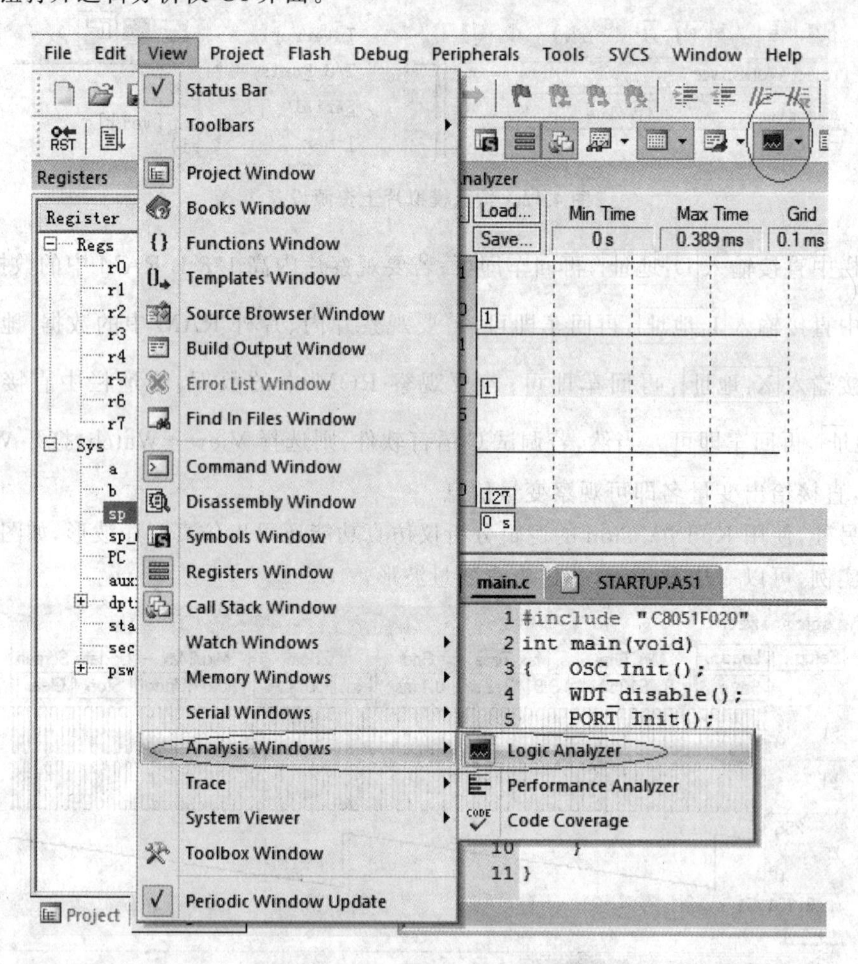

图 4.14 打开逻辑分析仪 UI 界面

然后,把要关心的变量添加到 Watch 窗口,并用鼠标把信号从 Watch 窗口拖到 LA 窗口即可,如果把 P1 和 P2 分别拖了两次,那么可以看到有两个 P1 和 P2,如图 4.15 所示。除此之外,还可以通过 setup 按钮添加。

本例中,若要查看 P1.0 的波形,具体设置是:将 P1 选择为 Bit 模式,Mask=0x01,Shift=0,如图 4.16(a)所示。P1.1 的波形设置是:将 P1 选择 Bit 模式,Mask=0x02,Shift=1,如图 4.16(b)所示。把 P2 作为模拟量来观察,比如 P2 外接并行 D/A 转换器,更加直观,如图 4.16(c)所示。也可以把 P2 设置为状态模式,类似普通 LA 的总线模式,如图 4.16(d)所示。

当仿真通过之后,即可将软件下载到单片机的程序存储器中。

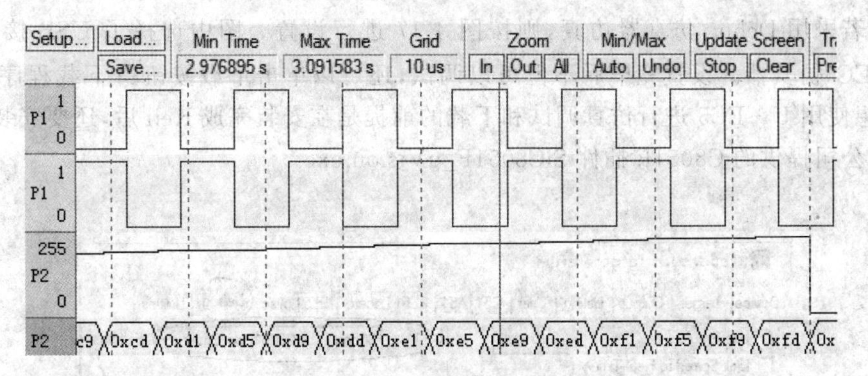

图 4.15　在 LA 中添加变量

(a) 设置P1.0波形显示　　(b) 设置P1.1波形显示

(c) 设置P2波形显示　　(d) 设置P2，十六进制显示

图 4.16　仿真信号设置

若采用Debug仿真器仿真,则按图4.17进行设置。图中选择了USB接口的U-EC5仿真器。设置完毕后不但可以调试,还可以单击下载按钮下载程序。当然,想使用U-EC5进行仿真调试和下载的前提是在安装完成Keil后,还要安装Silicon公司提供的C8051F插件SiC8051F_uVision.exe。

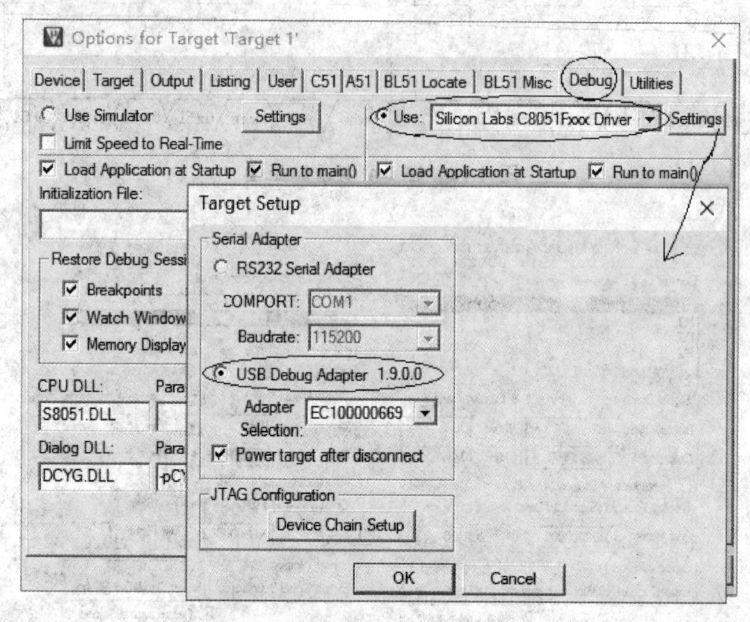

(a) 设置硬件仿真器

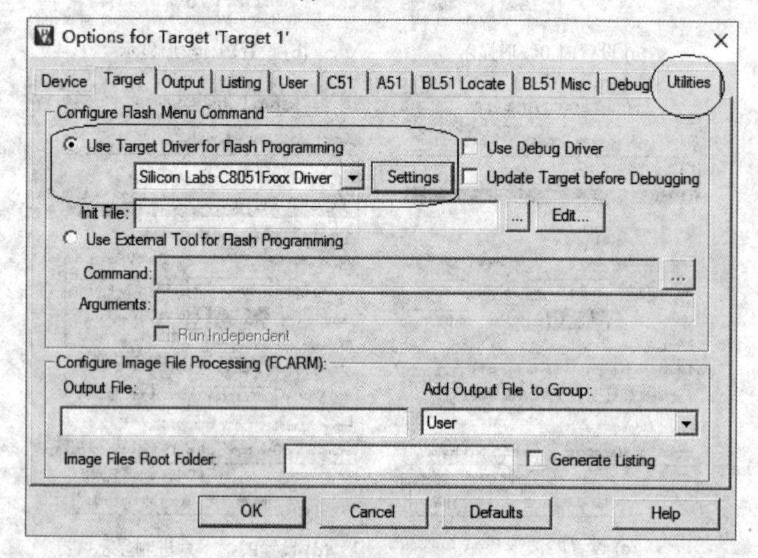

(b) 设置编程器

图4.17　设置Keil μVision处于基于JTAG的硬件Debug状态

4.6 单片机应用系统的开发

4.6.1 单片机应用系统的开发工具

对单片机应用系统的设计、软件和硬件调试称为开发。单片机开发分为编程、编译和调试 3 个步骤，如图 4.18 所示。

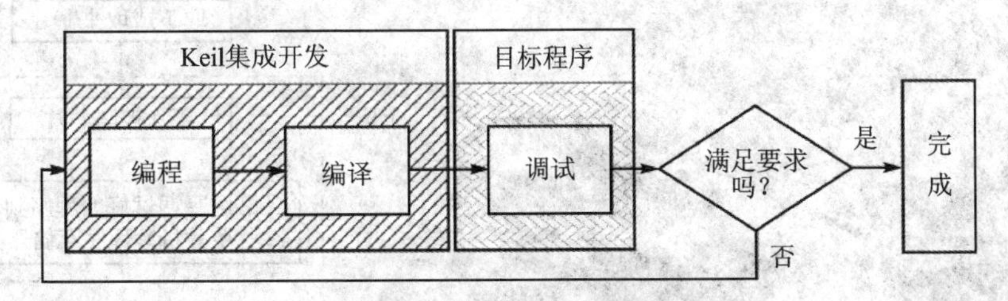

图 4.18 单片机的开发过程

单片机本身没有自开发功能，必须借助开发工具来进行软硬件调试和程序固化。单片机开发工具性能的优劣直接影响单片机应用产品的开发周期。本节从单片机工具所应具有的功能出发，说明各类单片机开发工具功能及应用要点。

单片机的开发工具有计算机、编程器和仿真机。如果使用 EPROM 作为程序存储器，还需一台紫外线擦除器。其中最基本且必不可少的工具是计算机。仿真机和编程器与计算机的串行口 COM 或 USB 等相连。

随着单片机技术的高速发展，OTP 型和 FLASH 型程序存储器广泛应用，单片机软件的调试和下载（亦称编程或烧录）越来越方便，目前有编程器（Programmer）烧写、在系统编程（In System Programming，ISP）、在应用可编程（In Application Programming，IAP）等。

1. 编程器

编程器又称烧写器、下载器，通过它将调试好的程序烧写到单片机内的程序存储器或片外的程序存储器（EPROM、EEPROM 或 FLASH 存储器）中。图 4.19 所示为通过编程器给单片机烧写程序示意图及流程，单片机正确插入编程器后，在计算机端操作将程序通过数据线和编程器烧录到单片机中。也就是说，只要单片机软件有问题，单片机就要从原来的电路板上拿下来重新烧写。因此，编程器主要用于软件已经调试成功后作为批量生产设备。

由图 4.19 可见，这种方式是通过反复地上机试用，插、拔芯片和擦除、烧写完成开发的。

2. 在系统可编程（ISP）型

Microchip - Atmel 公司的 AT89S51、AT89S52 等经典型 51 单片机产品具有在

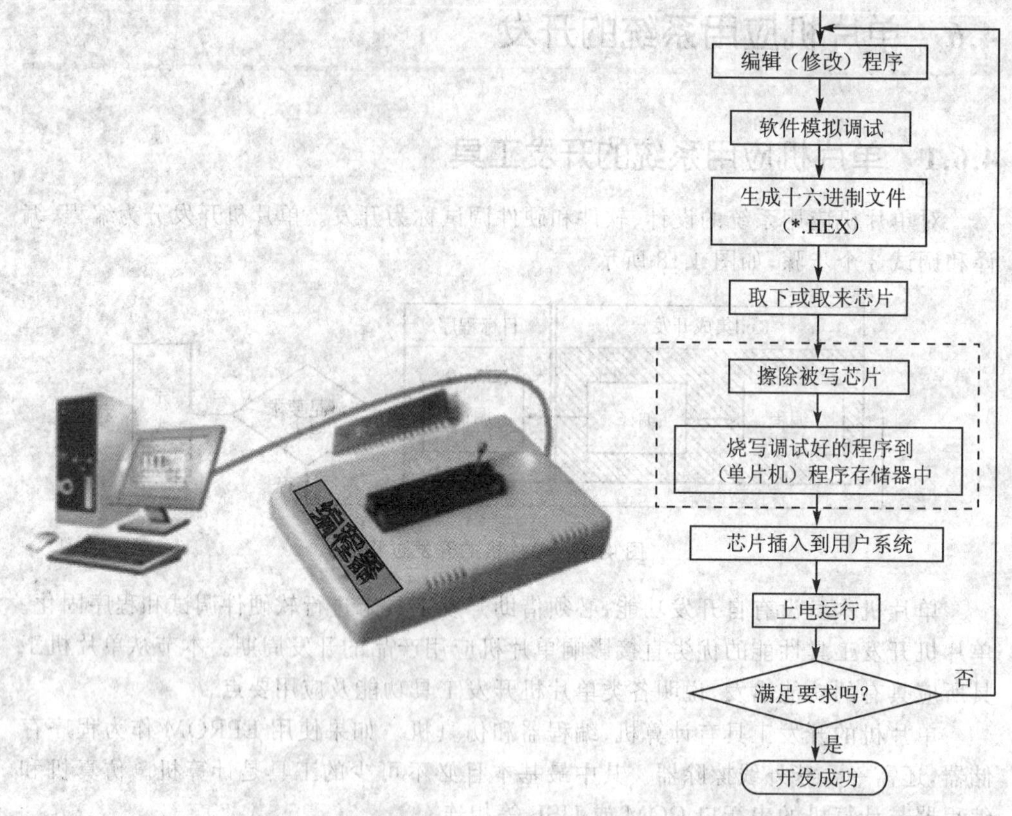

图 4.19　编程器给单片机烧写程序示意图及流程

系统可编程功能。如图 4.20 所示，用户只要连接好下载电路，就可以在不拔下单片机芯片的情况下，直接在系统中进行程序下载烧录编程。当然，编程期间系统是暂停的，下载完成后软件继续运行。

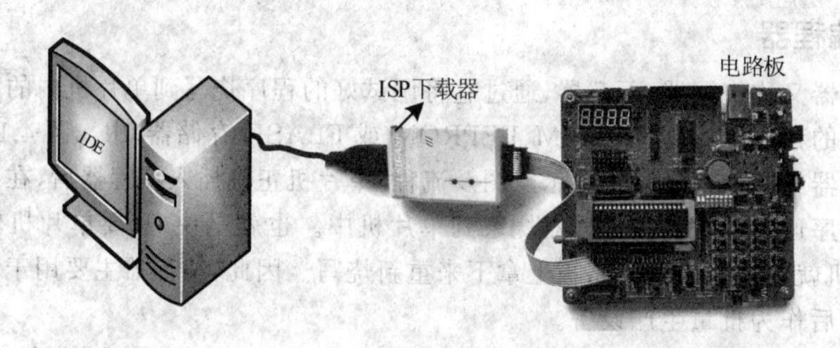

图 4.20　单片机的 ISP 软件下载

3. 在应用可编程(IAP)型

在应用可编程 IAP 比在系统可编程又更进了一步。IAP 型单片机允许应用程序在运行时通过自己的程序代码对自身的 FLASH 进行编程，一般是为了达到更新程序的目的。通常在系统芯片中采用多个可编程的程序存储区来实现这一功能。

4. 仿真机与实时在线仿真调试

仿真机又称为在线仿真机，英文为 In Circuit Emulation(简称 ICE)。它是以被仿真的单片机为核心的一系列硬件构成，使用时拔下 MPU 或 MCU，换插仿真头，这样用户系统就成了仿真器的操控对象，原来由 MPU 或 MCU 执行程序改由仿真机来执行，利用仿真机完整的硬件资源和监控程序，实现对用户目标码程序的跟踪调试，观察程序执行过程中的单片机寄存器和存储器的内容，根据执行情况随时修改程序，如图 4.21 所示。Keil 既支持软件仿真，也支持连接配套的仿真器进行硬件实时仿真。但是，由于在线仿真器较贵，且现在的单片机大多支持 JTAG，所以该方法几近淘汰。

图 4.21　单片机在线仿真

JTAG 技术是先进的在线调试和编程技术。仿真器与支持 JTAG 的单片机应用 JTAG 下载调试引脚相连，单片机直接作为“仿真头”，即 JTAG 实现了在系统且不占用任何片内资源的在线调试。目前具有 JTAG 调试功能的 51 单片机典型产品是 Silicon Lab 公司的 C8051F 系列高性能单片机。

目前，有的单片机通过 UART 与计算机的串口相连进行下载和调试，但其相对于 JTAG 技术，占用了单片机的 UART 资源。

4.6.2　单片机应用系统的调试

当嵌入式应用系统设计安装完毕，应先进行硬件的静态检查，即在不加电的情况下，用万用表等工具检查电路的接线是否正确，电源对地是否短路。加电后在不插芯片的情况下，检查各插座引脚的电位是否正常，检查无误以后，再在断电的情况下插上芯片。静态检查可以防止电源短路或烧坏元器件，然后再进行软硬件联调。

单片机与嵌入式系统的调试有两种方式：

方式一：计算机＋仿真器(＋编程器/下载器)

购买一台仿真器，若不是 JTAG 仿真器还需买一台编程器或下载器。利用仿真器完整的硬件资源和监控程序，实现对用户目标码程序的跟踪调试，在跟踪调试中侦错和即时排除错误。在线仿真时开发系统应能将仿真器中的单片机完整地(包括片内的全部资源及外部可扩展的程序存储器和数据存储器)出借给目标系统,不占用任何资源,也不受任何限制,仿真单片机的电气特性也应与用户系统的单片机一致,使用户可根据单片机的资源特性进行设计。

方式二:计算机+模拟仿真软件+ISP下载器

如果在烧写前先进行软件模拟调试,待程序执行无误后再烧写,可以提高开发效率。这样,软件模拟调试后再ISP或IAP下载也是单片机常用的开发调试方法。因为,支持ISP或IAP的单片机可通过其自身的I/O口线,不脱离应用电路板即可实现计算机端程序的下载并可立即执行。

当然,ISP或IAP下载器开发单片机应用系统的缺点是无跟踪调试功能,只适用于小系统开发,开发效率较低。

4.7 C8051F020单片机软件设计框架

由于C8051F020单片机复位后看门狗是开启的,在非强干扰应用中是没必要开启看门狗的,所以复位后首先要关闭看门狗,这样后续在软件设计过程中就不必再"喂狗"了。

另外,C8051F020复位后采用内部时钟工作,本书一律采用外部22.118 4 MHz的时钟频率,因此,单片机复位后要将系统时钟切换到外部时钟。

纯软件延时也经常使用,基于此,本书给出统一的汇编语言软件设计框架和C语言软件设计框架,在后面的例子中相应的子程序就不再重写。

汇编语言软件设计框架

```
$include(C8051F000.inc)
    ORG  0000H
    LJMP  MAIN

    ORG  0100H
MAIN:
    ;禁止看门狗定时器
    MOV  WDTCN, #0DEH
    MOV  WDTCN, #0ADH

    ;系统时钟切换到外部22.118 4 MHz时钟
    LCALL OSC_INIT

    ;其他初始化语句或子函数
```

C语言软件设计框架

```
#include <C8051F020.h>

void WDT_disable(void);
void OSC_Init(void);
void delay_ms(unsigned int t);

int main(void)
{
    //禁止看门狗定时器
    WDT_disable();
    OSC_Init();

    //其他初始化语句或子函数
```

```
LOOP:

  LJMP LOOP

OSC_INIT:
  ;使能外部 22.118 4 MHz 晶体,且不分频
  MOV   OSCXCN, #67H
  MOV   R7, #1
  LCALL   DELAY_MS ;等待至少 1 ms
WAIT_OSC:
  MOV   A, OSCXCN
  ANL   A, #80H
  ;等待晶体振荡器工作且稳定运行
  JZ    WAIT_OSC
  ORL   OSCICN, #08H ;切换为晶体时钟
  ANL   OSCICN, #0FBH;关闭内部 RC
  RET

DELAY_MS: ;R7 是实参,延时 R7 毫秒
  MOV   R6, #101
DEL1:
  MOV   R5, #73
  DJNZ R5, $
  DJNZ R6, DEL1
  DJNZ R7, DELAY_MS
  RET

  END
```

```
  while(1)
  {

  }
}
void OSC_Init(void)
{
  //使能外部 22.118 4 MHz 晶体,
  //且不分频
  OSCXCN = 0x67;
  delay_ms(1);//等待至少 1 ms
  //等待晶体振荡器工作且稳定运行
  while((OSCXCN & 0x80) == 0);
  //切换为晶体时钟
  OSCICN |= 0x08;
  //关闭内部 RC
  OSCICN &= ~0x04;
}
void WDT_disable(void)
{
  WDTCN = 0xde;
  WDTCN = 0xad;
}
void delay_ms(unsigned int t)
{
  unsigned int i, j;
  for(; t > 0; t--)
  {
    for(j = 0; j<21; j++)
      for(i = 0; i<210; i++);
  }
}
```

后面章节的软件实例中关于看门狗、系统时钟切换为外部时钟和延时函数将不再体现在具体软件中,读者可直接采用以上内容加入相关函数即可。

习题与思考题

4.1 请列举出 C51 中扩展的关键字。

4.2 说明 pdata 和 xdata 定义外部变量时的区别。

4.3 试说明 C51 中 bit 和 sbit 位变量定义的区别。

4.4 试说明 static 变量的含义。

4.5 试说明 SFR 区域是否可以通过指针来访问,为什么?

第5章

51单片机数字I/O接口及人机接口技术

任何一款单片机的内部资源都会有输入/输出(I/O)接口,I/O接口技术是单片机应用的最基本技术。本章还介绍在单片机中常使用的输入设备——键盘,和输出设备——LED数码管显示器与单片机的接口,并用汇编语言和C语言分别给出相应例子。

5.1 51单片机I/O接口

5.1.1 51单片机I/O接口结构

经典型51单片机有4个8位的并行输入/输出接口:P0、P1、P2和P3。这4个接口既可以并行输入或输出8位数据,又可以按位方式使用,即每一位均能独立做输入或输出用。本小节介绍它们的结构以及编程与应用。

图5.1所示为经典型51单片机I/O口作为输入口的原理示意图,也是为P0、P1、P2和P3口作为普通I/O的公共电路模型,可见均采用OD门结构。

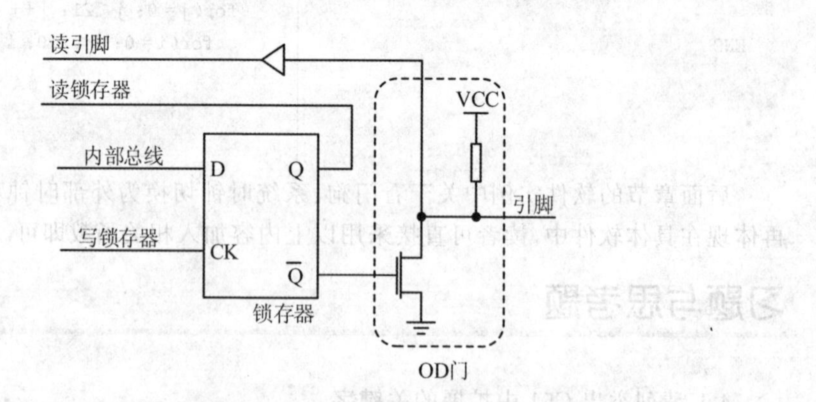

图5.1　经典型51单片机I/O口作为输入口的原理示意图

当写1时,经锁存,$\overline{Q}$=0,NMOS高阻输出,通过上拉电阻,引脚输出为高电平状态;当写0时,经锁存,$\overline{Q}$=1,NMOS导通,引脚输出为低电平状态。

下面说明经典型51单片机读锁存器和读引脚的区别:读引脚是指直接读外部引

脚的电位，而读锁存器中读的是内部锁存器 Q 端的电位。两者不同，一般来说，读取 P0～P3 的数据，都是读引脚，目的是获取与之相连的外部电路的状态；而读锁存器是在执行类似下述语句时由 CPU 自行完成的：

```
INC  P0 ;P0 自加 1
```

执行这个语句时，采用“读—改—写”的过程，先读取 P0 的端口数据，再加 1，然后送到 P0 锁存器里。与实际的引脚电平状态无关。

注意，锁存器和引脚状态可能是不一样的。例如，用一个引脚直接驱动一个 NPN 三极管的基极，那么需要向引脚的寄存器写“1”，写“1”后引脚输出高电平，一旦三极管导通，则这一引脚的实际电平将是 0.7 V(1 个 PN 结压降)左右，为低电平。这种情况下，读 I/O 的操作如果是读引脚，将读到“0”，但如果是读锁存器，则仍是 1。

作为输入口，也就是读引脚时，读入引脚电平状态前必须先(向锁存前)写入 1，保证引脚处于正常的电平状态。分析如下：

① 若读引脚之前，引脚锁存器写入的是 0，则 $\overline{Q}=1$，即 NMOS 始终处于导通状态，读引脚将始终保持为低，与该引脚作为输入口的要求不一致。

② 若读引脚之前，引脚锁存器写入的是 1，则 $\overline{Q}=0$，即 NMOS 始终处于高阻输出，引脚电平与外部输入保持一致，读引脚则自然获取的是引脚的实际电平。

因此，经典型 51 单片机的 I/O 作为输入口使用时必须先写入 1，保证引脚处于正常的读状态。

经典型 51 单片机的 P0、P1、P2 和 P3 端口的每个 I/O 口的位结构如图 5.2 所示。

1. P0 口的功能

P0 口(P0.0～P0.7 分别为 32～39 引脚)位结构，包括一个输出锁存器、两个三态缓冲器、一个输出驱动电路和一个输出控制端。输出驱动电路由两个 NMOS 组成，其工作状态受输出端的控制，输出控制端由一个与门、一个反相器和一个转换开关 MUX 组成。P0 口既可作为输入/输出口，又可作为地址总线和数据总线使用。

(1) P0 口作地址/数据复用总线使用

若从 P0 口输出地址或数据信息，此时控制端应为高电平。转换开关 MUX 将地址或数据的反相输出与输出级场效应管 V2 接通，同时控制 V1 管开关的与门开锁。内部总线上的地址或数据信号通过与门去驱动 V1 管，通过反相器驱动 V2 管，形成推挽结构。当地址或数据为“1”时，V2 管截止，V1 管导通，推挽输出高电平；当地址或数据为“0”时，V1 管截止，V2 管导通，推挽输出为低电平。工作时低 8 位地址与数据线分时使用 P0 口。低 8 位地址由 ALE 信号的负跳变使它锁存到外部地址锁存器中，而高 8 位地址由 P2 口输出。

(2) P0 口作通用 I/O 端口使用

对于具有内部程序存储器的单片机，P0 口也可以作通用 I/O，此时控制端为低电平，转换开关把输出级与 D 触发器的 $\overline{Q}$ 端接通，同时因与门输出为低电平，输出级

V1管处于截止状态,输出级为漏极开路电路,即处于高阻浮空状态。作为输出口时要外接上拉电阻实现"线与"逻辑输出;作输入口用时,应先将锁存器写1,这时输出级两个场效应管均截止,可作高阻抗输入,通过三态输入缓冲器读取引脚信号,从而完成输入操作,否则V2管导通,引脚恒低。

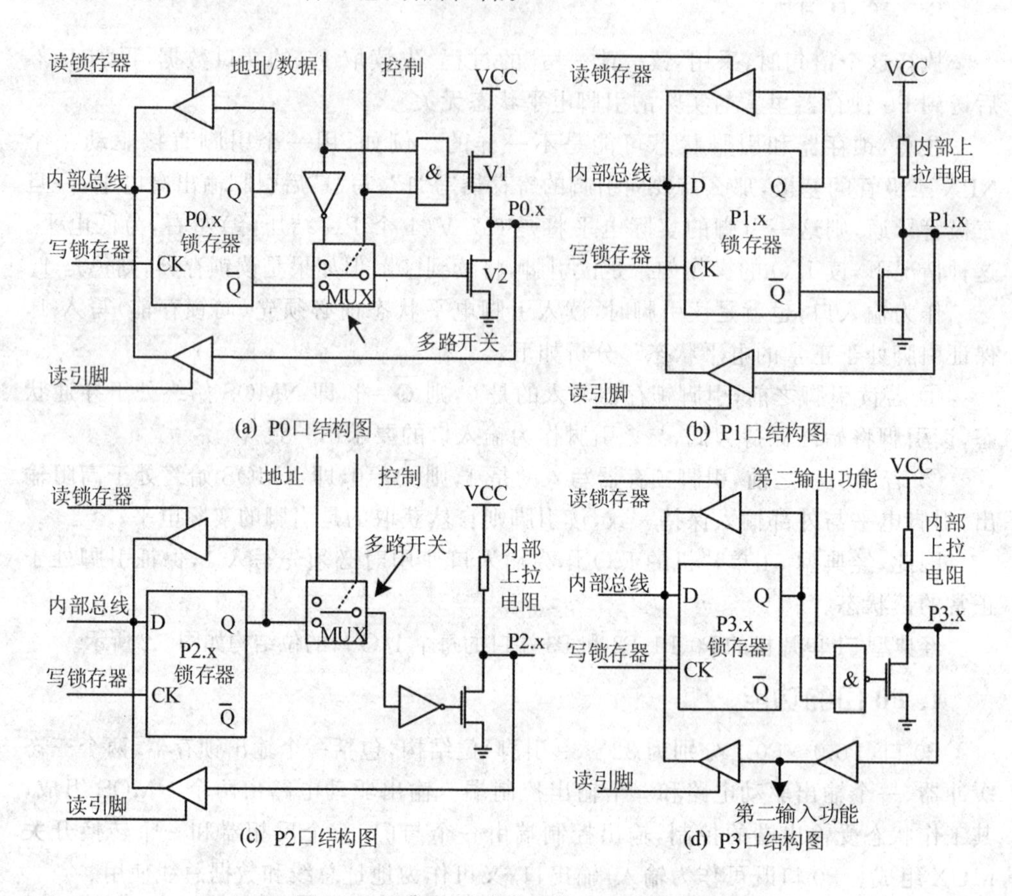

图5.2　经典型51单片机的I/O口结构图

在某个时刻,P0口上输出的是作为总线的地址数据信号还是作为普通I/O口的电平信号,是依靠多路开关MUX来切换的。而MUX的切换,又是根据单片机指令来区分的。当指令为外部存储器指令时,如"MOVX　A,@DPTR",MUX是切换到地址/数据总线上的;当普通MOV传送指令操作P0口时,MUX是切换到内部总线上的。

其他端口P1、P2和P3,在内部直接将P0口中的V1管换成了上拉电阻,所以不用外接,但内部上拉电阻太大,电流太小,有时因为电流不够,也会再并一个上拉电阻。

因为端口P1、P2和P3有固定的内部上拉电阻,所以有时候它们被称为准双向口。而端口P0,就被认为是真正的双向,因为当它被设置为输入的时候是高阻态的。

2. P1口的功能

(1) P1口作通用I/O端口使用

P1口(P1.0～P1.7分别为1～8引脚)是一个有内部上拉电阻的准双向口，每一位口线能独立用作输入线或输出线。作输出线时，如将0写入锁存器，场效应管导通，输出线为低电平，即输出为低电平。因此在作输入线时，必须先将1写入锁存器，使场效应管截止。该口线由内部上拉电阻提拉成高电平，同时也能被外部输入源拉成低电平，即当外部输入1时该口线为高电平，而输入0时，该口线为低电平。P1口作输入时，可被任何TTL电路和MOS电路驱动，由于具有内部上拉电阻，也可以直接被集电极开路和漏极开路电路驱动，不必外加上拉电阻。

(2) P1口其他功能

在增强型系列中P1.0和P1.1是具有第二功能的，P1.0可作定时器/计数器2的外部计数触发输入端T2，P1.1可作定时器/计数器2的外部控制输入端T2EX。增强型系列中P1.0和P1.1的硬件结构与P3口相同。

3. P2口的功能

P2口(P2.0～P2.7分别为21～28引脚)的位结构，引脚上拉电阻同P1口，但是，P2口比P1口多一个输出控制部分。

(1) P2口作通用I/O端口使用

当P2口作通用I/O端口使用时，是一个准双向口，此时转换开关MUX倒向下边，输出级与锁存器接通，引脚可接I/O设备，其输入/输出操作与P1口完全相同。

(2) P2口作地址总线口使用

当系统中接有外部存储器时，P2口用于输出高8位地址A15～A8。这时在CPU的控制下，转换开关MUX倒向上边，接通内部地址总线。P2口的口线状态取决于片内输出的地址信息。在外接程序存储器的系统中，大量访问外部存储器，P2口不断送出地址高8位。例如，在8031构成的系统中，由于必须扩展程序存储器，P2口一般只作地址总线口使用，不再作I/O端口直接连外部设备。

在不接外部程序存储器而接有外部数据存储器的系统中，情况有所不同。若外接数据存储器容量为256字节或以内，则可使用“MOVX　A,@Ri”类指令由P0口送出8位地址，P2口上引脚的信号在整个访问外部数据存储器期间也不会改变，故P2口仍可作通用I/O端口使用。若外接存储器容量较大，则需用“MOVX　A,@DPTR”类指令，由P0口和P2口送出16位地址。在读/写周期内，P2口引脚上将保持地址信息，但从结构可知，输出地址时，并不要求P2口锁存器锁存“1”，锁存器内容也不会在送地址信息时改变。故访问外部数据存储器周期结束后，P2口锁存器的内容又会重新出现在引脚上。这样，根据访问外部数据存储器的频繁程度，P2口仍可在一定限度内作一般I/O端口使用。

4. P3 口的功能

P3 口(P3.0～P3.7 分别为 10～17 引脚)是一个多用途的端口,也是一个准双向口,作为第一功能使用时,其功能同 P1 口。作为第二功能使用时,每一位功能定义如表 5.1 所列。

表 5.1 P3 口的第二功能

端 口	第二功能
P3.0	RXD,串行输入(数据接收)口
P3.1	TXD,串行输出(数据发送)口
P3.2	$\overline{\text{INT0}}$,外部中断 0 输入线
P3.3	$\overline{\text{INT1}}$,外部中断 1 输入线
P3.4	T0,定时器 0 外部输入
P3.5	T1,定时器 1 外部输入
P3.6	$\overline{\text{WR}}$,外部数据存储器写选通信号输出
P3.7	$\overline{\text{RD}}$,外部数据存储器读选通信号输入

P3 口的第二功能实际上就是系统具有控制功能的控制线。此时相应的口线锁存器必须为 1 状态,与非门的输出由第二功能输出线的状态确定,从而 P3 口线的状态取决于第二功能输出线的电平。在 P3 口的引脚信号输入通道中,有两个三态缓冲器,第二功能的输入信号取自第一个缓冲器的输出端,第二个缓冲器仍是第一功能的读引脚信号缓冲器。

每个 I/O 端口内部都有一个 8 位数据输出锁存器和一个 8 位数据输入缓冲器,4 个数据输出锁存器与端口号 P0、P1、P2 和 P3 同名,皆为特殊功能寄存器。因此,CPU 数据从并行 I/O 端口输出时可以得到锁存,数据输入时可以得到缓冲。

四个并行 I/O 端口作通用 I/O 口使用时,有写端口、读端口和读引脚三种操作方式。写端口实际上就是输出数据,是将累加器 A 或其他寄存器中数据传送到端口锁存器中,然后由端口自动从端口引脚线上输出。读端口不是真正的从外部输入数据,而是将端口锁存器中输出数据读到 CPU 的累加器。读引脚才是真正的输入外部数据的操作,是从端口引脚线上读入外部的输入数据。

我们把流入 I/O 口的电流称为灌电流,经由上拉电阻输出高电平产生的输出电流称为拉电流。但是,由于拉电流是由上拉电阻给出的,所以拉电流很弱。

5.1.2 51 单片机 I/O 驱动电路设计

单片机应用系统,尤其是智能仪器仪表在检测和控制外部装置状态时,常常需要采用许多开关量作为输入和输出信号。从原理上讲,开关信号的输入和输出比较简单。这些信号只有开和关、通和断或者高电平和低电平两种状态，相当于二进制数的 0 和 1。如果要控制某个执行器的工作状态，只需输出 0 或 1，即可接通发光二极管、继电器等，以实现诸如声光报警，阀门的开启和关闭，控制电动机的启停等。

单片机的 I/O 口常用于小功率负载，如发光二极管、数码管、蜂鸣器和小功率继电器等，一般要求系统具有 10～40 mA 的驱动能力，通常采用小功率三极管（如 NPN：9013、9014、8050；PNP：9012、8550）和集成电路（如达林顿管 ULN2803、与门驱动器 75451 和总线驱动器 74HC245 等）作为驱动电路。下面介绍中小功率开关量输出驱动接口技术。

以驱动发光二极管（LED）为例，一般，发光二极管的工作电压为 2～3 V，工作电流为 3～10 mA。因此，TTL 电平系统，不可以直接驱动发光二极管，而是要串接限流分压电阻。限流电阻的阻值范围为 200～1 000 Ω。

经典型 51 单片机的 I/O 口作为通用 I/O 口时是 OD 门结构，也就是说，作为输出口使用且输出高电平的时候，靠上拉电阻给出电流。所以，对于阳极驱动（阴极接地），上拉电阻就是 LED 的限流电阻，即要采用 200～1 000 Ω 的上拉电阻形成通路，并作为限流电阻；若阳极驱动（阳极接电源）LED，则直接采用约 200 Ω 的限流电阻。阳极驱动时形成的是灌电流，无电流输出，故可以省去上拉电阻。51 单片机的 I/O 口灌电流可达 10～20 mA。P1、P2 和 P3 内部具有上拉电阻，所以，在加上拉驱动时，与内部是并联关系，外接上拉电阻相对要稍大些。对于 OD 门（或 OC 门）结构 I/O的两种发光二极管驱动电路如图 5.3 所示。不难分析，对于拉电流电路，无论是否驱动负载，上拉电阻都有电流，甚至不驱动负载，即输出 0 时，整个驱动电路消耗的功率更大，因此，对于 OD 门结构端口，建议采用灌电流方法驱动。

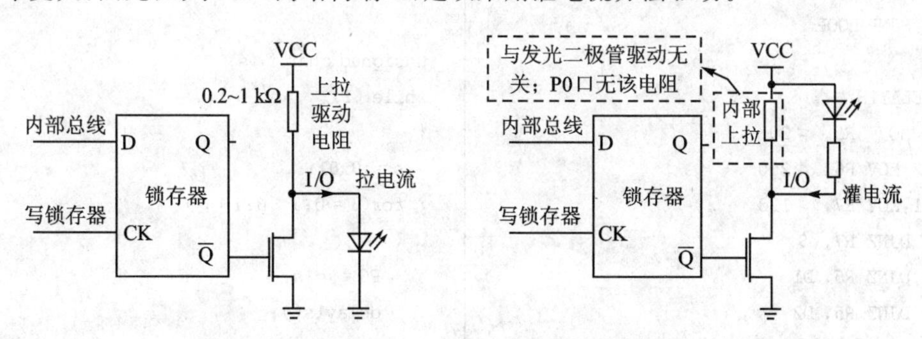

图 5.3 OD 门结构 I/O 的两种发光二极管驱动电路

【例 5.1】 如图 5.4(a)所示，经典型的 AT89S52 单片机采用 12 MHz 晶振。利用单片机实现流水灯（只有一个灯亮，轮流依次点亮）。

分析：这是一个灌电流点亮发光二极管的应用实例，适合经典型 51 单片机的 I/O驱动特点。软件流程如图 5.4(b)所示。

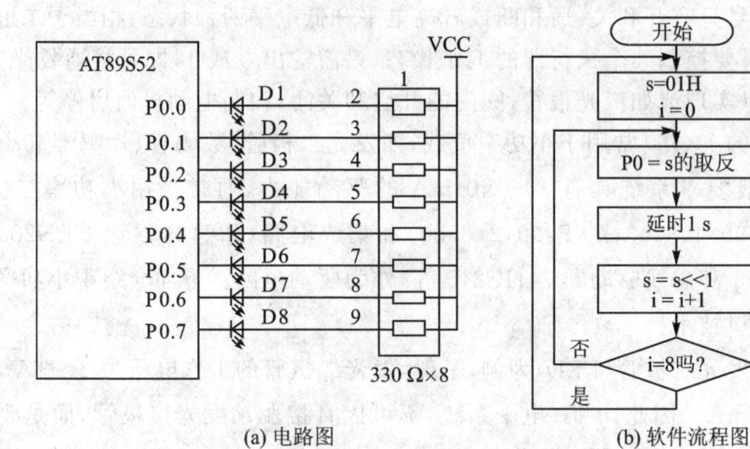

(a) 电路图　　　　(b) 软件流程图

图 5.4　流水灯

程序如下：

汇编语言程序

```
MAIN:
  MOV  A,＃0FEH
LOOP:
  MOV  P0, A
  LCALL DELAY1S
  RL   A
  SJMP LOOP

DELAY1S:
  MOV  R5, ＃20
D2:MOV R6, ＃200
D1:MOV R7, ＃123
  DJNZ R7, $
  DJNZ R6, D1
  DJNZ R5, D2
  RET

  END
```

C51 语言程序

```
#include <reg52.h>
void delay1s(void)
{
  unsigned int i, j;
  for(j = 0;j<1000;j ++ )
    for(i = 0;i<120;i ++ );
}
int main(void)
{
  unsigned char i, s;
  while (1)
  {
    s = 0x01;
    for(i = 0;i<8;i ++ )
    {
      P0 = ~s;
      delay1s();
      s<<= 1;
    }
  }
}
```

蜂鸣器的应用也很广泛，其驱动电路如图5.5所示。同样，建议采用灌电流方法驱动。

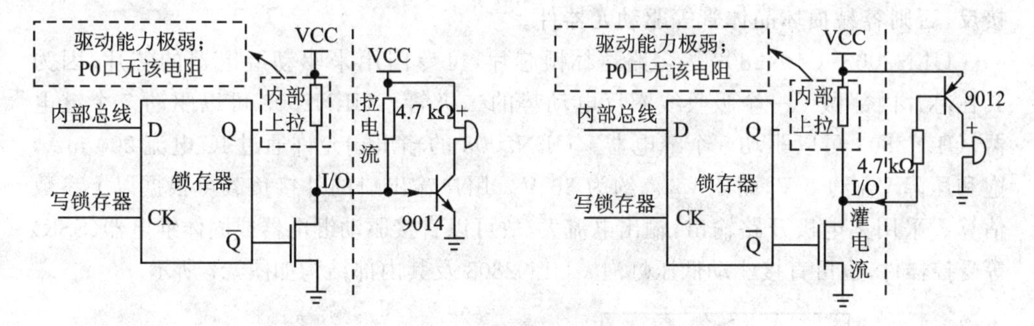

图5.5 蜂鸣器驱动电路

图5.6所示为分别采用三极管和75451驱动小功率继电器的电路。三极管方式时，建议采用灌电流方法驱动。继电器旁的二极管VD(如1N4007等)为保护二极管，可防止线圈两端的反向电动势损坏驱动器。以三极管为例，当晶体管由导通变为截止时，流经继电器线圈的电流将迅速减小，这时线圈会产生很高的自感电动势与电源电压，叠加后加在三极管的c、e两极间，会使晶体管击穿，并联上二极管后，即可将

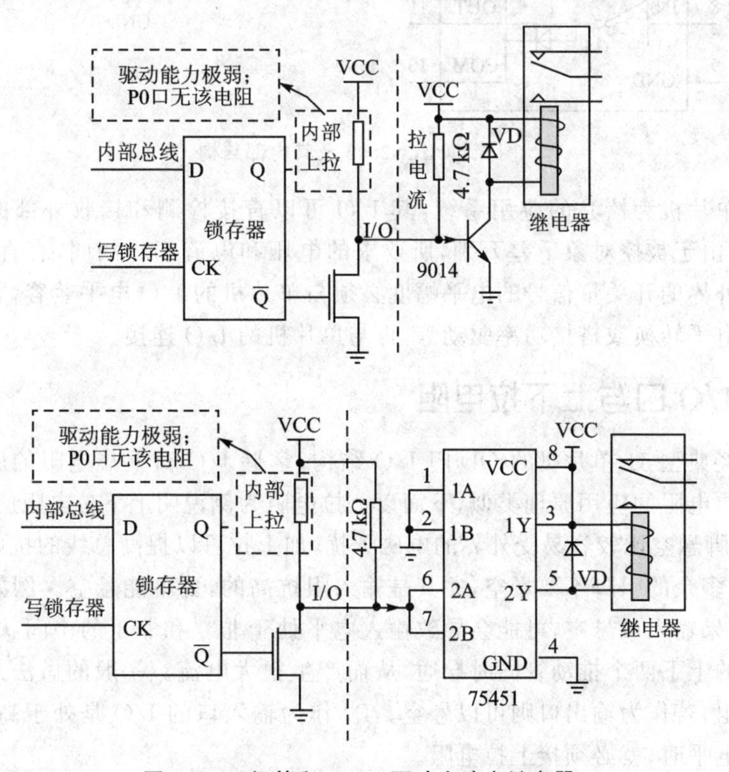

图5.6 三极管和75451驱动小功率继电器

线圈的自感电动势钳位于二极管的正向导通电压,此时硅管约 0.7 V,锗管约0.2 V,从而避免了击穿晶体管等驱动元器件。并联二极管时一定要注意二极管的极性不可接反,否则容易损坏晶体管等驱动元器件。

ULN2003/ULN2803 等多路达林顿芯片,可专门用来驱动继电器的芯片,因为其在芯片内部做了一个吸收线圈反电动势的二极管。ULN2003 可以驱动 7 个继电器,ULN2803 可以驱动 8 个继电器。ULN2003 的输出端允许通过 IC 电流 200 mA,饱和压降 V_{CE}约 1 V,耐压 V_{CEOB}约为 36 V。用户输出口的外接负载可根据以上参数估算。采用集电极开路输出,输出电流大,故可以直接驱动继电器或固体继电器(SSR)等受控器件,也可直接驱动低压灯泡。ULN2803 及其内部结构如图 5.7 所示。

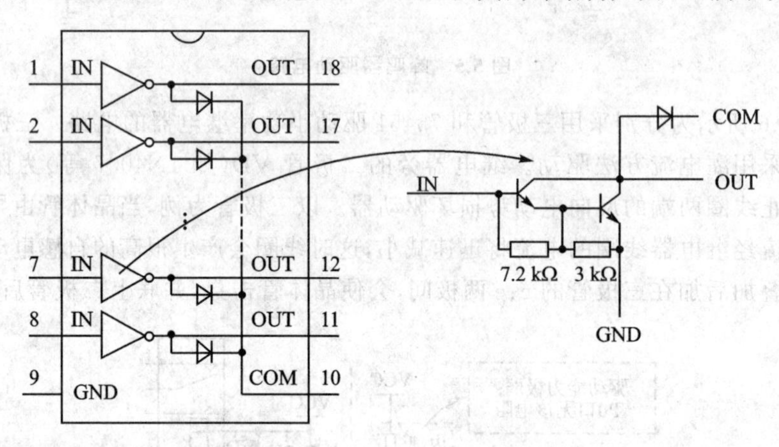

图 5.7　ULN2803 及其内部结构

对以单片机为核心的应用系统,其 I/O 可以直接检测和接收外部的开关量信号。但是,由于被控对象千差万别,所要求的电压和电流不尽相同,有直流的、交流的,总之,外界的开关量信号的电平幅度必须与单片机的 I/O 电平兼容,否则必须要对其进行电平转换或搭接功率驱动等,再与单片机的 I/O 连接。

5.1.3　I/O 口与上下拉电阻

针对经典型 51 单片机的 OD 门 I/O 结构,掌握 I/O 口上拉电阻的应用尤为重要。上下拉电阻的应用原理类似,下面以上拉电阻为例说明上下拉电阻应用要点:

① 引脚悬空比较容易受外界的电磁干扰,加上拉可以提高总线的抗电磁干扰能力。因此,多余的引脚不要悬空,尤其是输入阻抗高的,更不能悬空。例如在 CMOS 电路中,如果输入口悬空,可能会导致输入电平处于非 0 和非 1 的中间状态,这将会使输出级的上下两个推动管同时导通,从而产生很大电流。一般的做法是采用上拉或下拉电阻,若作为输出口则可以悬空。P0 作为输入口的 I/O 是处于高阻态的,需要常态高电平时,就必须接上拉电阻。

② 当前端逻辑输出驱动输出的高电平低于后级逻辑电路输入的最低高电平时，就需要在前级的输出端接上拉电阻，以提高输出高电平的值，同时加大高电平输出时引脚的驱动能力和提高芯片输入信号的噪声容限增强抗干扰能力。

③ OD门必须加上拉电阻使引脚悬空时有确定的状态，实现“线与”功能。

④ 在COMS芯片上，为了防止静电造成损坏，不用的引脚不能悬空，一般接上拉电阻降低输入阻抗，提供泄荷通路。

⑤ 长线传输中电阻不匹配容易引起反射波干扰，加上拉、下拉电阻使电阻匹配，可以有效抑制反射波干扰。

上拉电阻阻值的选择原则如下：

① 从功耗及芯片的灌电流能力考虑，其阻值应足够大。电阻大，电流小。

② 从确保足够的驱动电流考虑，其阻值应当足够小。电阻小，电流大。

③ 对于高速电路，过大的上拉电阻可能边沿变平缓。因为上拉电阻和开关管漏源极之间的电容和下级电路之间的输入电容会形成RC延迟，电阻越大，延迟越大。

综合考虑以上三点，上拉电阻阻值通常在1～10 kΩ之间选取。驱动能力与功耗的平衡，以上拉电阻为例，一般地说，上拉电阻越小，驱动能力越强，但功耗越大，设计时应注意两者之间的均衡。

上拉电阻的阻值要顾及端口低电平吸入电流的能力。例如在5 V电压下，加1 kΩ上拉电阻，将会给端口低电平状态增加5 mA的吸入电流。因此上拉电阻的选择必须考虑下级电路的驱动需求。当OD门输出高电平时，开关管断开，其上拉电流要由上拉电阻来提供，上拉电阻的选择要考虑能够向下级电路提供适当的电流，以及后级能吸入多少电流。OD门的上拉电阻值被限定在一个区域。设外设输入端每端口灌电流不大于100 μA，外设输出端灌电流约500 μA，标准工作电压是5 V，输入口的低高电平门限为0.8 V（低于此值为低电平）和2 V（高电平门限值），计算方法如下：

① 单片机的I/O作为输入口，由500 μA×8.4 kΩ＝4.2 V，即上拉电阻选大于8.4 kΩ时接口能下拉至0.8 V以下，此为最小阻值，再小就拉不下来了，也就是单片机无法读回低电平。如果外设输出口可灌入较大电流，则上拉电阻的阻值可减小，保证单片机读入低电平时能低于0.8 V即可。

② 当单片机输出高电平时，后接两个该外设输入口需200 μA。200 μA×15 kΩ＝3 V，即上拉电阻压降为3 V，输出口可达到2 V，此阻值为最大阻值，再大就拉不到2 V了。

此例中，综合以上两种情况，选10 kΩ可用。

上述仅仅是原理，可概括为：OD门结构I/O口输出高电平时要有足够的电流给后面的输入口，输出低电平时要限制住吸入电流的大小。

5.2 C8051F020 数字 I/O 接口

C8051F020 的 64 个数字 I/O 引脚也按 8 位端口组织数字 I/O,包括低位口(P0 口、P1 口、P2 口 和 P3 口)和高位口(P4 口、P5 口、P6 口 和 P7 口)。C8051F020 的 8 个端口锁存器对应 8 个 SFR,即 P0~P8,端口输出数据是通过写这 8 个 SFR 实现的,读引脚也是通过读这 8 个 SFR 实现的。其中,低位口既可以按位寻址,也可以按字节寻址,完全兼容经典型 51 单片机的 P0 口、P1 口、P2 口 和 P3 口作为普通数字 I/O 时的功能;高位口只能按字节寻址。

作为 SoC 级的处理器,C8051F020 的 I/O 引脚的第二功能更加丰富,而且第二功能可以通过低位口的交叉开关重新分配引脚位置,这和经典型 51 单片机第二功能引脚是固定的完全不同。因此,学习低位口的交叉开关分配是学习 C8051F020 的关键技术之一。

除此之外,不同于经典型 51 单片机单一的 OD 门 I/O 结构,如图 5.8 所示,C8051F020 的 I/O 引脚作为输出口时既可以配置为 OD 门结构(默认),也可以配置为推挽输出结构。低位口的每个引脚都可以随意配置输出结构,高位口则 4 个引脚为 1 组,共 8 组,每组的设置是一致的。写特殊功能寄存器 P0~P8 是写 I/O 单元的锁存器,读特殊功能寄存器 P0~P8 则有读锁存器和读引脚两种情况。配置为 OD 门结构时,使用方法与经典型 51 单片机的 I/O 接口方法一致。

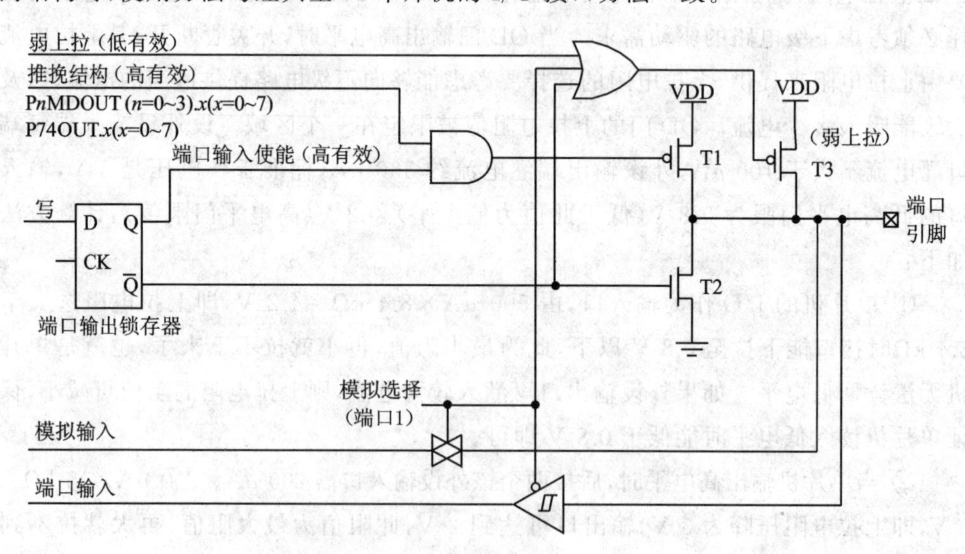

图 5.8 C8051F020 的 I/O 口结构框图

每个 I/O 都有一个可选的弱上拉电阻(约为 100 kΩ),各弱上拉电阻都受弱上拉禁止位 WEAKPUD(XBR2.7)的控制,也就是说,WEAKPUD 位设置为 1 则所有I/O

都不会有内部弱上拉电阻，WEAKPUD 位设置为 0 则全部弱上拉都使能。

5.2.1 C8051F020 数字 I/O 接口的输入/输出配置及相关 SFR

1. 输出结构配置及相关 SFR

P0MDOUT、P1MDOUT、P2MDOUT 和 P3MDOUT 四个不支持位寻址的 SFR 分别用于设置低位口(P0 口、P1 口、P2 口和 P3 口)的引脚结构。各 SFR 的对应位一一对应于相应引脚的结构配置，如 P0MDOUT 的 b1 位用于设置 P0.1 的引脚结构，P2MDOUT 的 b7 位用于设置 P2.7 的引脚结构，对应位设置为 0 则相应引脚为 OD 门结构，设置为 1 则为推挽输出结构。

P74OUT 用于设置高位口 P4、P5、P6 和 P7 的引脚结构，也不支持位寻址。高位口每 4 个引脚为一组，各个端口的高 4 位为一组，低 4 位为一组，P74OUT 的对应位设置为 0 则相应组的 4 个引脚为 OD 门结构，设置为 1 则为推挽输出结构。P74OUT 格式如下：

	b7	b6	b5	b4	b3	b2	b1	b0
P74OUT	P7H	P7L	P6H	P6L	P5H	P5L	P4H	P4L

其中，P7H 位决定了 P7 口高 4 位的输出方式，P7H 设置为 0 说明 P7 口高 4 位被设置为 OD 门结构，P7H 设置为 1 表示设置 P7 口高 4 位为推挽输出结构；P7L 位决定了 P7 口低 4 位的输出方式，以此类推。

不管交叉开关是否将端口引脚分配给某个数字外设，端口引脚的输出方式都受 P*n*MDOUT($n=0\sim3$)和 P74OUT 的控制。但是要说明的是，当 SDA、SCL、RX0(当 UART0 工作于方式 0 时)和 RX1(当 UART1 工作于方式 0 时)被交叉开关分配到低位口引脚时，总是被配置为 OD 门结构。

如果一个引脚被交叉开关分配给某个数字外设，并且该引脚的功能为输入(例如 UART0 的接收引脚 RX0)，则该引脚的输出驱动器被自动禁止。

另外，低位口在复位后输出驱动器是被禁止的，即在 XBARE(XBR2.6)位被设置为逻辑 1 之前，P0～P3 口的输出驱动器保持禁止状态。因此，即使软件并没有进行交叉开关配置，P0～P3 口都作为普通 I/O；当 P0～P3 口中有引脚被配置为输出口时，都必须将 XBARE(XBR2.6)置为 1，否则，引脚输出是无效的。P4～P7 口不受该限制，始终处于输出状态。

C8051F020 数字 I/O 引脚作为输入时，与 I/O 输出结构无关，且所有引脚都耐 5 V电压，但是需要通过设置输出方式为 OD 门并向端口锁存器中的相应位写 1 将引脚配置为数字输入。例如，设置 P3MDOUT.7 为逻辑 0，设置 P3.7 为逻辑 1，即可将 P3.7 配置为数字输入。

总结起来，C8051F020 的 I/O 工作模式有以下几种：

(1) 漏极开路输出

若输出方式寄存器 P*n*MDOUT(*n*=0～3)和 P47OUT 中的某位值为 0,那么与该位对应的 I/O 输出引脚线为漏极开路输出方式。此时,图 5.8 中的 T1 始终处于截止状态。此时,相应引脚要外接上拉电阻提供输出时的高电平。这种情况与经典型 51 单片机的端口使用方法一致。

(2) 推挽输出

若输出方式寄存器 P*n*MDOUT(*n*=0～3)和 P47OUT 中的某位值为 1,那么与该位对应的 I/O 输出引脚线为推挽输出方式。此时,如图 5.8 所示:

① 当 T1 导通,T2 截止时,T1 相当于一个电阻,加在 T1 上的 VDD 与外接电路构成推电流回路。此时输出为高电平,将使端口引脚被驱动到 VDD。

② 当 T2 导通,T1 截止时,T2 相当于一个电阻,T2 经过 DGND 与外接电路构成拉电流回路。此时,端口输出低电平,将使端口引脚被驱动到 GND。

C8051F 采用推挽输出方式,至少可以驱动 20 个 LS TTL 门电路。因此,C8051F 可直接驱动外设接口,无须外加驱动总线的芯片,其总线驱动能力比 80C51 更强而且更加灵活。

(3) 弱上拉输出

每个端口引脚都有一个内部弱上拉部件 T3,在引脚与 VDD 之间提供阻性连接,在缺省情况下(弱上拉禁止位 WEAKPUD 为 0),所有引脚的该上拉器件被使能。

任何引脚输出为 0,弱上拉电路都会自动关闭,以减少功耗。

(4) 高阻态

OD 门结构时,向 P*n*(*n*=0～7)中的相应位写逻辑 1,将使端口引脚处于高阻状态。当然,前提是关闭内部弱上拉。在高阻基础上使能内部上拉或外接上拉就是上拉输入状态。

2. P1 口作为输入口时的相关设置及 SFR

P1 口除了可以作为数字 I/O,也可以作为 ADC1 的模拟多路开关的模拟输入口,所以 P1 口作为输入口时要明确对应引脚的数字或模拟属性。这通过配置特殊功能寄存器 P1MDIN 来实现。P1MDIN 的对应位用于设置 P1 口相应引脚的输入属性:

设置为 0:对应引脚被配置为模拟输入方式。数字输入通路被禁止(读端口位将总是返回 0),交叉开关不会在对应引脚分配数字外设引脚。引脚的弱上拉也被自动禁止,避免对模拟信号产生影响。

设置为 1(默认):对应引脚被配置为数字输入方式。读对应引脚将返回引脚的逻辑电平。弱上拉状态由 WEAKPUD 位(XBR2.7)决定。

将一个端口引脚配置为模拟输入,还包括通过交叉开关在为数字外设分配引脚时跳过该引脚。

注意,被配置为模拟输入的引脚,P1MDOUT 的对应位应被设置为逻辑 0(OD

门方式)，特殊功能寄存器 P1 的对应位也需要被设置为逻辑 1(高阻态)。

5.2.2 C8051F020 低位口的第二功能使能及交叉开关引脚分配

1. 交叉开关译码器和数字外设的配置

对于 P0～P3 口，除了被交叉开关配置、扩展外部存储器以及外部中断 6、7 所占用的引脚之外，剩余的引脚都可以作为通用 I/O(GPIO)使用。由图 5.9 和表 5.2 可以看出，低位口的 32 个多功能引脚的第二功能与经典型 51 单片机的完全不一致，通过对交叉开关的编程配置，可以将 I/O 引脚分配给不同的数字外设。

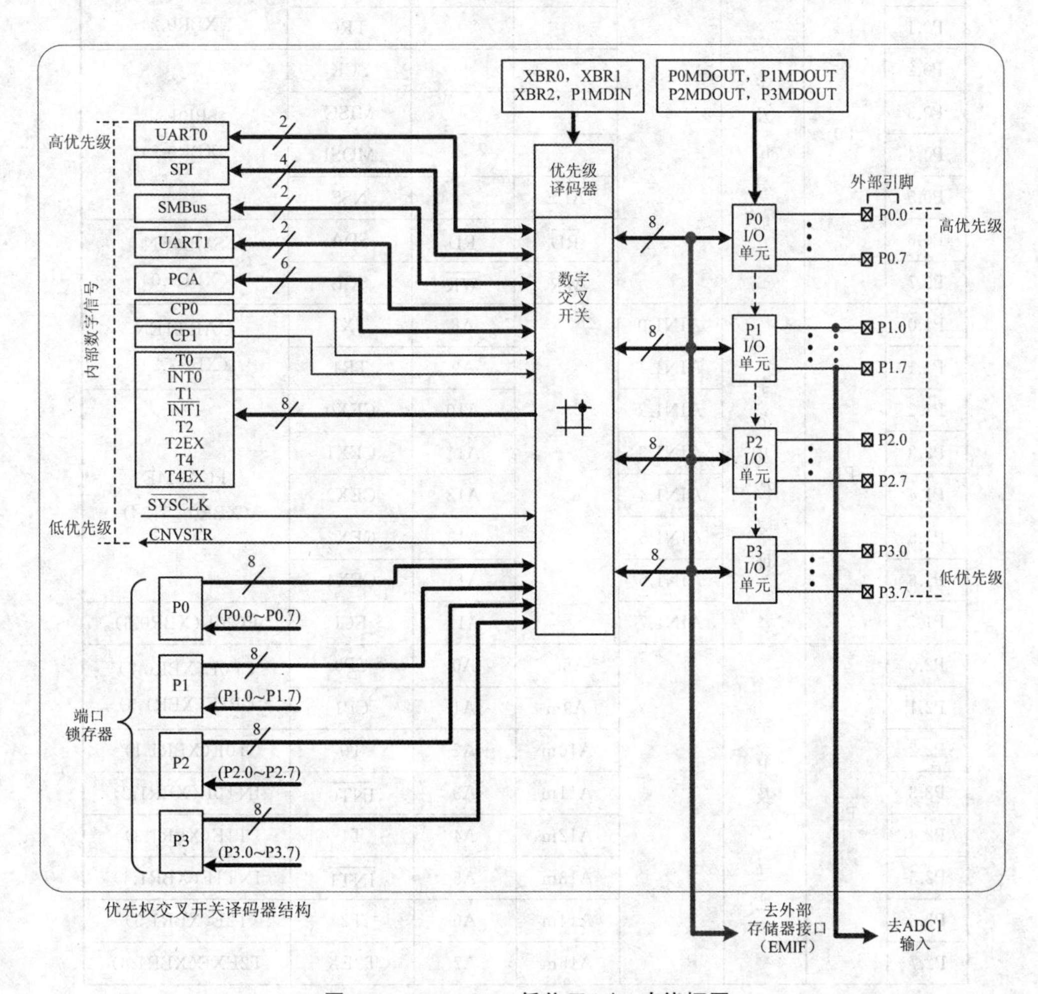

图 5.9 C8051F020 低位口 I/O 功能框图

C8051F020 的大量数字资源需要配置到低位口 P0、P1、P2 和 P3 才能使用。这种资源分配的灵活性是通过使用优先权交叉开关译码器(简称为交叉开关)实现的，交叉开关按优先权顺序将 P0～P3 的引脚分配给器件上的数字外设(UART、

SMBus、PCA、定时器等)。优先权交叉开关译码器由 XBR0、XBR1 和 XBR2 三个不支持位寻址的 SFR 决定有哪些片内数字外设被分配到低位口。SFR 中的每一位对应一个片内数字外设:该位设置为 1,则对应外设将分配引脚到低位口上;设置为 0,则不给该片内数字外设分配引脚。

表 5.2 C8051F020 低位口引脚的功能

低位口	通用端口		ADC 通道	外部存储器扩展		数字外设	
	名称	寻址		复用	非复用	功能引脚	控制位
P0.0	P0	字节及位寻址				TX0	UART0EN (XBR0.2)
P0.1						TR0	
P0.2						SCK	SPI0EN (XBR0.2)
P0.3						MISO	
P0.4						MOSI	
P0.5				ALE		NSS	
P0.6				$\overline{RD}$	$\overline{RD}$	SDA	SMB0EN (XBR0.0)
P0.7				$\overline{WR}$	$\overline{WR}$	SCL	
P1.0	P1	字节及位寻址	AIN1.0		A8	TX1	UART1EN (XBR2.2)
P1.1			AIN1.1		A9	TR1	
P1.2			AIN1.2		A10	CEX0	PCA0ME (XBR0.[5:3])
P2.3			AIN1.3		A11	CEX1	
P1.4			AIN1.4		A12	CEX2	
P1.5			AIN1.5		A13	CEX3	
P1.6			AIN1.6		A14	CEX4	
P1.7			AIN1.7		A15	ECI	ECI0E(XBR0.6)
P2.0	P2	字节及位寻址		A8m	A0	CP0	CP0E(XBR0.7)
P2.1				A9m	A1	CP1	CP1E(XBR1.0)
P2.2				A10m	A2	T0	T0E(XBR1.1)
P2.3				A11m	A3	$\overline{INT0}$	INT0E(XBR1.2)
P2.4				A12m	A4	T1	T1E(XBR1.3)
P2.5				A13m	A5	$\overline{INT1}$	INT1E(XBR1.4)
P2.6				A14m	A6	T2	T2E(XBR1.5)
P2.7				A15m	A7	T2EX	T2EXE(XBR1.6)

续表 5.2

低位口	通用端口		ADC 通道	外部存储器扩展		数字外设	
	名称	寻址		复用	非复用	功能引脚	控制位
P3.0	P3	字节及位寻址		AD0	D0	T4	T4E(XBR2.3)
P3.1				AD1	D1	T4EX	T4EXE(XBR2.4)
P3.2				AD2	D2	SYSCLK	SYSCKE(XBR1.7)
P3.3				AD3	D3	CNVSTR	CNVSTE(XBR2.0)
P3.4				AD4	D4		
P3.5				AD5	D5		
P3.6				AD6	D6	INT6	
P3.7				AD7	D7	INT7	
				EMD2＝0 EMI0CF.5＝0	EMD2＝1		XBARE (XBR2.6)

(1) 端口 I/O 交叉开关寄存器 0——XBR0

XBR0 是 R/W 寄存器，复位值为 00H，格式如下：

	b7	b6	b5	b4	b3	b2	b1	b0
XBR0	CP0E	ECI0E	PCA0ME2	PCA0ME1	PCA0ME0	UART0EN	SPI0EN	SMB0EN

其中：

CP0E：比较器 0 输出使能位。设置为 1 则模拟比较器 0 的输出 CP0 将连到端口引脚。

ECI0E：PCA0 外部计数器输入引脚使能位。

PCA0ME[2:0]：PCA0 模块相应的引脚使能位段，如表 5.3 所列。

表 5.3 PCA0 模块相应的引脚使能设置

PCA0ME[2:0]	PCA0 模块相应的引脚使能
000	所有的 PCA0 相关 I/O 都不连到端口引脚
001	CEX0 连到端口引脚
010	CEX0、CEX1 连到 2 个端口引脚
011	CEX0、CEX1、CEX2 连到 3 个端口引脚
100	CEX0、CEX1、CEX2、CEX3 连到 4 个端口引脚
101	CEX0、CEX1、CEX2、CEX3、CEX4 连到 5 个端口引脚
110～111	保留

UART0EN：UART0 的 TX 和 RX 引脚使能位。设置为 1 则 UART0 的 TX 连到 P0.0，RX 连到 P0.1。

SPI0EN：SPI 总线的 4 个引脚使能位。设置为 1 则 SPI0 的 SCK、MISO、MOSI 和 NSS 连到 4 个端口引脚。

SMB0EN：SMBus 总线的 2 个 OD 门引脚使能位。设置为 1 则 SMBus0 的 SDA 和 SCL 连到 2 个端口引脚。

(2) 端口 I/O 交叉开关寄存器 1——XBR1

XBR1 是 R/W 寄存器，复位值为 00H，格式如下：

	b7	b6	b5	b4	b3	b2	b1	b0
XBR1	SYSCKE	T2EXE	T2E	INT1E	T1E	INT0E	T0E	CP1E

其中：

SYSCKE：$\overline{\mathrm{SYSCLK}}$时钟信号输出使能位。设置为 1 则$\overline{\mathrm{SYSCLK}}$连到端口引脚。

T2EXE：T2EX 引脚使能位。设置为 1 则 T2 的捕获输入 T2EX 连到端口引脚。

T2E：T2 的外部计数引脚使能位。设置为 1 则 T2 的外部计数输入连到端口引脚。

INT1E：$\overline{\mathrm{INT1}}$引脚使能位。设置为 1 则外中断 1 输入$\overline{\mathrm{INT1}}$连到端口引脚。

T1E：T1 的外部计数引脚使能位。设置为 1 则 T1 的外部计数输入连到端口引脚。

INT0E：$\overline{\mathrm{INT0}}$引脚使能位。设置为 1 则外中断 0 输入$\overline{\mathrm{INT0}}$连到端口引脚。

T0E：T0 的外部计数引脚使能位。设置为 1 则 T0 的外部计数输入连到端口引脚。

CP1E：比较器 1 输出使能位。设置为 1 则模拟比较器 1 的输出 CP1 将连到端口引脚。

(3) 端口 I/O 交叉开关寄存器 2——XBR2

XBR2 是 R/W 寄存器，复位值为 00H，格式如下：

	b7	b6	b5	b4	b3	b2	b1	b0
XBR2	WEAKPUD	XBARE	—	T4EXE	T4E	UART1E	EMIFLE	CNVSE

其中：

WEAKPUD：P0～P7 口所有弱上拉的禁止位。设置为 0 时，弱上拉全局使能；为 1 时，弱上拉全局禁止。

XBARE：低端口的交叉开关使能位。设置为 0 时(默认)，交叉开关禁止，P0～P3 口的所有引脚被强制为输入方式；为 1 时，交叉开关使能。

b5：未用。读为 0，写被忽略。

T4EXE：T4EX 引脚使能位。设置为 1 则 T4 的捕获输入 T4EX 连到端口引脚。

T4E：T4 的外部计数引脚使能位。设置为 1 则 T4 的外部计数输入连到端口引脚。

UART1E：UART1 的 TX 和 RX 引脚使能位。设置为 1 则 UART1 的 TX 和 RX 连到两个端口引脚。

EMIFLE：外部存储器接口低端口使能位：

● 设置为 0：PRTSEL(EMI0CF[5])＝1，外部存储器接口(EMIF)被设置在高

位口。P0.7、P0.6 和 P0.5 的功能由交叉开关分配或端口锁存器决定。

● 设置为 1：PRTSEL(EMI0CF[5])＝0，外部存储器接口(EMIF)被设置在低位口。若 EMD2(EMI0CF[4])＝0，即外部存储器接口为复用方式，则 P0.7 ($\overline{WR}$)、P0.6 ($\overline{RD}$)和 P0.5 (ALE)被交叉开关跳过，不将 P0.7、P0.6 和 P0.6 引脚分配给片内外设；若 EMD2(EMI0CF[4])＝1，既外部存储器接口被设置为非复用方式，则 P0.7 ($\overline{WR}$)和 P0.6 ($\overline{RD}$)被交叉开关跳过，不将 P0.7 和 P0.6 引脚分配给片内外设。

CNVSTE：外部转换启动输入使能位。设置为 1 则 CNVSTR 连到端口引脚。

2. 交叉开关的工作原理

首先，可以将交叉开关理解为一个由 P0.0～P3.7 引脚和数字外设口线间的一个开关矩阵，在其交叉点上，按照优先权的顺序，放上相应的一些单联、双联或多联的电子开关，如图 5.9 所示。这些电子开关的通断由端口 I/O 交叉开关寄存器 XBR0、XBR1 和 XBR2 中的相关位来控制，对应位为 1 则按图 5.10 所示优先级相应的电子开关依次闭合；否则，相应片内外设的电子开关打开。

图 5.10 中，XBR0.2、XBR0.1 和 XBR0.0 都设置为 1 时，各开关接通，串行口 UART0 的优先权最高，其功能口线为 TX0 和 RX0，仅受 UART0EN(XBR0.2)的控制，相当于一个双联的开关被放置在 P0.0 和 P0.1 的交叉点上。对于同步串行口 SPI0，其优先权仅次于 UART0，其功能口线 SCK、MISO、MOSI 及 NSS 受 SPI0EN

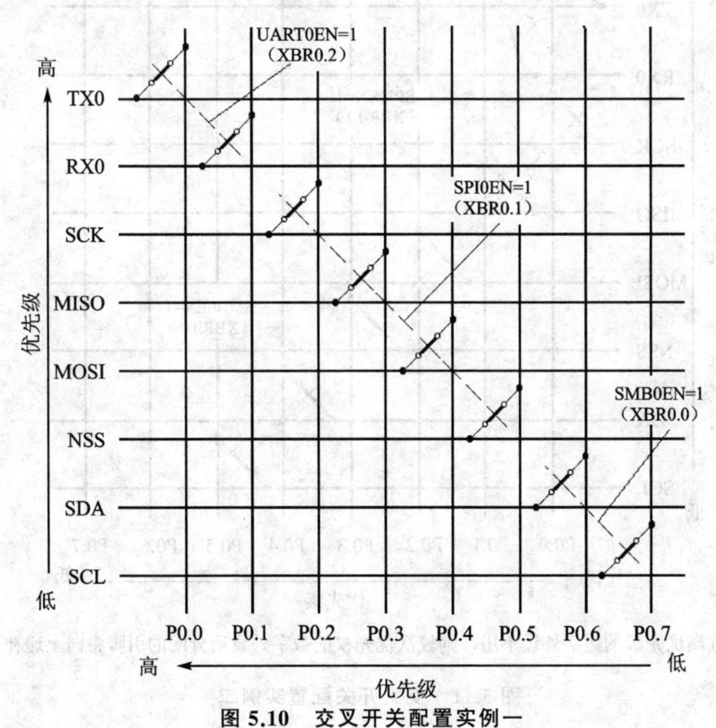

图 5.10　交叉开关配置实例一

(XBR0.1)的控制,即一个四联的电子开关是否与P0.2、P0.3、P0.4、P05引脚相连。对于系统管理总线SMBus,其功能口线SDA、SCL的双联开关被放置在P0.6、P0.7的交叉点上,其接通与否受SMB0EN(XBR0.0)控制,以此类推。

如果在所设计的系统中,处于高优先级的数字外设不用,则较次优先权的数字外设所分配的引脚将向上递补,如图5.11(a)所示。由于此时系统中不用串行口UART0,在分配引脚时,同步串行口SPI0将占有分配P0.0、P0.1、P0.2及P0.3的优先权。如果系统中使用串行口UART0,而不用同步串行口SPI0,则系统管理总线SMBus的SDA、SCL将占有分配P0.2、P0.3的优先权,如图5.11(b)所示。甚至,若系统中串行口UART0、同步串行口SPI0都不使用,则系统管理总线SMBus的SDA、SCL将占有分配P0.0和P0.1的优先权,如图5.11(c)所示。

通过上述说明,对交叉开关的配置可以如下小结:

① 交叉开关的配置是严格按照优先级顺序进行的,依次在P0~P3口上配置,端口引脚的分配顺序是从P0.0开始,可以一直分配到P3.7。为数字外设分配端口引脚的优先权顺序列于图5.9中,UART0具有最高优先权,而CNVSTR具有最低优先权。

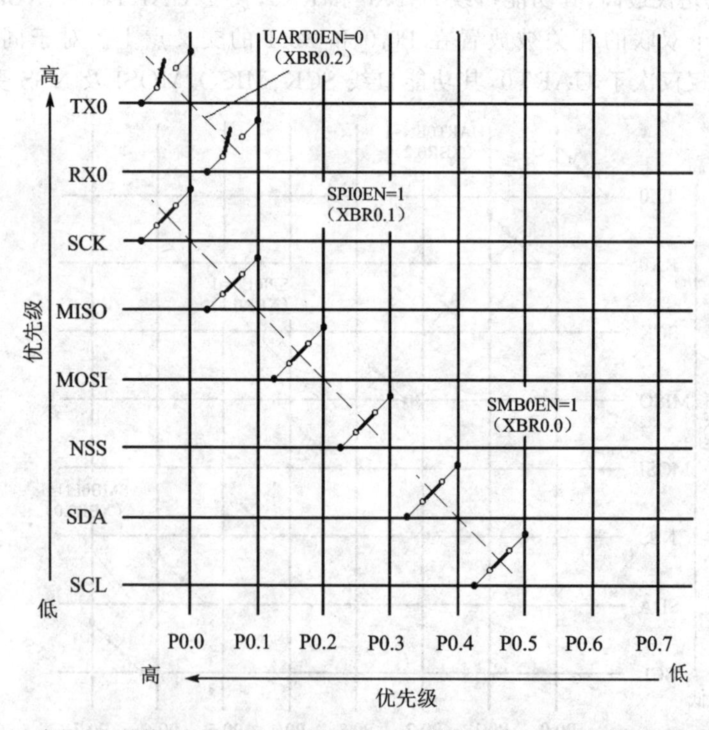

(a) 高优先级的数字外设不用,则较次优先权的数字外设所分配的引脚将向上递补

图5.11 交叉开关配置实例二

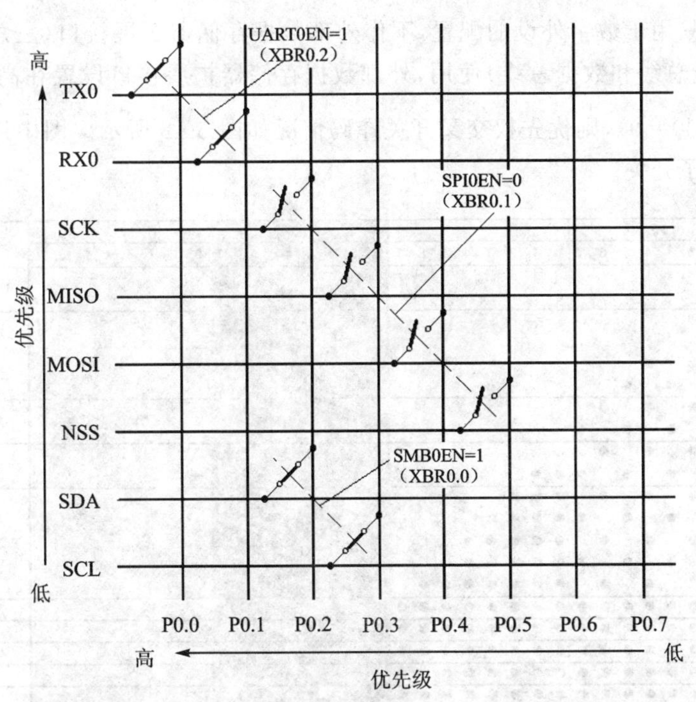

(b) 使用UART0，不用SPI0时，SMBus的SDA、SCL有分配P0.2和P0.3的优先权

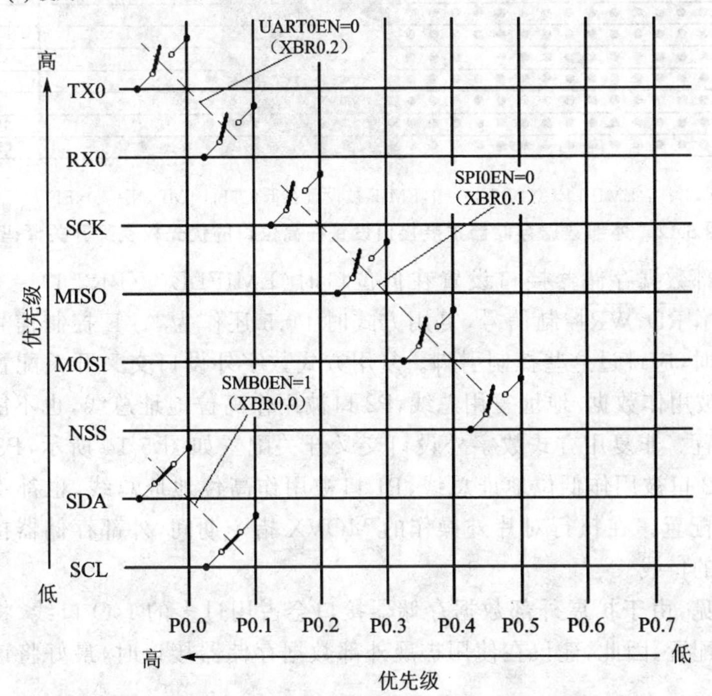

(c) UART0、SPI0都不使用，则SMBus的SDA、SCL有分配P0.0和P0.1的优先权

图 5.11　交叉开关配置实例二(续)

低位口只用于数字外设的配置,不作外部数据存储器扩展接口(三总线接口:控制总线、地址总线和数据总线)使用,外部数据存储器扩展接口设置在高位口(EMIFLE(XBR2.1)=0),则优先权交叉开关译码情况如图5.12所示。图中用"•"来代表闭合的电子开关。

	P0								P1								P2								P3								交叉开关寄存器位
引脚 I/O	0	1	2	3	4	5	6	7	0	1	2	3	4	5	6	7	0	1	2	3	4	5	6	7	0	1	2	3	4	5	6	7	
TX0	●																																UART0EN:XBR0.2
RX0		●																															
SCK	●		●																														SPI0EN:XBR0.1
MISO		●		●																													
MOSI			●		●																												
NSS				●		●																											
SDA	●		●		●		●																										SMB0EN:XBR0.0
SCL		●		●		●		●																									
TX1	●		●		●		●		●																								UART1EN:XBR2.2
RX1		●		●		●		●	●	●																							
CEX0	●		●		●		●		●	●	●																						PCA0ME:XBR0.[5:3]
CEX1		●		●		●		●	●	●	●	●																					
CEX2			●		●		●		●	●	●	●	●																				
CEX3				●		●		●	●	●	●	●	●	●																			
CEX4					●		●		●	●	●	●	●	●	●																		
ECI	●	●	●	●	●	●	●	●	●	●	●	●	●	●	●	●																	ECI0E:XBR0.6
CP0	●	●	●	●	●	●	●	●	●	●	●	●	●	●	●	●	●																CP0E:XBR0.7
CP1	●	●	●	●	●	●	●	●	●	●	●	●	●	●	●	●	●	●															CP1E:XBR1.0
T0	●	●	●	●	●	●	●	●	●	●	●	●	●	●	●	●	●	●	●														T0E:XBR1.1
/INT0	●	●	●	●	●	●	●	●	●	●	●	●	●	●	●	●	●	●	●	●													INT0E:XBR1.2
T1	●	●	●	●	●	●	●	●	●	●	●	●	●	●	●	●	●	●	●	●	●												T1E:XBR1.3
/INT1	●	●	●	●	●	●	●	●	●	●	●	●	●	●	●	●	●	●	●	●	●	●											INT1E:XBR1.4
T2	●	●	●	●	●	●	●	●	●	●	●	●	●	●	●	●	●	●	●	●	●	●	●										T2E:XBR1.5
T2EX	●	●	●	●	●	●	●	●	●	●	●	●	●	●	●	●	●	●	●	●	●	●	●	●									T2EXE:XBR1.6
T4	●	●	●	●	●	●	●	●	●	●	●	●	●	●	●	●	●	●	●	●	●	●	●	●	●								T4E:XBR2.3
T4EX	●	●	●	●	●	●	●	●	●	●	●	●	●	●	●	●	●	●	●	●	●	●	●	●	●	●							T4EXE:XBR2.4
/SYSCLK	●	●	●	●	●	●	●	●	●	●	●	●	●	●	●	●	●	●	●	●	●	●	●	●	●	●	●						SYSCKE:XBR1.7
CNVSTR	●	●	●	●	●	●	●	●	●	●	●	●	●	●	●	●	●	●	●	●	●	●	●	●	●	●	●	●					CNVSTE:XBR2.0

注:EMIFLE(XBR2.1)=0,EMIF 被设置在低位口;P1MDIN = 0xFF

图5.12 外部数据存储器扩展接口设置在高位口的优先权交叉开关译码

扩展外部数据存储器接口设置在低位口时(EMIFLE(XBR2.1)=1),P0.6和P0.7口被用作$\overline{RD}$、$\overline{WR}$控制信号,复用方式时P0.5还作为ALE控制信号。在数字外设口配置时,应跳过这些控制引脚。复用方式数字外设口交叉开关配置如图5.13所示,P3口被用作数据/地址复用总线,P2口被用作高位地址总线,也不能用于数字外设口的配置。非复用方式数字外设口交叉开关配置如图5.14所示,P3口被用作数据总线,P2口被用作低位地址总线,P1口被用作高位地址总线,也都不能用于数字外设口的配置。在执行对片外操作的MOVX指令期间,外部存储器接口将驱动三总线对应的口线。

显而易见,由于扩展外部数据存储器接口会占用过多的I/O口线,将会影响数字外设口的配置,因此,建议在使用扩展外部数据存储器接口时,最好将该接口安排在高位口。

比如,若想使P0.0口作为通用I/O口(GPIO),而P0.1作为PWM,是无法实现的,因为交叉开关首先选择P0.0口作为配置对象,而且交叉开关按照优先级顺序配

	P0								P1								P2								P3								交叉开关寄存器位
引脚I/O	0	1	2	3	4	5	6	7	0	1	2	3	4	5	6	7	0	1	2	3	4	5	6	7	0	1	2	3	4	5	6	7	
TX0	●																																UART0EN:XBR0.2
RX0		●																															
SCK	●		●																														SPI0EN:XBR0.1
MISO		●		●																													
MOSI			●		●																												
NSS				●					●																								
SDA	●		●		●					●																							SMB0EN:XBR0.0
SCL		●		●					●		●																						
TX1	●		●		●					●		●																					UART1EN:XBR2.2
RX1		●		●					●		●	●	●																				
CEX0	●		●		●					●		●	●	●																			PCA0ME:XBR0.[5:3]
CEX1		●		●					●		●	●	●	●	●																		
CEX2			●		●					●		●	●	●	●	●																	
CEX3				●					●		●	●	●	●	●	●	●																
CEX4					●					●		●	●	●	●	●	●	●															
ECI	●	●	●	●	●				●	●	●	●	●	●	●	●	●	●	●														ECI0E:XBR0.6
CP0	●	●	●	●	●				●	●	●	●	●	●	●	●	●	●	●	●													CP0E:XBR0.7
CP1	●	●	●	●	●				●	●	●	●	●	●	●	●	●	●	●	●	●												CP1E:XBR1.0
T0	●	●	●	●	●				●	●	●	●	●	●	●	●	●	●	●	●	●	●											T0E:XBR1.1
/INT0	●	●	●	●	●				●	●	●	●	●	●	●	●	●	●	●	●	●	●	●										INT0E:XBR1.2
T1	●	●	●	●	●				●	●	●	●	●	●	●	●	●	●	●	●	●	●	●	●									T1E:XBR1.3
/INT1	●	●	●	●	●				●	●	●	●	●	●	●	●	●	●	●	●	●	●	●	●	●								INT1E:XBR1.4
T2	●	●	●	●	●				●	●	●	●	●	●	●	●	●	●	●	●	●	●	●	●	●	●							T2E:XBR1.5
T2EX	●	●	●	●	●				●	●	●	●	●	●	●	●	●	●	●	●	●	●	●	●	●	●	●						T2EXE:XBR1.6
T4	●	●	●	●	●				●	●	●	●	●	●	●	●	●	●	●	●	●	●	●	●	●	●	●	●					T4E:XBR2.3
T4EX	●	●	●	●	●				●	●	●	●	●	●	●	●	●	●	●	●	●	●	●	●	●	●	●	●	●				T4EXE:XBR2.4
/SYSCLK	●	●	●	●	●				●	●	●	●	●	●	●	●	●	●	●	●	●	●	●	●	●	●	●	●	●	●			SYSCKE:XBR1.7
CNVSTR	●	●	●	●	●				●	●	●	●	●	●	●	●	●	●	●	●	●	●	●	●	●	●	●	●	●	●	●		CNVSTE:XBR2.0
						ALE	/RD	/WR	AIN1.0/A8	AIN1.1/A9	AIN1.2/A10	AIN1.3/A11	AIN1.4/A12	AIN1.5/A13	AIN1.6/A14	AIN1.7/A15	A8m/A0	A9m/A1	A10m/A2	A11m/A3	A12m/A4	A13m/A5	A14m/A6	A15m/A7	AD0/D0	AD1/D1	AD2/D2	AD3/D3	AD4/D4	AD5/D5	AD6/D6	AD7/D7	
									AIN1 输入/非复用地址高								复用地址高/非复用地址低								复用数据/非复用数据								

注:EMIFLE(XBR2.1)=1,EMIF 被设置在低位口;P1MDIN = 0xFF

图 5.13 外部数据存储器扩展接口设置在低位口(复用方式)的优先权交叉开关译码

置,无法越级。又比如,若想使 T2 口配置在$\overline{\text{INT0}}$之前,这也是无法实现的,因为 T2 口的优先级比$\overline{\text{INT0}}$的低,配置后,T2 配置的引脚必然比$\overline{\text{INT0}}$低。所以,在进行硬件设计时,要特别注意规划好需要的功能口以及相应的端口位置,不要发生错位现象。

当需要将扩展外部数据存储器的三总线设定在高位口时,复用方式下,P4.5、P4.6、P4.7 作控制总线 ALE、$\overline{\text{RD}}$和$\overline{\text{WR}}$;P7 端口作为数据总线和低 8 位地址总线的复用总线,P6 端口作为高 8 位地址总线。非复用方式下,P4.6、P4.7 作控制总线$\overline{\text{RD}}$和$\overline{\text{WR}}$;P7 端口作为数据总线;P6 端口作为低 8 位地址总线,P5 端口作为高 8 位地址总线。

② 当交叉开关配置寄存器 XBR0、XBR1 和 XBR2 中,外设的对应使能位被设置为逻辑 1 时,交叉开关将端口引脚分配给数字外设。如果一个数字外设的使能位未被设置为逻辑 1,则其端口将不能通过端口引脚访问。

③ 当选择了某数字外设时,交叉开关将为其所有相关功能分配引脚。例如,不能仅为 UART0 功能分配 TX0 引脚而不分配 RX0 引脚。

④ 交叉开关寄存器被正确配置后,通过将 XBARE(XBR2.6)设置为逻辑 1 来使能交叉开关。在 XBARE 被设置为逻辑 1 之前,P0~P3 端口的输出驱动器被禁止,

	P0								P1								P2								P3								交叉开关寄存器位
引脚 I/O	0	1	2	3	4	5	6	7	0	1	2	3	4	5	6	7	0	1	2	3	4	5	6	7	0	1	2	3	4	5	6	7	
TX0	●																																UART0EN:XBR0.2
RX0		●																															
SCK	●		●																														SPI0EN:XBR0.1
MISO		●		●																													
MOSI			●		●																												
NSS				●		●																											
SDA	●		●		●				●																								SMB0EN:XBR0.0
SCL		●		●		●				●																							
TX1	●		●		●				●		●																						UART1EN:XBR2.2
RX1		●		●		●				●	●	●																					
CEX0	●		●		●				●		●	●	●																				PCA0ME:XBR0.[5:3]
CEX1		●		●		●				●	●	●	●	●																			
CEX2			●		●				●		●	●	●	●	●																		
CEX3				●		●				●	●	●	●	●	●	●																	
CEX4					●				●		●	●	●	●	●	●	●																
ECI	●	●	●	●	●	●			●	●	●	●	●	●	●	●	●	●															ECI0E:XBR0.6
CP0	●	●	●	●	●	●			●	●	●	●	●	●	●	●	●	●	●														CP0E:XBR0.7
CP1	●	●	●	●	●	●			●	●	●	●	●	●	●	●	●	●	●	●													CP1E:XBR1.0
T0	●	●	●	●	●	●			●	●	●	●	●	●	●	●	●	●	●	●	●												T0E:XBR1.1
/INT0	●	●	●	●	●	●			●	●	●	●	●	●	●	●	●	●	●	●	●	●											INT0E:XBR1.2
T1	●	●	●	●	●	●			●	●	●	●	●	●	●	●	●	●	●	●	●	●	●										T1E:XBR1.3
/INT1	●	●	●	●	●	●			●	●	●	●	●	●	●	●	●	●	●	●	●	●	●	●									INT1E:XBR1.4
T2	●	●	●	●	●	●			●	●	●	●	●	●	●	●	●	●	●	●	●	●	●	●	●								T2E:XBR1.5
T2EX	●	●	●	●	●	●			●	●	●	●	●	●	●	●	●	●	●	●	●	●	●	●	●	●							T2EXE:XBR1.6
T4	●	●	●	●	●	●			●	●	●	●	●	●	●	●	●	●	●	●	●	●	●	●	●	●	●						T4E:XBR2.3
T4EX	●	●	●	●	●	●			●	●	●	●	●	●	●	●	●	●	●	●	●	●	●	●	●	●	●	●					T4EXE:XBR2.4
/SYSCLK	●	●	●	●	●	●			●	●	●	●	●	●	●	●	●	●	●	●	●	●	●	●	●	●	●	●	●				SYSCKE:XBR1.7
CNVSTR	●	●	●	●	●	●			●	●	●	●	●	●	●	●	●	●	●	●	●	●	●	●	●	●	●	●	●	●			CNVSTE:XBR2.0
						ALE	/RD	/WR	AIN1.0/A8	AIN1.1/A9	AIN1.2/A10	AIN1.3/A11	AIN1.4/A12	AIN1.5/A13	AIN1.6/A14	AIN1.7/A15	A8m/A0	A9m/A1	A10m/A2	A11m/A3	A12m/A4	A13m/A5	A14m/A6	A15m/A7	AD0/D0	AD1/D1	AD2/D2	AD3/D3	AD4/D4	AD5/D5	AD6/D6	AD7/D7	
									AIN1 输入/非复用地址高								复用地址高/非复用地址低								复用数据/非复用数据								

注:EMIFLE(XBR2.1)=1,EMIF 被设置在低位口;P1MDIN = 0xFF

图 5.14 外部数据存储器扩展接口设置在低位口(非复用方式)的优先权交叉开关译码

以防止对交叉开关寄存器和其他寄存器写入时在端口引脚上产生争用。

⑤ 被交叉开关分配的那些端口引脚的状态仅受使用这些引脚的数字外设的控制。向端口锁存器写入数据时对这些引脚的状态没有影响。

因为交叉开关寄存器的设置影响器件外设的引脚分配,所以它们通常在外设被配置前,由系统的初始化代码配置。一旦配置完毕,将不再对其重新编程。

【例 5.2】 配置交叉开关,为 UART0、SMBus、UART1、$\overline{\text{INT0}}$和$\overline{\text{INT1}}$分配端口引脚(共 8 个引脚),且将外部存储器接口配置为复用方式并使用低位口。另外,将 P1.2、P1.3 和 P1.4 配置为模拟输入,以便用 ADC1 测量加在这些引脚上的电压。

配置步骤:

① 按 UART0EN = 1、UART1E = 1、SMB0EN = 1、INT0E = 1、INT1E = 1 和 EMIFLE =1 设置 XBR0、XBR1 和 XBR2,则有:

XBR0.2 = XBR0.0 = 1→XBR0 = 0x05

XRB1.4 = XRB1.3 = 1→XBR1 = 0x14

XRB2.4 = XRB1.1 = 1→XBR2 = 0x06

② 将外部存储器接口配置为复用方式并使用低位口，交叉开关配置跳过 P0.5、P0.6 和 P0.7，有：PRTSEL = 0，EMD2 = 0。此时，P3 口为数据和低位地址复用口，P2 为高位地址输出口。

③ 将作为模拟输入的端口 1 引脚配置为模拟输入方式：设置 P1MDIN = 11100011b = 0xE3(P1.4、P1.3 和 P1.2 为模拟输入，所以对应于 P1MDIN 中的位被设置为 0)。

④ 设置 XBARE = 1，以使能交叉开关：XBR2= 0x46。

综上，UART0 有最高优先权，所以 P0.0 被分配给 TX0，P0.1 被分配给 RX0。SMBus 的优先权次之，所以 P0.2 被分配给 SDA，P0.3 被分配给 SCL。接下来是 UART1，所以 P0.4 被分配给 TX1。由于外部存储器接口选在低端复位方式，所以交叉开关跳过 P0.5、P0.6 和 P0.7。因此，引脚 P1.0 被分配给 RX1。接下来是$\overline{\text{INT0}}$，被分配到引脚 P1.1。由于将 P1MDIN 设置为 0xE3，使 P1.2、P1.3 和 P1.4 被配置为模拟输入，导致交叉开关跳过这些引脚。因此，下面优先权高的$\overline{\text{INT1}}$被非配到引脚 P1.5。

⑤ 将 UART0 的 TX 引脚、UART1 的 TX 引脚、ALE、$\overline{\text{RD}}$、$\overline{\text{WR}}$的输出设置为推挽方式，通过设置 P0MDOUT = 0xF1 来实现。

⑥ 通过设置 P2MDOUT = 0xFF 和 P3MDOUT = 0xFF 将 EMIF 端口(P2、P3)的输出方式配置为推挽方式。

⑦ 通过设置 P1MDOUT = 0x00(配置输出为漏极开路)和 P1 = 0xFF(逻辑 1 选择高阻态)禁止 3 个模拟输入引脚的输出驱动器。

【例 5.3】 如图 5.15(a)所示，利用 C8051F020 单片机实现流水灯(只有一个灯亮，轮流依次点亮)。单片机采用外部 22.118 4 MHz 时钟。

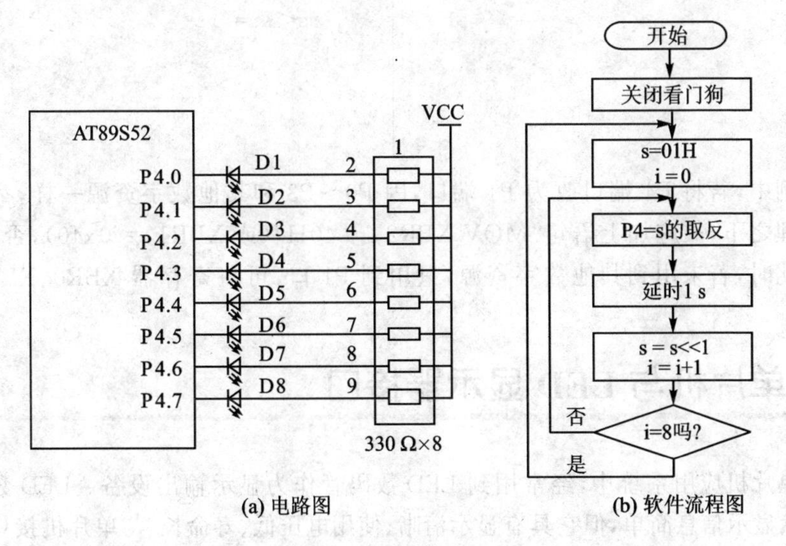

(a) 电路图　　(b) 软件流程图

图 5.15　流水灯

分析：若设置为OD门输出驱动LED，则适合灌电流点亮发光二极管。设置为推挽输出，则拉电流和灌电流驱动都适合。本例中两种输出结构都适合。

程序如下：

汇编程序

```
$ include(C8051F000.inc)

MAIN:
   ;禁止看门狗定时器
   MOV   WDTCN, #0DEH
   MOV   WDTCN, #0ADH
   LCALL OSC_INIT

   MOV   A, #0FEH
LOOP:
   MOV   P4, A
   MOV   R7, #200     ;延时 200 ms
   LCALL DELAY_MS
   RL    A
   SJMP  LOOP

   END
```

C51 语言程序

```
#include <C8051F020.h>

void WDT_disable(void);
void OSC_Init(void);
void delay_ms(unsigned int t);

int main(void)
{
   unsigned char i, s;
   //禁止看门狗定时器
   WDT_disable();
   OSC_Init();
   while (1)
   {
     s = 0x01;
     for(i = 0; i < 8; i++)
     {
       P4 = ~s;
       delay_ms(200);
       s<<= 1;
     }
   }
}
```

上例中，若将P4端口改为P1端口，因P0～P3和其他数字资源一样，都在交叉开关管理之下，故应加上语句“MOV XBR2，#40H”(或XBR1 = 0x40)，否则P1口不通。此时，若未用到其他数字资源，只用到P1口，可将寄存器XBR0、XBR1均设定为0。

5.3 单片机与LED显示器接口

在单片机应用系统中，经常用到LED数码管作为显示输出设备。LED数码管显示器虽然显示信息简单，但它具有显示清晰、使用电压低、寿命长、与单片机接口方便等特点，基本上能满足单片机应用系统的需要，所以在单片机应用系统中经常用到。驱动LED显示器是单片机数字I/O作为普通I/O引脚的最常用方法，具有广泛性。

5.3.1 LED 显示器的结构与原理

LED 数码管显示器是由发光二极管按一定的结构组合起来的显示器件。在单片机应用系统中通常使用的是八段式 LED 数码管显示器，它有共阴极和共阳极两种，如图 5.16 所示。

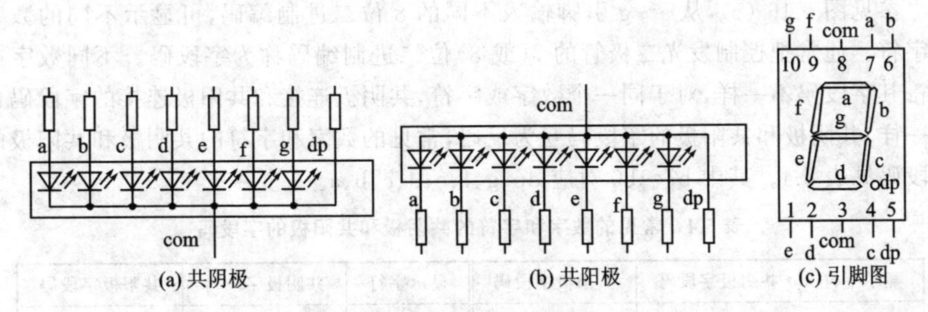

图 5.16 八段式 LED 数码管结构图

图 5.16(a)为共阴极结构，八段发光二极管的阴极端连接在一起，阳极端分开控制，使用时公共端接地，要使哪段发光二极管亮，则对应的阳极端接高电平。图 5.16(b)为共阳极结构，八段发光二极管的阳极端连接在一起，阴极端分开控制，使用时公共端接电源，要使哪段发光二极管亮，则对应的阴极端接低电平。其中七段发光二极管构成 7 笔的字形"8"，还有一个发光二极管形成小数点，图 5.16 (c)为引脚图。因此，有人将数码管按段数分为七段数码管和八段数码管，八段数码管比七段数码管多一个发光小数点。当然，除了 1 位"8"数码管外，还有 2 位和 4 位等数码管，如图 5.17 所示。

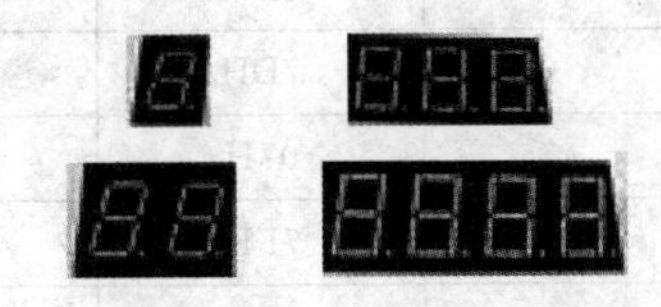

图 5.17 常见的八段式 LED 数码管

数码管中的每个 LED 的工作电压为 2～3 V，工作电流为 3～10 mA。因此，3.3 V和 5 V 电平系统，不可以直接驱动发光二极管，而是要串接限流分压电阻。限流电阻的阻值范围为 200～1 000 Ω。51 单片机的 I/O 口作为通用 I/O 口时是 OD 门结构，若采用共阴极接法，则上拉电阻就是数码管每个段选的限流电阻；若采用共阳极驱动数码管，则直接串入限流电阻，如图 5.18 所示。

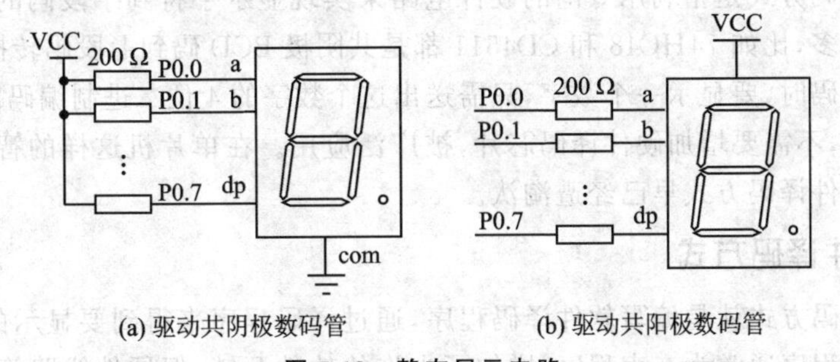

图 5.18 静态显示电路

若采用经典型51单片机或CIP-51内核单片机对应I/O设置为OD门结构,建议采用共阳极接法。因为,共阳极接法只有亮(LED导通)的段耗费电流,而共阴极接法上拉电阻始终耗费电流,尤其是不亮的段会形成大电流灌入I/O口。

5.3.2 LED显示器的译码方式

参见图5.16 (c),从a~g引脚输入不同的8位二进制编码,可显示不同的数字或字符。通常把控制发光二极管的7(或8)位二进制编码称为字段码。不同数字或字符其字段码不一样,对于同一个数字或字符,共阴极连接和共阳极连接的字段码也不一样,共阴极和共阳极的字段码互为反码,常见的数字和字符的共阴极和共阳极的七段码见表5.4。其中b7~b0对应dp、g、f、e、d、c、b、a。

表5.4 常见的数字和字符的共阴极和共阳极的字段码

显示字符	共阴极字段码	共阳极字段码	显示字符	共阴极字段码	共阳极字段码
0	3FH	C0H	A	77H	88H
1	06H	F9H	B	7CH	83H
2	5BH	A4H	C	39H	C6H
3	4FH	B0H	D	5EH	A1H
4	66H	99H	E	79H	86H
5	6DH	92H	F	71H	8EH
6	7DH	82H	P	73H	8CH
7	07H	F8H	L	38H	C7H
8	7FH	80H	"灭"	00H	FFH
9	6FH	90H			

因此必须通过译码实现BCD码到七段码的转换,且由于数与显示码没有规律,不能通过运算得到。对于LED数码管显示器,通常的译码方式有两种:硬件译码方式和软件译码方式。

1. 硬件译码方式

硬件译码方式是指利用专门的硬件电路来实现显示字符到字段码的转换,其硬件电路有很多,比如74HC48和CD4511都是共阴极BCD码到七段码转换芯片。

硬件译码时,要显示一个数字,只需送出这个数字的4位二进制编码即可。而软件开销较小,不需要增加硬件译码芯片,被广泛应用。在单片机这样的智能系统中,数码管的硬件译码方式早已经遭淘汰。

2. 软件译码方式

软件译码方式就是编写软件译码程序,通过译码程序来得到要显示的字符的字段码。译码程序通常为查表程序,增加了少许的软件开销,但硬件线路简单,在实际系统中经常使用。0～9 的共阴极和共阳极七段码译码一般放到如下的数组中，方便程序调用。

汇编译码表：

```
BCDto7SEG_C:                                          ;共阴极七段码译码
    DB3fH,06H,5bH,4fH,66H,6dH,7dH,07H,7fH,6fH         ;对应 0～9
BCDto7SEG_A:                                          ;共阳极七段码译码
    DB0C0H,0f9H,0a4H,0b0H,99H,92H,82H,0f8H,80H,90H    ;对应 0～9
```

C 语言译码表：

```
unsigned char codeBCDto7SEG_C[10] =                            //共阴极七段码译码
    {0x3f,0x06,0x5b,0x4f,0x66,0x6d,0x7d,0x07,0x7f,0x6f};    //对应 0～9
unsigned char codeBCDto7SEG_A[10] =                            //共阳极七段码译码
    {0xc0,0xf9,0xa4,0xb0,0x99,0x92,0x82,0xf8,0x80,0x90};    //对应 0～9
```

对于汇编译码表，通过 DPTR 指向对应译码表首址，将 A 中的 BCD 码，通过“MOV A, @A+DPTR”指令查表译码。数放在 R2 中，查得的显示码放于 A 中，参考汇编例程如下：

```
CONVERT:
    MOV   DPTR, #TAB              ;DPTR 指向表首地址
    MOV   A, R2                   ;转换的数放于 A
    MOVC A, @A + DPTR             ;查表指令转换
    RET
TAB:DB 0C0H,0f9H,0a4H,0b0H,99H,92H,82H,0f8H,80H,90H;显示码表，对应 0～9
```

5.3.3 LED 数码管的显示方式

n 个数码管可以构成 *n* 位 LED 显示器，共有 *n* 根位选线（即公共端）和 8*n* 根段选线。依据位选线和段选线连接方式的不同，LED 显示器有静态显示和动态显示两种方式。

1. LED 静态显示

采用静态显示时，位选线同时选通，每位的段选线分别与一个 8 位锁存器输出相连，各数码管间相互独立。各数码管显示一经输出，端口锁存器将维持各显示内容不变，直至显示下一字符为止。其共阳极电路原理如图 5.19 所示。静态显示方式有较高的亮度和简单的软件编程，缺点是占用 I/O 口线资源太多。当然，可以利用 74HC573 和 74HC595 进行多输出口扩展，但是连线过于复杂，尤其是基于 74HC573 扩展将占用单片机并行总线口，即占用大量的 I/O。

2. LED 动态显示

动态扫描显示接口是单片机中应用最为广泛的一种显示方式。其接口电路是把

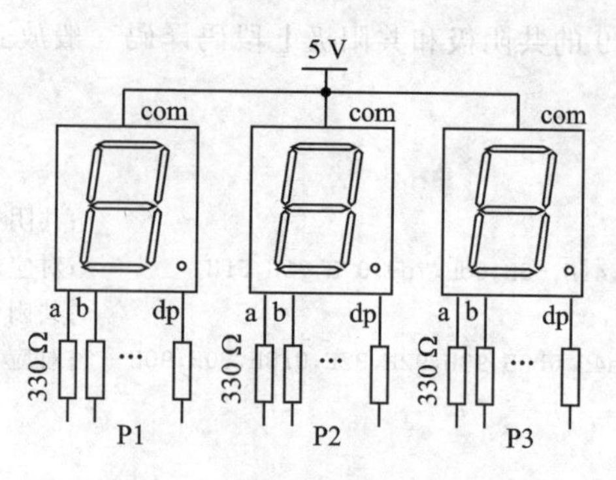

图 5.19　数码管静态显示电路

所有数码管的 8 个笔画段 a、b、…、dp 同名端连在一起构成 8 根段选线，而每一个显示器的公共极 com 则各自独立地受 I/O 线控制形成 8 根位选线。其实，所谓动态扫描就是指我们采用分时扫描的方法，单片机向段选线输出口送出字形码，此时所有显示器接收到相同的字形码，但究竟是哪个显示器亮，则取决于由 I/O 控制的 com 端，如图 5.20 所示。

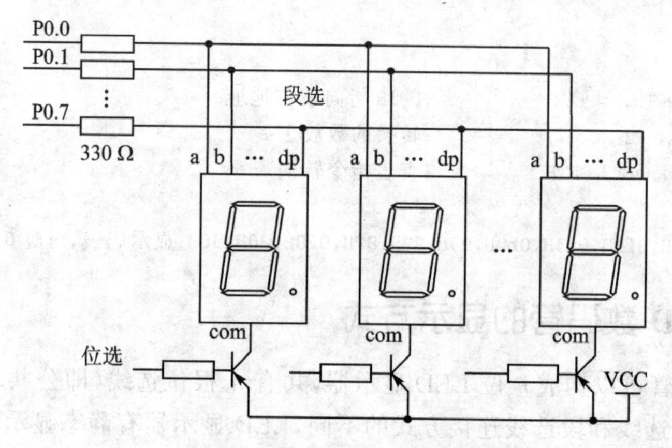

图 5.20　数码管动态显示电路

设有 n 个数码管，则动态显示过程如下：

① 单片机首先送出第一个数码管的译码，然后仅让第一个数码管位选导通，其他数码管公共端截止，这样，只有第一个数码管显示单片机送出的段码信息。

② 显示延时一会，保证亮度，然后关闭该数码管显示，即关闭位选。

③ 单片机再给出第二个数码管的译码信息，同样，仅让第二个数码管导通一会。

④ 依次类推，显示完最后一个数码管后，再重新动态扫描第一个数码管，使各个显示器轮流刷新点亮。

在轮流点亮扫描过程中，每位显示器的点亮时间是极为短暂的(≥1 ms)，但由于人的视觉暂留现象及发光二极管的余辉效应，尽管实际上各位显示器并非同时点亮，但只要扫描的速度足够快(一般为不小于 40 Hz)，给人的印象就是一组稳定的显示数据,不会有闪烁感。

动态显示方式在使用时需要注意三个方面的问题。第一,显示扫描的刷新频率。每位轮流显示一遍称为扫描(刷新)一次,只有当扫描频率足够快时,对人眼来说才不会觉得闪烁。对应的临界频率称为临界闪烁频率。临界闪烁频率跟多种因素相关,人的视觉反应是 25 ms,即一般当刷新频率大于 40 Hz 时就不会有闪烁感。第二,数码管个数与显示亮度问题。若一位数码管显示延时为 1 ms,扫描大于 25 位就大于 25 ms 了,定会闪烁;然而,为了增多数码管而减少延时,会降低数码管亮度。当然,在能保证扫描频率情况下,增大延时,会增强数码管亮度。第三,LED 显示器的驱动问题。LED 显示器驱动能力的高低是直接影响显示器亮度的又一个重要的因素。驱动能力越强,通过发光二极管的电流越大,显示亮度则越高。通常一定规格的发光二极管有相应的额定电流的要求,这就决定了段驱动器的驱动能力,而位驱动电流则应为各段驱动电流之和,因此位选要有专门的驱动电路。从理论上看,对于同样的驱动器,n 位动态显示的亮度不到静态显示亮度的 $1/n$。当然,动态显示功耗仅为静态显示功耗的 $1/n$,任意时刻只有一个数码管耗费功率。

在实际的工作中,除显示外,在扫描的时间间隔内还是要做其他的事情,然而在两次调用显示程序之间的时间间隔很难控制,如果时间间隔比较长,就会使显示不连续,而且实际工作中是很难保证所有工作都能在很短时间内完成的,也就是每个数码管显示都要占用≥1 ms 的时间,这在很多场合是不允许的,怎么办呢?我们可以借助于定时器,定时时间一到,产生中断,点亮一个数码管,然后马上返回,这个数码管就会一直亮到下一次定时时间到,而不用调用延时程序了,这段时间可以留给主程序干其他的事。到下一次定时时间到则显示下一个数码管,这样就很少浪费了。但注意数码管定时时间不能很短,否则,可能会因单片机中断的频率太高,造成其他的任务出错。或者,直接将运行时间约为 1 ms 的任务作为显示延时,以避免采用中断的顾虑。

动态显示所用的 I/O 接口信号线少(仅 $8+n$ 条),平均为 1 个数码管的功耗,但软件开销比较大,需要单片机周期性地对它刷新,因此会占用 CPU 大量的时间。

【例 5.4】 动态显示方式驱动 4 位共阳极数码管,P0 口作为段选,P2.4~P2.7 作为位选(由三极管驱动)。待显示的显存为 4 个元素的数组,比如在片内 30H~33H 地址单元,C 语言中将该数组定义为 d[4]。

根据动态显示原理,驱动程序如下:

汇编语言程序	C51 语言程序
`$ include(C8051F000.inc)`	`#include "C8051F020.h"`
`  ORG  0000H`	
`  LJMP  MAIN`	`void WDT_disable(void);`
`  ORG  0100H`	`void OSC_Init(void)`
`MAIN:`	`void delay_ms(unsigned int t);`

```
    ;禁止看门狗定时器
    MOV WDTCN, #0DEH
    MOV WDTCN, #0ADH

    LCALL OSC_INIT
    ;使能交叉开关和所有弱上拉电阻
    MOV XBR2, #40H

    MOV  DPTR, #BCDto7_TAB
LOOP:
    ⋮
    LCALL DISPLAY
    LJMP  LOOP

DISPLAY:
    MOV  R7, #4
    ;R0指针指向显示缓存首址
    MOV  R0, #30H
    ;P2.7对应第1个数码管位选
    MOV  R2, #7FH
    NEXTD:
    MOV  A, @R0
    ;译码
    MOVC A, @A + DPTR
    ;给出段选
    MOV  P0, A
    MOV  A, R2
    ;给出位选,对应数码管显示
    ANL  P2, A
    ;R0指针指向下一个显存
    INC  R0
    MOV  A, R2
    ;位选移到下一位
    RR   A
    ;保存位选信息
    MOV  R2,A
    ;延时1 ms,亮一会儿
    MOV  R7, #1
    LCALL DELAY_MS
    ;关显示
    ORL  P2, #0F0H
```

```
unsigned char d[4];//显示缓存
//-------循环扫描1遍----------
void display(void)
{
  unsigned char i;
  //软件译码表
  code unsigned char BCD_7[10] =
  {
    0xc0,0xf9,0xa4,0xb0,0x99,
    0x92,0x82,0xf8,0x80,0x90
  };
  for(i = 0; i<4; i++)
  {
    P0 = BCD_7[d[i]];
    //开显示
    P2& = ~(0x80>>i);
    //亮一会
    delay_ms(1);
    //关显示
    P2| = 0xf0;
  }
}
//----------------------------
int main(void)
{
  //禁止看门狗定时器
  WDT_disable();
  OSC_Init();
  //使能交叉开关和所有弱上拉电阻
  XBR2 = 0x40;
  while(1)
  {
    //略
    display();
  }
}
```

```
    DJNZ R7, NEXTD
    RET

BCDto7_TAB:    ；软件译码表
    DB c0H,0f9H,0a4H,0b0H,99H
    DB 92H, 82H,0f8H, 80H, 90H

    END
```

另外，市场上还有一些专用的 LED 扫描驱动显示模块，如 MAX7219、HD7279、ZLG7290 和 CH452 等，内部都带有译码单元等，功能很强大。成本允许时建议使用，可大幅简化软件设计难度，并增强软件的可读性。

总之，数码管作为最广泛使用的仪器显示器件是每一位单片机工程师必须掌握的知识之一，具体应用对象不同注定会出现各种数码管应用技术。

5.4 单片机与键盘的接口

键盘是单片机应用系统中最常用的输入设备，在单片机应用系统中，操作人员一般都是通过键盘向单片机系统输入指令、地址和数据，实现简单的人机通信。本节对按键去抖、按键确认、键盘的设计方式、键盘的工作方式等问题进行了讨论。

5.4.1 键盘的工作原理

键盘实际上是一组按键开关的集合，平时按键开关总是处于断开状态，当按下键时它才闭合。它的结构和产生的工作电压波形如图 5.21 所示。

在图 5.21 (a)中，按键开关未按下时，开关处于断开状态，由上拉电阻确定常态，I/O 输入为高电平；按键开关按下时，开关处于闭合状态，I/O 输入为低电平。也就是说，I/O 读入低电平，表示有按键动作。通常按键开关为机械式开关，由于机械触点的弹性作用，一个按键开关在闭合时不会马上稳定地接通，断开时也不会马上断开，在闭合和断开的瞬间都会伴随着一串的抖动，如图 5.21 (b)所示。相对于门槛电压，在抖动处产生一串脉冲，如图 5.21 (c)所示。抖动时间的长短由按键开关的机械特性决定，一般为 5～10 ms。这种抖动对于人来说是感觉不到的，但对于单片机微秒级的工作速度来说，是可以感应到每一个“细节”的漫长过程。

按键动作形成的电压波形过程说明如下：

① 等待阶段：此时按键尚未按下，处于常态的空闲阶段。

② 闭合抖动阶段：此时按键刚刚按下，信号处于抖动状态，也称为前沿抖动阶段。

③ 有效闭合阶段：此时抖动已经结束，一个有效的按键动作已经产生，为 200～400 ms。系统应该在此时执行按键功能，或将按键所对应的编号（简称“键号”或“键

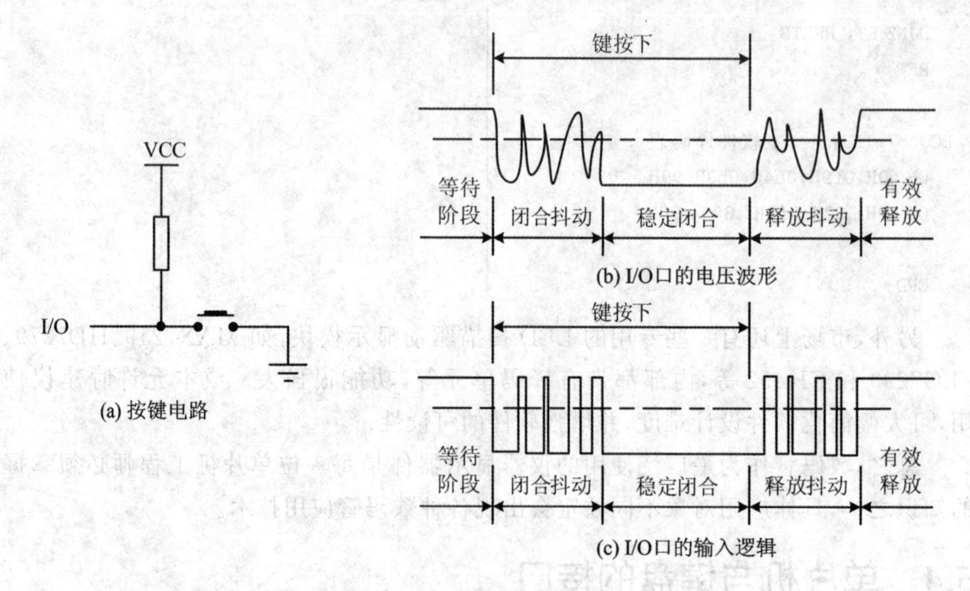

图 5.21　键盘开关及波形

值")记录下来,待按键释放时再执行。

④ 释放抖动阶段:此时按键处于抬起动作过程中,信号输出处于抖动状态,也称为后沿抖动阶段。

⑤ 有效释放阶段:如果按键采用释放后再执行功能,则可以在这个阶段进行相关处理。处理完成后转到等待阶段;如果按键采用闭合时立即执行功能,则在这个阶段可以直接切换到等待阶段。

键盘的处理主要涉及五个方面的内容。

1. 抖动的消除

按键动作时,无论是按下还是放开都会产生抖动。对于高速的单片机,5～10 ms的抖动时间太过于"漫长",极易形成一次按键请求,但多次被响应的系统级错误后果。为使 CPU 能正确地读出端口的状态,对每一次按键只作一次响应,就必须考虑如何去除抖动。同时,消除抖动的另一个作用是可以剔除信号线上的干扰,防止误动作。消除按键抖动通常有两种方法:硬件消抖和软件消抖。

软件消抖法其实很简单,就是在单片机获得端口为低的信息后,不是立即认定按键开关已被按下,而是延时 10 ms 或更长一些时间后再次检测端口,如果仍为低,说明按键开关的确按下了。这实际上是避开了按键按下时的抖动时间。而在检测到按键释放后(端口为高)再延时 10 ms 左右,消除后沿的抖动,然后再对键值处理。不过一般情况下,我们通常不对按键释放的后沿进行处理,因为,若在该阶段检测按键情况,延时去抖动时间过后已经是稳定的高电平了,自然跳过后沿抖动时间而消除后沿抖动。当然,实际应用中,对按键的要求也是千差万别的,要根据不同的需要来编制处理程序。以上是消除键抖动的原则。软件去抖无额外硬件开销，处理灵活，但会消耗较多的 CPU 时间。硬件去抖动则是采用额外的硬件电路来实现，比如利用积分电路吸收抖动带来的干扰脉冲，如图 5.22 所示。只要选择适当的器件参数，就可获得较好的去抖效果。但是，由于软件去抖动，节省硬件，本书所有的按键软件处理都采用软件去抖动方法，实际工程应用也常是如此。

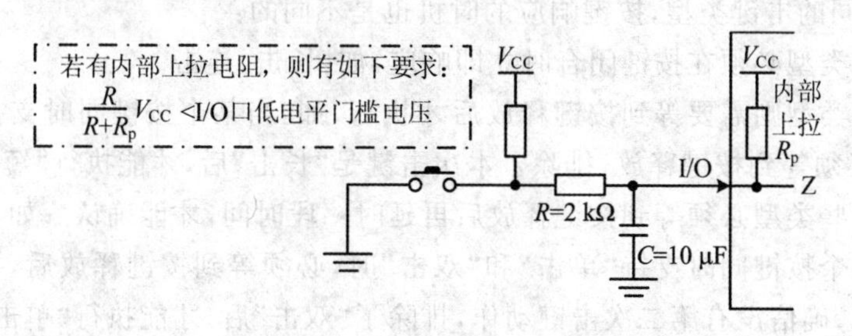

图 5.22　滤波消抖电路

2. 按键的事件类型

在单片机系统中，常见击键类型，也就是用户有效的击键确认方式。按照击键时间来划分，可以分为“短击”和“长击”；按照击键次数来划分，可以分为“单击”和“连击”；另外，还有一些组合击键方法，如“双击”或“同击”等，如表 5.5 所列。

表 5.5　常用的击键类型

击键类型	类型说明	应用领域
单键单次短击（简称“短击”或“单击”）	用户快速按下单个按键，然后立即释放	基本类型，应用非常广泛，大多数地方都有用到
单键单次长击（简称“长击”）	用户按下按键并延时一定时间再释放	(1)用于按键的复用； (2)某些隐藏功能； (3)某些重要功能（如“总清”键或“复位”键），为了防止用户误操作，也会采取长击类型
单键连续按下（简称“连击”）	用户按下按键不放，此时系统要按一定的时间间隔连续响应。其连击频率可自己设定，如 3 次/秒、4 次/秒等	用于调节参数，达到连加或连减等连续调节的效果（如 UP 键和 DOWN 键）
单键连按两次或多次（简称“双击”或“多击”）	相当于在一定的时间间隔内两次或多次单击	(1)用于按键的复用； (2)某些隐藏功能
双键或多键同时按下（简称“同击”或“复合按键”）	用户同时按下两个按键，然后再同时释放	(1)用于按键的复用； (2)某些隐藏功能

续表 5.5

击键类型	类型说明	应用领域
无键按下 (简称“无键”或“无击”)	当用户在一定时间内未按任何按键时,需要执行某些特殊功能	(1) 设置模式的“自动退出”功能; (2)自动进待机或睡眠模式

针对不同的击键类型,按键响应的时机也是不同的:

① 有些类型必须在按键闭合时立即响应,如:长击、连击。

② 有些类型则需要等到按键释放后才执行,如:当某个按键同时支持“短击”和“长击”时,必须等到按键释放,排除了本次击键是“长击”后,才能执行“短击”功能。

③ 还有些类型必须等到按键释放后再延时一段时间,才能确认。如:

- 当某个按键同时支持“单击”和“双击”时,必须等到按键释放后,再延时一段时间,确信没有第二次击键动作,排除了“双击”后,才能执行“单击”功能。
- 对于“无击”类型的功能,也是要等到键盘停止触发后一段时间才能被响应。

本教材只讲述“单击”和“无击”按键事件的按键工作原理。

3. 按键连接方式

从硬件连接方式看,键盘通常可分为独立式键盘和矩阵(行列)式键盘两类。

所谓独立式键盘是指各按键相互独立,每个按键分别与单片机或外扩 I/O 芯片的一根输入线相连。通常每根输入线上按键的工作状态不会影响其他输入线的工作状态。通过检测输入线的电平就可以很容易地判断哪个按键被按下了。独立式键盘电路配置灵活,软件简单,但在按键数较多时会占用大量的输入口线。该设计方法适用于按键较少或操作速度较高的场合。图 5.23 为查询方式工作的独立式键盘的结构形式。

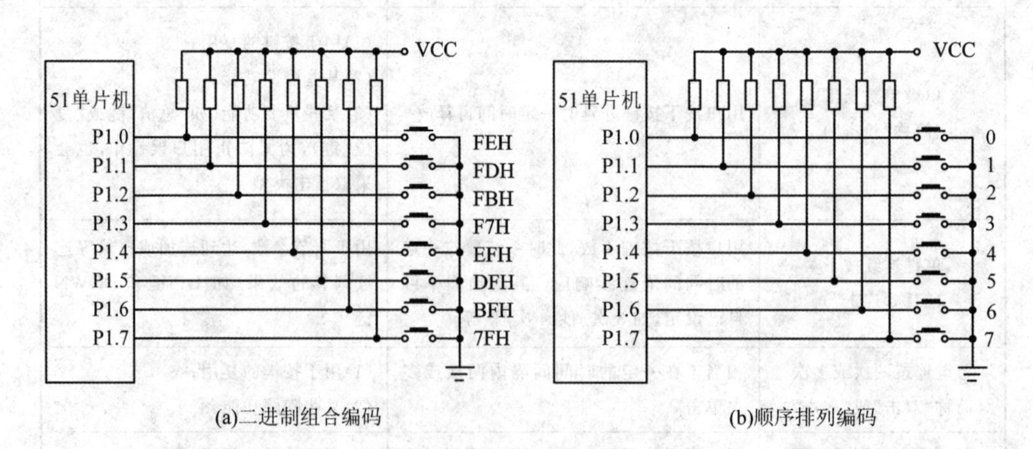

图 5.23 独立式键盘及编码

矩阵式键盘将在 5.4.2 小节学习。

4. 键位的编码

通常在一个单片机应用系统中用到的键盘都包含多个键位，这些键都通过 I/O 线来进行连接，按下一个键后，通过键盘接口电路就得到该键位的编码，一个键盘的键位怎样编码，是键盘工作过程中的一个很重要的问题。通常有两种方法编码。

① 用连接键盘的 I/O 线的二进制组合进行编码。如图 5.23(a)所示，单个按键按下时，直接采用读回的值作为按键编码称为二进制组合编码。这种编码简单，但不连续，处理起来不方便。

② 顺序排列编码。如图 5.23(b)所示，这种编码，将获得的二进制编码值进行编号，因此称为顺序排列编码。

当没有按键按下时，也要给键位分配一个编码。本书将 FFH 作为无按键按下时的编码。

5. 键盘的工作方式

单片机的键盘有三种工作方式：查询工作方式、中断工作方式和定时扫描工作方式。

(1) 查询工作方式

这种方式是直接在主程序中插入键盘检测子程序，主程序每执行一次则键盘检测子程序被执行一次，对键盘进行检测一次。如果没有键按下，则跳过键识别，直接执行主程序；如果有键按下，则通过键盘扫描子程序识别按键，得到按键的编码值，然后根据编码值进行相应的处理，处理完后再回到主程序执行。键盘扫描子程序流程图如图 5.24 所示。

查询工作方式涉及等待按键抬起问题。单片机在查询读取按键时，不断地扫描键盘，扫描到有键按下后，进行键值处理。它并不等待键盘释放再退出键盘程序，而是直接退出键盘程序，返回主程序继续工作。计算机系统执行速度快，很快又一次执行到键盘程序，并再次检测到键还处于按下的状态，单片机还会去执行键值处理程序。这样周而复始，按一次按键系统会执行相应处理程序很多次。而程序员的意图一般是只执行一次，这就是等待按键抬起问题。

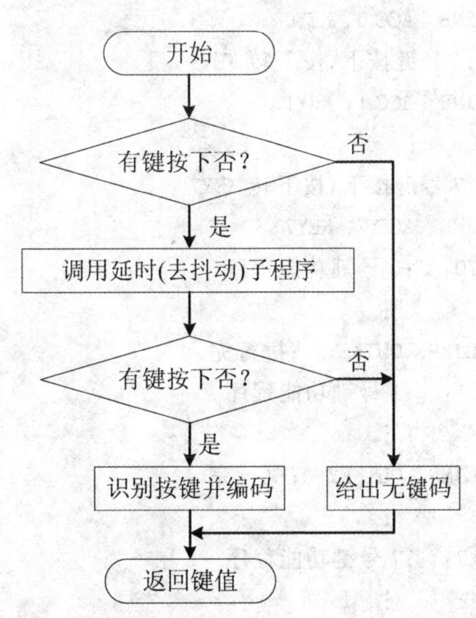

图 5.24 键盘扫描子程序流程图

对于单击和长击，等待按键抬起问题的一般解决办法是，等待直至当按键抬起后再次按下才再次执行相应的处理程序，等待时间一般在几百 ms 以上。比如，在软件编程中，当执行完相应处理程序后，可以加一个非常大的延时函数，再向下执行;或者一直读取按键,直到读取按键的返回值是无键后,再向下执行。

下面是针对图5.23(a)和图5.24查询方式的键盘程序,采用二进制按键编码。总共有8个键位,KEY0～KEY7为8个键的功能程序。

汇编语言程序

```
$ include(C8051F000.inc)
ORG  0000H
LJMP  MAIN
ORG  0100H

MAIN:
  ;禁止看门狗定时器
  MOV WDTCN, #0DEH
  MOV WDTCN, #0ADH
  LCALL OSC_INIT
  ;使能交叉开关和所有弱上拉电阻
  MOV XBR2, #40H
LOOP:
  ⋮
  LCALL  READ_KEY
  CJNE   A, #0FFH, DO_KEY
  LJMP   LOOP
DO_KEY:
  ;0号键按下,按下转KEY0
  JNB  ACC.0, KEY0
  ;1号键按下,按下转KEY1
  JNB  ACC.1, KEY1
       ⋮
  ;7号键按下,按下转KEY7
  JNB  ACC.7, KEY7
KEY0:  ;0号键功能程序
          ⋮
  LJMP  OUTKEY  ;执行完
KEY1:  ;1号键功能程序
          ⋮
  LJMP  OUTKEY  ;执行完
          ⋮
KEY7:  ;7号键功能程序
          ⋮
  ;执行完
  ;等待按键抬起
```

C51语言程序

```
#include "C8051F020.h"
void WDT_disable(void);
void OSC_Init(void)
void delay_ms(unsigned int t);

unsigned char Read_key(void)
{
  unsigned char temp;
  //置P1口为输入状态
  P1 = 0xff;
  temp = P1;
  if(temp ! = 0xff)
  {
    delay_ms(10);
    temp = P1;
    if(temp ! = 0xff)
    {
      return temp;
    }
    else return 0xff;
  }
  else return 0xff;
}
//-----------------------------------
int main(void)
{
  unsigned char key;
  //禁止看门狗定时器
  WDT_disable();
  OSC_Init();
  //使能交叉开关和所有弱上拉电阻
  XBR2 = 0x40;
  while(1)
  {
    key = Read_key();
```

```
OUTKEY:
    LCALL  READ_KEY
    CJNE   A, #0FFH, OUTKEY
    LJMP   LOOP

    ;----按键值通过 A 返回 ----
READ_KEY:
    ;置 P1 口为输入状态
    MOV   P1, #0FFH
    ;键状态输入
    MOV   A, Pl
    ;没有键按下,则返回
    CJNE   A, #0FFH, Nk
    RET
    ;延时 10 ms
Nk:MOV R7,#10
    LCALL DELAY_MS
    ;键状态输入
    MOV   A, Pl
    RET

    END
```

```
    if(key ! = 0xff)
    {
      switch(key)
      {
        case 0xfe:
          //0 号键功能程序
          break;
        case 0xfd:
          //1 号键功能程序
          break;
          ⋮
        case 0x7f:
          //7f 号键功能程序
          break;
        default:
      }
      //等待按键抬起
      while(Read_key() ! = 0xff);
    }
  }
}
```

(2) 定时扫描工作方式

定时扫描工作方式是利用单片机内部定时器产生定时中断(例如 10 ms),当定时时间到时,CPU 执行定时器中断服务程序,对键盘进行扫描。如果有键位按下则识别出该键位,并执行相应的键处理功能程序。定时扫描方式的键盘硬件电路与查询方式的电路相同。程序流程如图 5.25 所示。每隔 10 ms 该流程被执行 1 次。

定时扫描方式实际上是通过定时器中断来实现处理的,为处理方便,在单片机中设置了标志位 F1 和计数器 F2,F1 作为消除抖动标志,F2 则做该键处理标志变量 F2。由于定时开始一般不会有键按下,故 F1、F2 初始化为 0,定时中断扫描键盘无按键按下,也会将 F1 和 F2 清 0。而当键盘上有键按下时先检查消除抖动标志 F1,如果 F1=0,表示还未消除抖动,这时把 F1 置 1,直接中断返回,因为中断返回后 10 ms 才能再次中断,相当于实现了 10 ms 的延时,从而实现了消除抖动。当再次定时中断时,按键仍处于按下状态,如果 F1=1,则说明抖动已消除,再检查 F2;如果 F2=0,则扫描识别键位,识别按键的编码,并将 F2 置 1 返回,也就是说 F2=1 时要响应按键请求。当再一次定时中断时,按键仍处于按下状态,检查到 F2>0,说明当前按键已经处理了,F2 再自加 1 后直接返回,软件设计时可根据 F2 的其他值确定相应的功

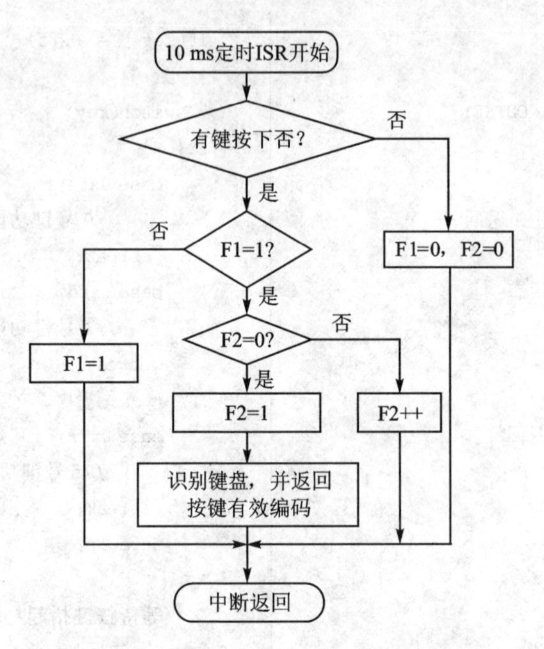

图 5.25　定时扫描方式定时器中断服务程序流程图

能。请读者学完第8章的定时器知识后再次品味这种工作方式。

(3) 中断工作方式

在计算机应用系统中,大多数情况下并没有按键输入,但无论是查询方式还是定时扫描方式,CPU都在不断地对键盘进行检测,这样会大量占用CPU执行时间。为了提高效率,可采用中断方式,中断方式通过增加一根外中断请求信号线,见图5.26

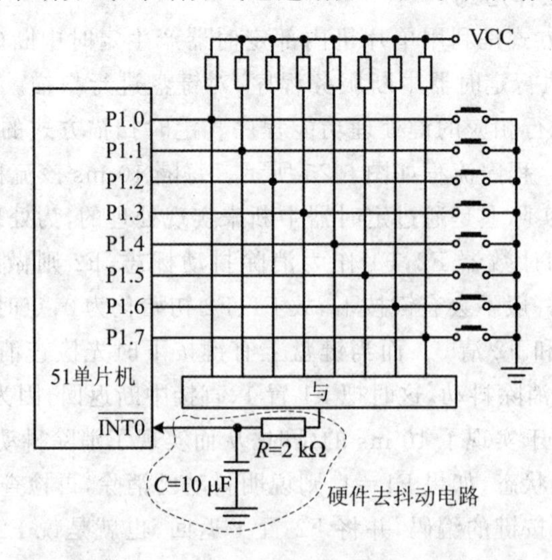

图 5.26　中断工作方式的独立式键盘的结构形式

(其中的与门可采用二极管与门)。没有按键时无中断请求,有按键时向 CPU 提出中断请求,CPU 响应后执行中断服务程序,在中断服务程序中才对键盘进行扫描。这样在没有键按下时,CPU 就不会执行扫描程序,提高了 CPU 工作的效率。中断方式处理时须编写中断服务程序,在中断服务程序中对键盘进行扫描,具体处理与查询方式相同,可参考查询程序流程。

5.4.2 矩阵式键盘与单片机的接口

矩阵式键盘又叫行列式键盘。用 I/O 接口线组成行、列结构,键位设置在行、列的交点上。例如 4×4 的行、列结构可组成 16 个键的键盘,比一个键位用一根 I/O 接口线的独立式键盘少了大量的 I/O 接口线。而且键位越多,情况越明显。因此,在按键数量较多时,往往采用矩阵式键盘,如图 5.27 所示。

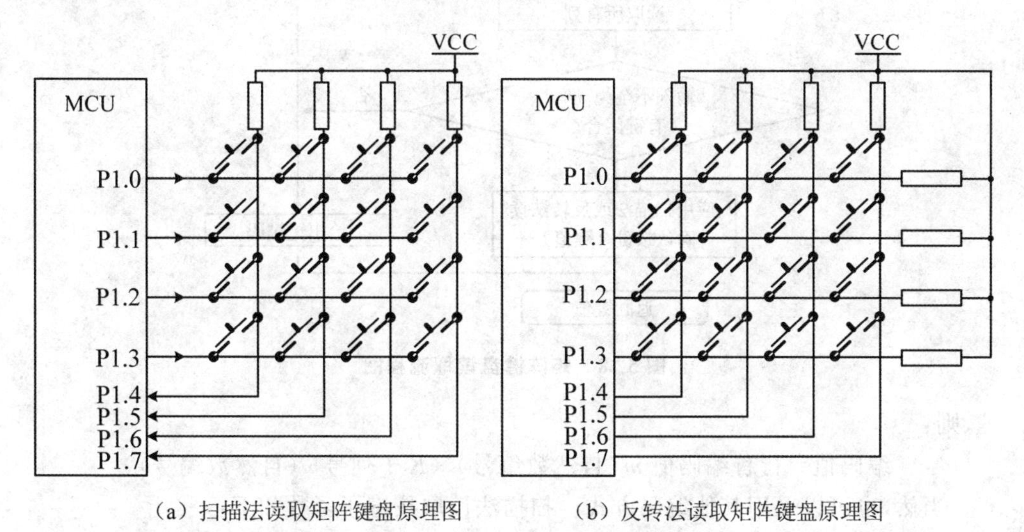

(a) 扫描法读取矩阵键盘原理图　　(b) 反转法读取矩阵键盘原理图

图 5.27　矩阵式键盘电路

矩阵键盘按键的识别通常有两种方法:扫描法和反转法。但无论是扫描法,还是反转法,读取矩阵键盘整体分为确定按键动作和确定键值两步。确定按键动作是为了判断键盘是否有键被按下,其方法为:让所有行线输出低电平,读入各列线值,若不全为高电平,则有按键被按下的动作;若有键按下,延时去抖动后,再读入各列线值,若不全为高电平,接下来进行确定键值,确定按键位置。也就是说,确定键值时才有扫描法和反转法之分,如图 5.28 所示。

对于扫描法,当延时去抖动后,确认切实有按键按下,接下来进行逐行扫描,确定按键位置。逐行扫描就是逐行置低电平,其余行置高电平,检查各列线电平的值,若某列对应的为低电平,即可确定该行该列交叉点处的按键被按下。

P1 口接 4×4 矩阵键盘,低 4 位为行,高 4 位接列线。行输出列扫描,列上拉即可。P1 口内置上拉,无需焊接上拉电阻。采用顺序排列编码时,如果一行有 K 个

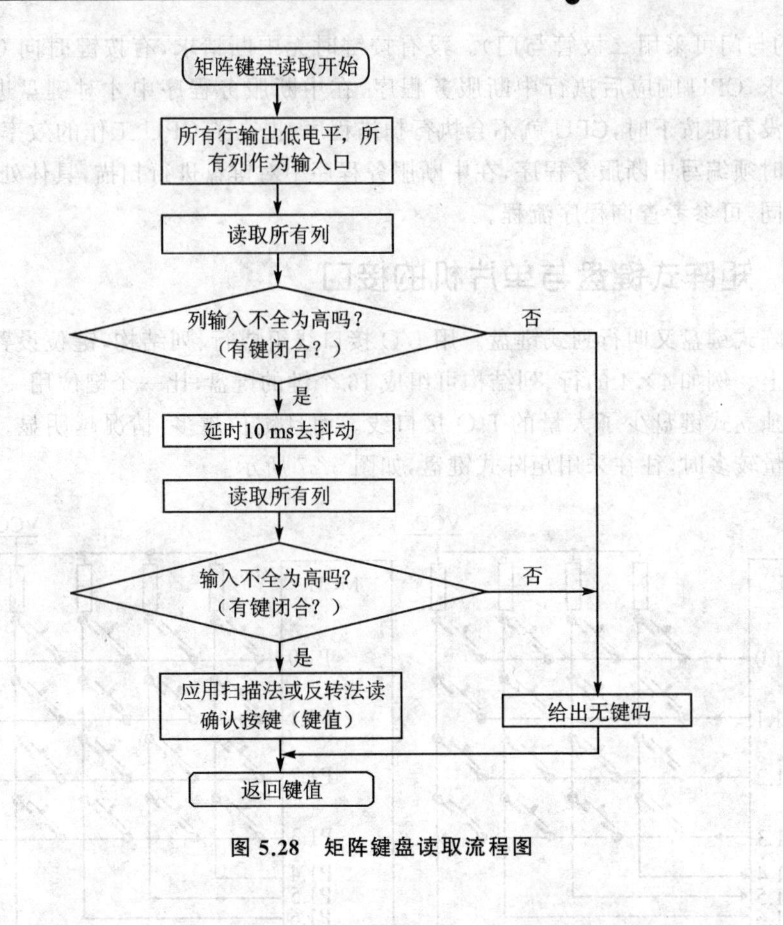

图 5.28　矩阵键盘读取流程图

键,则：

编码值＝行首编码值 m（自然数编号）×K＋列号 n（自然数编号）

当然,也可以采用其他编码方式。扫描法读取按键子函数如下：

汇编语言程序	C51 语言程序
Read_key:	unsigned char Read_key(void)
;通过 R2 返回按键值	{
;0～15,无按键返回 FFH	unsigned char i, j, k;
MOV R2, ＃0FFH	//行全输入 0,列给 1 作为输入口
;行输入全为 0,	P1 = 0xf0;
;列给 1 作输入口	//等待 I/O 口稳定
MOV P1, ＃0F0H	for(j = 0; j<2; j++);
;等待 I/O 口稳定	k = P1 & 0xf0; //读列
NOP	if(k == 0xf0)
NOP	{
MOV A, P1	//无按键返回 0xff
;读列信息	return 0xff;

```
    ANL A, #0F0H
    CJNE A, #0F0H, KEY_C
    ;无按键返回 FFH
    MOV A, #0FFH
    RET
KEY_C:
    ;设定 10 ms 延时,延时去抖动
    MOV R7, #10
    LCALL DELAY_10MS
    MOV  A, P1
    ANL  A, #0F0H
    CJNE  A, #0F0H, KEY_SCAN
    ;无按键返回 FFH
    MOV  A, #0FFH
    RET
    ;行输出列扫描确定键值
KEY_ SCAN:
    ;按键编码,确定行号
    MOV  R5, #0
    MOV  R4, #0FEH
S_C:
    ;行输出
    MOV  P1, R4
    ;等待 I/O 口稳定
    NOP
    NOP
    MOV  A, P1
    ;读行信息
    ANL  A, #0F0H
    CJNE A, #0F0H, H_ok
    INC  R5
    MOV  A, R4
    RL   A
    MOV  R4, A
    SJMP  S_C
H_ok:
    ;确定列号
    MOV  R4, #0
R_C:
    JNB  ACC.4, L_over
    INC  R4
```

```
    }

    //延时去抖动
    delay_ms(10);
    //再次读列
    k = P1 & 0xf0;
    if(k = = 0xf0)
    {
      //无按键返回 0xff
      return 0xff;
    }

    //行输出列扫描确定键值
    for(i = 0; i<4; i ++ )
    {
      P1 = ~(1<<i);
      //等待 I/O 口稳定
      for(j = 0; j<2; j ++ );
      k = P1 & 0xf0;
      if(k ! = 0xf0)
      {
        for(j = 0; j<4; j ++ )
        {
          if(! (k&(0x10<<j)))
          {
            return i * 4 + j;
          }
        }
      }
    }
}
```

```
  RR   A
  SJMP  R_C
L_over:
  MOV  A, #4
  MOV  B, R5
  ;按键编码 = 行号 × 4 + 列号
  MUL  AB
  ADD  A, R4
  RET
```

如图5.27(b)所示为反转法识别矩阵键盘的原理图,单片机与矩阵键盘连接的线路共分为两组,即行和列。与扫描法不同的是,不再限定行和列的输入/输出属性,且分时分别作为输入口和输出口,因此,都有作为输入口的时候,也就要求所有口线都要加上拉电阻,这些上拉电阻作为输入口时的常态上拉,可以提供高电平。

反转法识别矩阵键盘的核心原理就是行和列的输入/输出属性互换:当行全部输出0,读列,去抖动后确定确实有按键按下,并记录了不是"1"的列线号后,行列的输入/输出反转,将列全部设为输出口,并全部输出0,并把所有行设为上拉输入口,然后读取所有行的状态,并记录下电平为0的行线作为行号。最终由列号和行号即可确定按下的按键。

反转法读取按键子函数如下:

汇编语言程序

```
Read_key:
  ;通过R2返回按键值
  ;0～15,无按键返回FFH
  MOV  R2, #0FFH
  ;行输入全为0,
  ;列都给1作为输入口
  MOV  P1, #0F0H
  ;等待I/O口稳定
  NOP
  NOP
  ;读列信息
  MOV  A, P1
  ;去除无用信息
  ANL  A, #0F0H
  CJNE A, #0F0H, KEY_C
  ;无按键返回FFH
  MOV  A, #0FFH
  RET
```

C51语言程序

```
unsigned char Read_key(void)
{
  unsigned char i, m, n, k;
  //行全输出0,
  //列都给1作为输入口
  P1 = 0xf0;
  //读列信息
  n = P1 & 0xf0;
  if(n == 0xf0)
  {
    return 0xff;
  }

  delay_ms(10); //延时去抖动
  n = P1 & 0xf0;
  if(n == 0xf0)
  {
    return 0xff;
```

```
KEY_C:
  ;设定 10 ms 延时,延时去抖动
  MOV R7, #10
  LCALL DELAY_10MS
  MOV   A, P1
  ANL   A, #0F0H
  CJNE A, #0F0H, KEY_C1
  MOV   A, #0FFH
  RET
KEY_C1:
  ;保存列信息
  MOV   B, A
  ;反转:列全为 0,行作为输入口
  MOV   P1, #0FH
  ;等待 I/O 口稳定
  NOP
  NOP
  MOV   A, P1
  ;读行信息
  ANL   A, #0FH
  MOV   R5, #0
H_C:
  ;按键编码,确定行号
  JNB   ACC.0, H_over
  INC   R5
  RR    A
  SJMP H_C
H_over:
  MOV   A, B
  MOV   R4, #0
L_C:JNB   ACC.4, L_over
  INC   R4
  RR    A
  SJMP  L_C
L_over:
  MOV   A, #4
  MOV   B, R5
  ;按键编码 = 行号×4 + 列号
  MUL   AB
  ADD   A, R4
  RET
```

```
}

  //列全输出 0,
  //行给 1 作为输入口
  P1 = 0x0f;
  //等待 I/O 口稳定
  for(j = 0; j<2; j++);
  //读行信息
  m = P1 & 0x0f;
  //按键编码, 确定行号
  for(i = 0; i<4; i++)
  {
    if(! (m&(1<<i)))
    {
      k = 4 * i;
      break;
    }
  }
  //按键编码, 确定列号
  for(i = 0; i<4; i++)
  {
    if((n&(0x10 << i)) == 0)
    {
      return k + i;
    }
  }
}
```

当然,把矩阵键盘的所有列线接于与门输入,并将与门输出连至外中断,矩阵键盘也可基于外中断响应,以降低软件查询的时间消耗。注意,常态时行线必须都输出低电平以等待中断。

习题与思考题

5.1 试比较经典型51单片机P0、P1、P2和P3口结构的异同。

5.2 为什么51单片机的I/O口作为输入口使用时要事先写入1?

5.3 试分析51端口的两种读操作(读端口引脚和读锁存器),"读—修改—写"操作是按哪一种操作进行的?结构上的这种安排有何功用?

5.4 OD门结构I/O口的拉电流和灌电流驱动电路有哪些异同?

5.5 与经典型51单片机相比,C8051F020单片机的I/O端口有什么特点?

5.6 试说明上拉电阻的作用有哪些。

5.7 C8051F020的低端口有几个特殊功能寄存器?作用是什么?高端口有几个特殊功能寄存器?作用是什么?

5.8 C8051F020的低端口交叉开关译码器的功能是什么?交叉开关配置数字外设引脚的原则是什么?

5.9 一个用C8051F020组成的系统中,使用了UART0、SPI、SMBus及PCA0外设部件,还使用了8位ADC1的四个通道作模拟输入。另外,系统内还扩展了复用方式的8 KB外部数据存储器。请问应该如何配置外设引脚和建立系统的三总线?

5.10 LED的静态显示方式与动态显示方式有何区别?各有什么优缺点?

5.11 请说明动态扫描显示数码管原理。

5.12 为什么要消除按键的机械抖动?软件消除按键机械抖动的原理是什么?

5.13 矩阵式键盘识别方法有几种?试说明各自的识别原理及识别过程。

第6章 系统总线与系统扩展技术

系统总线是指CPU通过存储器命令自动寻址的总线系统，用来在系统内连接各组成部件，如CPU、Memory和I/O设备等，因此它是计算机系统级扩展应用的基础。51单片机的重要特点就是系统结构紧凑，硬件设计灵活，系统总线外露，方便系统级扩展。在很多复杂的应用情况下，单片机内的RAM、ROM和I/O接口数量有限，不够使用，尤其是数据存储器或程序存储器不够用时，一般只能通过系统总线进行扩展，以满足应用系统的需要。

6.1 系统总线和系统总线时序

系统总线有Inter 8080和Motorola 6800两种总线时序，每种总线时序都是通过三总线(线地址总线、数据总线和控制总线)来与外部交换信息的。51单片机源于Intel设计，其系统总线采用Inter 8080时序。

能与单片机系统总线接口的芯片也具备三总线引脚。其中，数据总线是双向端口，地址总线和控制总线是单向的。单片机和这些芯片连接的方法是对应的线相连。单片机通过系统总线扩展存储器连接框图如图6.1所示。

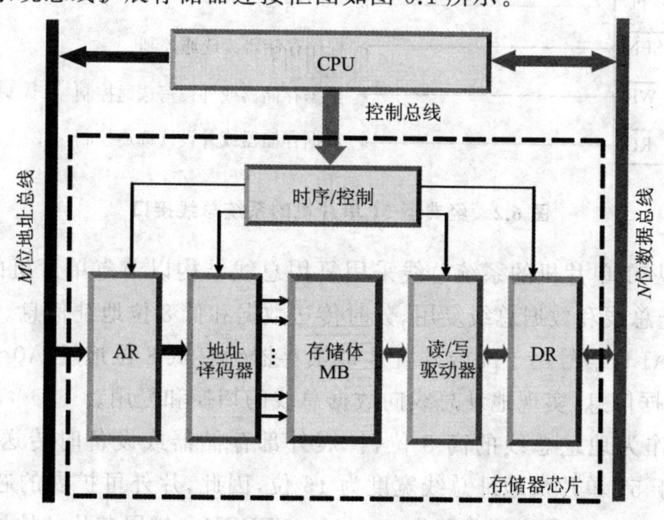

图6.1 单片机通过系统总线扩展存储器连接框图

存储器芯片的存储体是存储芯片的主体,由基本存储元按照一定的排列规律构成。其地址译码器接收来自 CPU 的 M 位地址,经译码后产生 2^M个地址选择信号,实现对片内存储单元的选址。存储器地址寄存器(AR)用来缓存输入地址。存储器数据寄存器(DR)用来缓存来自计算机的写入数据或从存储体内读出的数据。时序控制逻辑电路将来自计算机的控制总线的读/写等控制信号分配给存储器芯片的相应部分,控制数据的读出和写入。

数据总线传送指令码和数据信息,各外设芯片都要并接在它上面,才能和 CPU 进行信息交流。数据总线是信息的公共通道,各外围芯片必须分时使用才能避免使用总线的冲突。各基于系统总线扩展的外围芯片,在其片选引脚未使能时,其数据总线为高阻状态,计算机正是分时给出片选使能信号而仅使对应外围芯片的数据总线接入总线(脱离高阻状态)的。使用存储器或芯片的哪个单元,是靠地址总线区分的。什么时候指定地址的那个芯片,是受控制总线信号控制的,而这些信号是通过执行相应的指令产生的,这就是计算机系统总线的工作机理。因此,单片机的系统扩展就归结为数据存储器、程序存储器和外设与三总线的连接。

6.1.1 51 单片机系统总线结构——复用总线

经典型 51 单片机的系统总线接口如图 6.2 所示。

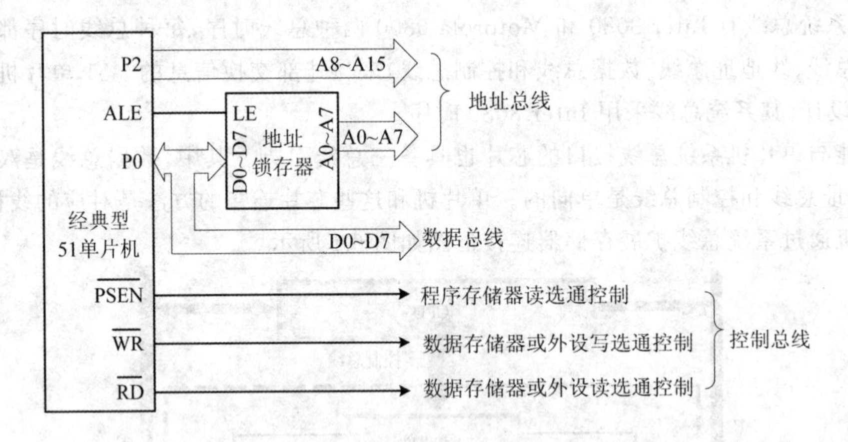

图 6.2 经典型 51 单片机的系统总线接口

① 经典型 51 单片机的系统总线采用复用总线结构以节省单片机的 I/O 口线,P0 口作为地址总线和数据总线复用,分时传送数据和低 8 位地址信息。在接口电路中,单片机的 ALE 信号用于配合外置地址锁存器锁存低 8 位地址 A0～A7,以分离地址信息和数据信息,实现地址总线向数据总线的切换和复用。

② P2 口作为地址总线的高 8 位,扩展外部存储器或设备时传送高 8 位地址 A8～A15。由于 51 单片机地址总线宽度为 16 位,因此,片外可扩展的芯片最大寻址范围为 2^{16} B=64 KB,即地址范围为 0000H～FFFFH。扩展芯片的地址线与单片机

的地址总线(A0～A15)按由低位到高位的顺序顺次连接。

③ $\overline{\text{PSEN}}$作为程序存储器的读选通控制信号线,$\overline{\text{RD}}$(P3.7)、$\overline{\text{WR}}$(P3.6)为数据存储器或外设的读/写控制信号线,这是区分访问对象的唯一依据。它们是在执行不同指令时,由硬件自动产生的不同的控制信号。因此,单片机的$\overline{\text{PSEN}}$连接程序存储器的输出允许端$\overline{\text{OE}}$;单片机的$\overline{\text{RD}}$应连接数据存储器或外设的$\overline{\text{OE}}$(输出允许)或$\overline{\text{RD}}$端,单片机的$\overline{\text{WR}}$应连接数据存储器或外设的$\overline{\text{WR}}$或$\overline{\text{WE}}$端。由于很少扩展程序存储器,因此单片机的$\overline{\text{PSEN}}$很少用。

常用的 8 位地址锁存器有 74HC373 和 74HC573,引脚及内部结构如图 6.3 所示。74HC373 和 74HC573 都是带三态控制的 D 型锁存器,在很多经典书籍和应用中一般都采用 74HC373,不过鉴于 74HC373 引脚排列不规范,不利于 PCB 板的设计,建议锁存器采用 74HC573。地址锁存器使用时,74HC373 或 74HC573 的 LE 端接至单片机的 ALE 引脚,$\overline{\text{OE}}$输出使能端接地。当 ALE 为高电平时,锁存器输入端数据直通到输出端,当 ALE 负跳变时,低 8 位地址被锁存到锁存器中。

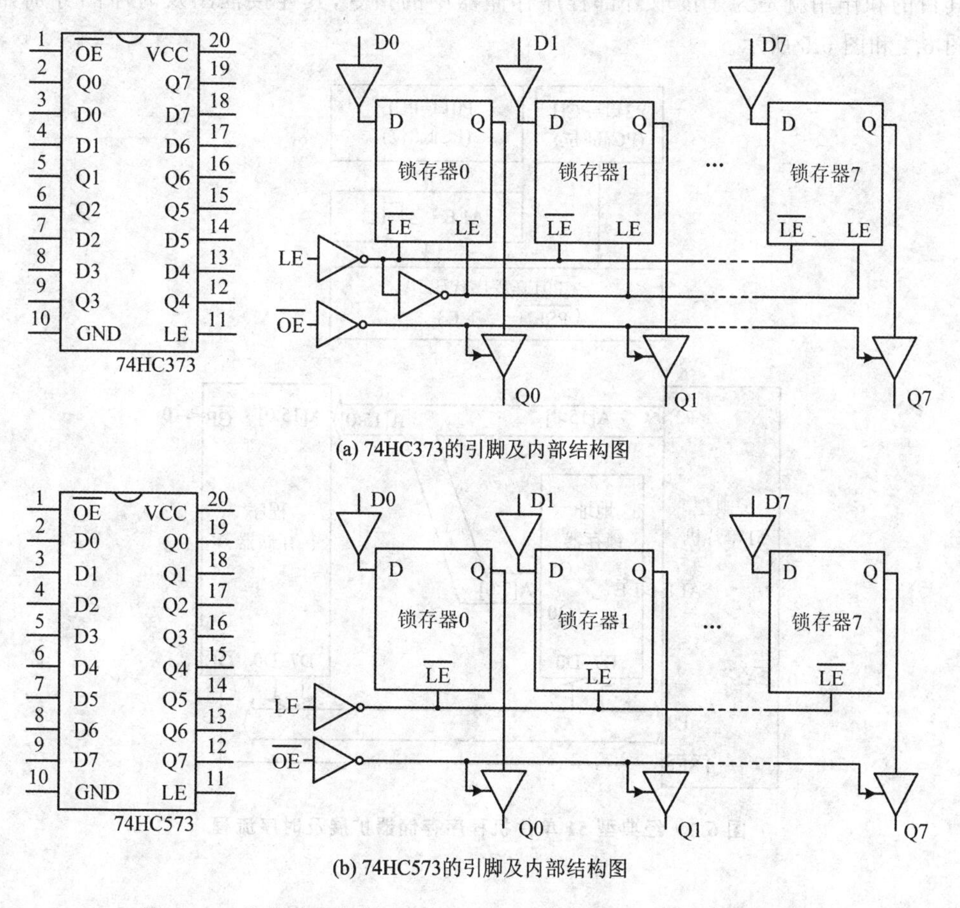

图 6.3 8 位地址锁存器 74HC373 和 74HC573 的引脚及内部结构图

单片机执行 MOVX 指令,以及系统自片外扩展的程序存储器中读取指令或执行 MOVC 指令时,会自动产生总线时序,完成信息的读取或存储。

6.1.2 51 单片机系统总线时序

当$\overline{EA}$引脚接至高电平,且 PC 小于片内存储器最大地址时,访问片内程序存储器,否则访问片外程序存储器。访问片内程序存储器时不会产生读取外部程序存储器时序,也就是说,当$\overline{EA}$引脚接至高电平访问片内程序存储器时,不会产生外部三总线时序访问程序存储器;且若还不使用 MOVX 指令,单片机所有的三总线引脚都作为普通 I/O 使用。下面分析当$\overline{EA}$引脚接至低电平和执行 MOVX 指令等情况的三总线工作情况。

1. $\overline{EA}$引脚接至低电平,访问片外程序存储器,且不执行 MOVX 指令

当访问片外程序存储器,且不执行 MOVX 指令(无片外数据存储器或设备)时,其目的和作用就是为了读取外部程序存储器中的指令,其连接框图及时序图分别如图 6.4 和图 6.5 所示。

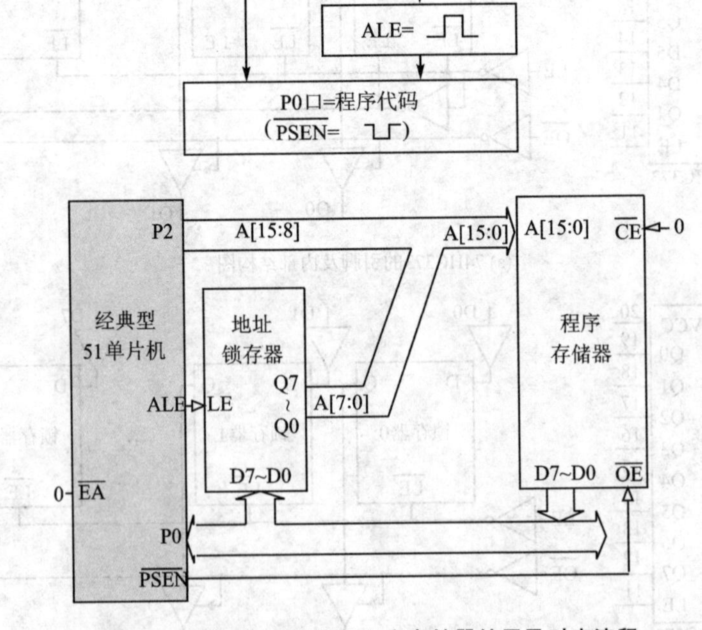

图 6.4 经典型 51 单片机程序存储器扩展及时序流程

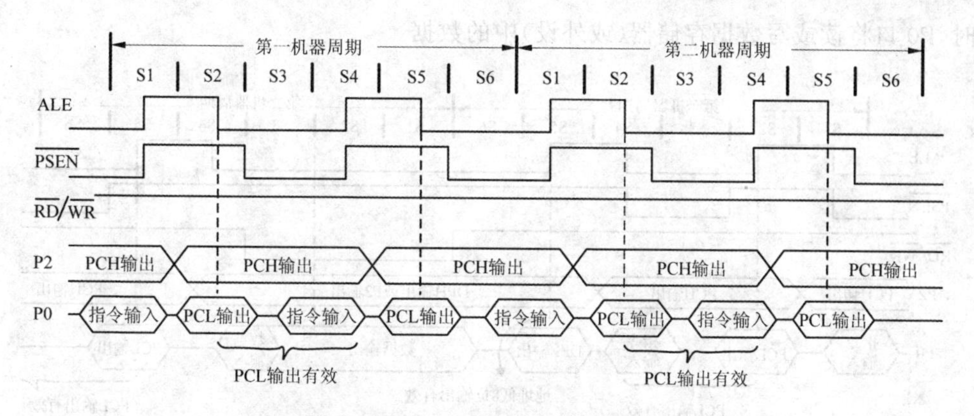

图 6.5 不执行 MOVX 指令时操作时序图

2. $\overline{EA}$引脚接至低电平,执行 MOVX 指令

当通过“MOVX A, @DPTR”和“MOVX @DPTR, A”指令访问外部数据存储器或设备时,其连接框图及时序图分别如图 6.6 和图 6.7 所示。当RD或WR有效

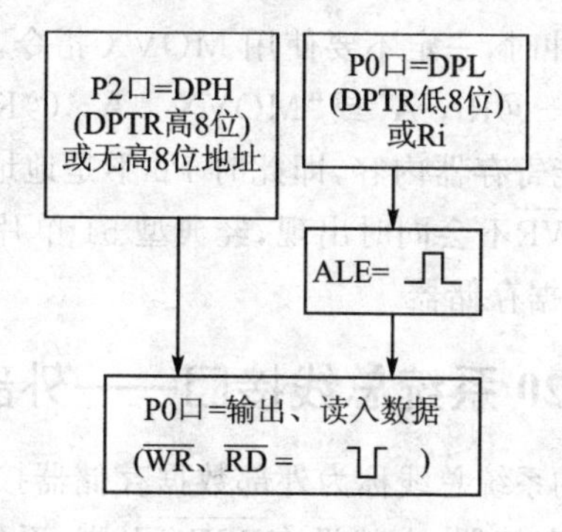

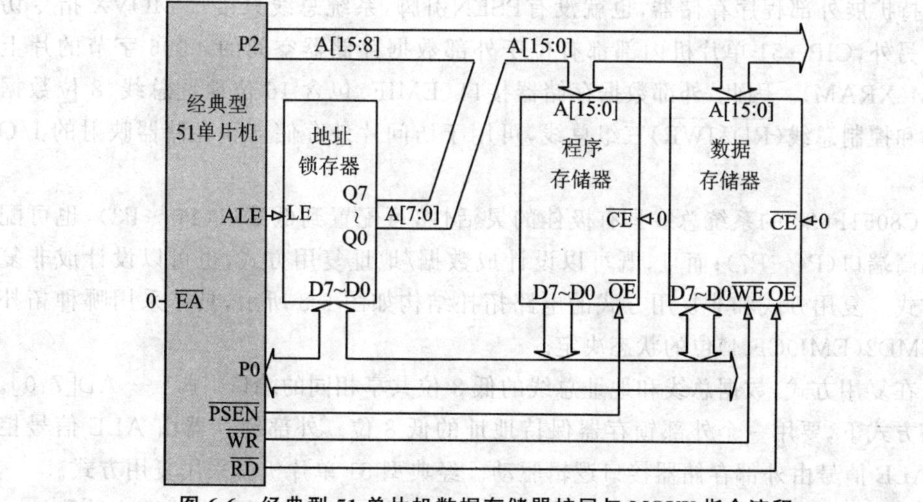

图 6.6 经典型 51 单片机数据存储器扩展与 MOVX 指令流程

时,P0口将读或写数据存储器(或外设)中的数据。

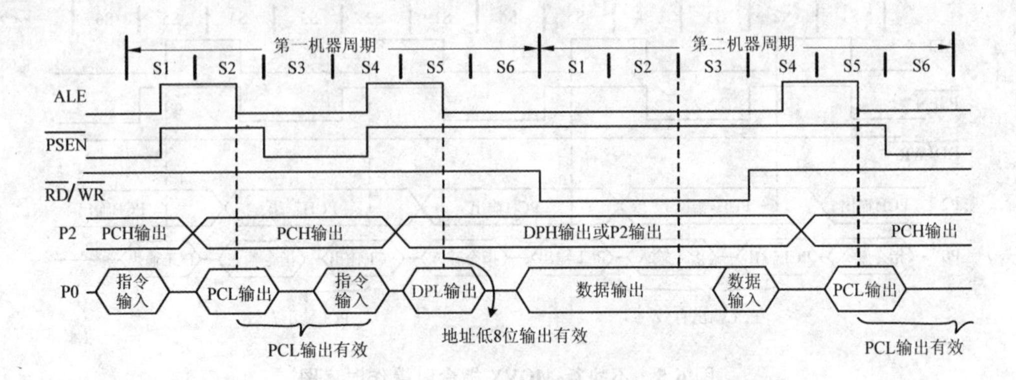

图 6.7　执行 MOVX 指令时操作时序图

综上可以看出:

① 执行MOVX指令时,ALE被RD或WR屏蔽,一次MOVX会少一个脉冲。如果想用ALE作为定时脉冲($f_{osc}/6$),应注意执行MOVX指令对脉冲的影响,也就是说,ALE作为定时脉冲时,一定不要使用MOVX指令。

② 执行“MOVX　@Ri, A”或“MOVX　A, @Ri”指令时,P2口不输出DPH而是输出P2特殊功能寄存器内容,即此时P2不是地址总线,可作为普通I/O使用。

③ PSEN和RD/WR不会同时出现,经典型51单片机可以同时扩展64 KB程序存储器和64 KB的数据存储器。

6.1.3　C8051F020系统总线接口——外部数据存储器接口

CIP-51单片机的系统总线称为外部数据存储器接口(EMIF),这是因为CIP-51不支持扩展外部程序存储器,也就没有PSEN引脚,系统总线只接收MOVX指令访问。另外,CIP-51单片机内部都有位于外部数据存储器空间的4 096字节的片上RAM(XRAM)。因此,外部数据存储器接口(EMIF)包含16位地址总线、8位数据总线和控制总线(RD和WR)三组总线,可用于访问片外存储器和存储器映射的I/O器件。

C8051F020的系统总线具有极佳的灵活性,可配置到低端口(P0~P3),也可配置到高端口(P4~P7);而且,既可以设计成数据/地址复用方式,也可以设计成非复用方式。复用方式和非复用方式的电路拓扑结构如图6.8所示,具体采用哪种拓扑由EMD2(EMI0CF.4)位的状态决定。

在复用方式,数据总线和地址总线的低8位共享相同的端口引脚——AD[7:0]。在该方式下,要用一个外部锁存器保持地址的低8位。外部锁存器由ALE信号控制,ALE信号由外部存储器接口逻辑驱动。经典型51单片机就采用复用方式。

在复用方式,可以根据ALE信号的状态将外部MOVX操作分成两个阶段。

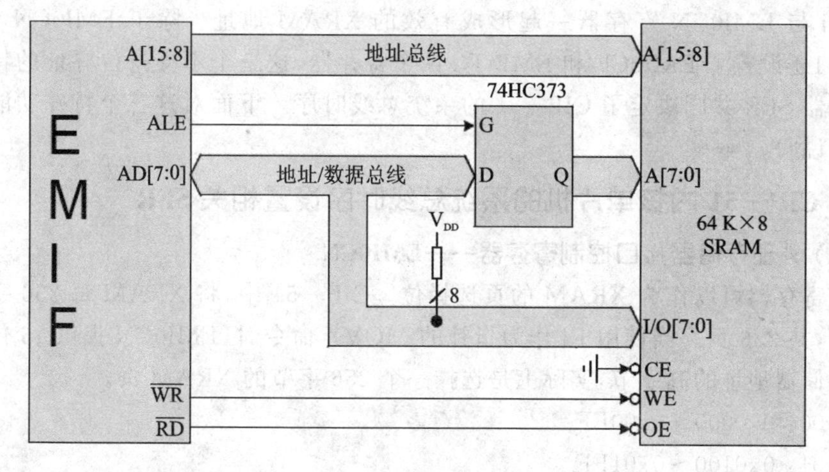

(a) 复用方式

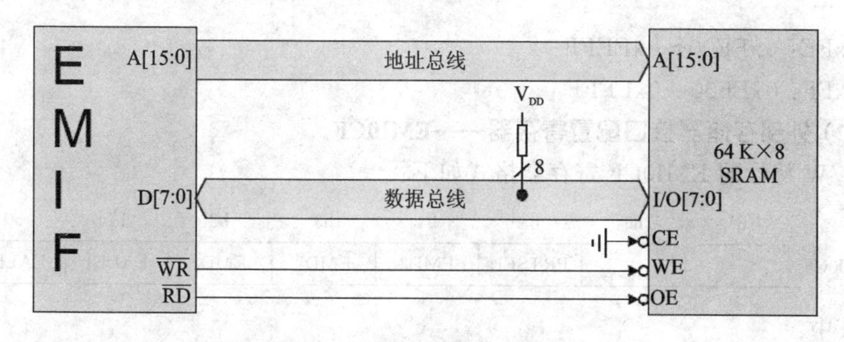

(b) 非复用方式

图 6.8　系统总线的复用方式和非复用方式配置示例

在第一个阶段，ALE 为高电平，地址总线的低 8 位出现在 AD[7:0]。在该阶段，地址锁存器的输出与 DB 输入的状态相同。

ALE 由高变低时标志着第二阶段开始，地址锁存器的输出保持不变，即与锁存器的输入无关。在第二阶段稍后，当 $\overline{RD}$ 或 $\overline{WR}$ 有效时，数据总线控制 AD[7:0]端口的状态。

一般情况下，若要节省端口 I/O，则采用数据/地址复用方式，可节省 8 根端口线，但是速度较慢；若要提高速度，则可采用非复用方式，也无需外部辅助的地址锁存器。

6.1.4　C8051F020 系统总线时序

MOVX 指令是访问系统总线的唯一方法，通过 DPTR、R0 或 R1 指明地址，A 对应数据总线上的数据。与经典型 51 单片机相比，CIP－51 在性能上做了兼容性提升，就是当 R0 或 R1 作为指针时多出一种工作方式。CIP－51 专门设置了一个 SFR——EMI0CN，在这种新的工作方式下，EMI0CN 提供 16 位总线的高 8 位地址，使用 Ri 与 EMI0CN 寄存器一起形成有效的 XRAM 地址。除了 EMI0CN 以外,CIP-51还设置了 EMI0CF 和 EMI0TC 两个寄存器,这三个不支持位寻址的特殊功能寄存器 SFR 共同决定了 CIP-51 的系统总线时序。下面对这三个特殊功能寄存器加以说明。

1. CIP-51 内核单片机的系统总线时序设置相关 SFR

(1) 外部存储器接口控制寄存器——EMI0CN

该寄存器可以作为 XRAM 的页选择位。CIP-51 中,将 XRAM 每 256 字节分成 1 页,共 256 页。当使用 Ri 作为指针的 MOVX 命令时,EMI0CN 提供 16 位外部数据存储器地址的高字节,实际上是选择一个 256 字节的 XRAM 页。

0x00:0x0000~0x00FF

0x01:0x0100~0x01FF

……

0xFE:0xFE00~0xFEFF

0xFF:0xFF00~0xFFFF

(2) 外部存储器接口配置寄存器——EMI0CF

R/W 特性的 EMI0CF 寄存器格式如下:

	b7	b6	b5	b4	b3	b2	b1	b0
EMI0CF	—	—	PRTSEL	EMD2	EMD1	EMD0	EALE1	EALE0

其中:

b7、b6:未用。读都为 0,写被忽略。

PRTSEL:系统总线 EMIF 的端口位置选择位。设置为 0,EMIF 在低位口;设置为 1,EMIF 在高位口。

EMD2:系统总线 EMIF 的复用方式选择位。设置为 0,EMIF 工作在复用方式;设置为 1,EMIF 工作在非复用方式。

EMD[1:0]:系统总线 EMIF 的 4 种工作模式选择位。设置的含义如表 6.1 所列。

表 6.1　EMIF 的工作模式设置

EMD[1:0]	CIP-51 系统总线的工作模式及说明
00	只用内部存储器。MOVX 只寻址片内 XRAM。所有有效地址都指向片内 XRAM 存储器空间。存储器寻址的有效地址仅为低 12 位,例如,地址 1000H 和 2000H 都指向片内 XRAM 空间的 0000H 地址
01	不带页选择的分片方式。寻址低于 4K 边界的地址时访问片内 XRAM 存储器,寻址高于 4K 边界的地址时访问片外存储器。8 位片外 MOVX 操作使用地址高端口锁存器的当前内容作为地址的高字节。EMI0CN 的内容没有实际意义

续表 6.1

EMD[1:0]	CIP－51 系统总线的工作模式及说明
10	带页选择的分片方式。寻址低于 4K 边界的地址时访问片内 XRAM 存储器，寻址高于 4K 边界的地址时访问片外存储器。8 位片外 MOVX 操作使用 EMI0CN 的内容作为地址的高字节 A[15:8]。但是，为了能访问片外存储器空间，EMI0CN 必须被设置成一个不属于片内地址空间的页地址
11	只用外部存储器，MOVX 只寻址片外 XRAM，片内 XRAM 对 CPU 为不可见。另外，该模式忽略 EMI0CN 的内容，高地址位 A[15:8]不被驱动

EALE[1:0]：ALE 脉冲宽度选择位。这两个位只在复用模式（EMD2 ＝ 0）时有效，用于设置 ALE 高脉冲的宽度，以满足扩展器件的时序要求。EALE 设置为 00～11，则 ALE 脉冲宽度为 EALE＋1 个 SYSCLK 周期。

(3) 外部存储器时序控制寄存器——EMI0TC

R/W 特性的 EMI0TC 寄存器在复位状态时处于 FFH 状态，其格式如下：

	b7	b6	b5	b4	b3	b2	b1	b0
EMI0TC	EAS1	EAS0	EWR3	EWR2	EWR1	EWR0	EAH1	EAH0

其中：

EWR[3:0]：$\overline{RD}$和$\overline{WR}$脉冲宽度控制位。当 EWR 设置为 0000～1111 时$\overline{RD}$和$\overline{WR}$的低脉冲宽度等于 EWR＋1 个 SYSCLK 周期。

EAS[1:0]：系统总线 EMIF 的地址建立时间设置位。通过设置 EAS，将地址建立时间设置为 EAS 位段数量个 SYSCLK 周期。

EAH[1:0]：系统总线 EMIF 的地址保持时间设置位。通过设置 EAH，将地址建立时间设置为 EAH 位段数量个 SYSCLK 周期。

综合这三个 SFR，说明 CIP－51 的系统总线的时序参数是可编程的，这就允许连接具有不同建立时间和保持时间要求的器件。地址建立时间、地址保持时间、$\overline{RD}$和$\overline{WR}$选通脉冲宽度以及复用方式下的 ALE 脉冲宽度都可以编程。片外 MOVX 指令的时序可以通过将这三个 SFR 中定义的时序参数加上 4 个 SYSCLK 周期来计算。

在非复用方式，一次片外 XRAM 操作的最小执行时间为 5 个 SYSCLK 周期（即用于$\overline{RD}$或$\overline{WR}$脉冲的 1 个 SYSCLK 和 4 个 SYSCLK）。

对于复用方式，地址锁存使能信号至少需要 2 个附加的 SYSCLK 周期。因此，在复用方式，一次片外 XRAM 操作的最小执行时间为 7 个 SYSCLK 周期（即用于 ALE 的 2 个 SYSCLK、用于$\overline{RD}$或$\overline{WR}$脉冲的 1 个 SYSCLK、4 个 SYSCLK）。在器件复位后，可编程建立和保持时间的缺省值为最大延迟设置。

2. C805F020 非复用方式下的系统总线时序

C805F020 单片机 DPTR 作为指针的非复用方式 MOVX 指令时序如图 6.9 所示。

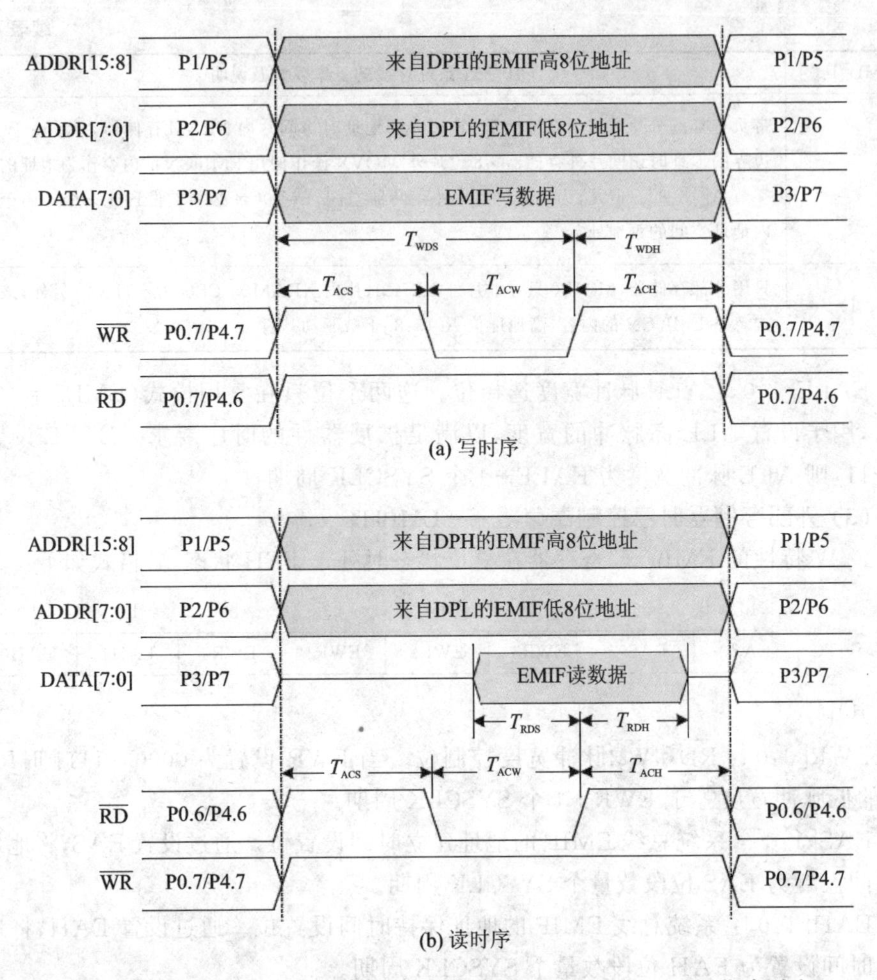

图 6.9 C8051F020 单片机 DPTR 作为指针的非复用方式 MOVX 指令时序

Ri 作为指针的无 XRAM 页选择 MOVX 指令(EMI0CF[4:2] = 101 或 111)时序如图 6.10 所示。

Ri 作为指针的带 XRAM 页选择 MOVX 指令(EMI0CF[4:2] = 110)时序如图 6.11 所示。

3. C805F020 复用方式下的系统总线时序

C805F020 单片机 DPTR 作为指针的复用方式 MOVX 指令时序如图 6.12 所示。

Ri 作为指针的无 XRAM 页选择 MOVX 指令(EMI0CF[4:2] = 001 或 011)时序如图 6.13 所示。

Ri 作为指针的带 XRAM 页选择 MOVX 指令(EMI0CF[4:2] = 010)时序如图 6.14 所示。

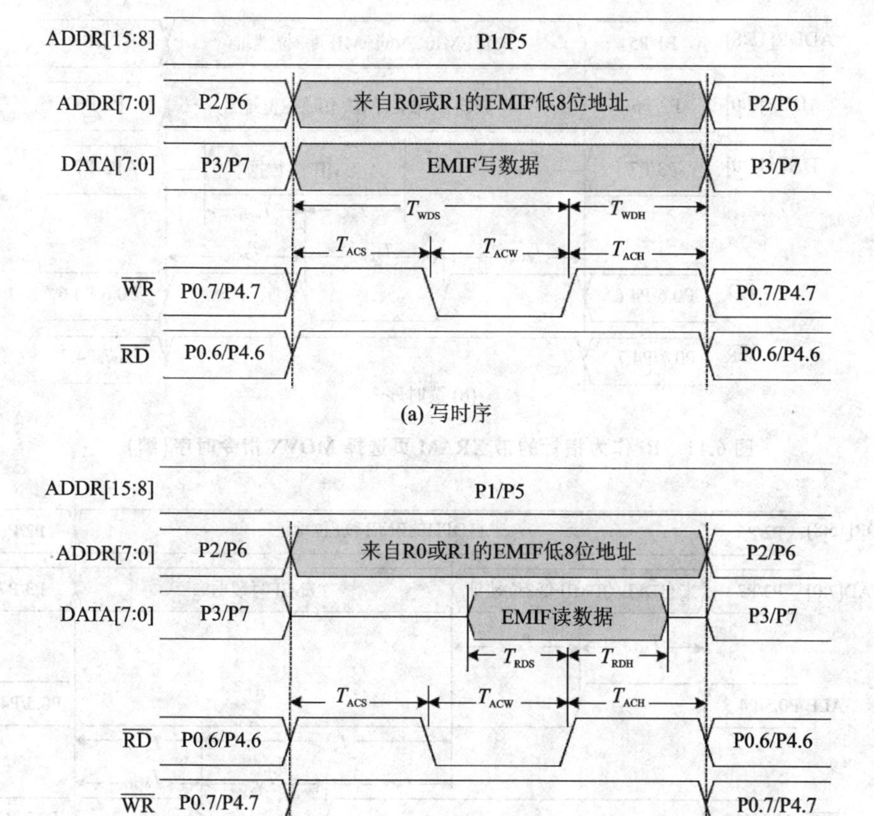

(a) 写时序

(b) 读时序

图 6.10 Ri 作为指针的无 XRAM 页选择 MOVX 指令时序

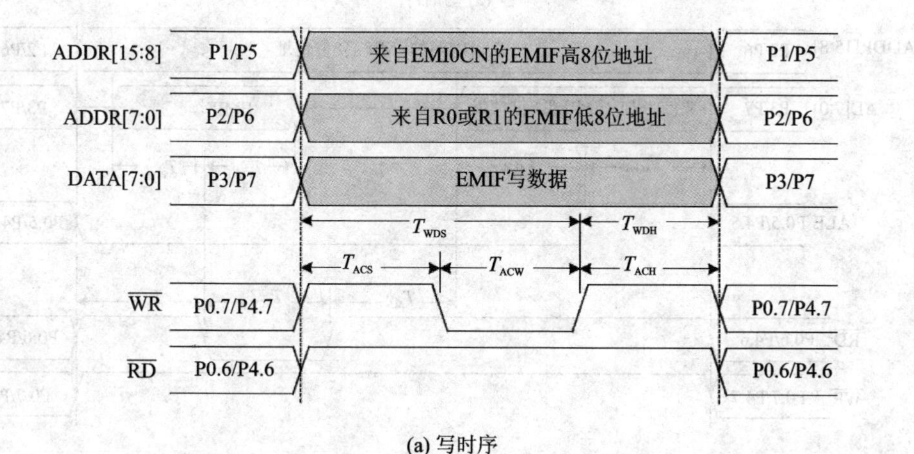

(a) 写时序

图 6.11 Ri 作为指针的带 XRAM 页选择 MOVX 指令时序

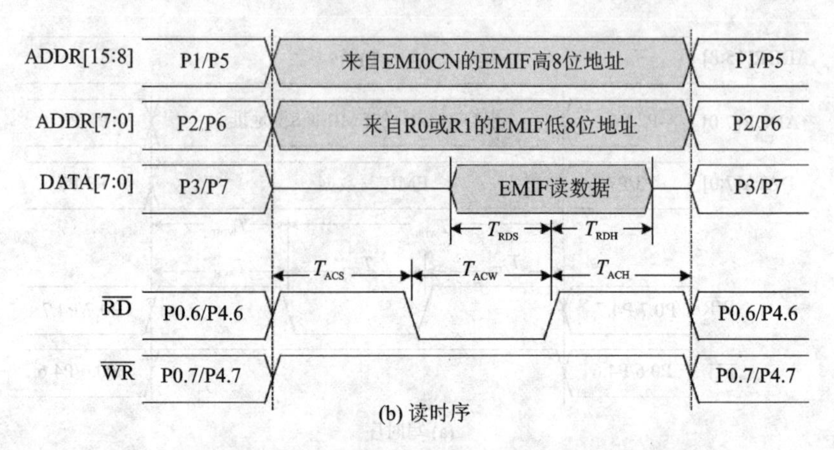

(b) 读时序

图 6.11 Ri 作为指针的带 XRAM 页选择 MOVX 指令时序(续)

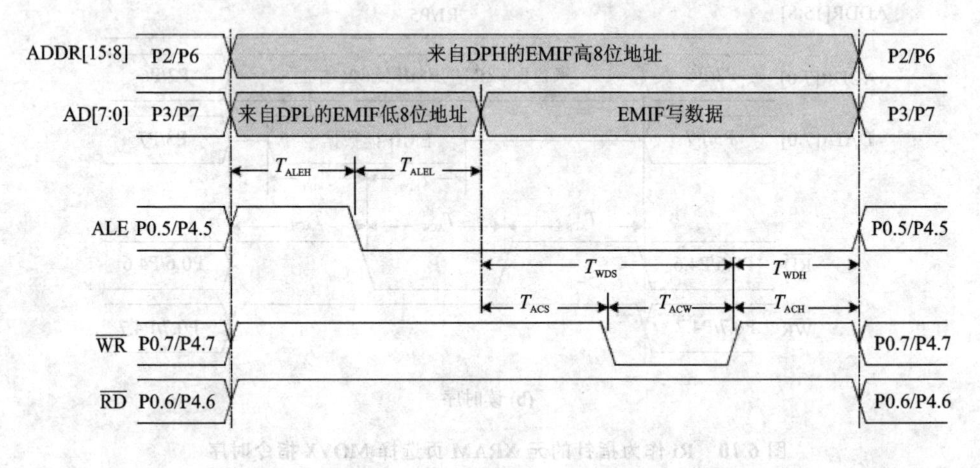

(a) 写时序

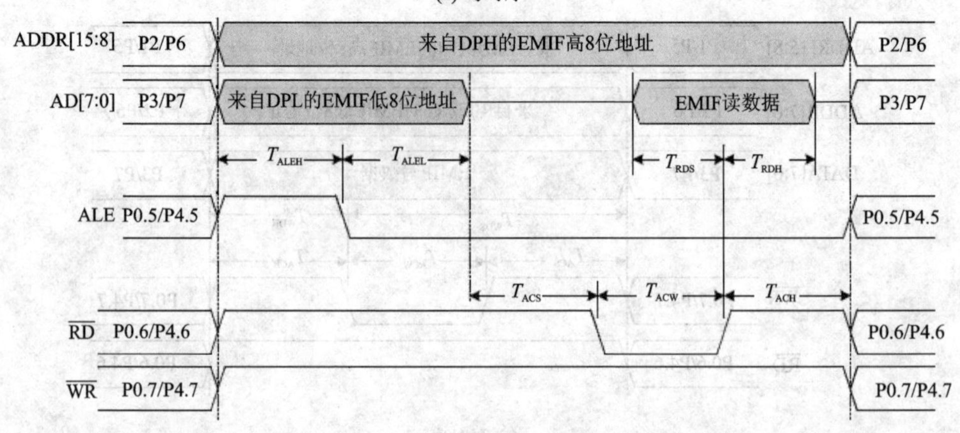

(b) 读时序

图 6.12 C8051F020 单片机 DPTR 作为指针的复用方式 MOVX 指令时序

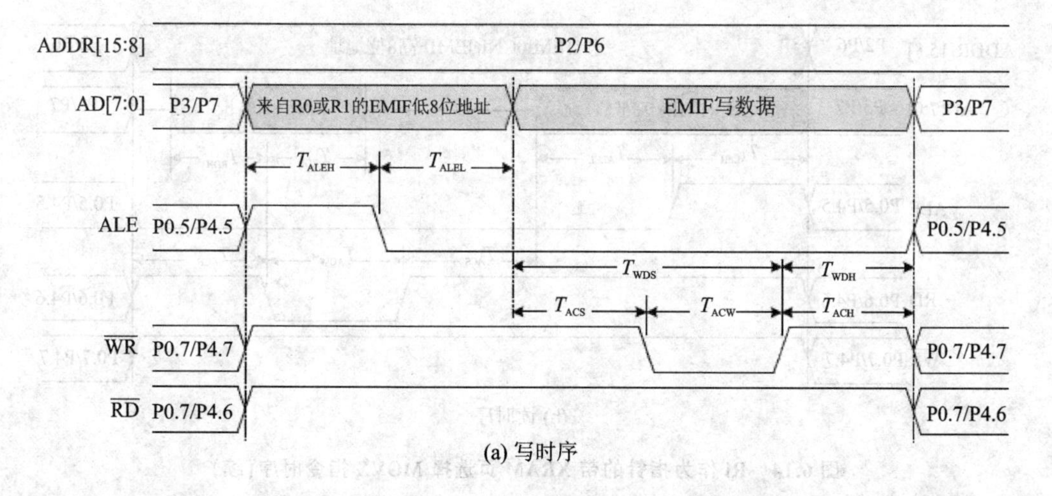

(a) 写时序

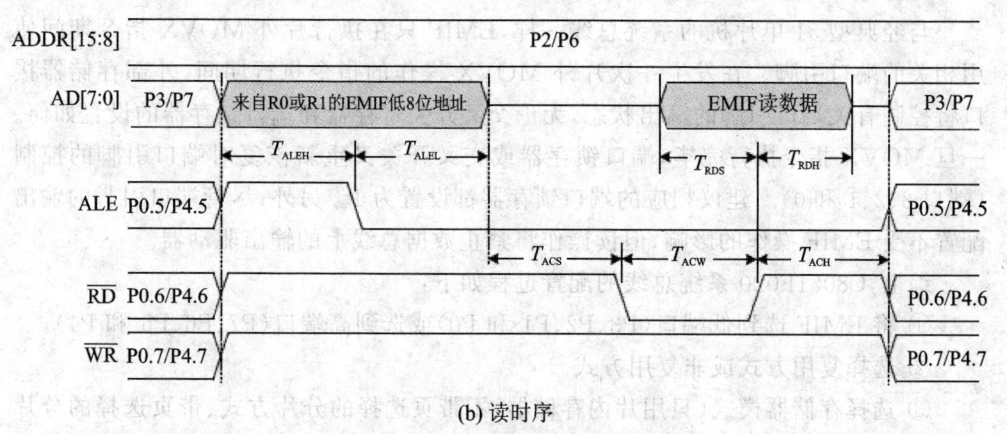

(b) 读时序

图 6.13 Ri 作为指针的无 XRAM 页选择 MOVX 指令时序

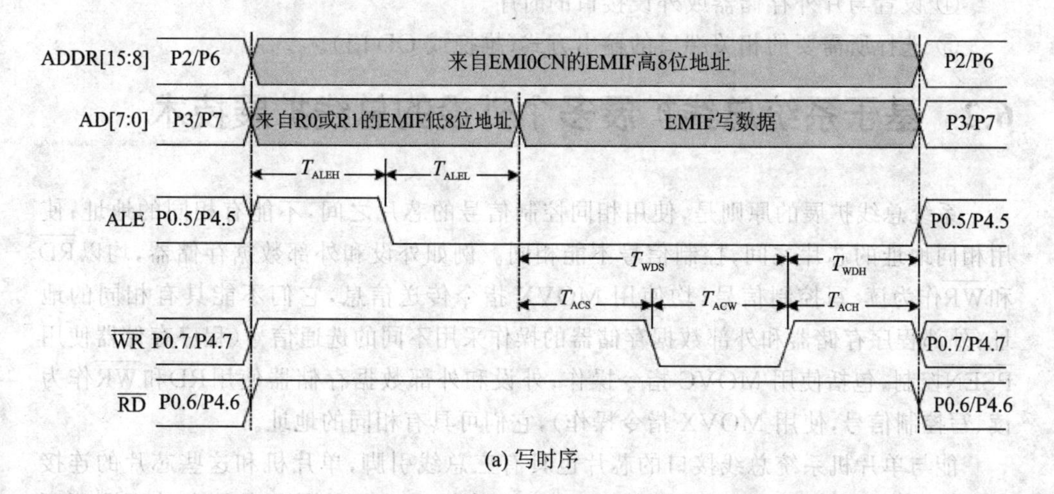

(a) 写时序

图 6.14 Ri 作为指针的带 XRAM 页选择 MOVX 指令时序

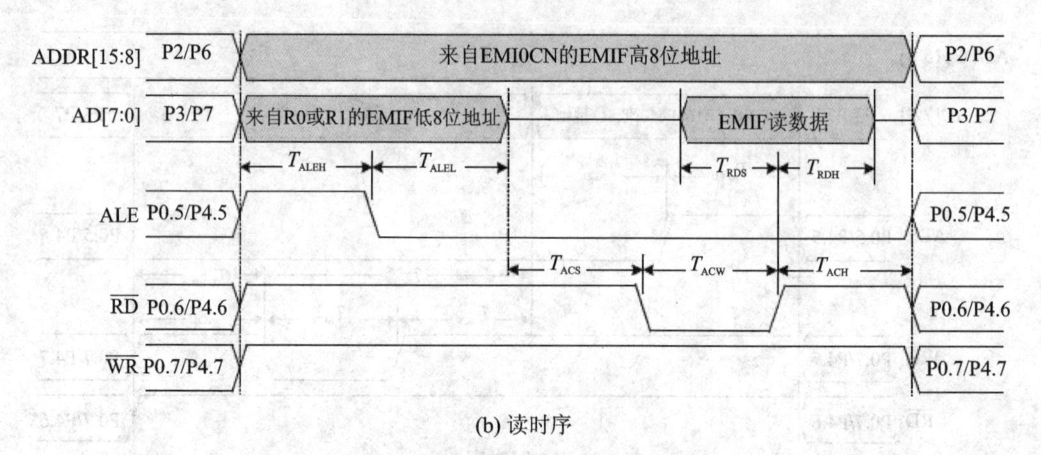

(b) 读时序

图 6.14 Ri 作为指针的带 XRAM 页选择 MOVX 指令时序(续)

与经典型51单片机的系统总线一样,EMIF只在执行片外MOVX指令期间使用相关的端口引脚。在发生一次片外MOVX操作的指令执行期间,外部存储器接口将控制有关端口引脚的输出状态,无论交叉开关寄存器和端口锁存器的设置如何。一旦MOVX指令执行完毕,端口锁存器或交叉开关又重新恢复对端口引脚的控制(端口3、2、1和0)。建议相应的端口锁存器都设置为1。另外,尽管端口引脚的输出配置不受EMIF操作的影响,但读操作将禁止数据总线上的输出驱动器。

综上,C8051F020系统总线的配置过程如下:

① 将EMIF选到低端口(P3、P2、P1和P0)或选到高端口(P7、P6、P5和P4)。

② 选择复用方式或非复用方式。

③ 选择存储器模式(只用片内存储器、不带页选择的分片方式、带页选择的分片方式或只用片外存储器)。

④ 设置与片外存储器或外设接口的时序。

⑤ 选择所需要的相关端口的输出方式(推挽或OD门)。

6.2 基于系统总线扩展多个外设的总线扩展技术

系统总线扩展的原则是,使用相同控制信号的芯片之间,不能有相同的地址;使用相同地址的芯片之间,控制信号不能相同。例如外设和外部数据存储器,均以$\overline{RD}$和$\overline{WR}$作为读、写控制信号,均使用MOVX指令传送信息,它们不能具有相同的地址;外部程序存储器和外部数据存储器的操作采用不同的选通信号(程序存储器使用$\overline{PSEN}$控制,包括使用MOVC指令操作;外设和外部数据存储器使用$\overline{RD}$和$\overline{WR}$作为读、写控制信号,使用MOVX指令操作),它们可具有相同的地址。

能与单片机系统总线接口的芯片也具有三总线引脚,单片机和这些芯片的连接的方法是对应的线相连。其会有n根地址线引脚,且地址线的根数因芯片不同而不同，取决于片内存储单元的个数或外设内寄存器（又称为端口）的个数，n 根地址线和单元的个数的关系是：单元的个数＝2^n。

同时，所扩展的芯片一般还会有一个片选引脚（$\overline{CE}$或$\overline{CS}$）。当片选端接高电平时，芯片所有的总线引脚处于高阻状态或输入状态。当接入单片机的同类（外设和外部数据存储器为一类，程序存储器为一类）扩展芯片仅一片时，其芯片的片选端可直接接地。因为此类芯片仅此一片，别无选择，使它始终处于选中状态，如图 6.15(a)所示。

一般来说，扩展芯片的地址线数目总是少于单片机地址总线的数目，因此连接后，单片机的高位地址线总有剩余。当由于系统应用需要，需要扩展多个同类和同样的芯片时，地址总线分成两部分，即，字选和片选。用于选择片内的存储单元或端口的地址线，称为字选或片内选择。为区别同类型的不同芯片，利用系统总线扩展芯片的片选引脚与单片机地址总线高位直接或间接相连，即超出扩展芯片地址线数目的剩余地址线直接或间接地作为片选，与扩展芯片的片选信号线（$\overline{CE}$或$\overline{CS}$）相连。一个芯片的某个单元或某个端口的地址由片选的地址线和片内字选地址线共同组成。

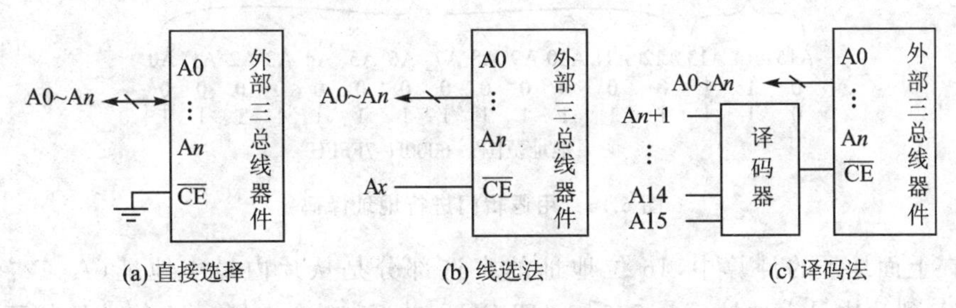

图 6.15　三总线外围芯片片选引脚的几种接法

字选：外围芯片的字选（片内选择）地址线引脚直接连接单片机的从 A0 开始的低位地址线。

片选：当接入单片机的同类扩展芯片为多片时，要通过片选端确定操作对象，有线选法和译码法两种方法。

1. 线选法

不同扩展芯片的片选引脚分别接至单片机用于片内寻址剩下的高位地址线上，称为线选法。线选法用于外围芯片不多的情况，是最简单、价格最低的方法，如图 6.15(b)所示。但线选法故有的缺点就是寻址外部器件时，只有一个连接于器件片选的高位地址为0，其他全为高，这就造成扩展的同类芯片间地址不连续，浪费地址空间，且当有高位地址线剩余时地址不唯一。除此之外，可扩展芯片数量受剩余高位地址线多少的限制。

2. 译码法

片选引脚连接至高位地址线进行译码后的输出，称为译码法。当采用剩余地址线的低位地址线作为译码输入时，译码法具有地址连续的优点。译码可采用部分译码法或全译码法。所谓部分译码，就是用片内寻址剩下的高位地址线中的几根，进行译码;所谓全译码,就是用片内寻址剩下的所有的高位地址线,进行译码。全译码法的优点是地址唯一,能有效地利用地址空间,适用于大容量多芯片的连接,以保证地址连续。译码法的缺点是要增加地址译码器,如图6.15(c)所示。

(1) 使用逻辑门译码

设某一芯片的字选地址线为A0~A12(8 KB容量),使用逻辑门进行地址译码,其输出接芯片的片选$\overline{CE}$,电路及芯片的地址排列如图6.16所示。

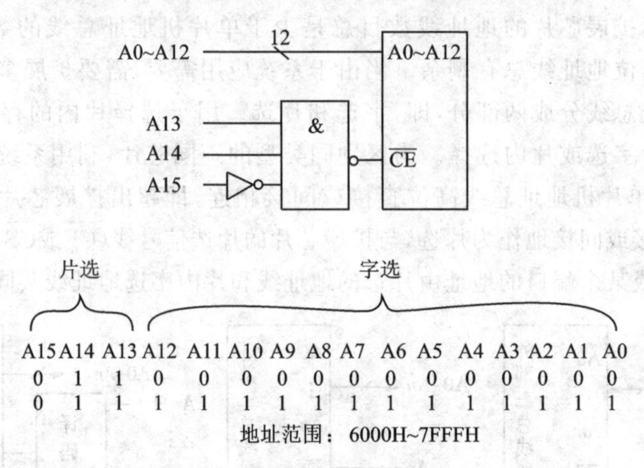

图6.16 用逻辑门进行地址译码

在上面地址的计算中,16位地址的字选部分是从片内最小地址(A[12:0]=0000H)到片内最大地址(A[12:0]=1FFFH),共8192个地址。16位地址的高3位地址由图6.16中A15、A14和A13的硬件电路接法决定,仅当A[15:13]=011时,$\overline{CE}$才为低电平,选择该芯片工作,因此它的地址范围为6000H~7FFFH。由于16根地址线全部接入,因此是全译码方式,每个单元的地址是唯一的。如果A15、A14和A13的3根地址线中只有1~2根接入电路,则采用部分译码方式,未接入电路的地址可填1,也可填0,单片机中通常填1以方便将来扩展。

(2) 使用译码器译码

使用译码器芯片进行地址译码,常用的译码器芯片有:通过非门实现1-2译码器、74HC139(双2-4译码器)、74HC138(3-8译码器)和74HC154(4-16译码器)等。74HC138是3-8译码器,它有3个输入端、3个控制端及8个输出端,引线及功能如图6.17所示,真值表如表6.2所列。74HC138译码器只有当控制端OE3、$\overline{OE1}$、$\overline{OE2}$为100时,才会在输出的某一端(由输入端C、B、A的状态决定)输出低电平,其余的输出端仍为高电平。74HC154很少用,一般采用两片74HC138利用使能端构成4-16译码器。

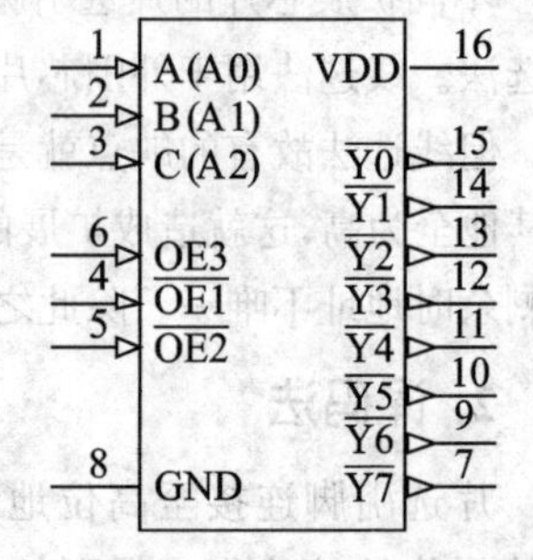

图6.17 74HC138引脚

表 6.2 74HC138 真值表

输入						输出							
$\overline{OE1}$	$\overline{OE2}$	OE3	C	B	A	$\overline{Y0}$	$\overline{Y1}$	$\overline{Y2}$	$\overline{Y3}$	$\overline{Y4}$	$\overline{Y5}$	$\overline{Y6}$	$\overline{Y7}$
L	L	H	L	L	L	L	H	H	H	H	H	H	H
L	L	H	L	L	H	H	L	H	H	H	H	H	H
L	L	H	L	H	L	H	H	L	H	H	H	H	H
L	L	H	L	H	H	H	H	H	L	H	H	H	H
L	L	H	H	L	L	H	H	H	H	L	H	H	H
L	L	H	H	L	H	H	H	H	H	H	L	H	H
L	L	H	H	H	L	H	H	H	H	H	H	L	H
L	L	H	H	H	H	H	H	H	H	H	H	H	L
1	×	×	×	×	×	H	H	H	H	H	H	H	H
×	1	×	×	×	×	H	H	H	H	H	H	H	H
×	×	0	×	×	×	H	H	H	H	H	H	H	H

【例 6.1】 用 8 KB×8 位的存储器芯片组成容量为 64 KB×8 位的存储器,试问:

① 共需几个芯片?共需多少根地址线寻址?其中几根为字选线,几根为片选线?

② 若用 74HC138 进行地址译码,试画出译码电路,并标出其输出线的地址范围。

③ 若改用线选法,能够组成多大容量的存储器?试写出各线选线的选址范围。

解:① 64 KB/8KB=8,共需要 8 片 8 KB×8 位的存储器芯片。

$64K=2^{16}$,所以组成 64 KB 的存储器共需要 16 根地址线寻址。

$8K=2^{13}$,即 13 根为字选线,选择存储器芯片片内的单元。

16－13=3,即 3 根为片选线,选择 8 片存储器芯片。

② 8 KB×8 位芯片有 13 根地址线,A12～A0 为字选,余下的高位地址线是 A15～A13,所以译码电路对 A15～A13 进行译码,译码电路及译码输出线的选址范围如图 6.18 所示。

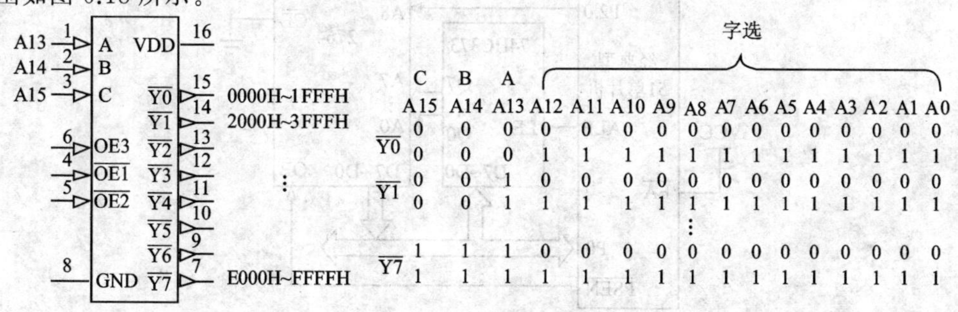

图 6.18 74HC138 地址译码及其选址范围

③ 改用线选法,地址线 A15、A14 和 A13 各作为一片 8 KB×8 位存储器的片选。3 根地址线只能接 3 个芯片,故仅能组成容量为 24 KB×8 位的存储器,A15、A14 和 A13 所选芯片的地址范围分别为 6000H～7FFFH、A000H～BFFFH 和 C000H～DFFFH。

6.3 系统存储器扩展举例

由于 51 单片机地址总线宽度为 16 位,片外可扩展的存储器最大容量为 64 KB,地址为 0000H～FFFFH。对于经典型 51 单片机,因为其程序存储器和数据存储器通过不同的控制信号和指令进行访问,允许两者的地址空间重叠,所以片外可扩展的程序存储器与数据存储器都为 64 KB。

6.3.1 程序存储器扩展

当引脚$\overline{EA}$=0 时,执行单片机外接的程序存储器。单片机读取指令时,首先由 P0 口提供程序存储器 PC 低 8 位(PCL),ALE 提供程序存储器 PC 低 8 位(PCL)锁存信号(供外接锁存器锁存 PCL);P2 口提供程序存储器 PC 高 8 位(PCH);$\overline{PSEN}$提供读信号,8 位程序代码由 P0 口读入单片机。

可用来扩展的存储器芯片有:

EPROM:2732(4 KB×8 位)、2764(8 KB×8 位)和 27256(32 KB×8 位)等;

EEPROM:2816(2 KB×8 位)、2864(8 KB×8 位)、28128(16 KB×8 位)等。

当然,EEPROM 也可作为数据存储器扩展,因为 EEPROM 支持电可擦除,即可写。

1. 单片程序存储器的扩展

图 6.19 为单片程序存储器的扩展,程序存储器芯片用的是 2764。2764 是 8 KB×8 位程序存储器,芯片的地址线有 13 条,顺次和单片机的地址线 A0～A12 相连。

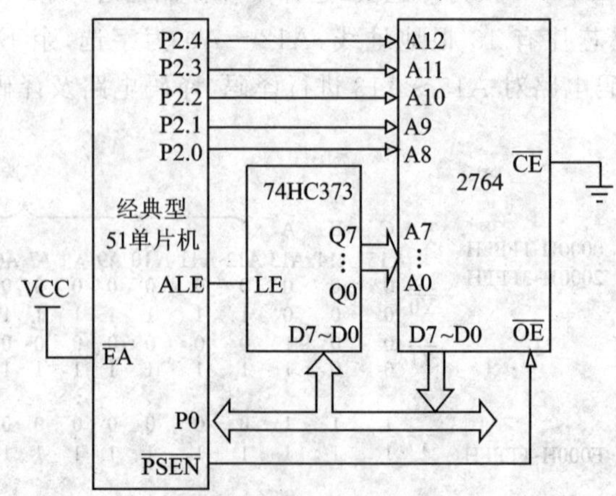

图 6.19 单片 2764 与 51 单片机的扩展连接图

由于单片连接，没有用地址译码器，高 3 位地址线 A13、A14、A15 不接，故有 $2^3=8$ 个重叠的 8 KB 地址空间。输出允许控制线$\overline{OE}$直接与单片机的$\overline{PSEN}$信号线相连。因只用一片 2764，故其片选信号线$\overline{CE}$直接接地。

由于 A15～A13 悬空，因此地址不唯一，其 8 个重叠的地址范围如下：

0000000000000000～0001111111111111，即 0000H～1FFFH；

0010000000000000～0011111111111111，即 2000H～3FFFH；

0100000000000000～0101111111111111，即 4000H～5FFFH；

0110000000000000～0111111111111111，即 6000H～7FFFH；

1000000000000000～1001111111111111，即 8000H～9FFFH；

1010000000000000～1011111111111111，即 A000H～BFFFH；

1100000000000000～1101111111111111，即 C000H～DFFFH；

1110000000000000～1111111111111111，即 E000H～FFFFH。

2. 多片程序存储器的扩展

多片程序存储器的扩展方法比较多，芯片数目不多时可以通过部分译码法和线选法，芯片数较多时可以通过全译码法。

图 6.20 是采用线选法实现的两片 2764 扩展成 16 KB 程序存储器。两片 2764 的地址线 A[12:0]与地址总线的 A[12:0]对应相连，2764 的数据线 D[7:0]与数据总线 D[7:0]对应相连，两片 2764 的输出允许控制线连在一起与 51 的$\overline{PSEN}$信号线相连。第一片 2764 的片选信号线$\overline{CE}$与单片机地址总线的 P2.7 直接相连，第二片 2764 的片选信号线$\overline{CE}$与单片机地址总线的 P2.7 取反后相连，故当 P2.7 为 0 时选中第

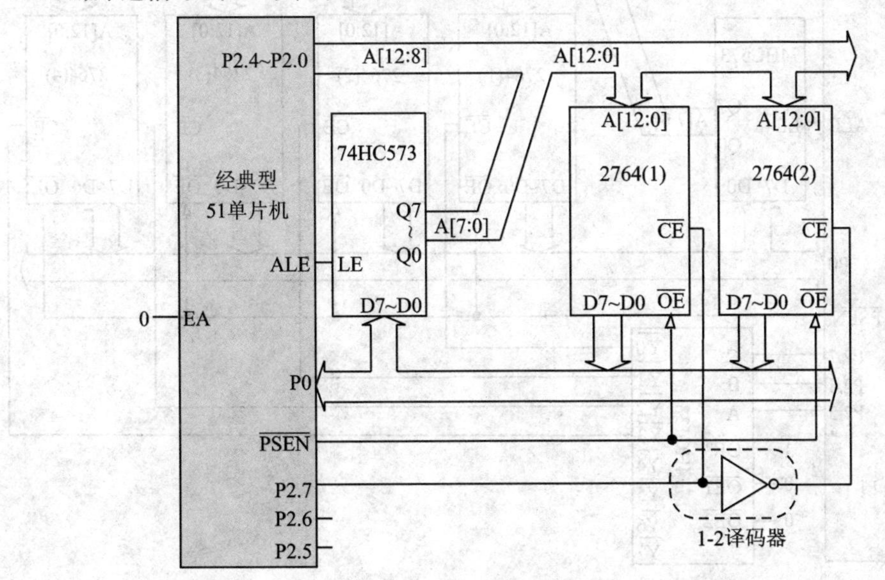

图 6.20　采用线选法实现两片 2764 与 51 单片机的扩展连接图

一片,为1时选中第二片,即采用非门进行1-2译码。单片机地址总线的P2.5和P2.6未用,故两个芯片各有 $2^2=4$ 个重叠的地址空间。

两个芯片的地址空间分别为:

第一片:0000000000000000～0001111111111111,即0000H～1FFFH;
0010000000000000～0011111111111111,即2000H～3FFFH;
0100000000000000～0101111111111111,即4000H～5FFFH;
0110000000000000～0111111111111111,即6000H～7FFFH。

第二片:1000000000000000～1001111111111111,即8000H～9FFFH;
1010000000000000～1011111111111111,即A000H～BFFFH;
1100000000000000～1101111111111111,即C000H～DFFFH;
1000000000000000～1111111111111111,即E000H～FFFFH。

图6.21为采用全译码法实现的4片2764扩展成32 KB程序存储器。单片机剩余的高3位地址总线P2.5、P2.6和P2.7通过74HC138译码器连接4个2764的片选信号,各2764的片选信号线$\overline{CE}$分别与74HC138译码器的$\overline{Y0}$、$\overline{Y1}$、$\overline{Y2}$、$\overline{Y3}$相连。由于采用的是全译码,所以每片2764的地址空间都是唯一的。它们分别是:

0000000000000000～0001111111111111,即0000H～1FFFH;
0010000000000000～0011111111111111,即2000H～3FFFH;
0100000000000000～0101111111111111,即4000H～5FFFH;

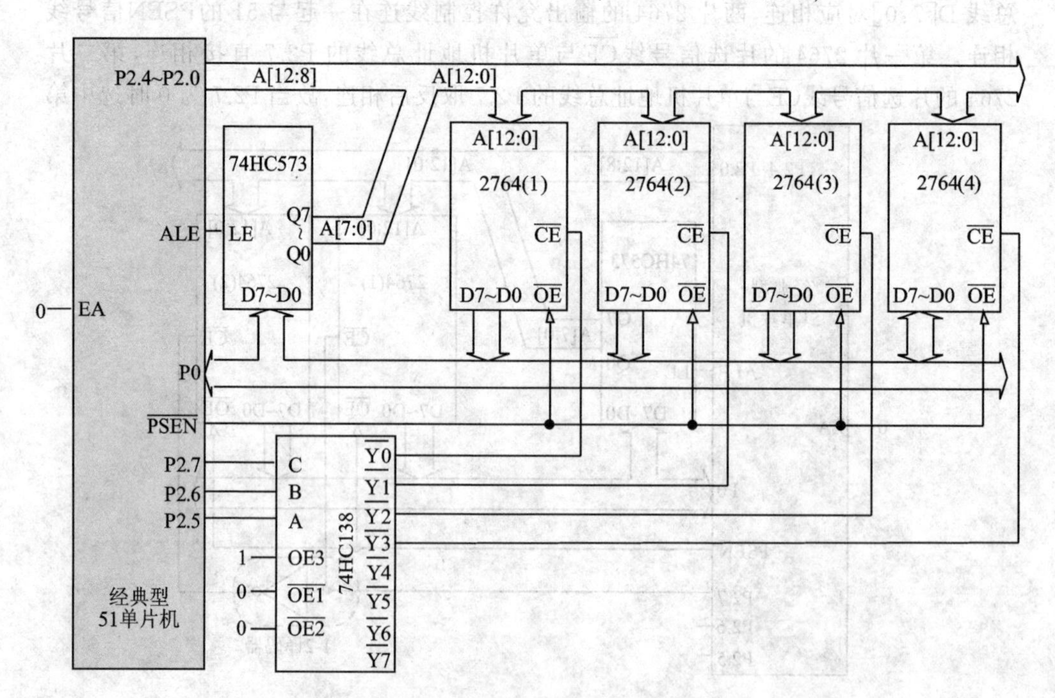

图6.21 采用全译码法实现4片2764与51单片机的扩展连接图

0110000000000000～0111111111111111，即 6000H～7FFFH。

多片程序存储器扩展，软件设计时，分别要用 ORG 指令定义软件的具体存储器芯片的起始位置，且各部分分别编译，分别烧写。

6.3.2 数据存储器扩展

数据存储器扩展与程序存储器扩展基本相同，只是数据存储器控制信号一般为输出允许信号$\overline{OE}$和写控制信号$\overline{WE}$，分别与单片机的片外数据存储器的读控制信号$\overline{RD}$和写控制信号$\overline{WR}$相连，其他信号线的连接与程序存储器完全相同。

要说明的是，经典型 51 单片机，若地址指针为 Ri，则高位地址线端口不作为 MOVX 指令的地址总线；CIP－51 单片机，若地址指针为 Ri，则高位地址线端口视工作模式而定是否作为 MOVX 指令的地址总线。

在单片机系统中，作为外扩数据存储器使用的大多为静态 RAM，这类芯片在单片机应用系统中以 6216、6264、62256 使用较多，分别为 2 KB×8 位、8 KB×8 位和 32 KB×8 位 RAM。

图 6.22 为采用复用方式和译码法实现两片 32 KB×8 位数据存储器芯片 62256 与 51 单片机的扩展连接图。62256 具有 15 根地址线、8 根数据线、1 根输出允许信号线$\overline{OE}$、1 根写控制信号线$\overline{WE}$，2 根片选信号线$\overline{CE1}$和$\overline{CE2}$，使用时都应为低电平。扩展时 62256 的 15 根地址线与单片机的地址总线的低 15 位 A[14:0]对应相连，8 根数据线与单片机的数据总线对应相连，输出允许信号线$\overline{OE}$与单片机读控制信号线$\overline{RD}$相连，写控制信号线$\overline{WE}$与单片机的写控制信号线$\overline{WR}$相连。两根片选信号线$\overline{CE1}$和$\overline{CE2}$连

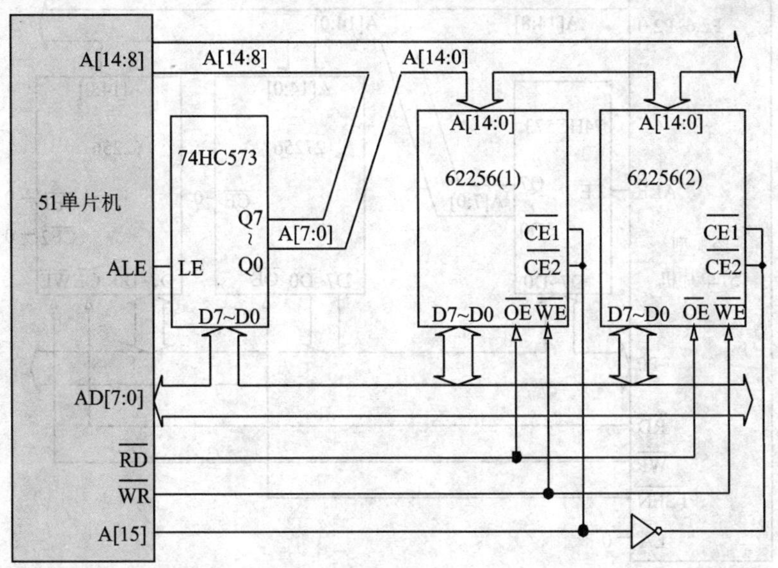

图 6.22 采用复用方式和译码法实现两片 62256 与 51 单片机的扩展连接图

在一起,通过非门构成1-2译码器,即采用译码法扩展两片62256。

若采用C8051F020单片机,且系统总线连接在高位口,则EMI0CF中的相关寄存器设置如下:

EMD2=0,设定系统总线为复用方式;PRTSEL=1,选择高位口。即使用P7口作8位低地址/数据口(AD0～AD7),P6作8位高地址口(A8～A15)。

EMD[1:0]=11,选择只用外部存储器的存储器模式。

EALE[1:0]=00,选择ALE高电平和低电平脉冲宽度为1个SYSCLK周期。

EMI0TC中的相应位可以按如下方式进行配置:

EAS[1:0]= EAH[1:0]=01,选择地址建立和保持时间占1个SYSCLK周期;

EWR[3:0]=1011,选择$\overline{RD}$和$\overline{WR}$脉冲宽度占12个SYSCLK周期。

另外,P7口要设置为漏极开路方式,这样利于其作为数据总线时的双向数据传输。其他系统总线引脚则建议设置为推挽方式。

6.3.3 程序存储器与数据存储器综合扩展

图6.23是一个经典型51单片机外接32 KB程序存储器及32 KB数据存储器的连接图。其中程序存储器采用27256,数据存储器采用62256。由于只有一片程序存储器和一片数据存储器,故未考虑片选问题。如果有多片程序存储器或数据存储器时,就需要利用高8位地址进行译码产生片选信号,以选择多片程序存储器或数据存储器中的一个芯片;否则,没有片选信号将会造成数据总线上的混乱。以扩展两片

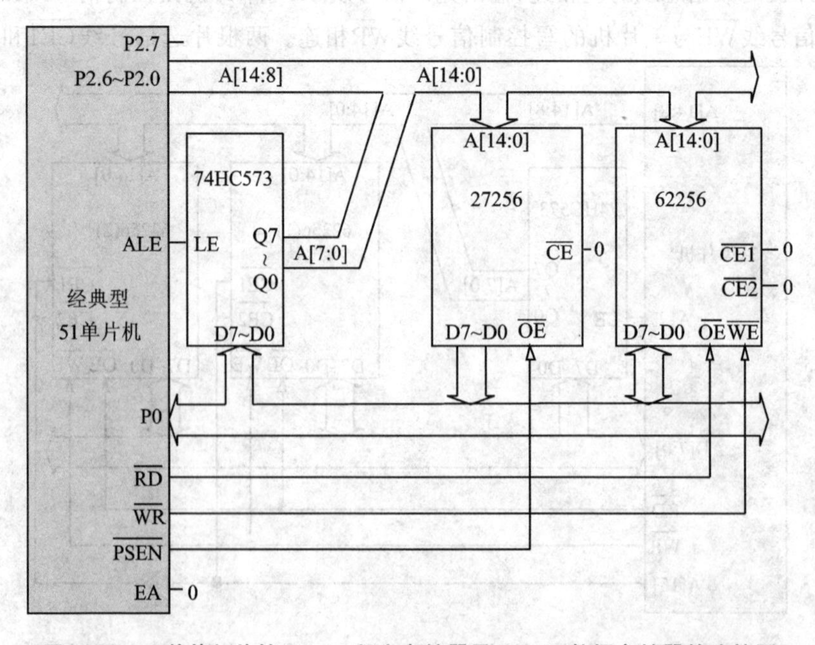

图6.23　51单片机外接32 KB程序存储器及32 KB数据存储器的连接图

2764 和两片 6264 为例，采用译码法对程序存储器与数据存储器综合扩展，如图 6.24 所示。

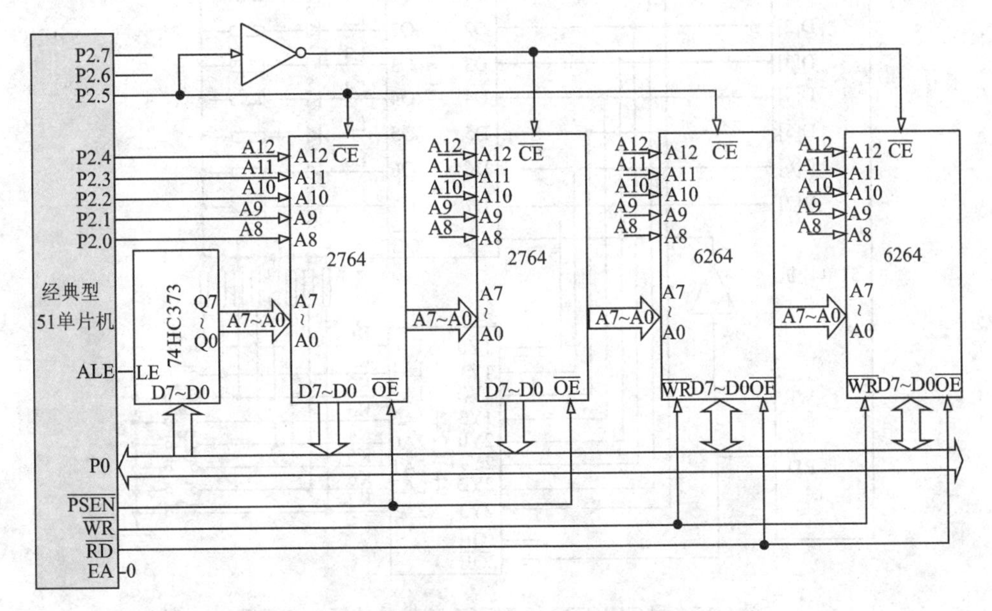

图 6.24　程序存储器与数据存储器综合扩展连接图

6.4　输入/输出接口及设备扩展

经典型 51 单片机有 4 个并行 I/O 接口，每个 8 位，当有系统总线扩展设备时，数据总线、地址总线和控制总线($\overline{RD}$和$\overline{WR}$)占用了 18 个 I/O 口。这时留给用户的 I/O 口线就很少了。因此，在大部分的经典型 51 单片机应用系统中都要进行 I/O 扩展。尽管 C8051F020 有 64 个数字 I/O 口，仍然出现引脚不够用的情况。

8155 和 8255 是典型的单片机外围 I/O 扩展芯片，但是由于体积大，价格相对较高，占用 I/O 口多等原因已经逐渐退出电子系统设计。目前，一般采用锁存器和三态数据缓冲器等数字电路来扩展 I/O 口。通常的锁存器和三态数据缓冲器有 74HC573、74HC373、74HC244、74HC273、74HC245 等芯片，都可以作简单 I/O 口扩展用。实际上，只要具有输入三态、输出锁存的电路，就可以用作 I/O 接口扩展。

6.4.1　利用 74HC573 和 74HC244 扩展的简单 I/O 接口

图 6.25 是利用 74HC573 和 74HC244 扩展的简单 I/O 接口，其中 74HC573 扩展并行输出口，74HC244 扩展并行输入口。74HC244 是单向数据缓冲器，带两个控制端$\overline{1OE}$和$\overline{2OE}$，当它们为低电平时，输入端 D0～D7 的数据输出到 Q0～Q7。

图 6.25 中，74HC573 的控制端 LE 是由 51 单片机的写信号$\overline{WR}$通过非门后相

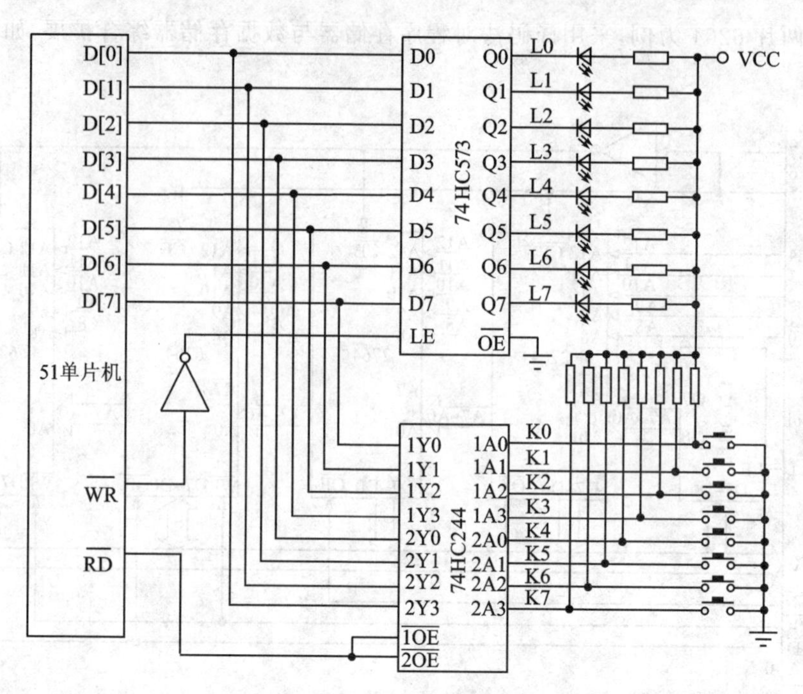

图 6.25　用 74HC573 和 74HC244 扩展并行 I/O 接口

连,输出允许端$\overline{OE}$直接接地,所以当 74HC573 输入端有数据来时直接通过输出端输出。当执行向片外数据存储器写的指令时,$\overline{WR}$通过非门后的有效信号为高电平,74HC573 的控制端 LE 有效,数据总线上的数据就送到 74HC573 的输出端。74HC244 的控制端$\overline{1OE}$和$\overline{2OE}$连在一起与单片机的读信号$\overline{RD}$相连,当执行从片外数据存储器读的指令,且$\overline{RD}$为低电平时,控制端$\overline{1OE}$和$\overline{2OE}$有效,74HC244 的输入端的数据通过输出端送到数据总线,然后传送到单片机内部,否则 74HC244 的输出处于高阻状态,脱离数据总线。

图 6.25 中,扩展的输入口接 K0～K7(8 个)开关,扩展的输出口接 L0～L7(8 个)发光二极管,如果要实现 K0～K7 的开关状态则通过 L0～L7 发光二极管来显示。程序如下:

汇编语言程序

```
    ⋮
LOOP:
    MOVX A, @R0         ;与 R0 数据无关
    MOVX @R0, A         ;与 R0 数据无关
    ⋮
    SJMP LOOP
```

C51 语言程序

```
#include <absacc.h>
    ⋮
unsigned char i;
while(1)
{
  i = PBYTE[0];   //与地址数据无关
```

```
    PBYTE[0] = i;  //与地址数据无关
    ⋮
}
```

程序中,对扩展的 I/O 口的访问直接通过片外数据存储器指令 MOVX 来实现。

6.4.2 利用多片 74HC573 和系统总线扩展输出口

1. 利用 2 片 74HC573 和“MOVX @Ri, A”指令扩展双输出口

采用 74HC573 作并行接口芯片具有效率高、可靠性好、易扩展、编程简单等诸多优点。图 6.26 是一个利用三总线扩展双输出口的例子。“@Ri”给出的 8 位地址 R0 通过 ALE 锁存到 74HC573(1)输出,而“A”给出的 8 位数据通过 $\overline{WR}$、非门锁存到 74HC573(2)输出。

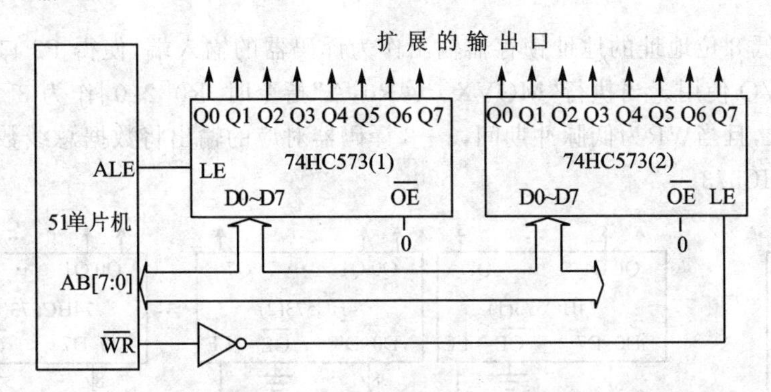

图 6.26 利用 74HC573 和“MOVX A, @Ri”指令扩展双输出口

使用“MOVX @Ri, A”指令由 P0 口送出 8 位地址,高位地址端口引脚的信号在整个访问外部数据存储器期间也不会改变,即高位端口作通用 I/O 端口使用,此时不作为地址总线。

2. 利用 8 片 74HC573 和 MOVX 指令扩展 8 个输出口

图 6.27 所示为利用 8 片 74HC573 和“MOVX @DPTR, A”指令扩展 8 个输出口的例子。单片机的 $\overline{WR}$ 与 74HC138 译码器的一个低电平使能端相连,当没有“MOVX @DPTR, A”指令时,$\overline{WR}$ 始终处于高电平,3-8 译码器的输出全为高电平,即每个 74HC573 的 LE 引脚保持低电平输入。

当执行“MOVX @DPTR,A”指令时,DPTR[10:8]作为 3-8 译码器的译码输入,且当 $\overline{WR}$ 为低脉冲期间,3-8 译码器译码输出致使对应的 74HC573 的 LE 引脚为高电平,此时数据总线上的数据(即累加器 A 中的数据)从对应的 74HC573 锁存输出。

图 6.28 所示为利用 8 片 74HC573 和“MOVX @R0, A”指令扩展 8 个输出口

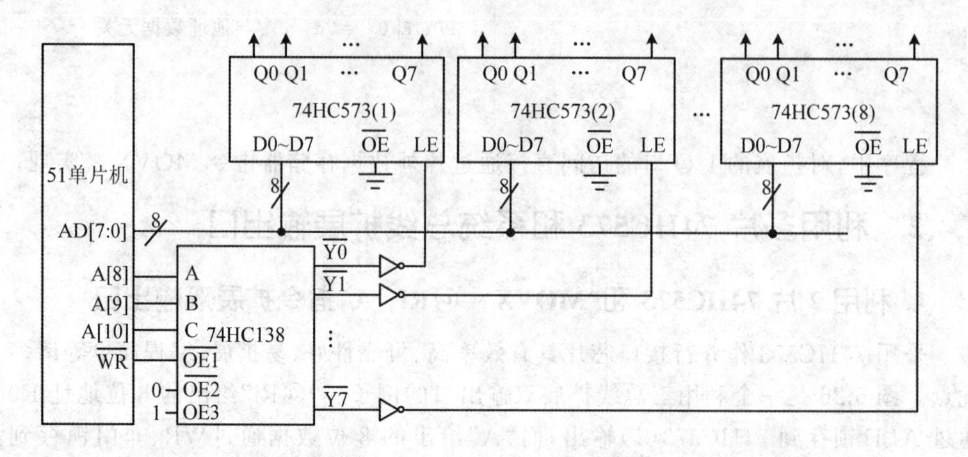

图 6.27 利用 8 片 74HC573 和“MOVX @DPTR, A”指令扩展 8 个输出口

的例子,将低 8 位地址的地址锁存器输出作为译码器的输入端,使得 P2 口解放出来作为普通 I/O 使用。当执行“MOVX @R0,A”指令时,R0[2:0]作为 3－8 译码器的译码输入,且当$\overline{WR}$为低脉冲期间,3－8 译码器对应的输出将数据总线数据锁存入对应的 74HC573。

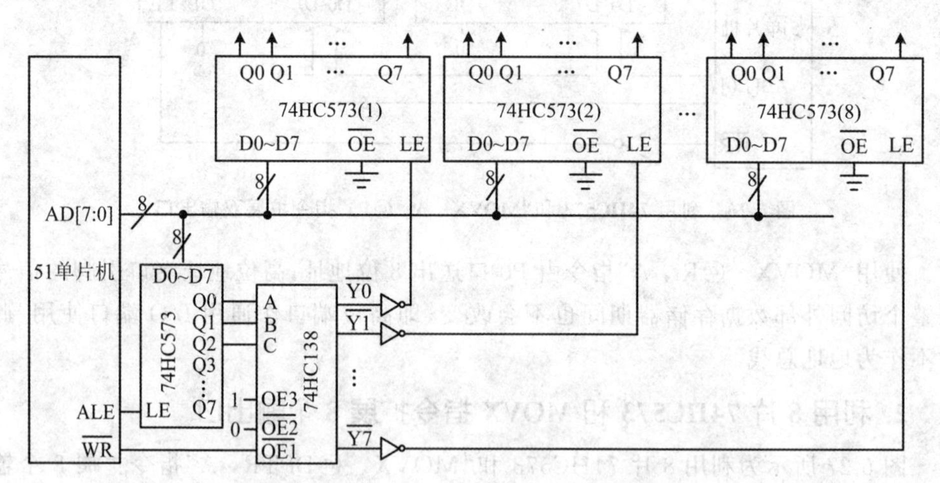

图 6.28 利用 8 片 74HC573 和“MOVX @R0, A”指令扩展 8 个输出口

当然,若放弃 MOVX 指令,而自行操作引脚模拟时序,比如将 P4 作为 8 位数据输出,P3 的 8 个引脚分别作为 8 个 74HC573 的锁存引脚,则可扩展 64 个 I/O 口,如图 6.29 所示。需要注意的是,此时,P0 口工作在普通 I/O 状态,必须外接上拉电阻。

例如,74HC573(8)输出 56H,其他口状态不变。程序如下:

```
MOV  P3, #00H
   ⋮
```

```
MOV  P4，#56H
SETB P3.7
CLR  P3.7
  ⋮
```

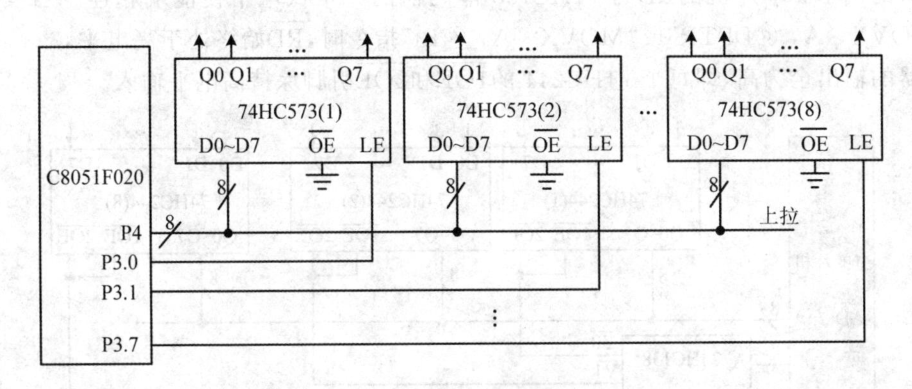

图 6.29　利用 74HC573 扩展多个输出口

读者不要“惧怕”这么复杂的连线，基于原理图方式，将它们都放入到 CPLD 即可，既实用，成本又低。当然，基于 HDL 进行描述更好，请读者自行尝试编写。

3. 利用一片 32 KB 数据存储器同时扩展两个输出口

两个输出口通过 2 片 74HC573 实现。两个端口和一片数据存储器共扩展 3 个外设。32 KB 的数据存储器有 15 根地址线，所以只能使用译码法。先用 A15 区分存储器和扩展的输出口，再用两根地址线区分两个输出口。比如，可以通过 A0 和 A1 两根地址线，哪根为 0 则访问哪个地址线对应的输出端口芯片。其连接图如图 6.30 所示。

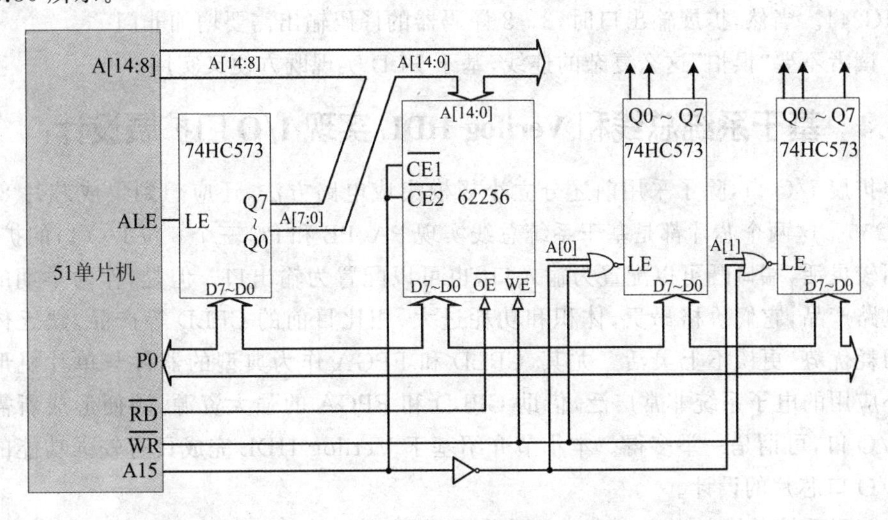

图 6.30　利用一片 32 KB 数据存储器同时扩展两个输出口

6.4.3 利用多片74HC244和系统总线扩展输入口

图6.31所示为利用8片74HC244和“MOVX A,@DPTR”指令扩展8个输入口的例子。单片机的$\overline{RD}$与74HC138译码器的一个低电平使能端相连。当没有“MOVX A,@DPTR”或“MOVX A,@Ri”指令时,$\overline{RD}$始终处于高电平,3-8译码器的输出全为高,即每个74HC244的$\overline{1OE}$和$\overline{2OE}$引脚保持高电平输入。

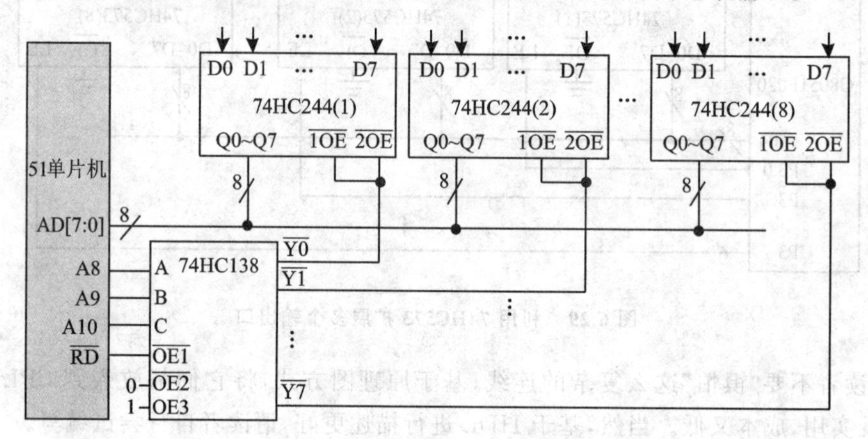

图6.31 利用8片74HC244和“MOVX A,@DPTR”指令扩展8个输入口

当执行“MOVX A,@DPTR”指令时,DPTR[10:8]作为3-8译码器的译码输入,且当$\overline{RD}$低脉冲期间,3-8译码器译码输出致使对应的74HC244的$\overline{1G}$和$\overline{2G}$引脚为低,此时数据总线上的数据为对应74HC244输入端数据,读入累加器A中。未被译码选中的74HC244输出处于高阻状态。

结合6.3.2小节内容可以综合扩展I/O口,就看使用的是74HC573,还是74HC244。当然,扩展输出口时,3-8译码器的译码输出需要增加非门。

读者不要“惧怕”这么复杂的连线,基于PLD实现既方便又实用。

6.4.4 基于系统总线和Verilog HDL实现I/O口扩展设计

扩展I/O口,除了采用前述分立小规模集成电路方法,还应想到集成芯片8155和8255。这两个芯片都是基于系统总线实现PA、PB和PC三个8位I/O口的扩展,使用较灵活,端口既可以配置为输入口,也可以配置为输出口。但是,作为早期的集成电路产品,它们价格昂贵,体积和功耗过大,相比目前的CPLD等产品,缺乏体积和功耗优势,更谈不上灵活。尤其,CPLD和FPGA作为典型的器件与单片机形成互补应用的电子系统非常广泛,借助CPLD和FPGA的强大资源,顺便形成所需要的I/O口,可谓是一举多得。本小节介绍基于Verilog HDL完成具有较强功能的专用I/O口芯片的设计。

基于系统总线与单片机接口,因此就需要8位的地址锁存器。鉴于已经采用

PLD 器件，所以，8 位的地址锁存器也集成到 PLD 中。因此，PLD 器件具有 LE 锁存输入引脚，且地址锁存输出 AB[7:0]外漏，为基于系统总线进行其他扩展提供方便。如图 6.32 所示，8 位的双向总线 DB 既作为数据总线，也作为地址总线。nRD 和 nWR 作为读/写控制总线。CS1 和 CS2 的异或输出(低有效)作为器件的片选，以方便各种有效电平方式应用。PLD 器件具有 PA、PB、PC 和 PD 共 4 个双向 8 位端口，每个引脚都可以独立控制其 I/O 属性，其内部有 4 个 8 位的 I/O 设置寄存器(DDRA、DDRB、DDRC 和 DDRD)用于设置每个引脚的 I/O 工作状态，对应位设置为 1 则作为输出口，对应位设置为 0 则作为输入口。

通过系统总线访问这 4 个端口。PLD 器件支持输出锁存功能，且输出锁存器和方向寄存器都支持双向访问，输出锁存器 PORTA、PORTB、PORTC、PORTD，方向寄存器 DDRA、DDRB、DDRC、DDRD 的地址依次为 0、1、2、3、4、5、6、7。读 PA、PB、PC 和 PD 引脚的地址分别为 8、9、10、11。由此可见，本定制芯片内部共有 8 个寄存器和 12 个地址，前 8 个地址对应单元是可读可写的，而后 4 个地址是只读的。DB 和各端口引脚的双向控制是 HDL 描述的核心问题，输出高阻和作为输入是等价的。

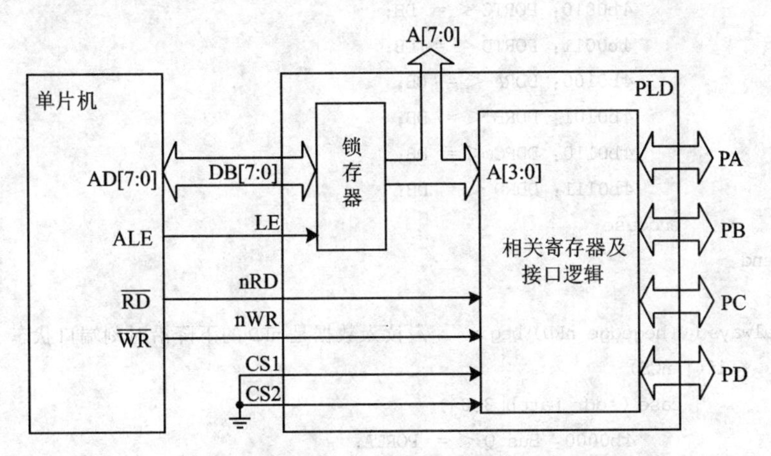

图 6.32　基于系统总线和 Verilog HDL 实现 I/O 口扩展设计

基于 Verilog HDL 实现的程序描述如下：

```
module io(LE, nWR, nRD, CS1, CS2, DB, PA, PB, PC, PD, AB);
    input LE, nWR, nRD, CS1, CS2;
    inout[7:0] DB, PA, PB, PC, PD;
    output[7:0] AB;

    reg[7:0] Addr_Latch;
    reg[7:0] PORTA, PORTB, PORTC, PORTD;
    reg[7:0] DDRA, DDRB, DDRC, DDRD;

    reg[7:0] Bus_Q;                    //读入数据的内部缓冲器
```

```
wire nCS;
assign nCS =  CS1 ^ CS2;          //CS1 和 CS2 的异或作为片选

always @(LE, Bus) begin            //8 位地址锁存器
    if(LE)begin
        Addr_Latch <=  Bus;
    end
end
assign AB =  Addr_Latch;

always @(posedge nWR) begin       //nWR 的上升沿写入数据
    if(! nCS)
        case (Addr_Latch[2:0])
            4'b0000: PORTA <=  DB;
            4'b0001: PORTB <=  DB;
            4'b0010: PORTC <=  DB;
            4'b0011: PORTD <=  DB;
            4'b0100: DDRA <=  DB;
            4'b0101: DDRB <=  DB;
            4'b0110: DDRC <=  DB;
            4'b0111: DDRD <=  DB;
        endcase
end

always @(negedge nRD) begin       //读入数据是 nRD 的下降沿时刻端口状态
    if(! nCS)
        case (Addr_Latch[3:0])
            4'b0000: Bus_Q <=  PORTA;
            4'b0001: Bus_Q <=  PORTB;
            4'b0010: Bus_Q <=  PORTC;
            4'b0011: Bus_Q <=  PORTD;
            4'b0100: Bus_Q <=  DDRA;
            4'b0101: Bus_Q <=  DDRB;
            4'b0110: Bus_Q <=  DDRC;
            4'b0111: Bus_Q <=  DDRD;
            4'b1000: Bus_Q <=  PA;
            4'b1001: Bus_Q <=  PB;
            4'b1010: Bus_Q <=  PC;
            4'b1011: Bus_Q <=  PD;
        endcase
end
```

```
assign DB = ((~nRD) && nWR && (~nCS))?  Bus_Q : 8'bzzzzzzzz;

//以下是每个引脚的双向控制
assign PA[0] = (DDRA[0])?  PORTA[0] : 1'bz;
assign PA[1] = (DDRA[1])?  PORTA[1] : 1'bz;
assign PA[2] = (DDRA[2])?  PORTA[2] : 1'bz;
assign PA[3] = (DDRA[3])?  PORTA[3] : 1'bz;
assign PA[4] = (DDRA[4])?  PORTA[4] : 1'bz;
assign PA[5] = (DDRA[5])?  PORTA[5] : 1'bz;
assign PA[6] = (DDRA[6])?  PORTA[6] : 1'bz;
assign PA[7] = (DDRA[7])?  PORTA[7] : 1'bz;

assign PB[0] = (DDRB[0])?  PORTB[0] : 1'bz;
assign PB[1] = (DDRB[1])?  PORTB[1] : 1'bz;
assign PB[2] = (DDRB[2])?  PORTB[2] : 1'bz;
assign PB[3] = (DDRB[3])?  PORTB[3] : 1'bz;
assign PB[4] = (DDRB[4])?  PORTB[4] : 1'bz;
assign PB[5] = (DDRB[5])?  PORTB[5] : 1'bz;
assign PB[6] = (DDRB[6])?  PORTB[6] : 1'bz;
assign PB[7] = (DDRB[7])?  PORTB[7] : 1'bz;

assign PC[0] = (DDRC[0])?  PORTC[0] : 1'bz;
assign PC[1] = (DDRC[1])?  PORTC[1] : 1'bz;
assign PC[2] = (DDRC[2])?  PORTC[2] : 1'bz;
assign PC[3] = (DDRC[3])?  PORTC[3] : 1'bz;
assign PC[4] = (DDRC[4])?  PORTC[4] : 1'bz;
assign PC[5] = (DDRC[5])?  PORTC[5] : 1'bz;
assign PC[6] = (DDRC[6])?  PORTC[6] : 1'bz;
assign PC[7] = (DDRC[7])?  PORTC[7] : 1'bz;

assign PD[0] = (DDRD[0])?  PORTD[0] : 1'bz;
assign PD[1] = (DDRD[1])?  PORTD[1] : 1'bz;
assign PD[2] = (DDRD[2])?  PORTD[2] : 1'bz;
assign PD[3] = (DDRD[3])?  PORTD[3] : 1'bz;
assign PD[4] = (DDRD[4])?  PORTD[4] : 1'bz;
assign PD[5] = (DDRD[5])?  PORTD[5] : 1'bz;
assign PD[6] = (DDRD[6])?  PORTD[6] : 1'bz;
assign PD[7] = (DDRD[7])?  PORTD[7] : 1'bz;
endmodule
```

例如，将 PA 口作为输出口，并输出 55H，则程序如下：

汇编语言程序	C51语言程序

MOV R0, #4 ;DDRA
MOV A, #0FFH
MOVX @R0, A ;设定PA为输出口
⋮
MOV R0, #1 ;PORTA
MOV A, #55H
MOVX @R0, A ;PA输出55H
⋮
	#include "absacc.h"
	#define DDRA PBYTE[0]
	#define PORTA PBYTE[4]
	#define PINA PBYTE[8]
	⋮
	DDRA = 0xff; //设定PA为输出口
	PORTA = 0x55; //PA输出55H
	⋮

综上，在系统级扩展中，控制外围芯片的数据操作有三要素：地址、类型控制（数据存储器、程序存储器）和操作方向（读、写）。三要素中有一项不同，就能区别不同的芯片。如果三项都相同，就会造成总线操作混乱。因此在扩展中应注意：

① 经典型51单片机要扩展程序存储器，使用$\overline{\text{PSEN}}$进行选通控制；

② 要扩展RAM和I/O口，使用$\overline{\text{WR}}$(写)和$\overline{\text{RD}}$(读)进行选通控制，RAM和I/O口使用相同的MOVX指令进行控制；

③ 经典型51单片机如果将RAM(或EEPROM)既作为程序存储器又作为数据存储器使用，那么使$\overline{\text{PSEN}}$和$\overline{\text{RD}}$通过"与门"接入芯片的$\overline{\text{OE}}$即可。这样无论$\overline{\text{PSEN}}$或$\overline{\text{RD}}$哪个信号有效，都能允许输出。

6.5 1602液晶及其6800接口技术

在日常生活中，我们对液晶显示器并不陌生。液晶显示模块已作为很多电子产品的通用器件，如在计算器、万用表、电子表及很多家用电子产品中都可以看到，显示的主要是数字、专用符号和图形。在单片机的人机交流界面中，一般的输出方式有以下几种：发光管、LED数码管、液晶显示器。液晶显示的分类方法有很多种，通常可按其显示方式分为段式、字符式、点阵式等。除了黑白显示外，液晶显示器还有多灰度、有彩色显示等。本节介绍字符型液晶显示器1602的应用。

1602就是一款极常用的字符型液晶，可显示1行16个字符或2行16个字符。1602液晶模块内带标准字库，内部的字符发生存储器已经存储了160个5×7点阵字符，32个5×10的点阵字符，每一个字符与其ASCII码相对应，比如大写的英文字母"A"的代码是01000001B(41H)，显示时，我们只要将41H存入显示数据存储器DDRAM即可，液晶自动将地址41H中的点阵字符图形显示出来，我们就能看到字母"A"。另外还有64字节RAM，供用户自定义字符。1602工作电压在4.5～5.5 V之间，典型值为5 V。当然，也有3.3 V供电的1602液晶，选用时要加以确认。

6.5.1 6800系统总线接口时序及1602驱动方法

1602采用标准16引脚接口，引脚功能如表6.3所列，其中8位数据总线D0～D7

和 RS、$R/\overline{W}$、EN 三个控制端口，各时序步骤的速度支持到 1 MHz，并且带有字符对比度调节和背光。

表 6.3　1602 引脚使用说明

引脚编号	符　号	引脚说明	使用方法
1	VSS	电源地	—
2	VDD	电源	—
3	V0	液晶显示偏压（对比度）信号调整端	外接分压电阻，调节屏幕亮度。接地时对比度最高，接电源时对比度最低
4	RS	数据/命令选择端	高电平时选择数据寄存器，低电平时选择指令寄存器
5	$R/\overline{W}$	读写选择端	当 RW 为高电平时，执行读操作，低电平时执行写操作
6	E	使能信号	高电平使能
7～14	D0～D7	数据 I/O	双向数据输入与输出
15	BLA	背光源正极	直接或通过 10 Ω 左右电阻接到 VDD
16	BLK	背光源负极	接到 VSS

1602 采用 6800 系统总线时序。E 为使能端，当 $R/\overline{W}$ 为高电平时，E 为高电平执行读操作；当 RW 为低电平时，E 下降沿执行写操作。RS 和 $R/\overline{W}$ 的配合选择决定操作时序的 4 种模式，如表 6.4 所列。

表 6.4　操作时序的 4 种模式

RS	$R/\overline{W}$	功能说明	通过 E 执行动作实现功能
L	L	MPU 写指令到液晶指令暂存器（IR）	高→低：MCU I/O 缓冲→液晶数据寄存器 DR
L	H	读出忙标志（BF）及地址计数器（AC）的状态	高：液晶数据寄存器 DR→MCU I/O 缓冲
H	L	单片机写入数据到数据寄存器（DR）	高→低：MCU I/O 缓冲→液晶数据寄存器 DR
H	H	单片机从数据寄存器（DR）中读出数据	高：液晶数据寄存器 DR→MCU I/O 缓冲
E 为低，或者是低→高，无动作			

忙标志 BF 提供内部工作情况。BF＝1 表示模块在进行内部操作，此时模块不接受外部指令和数据；BF＝0 时，模块为准备状态，随时可接受外部指令和数据。利用读指令可以将 BF 读到 DB7 总线，从而检验模块内部的工作状态。

读 1602 的时序如图 6.33 所示。

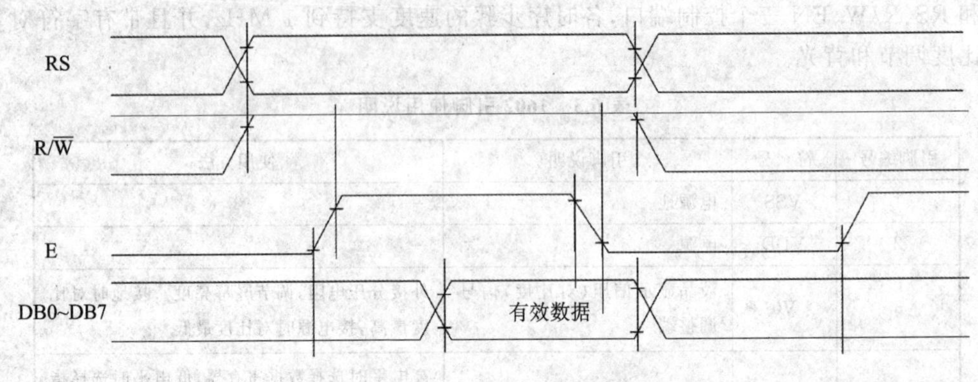

图 6.33 读 1602 的时序图

写 1602 的时序如图 6.34 所示。

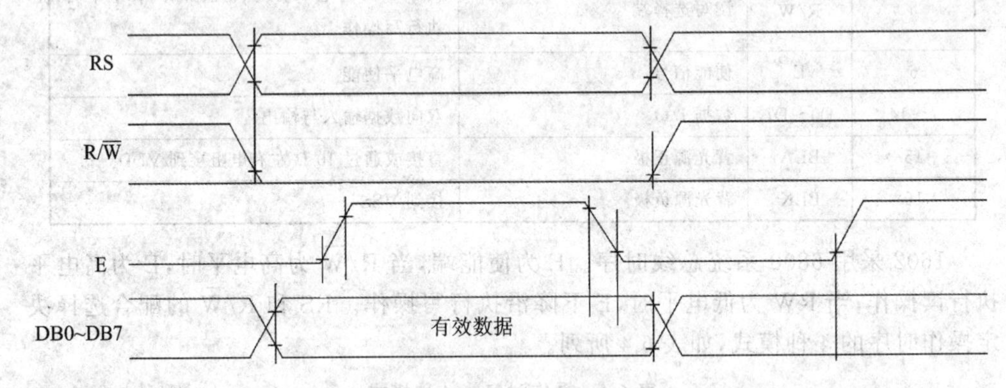

图 6.34 写 1602 的时序图

单片机采用软件模拟 6800 时序,与 1602 接口电路如图 6.35 所示。

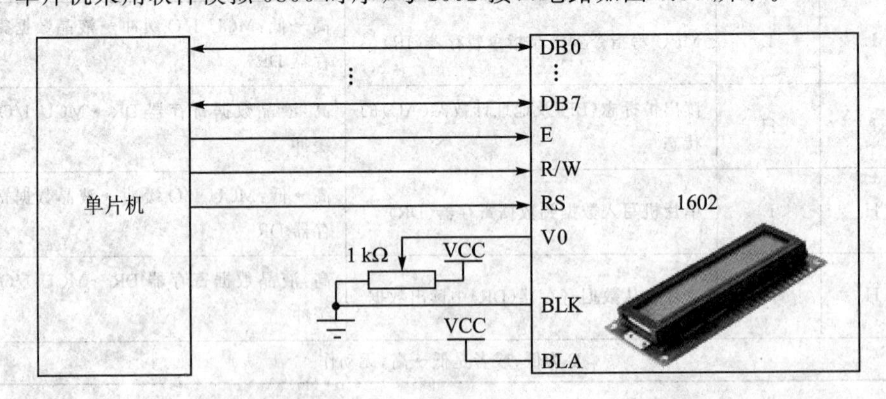

图 6.35 单片机与 1602 接口电路

软件模拟 6800 时序驱动程序如下：

汇编语言程序

```
LCM_RS     EQU  P3.0  ;定义引脚
LCM_RW     EQU  P3.1
LCM_E      EQU  P3.2
LCM_Data   EQU  P4
Busy       EQU  80H   ;用于检测忙标志

DL1US:
  MOV R7, #6
  DJNZ R7, $
  RET

;----读数据,返回值在 A 中-----
ReadDataLCM:
  SETB LCM_RS
  SETB LCM_RW
  SETB LCM_E
  LCALL DL1US ;等待 I/O 口稳定
  MOV  A, LCM_Data
  CLR  LCM_E;
  RET

;---------读状态-----------
ReadStatusLCM:
  MOV  LCM_Data, #0FFH;输入口
  CLR  LCM_RS
  SETB LCM_RW
  SETB LCM_E
  LCALL DL1US ;等待 I/O 口稳定
T_Busy:          ;检测忙信号
  MOV  A, LCM_Data
  ANL  A, #Busy ;测试
  JNZ  T_Busy
  CLR  LCM_E
  RET
;-----写数据,参数由 A 传入-----
WriteDataLCM:
  MOV  LCM_Data, A
  SETB LCM_RS
```

C51 语言程序

```
sbit  LCM_RS = P3^0;   //定义引脚
sbit  LCM_RW = P3^1;
sbit  LCM_E  = P3^2;
#define LCM_Data P4
#define Busy  0x80//用于检测忙标志

void delay_1us(void)
{
  unsigned char i;
  for(i = 0; i<6; i++);
}
//------------读数据-------------
unsigned char ReadDataLCM(void)
{
  unsigned char temp;
  LCM_RS = 1;
  LCM_RW = 1;
  LCM_E = 1;
  delay_1us();   //等待 I/O 口稳定
  temp = LCM_Data;
  LCM_E = 0;
  return(temp);
}
//-----------读状态---------------
void ReadStatusLCM(void)
{
  LCM_Data = 0xFF;//输入口
  LCM_RS = 0;
  LCM_RW = 1;
  LCM_E = 1;
  delay_1us();  //等待 I/O 口稳定
  //检测忙信号
  while (LCM_Data & Busy);
  LCM_E = 0;
}

//----------写数据---------------
void WriteDataLCM (unsigned char WDLCM)
{
```

```
  CLR  LCM_RW
  SETB LCM_E
  LCALL DL1US   ;等待 I/O 口稳定
  CLR  LCM_E
  RET

;-----写指令,参数由 A 传入 ----
WriteCommandLCM:
  MOV  LCM_Data, A
  CLR  LCM_RS
  CLR  LCM_RW
  SETB LCM_E
  LCALL DL1US   ;等待 I/O 口稳定
  CLR  LCM_E
  RET
```

```
  LCM_Data = WDLCM;
  LCM_RS = 1;
  LCM_RW = 0;
  LCM_E = 1;
  delay_1us();    //等待 I/O 口稳定
  LCM_E = 0;
}
//-----------写指令 --------------
void WriteCommandLCM
    (unsigned char WCLCM)
{
  LCM_Data = WCLCM;
  LCM_RS = 0;
  LCM_RW = 0;
  LCM_E = 1;
  delay_1us();    //等待 I/O 口稳定
  LCM_E = 0;
}
```

6.5.2 操作 1602 的 11 条指令

对 1602 显示字符控制,通过访问 1602 内部 RAM 地址实现,1602 内部控制器具有 80 个字节 RAM,RAM 地址与字符位置对应关系如图 6.36 所示。

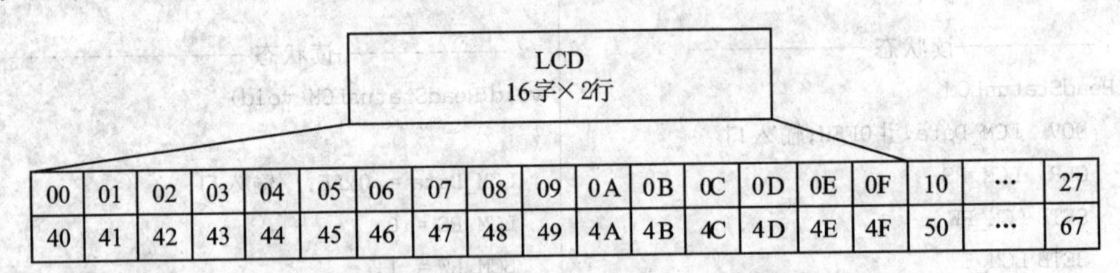

图 6.36 RAM 地址与字符位置对应关系

1602 的读/写操作,即显示控制,是通过 11 条控制指令实现的,详见表 6.5。

表 6.5 说明如下:

① 清显示,写该指令,所有显示清空,即 DDRAM 的内容全部写入空格的 ASCII 码 20H,同时地址计数器 AC 的值为 00H,光标归位(光标回到显示器的左上方)。

② 光标复位,写该指令,地址计数器 AC 的值为 00H,光标归位(光标回到显示器的左上方)。

③ 光标和显示模式设置,用于设定每写入 1 个字节数据后,光标的移动方向,及设定每写入 1 个字符光标是否移动,I/D 位用于光标移动方向控制,S 位用于屏幕上

所有文字的移位控制。具体如表 6.6 所列。

表 6.5　SMC1602A 指令诠释表

指令序号	指令动作	指令编码										执行时间/μs
		RS	RW	D7	D6	D5	D4	D3	D2	D1	D0	
1	清显示	0	0	0	0	0	0	0	0	0	1	1.64
2	光标复位	0	0	0	0	0	0	0	0	1	—	1.64
3	光标和显示模式设置	0	0	0	0	0	0	0	1	I/D	S	40
4	显示开/关控制	0	0	0	0	0	0	1	D	C	B	40
5	光标或字符移位	0	0	0	0	0	1	S/C	R/L	—	—	40
6	功能设置命令	0	0	0	0	1	DL	N	F	—	—	40
7	字符发生器 RAM 地址设置	0	0	0	1	设定下一个要存入资料的自定义字符发生存储器 CGRAM 地址，64 个地址，8 个字符						40
8	数据存储器 RAM 地址设置	0	0	1	设定下一个要存入资料的显示数据存储器 DDRAM 地址设置。用该指令码可以把光标移动到想要的位置							40
9	读忙标志或光标地址	0	1	BF	计数器地址 AC							0
10	写数据到存储器	1	0	将字符写入 DDRAM 以使 LCD 显示出相应的字符，或将使用者自创的图形写入 CGRAM。写入后内部对应存储器地址会自动加 1								40
11	读数据	1	1	读出相应的数据								40

表 6.6　写入 1602 1 个字节数据后的光标或字符移位控制

I/D	S	动作情况
0	0	每写入 1602 1 个字节数据后光标左移 1 格，且 AC 的值减 1
0	1	每写入 1602 1 个字节数据后显示器的字符全都右移 1 格，但光标不动
1	0	每写入 1602 1 个字节数据后光标右移 1 格，且 AC 的值加 1
1	1	每写入 1602 1 个字节数据后显示器的字符全都左移 1 格，但光标不动

④ 显示开/关控制，写该指令作用如下：

D 位控制整体显示的开、关，高电平开显示，低电平关显示；

C 位控制光标的开、关，高电平有光标，低电平无光标；

B 位控制光标是否闪烁，高电平闪烁，低电平不闪烁。

⑤ 光标或字符移位，S/C 位为高电平移动显示的文字，低电平移动光标；R/L 位为移动方向控制，高电平右移，低电平左移。表 6.7 所列为 1602 的直接光标或字符

移位控制。

表 6.7　1602 的直接光标或字符移位控制

S/C	R/L	动作情况
0	0	光标左移1格,且AC的值减1
0	1	光标右移1格,且AC的值加1
1	0	显示器的字符全都左移1格,但光标不动
1	1	显示器的字符全都右移1格,但光标不动

⑥ 功能设置命令,写该指令作用如下:DL位为高电平时为8位总线,低电平时为4位总线。为4位总线时,DB4～DB7为数据口,一个字节的数据或命令需要传输两次,单片机发送输出给1602时,先传送高4位,后传送低4位;自1602读数据时,第一次读取到的4位数据为低4位数据,后读取到的是高4位数据;自1602读忙时,第一次读取到的就是忙的高4位,后4位数据传送只要增加一个周期的时钟信号就可以了,内容无意义。1602初始化成4位数据线之前默认为8位,此时命令发送方式是8位格式,但数据线只需接4位,然后改到4位线宽,以进入稳定的4位模式。N位设置为高电平时双行显示,设置为低电平时单行显示。F位设置为高电平时,显示5×10的点阵字符,低电平时,显示5×7的点阵字符。

⑦ 读忙信号和地址计数器AC的内容,其中BF为忙标志位,高电平表示忙,此时模块不能接受命令或数据,低电平表示不忙。在每次操作1602之前,一定要确认液晶屏的"忙标志"为低电平(表示不忙),否则指令无效。

1. 1602 初始化

正确的初始化过程是这样的:

① 上电并等待15 ms以上;

② 8位模式写命令0b0011xxxx(后面4位线不用接,所以是无效的);

③ 等待4.1 ms以上;

④ 同步骤②;

⑤ 等待100 μs以上;

⑥ 写命令0b0011xxxx进入8位模式,写命令0b0010xxxx进入4位模式(后面所有的操作要严格按照数据模式操作,若为4位模式,该步骤后一定要进行重新显示模式设置);

⑦ 写命令0b00001000关闭显示;

⑧ 写命令0b00000001清屏;

⑨ 写命令0b000001(I/D)S设置光标模式;

⑩ 写命令0b001-DL-N-F-xx(NF为行数和字符高度设置位,之后行数和字符高不可重设)。

步骤①～⑤不可查询忙状态，只能用延时控制。步骤⑥～⑩可以查询 BF 状态确定模块是否忙。

初始化完成，即可写字符。那么如何实现在既定位置显示既定的字符呢？

2. 显示字符

显示字符时要先输入显示字符地址，即将此地址写入显示数据存储器地址中，告知液晶屏在哪里显示字符，参见图 6.36。比如，要在第二行第一个字符的位置显示字母 A，首先对液晶屏写入显示字符地址 C0H(0x40＋0x80)，再写入 A 对应的 ASCII 字符代码 41H，字符就会在第二行的第一个字符位置显示出来了。ASCII 表见附录 C。

3. 利用 1602 的自定义字符功能显示图形或汉字

字符发生器 RAM(CGRAM)可由设计者自行写入 8 个 5×7 点阵字型或图形。一个 5×7 点阵字型或图形需用到 8 字节的存储空间，每个字节的 b5、b6 和 b7 都是无效位，5×7 点阵自上而下取 8 个字节，即 7 个字节字模加上一个字节 0x00。

将自定义点阵字符写入到 1602 液晶的步骤如下：

① 给出地址 0x40，以指向自定义字符发生存储器 CGRAM 地址；

② 按每个字型或图形自上而下 8 个字节，一次性依次写入 8 个字型或图形的 64 个字节即可。

要让 1602 液晶显示自定义字型或图形，只需要在 DDRAM 对应地址写入 00H～07H 数据，即可在对应位置显示自定义资料了。

6.5.3 1602 液晶驱动程序设计

具体编程时，程序开始时对液晶屏功能进行初始化，约定了显示格式。注意，显示字符时光标是自动右移的，无需人工干涉。V0 接 1 kΩ 电阻到 GND。8 位模式 C51 程序如下：

```
#include <C8051F020.h>
#define uchar unsigned char
#define uint  unsigned int
sbit LCM_RS = P3^0;                 //定义引脚
sbit LCM_RW = P3^1;
sbit LCM_E  = P3^2;
#define LCM_Data  P4
#define Busy       0x80             //用于检测 LCM 状态字中的 Busy 标识

unsigned char code name[] = {"1602demo test"};
unsigned char code email[] = {"sauxo@126.com"};

void WDT_disable(void);
```

```
void OSC_Init(void);
void delay_ms(unsigned int t);

void delay_1us(void)
{
    unsigned char i;
    for(i = 0; i<6; i++);
}
//------------------------------读数据-------------------------------
unsigned char ReadDataLCM(void)
{
    unsigned char temp;
    LCM_RS = 1;
    LCM_RW = 1;
    LCM_E = 1;
    delay_1us();                    //等待 I/O 口稳定
    temp = LCM_Data;
    LCM_E = 0;
    return(temp);
}
//------------------------------读状态-------------------------------
void ReadStatusLCM(void)
{
    LCM_Data = 0xFF;                //输入口
    LCM_RS = 0;
    LCM_RW = 1;
    LCM_E = 1;
    delay_1us();                    //等待 I/O 口稳定
    while (LCM_Data & Busy);        //检测忙信号
    LCM_E = 0;
    return ;
}
//------------------------------写数据-------------------------------
void WriteDataLCM(unsigned char WDLCM)
{
    ReadStatusLCM();                //检测忙信号
    LCM_Data = WDLCM;
    LCM_RS = 1;
    LCM_RW = 0;
    LCM_E = 1;
    delay_1us();                    //等待 I/O 口稳定
    LCM_E = 0;
```

```
}
//---------------------------写指令 --------------------------------
void WriteCommandLCM(unsigned char WCLCM, unsigned char BuysC)
{   //BuysC 为 0 时忽略忙检测
    if(BuysC) ReadStatusLCM();      //根据需要检测忙信号
    LCM_Data = WCLCM;
    LCM_RS = 0;
    LCM_RW = 0;
    LCM_E = 1;
    delay_1us();                    //等待 I/O 口稳定
    LCM_E = 0;
}
//--------------------------1602 初始化 -----------------------------
void LCMInit(void)
{
    WriteCommandLCM(0x38,0);        //三次显示模式设置,不检测忙信号
    Delay_ms(5);
    WriteCommandLCM(0x38,0);
    Delay_ms(1);

    WriteCommandLCM(0x38,1);   //8 位总线,两行显示,开始要求每次检测忙信号
    WriteCommandLCM(0x08,1);   //关闭显示
    WriteCommandLCM(0x01,1);   //显示清屏
    WriteCommandLCM(0x06,1);   //显示光标移动设置
    WriteCommandLCM(0x0C,1);   //显示开及光标设置
}
//----------------------按指定位置显示一个字符 ------------------------
void DisplayOneChar(unsigned char X, unsigned char Y, unsigned char DData)
{
    X &= 0xF;                       //限制 X 不能大于 15,Y 不能大于 1
    if (Y) X |= 0x40;               //当要显示第二行时,地址码 + 0x40
    X |= 0x80;
    WriteCommandLCM(X, 1);          //发送地址码
    WriteDataLCM(DData);
}

//----------------------按指定位置显示一串字符 ------------------------
void DisplayListChar(unsigned char X, unsigned char Y,
                     unsigned char code * DData, unsigned char num)
{
    unsigned char i;
    X &= 0xF;                       //限制 X 不能大于 15,Y 不能大于 1
```

```
    if(Y) X |= 0x40;                 //当要显示第二行时,地址码+0x40
    X |= 0x80;
    WriteCommandLCM(X, 1);           //发送地址码
    X &= 0x0f;
    for(i=0; i<num; i++)             //发送 num 个字符
    {
        WriteDataLCM(DData[i]);      //写并显示单个字符
        if ((++X)> 0xF)break;        //每行最多16个字符,已经到最后一个字符
    }
}
//----------------------------------------------------------------------
void main(void)
{
    WDT_disable();                   //禁止看门狗定时器
    OSC_Init();

    XBR2 = 0x40;                     //使能交叉开关和所有弱上拉电阻

    delay_ms (20);                   //启动等待,等1602进入工作状态
    LCMInit();                       //LCM初始化

    DisplayListChar(0, 0, name,13);
    DisplayListChar(0, 1, email,13);
    while(1)
    {

    }
}
```

很多时候为节省I/O口而采用4位总线模式,P0的高4位作为总线口,C51需要修改的子函数如下:

```
unsigned char ReadDataLCM(void)          //读数据
{
    unsigned char temp;
    LCM_Data |= 0xF0;                    //输入口
    LCM_RS = 1;
    LCM_RW = 1;
    LCM_E = 1;
    temp = LCM_Data>>4;                  //先读回低4位
    LCM_E = 0;
    LCM_E = 1;
```

```
    delay_1us();                              //等待 I/O 口稳定
    temp |= LCM_Data&0xf0;
    LCM_E = 0;
    return(temp);
}
//------------------------读状态--------------------------------
void ReadStatusLCM(void)
{
    unsigned char temp;
    LCM_Data|= 0xF0;                          //输入口
    LCM_RS = 0;
    LCM_RW = 1;
    do
    {
        LCM_E = 1;
        delay_1us();                          //等待 I/O 口稳定
        temp = LCM_Data;
        LCM_E = 0;
        LCM_E = 1;                            //补一个时钟
        delay_1us();                          //等待 I/O 口稳定
        LCM_E = 0;
    }
    while(temp & 0x80);
}
//--------写数据线命令(四线模式数据要分两次写)-----------
void out2_4bit(unsigned char d8)
{
    LCM_Data = (LCM_Data&0X0f)|(d8&0xf0);   //写高 4 位数据
    LCM_E = 1;
    delay_1us();                              //等待 I/O 口稳定
    LCM_E = 0;
    LCM_Data = (LCM_Data&0X0f)|(d8<<4);     //写低 4 位数据
    LCM_E = 1;
    delay_1us();                              //等待 I/O 口稳定
    LCM_E = 0;
}
//--------------------写数据 ---------------------------
void WriteDataLCM(unsigned char WDLCM)
{
    ReadStatusLCM();                          //检测忙
    LCM_RS = 1;
    LCM_RW = 0;
```

```
    out2_4bit(WDLCM);
}
//--------------------写指令 ------------------------------
void WriteCommandLCM(unsigned char WCLCM, unsigned char BuysC)
{
    //BuysC 为 0 时忽略忙检测
    if (BuysC) ReadStatusLCM();                    //根据需要检测忙信号
    LCM_RS = 0;
    LCM_RW = 0;
    out2_4bit(WCLCM);
}
//----------------------1602 初始化 ---------------------------
void LCMInit(void)
{
    LCM_RS = 0;
    LCM_RW = 0;
    //WriteCommandLCM(0x38,0);                     //三次显示模式设置,不检测忙信号
    LCM_Data = (LCM_Data&0x0f)|(0x38&0xf0);       //写高 4 位数据
    LCM_E = 1;
    delay_1us();                                   //等待 I/O 口稳定
    LCM_E = 0;
    Delay_ms (5);
    //WriteCommandLCM(0x38,0);
    LCM_E = 1;
    delay_1us();                                   //等待 I/O 口稳定
    LCM_E = 0;
    Delay_ms (1);

    //WriteCommandLCM(0x28,1);
    LCM_Data = (LCM_Data&0x0f)|(0x28&0xf0);       //写高 4 位数据,4 位总线
    LCM_E = 1;
    delay_1us();                                   //等待 I/O 口稳定
    LCM_E = 0;

    WriteCommandLCM(0x28,1);                       //显示模式设置
    WriteCommandLCM(0x08,1);                       //关闭显示
    WriteCommandLCM(0x01,1);                       //显示清屏
    WriteCommandLCM(0x06,1);                       //显示光标移动设置
    WriteCommandLCM(0x0C,1);                       //显示开及光标设置
}
```

习题与思考题

6.1 在经典型 51 单片机系统中，外接程序存储器和数据存储器共用 16 位地址线和 8 位数据线，为何不会发生冲突？

6.2 区分经典型 51 单片机片外程序存储器和片外数据存储器的最可靠的方法是：

(1) 看其位于地址范围的低端还是高端；

(2) 看其离单片机芯片的远近；

(3) 看其芯片的型号是 ROM 还是 RAM；

(4) 看其是与 $\overline{RD}$ 信号连接还是与 $\overline{PSEN}$ 信号连接。

6.3 系统总线的复用和非复用配置有什么异同？

6.4 在存储器扩展中，无论是线选法还是译码法，最终都是为所扩展芯片的( )端提供信号。

6.5 CIP-51 单片机的数据存储器有几种工作模式？如何设置？寻址范围有何不同？

6.6 起止范围为 0000H～3FFFH 的存储器的容量是(   )KB。

6.7 在 51 单片机中，PC 和 DPTR 都用于提供地址，但 PC 是为访问( )存储器提供地址，而 DPTR 是为访问(   )存储器提供地址。

6.8 11 根地址线可选(   )个存储单元，16KB 存储单元需要(   )根地址线。

6.9 32 KB RAM 存储器的首地址若为 2000H，则末地址为(   )H。

6.10 现有 8031 单片机、74HC373 锁存器、一片 2764 EPROM 和两片 6116 RAM，请使用它们组成一个单片机应用系统，要求：

(1) 画出硬件电路连线图，并标注主要引脚；

(2) 指出该应用系统程序存储器空间和数据存储器空间各自的地址范围。

6.11 使用 AT89S52 芯片外扩一片 128 KB RAM 628128，要求其分成两个 64 KB空间，分别作为程序存储器和数据存储器。画出该应用系统的硬件连线图。

6.12 使用 AT89S52 芯片外扩一片 8 KB EEPROM 2864，要求 2864 兼作程序存储器和数据存储器，且首地址为 8000H。要求：

(1) 确定 2864 芯片的末地址；

(2) 画出 2864 芯片片选端的地址译码电路；

(3) 画出该应用系统的硬件连线图。

6.13 请基于非复用方式扩展 8 KB 数据存储器的同时扩展 16 个输入口的电路，并写出访问地址。

6.14 请说明 Intel 8080 和 Motorola 6800 两种总线时序的异同。

第7章

中断与中断系统

中断(Interrupt)技术是计算机体系结构的重要技术之一,用于计算机对异常或紧急事件进行实时处理,它既和硬件有关,也和软件有关。正因为有了中断和中断系统,才使计算机的工作更加灵活、高效。中断与中断系统集中体现了计算机对异常事件的处理能力。本章首先介绍中断的基本概念、中断源、中断的处理过程及应用,然后系统阐述 51 单片机的中断系统和外中断。

7.1 中断机制与中断系统运行

中断系统,即中断管理系统,其功能是使计算机对外设或异常等突发事件具有实时处理能力。

中断是一个过程,当中央处理器 CPU 在处理某件事情时,外部又发生了一个紧急事件,请求 CPU 暂停当前的工作而去迅速处理该紧急事件。紧急事件处理结束后,再回到原来被中断的地方,继续原来的工作。引起中断的原因或发出中断请求的来源,称为中断源。实现中断的硬件系统和软件系统称为中断系统。

中断之后所执行的处理程序,通常称为中断服务(子)程序(Interrupt Service Routine,ISR);原来运行的程序则称为主程序。主程序被断开的位置(地址),称为断点。

中断是计算机中很重要的一个概念,中断系统是计算机的重要组成部分。中断的主要功能可以概括为以下两点:

① 协同工作,提高 CPU 的工作效率。采用中断后,CPU 与外部设备之间不再是串行地工作,而是“并行”操作。CPU 启动外设后,仍然继续执行主程序,此时 CPU 和启动的外设处于同步工作状态。而外设要与 CPU 进行数据交换时,就发出中断请求信号;当 CPU 响应中断后就会暂离主程序,转去执行中断服务子程序;ISR 执行完后返回到原主程序暂停处继续执行,这样 CPU 和外设可以同步工作。采用中断后,CPU 既可以同时与外设打交道,又能“同时”处理内部数据,工作效率大大提升。

② 实时处理。在实时控制中,计算机的故障检测与自动处理、异常警讯请求实时处理和信息通信等都往往通过中断来实现,即能够立即响应并及时加以处理。这样的及时处理在查询工作方式下是做不到的。

总结起来,中断处理涉及以下 4 个方面的问题:

1. 中断源及中断标志

引起中断事件的触发源,即产生中断请求信号的事件、原因称为中断源。每个中断源对应至少 1 个中断标志,当中断源请求 CPU 中断时,对应的中断标志置位。计算机在执行每条指令期间,都会检查是否有中断标志置位,若对应中断被使能,则响应中断。可见,中断标志建立起 CPU 与中断系统的桥梁。

C8051F020 所有中断源的中断标志都在可位寻址的 SFR 内。

2. 中断响应与中断返回

当 CPU 检测到中断源提出的中断请求(即对应中断源的中断标志置位),且中断又处于使能状态时,CPU 就会响应中断,进入中断响应过程。首先对当前的断点地址(即 PC 值)进行入栈保护,即保护现场,待中断服务子程序完成后能正确接断点处继续运行。然后把中断服务程序的入口地址送给程序指针 PC,转移到中断服务程序,在中断服务程序中进行相应的中断处理。最后,出栈,恢复现场,并通过中断返回指令 RETI 返回断点位置,结束中断。

要注意的是,当中断源请求 CPU 中断时,CPU 中断一次以响应中断请求,但是不能出现中断请求产生一次,CPU 响应多次的情况,这就要求中断请求信号及时被撤销。

3. 中断允许与中断屏蔽

当中断源提出中断请求,CPU 检测到以后是否立即进行中断处理呢?结果不一定。CPU 要响应中断,还受到中断系统多个方面的控制,其中最主要的是中断允许(亦称为中断使能)和中断屏蔽的控制。如果某个中断源被系统设置为屏蔽状态,则无论中断请求是否提出,都不会响应;如果中断源设置为允许状态,并提出了中断请求,则 CPU 才会响应。一般,单片机复位后,所有中断源都处于被屏蔽状态。

4. 中断优先级控制

当系统有多个中断源被使能时,有时会出现几个中断源同时请求中断,或者正在执行中断请求时又有新的中断请求,然而 CPU 在某个时刻只能对一个中断源进行响应,响应哪一个呢?这就涉及到中断优先级控制问题。在实际系统中,往往根据中断源的重要程度给不同的中断源设定优先等级。当多个中断源提出中断请求时,优先级高的先响应,优先级低的后响应,即当有高优先级中断正在响应时,会屏蔽同级中断和低优先级中断。

当 CPU 正在处理一个中断源请求的时候,又发生了另一个优先级比它高的中断源请求,CPU 将暂时中止对原来中断处理程序的执行,转而去处理优先级更高的中断源请求,待处理完以后,再继续执行原来的低级中断处理程序,这样的过程称为中断嵌套。而低优先级中断不能打断同级或更高级中断。具有中断优先级控制的中断系统才支持中断嵌套功能。二级中断嵌套过程如图7.1所示。

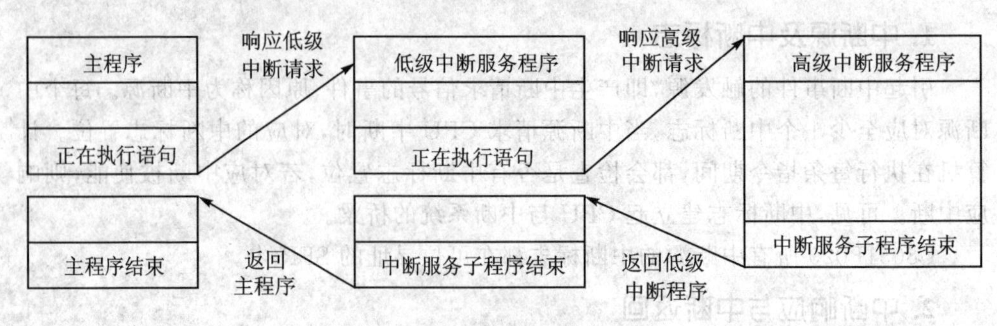

图7.1　二级中断嵌套示意图

7.2　51单片机的中断系统

7.2.1　51单片机的中断源与中断向量

经典基本型51单片机有5个中断源,包括2个外部中断源$\overline{INT0}$(P3.2)和$\overline{INT1}$(P3.3),2个定时/计数器T0和T1的溢出中断TF0和TF1,1个串行口发送TI和接收RI中断。经典增强型51单片机有6个中断源,除了经典基本型51单片机的5个中断源外,还有T2中断源,及对应的两个中断标志TF2和EXF2。C8051F020包含一个扩展的中断系统,支持22个中断源。

1. 外部中断类

外部中断是由外部引脚电平变化引起的中断,是单片机外部异常请求的输入端,主要用于自动控制、实时处理和设备故障的处理等。

所有的CIP-51单片机都兼容经典型51单片机的两个外部中断($\overline{INT0}$和$\overline{INT1}$),设置和应用方法一致,只是具体引脚要由交叉开关在低端口分配。$\overline{INT0}$和$\overline{INT1}$的中断标志分别为IE0和IE1。

另外,CIP-51内核单片机还有两个外部中断INT6和INT7,中断标志分别为IE6和IE7。

在51单片机中,只有一个中断标志的中断源,当进入中断服务子程序后,其对应的中断标志会被硬件自动清零。显然,51单片机的外部中断符合自动清零中断标志的情况,但要注意$\overline{INT0}$和$\overline{INT1}$的电平触发时的特殊情况,这将在7.4节学习。

2. 定时中断类

定时中断源于定时/计数器的异常请求。C8051F020单片机除具有与经典型51单片机兼容的T0、T1和T2定时器外,还有T3定时器和T4定时/计数器。T0和T1具有一致的基本功能,T2和T4具有一致的基本功能。

定时/计数器的异常请求一方面是为满足定时/计数器溢出处理的需要而设置，当定时/计数器中的计数值发生溢出时，即表明定时时间到或计数值已满，这时就以计数溢出信号作为中断请求，使溢出标志位置1。TF0～TF4分别表示定时器0（T0）～定时器4（T4）的溢出标志。当定时器定时或计数产生溢出时，中断请求标志置1，请求中断处理。T0、T1和T3只有溢出中断，因此，进入中断服务子程序后，它们的中断标志TF0、TF1和TF3被硬件自动清零。

溢出中断请求是在单片机芯片内部发生的，无须在芯片上设置引入端，但在计数方式上，中断源可以由外部引入，其输入的引脚也由交叉开关配置。

另外，捕获中断也是重要的定时/计数器异常请求类型，T2和T4就具有捕获中断，中断标志分别为EXF2和EXF4。

也就是说，T2和T4都有两个中断标志，也就是不只有1个中断标志引发中断，无论哪个标志位置1，都请求定时/计数器中断，中断服务子程序需要查询判断中断标志以确定为何种中断事件。中断标志也不能由硬件自动清零，必须查询后由软件对其写0清零，否则将无法查询，无法知晓是何种中断事件。

3. 串行口中断类

串行口中断是为串行数据的传送需要而设置的。串行中断请求也是在单片机芯片内部发生的。C8051F020中，串行口中断源包括UART中断源、SPI中断源和SMBus中断源。

(1) UATR 串行口中断源

C8051F020有两个串行口：UART0和UART1，其中UART0与经典型51单片机的串行口在使用上兼容，UART0的引脚（RX0、RX1）只能通过交叉开关配置在C8051F020的P0.0和P0.1上。它们都具有发送中断标志TI和串行口接收中断标志RI两个串行中断标志。无论哪个标志位置位，都请求串行口中断。到底是发送中断TI还是接收中断RI，只有在中断服务程序中通过指令查询来判断。串行口中断响应后，中断标志不能由硬件自动清零，必须由软件对TI或RI写0清零。

(2) SPI 串行口中断源

SPI串行口中断源有以下几种情况：当接收或发送完一串行帧数据时会引起中断；同时，当发生写冲突、方式错误和接收溢出情况时，也会引起中断。它们的中断标志分别为SPIF、WCOL、MODF和RXOVRN。

(3) SMBus 串行口中断源

SMBus串行口中断源中断有28种可能的状态，但它们的中断标志都用SI位表示。其中任何一种状态都可使SI位置1，要想判别是由哪一种状态引起的，还需要判别引起中断的状态码。

4. 比较器中断类

C8051F020内部集成了两个模拟比较器，每个比较器占用两个中断源。这两个比较器可通过对设定电压与输入电压的比较而产生上升沿或下降沿中断,其中断标志分别为CP0RIF、CP0FIF、CP1RIF和CP1FIF。

5. ADC中断类

C8051F020集成有ADC0和ADC1两个ADC中断源。ADC1的中断标志是AD1INT,表征ADC1转换结束。ADC0除了表征ADC0转换结束的AD0INT中断标志外,还有AD0WINT中断标志。AD0WINT称为越限比较中断,对ADC0模块而言,在转换过程中,其输出将与设定的窗口数值进行比较,当出现越限情况时,会产生中断,并将中断标志AD0WINT置位。

6. 可编程计数器中断类

C8051F020还集成有可编程计数器PCA中断源。PCA有多种工作模式,在计数器溢出和发生捕获/比较情况时,会产生中断信号,将置中断标志CF和CCF0~CCF4为1。

当中断源中断请求被响应后,CPU将PC指向对应中断源的中断服务程序入口地址,该地址称为中断向量。51单片机的每个中断源具有固定的中断向量入口地址,如表7.1所列。阴影部分为经典型51单片机的中断向量。

表7.1 C8051F020中断向量表

中断源	中断入口地址	中断源	中断入口地址
$\overline{\text{INT0}}$	0003H	比较器0上升沿	005BH
定时/计数器T0	000BH	比较器1下降沿	0063H
$\overline{\text{INT1}}$	0013H	比较器1上升沿	006BH
定时/计数器T1	001BH	定时/计数器T3	0073H
串行口UART0(RI0、TI0)	0023H	ADC0转换结束	007BH
定时/计数器T2	002BH	定时/计数器T4	0083H
SPI0	0033H	ADC1转换结束	008BH
SMBus	003BH	INT6	0093H
ADC0WC	0043H	INT7	009BH
PCA0	004BH	UART1(RI1、TI1)	00A3H
比较器0下降沿	0053H	外部晶振准备好	00ABH

7.2.2 51单片机的中断允许控制

51单片机的中断允许控制采取两级控制方式,即在总中断允许下,对应中断源中断也被允许,CPU才能响应对应中断源请求。

51单片机中没有专门的开中断和关中断指令,对各个中断源的允许和屏蔽是通过特定SFR的相应位来控制的。

1. 中断允许寄存器 IE

经典型 51 单片机设置了中断允许寄存器 IE 来对 6 个中断源进行中断允许设置。C8051F020 与此完全兼容。可位寻址的 IE 寄存器各个位的定义如下：

	b7	b6	b5	b4	b3	b2	b1	b0
IE	EA	—	ET2	ES(ES0)	ET1	EX1	ET0	EX0

其中：

EA：中断允许总控制位。EA=0，屏蔽所有的中断请求；EA=1，开放中断。EA 的作用是使中断允许形成两级控制，即各中断源首先受 EA 位的控制；其次还要受各中断源自己的中断允许位控制。

ET2：定时/计数器 T2 的溢出中断允许位，只用于 52 增强型系列，51 基本型系列无此位。ET2=0，禁止 T2 中断；ET2=1，允许 T2 中断。

ES(ES0)：经典型 51 单片机记为 ES，在 CIP-51 内核单片机中记为 ES0，是串行口(0)的中断允许位。ES=0，禁止串行口(0)中断；ES=1，允许串行口(0)中断。

ET1：定时/计数器 T1 的溢出中断允许位。ET1=0，禁止 T1 中断；ET1=1，允许 T1 中断。

EX1：外部中断$\overline{INT1}$的中断允许位。EX1=0，禁止外部中断$\overline{INT1}$中断；EX1=1，允许外部中断$\overline{INT1}$中断。

ET0：定时/计数器 T0 的溢出中断允许位。ET0=0，禁止 T0 中断；ET0=1，允许 T0 中断。

EX0：外部中断$\overline{INT0}$的中断允许位。EX0=0，禁止外部中断$\overline{INT0}$中断；EX0=1 允许外部中断$\overline{INT0}$中断。

系统复位时，中断允许寄存器 IE 的内容为 00H，如果要开放某个中断源，则必须使 IE 中的总控制位和对应的中断允许位置位。

另外，C8051F020 将寄存器 IE 寄存器的 b6 位实现为一个通用的位，并命名为 IEGF0，作为一个通用的位变量供用户随意使用。这与经典型 51 单片机不一致。

相比于经典型 51 单片机，C8051F020 还设置了 EIE1 和 EIE2 两个不支持位寻址的 SFR 用于其他 16 个中断源的允许和屏蔽控制。同样，对应位设置为 0 则中断源被屏蔽，对应位设置为 1 则中断源被允许。

2. C8051F020 扩展中断允许 1 寄存器 EIE1

R/W 特性的 EIE1 寄存器各个位的定义如下：

	b7	b6	b5	b4	b3	b2	b1	b0
EIE1	ECP1R	ECP1F	ECP0R	ECP0F	EPCA0	EWADC0	ESMB0	ESPI0

其中：

ECP1R：比较器1(CP1)上升沿中断允许位。ECP1R = 1时，允许CP1RIF标志位(CPT1CN[5])的中断请求。

ECP1F：比较器1(CP1)下降沿中断允许位。ECP1F = 1时，允许CP1FIF标志位(CPT1CN[4])的中断请求。

ECP0R：比较器0(CP0)上升沿中断允许位。ECP0R = 1时，允许CP0RIF标志位(CPT0CN[5])的中断请求。

ECP0F：比较器0(CP0)下降沿中断允许位。ECP0F = 1时，允许CP0FIF标志位(CPT0CN[4])的中断请求。

EPCA0：可编程计数器阵列(PCA0)中断允许位。EPCA0 = 1时，允许PCA0的中断请求。

EWADC0：ADC0窗口比较中断允许位。EWADC0 = 1时，允许ADC0窗口比较中断请求。

ESMB0：SMBus0中断允许位。ESMB0 = 1时，允许SI标志位(SMB0CN[3])的中断请求。

ESPI0：SPI0中断允许位。ESPI0 = 1时，允许SPIF标志位(SPI0CN[7])的中断请求。

3. C8051F020扩展中断允许2寄存器EIE2

R/W特性的EIE2寄存器各个位的定义如下：

	b7	b6	b5	b4	b3	b2	b1	b0
EIE2	EXVLD	ES1	EX7	EX6	EADC1	ET4	EADC0	ET3

其中：

EXVLD：外部时钟源有效(XTLVLD)中断允许位。EXVLD = 1时，允许XTLVLD标志位(OSCXCN[7])的中断请求。

ES1：UART1中断允许位。ES1=1时，允许UART1中断。

EX7：INT7中断允许位。EX7=1时，允许INT7输入引脚的中断请求。

EX6：INT6中断允许位。EX6=1时，允许INT6输入引脚的中断请求。

EADC1：ADC1转换结束中断允许位。EADC1=1时，允许ADC1转换结束产生的中断请求。

ET4：定时/计数器T4中断允许位。ET4=1时，允许定时/计数器T4中断请求。

EADC0：ADC0转换结束中断允许位。EADC0=1时，允许ADC0转换结束产生的中断请求。

ET3：定时器T3中断允许位。ET3 = 0，禁止定时器T3中断；ET3 = 1，允许TF3标志位(TMR3CN[7])的中断请求。

7.2.3 51 单片机的中断优先级控制

51 单片机的中断优先级只有两级，即高优先级和低优先级两个级别。

1. 优先级寄存器 IP

经典型 51 单片机通过中断优先级寄存器 IP 来设置每个中断源的优先级，对应位设置为 1 则为高优先级，否则为低优先级。C8051F020 对此完全兼容。IP 寄存器可以进行位寻址，各个位的定义如下：

	b7	b6	b5	b4	b3	b2	b1	b0
IP	—	—	PT2	PS(PS0)	PT1	PX1	PT0	PX0

其中：

PT2：定时/计数器 T2 的中断优先级控制位，只用于 52 增强型系列。

PS(PS0)：串行口的中断优先级控制位。经典型 51 单片机中记为 PS，C8051F020 中记为 PS0。

PT1：定时器/计数器 T1 的中断优先级控制位。

PX1：外部中断 $\overline{\text{INT1}}$ 的中断优先级控制位。

PT0：定时器/计数器 T0 的中断优先级控制位。

PX0：外部中断 $\overline{\text{INT0}}$ 的中断优先级控制位。

相比于经典型 51 单片机，C8051F020 还设置了 EIP1 和 EIP2 两个不支持位寻址的 SFR 用于其他 16 个中断源的优先级控制，对应位设置为 0 则为低优先级中断，对应位设置为 1 则为高优先级中断。

2. 扩展中断优先级 1 寄存器——EIP1

R/W 特性的 EIP1 寄存器各个位的定义如下：

	b7	b6	b5	b4	b3	b2	b1	b0
EIP1	PCP1R	PCP1F	PCP0R	PCP0F	PPCA0	PWADC0	PSMB0	PSPI0

其中：

PCP1R：比较器 1(CP1)上升沿中断优先级控制位。

PCP1F：比较器 1(CP1)下降沿中断优先级控制位。

PCP0R：比较器 0(CP0)上升沿中断优先级控制位。

PCP0F：比较器 0(CP0)下降沿中断优先级控制位。

PPCA0：可编程计数器阵列(PCA0)中断优先级控制位。

PWADC0：ADC0 窗口比较中断优先级控制位。

PSMB0：SMBus0 中断优先级控制位。

PSPI0：SPI0 中断优先级控制位。

3. 扩展中断优先级2寄存器EIP2

R/W特性的EIP2寄存器各个位的定义如下：

	b7	b6	b5	b4	b3	b2	b1	b0
EIP2	PXVLD	PS1	PX7	PX6	PADC1	PT4	PADC0	PT3

其中：

PXVLD：外部时钟源有效(XTLVLD)中断优先级控制位。

PS1：UART1中断优先级控制位。

PX7：INT7中断优先级控制位。

PX6：INT6中断优先级控制位。

PADC1：ADC1转换结束中断优先级控制位。

PT4：定时/计数器T4中断优先级控制位。

PADC0：ADC0转换结束中断优先级控制位。

PT3：定时器T3中断优先级控制位。

4. 同级中断源的优先级

对于同级中断源,51单片机采取默认的优先权顺序,中断向量越小,其优先级越高。

对于中断优先级和中断嵌套,51单片机有以下三条规定。

① 正在进行的中断过程不能被新的同级或低优先级的中断请求所中断,直到该中断服务程序结束,返回了主程序且执行了主程序中的一条指令后,CPU才响应新的中断请求。

② 正在进行的低优先级中断服务程序能被高优先级中断请求所中断,实现两级中断嵌套。

③ CPU同时接收到几个中断请求时,首先响应优先级最高的中断请求。

实际上,51单片机对于二级中断嵌套的处理是通过中断系统中的两个用户不可寻址的优先级状态触发器来实现的。这两个优先级状态触发器是用来记录本级中断源是否正在中断。如果正在中断,则硬件自动将其优先级状态触发置1。若高优先级状态触发器置1,则屏蔽所有后来的中断请求;若低优先级状态触发器置1,则屏蔽所有后来的低优先级中断,允许高优先级中断形成二级嵌套。当中断响应结束时,对应的优先级状态触发器由硬件自动清零。

经典型51单片机的中断源和相关的特殊功能寄存器以及内部硬件线路构成的中断系统的逻辑结构如图7.2所示。C8051F020的中断系统是在经典型51单片机中断系统基础上的扩展,读者可以类推。

5. 中断响应判定

(1) 中断响应的条件

51单片机响应中断的条件为：中断源有请求且中断允许。51单片机工作时,在

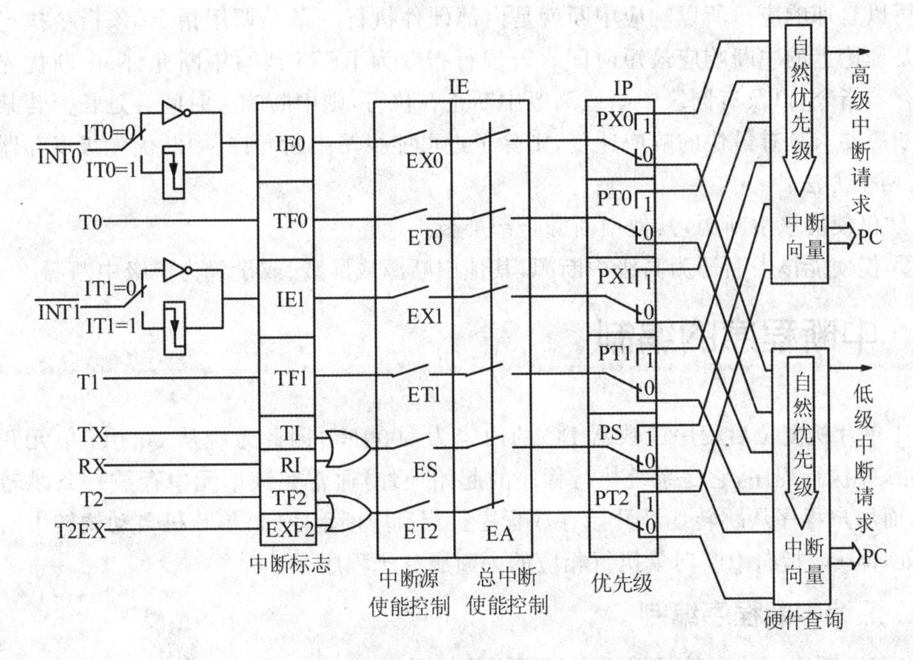

图 7.2 经典型 51 单片机中断系统的逻辑结构图

每条指令执行期间，对所有中断源按用户设置的优先级和内部规定的优先级进行顺序检测，并找到所有有效的中断请求。如有中断请求，且满足下列条件，该指令执行完成则立即响应中断。能够响应中断的条件如下：

① 无同级或高级中断正在处理；

② 现行指令执行已结束；

③ 当现行指令为 RETI 或写中断允许、中断优先级寄存器指令时，执行完该指令且紧随其后的另一条指令也已执行完毕。请读者考虑这是为什么？

(2) 中断响应过程

51 单片机响应中断后，由硬件自动执行如下的功能操作：

① 根据中断请求源的优先级高低，对相应的优先级状态触发器置 1。

② 保护断点，即把程序计数器 PC 的内容压入堆栈保存。

③ 只有一个中断标志的中断源，其 ISR 会自动清中断请求标志位。当然，电平触发外中断例外。

④ 把被响应的中断服务程序入口地址送入 PC，从而转入相应的中断向量以执行相应的中断服务子程序。

(3) 中断响应时间

所谓中断响应时间是指 CPU 检测到中断请求信号到转入中断服务程序入口所需要的机器周期。了解中断响应时间对设计实时测控应用系统有重要指导意义。

若 CPU 检测到中断请求信号时间正好是一条指令的最后一个时钟，则不需等待就可以立即响应。所以响应中断就是内部硬件执行一条长调用指令,该指令执行时间是理论上的中断响应最短时间。若现行指令为 RETI 或写中断允许、中断优先级寄存器指令,以及有同级中断或高级中断正在执行,则中断响应时间会延长。若某个中断源要求具有最快的响应速度,则除了近可能少写中断允许、中断优先级寄存器外,有两个方法:

① 仅使能该中断源,其他中断源全部屏蔽;

② 仅使能该中断源为高级中断源,其他中断源或屏蔽、或设置为低级中断源。

7.3 中断程序的编制

51 单片机复位后程序计数器 PC 的内容为 0000H,因此系统从 0000H 单元开始取指,并执行程序,它是系统执行程序的起始地址,通常在该单元中存放一条跳转指令,而用户程序从跳转地址开始存放程序。当有中断请求时,单片机自动调转中断向量处,即 PC 指向中断向量执行相应的中断服务子程序。

1. 汇编中断程序编制

含有中断应用的完整汇编语言程序框架如下:

```
$ include (C8051F000.inc)
    ORG  0000H
    LJMP MAIN
    ORG  0003H
    LJMP INT0_ISR
    ORG  000BH
    LJMP T0_ISR
    ORG  0013H
    LJMP INT1_ ISR
    ORG  001BH
    LJMP T1_ ISR
    ORG  0023H
    LJMP SERIAL_ ISR
    ORG  002BH
    LJMP T2_ ISR
     ⋮

    ORG  0100H
MAIN:
    ;禁止看门狗定时器
    MOV  WDTCN, #0DEH
    MOV  WDTCN, #0ADH
```

```
    ;系统时钟切换到外部 22.118 4 MHz 时钟
    LCALL OSC_INIT

    ;其他初始化语句或子函数
        ⋮
LOOP：
        ⋮
    LJMP    LOOP
INT0_ISR：
        ⋮
    RETI
T0_ ISR：
        ⋮
RETI
INT1_ ISR：
        ⋮
    RETI
T1_ ISR：
        ⋮
    RETI
SERIAL_ ISR：
        ⋮
    RETI
T2_ ISR：
        ⋮
    RETI
        ⋮
    END
```

当然，具体应用时不使用的中断源代码可以去除，且要注意的是中断服务子程序中伴随着入栈和出栈。

2. C51 中断程序的编制

C51 使用户能编写高效的中断服务程序，编译器在规定的中断源的矢量地址中放入无条件转移指令，使 CPU 响应中断后自动地从矢量地址跳转到中断服务程序的实际地址，而无需用户去安排。

中断服务程序定义为函数，一般没有形参和返回值。函数的完整定义如下：

```
void 中断服务函数名(void) interrupt n [using m]
```

必选项 interrupt n 表示将函数声明为中断服务函数，n 为中断源编号，可以是 0～

31之间的整数,注意,不允许是带运算符的表达式,n的取值含义如表7.2所列。

表7.2 C51中断号n的取值含义

中断号	中断源	中断号	中断源
0	$\overline{\text{INT0}}$	11	比较器0上升沿
1	定时/计数器T0	12	比较器1下降沿
2	$\overline{\text{INT1}}$	13	比较器1上升沿
3	定时/计数器T1	14	定时/计数器T3
4	串行口UART0(RI0、TI0)	15	ADC0转换结束
5	定时/计数器T2	16	定时/计数器T4
6	SPI0	17	ADC1转换结束
7	SMBus	18	INT6
8	ADC0WC	19	INT7
9	PCA0	20	UART1(RI1、TI1)
10	比较器0下降沿	21	外部晶振准备好

using m加“[ ]”表示是可选项,用于定义函数使用的工作寄存器组,m的取值范围为0～3。它对目标代码的影响是:函数入口处将当前寄存器保存,使用m指定的寄存器组;函数退出时,原寄存器组恢复。选择不同的工作寄存器组,可方便地实现寄存器组的现场保护。using m不写则由C51自动分配。

中断服务函数不允许用于外部函数调用,即只能中断触发自动调用,它对目标代码的影响如下:

① 当调用函数时,SFR中的ACC、B、DPH、DPL和PSW在需要时入栈。

② 如果不使用寄存器组切换,中断函数所需的所有工作寄存器Rn都采用直接地址方式入栈。

③ 函数退出前,所有工作寄存器都出栈。

④ 函数由RETI指令终止。

7.4 外部中断及应用系统设计

7.4.1 外部中断$\overline{\text{INT0}}$和$\overline{\text{INT1}}$

外部中断请求$\overline{\text{INT0}}$和$\overline{\text{INT1}}$有两种触发方式:电平触发和边沿触发。这两种触发方式可以通过对可位寻址的特殊功能寄存器TCON编程来选择。TCON寄存器的高4位用于定时/计数器T0和T1的控制,低4位用于$\overline{\text{INT0}}$和$\overline{\text{INT1}}$。TCON位定义如下:

	b7	b6	b5	b4	b3	b2	b1	b0
TCON	TF1	TR1	TF0	TR0	IE1	IT1	IE0	IT0

其中：

IT0(IT1)：$\overline{\text{INT0}}$($\overline{\text{INT1}}$)触发方式控制位。IT0(或 IT1)被设置为 0,则选择外部中断为电平触发方式(默认);IT0(或 IT1)被设置为 1,则选择外部中断为边沿触发方式。

IE0(IE1)：$\overline{\text{INT0}}$($\overline{\text{INT1}}$)的中断请求标志位。在电平触发方式时,CPU 在执行每条指令期间都检测$\overline{\text{INT0}}$($\overline{\text{INT1}}$)引脚是否为高电平,为高电平则 IE0(IE1)清零,若$\overline{\text{INT0}}$($\overline{\text{INT1}}$)引脚为低电平,则 IE0(IE1)置 1,向 CPU 请求中断;在边沿触发方式时,若$\overline{\text{INT0}}$($\overline{\text{INT1}}$)引脚出现下降沿,由 IE0(IE1)置 1,向 CPU 请求中断。

边沿触发方式时,$\overline{\text{INT0}}$(或$\overline{\text{INT1}}$)引脚上一个有效的从高到低的跳变将触发对应的中断标志置位并锁存。该中断标志的清除有两个方法:一是 CPU 响应中断并转向该中断服务程序时,由硬件自动将 IE0(IE1)清零;二是在没有被响应前,由软件写零清除中断标志。因此,当 CPU 正在执行同级中断(甚至是外部中断本身)或高级中断时,产生的外部中断请求在中断标志寄存器中一直有效,直到被响应并执行相应的 ISR。一般,仅有一个中断标志的中断源,执行其 ISR 后,中断系统会自动清除其中断标志。

对于电平触发方式,只要$\overline{\text{INT0}}$(或$\overline{\text{INT1}}$)引脚为高电平,IE0(或 IE1)就为 0;$\overline{\text{INT0}}$(或$\overline{\text{INT1}}$)引脚为低电平,IE0(或 IE1)就置 1,请求中断。也就是说,此时标志位对于请求信号来说是透明的。CPU 响应执行对应的 ISR 后不能够由硬件自动将 IE0(IE1)清零。这就可能出现两个问题:

① 低电平请求脉冲过于短暂,这样当中断请求被阻塞而没有得到及时响应时,中断已经撤销,此次请求将被丢失。换句话说,要使电平触发的中断被 CPU 响应并执行,必须保证外部中断源口线的低电平维持到中断被执行为止。

② 如果在中断服务程序返回时,$\overline{\text{INT0}}$(或$\overline{\text{INT1}}$)引脚还为低电平,则又会中断。这样就会出现发出一次请求,中断多次的情况。

为解决以上问题,可以通过外加电路来实现,外部中断请求信号通过 D 触发器加到单片机$\overline{\text{INT0}}$(或$\overline{\text{INT1}}$)引脚上。当外部中断请求信号使 D 触发器的 CK 端发生跳变时,D 端接地,Q 端输出 0,向单片机发出中断请求。CPU 响应中断后,利用一根 I/O 接口线 Pn.x 作为应答线,如图 7.3 所示。同时,图 7.3 所示电路还可防止因 CPU 繁忙,待有时间处理电平触发外中断时,中断已经自动撤销,而丢失中断请求响应。

在中断服务程序中,可以先拉低 Pn.x,然后再置高 Pn.x,使 D 触发器异步置 1,撤销中断请求信号。

【例 7.1】 对于图 7.4 所示电路,要求每按下一次按键,就出现一个低电平,触发外中断一次,发光二极管显示状态取反。电容用于按键去抖动。

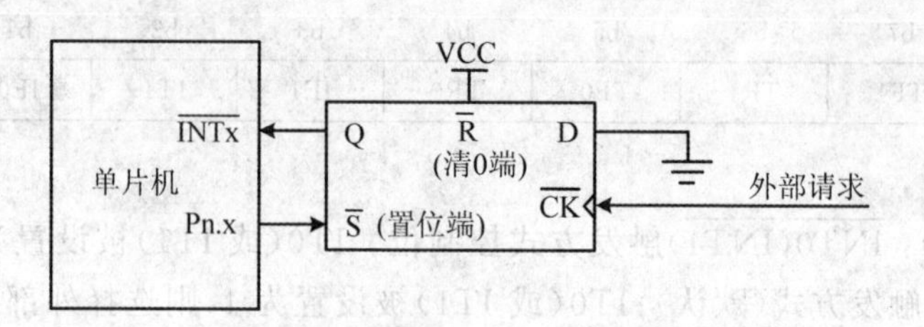

图 7.3 低电平触发外部中断的中断撤销电路

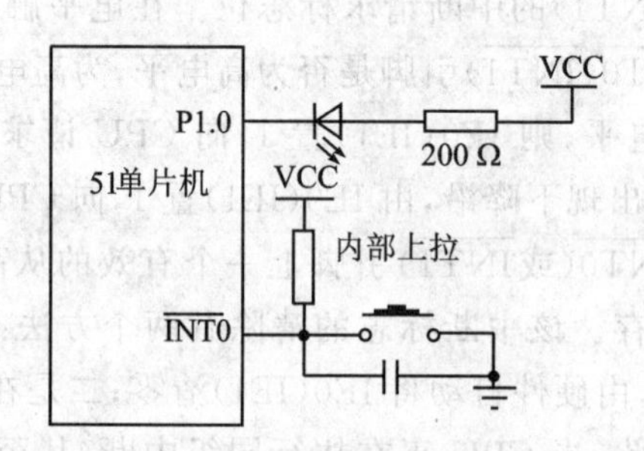

图 7.4 单键触发外中断电路

汇编语言程序	C 语言程序
$ include(C8051F000.inc)	＃include ＜C8051F020.h＞
ORG 0000H	
LJMP MAIN	void WDT_disable(void)；
ORG 0003H	void OSC_Init(void)；
LJMP INT0_ISR	void delay_ms(unsigned int t)；
ORG 0100H	
MAIN：	sbit LED = P1^0；
；禁止看门狗定时器	
MOV WDTCN，＃0DEH	int main(void)
MOV WDTCN，＃0ADH	{
LCALL OSC_INIT	unsigned char i，s；
	//禁止看门狗定时器
；使能交叉开关和所有弱上拉电阻	WDT_disable()；
MOV XBR2，＃40H	OSC_Init()；
	//使能交叉开关和所有弱上拉电阻
SETB EA	XBR2 = 0x40；
SETB EX0	
SETB IT0	//开总中断
LOOP：	EA = 1；
	//允许 INT0 中断
LJMP LOOP	EX0 = 1；
	//下降沿触发中断

```
INT0_ISR:
CPL  P1.0
RETI

END
```

```
IT0 = 1;
while(1)
{
}
}
void int0_ISR(void) interrupt 0 using 1
{
  LED = ! LED;
}
```

主函数执行“while(1)”语句,进入死循环,等待中断。当拨动$\overline{INT0}$的开关后,进入中断函数,输出控制 LED。执行完中断,返回到等待中断的“while(1)”语句,等待下一次中断。进入外中断的 ISR 后,系统自动将中断标志清零。

7.4.2 $\overline{INT6}$和$\overline{INT7}$

除了外部中断$\overline{INT0}$和$\overline{INT1}$(其引脚由交叉开关分配)之外,C8051F020 的 P3.6 和 P3.7 可被配置为上升沿或下降沿触发的外部中断 INT6 和 INT7。用不支持位寻址的 P3 口中断标志寄存器 P3IF 的 IE6CF(P3IF.2)和 IE7CF(P3IF.3)位,可以将这两个中断源配置为下降沿或上升沿触发。当检测到 P3.6 或 P3.7 有下降沿或上升沿发生时,如果对应的中断被允许,将会产生一个中断,CPU 将转向对应的中断向量地址。P3IF 寄存器的格式如下:

	b7	b6	b5	b4	b3	b2	b1	b0
P3IF	IE7	IE6	—	—	IE7CF	IE6CF	—	—

其中,IE7 和 IE6 分别为 INT7 和 INT6 的中断标志位,检测到对应引脚出现下降延时,该硬件置位。需要注意的是,尽管 INT6 和 INT7 都是只有一个中断标志的中断源,但是中断后执行中断服务子程序时,硬件不会自动将中断标志位清零,需要软件写 0 清零。

IE7CF:INT7 触发边沿配置位。

0:INT7 由 P3.7 输入的下降沿触发;

1:INT7 由 P3.7 输入的上升沿触发。

IE6CF:INT6 触发边沿配置位。

0:INT6 由 P3.6 输入的下降沿触发;

1:INT6 由 P3.6 输入的上升沿触发。

【例 7.2】 INT6 和 INT7 都为下降沿触发外部中断,P3.5 接有一个 LED,当发生 INT6 中断时触发 P3.5 输出低电平,发生 INT6 中断时触发 P3.5 输出高电平。

分析:INT6 的中断向量是 0093H,中断号为 19,中断标志位是 IE7(P3IF.7),中断允许位是 EX7(EIE2.5),优先级控制位是 PX6(EIP2.4)。

INT7 的中断向量是 009BH,中断号为 18,中断标志位是 IE6(P3IF.6),中断允许位是 EX6(EIE2.4),优先级控制位是 PX7(EIP2.5)。

基于 INT6 和 INT7 资源配置和题目要求编写程序。

汇编语言程序

```
$ include(C8051F000.inc)
    ORG   0000H
    LJMP MAIN
    ;INT6 的中断向量
    ORG   0093H
    LJMP INT6_ISR
    ;INT7 的中断向量
    ORG   009BH
    LJMP INT7_ISR
    ORG   0100H
MAIN:
    ;禁止看门狗定时器
    MOV WDTCN, ＃0DEH
    MOV WDTCN, ＃0ADH
    LCALL OSC_INIT

    ;使能交叉开关和所有弱上拉电阻
    MOV XBR2, ＃40H
    ;允许 INT6 和 INT7 中断
    ORL EIE2, ＃30H
    ;都为下降沿触发中断
    MOV P3IF, ＃0C0H
    ;关 INT6 和 INT7 中断标志
    ANL P3IF, ＃3FH
    SETB EA
LOOP:

    LJMP LOOP

INT6_ISR:
    ;清中断标志
    ANL   P3IF, ＃0BFH
    CLR P3.5
    RETI
INT7_ISR:
```

C 语言程序

```
＃include <C8051F020.h>

void WDT_disable(void);
void OSC_Init(void);
void delay_ms(unsigned int t);

sbit LED = P3^5;

int main(void)
{
    //禁止看门狗定时器
    WDT_disable();
    OSC_Init();
    //使能交叉开关和所有弱上拉电阻
    XBR2 = 0x40;

    //允许 INT6 和 INT7 中断
    EIE2| = 0x30;
    //都为下降沿触发中断
    P3IF| = 0xc0;
    //关 INT6 和 INT7 中断标志
    P3IF& = 0x3f;
    //开总中断
    EA = 1;
    while(1)
    {

    }
}
void INT6_ISR(void) interrupt 18 using 1
{
    P3IF& = 0xBF;//清中断标志
    LED = 0;
}
void INT7_ISR(void) interrupt 19 using 2
```

```
;清中断标志
ANL P3IF, #07FH
SETB P3.5
RETI

END
```

```
{
  P3IF&= 0x7F;//清中断标志
  LED= 1;
}
```

7.4.3 多外部中断源扩展

经典型51单片机仅两个外部中断,C8051F020也仅有4个外部中断。当需要更多中断源时,一般采用中断查询方法。中断源的连接如图7.5所示。

多外部中断源扩展通过外中断$\overline{\text{INT0}}$来实现,图中把多个中断源通过与非门接于D触发器的CK端,常态都为高电平。那么无论哪个中断源提出请求,CK端都会产生上升沿而使D触发器输出低电平,触发$\overline{\text{INT0}}$引脚对应的$\overline{\text{INT0}}$中断,同时将各请求中断情况锁入寄存器。响应后,进入中断服务程序,在中断服务程序中通过对寄存器输出位的逐一检测来确定是哪一个中断源提出了中断请求,进一步转到对应的中断服务程序入口位置执行对应的处理程序。若为边沿触发,且中断请求的低电平足够长,则电路可以简化为如图7.6所示电路。

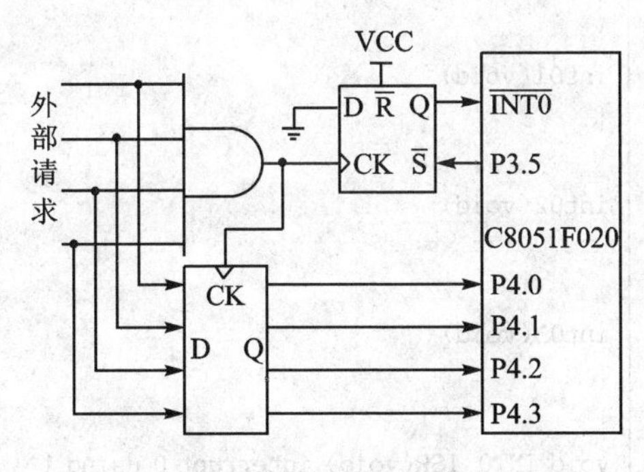

图7.5 多外部中断源电路连接图

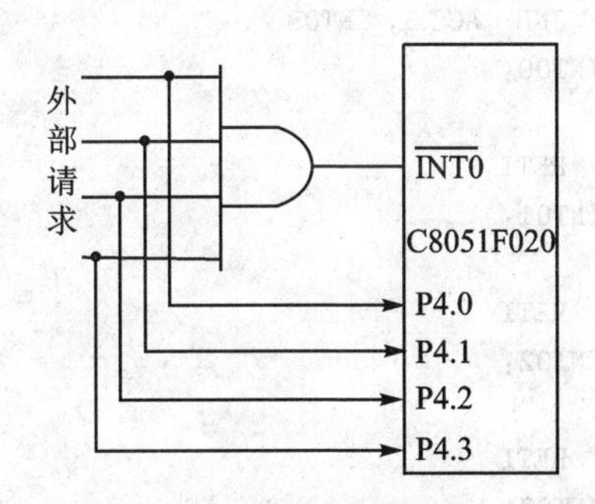

图7.6 多外部中断源简化电路连接图

汇编语言程序

```
$ include(C8051F000.inc)
  ORG  0000H
  LJMP MAIN
  ORG  0003H
  LJMP INT0_ISR
  ORG  0100H

MAIN:
  ;禁止看门狗定时器
```

C51语言程序

```
#include <C8051F020.h>

void WDT_disable(void);
void OSC_Init(void);
void delay_ms(unsigned int t);

bdata unsigned char INT_Q;
sbit  P40INT = INT_Q^0;
sbit  P41INT = INT_Q^1;
```

```
  MOV   WDTCN，#0DEH
  MOV   WDTCN，#0ADH
  LCALL OSC_INIT

  ;使能交叉开关和所有弱上拉电阻
  MOV   XBR2，#40H

  SETB EA
  SETB EX0
LOOP:
  LJMP LOOP

INT0_ISR:
  MOV   A，P4
  ;撤销中断请求
  CLR   P3.5
  NOP
  SETB P3.5
  JNB   ACC.0，INT00
  JNB   ACC.1，INT01
  JNB   ACC.2，INT02
  JNB   ACC.3，INT03
INT00:
   ⋮
  RETI
INT01:
   ⋮
  RETI
INT02:
   ⋮
  RETI
INT03:
   ⋮
  RETI

  END
```

```
sbit  P42INT = INT_Q^2;
sbit  P43INT = INT_Q^3;

sbit  CLR_INT = P3^5;

int main(void)
{
  //禁止看门狗定时器
  WDT_disable();
  OSC_Init();
  //使能交叉开关和所有弱上拉电阻
  XBR2 = 0x40;

  EA = 1;
  EX0 = 1;
  while(1)
  {

  }
}
int00(void)
{
}
int01(void)
{
}
int02(void)
{
}
int03(void)
{
}
void INT0_ISR(void) interrupt 0 using 1
{
  INT_Q = P4;
  //撤销中断请求
  CLR_INT = 0;

  //查询调用对应的功能函数
  if (P40INT = = 0) int00( );
  else if (P41INT = = 0) int01( );
  else if (P42INT = = 0) int02( );
  else if (P43INT = = 0) int03( );
  else ;

  CLR_INT = 1;
}
```

习题与思考题

7.1 什么是中断？中断系统的功能是什么？

7.2 试说明中断源、中断标志和中断向量之间的关系及在中断系统运行中的作用。

7.3 如何确定 51 单片机的中断响应时间？响应中断的条件是什么？

7.4 试说明子程序和中断服务子程序在构成及调用上的异同点。

7.5 在 51 单片机中，需要外加电路实现中断撤销的是________。

(A) 定时中断　　　　　　　　(B) 脉冲方式的外部中断

(C) 外部串行中断　　　　　　(D) 电平方式的外部中断

7.6 低电平外部中断触发为什么一般需要中断撤销电路。

7.7 51 单片机响应中断后，产生长调用指令 LCALL，执行该指令的过程包括：首先把(　　)的内容压入堆栈，以进行断点保护，然后把长调用指令的 16 位地址送(　　)，使程序执行转向(　　)中的中断地址区。

7.8 什么是中断优先级？中断优先级处理的原则是什么？

7.9 试述中断响应过程。中断响应过程中，为什么通常要保护现场？如何保护？

7.10 比较采用查询方式和中断方式进行单片机应用系统设计的优缺点。

第8章 定时/计数器及应用

定时/计数器(Timer/Counter)是计算机与嵌入式应用系统最重要的组成部分之一。本章将重点讲述定时/计数器的工作原理,以及基于定时/计数器的时频测量及频率控制应用等内容。

8.1 概　述

时间是国际单位制中7个基本物理量之一,它的基本单位是秒,用s表示。在年历计时中,因为秒的单位太小,常用日、星期、月和年;在电子测量中,有时又因为秒的单位太大,常用毫秒(ms,10^{-3} s)、微秒(μs,10^{-6} s)、纳秒(ns,10^{-9} s)、皮秒(ps,10^{-12} s)。

时间在一般概念中有两种含义:一是指"时刻",指某事件发生的瞬间,为时间轴上的一个时间点;二是指"间隔",即时间段,两个时刻之差,表示该事件持续了多久。周期是指用一事件重复出现的时间间隔,记为T。频率是指单位时间(1 s)内周期性事件重复的次数,记为f,单位是赫兹(Hz),显而易见,$f=1/T$。

时间和频率是电子测量技术领域中最基本的参量,尤其是长度和电压等参数,也可以转化为频率的测量技术来实现,因此,对时间、时刻和频率的测量十分重要,广泛应用于各类电子应用系统中。定时器一般具有测频、测周期、测脉宽、测时间间隔和计时等多种测量功能。在电子测量和智能仪器仪表中,可以将被测信号经信号调理及电平转换电路将其转换为适合单片机处理的信号,如果待测信号适合单片机的定时器处理,则可直接利用定时器实现测量。

定时/计数器用于实现时间、时刻和频率的测量与控制,应用非常广泛。定时的应用如定时采样、定时事件控制、产生脉冲波形、制作日历等。利用计数特性,可以检测信号波形的频率、周期、占空比,检测电机转速、工件的个数(通过光电器件将这些参数变成脉冲)等。因此定时/计数器是计算机与嵌入式应用技术中的一项重要技术,应该熟练掌握。

定时/计数器的核心为计数器。计数器有加法计数器、减法计数器和加减法计数器之分。图8.1为基于加法计数器的定时/计数器的原理框图,当计数器的时钟端出现下降沿时计数。计数器的时钟源来自数据选择器的输出端,选择外部引脚的未知信号作为计数器的时钟源,那么计数器仅作为计数器对未知信号进行计数;若选择已

知频率的标准时钟 f_{bi} 作为计数器的时钟源，那么每计 1 个时钟脉冲就表示时间过去 $1/f_{bi}$。因此，读取计数器中的值就知道过去了多长时间，此时，计数器作为定时器使用。定时器的本质就是计数器，只是时钟源频率已知。

TF 为溢出标志，当 N 位计数器计到 2^N-1 时，再来一个上升沿，TF 将变成 1，指示计数器发生了溢出。

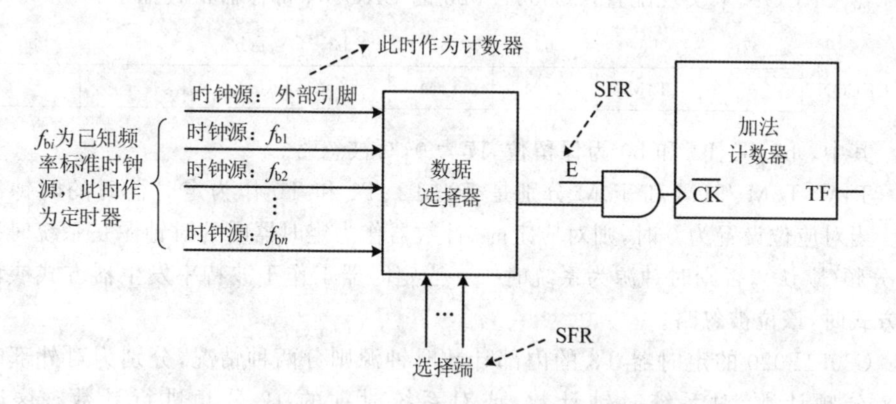

图 8.1　基于加法计数器的定时/计数器的原理框图

经典基本型 51 单片机有 T0 和 T1 两个定时/计数器，增强型系列单片机还有定时/计数器 T2。它们都是下降沿计数型的加法计数器。作为定时器使用时，它们的时钟源固定为对内部机器周期进行计数。

C8051F020 除了 T0、T1 和 T2 外，还有与 T2 功能一致的 T4，以及定时器 T3。T3 和 T4 除了作为通用定时器外，还用于辅助 ADC、SMBus 和 UART1。T0、T1、T2、T3 和 T4 的工作方式对比如表 8.1 所列。另外，C8051F020 还有一个功能强劲的可编程计数器 PCA。

表 8.1　T0、T1、T2、T3 和 T4 的工作方式对比

	T0 和 T1	T2	T3	T4
工作方式	13 位定时/计数器	16 位自动重装载定时/计数器	16 位自动重装载定时/计数器	16 位自动重装载定时/计数器
	16 位定时/计数器			
	8 位自动重装载定时/计数器			
		带捕捉的 16 位定时/计数器		带捕捉的 16 位定时/计数器
	T1 作为 UART0 的波特率发生器	UART0 的波特率发生器		UART1 的波特率发生器
	T0 形成两个 8 位定时/计数器			

经典型51单片机的定时/计数器作为定时器使用时,其计数的内部时钟是机器周期对应的时钟,而C8051F020的定时/计数器T4、T2、T1和T0作为定时器使用时,其计数的内部时钟分两种情况,要么对系统时钟计数,要么对系统时钟的12分频进行计数,以兼容部分原经典型51单片机的软件,这通过不支持位寻址的时钟控制寄存器CKCON来实现配置。C8051F020的CKCON寄存器格式如下:

	b7	b6	b5	b4	b3	b2	b1	b0
CKCON	—	T4M	T2M	T1M	T0M	—	—	—

其中,b7、b2、b1和b0为保留位,读为0,写被忽略。

T4M、T2M、T1M和T0M分别是T4、T2、T1和T0作为定时器时的时钟源选择。当对应位设置为0时,则对应定时/计数器作为定时器时的时钟源是系统时钟的12分频(默认),否则时钟源为系统时钟。当定时器工作于波特率发生器方式或计数器方式时,该位被忽略。

C8051F020的定时器T3的内部计数时钟源则分两种情况,分别为对外部时钟的8分频计数,对系统时钟计数,或对系统时钟的12分频进行计数。这通过TMR3CN寄存器实现配置,详见8.4节。

8.2 定时/计数器T0和T1

T0和T1都有多种工作方式,其中,T0有4种工作方式;T1有3种工作方式。它们的区别就在于T0比T1多一种工作方式(方式3),以及T1可以作为波特率发生器(该知识将在第9章介绍),而T0不可以。

T0和T1的时钟使能后,开始计数,当计数到最大值并再开始计数脉冲时产生溢出,使相应的溢出标志位置位,可通过查询溢出中断标志或中断方式处理溢出事件。

8.2.1 T0和T1的结构及工作原理

定时/计数器T0和T1的基本结构如图8.2所示。它由加法计数器、工作模式寄存器TMOD和控制寄存器TCON等组成。

不支持位寻址的工作模式寄存器TMOD用于设定T0和T1的时钟源和工作方式。T0和T1的计数器位数基于不同的工作方式选择有3种情况:8位计数器、13位计数器和16位计数器。作为16位计数器使用时,TH0和TL0是T0加法计数器的高8位和低8位,THl、TLl是T1加法计数器的高8位和低8位。作为13位计数器使用时,TL0(或TLl)的低5位和TH0(或THl)的8位组成13位计数器。作为8位计数器使用时,TL0和TL1就是对应的8位计数器。

定时器控制寄存器TCON用于对T0和T1的启动控制(即,时钟是否使能)等。

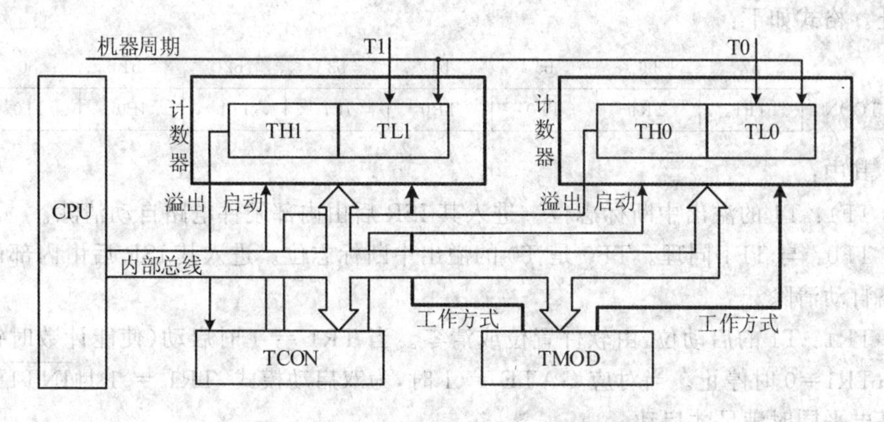

图 8.2 定时/计数器 T0 和 T1 的基本结构

当定时/计数器用于定时器时，加法计数器对内部时钟进行计数。作为定时器，经典型 51 单片机对内部机器周期计数，如机器周期为 1 μs，计数 100，则定时100 μs；C8051F020 则对系统时钟或系统时钟的 12 分频进行计数。当用作计数器时，加法计数器对单片机芯片外部计数引脚 T0 或 T1 上的输入脉冲计数，每来一个输入脉冲(下降沿计数)，加法计数器加 1。无论计时，还是计数，当计数器由全 1 再加 1 变成全 0 时产生溢出，使 TCON 中的(溢出)中断标志位 TF0 或 TF1 置位。如果中断允许，则向 CPU 提出中断请求；如果中断不允许，则只有通过查询方式使用溢出中断标志位。

加法计数器在使用时应注意两个方面：

第一，由于它是加法计数器，所以每来一个计数脉冲，加法器中的内容加 1 个单位，当由全 1 加到全 0 时计满溢出。因而，如果 N 位计数器要计 n 个单位，则首先应向计数器置初值为 x，且有：

$$x = [\text{最大计数值(满值)} + 1] - n$$

即

$$x = 2^N - n \tag{8.1}$$

第二，当作为计数器使用时，经典型 51 单片机要求外部计数脉冲的频率应小于振荡频率的 1/24。若系统晶振时钟频率为 12 MHz，那么片外计数脉冲上限为 12 MHz/24=500 kHz。

8.2.2 T0 和 T1 的相关 SFR

T0 和 T1，除了 TH0、TL0、TH1 和 TL1 外，还有 TMOD 和 TCON 两个重要的 SFR。当然，中断系统的 IE 寄存器和 IP 寄存器也有相关设置。

1. 定时器控制寄存器 TCON

TCON 用于控制定时/计数器的启动与溢出，它的字节地址为 88H，可以进行位寻址。格式如下：

	b7	b6	b5	b4	b3	b2	b1	b0
TCON	TF1	TR1	TF0	TR0	IE1	IT1	IE0	IT0

其中：

TF1：T1 的溢出中断标志位。进入其 ISR 后由内部硬件电路自动清除。

TF0：与 TF1 同理。TF0 是 T0 的溢出中断标志位。进入其 ISR 后由内部硬件电路自动清除。

TR1：T1 的启动位，由软件置位或清零。当 TR1 = 1 时启动（使能计数时钟有效）；TR1=0 时停止。当对应 GATE = 1 时，为双启动模式，TR1 = 1 且$\overline{\text{INT1}}$引脚为高电平同时满足才启动。

TR0：与 TR1 同理。定时/计数器 T0 的启动位，由软件置位或清零。当 TR0=1 时启动；TR0 = 0 时停止。同样，当对应 GATE = 1 时，为双启动模式。

TCON 的低 4 位是用于外中断控制的，有关内容前面已经介绍，这里不再赘述。

2. T0 和 T1 的工作模式寄存器 TMOD

工作模式寄存器 TMOD 用于设定 T0 和 T1 的工作方式和选择时钟源。它的字节地址为 89H，不支持位寻址。TMOD 的高 4 位用于 T1 的设置，低 4 位用于 T0 的设置，格式如下：

	b7	b6	b5	b4	b3	b2	b1	b0
TMOD	GATE	$C/\overline{T}$	M1	M0	GATE	$C/\overline{T}$	M1	M0
	←——	—— T1 ——		——→	←——	—— T0 ——		——→

其中：

$C/\overline{T}$：定时或计数方式选择位，即为计数器选择时钟源。当 $C/\overline{T}=1$ 时，工作于计数模式；当 $C/\overline{T}=0$ 时，工作于定时模式。

M1、M0：工作方式选择位，用于对 T0 的四种工作方式，T1 的三种工作方式进行选择，选择情况如表 8.2 所列。因为方式 1 的 16 位计数器以更大的计数范围包含方式 0 的 13 位计数器的所有功能，所以，实际应用中不会刻意选择方式 0。实际应用中主要应用方式 1 和方式 2。

表 8.2　T0 和 T1 工作方式选择

M1	M0	方　式	说　明
0	0	0	13 位定时/计数器
0	1	1	16 位定时/计数器
1	0	2	自动重载 8 位定时/计数器
1	1	3	对 T0 分为两个 8 位独立计数器；对 T1 置方式 3 时停止工作

GATE：门控位，用于控制定时/计数器的启动是否受外部中断请求信号的影响。如果 GATE=1，那么定时/计数器 T0 的启动同时还受芯片外部中断请求信号引脚$\overline{INT0}$的控制，定时/计数器 T1 的启动还受芯片外部中断请求信号引脚$\overline{INT1}$的控制。只有当外部中断请求信号引脚$\overline{INT0}$或$\overline{INT1}$为高电平时才开始启动计数；如果 GATE = 0，定时/计数器的启动与外部中断请求信号引脚$\overline{INT0}$和$\overline{INT1}$无关。GATE = 1 主要应用于脉宽测量，一般情况下 GATE=0。

8.2.3 T0 和 T1 的工作方式

1. 方式 0 和方式 1

当 M1、M0 两位为 00 时，定时/计数器工作于方式 0；当 M1、M0 两位为 01 时，定时/计数器工作于方式 1。方式 0 和方式 1 的工作方式完全相同，只是计数器的位数不同。方式 0 为 13 位[TL0（或 TLl）的低 5 位和 TH0（或 THl）的 8 位，当 TL0（或 TLl）的低 5 位计满时向 TH0（或 THl）进位]，方式 1 为 16 位[TL0（或 TLl）作低 8 位，TH0（或 THl）作高 8 位]。鉴于 16 位计数器具有较大的计数范围，实际应用中 13 位的方式 0 已经被淘汰，因此下面通过 T0 说明方式 0 和方式 1 的工作方式，如图 8.3 所示。

当 TH0（或 THl）也计满时溢出，使 TF0（或 TF1）置位。如果中断允许，则提出中断请求。另外，也可通过查询 TF0（或 TF1）判断是否溢出。由于采用 16 位的定时/计数方式，因而最大计数值（满值）为 2^{16}，即 65 536。例如，计数值为 n，则置入的初值 x 为

$$x = 65\ 536 - n \tag{8.2}$$

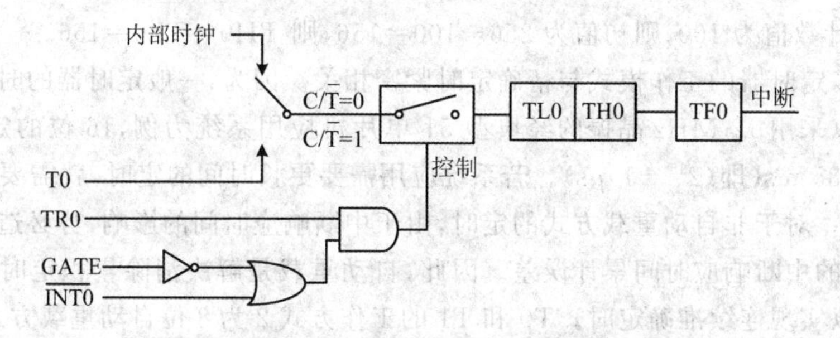

图 8.3　T0 方式 0 和方式 1 的逻辑电路结构图

实际使用时，先根据计数值计算出初值，然后按位置置入到初值寄存器中。如 T0 的计数值为 1000，则初值为 64 536，TH0 = 64 536/256 = 11111100B，TL0 = 64 536%256 = 00011000B。

计数过程中，当计数器计满溢出，计数器的计数过程并不会结束，计数脉冲来时同样会进行加 1 计数。只是这时计数器是从 0 开始计数，计数值为满值。如果要重

新实现 n 个单位的计数,则这时应重新通过软件置入初值。

2. 方式 2

当 M1、M0 两位为 10 时,定时/计数器工作于方式 2,方式 2 的逻辑电路结构如图 8.4 所示。

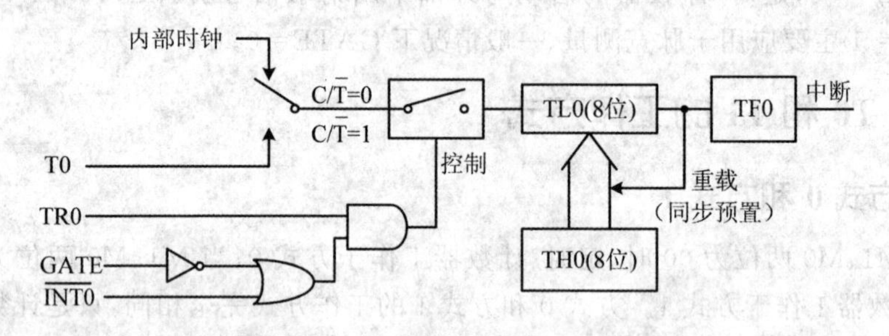

图 8.4 T0 方式 2 时的逻辑电路结构图

在方式 2 下,16 位的计数器仅用 TL0(或 TL1)的 8 位来进行计数,而 TH0(或 TH1)用于保存初值。计数时,TL0(或 TL1)计满则溢出,一方面使 TF0(或 TF1)置位,另一方面溢出信号又会触发重载,TH0(或 TH1)中的值会同步预置到 TL0(或 TL1)。同样,可通过中断或查询方式来处理溢出信号 TF0(或 TF1)。因此,如果要重新实现 n 个单位的计数,不用手动(用程序实现)重新置入初值,只需要事先将初值写入 TH0(或 TH1)即可。因此,方式 2 为 8 位可自动重载工作方式。

由于是 8 位的定时/计数方式,因而最大计数值(满值)为 2^8,即 256。例如,计数值为 n,则置入的初值 x 为

$$x = 256 - n \tag{8.3}$$

如 T0 的计数值为 100,则初值为 256−100=156,则 TH0=TL0=156。

其实,定时器的工作模式与精确定时紧密相关。因为,一般定时器的时钟源频率都较高,以采用 12 MHz 晶振的经典型 51 单片机应用系统为例,16 位的定时,最多计时 65.535 ms(即 $(2^{16}-1)\mu s$)。若系统应用需要更长时间的定时,就需要定时中断次数累计。对于非自动重载方式的定时,由于中断响应时间的影响,势必造成由定时中断引起的中断响应时间累计误差。因此,自动重载是解决消除累积定时误差的重要途径,以实现连续准确定时。T0 和 T1 的工作方式 2 为 8 位自动重载方式,T2、T3 和 T4 可工作在 16 位的自动重载状态。因此,通过单片机内的通用定时器的自动重载方式可以实现精确的定时和计时。

3. 方式 3

当 M1、M0 两位为 11 时,定时/计数器 T0 工作于方式 3。方式 3 的逻辑电路结构如图 8.5 所示。

方式 3 只有 T0 才有,T1 设置为方式 3 时停止工作。在方式 3 下, TL0 和 TH0

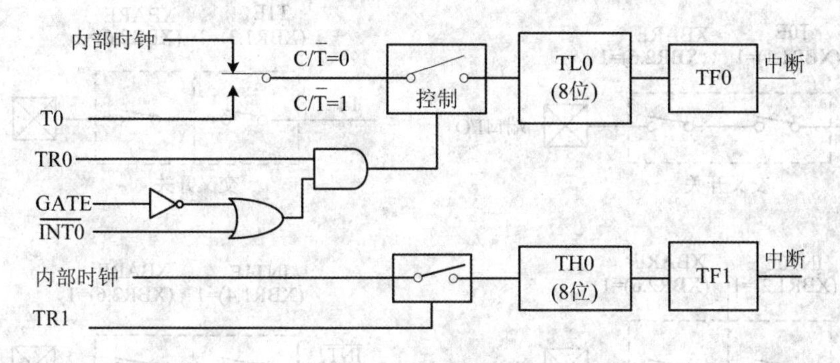

图 8.5 T0 方式 3 时的逻辑电路结构图

分别作为 8 位计数器，其中，TL0 可作为定时/计数器使用，占用 T0 的全部控制位：GATE、C/$\overline{T}$、TR0 和 TF0；而 TH0 固定只能做定时器使用，对内部时钟进行计数，它占用定时/计数器 T1 的 TR1 位、TFl 位和 T1 的中断资源。因此这时 T1 不能使用启动控制位和溢出标志位。通常将 T1 设定为方式 2 定时方式作为串行口的波特率发生器，只要赋初值，设置好工作方式，它便自动启动，溢出信号直接送串行口。如要停止工作，只需送入一个把 T1 设置为方式 3 的方式控制字即可。在方式 3 下，计数器的最大计数值、初值的计算与方式 2 完全相同。实际应用中不建议使用方式 3。

8.2.4 T0 和 T1 的初始化编程及应用

1. T0 和 T1 的编程

单片机定时/计数器应用编程的前提是正确初始化，初始化过程如下：

① 对于定时/计数器 T0，若需使用引脚 $\overline{\text{INT0}}$ 和 T0，应将交叉开关寄存器(XBR1)中的 XBR1.2(INT0E)置 1，XBR1.1(T0E)置 1。同时，还要使 XBR2.6(XBARE)为 1，以允许交叉开关，如图 8.6(a)所示。

对于定时器 T1，若需使用引脚 $\overline{\text{INT1}}$ 和 T1，应将交叉开关寄存器(XBR1)中的 XBR1.4(INT1E)置 1，XBR1.3(T1E)置 1。同样，还要将 XBR2.6(XBARE)置 1，以允许交叉开关，如图 8.6(b)所示。

至于，$\overline{\text{INT0}}$、T0、$\overline{\text{INT1}}$ 和 T1 到底连到哪一个引脚，取决于整个系统中，到底使用了哪些数字外设以及所使用的数字外设的优先级。

② 根据要求选择方式，确定方式控制字，写入方式控制寄存器 TMOD。

③ 根据要求计算定时/计数器的计数值，再由计数值求得初值，写入初值寄存器。

④ 根据需要开放定时/计数器中断(后面需编写中断服务程序)。

⑤ 设置 TCON，启动定时/计数器开始工作。

⑥ 等待定时/计数时间到，则执行中断服务程序。如果用查询处理，则编写查询程序以判断溢出标志。若溢出中断标志等于 1，则进行相应处理。查询处理要注意

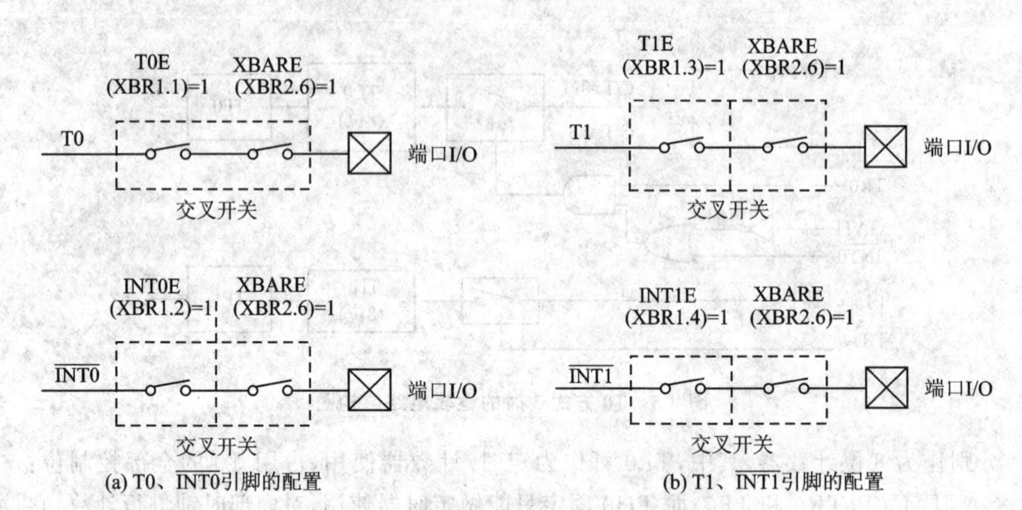

(a) T0、$\overline{INT0}$引脚的配置　　(b) T1、$\overline{INT1}$引脚的配置

图 8.6　T0、$\overline{INT0}$、T1、$\overline{INT1}$引脚的配置示意图

需要软件清零溢出标志。

2. T0 和 T1 的应用

通常利用定时/计数器来产生周期性的波形。利用定时/计数器产生周期性波形的基本思想是:利用定时/计数器产生周期性的定时,定时时间到则对输出端进行相应的处理。例如,产生周期性的方波只需定时时间到,对输出端取反一次即可。不同的方式,定时的最大值不同,如果定时的时间很短,则选择方式 2。方式 2 形成周期性的定时不需重置初值;如果定时比较长,则一般采用方式 1 实现。

【例 8.1】 C8051F020 单片机,设系统时钟为外部,频率为 22.118 4 MHz,定时/计数器 T0 作为定时器,且时钟采用默认的 12 分频,要求 T0 工作于方式 2 的自动重载方式,TH0 初值(重载值)为 56。请分别基于中断和查询方式实现溢出中断标志置位则 P1.0 输出翻转。

分析:T0 工作于方式 2 自动重载方式(T2MOD=00000010B)时,最大的定时时间为 256/(22.118 4/12) μs=138.89 μs,初值为 56,则定时时间为

$$(256-56)/(22.118\ 4/12)\approx 108.5$$

(1) 采用中断方式处理的程序

汇编语言程序	C 语言程序
`$ include(C8051F000.inc)`	`#include <C8051F020.h>`
`ORG 0000H`	
`LJMP MAIN`	`void WDT_disable(void);`
`ORG 000BH`	`void OSC_Init(void);`
`LJMP T0_ISR`	`void delay_ms(unsigned int t);`
`ORG 0100H`	

汇编语言程序	C语言程序
MAIN:	sbit SQ = P1^0;
;禁止看门狗定时器	int main(void)
MOV WDTCN, #0DEH	{
MOV WDTCN, #0ADH	//禁止看门狗定时器
LCALL OSC_INIT	WDT_disable();
	OSC_Init();
;使能交叉开关和所有弱上拉电阻	//使能交叉开关和所有弱上拉电阻
MOV XBR2, #40H	XBR2 = 0x40;
MOV CKCON, #00H	CKCON = 0x00;
MOV TMOD, #02H	TMOD = 0x02;
MOV TH0, #131	TH0 = 131;
MOV TL0, #131	TL0 = 131;
SETB ET0	T0 = 1;
SETB TR0	TR0 = 1;
SETB EA	EA = 1;
LOOP:	while(1)
	{
LJMP LOOP	
T0_ISR:	}
CPL P1.0	}
RETI	void T0_ISR(void) interrupt 1
	{
END	SQ = ! SQ;
	}

(2) 采用查询方式处理的程序

汇编语言程序	C语言程序
$ include(C8051F000.inc)	#include <C8051F020.h>
ORG 0000H	
LJMP MAIN	void WDT_disable(void);
ORG 0100H	void OSC_Init(void);
MAIN:	void delay1ms(void);
;禁止看门狗定时器	
MOV WDTCN, #0DEH	sbit SQ = P1^0;
MOV WDTCN, #0ADH	int main(void)
LCALL OSC_INIT	{
	//禁止看门狗定时器
;使能交叉开关和所有弱上拉电阻	WDT_disable();
MOV XBR2, 40H	OSC_Init();

```
    MOV  CKCON，#00H
    MOV  TMOD，#02H
    MOV  TH0，#131
    MOV  TL0，#131
    SETB  TR0
LOOP：
    ;查询计数溢出
    JBC TF0，NEXT
    SJMP  LOOP
NEXT：
    CPL  P1.0
    SJMP  LOOP

    END
```

```
//使能交叉开关和所有弱上拉电阻
XBR2 = 0x40;

CKCON = 0x00;
TMOD = 0x02;
TH0 = 131;
TL0 = 131;
TR0 = 1;
while(1)
{
  //查询计数溢出
  if(TF0)
  {
    SQ = ! SQ;
    //清标志
    TF0 = 0;
  }
}
}
```

在【例8.1】中，定时的时间在138.89 μs以内，用方式2处理很方便。如果定时时间大于138.89 μs，则此时用方式2不能直接处理，可改用方式1实现。采用方式1实现与方式2不同，定时时间到后需重新置初值。如果定时时间大于65 536/(22.118 4/12) μs＝3 555.55 μs，这时用一个定时/计数器直接处理不能实现，可用两个定时/计数器共同处理或一个定时/计数器配合软件计数方式处理。

【例8.2】 C8051F020单片机，系统时钟采用外部22.118 4 MHz的时钟，编程实现从P1.1输出周期为1 s的方波。

分析：根据【例8.1】的处理过程，这时应产生500 ms的周期性的定时，定时到则对P1.1取反就可实现。由于定时时间较长，即使定时器时钟采用默认的12分频，一个定时/计数器也不能直接实现，可用T0产生周期性为20 ms的定时，然后用一个寄存器R2对20 ms计数25次。系统时钟频率为22.118 4 MHz，时钟采用默认的12分频，T0定时20 ms，只能在计数时钟是系统时钟的12分频且在方式1下工作才可以直接实现，方式控制字为00000001B(01H)，初值x为

$$x = 65\,536 - 20\,000/[1/(22.118\,4/12)] = 28\,672$$

则 TH0＝28 672/256＝112，TL0＝28 672%256＝0。

① 用寄存器R2作计数器软件计数，采用中断处理方式。程序如下：

汇编语言程序	C语言程序

<pre>$ include(C8051F000.inc)
  ORG   0000H
  LJMP   MAIN
  ORG   000BH
  LJMP INTT0 ;4 个系统时钟
  ORG   0100H
MAIN:
  ;禁止看门狗定时器
  MOV   WDTCN, #0DEH
  MOV   WDTCN, #0ADH
  LCALL OSC_INIT
 	
  ;使能交叉开关和所有弱上拉电阻
  MOV XBR2, #40H
 	
  MOV   CKCON, #00H
  MOV   TMOD, #01H
  MOV   TH0, #112
  MOV   TL0, #0
  MOV   R2, #25
  SETB ET0
  SETB TR0
  SETB EA
LOOP:
 	
  LJMP LOOP
INTT0:
  MOV   TH0, #112;3 个系统时钟
  MOV   TL0, #1   ;0+(4+3+3)/12=1
  DJNZ R2, NEXT
  CPL   P1.1
  MOV   R2, #25
NEXT:
  RETI
 	
  END</pre>
	<pre>#include <C8051F020.h>
	
	void WDT_disable(void);
	void OSC_Init(void);
	void delay_ms(unsigned int t);
	
	sbit SQ = P1^1;
	unsigned char times;
	int main(void)
	{
	  //禁止看门狗定时器
	  WDT_disable();
	  OSC_Init();
	  //使能交叉开关和所有弱上拉电阻
	  XBR2 = 0x40;
	
	  CKCON = 0x00;
	  TMOD = 0x01;
	  TH0 = 112;
	  TL0 = 0;
	  ET0 = 1;
	  times = 0;
	  TR0 = 1;
	  EA = 1;
	  while(1)
	  {
	  }
	}
	void T0_ ISR(void) interrupt 1
	{
	  TH0 = 112;
	  //由汇编分析需要中断补偿
	  TL0 = 1;
	  times++;
	  if (times > 24)
	  {
	    SQ = !SQ;
	    times = 0;
	  }
	}</pre>

② 用定时/计数器 T1 计数实现。T1 工作于计数方式时,计数脉冲通过 T1 输入。设 T0 定时器以系统时钟的 12 分频作为计数时钟,且初值为 156,工作于方式 2,100 个计数后定时时间到,对 P3.5 引脚取反一次,P3.5 引脚连到 T1 引脚上,则 T1 引脚上每 200 个计数时钟产生一个计数脉冲,那么定时 1 s 只需计数 22 118 400/12/100/2=9 216 个时钟。因此,定时 500 ms,则需要工作于方式 1,初值 x=65 536−9 216/2=60 928,TH1=60 928/256=238,TL1=60 928%256=0。定时/计数器 T0 和 T1 都采用中断方式工作。程序如下:

汇编语言程序

```
 $include(C8051F000.inc)
   ORG  0000H
   LJMP MAIN
   ORG  000BH
   ;T0 定时取反信号接入 T1
   CPL  P3.5
   RETI
   ORG  001BH
   MOV  TH1, #238
   MOV  TL1, #0
   CPL  P1.1
   RETI
   ORG  0100H
 MAIN:
   ;禁止看门狗定时器
   MOV  WDTCN, #0DEH
   MOV  WDTCN, #0ADH
   LCALL OSC_INIT

   ;使能 T1 外部计数引脚,
   ;在 P0.0 引脚处
   MOV  XBR1, #80H
   ;使能交叉开关和所有弱上拉电阻
   MOV  XBR2, #40H

   MOV  CKCON, #00H
   MOV  TMOD, #52H
   MOV  TH0, #156
   MOV  TL0, #156
   MOV  TH1, #238
   MOV  TL1, #0
```

C 语言程序

```
#include <C8051F020.h>

void WDT_disable(void);
void OSC_Init(void);
void delay_ms(unsigned int t);

sbit P1_1 = P1^1;
sbit P3_5 = P3^5;
int main(void )
{
  //禁止看门狗定时器
  WDT_disable();
  OSC_Init();
  //使能 T1 外部计数引脚,
  //在 P0.0 引脚处
  XBR1 = 0x80;

  //使能交叉开关和所有弱上拉电阻
  XBR2 = 0x40;

  CKCON = 0x00;
  TMOD = 0x52;
  TH0 = 156;
  TL0 = 156;
  TH1 = 238;
  TL1 = 0;
  ET0 = 1;
  ET1 = 1;
  TR0 = 1;
  TR1 = 1;
  EA = 1;
```

```
    SETB ET0
    SETB ET1
    SETB TR0
    SETB TR1
    SETB EA
LOOP:

    LJMP LOOP

    END
```

```
    while(1)
    {

    }
}
void T0_int(void) interrupt 1 using 1
{
    //T0 定时取反信号接入 T1
    P3_5 = ! P3_5;
}
void T1_ISR(void) interrupt 3 using 2
{
    TH1 = 238;
    TL1 = 0;
    P1_1 = ! P1_1;
}
```

由于 T0 采用方式 2,其自动重载特性致使该方法无定时累计误差,代价是使用了两个定时器。

3. 门控位的应用

当门控位 GATE 为 1 时,TRx=1、$\overline{\text{INTx}}$=1 才能启动定时器。利用这个特性,可以测量外部输入脉冲的宽度。

【例 8.3】 C8051F020 单片机,利用 T0 门控位测试$\overline{\text{INT0}}$引脚上出现的方波的正脉冲宽度,已知系统时钟频率为 22.118 4 MHz,将所测得值的高位存入片内 71H 单元,低位存入 70H 单元。

分析:设外部脉冲由$\overline{\text{INT0}}$输入,T0 工作于定时方式 1(16 位计数),GATE 设为 1,如图 8.7 所示。测试时,应在$\overline{\text{INT0}}$为低电平时,设置 TR0 为 1;当$\overline{\text{INT0}}$变为高电平时,满足双启动条件,启动计数;$\overline{\text{INT0}}$再次变低时,停止计数。此计数值与计数时钟周期的乘积即为被测正脉冲的宽度。

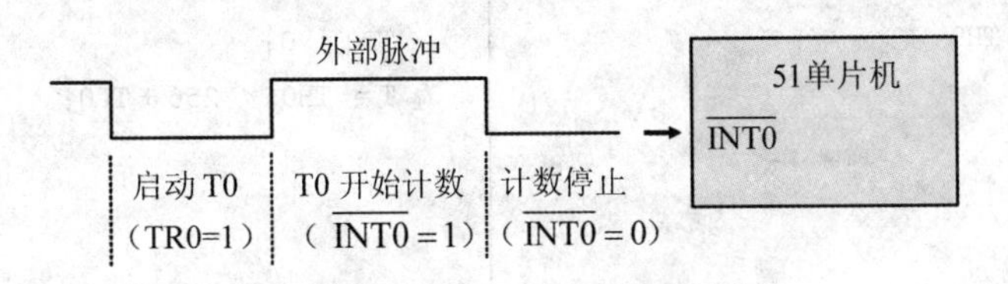

图 8.7 基于 GATE 位实现高脉宽测量

汇编语言程序	C语言程序

汇编语言程序：

```
$ include(C8051F000.inc)
 ORG  0000H
 MAIN:
 ;禁止看门狗定时器
 MOV  WDTCN, #0DEH
 MOV  WDTCN, #0ADH
 LCALL OSC_INIT
 ;使能 INT0 引脚在 P0.0 口
 MOV  XBR1, #04H
 ;使能交叉开关和所有弱上拉电阻
 MOV  XBR2, #40H
 ;T0 时钟为系统时钟
 MOV  CKCON, #04H
 ;设 T0 为方式 1
 MOV  TMOD, #09H
LOOP:
 ;设定计数初值
 MOV  TL0, #00H
 MOV  TH0, #00H
 ;等待 INT0 变低
 JNB  IE0, $
 ;启动 T0,准备工作
 SETB TR0
 ;等待 INT0 变高
 JB   IE0, $
 ;等待 INT0 再变低
 JNB  IE0, $
 CLR  TR0
 CLR  TR0
 ;保存测量结果
 MOV  70H, TL0
 MOV  71H, TH0
 LJMP LOOP

 END
```

C语言程序：

```
#include <C8051F020.h>

void WDT_disable(void);
void OSC_Init(void);
void delay_ms(unsigned int t);

unsigned int T;
int main(void)
{
  //禁止看门狗定时器
  WDT_disable();
  OSC_Init();
  //使能 INT0 引脚,在 P0.0 引脚处
  XBR1 = 0x04;
  //使能交叉开关和所有弱上拉电阻
  XBR2 = 0x40;
  //T0 时钟为系统时钟
  CKCON = 0x04;
  TMOD = 0x09;
  while(1)
  {
    TH0 = 0;
    TL0 = 0;
    //等待 INT0 变低
    while(IE0 == 0);
    //启动 T0,准备工作
    TR0 = 1;
    //等待 INT0 变高
    while(IE0 == 1);
    //等待 INT0 再变低
    while(IE0 == 0);
    TR0 = 0;
    T = TH0 * 256 + TL0;
  }
}
```

这种方案所测脉冲的宽度最大为65 535个计数时钟周期。此例中,在读取定时器的计数之前,已把它停住,否则,读取的计数值有可能是错的,因为不可能在同一时刻读取THx和TLx的内容。比如先读TL0,然后读TH0,由于定时器在不停地运

行，读 TH0 前，若恰好产生 TL0 溢出向 TH0 进位的情形，则读到的 TL0 值就完全不对了。

当然，不停住也可以解决错读问题，方法是：先读 THx，后读 TLx，再读 THx。若两次读得的 THx 没有发生变化，则可确定读到的内容是正确的。若前后两次读到的 THx 有变化，则再重复上述过程，重复读到的内容就应该是正确的了。

具有捕获功能的定时器可解决此问题。

利用 GATE 位也可以测周期，这要借助 D 触发器对被测信号二分频来实现。如图 8.8 所示，信号从 D 触发器 CLK 输入，从 Q 端输出。此时，Q 端每个高电平时间即为原信号的周期。

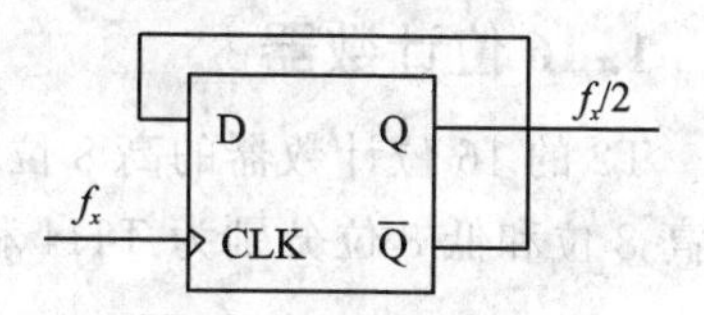

图 8.8　D 触发器二分频器

4. 利用定时/计数器扩展外中断

经典型 51 单片机只有两个外中断，除了采用与逻辑查询扩展多个外中断外，利用定时/计数器也可以扩展外中断。方法为：

定时/计数器 T0 或 T1 采用 8 位自动重载的计数器模式，外部计数引脚即为外部中断源输入引脚。计数器赋初值和重载值都为 FFH，计数器再加 1 就溢出产生中断。响应中断后自动重载初值，为下一次中断请求做准备。由于外部中断为下降沿申请，而计数器下降沿计数，所以利用定时/计数器作为外部中断源可收到与直接利用外中断同样的效果。利用定时/计数器扩展外部中断的缺点就是占用了定时器。T2 和 T4 也可以实现该功能。

8.3　定时/计数器 T2 和 T4

经典增强型 51 单片机相比于基本型，除了片内 RAM 和 ROM 增加一倍外，还增加了一个定时/计数器 T2。C8051F020 除了具有与增强型 51 单片机兼容的 T0、T1 和 T2 外，还集成了与 T2 功能类似的 T4。

T2 和 T4 与 T0、T1 不同，除了增强为 16 位自动重载计数器外，还具有捕获等功能。

所谓捕获方式就是在外部事件的边沿时刻把 16 位瞬时计数值同步装载到捕获寄存器中，使单片机具有记录时刻的功能。若 CPU 直接读计数器，获得时刻很难避免在读高字节时低字节可能的变化引起读数误差。

定时/计数器 T2 根据应用情况，可能会占用两个外部引脚 T2 和 T2EX，经典型 51 单片机对应 P1.0 和 P1.1。C8051F020 则应通过交叉开关寄存器（XBR1）中的 XBR1.5（T2E）＝1，XBR1.6（T2EXE）＝1，使确定的 I/O 引脚连到 T2 和 T2EX。其中，T2 为外部计数脉冲输入引脚，T2EX 为引发捕获输入/重装的外部事件输入引脚（下降沿触发）。定时/计数器 T4 根据应用情况，也可能会占用两个外部引脚 T4 和 T4EX，通过交叉开关寄存器（XBR2）中的 XBR2.3（T4E）＝1，XBR2.4（T4EXE）＝1，使确定的I/O引脚连到T4和T4EX。其中,T4为外部计数脉冲输入引脚,T4EX为引发捕获输入/重装的外部事件输入引脚(下降沿触发)。

8.3.1 T2和T4的相关SFR

T2和T4分别都有5个SFR,且所有的SFR的复位值都是00H。

1. 16位计数器

T2的16位计数器的高8位和低8位分别为TH2和TL2。T4的16位计数器的高8位和低8位分别为TH4和TL4。这4个SFR都不支持位寻址。

2. 16位捕获寄存器

T2的16位捕获寄存器的高8位和低8位分别为RCAP2H和RCAP2L,在捕获方式时,存放捕获时刻TH2和TL2的瞬时值;在自动重装方式时存放重装初值。即当捕获事件发生时,RCAP2H = TH2,RCAP2L = TL2;当自动重装事件发生时,TH2 = RCAP2H,TL2 = RCAP2L。T4的16位捕获寄存器的高8位和低8位分别为RCAP4H和RCAP4L,工作性质同T2。

3. T2和T4的控制寄存器

T2和T4的控制寄存器分别为T2CON和T4CON,两个SFR的格式类似,但T2CON支持位寻址,而T4CON不支持位寻址。T2CON和T4CON的格式如下:

	b7	b6	b5	b4	b3	b2	b1	b0
T2CON	TF2	EXF2	RCLK0	TCLK0	EXEN2	TR2	$C/\overline{T2}$	$CP/\overline{RL2}$
T4CON	TF4	EXF4	RCLK1	TCLK1	EXEN4	TR4	$C/\overline{T4}$	$CP/\overline{RL4}$

其中:

TF2/TF4:定时/计数器T2和T4的溢出中断标志。当T2或T4的计数器溢出时由硬件自动置位。当相应中断被允许时,该位置1导致CPU转向执行相应的SFR。但是SFR中该位不能由硬件自动清0,必须用软件清0。当RCLK0 | TCLK0 = 1时,T2溢出不对TF2置位;RCLK1 | TCLK1 = 1时,TF4不会被置1。

EXF2/ EXF4:定时/计数器T2和T4的捕获中断标志。以T2为例,当EXEN2=1,且T2EX引脚上出现负跳变而造成捕获或重装载时,EXF2置位,申请中断。这时若已允许T2中断,CPU将响应中断,转向执行T2的中断服务程序。在ISR中,EXF2同样要靠软件清除,这是因为ISR中要根据中断标志判断是何种中断。T4同理。

RCLK0:UART0(经典型51单片机的UART)的接收时钟选择位,经典型51单片机记为RCLK,用于选择UART0工作在方式1或方式3时的接收波特率发生器所使用的定时器。设置为0,T1的溢出作为接收波特率时钟;设置为1则T2的溢出作为接收波特率时钟。

同理,RCLK1 为 UART1 的接收波特率时钟选择位,用于选择 UART1 工作在方式 1 或方式 3 时接收波特率发生器使用的定时器。设置为 0,T1 溢出作为 UART1 的接收波特率发生器,设置为 1 则 T4 的溢出作为接收波特率时钟。

TCLK0:UART0 的发送波特率时钟选择位,经典型 51 单片机记为 TCLK,用于选择 UART0 工作在方式 1 或方式 3 时发送时钟所使用的定时器。设置为 0,T1 的溢出作为发送波特率时钟;设置为 1 则 T2 的溢出作为发送波特率时钟。

同理,TCLK1 为 UART1 的发送波特率时钟选择位,用于选择 UART1 工作在方式 1 或方式 3 时发送时钟所使用的定时器。设置为 0,T1 的溢出作为发送波特率时钟;设置为 1 则 T4 的溢出作为发送波特率时钟。

EXEN2/ENEN4:定时/计数器 T2 和 T4 的捕获输入引脚(T2EX 和 T4EX)使能位。以 T2 为例,当 T2 不作为波特率发生器且 EXEN2=1 时,在 T2EX 端出现的信号负跳变时,触发 T2 捕获或重载;EXEN2=0,T2EX 端的外部信号不起作用。T4 同理。

TR2/TR4:T2 和 T4 的运行控制位。以 T2 为例,当 TR2=1 时,启动 T2(即 T2 的计数器同步使能端使能计数),否则 T2 不工作。T4 同理。

C/$\overline{T}$2 和 C/$\overline{T}$4:定时方式或计数方式选择位。以 T2 为例,C/$\overline{T}$2=0 时,T2 为内部定时器;C/$\overline{T}$2=1 时 T2 为计数器,计 T2 引脚脉冲(负跳沿触发)。软件编写时,经典型 51 单片机该位写为 C_T2,CIP-51 单片机该位写为 CT2。T4 同理。

CP/$\overline{RL2}$:捕获或自动装载工作方式选择位。CP/$\overline{RL2}$=1 时,且 EXEN2=1,T2EN 端的信号负跳变触发捕获操作,TH2→RCAP2H,TL2→RCAP2L;CP/$\overline{RL2}$=0 时,若 T2 溢出,或在 EXEN2=1 条件下,T2EX 端信号负跳变,都会造成自动重装载操作,RCAP2H→ TH2,RCAP2L→TL2。当 RCLK=1 或 TCLK=1 时,该位不起作用,在 T2 溢出时,强制其自动重装载。软件编写时,经典型 51 单片机该位写为 CP_RL2,CIP-51 单片机该位写为 CPRL2。T4 同理。

8.3.2 T2 和 T4 的工作方式

T2 和 T4 的工作方式设置如表 8.3 所列。

表 8.3 T2 和 T4 的工作方式(x=2、4)

RCLK | TCLK	CP/$\overline{RLx}$	TRx	工作方式	备 注
0	0	1	16 位自动重载	溢出时:RCAPxH→THx RCAPxL→TLx
0	1	1	16 位捕获方式	捕获时:RCAPxH←THx RCAPxL←TLx
1	×	1	波特率发生器	—
×	×	0	关闭,停止工作	—

1. 自动重载方式

定时/计数器 T2 和 T4 的自动重载方式,根据控制寄存器 T2CON 中 EXEN2 位的不同设置,有两种选择。T2 和 T4 的自动重载工作方式一致,以 T2 为例,如图 8.9 所示。

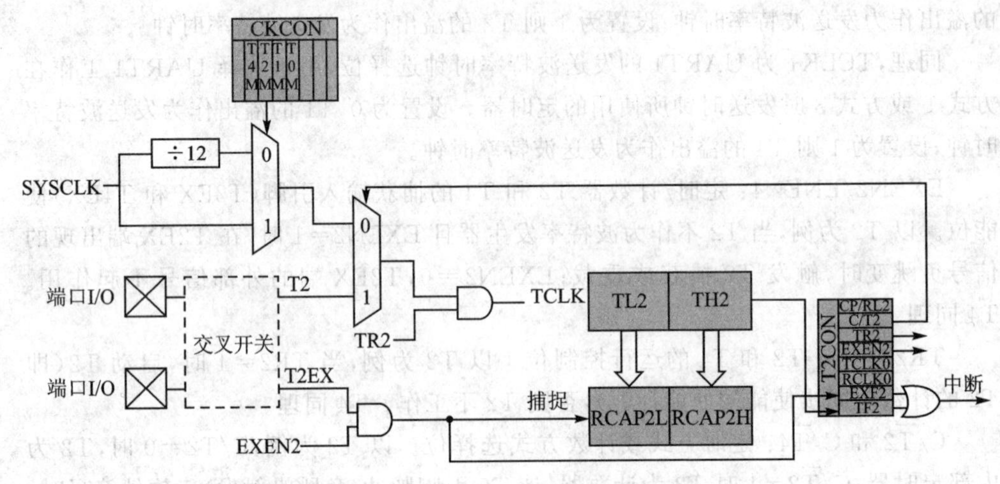

图 8.9　T2 工作在自动重载方式

① 当清零 EXEN2 标志位时,T2 计满回 0 溢出,一方面使中断请求标志位 TF2 置 1,同时又将寄存器 RCAP2L、RCAP2H 中预置的 16 位计数初值重新再装入计数器 TL2 和 TH2 中,自动地继续进行下一轮的计数操作,其功能与 T0 和 T1 的方式 2 相同,只是 T2 的该方式是 16 位的,计数范围大。RCAP2L 和 RCAP2H 寄存器的计数初值由软件预置。

② 当设置 EXEN2 为 1,T2 仍然具有上述的功能,并增加了新的特性,当外部输入端口 T2EX 引脚上产生“1”→“0”的负跳变时,将 RCAP2L 和 RCAP2H 寄存器中的值装载到 TL2 和 TH2 中重新开始计数,并将位 EXF2 设置为 1,向 CPU 请求中断。

2. “捕获”方式与时刻测量

“捕获”即及时捕捉住输入信号发生跳变时的时刻信息。常用于精确测量输入信号的参数,如脉宽等。T2 和 T4 都具有捕获功能。T2 和 T4 的捕获工作方式一致,下面以 T2 为例进行说明,如图 8.10 所示。

当位 $C/\overline{T2}$ 设置为 0 时,选择内部定时方式,同样对内部时钟计数;当位 $C/\overline{T2}$ 设置为 1 时,对 T2 引脚上的负跳变信号进行计数。计数器计满溢出,置位中断请求标志位 TF2,向主机请求中断处理,但计数器不自动重载。主机响应中断进入该中断服务程序后,必须用软件复位 TF2 为 0,其他操作均同定时/计数器 T0 和 T1 的工作方式 1。当外部输入端口 T2EX 引脚上产生“1”→“0”的负跳变时,将 TL2 和 TH2

中的值同步捕获到 RCAP2L 和 RCAP2H 中，并置位 EXF2 为 1，向 CPU 请求中断。由于有溢出和捕获两个中断请求标志位，因此当 CPU 响应中断后，在中断服务程序中应识别是哪一个中断请求分别进行处理，且必须通过软件清零中断请求标志位。

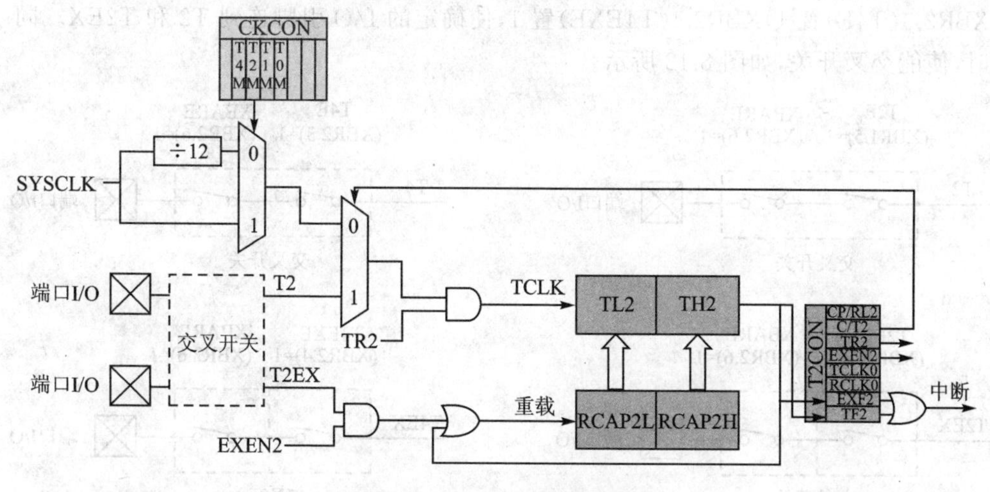

图 8.10 T2 工作在捕获方式

当然也可以基于外中断和定时器完成时间段的测量。方法是当$\overline{\text{INT0}}$端口出现下降沿中断启动定时器开始定时，$\overline{\text{INT0}}$端口再次出现下降沿中断停止计数，读出计数值就是两时刻差所对应的时间段。但是，由于中断响应时间的影响，误差较大，一般不采用。捕获才是嵌入式系统中精确进行时刻测量的方法。

3. 波特率发生器方式

当 RCLK 和 TCLK 位均置成 1 或者其中某位为 1 时，对应的 T2 或 T4 则工作于波特率发生器方式，相应的 UART 进行接收/发送工作。T2 或 T4 作为波特率发生器时的工作原理一致，下面以 T2 为例进行说明。

选择 T2 的时钟源后。此时 RCAP2H 和 RCAP2L 中的值用作计数初值，溢出后此值自动装到 TH2 和 TL2 中。如果 RCLK 或 TCLK 中某值为 1，则表示收发时钟一个用 T2，另一个用 T1。在这种工作方式下，如果在 P1.1 上检测到一个下降沿，则 EXF2 变为 1，可引起中断。UART0 的波特率 f_{baud} 为

$$f_{\text{baud}} = \frac{\text{T2 的溢出率}}{16} = \frac{f_{\text{OSC}}}{32 \times (65\,536 - \text{RCAP2})} \tag{8.4}$$

8.3.3 T2 和 T4 应用举例

有了 T1、T0 的编程知识，读者不难编写 T2 或 T4 的应用程序。

使用 T2 或 T4 需要正确配置相应引脚：对于定时器 T2，若需使用引脚 T2 和 T2EX，应将交叉开关寄存器(XBR1)中的 XBR1.5(T2E)置 1，XBR1.6(T2EXE)置 1，使

确定的I/O引脚连到T2和T2EX。同时,使XBR2.6(XBARE)=1,使能交叉开关,如图8.11所示。

对于定时器T4,若需使用引脚T4和T4EX,应将交叉开关寄存器(XBR2)中的XBR2.3(T4E)置1,XBR2.4(T4EXE)置1,使确定的I/O引脚连到T2和T2EX。同时,使能交叉开关,如图8.12所示。

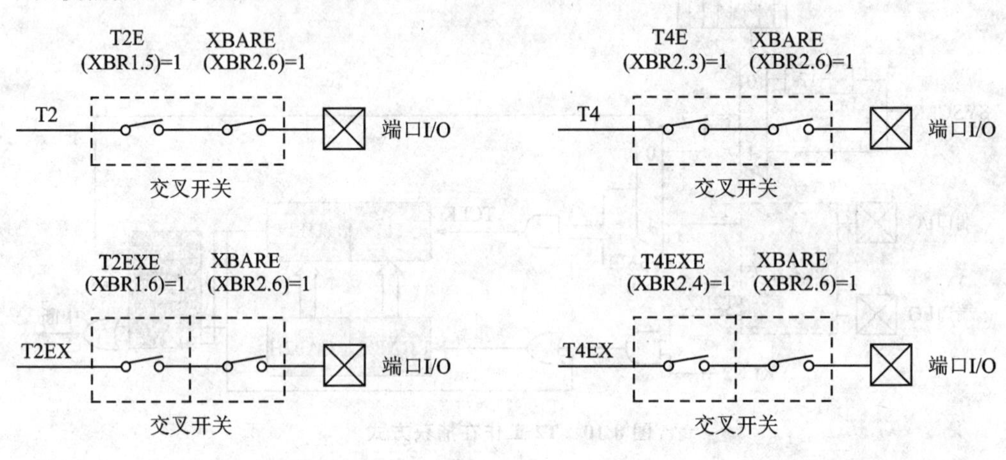

图8.11　T2、T2EX引脚配置示意图　　**图8.12　T4、T4EX引脚配置示意图**

至于,T2、T2EX、T4和T4EX到底连到哪一个引脚,取决于整个系统中,到底使用了哪些数字外设以及所使用的数字外设的优先级。

【例8.4】　C8051F020单片机,外部时钟频率为22.118 4 MHz,请利用定时/计数器T2从P3.0引脚输出1 Hz方波。

分析:T2作为定时器,且时钟采用默认的12分频。对于本题目的要求,定时500 ms,取反I/O即可。500 ms定时可利用20 ms定时、25次中断的方式获取。

$$初值=65\ 536-20\ 000/[1/(22.118\ 4/12)]=28\ 672$$

则TH2=28 672/256=112,TL2=28 672%256=0。

汇编语言程序

```
$ include(C8051F000.inc)
  ORG   0000H
  LJMP MAIN
  ORG   002BH
  LJMP T2_ISR
  ORG   0100H
MAIN:
  ;禁止看门狗定时器
  MOV   WDTCN, #0DEH
  MOV   WDTCN, #0ADH
```

C语言程序

```
#include <C8051F020.h>

void WDT_disable(void);
void OSC_Init(void);
void delay_ms(unsigned int t);

sbit P3_0 = P3^0;
unsigned char times;
int main(void)
{
```

```
    LCALL OSC_INIT

    ;使能交叉开关和所有弱上拉电阻
    MOV  XBR2, #40H

    MOV  TH2, #112
    MOV  TL2, #0
    MOV  RCAP2H, #112
    MOV  RCAP2L, #0
    SETB ET2
    SETB EA
    MOV  T2CON, #04H  ;TR2 = 1
    MOV  R7, #25
LOOP:

    LJMP LOOP

T2_ISR:
    JBC  EXF2, T2_ISR_L1
    CLR  TF2
    DJNZ R7, T2_ISR_L1
    MOV  R7, #25
    CPL  P3.0
T2_ISR_L1:
    RETI

    END
```

```
    //禁止看门狗定时器
    WDT_disable();
    OSC_Init();

    //使能交叉开关和所有弱上拉电阻
    XBR2 = 0x40;

    times = 0;
    TH2 = 112;
    TL2 = 0;
    RCAP2H = 112;
    RCAP2L = 0;
    EA = 1;
    ET2 = 1 ;
    T2CON = 0x04; //TR2 = 1
    while(1)
    {
      ;
    }
}
void T2_ISR (void) interrupt 5 using 1
{
    if (EXF2) EXF2 = 0;
    else
    {
      TF2 = 0;
      if( ++ times > 24)
      {
        P3_0 = ! P3_0;
        Times = 0;
      }
    }
}
```

【例 8.5】 C8051F020 单片机,外部时钟频率为 22.118 4 MHz,测量矩形波脉冲信号的周期(周期不大于 2 000 μs)。

分析:T2 工作在捕获工作方式下,为提高测量精度时钟不进行 12 分频时,外部 22.118 4 MHz 时钟下 16 位计数器的溢出周期为 2^{16}/22.118 4 MHz=2 962.96 μs,即一个计数周期内就能完成不大于 2 000 μs 的矩形波周期测量。

将待测矩形波脉冲接至 T2EX 引脚,利用 T2 对 T2EX 的下降沿捕获功能,若相邻两次下降沿捕获计数值时刻分别为 t_1 和 t_2,两次捕获间未溢出过,则捕获时刻直接作差就是周期 $T=n_1/T_{T_2}$,$n_1=t_2-t_1$,否则周期为 $T=n_2/T_{T_2}$,$n_2=65\ 536-t_1+t_2$。根据无符号数借位减法原理 $n_1=n_2$,两种情况的结果都是 $T=n_1/T_{T2}$,这样可以简化程序设计。汇编程序中,31H、30H 存放 t_1 时刻捕获值,41H、40H 存放 t_2时刻捕获值,n_1存放于 R6、R5 中。采用中断方式,程序如下:

<table>
<tr><th>汇编语言程序</th><th>C语言程序</th></tr>
<tr><td>

```
$include(C8051F000.inc)
   ORG   0000H
   LJMP MAIN
   ORG   002BH
   LJMP T2_ISR
   ORG   0100H
MAIN:
   ;禁止看门狗定时器
   MOV   WDTCN, #0DEH
   MOV   WDTCN, #0ADH

   ;系统时钟切换到外部 22.1184 MHz 时钟
   LCALL OSC_INIT

   ;由于没有其他外设使能,T2EX 在 P0.0
   ;使能 T2EX 引脚
   MOV   XBR1, #40H
   ;使能交叉开关和所有弱上拉电阻
   MOV   XBR2, #40H

   ;设 T2 为 16 位捕获方式
   MOV   T2CON, #09H
   SETB EA
   SETB ET2
   SETB TR2
LOOP:

   LJMP LOOP


T2_ISR:
   ;为捕获中断
   JBC   EXF2, NEXT
   ;溢出中断不处理
   CLR   TF2
```

</td><td>

```
#include  <C8051F020.h>

void WDT_disable(void);
void OSC_Init(void);
void delay_ms(unsigned int t);

unsigned int t1, t2, n1;

int main(void)
{
  //禁止看门狗定时器
  WDT_disable();
  OSC_Init();

  //由于没有其他外设使能,T2EX 在 P0.0
  //使能 T2EX 引脚
  XBR1 = 0x40;
  //使能交叉开关和所有弱上拉电阻
  XBR2 = 0x40;


  T2CON = 0x09;
  EA = 1;
  ET2 = 1;
  TR2 = 1;
  while(1)
  {

  ;
  }
}
void T2_ISR (void) interrupt 5 using 1
{
  if(TF2)
  {
    TF2 = 0;
```

</td></tr>
</table>

```
   RETI
NEXT:
   MOV  30H, 40H
   MOV  31H, 41H
   ;存放计数的低字节
   MOV  40H, RCAP2L
   ;存放计数的高字节
   MOV  41H, RCAP2H
   ;T = t2 - t1
   CLR  C
   MOV  A, 40H
   SUBB A, 30H
   MOV  R5, A
   MOV  A, 41H
   SUBB A, 31H
   MOV  R6,A
   RETI

   END
```

```
  }
  else
  {
    EXF2 = 0;
    t1 = t2;
    t2 = RCAP2H * 256 + RCAP2L;
    n1 = t2 - t1;
  }
}
```

由于能引起 T2 的中断可能是 EXF2,也可能是 TF2,所以中断服务中进行了判断,只处理 EXF2 引起的中断。另外,若周期超过 2 962.96 μs,则要对 TF2 表征的溢出中断次数进行统计(并对 TF2 清零),若溢出中断次数为 k,则周期为 $65\,536\times k+t_2-t_1$。

8.4 定时器 T3

定时器 T3 也是一个 16 位的计数器,由 TMR3L(低字节)和 TMR3H(高字节)两个 8 位的 SFR 组成,工作在 16 位自动重载状态,重载寄存器为 TMR3RLL(低字节)和 TMR3RLH(高字节)。另外,T3 还有控制寄存器 TMR3CN。T3 的 5 个 SFR 都不支持位寻址,复位值都为 00H。T3 只能作为定时器,T3 的时钟输入可以是外部振荡器(8 分频)或系统时钟(不分频或 12 分频)。T3 不支持捕获功能。

1. T3 的控制寄存器 TMR3CN

对 C8051F020 的 T3 进行访问和控制同样是通过 SFR 实现的,工作状态设置通过控制寄存器 TMR3CN 实现。TMR3CN 的格式如下:

	b7	b6	b5	b4	b3	b2	b1	b0
TMR3CN	TF3	—	—	—	—	TR3	T3M	T3XCLK

其中：

TF3：T3 的溢出中断标志。当 T3 的计数器从 FFFFH 到 0000H 溢出时，由硬件置位。当 T3 中断被允许时，该位置 1 使 CPU 转向 T3 的 ISR。尽管 T3 只有一个中断标志，但是该位在其 ISR 被执行后不能由硬件自动清 0，必须用软件清 0。代码如下：

```
ANL   TMR3CN, ＃NOT(80H)   ;清中断标志位 TF3
```

b6～b3 未用。读都为 0，写被忽略。

TR3：T3 的运行控制位。该位为 0 时 T3 停止计数；该位被设置为 1 后将使能 T3 开始计数。

T3M：T3 的时钟选择位。该位设置为 0，则 T3 使用系统时钟的 12 分频；设置为 1，则 T3 使用系统时钟。

T3XCLK：T3 外部时钟选择。当 T3XCLK 位被设置为逻辑 0 时，T3 的时钟源由 T3M 位定义；当 T3XCLK 位被设置为逻辑 1 时，T3M 位被忽略，T3 的时钟源由外部振荡器输入(8 分频)。

2. T3 的工作方式

T3 总是被配置为自动重装载方式的定时器，重载值需要事先保存在 TMR3RLL 和 TMR3RLH 中。工作过程与不使能捕获引脚的 T2 或 T4 的自动重载工作方式一致。

T3 的外部时钟源特性提供了实时时钟(RTC)方式。当 T3XCLK 位被设置为逻辑 1 时，T3 用外部振荡器输入(8 分频)作为时钟，而与系统时钟选择无关。这种独立的时钟源配置允许 T3 使用精确的外部源，而系统时钟取自高速内部振荡器。

T3 除了可以作为通用定时器外，还可用于启动 ADC 数据转换和 SMBus 定时，图 8.13 所示为 T3 的原理框图。

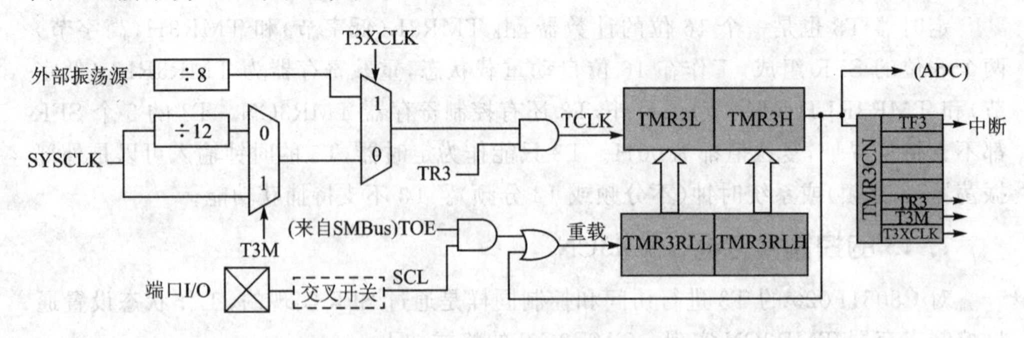

图 8.13 T3 的原理框图

8.5 可编程计数器阵列(PCA)

T2、T4 相比于 T0、T1、T3,除了具有自动重载计数功能,还具有捕获功能,初步具备了现代定时/计数器的影子。对于 SoC 级的单片机来说,其某些定时器还需要具备脉宽调制(PWM,Pulse Width Modulation)波形发生功能。PWM 是一种矩形波控制技术,即矩形波的周期和占空比都可以调节,广泛应用在从测量、通信到功率控制与变换的许多领域中。

PWM 技术通过高分辨率的"TOP+1"进制计数器、输出比较寄存器 OCR 和输出寄存器来实现方波的周期和占空比被调制。PWM 波形产生原理如图 8.14 所示,占空比为 T_1/T。计数器做加法,计数器的最大值 TOP 和时钟频率控制 PWM 波的周期(即$(TOP+1)/f_{in}$),比较值 OCR 和最大值 TOP 共同决定占空比。

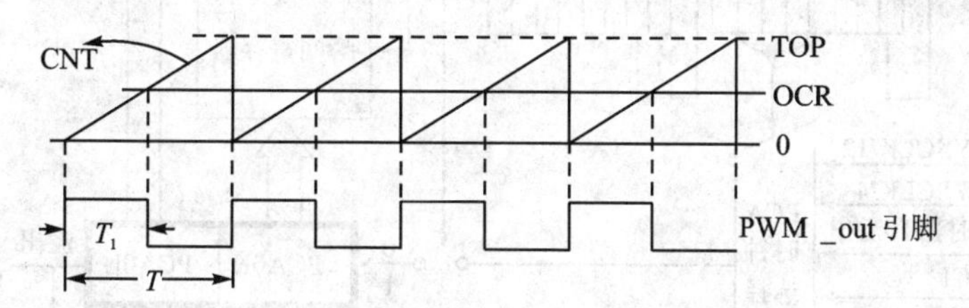

图 8.14 PWM 波形产生原理示意图

PWM 的频率控制也是定时的重要应用,因为程控矩形波信号的频率输出可以完成很多任务,例如:

① 通过 F/V(频压转换)器件实现 D/A 应用。

② 作为载波。比如红外遥控器是以 38 kHz 作为载波,以提高抗干扰能力;超声波测距时,发射超声波则是以 40 kHz 的载波断续发出。

③ 器件工作驱动时钟。一些器件(如模拟转换器 ADC0809 和 ICL7135 等)在工作时需要外加驱动时钟脉冲,应用 T2 的该功能是一个简易、可控且有效的选择。

CIP-51 内核单片机的可编程计数器阵列(Programmable Counter Array,PCA)就是这样的集大成者。C8051F020 中集成了一个 PCA,称为 PCA0。

8.5.1 PCA0 的基本结构原理

PCA0 提供了增强的定时/计数器功能,与 T0~T4 相比,所需要的 CPU 干预较少。PCA0 包含一个专用的 16 位计数器和 5 个独立的 16 位捕获/比较模块。每个捕获/比较模块都有自己的 SFR 和 I/O 线(CEX*n*,*n*=0~4)。CEX*n* 作为捕获输入或 PWM 输出引脚。当在使用 PCA0 时,应将交叉开关寄存器(XBR0)中的 PCA0ME(XBR1.5、XBR1.4、XBR1.3)位段根据需要进行配置。

对于 PCA0 本身而言,交叉开关的优先顺序为:CEX0,CEX1,CEX2,CEX3,

CEX4,CEI。至于,CEX0、CEX1、CEX2、CEX3、CEX4、CEI 到底连到哪一个端口 I/O,取决于整个系统中,到底使用了哪些数字外设以及所使用的数字外设的优先级(详见 5.2.2 小节)。

PCA0 的基本原理框图如图 8.15 所示。

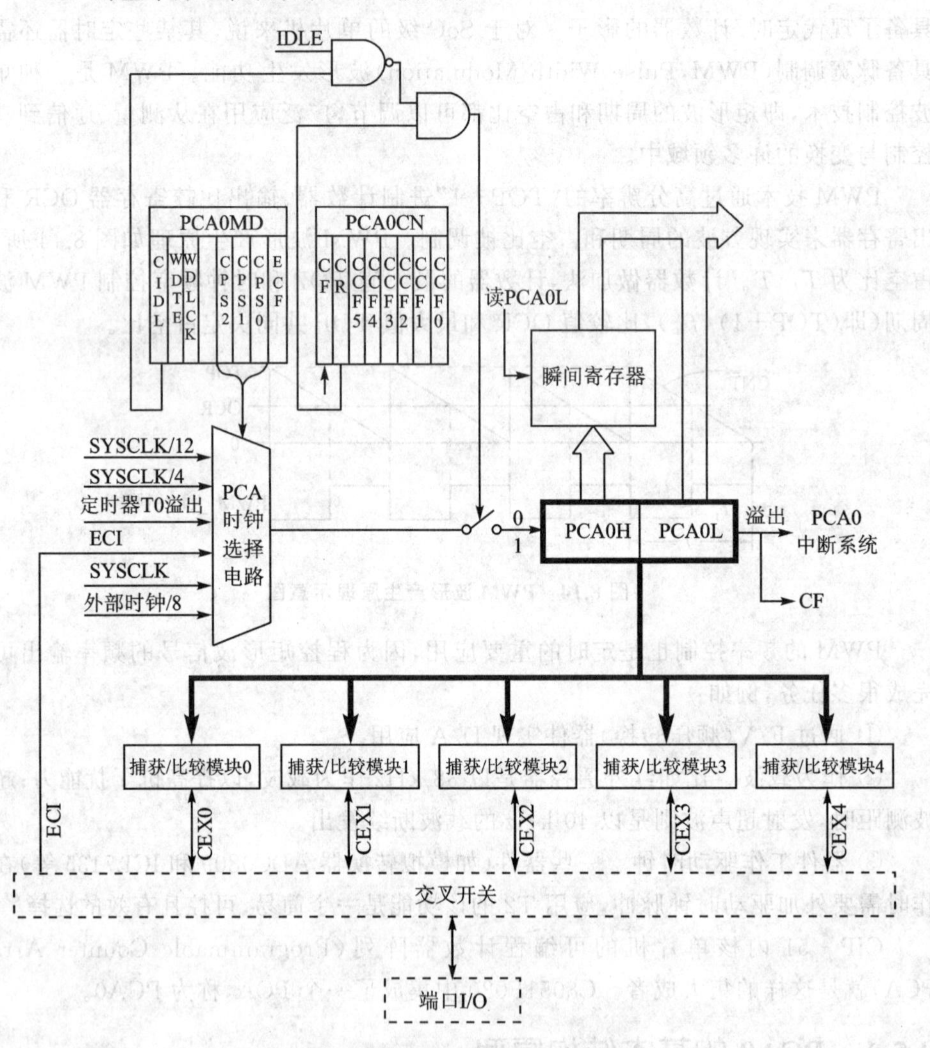

图 8.15 PCA0 基本原理框图

PCA0 的核心是一个 16 位的计数器。该计数器由一个可编程的时基信号驱动,时基信号有 6 个输入源:系统时钟、系统时钟/4、系统时钟/12、外部振荡器时钟源 8 分频、定时器 T0 溢出和 ECI 线上的外部时钟信号。

PCA0 具有 5 个捕获/比较模块,每个捕获/比较模块可以被编程为独立工作于下述的 6 种方式之一:边沿触发捕获、软件定时器、高速输出、频率输出、8 位 PWM 及 16 位 PWM。

16 位的 PCA0 计数器由两个 8 位的 SFR 组成：PCA0L(低字节)和 PCA0H(高字节)。在读 PCA0L 的同时自动锁存 PCA0H 的值。先读 PCA0L 寄存器将使 PCA0H 的值同步装载到瞬像寄存器保持不变，直到用户读 PCA0H 寄存器为止。读 PCA0H 或 PCA0L 不影响计数器工作。

8.5.2 PCA0 的相关 SFR

对 PCA0 的编程和控制也是通过相关 SFR 来实现的。PCA0 的 SFR 如表 8.4 所列。

表 8.4 PCA0 的 SFR

PCA0 的功能模块	寄存器	符　号	地　址	寻址方式	复位值
	PCA0 控制寄存器	PCA0CN	D8H	字节、位	00H
	PCA0 方式选择寄存器	PCA0MD	D9H	字节	00H
	PCA0 计数器的低字节	PCA0L	E9H	字节	00H
	PCA0 计数器的高字节	PCA0H	F9H	字节	00H
模块 0	捕获/比较模式寄存器	PCA0CPM0	DAH	字节	00H
	捕获/比较寄存器的低字节	PCA0CPL0	FAH	字节	00H
	捕获/比较寄存器的高字节	PCA0CPH0	FAH	字节	00H
模块 1	捕获/比较模式寄存器	PCA0CPM1	DBH	字节	00H
	捕获/比较寄存器的低字节	PCA0CPL1	FBH	字节	00H
	捕获/比较寄存器的高字节	PCA0CPH1	FBH	字节	00H
模块 2	捕获/比较模式寄存器	PCA0CPM2	DCH	字节	00H
	捕获/比较寄存器的低字节	PCA0CPL2	FCH	字节	00H
	捕获/比较寄存器的高字节	PCA0CPH2	FCH	字节	00H
模块 3	捕获/比较模式寄存器	PCA0CPM3	DDH	字节	00H
	捕获/比较寄存器的低字节	PCA0CPL3	FDH	字节	00H
	捕获/比较寄存器的高字节	PCA0CPH3	FDH	字节	00H
模块 4	捕获/比较模式寄存器	PCA0CPM4	DEH	字节	00H
	捕获/比较寄存器的低字节	PCA0CPL4	FEH	字节	00H
	捕获/比较寄存器的高字节	PCA0CPH4	FEH	字节	00H

PCA0H 和 PCA0L 是 PCA0 的 16 位计数器的高字节(MSB)和低字节(LSB)。PCA0CPHn(n=0～4)和 PCA0CPLn(n=0～4)分别是 5 个捕获/比较模块的 16 位捕获/比较寄存器的高字节(MSB)和低字节(LSB)。下面对 PCA0 的其他 SFR 进行详细说明。

1. PCA0 的控制寄存器 PCA0CN

PCA0CN 由 PCA0 的计数使能控制位、溢出标志位及各个捕获/比较模块的比较匹配中断标志位构成。PCA0CN 的格式如下：

	b7	b6	b5	b4	b3	b2	b1	b0
PCA0CN	CF	CR	—	CCF4	CCF3	CCF2	CCF1	CCF0

其中：

CF：PCA0 的计数器溢出中断标志。当 PCA0 的计数器溢出时(从 FFFFH 到 0000H)，PCA0MD 中的计数器溢出标志位(CF)被置 1 并产生一个中断请求，如果全局中断使能位 EA(IE.7)和 PCA0 中断使能位 EPCA0 (EIE1.3)都置位，则响应该中断，CPU 转向 PCA0 的 ISR。该位不能由硬件自动清 0，必须用软件清 0。

CR：PCA0 的计数器运行控制。设置为 0 时禁止 PCA0 计数；设置为 1 时允许 PCA0 计数。

b5：未用。读为 0，写被忽略。

CCF4/CCF3/CCF2/CCF1/CCF1/CCF0：分别为 PCA0 的捕获/比较模块 4、捕获/比较模块 3、捕获/比较模块 2、捕获/比较模块 1 和捕获/比较模块 0 的捕获/比较匹配中断标志。相应的模块发生一次匹配或捕获时，该位由硬件置位。将全局中断使能，PCA0 中断使能，相应模块 PCA0MDn 中的捕获/比较标志中断允许位 ECF 设置为 1，即可允许 CCF*n* 标志产生中断请求。当 CPU 转向中断服务程序时，CCF*n* 位不能被硬件自动清除，必须用软件清 0。

注意：对于 PCA0CN 寄存器，如果在执行写指令期间 PCA0 的计数器发生溢出，则 CF 位将不会被置 1。因此，若溢出中断标志对用户有用，则清 CCF*n* 标志应按下述步骤进行：

① 禁止所有中断(EA=0)。

② 读 PCA0L。此时 PCA0H 的值被锁存。

③ 读 PCA0H。保存读出值。

④ 执行对 CCF*n* 的写操作(无论是字节写还是位操作)。

⑤ 读 PCA0L。

⑥ 读 PCA0H。保存读出值。

⑦ 如果在第③步读出的 PCA0H 值为 0xFF，并且在第⑥步读出的 PCA0H 值为 0x00，则用软件将 CF 位置 1。

⑧ 重新允许中断(EA=1)。

PCA0 中断原理框图见图 8.16。

2. PCA0 的方式选择寄存器 PCA0MD

PCA0 的方式选择寄存器 PCA0MD 用于确定 PCA0 计数器的时钟源和溢出中

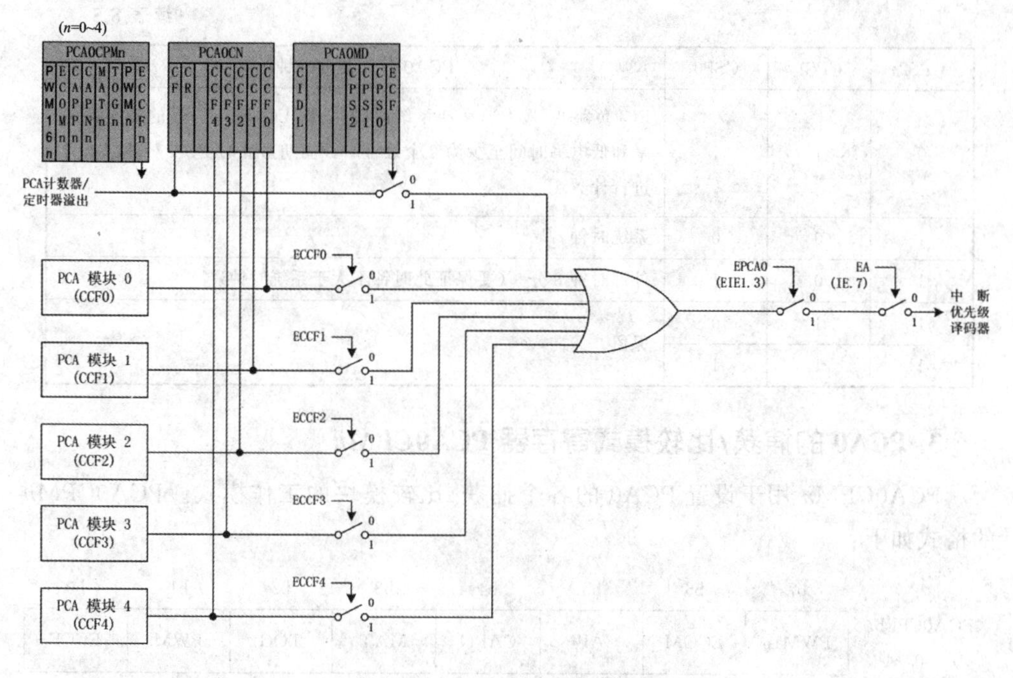

图 8.16 PCA0 中断原理框图

断使能控制等。PCA0MD 的格式如下:

	b7	b6	b5	b4	b3	b2	b1	b0
PCA0MD	CIDL	—	—	—	CPS2	CPS1	CPS0	ECF

其中:

CIDL:用于设定 PCA0 在 CPU 空闲方式下的工作方式。

0:当系统控制器处于空闲方式时,PCA0 继续正常工作。

1:当系统控制器处于空闲方式时,PCA0 停止工作。

b6~b4:未用。读都为 0,写被忽略。

ECF:PCA0 溢出中断允许位。该位设置为 0,则禁止 PCA0 的溢出中断;该位设置为 1,则溢出标志 CF 置位时,允许 PCA0 溢出中断请求。

CPS2~CPS0:PCA0 计数器的时钟源选择位段,如表 8.5 所列。

表 8.5 PCA0 计数器的时钟源选择

CPS2	CPS1	CSP0	PCA0 计数器的时钟源
0	0	0	系统时钟的 12 分频
0	0	1	系统时钟的 4 分频
0	1	0	T0 的溢出

续表 8.5

CPS2	CPS1	CSP0	PCA0 计数器的时钟源
0	1	1	ECI 负跳变(最大速率=系统时钟/4,即 ECI 输入信号的最小高电平和低电平时间至少为 2 个系统时钟周期),此时 PCA 对外部信号进行计数
1	0	0	系统时钟
1	0	1	外部时钟 8 分频(要保证此时钟不大于系统时钟)
1	1	0	保留
1	1	1	

3. PCA0 的捕获/比较模式寄存器 PCA0CPM*n*

PCA0CPM*n* 用于设置 PCA0 的各个捕获/比较模块的工作模式。PCA0CPM*n* 的格式如下:

PCA0CPM*n* $n=0\sim4$	b7	b6	b5	b4	b3	b2	b1	b0
	PWM16	ECOM	CAPP	CAPN	MAT	TOG	PWM	ECCF

其中:

PWM16:8 位 PWM 和 16 位 PWM 选择位。当 PWM 功能被使能时(PWM*n*=1),该位为 1 选择 16 位 PWM 输出方式,该位为 0 选择 8 位 PWM 输出方式。

ECOM:比较器功能使能,该位置 1 将使能 PCA0 捕获/比较模块 *n* 的数值比较功能,否则相应捕获/比较模块不进行计数器与捕获/比较寄存器的比较。

CAPP:正沿捕获功能使能位。该位置 1 将使能 PCA0 捕获/比较模块 *n* 的正边沿捕获,否则禁止。

CAPN:负沿捕获功能使能位。该位置 1 将使能 PCA0 捕获/比较模块 *n* 的负边沿捕获,否则禁止。

MAT:匹配功能使能位。该位置 1 将使能 PCA0 捕获/比较模块 *n* 的匹配功能。如果被使能,当 PCA0 的计数器值与一个模块的捕获/比较寄存器匹配时,PCA0CN.CCF*n* 中断标志位被置位。

TOG:电平切换功能使能位。如果被置 1 使能,当 PCA0 的计数器与对应模块的捕获/比较寄存器匹配时,CEX*n* 引脚的逻辑电平切换(反转)。如果 PWM 位也被置为 1,则模块工作在频率输出方式。

PWM:PWM 使能位。该位为 0,CEX*n* 引脚不输出 PWM 波;该位被置 1 将使能 PCA0 捕获/比较模块 *n* 的 PWM 功能,CEX*n* 引脚输出 PWM 信号。此时若 PWM16 位设置为 0,则使用 8 位 PWM 方式;若 PWM16 位设置为 1,则使用 16 位 PWM 方式。如果 TOG 位也被置为逻辑 1,则相应模块工作在频率输出方式。

ECCF：捕获/比较标志中断允许位。该位用于设置相应捕获/比较标志(CCF*n*)的中断屏蔽。

0：禁止 CCF*n* 标志请求中断；

1：当 CCF*n* 位被置 1 时，允许 PCA0 中断请求。

8.5.3 PCA0 各捕获/比较模块的工作原理和过程

PCA0 的 5 个 16 位捕获/比较模块都有 SFR，用于配置模块的工作方式和与模块交换数据。各自的 PCA0CPM*n*($n=0\sim4$)寄存器用于配置 PCA0 相应捕获/比较模块的工作方式，表 8.6 列出了模块工作在不同方式时，该寄存器各位的设置情况。

表 8.6 通过 PCA0CPM*n* 设置 PCA0 的第 *n* 个捕获/比较模块的工作方式

PWM16	ECOM	CAPP	CAPN	MAT	TOG	PWM	工作方式
X	X	1	0	0	0	0	CEX*n* 引脚出现上升沿触发捕获(中断)
X	X	0	1	0	0	0	CEX*n* 引脚出现下降沿触发捕获(中断)
X	X	1	1	0	0	0	CEX*n* 引脚电平变化触发捕获(中断)
X	1	0	0	1	0	0	软件定时器
X	1	0	0	1	1	0	高速输出
X	1	0	0	X	1	1	频率输出
0	1	0	0	X	0	1	8 位 PWM 输出
1	1	0	0	X	0	1	16 位 PWM 输出

1. 边沿触发的捕获方式

PCA0 的捕获方式原理框图如图 8.17 所示。在该方式下，CEX*n* 引脚上出现的有效电平变化，将导致 PCA0 捕获 PCA0 计数器的值并将其装入到对应模块的 16 位

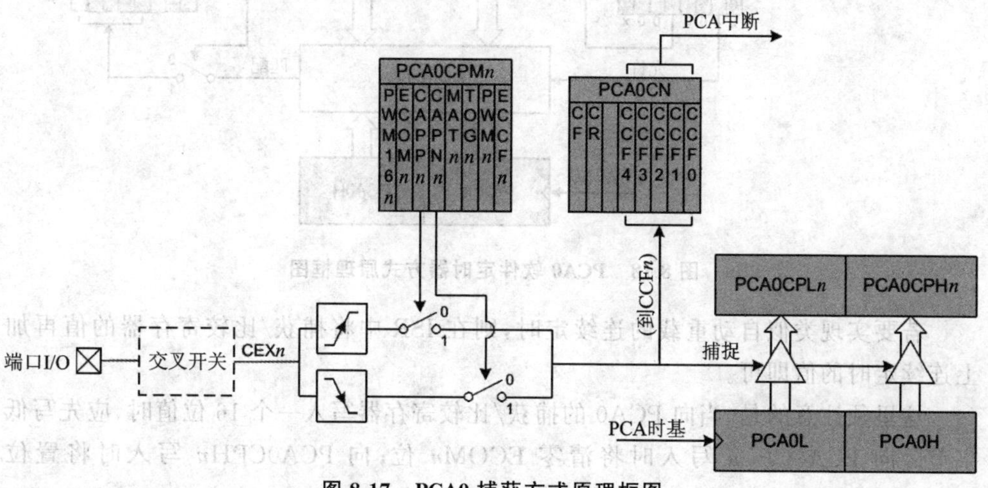

图 8.17 PCA0 捕获方式原理框图

捕获/比较寄存器(PCA0CPLn 和 PCA0CPHn)中。

PCA0CPMn 寄存器中的 CAPPn 和 CAPNn 位用于选择触发捕获的电平变化类型：低电平到高电平(正沿)、高电平到低电平(负沿)或任何一种变化(正沿或负沿)。

注意，CEXn 输入信号的高电平或低电平至少要持续两个系统时钟周期才能确保有效。

当捕获发生时，PCA0CN 中的捕获/比较标志(CCFn)被置为逻辑 1，并产生一个中断请求(如果 CCF 中断被允许)。当 CPU 转向中断服务程序时，CCFn 位不能被硬件自动清除，必须用软件清 0。

2. 软件定时器(比较)方式

PCA0 的软件定时器方式原理框图如图 8.18 所示。在软件定时器方式下，系统将 PCA0 的计数器与相应模块的 16 位捕获/比较寄存器(PCA0CPHn 和 PCA0CPLn)进行比较。当发生匹配时，PCA0CN 中的捕获/比较标志(CCFn)被置为逻辑 1 并产生一个中断请求(如果 CCF 中断被允许)。因此，捕获/比较寄存器中的值就是定时值。当 CPU 转向中断服级单务程序时，CCFn 位不能被硬件自动清除，必须用软件清 0。PCA0CPMn 寄存器中的 ECOMn 和 MATn 位置 1 将允许软件定时器方式。

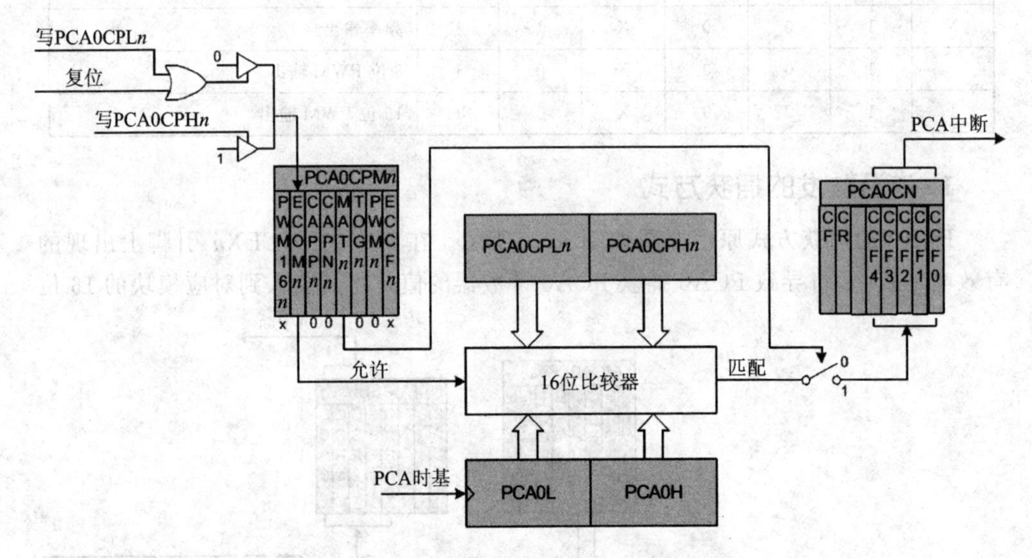

图 8.18　PCA0 软件定时器方式原理框图

若要实现类似自动重载的连续定时，则在 ISR 中将捕获/比较寄存器的值再加上连续定时的值即可。

这里须注意的是，当向 PCA0 的捕获/比较寄存器写入一个 16 位值时，应先写低字节。向 PCA0CPLn 写入时将清零 ECOMn 位；向 PCA0CPHn 写入时将置位 ECOMn 位。

3. 高速输出方式

在高速输出方式下，每当PCA0的计数器与对应模块的16位捕获/比较寄存器（PCA0CPHn和PCA0CPLn）发生匹配时，其CEXn引脚上的逻辑电平将发生改变（反转）。置位PCA0CPMn寄存器中的TOGn、MATn和ECOMn位将使能高速输出方式。PCA0的高速输出方式原理框图如图8.19所示。

若要实现连续等时匹配反转CEXn，则在ISR中将捕获/比较寄存器的值再加上等时步进值即可。

这里同样须注意：当向PCA0的捕获/比较寄存器写入一个16位数值时，应先写低字节。向PCA0CPLn写入时将清零ECOMn位，向PCA0CPHn写入时将置位ECOMn位。

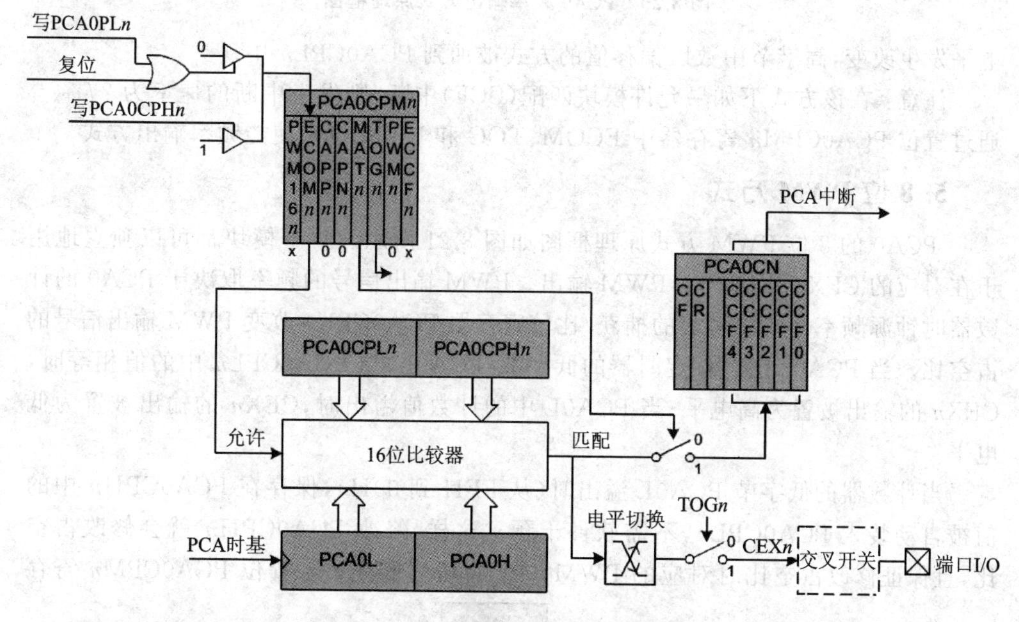

图8.19 PCA0高速输出方式原理框图

4. 频率输出方式

PCA0频率输出方式原理框图如图8.20所示。频率输出方式在对应的CEXn引脚产生可编程频率的方波。捕获/比较寄存器的高字节保持着输出电平改变前要计的PCA0时钟数。所产生的方波的频率为

$$f_{\mathrm{CEX}n}=\frac{f_{\mathrm{PCA0}}}{2\times \mathrm{PCA0CPH}n}$$

式中，f_{PCA0}是由PCA0MD寄存器中的CPS2～0位选择的PCA0时钟的频率。

当PCA0CPHn寄存器中的值为0时，该方程等价于256。

捕获/比较模块的低字节与PCA0计数器的低字节比较：两者匹配时，CEXn的

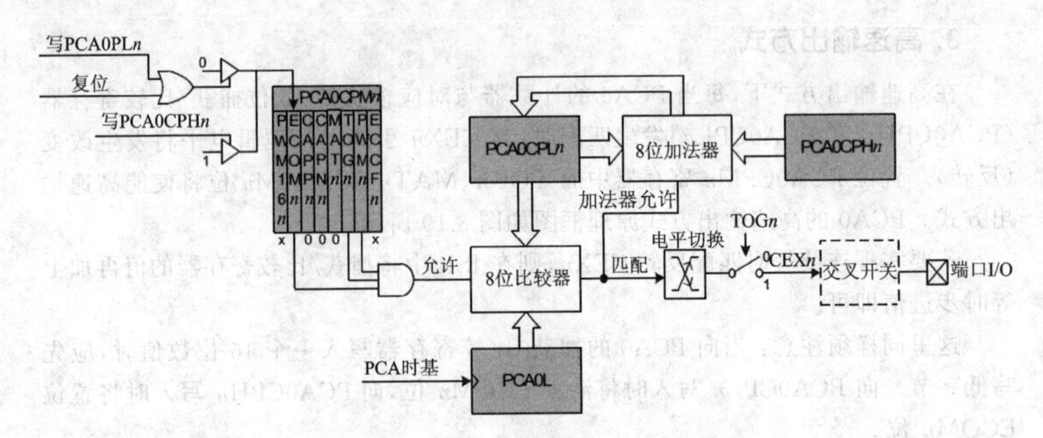

图 8.20 PCA0 频率输出方式原理框图

电平发生改变,高字节中数以偏移值的方式被加到 PCA0CPLn 中。

注意:在该方式下如果允许模块匹配(CCF)中断,则发生中断的速率为 $2f_{CEXn}$。通过置位 PCA0CPMn 寄存器中 ECOM、TOG 和 PWM 位来使能频率输出方式。

5. 8 位 PWM 方式

PCA0 的 8 位 PWM 方式原理框图如图 8.21 所示。每个模块都可以独立地用于在对应的 CEXn 引脚产生 PWM 输出。PWM 输出信号的频率取决于 PCA0 的计数器时钟源频率。使用模块的捕获/比较寄存器 PCA0CPLn 改变 PWM 输出信号的占空比。当 PCA0 计数器/定时器的低字节(PCA0L)与 PCA0CPLn 中的值相等时,CEXn 的输出被置为高电平;当 PCA0L 中的计数值溢出时,CEXn 的输出被置为低电平。

当计数器的低字节 PCA0L 溢出时(从 FFH 到 00H),保存在 PCA0CPHn 中的值被自动装入 PCA0CPLn,不需软件干预。这样,修改 PCA0CPHn 就会修改占空比,且保证修改占空比时对应的 PWM 一个周期波形完整。置位 PCA0CPMn 寄存

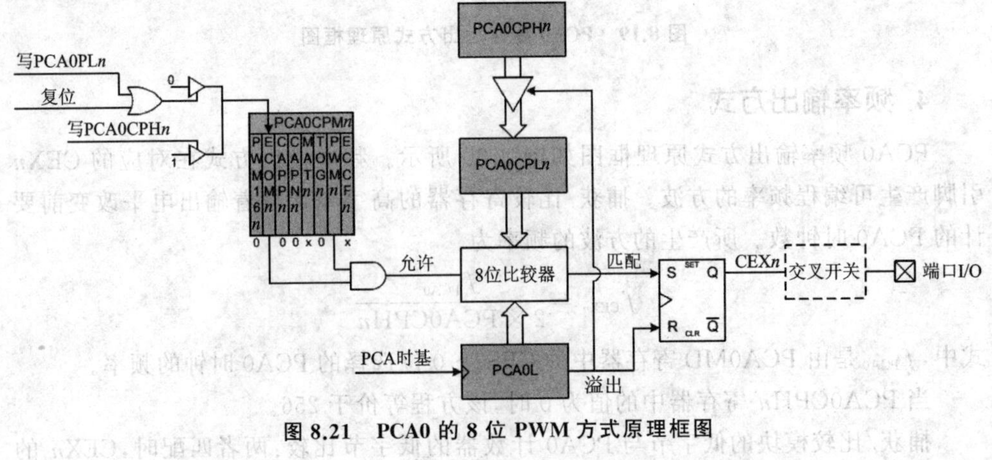

图 8.21 PCA0 的 8 位 PWM 方式原理框图

器中的 ECOM 和 PWM 位将使能 8 位 PWM 方式。8 位 PWM 方式的占空比为

$$占空比=\frac{256-PCA0CPHn}{256} \tag{8.5}$$

由式(8.5)可知,最大占空比为 100%(PCA0CPHn = 0),最小占空比为 0.39%(PCA0CPHn = FFH)。通过清零 ECOM 位可以产生 0%的占空比。

注意,当向 PCA0 的捕获/比较寄存器写入一个 16 位数值时,应先写低字节。向 PCA0CPLn 写入时将清零 ECOM 位,向 PCA0CPHn 写入时将置位 ECOM 位。

6. 16 位 PWM 方式

PCA0 的 16 位 PWM 方式原理框图如图 8.22 所示。每个 PCA0 模块都可以工作在 16 位 PWM 方式。在该方式下,16 位捕获/比较模块定义 PWM 信号低电平时间的 PCA0 时钟数。当 PCA0 计数器与模块的值匹配时,CEXn 的输出被置为高电平;当计数器溢出时,CEXn 的输出被置为低电平。可见若调整 16 位 PWM 的周期只能调整 PCA0 的时钟。

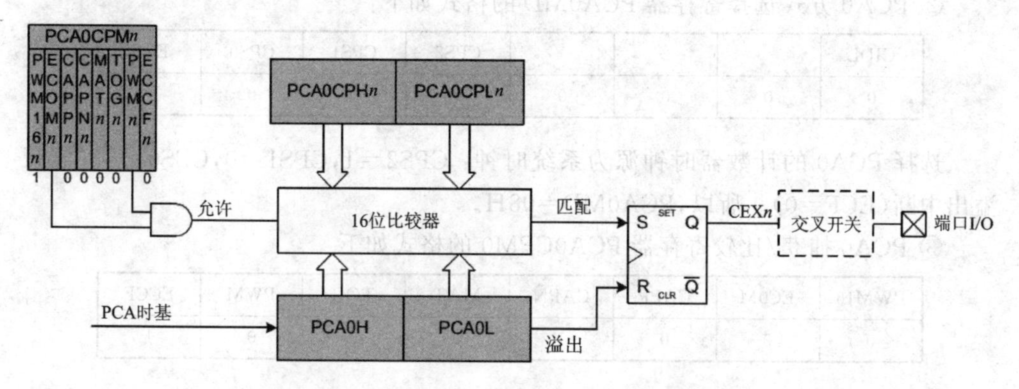

图 8.22 PCA0 的 16 位 PWM 方式原理框图

为了输出一个占空比可变的波形,新值的写入应与 PCA0 的 CCFn 匹配中断同步,即在相应中断中改变比较值以保证修改时一个 PWM 波形不发生畸变。PCA0CPMn 寄存器中的 ECOM、PWM 和 PWM16 位置 1 将使能 16 位 PWM 方式。为了输出一个占空比可变的波形,应将 CCF 设置为 1 以允许匹配中断。16 位 PWM 方式的占空比为

$$占空比=65\,536\times\frac{256-PCA0CPn}{65\,536}$$

由上式可知,最大占空比为 100%(PCA0CPn=0),最小占空比为 0.001 5%(PCA0CPn=FFFFH)。通过清零 ECOM 位可以产生 0%的占空比。

这里还应注意的是,当向 PCA0 的捕获/比较寄存器写入一个 16 位数值时,应先写低字节。向 PCA0CPLn 写入时将清零 ECOM 位,向 PCA0CPHn 写入时将置位 ECOM 位。

8.5.4 PCA0应用举例

【例8.6】 C8051F020单片机,设系统为外部22.1184 MHz时钟。用PCA0边沿触发捕获方式测量方波的周期(周期不大于2000 μs)。

分析:外部固定频率的方波接至PCA0的捕获/比较模块0的输入端(程序设定P0.0接CEX0)。输入时钟两次下跳沿之间的捕获值(PCA0CPH0,PCA0CPL0)之差就是周期。

PCA0的SFR配置如下:

① PCA0控制寄存器PCA0CN的格式如下:

CF	CR	—	CCF4	CCF3	CCF2	CCF1	CCF0
0	1	0	0	0	0	0	0

设置PCA0的计数器同步时钟使能,开始计数。所以,PCA0CN=40H。

② PCA0方式选择寄存器PCA0MD的格式如下:

CIDL	—	—	—	CPS2	CPS1	CPS0	ECF
0	0	0	0	1	0	0	0

选择PCA0的计数器时钟源为系统时钟:CPS2=1,CPS1=0,CPS0=0。屏蔽溢出中断(ECF=0)。所以,PCA0MD=08H。

③ PCA0捕获/比较寄存器PCA0CPM0的格式如下:

PWM16	EC0M	CAPP	CAPN	MAT	TOG	PWM	ECCF
0	0	0	1	0	0	0	1

选择CEX0的负跳沿触发捕获,使能捕获/比较中断(ECCF=1)。所以,PCA0CPM0=11H。

④ 端口I/O交叉开关寄存器0(XBR0)的格式如下:

CP0E	ECI0E	PCA0ME2	PCA0ME1	PCA0ME0	UART0EN	SPI0EN	SMB0EN
0	0	0	0	1	0	0	0

PCA0ME[2:0]=001B,仅选择CEX0连接到I/O。所以,XBR0=08H。

⑤ 端口I/O交叉开关寄存器2(XBR2)的格式如下:

WEAKPUD	XBARE	—	T4EXE	T4E	UART1E	EMIFLE	CNVSTE
0	1	0	0	0	0	0	0

WEAKPUD=0,全局弱上拉;XBARE=1,交叉开关使能位。所以,XBR2=40H。

⑥ PCA0的中断向量是004BH,中断允许位是EPCA0(EIE1.3),优先级控制位

是 PPCA0(EIP1.2)。

汇编语言程序中,31H、30H 存放前一时刻捕获值,41H、40H 存放后一时刻捕获值,时刻间的计数差值存放于 R6、R5 中。

汇编语言程序

```
$ include(C8051F000.inc)
    ORG   0000H
    LJMP MAIN
    ORG   004BH
    LJMP PCA0_ISR
    ORG   0100H
MAIN:
    ;禁止看门狗定时器
    MOV   WDTCN, #0DEH
    MOV   WDTCN, #0ADH
    LCALL OSC_INIT

    ;连接 CEX0 到 P0.0
    MOV   XBR0, #08H
    ;使能交叉开关和所有弱上拉电阻
    MOV   XBR2, #40H

    MOV   PCA0MD, #08H
    MOV   PCA0CPM0, #11H
    MOV   PCA0CN, #40H
    ;允许 PCA0 中断
    MOV   EIE1, #08H
    SETB EA
LOOP:

    LJMP LOOP

PCA0_ISR:
    CLR   CF
    CLR   CCF0
    MOV   30H, 40H
    MOV   31H, 41H
    ;存放计数的低字节
    MOV   40H, PCA0CPL0
    ;存放计数的高字节
    MOV   41H, PCA0CPH0
```

C 语言程序

```
#include <C8051F020.h>

void WDT_disable(void);
void OSC_Init(void);
void delay_ms(unsigned int t);

unsigned n1, t1, t2;

int main(void)
{
    unsigned char i, s;
    //禁止看门狗定时器
    WDT_disable();
    OSC_Init();
    //连接 CEX0 到 P0.0
    XBR0 = 0x08;
    //使能交叉开关和所有弱上拉电阻
    XBR2 = 0x40;

    PCA0MD = 0x08;
    PCA0CPM0 = 0x11;
    PCA0CN = 0x40;
    //允许 PCA0 中断
    EIE1 = 0x08;
    //开总中断
    EA = 1;
    while(1)
    {

    }
}
void PCA0_ISR (void) interrupt 9 using 1
{
    CF = 0;
    CCF0 = 0;
```

```
;T = t2 - t1
CLR C
MOV  A, 40H
SUBB A, 30H
MOV  R5, A
MOV  A, 41H
SUBB A, 31H
MOV  R6, A
RETI

END
```

```
EXF2 = 0;
t1 = t2;
t2 = PCA0CPH0 * 256 + PCA0CPL0;
n1 = t2 - t1 ;

}
```

【例 8.7】 PCA0 输出 16 位 PWM 驱动直流电动机。占空比按 1/2、1/4 和 1/8 循环变化。

分析：设置 PCA0 模块 1 为 16 位 PWM 方式，从 ECX0(P0.1)输出方波脉冲，可以驱动直流电机。改变脉冲方波的占空比，实现直流电机调速。简易低压直流电机调速电路如图 8.23 所示。

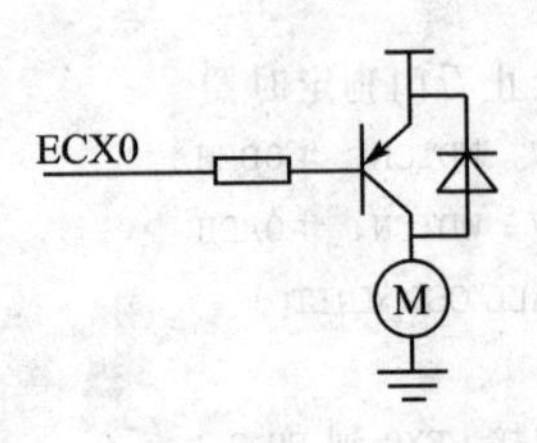

图 8.23 简易低压直流电机调速电路

寄存器的配置如下：

① 端口 I/O 交叉开关寄存器 0(XBR0)的格式如下：

CP0E	ECI0E	PCA0ME2	PCA0ME1	PCA0ME0	UART0EN	SPI0EN	SMB0EN
0	0	0	0	1	0	0	0

设置 PCA0ME=001B，仅 CEX0 连到端口引脚 P0.0。所以，XBR0 = 08H。

② 端口 I/O 交叉开关寄存器 2(XBR2)的格式如下：

WEAKPUD	XBARE	—	T4EXE	T4E	UART1E	EMIFLE	CNVSTE
0	1	0	0	0	0	0	0

设置 WEAKPUD=0，全局弱上拉；XBARE=1，交叉开关使能位。所以，XBR2=40H。

③ PCA0 方式选择寄存器(PCA0MD)的格式如下：

CIDL	—	—	—	CPS2	CPS1	CPS0	ECF
0	0	0	0	1	0	0	0

选择 PCA0 的计数器时钟源为系统时钟：CPS2=1，CPS1=0，CPS0=0；屏蔽溢出中断(ECF=0)。所以，PCA0MD=08H。

④ PCA0 捕获/比较模式寄存器 0(PCA0CPM0)的格式如下：

PWM16	EC0M	CAPP	CAPN	MAT	TOG	PWM	ECCF
1	1	0	0	1	0	1	1

选择 16 位 PWM 方式：PWM16＝1,EC0M＝1,PWM＝1；

ECCF ＝ 1,允许捕获/比较标志的中断请求；

MAT ＝ 1,匹配功能使能。

所以,PCA0CPM0＝0CBH。

⑤ PCA0 捕获/比较模块 0(PCA0CPL0:PCA0CPH0)占空比为

占空比＝(65 536－PCA0CP0)/65 536

程序初始化选定的占空比值为：(65 536－32 768)/65 536＝1/2。

改变 PCA0CPH0 和 PCA0CPL0 的值,即可改变 PWM 输出脉冲方波的占空比。PCA0CPL1 和 PCA0CPH1 设置如下：

PCA0CPH1	PCA0CPL1	占空比
80H	00H	(10000H－8000H)/10000H＝1/2
C0	00	(10000H－C000H)/10000H＝1/4
E0	00	(10000H－E000H)/10000H＝1/8

程序如下：

汇编语言程序

```
$ include(C8051F000.inc)
  ORG  0000H
  LJMP MAIN
  ORG  004BH
  LJMP PCA0_ISR
  ORG  0100H
MAIN:
  ;禁止看门狗定时器
  MOV  WDTCN, #0DEH
  MOV  WDTCN, #0ADH
  LCALL OSC_INIT

  ;连接 CEX0 到 P0.0
  MOV  XBR0, #08H
  ;使能交叉开关和所有弱上拉电阻
  MOV XBR2, #40H

  MOV  PCA0MD, #08H
```

C 语言程序

```
#include <C8051F020.h>

void WDT_disable(void);
void OSC_Init(void);
void delay_ms(unsigned int t);

int main(void)
{
  unsigned char i, s;
  //禁止看门狗定时器
  WDT_disable();
  OSC_Init();
  //连接 CEX0 到 P0.0
  XBR0 = 0x08;
  //使能交叉开关和所有弱上拉电阻
  XBR2 = 0x40;

  PCA0MD = 0x08;
```

汇编	C
MOV PCA0CPM0，＃0CBH	PCA0CPM0 = 0xcb;
MOV PCA0CPL1，＃00H	PCA0CPL1 = 0x00;
;占空比值为 1/2	//占空比值为 1/2
MOV PCA0CPH1，＃80H	PCA0CPH1 = 0x80;
MOV PCA0CN,＃40H	PCA0CN = 0x40;
;允许 PCA0 中断	//允许 PCA0 中断
MOV EIE1，＃08H	EIE1 = 0x08;
SETB EA	EA = 1;
LOOP:	while(1)
	{
LJMP LOOP	
	}
PCA0_ISR:	}
CLR CF	void PCA0_ISR (void) interrupt 9 using 1
CLR CCF0	{
RETI	CF = 0;
	CCF0 = 0;
END	}

8.6 定时器的定时和计时应用

定时和计时是定时器的典型应用之一，广泛应用于电子钟表、万年历、作息时间控制和各类时间触发控制系统。

8.6.1 电子钟表/万年历的设计

电子钟表具有走时准确和性能稳定等优点，已成为人们日常生活中必不可少的物品。随着技术的发展，人们已不再满足于钟表原先简单的报时功能，希望出现一些新的功能，诸如日历的显示、闹钟的应用等，以带来更大的方便。电子时钟，既能作为一般的时间显示器，也可以根据需要衍生出其他功能。

电子万年历作为典型的单片机应用系统，具有很好的开放性和可发挥性，考查定时器应用技术的同时也充分锻炼了人机接口技术能力。作为钟表，能够调整时间是其基本的功能，当然设定闹铃进行作息时间控制也已经成为电子钟表的标配功能。

1. 电子钟表/万年历的方案设计

电子钟表的方案主要有两类：一是直接利用单片机的定时器实现，二是采用专用日历时钟芯片实现。

(1) 直接利用单片机的定时器实现

一般定时器的时钟源频率都较高，以采用 12 MHz 晶振的 AT89S52 单片机系统为例,16 位的定时,最多计时 65.535 ms(=($2^{16}-1$) μs);22.1184 MHz 外部时钟的 C8051F020 单片机,即使采用 16 位计数器,且时钟 12 分频,也仅适合定时20 ms的级别。若系统应用需要更长时间的定时,就需要定时中断次数累计。对于非自动重载方式的定时,由于中断响应时间的影响,势必造成由定时中断引起的中断响应时间累计误差。因此,自动重载是解决累计定时误差的重要途径。

基于 16 位自动重载工作方式,经典型 51 单片机一般定时时间取 50 ms,定时器溢出 20 次(50 ms×20=1000 ms)就得到最小的计时单位:秒。C8051F020 一般定时时间取 20 ms,定时器溢出 50 次实现 1 s 定时。自动重载使计时误差缩减为工作晶振的误差。不过我们还不能用此方法计时,误差较大。另一方面,直接采用 32768 Hz 钟表晶体作为单片机的工作也是不现实的,单片机速度太慢,无法完成人机界面等复杂的任务,只能采用相对高频的晶振。

方法是:32768 Hz 晶体作为单片机外部独立的时钟源,经分频后作为定时/计数器的外部计数时钟,这样就解决了前面的矛盾。

一个时钟的计时累加,要实现秒、分、时等的进位,这可以通过软件累加和数值比较的方法实现。在单片机的内部 RAM 中,开辟时间信息缓冲区,包括时、分、秒等。定时系统按时间进位修改缓冲器内容,显示系统读取缓冲区信息实时显示时间。

(2) 采用专用日历时钟芯片实现

实时时钟(Real Time Clock,RTC)芯片是专用时钟集成电路,适合于一切需要低功耗及准确计时的应用。如何为某一特定应用选择合适的实时时钟芯片呢?设计者可以根据系统的性能要求,从接口方式、功耗、精度和功能几方面入手。DS12C887 和 DS1302 都是常用的日历时钟芯片。10.2 节将讲述 DS1302 的使用方法。下面介绍直接利用单片机的定时器实现电子钟表的方法。

2. 直接利用单片机的定时器实现电子钟表

电子钟表实际上是一个对标准频率(1 Hz)进行计数的计数电路。通常使用石英晶体振荡器电路获取频率稳定、准确的 32768 Hz 的方波信号,分频器电路将 32768 Hz 的高频方波信号经 2^{15} 次分频后得到 1 Hz 的方波信号供秒计数器进行计数,分频器实际上也就是计数器,一般采用多级二进制计数器来实现。下面采用二进制计数器 CD4060 来构成分频电路。CD4060 可实现 14 级分频,相对逻辑芯片分频次数最高,14 级分频后输出为 $32768/2^{14}$ Hz=2 Hz 方波,而且 CD4060 还包含振荡电路所需的非门,使用更为方便。CD4060 输入时钟逻辑电路如图 8.24 所示。

将 CD4060 的 Q13 接到 C8051F020 的 T0 引脚,T0 工作在方式 2 的计数器模式,初值及重载值设定为 244,这样每加两次 1,系统即发生 1 s 定时中断,中断函数处理时间秒进位。秒、分、时,共 6 个数码管即可,采用 24 小时制。基于 C8051F020 单片机的数字钟表电路如图 8.25 所示。

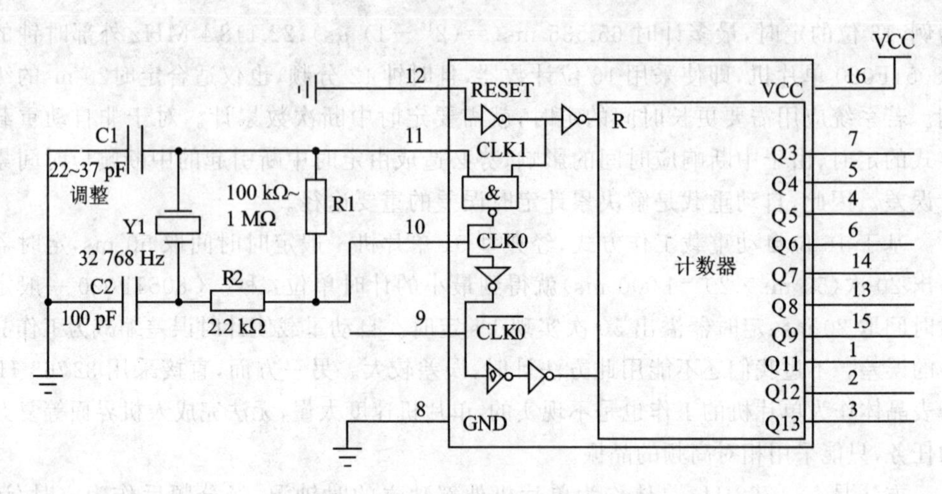

图 8.24 CD4060 输入时钟逻辑电路

数字钟表设置了4个按键,分别为"设定"、"加1"、"减1"和"确定"键,用于调整时间。按"设定"键开始重新设定时间,并且秒闪烁,此时通过"加1"和"减1"键即可调整秒。秒设定完成后,再次按"设定"键分闪烁,此时通过"加1"和"减1"键即可调整分钟,以此类推,小时设定完成后,再次按"设定"键秒闪烁,直至按"确定"键设定时间完成。程序如下:

```
#include <C8051F020.h>

void WDT_disable(void);
void OSC_Init(void);
void delay_ms(unsigned int t);

//--------------------- 按键定义(据实际情况定) ----------------------
#define key_set         0x0e
#define key_add         0x0d
#define key_dec         0x0b
#define key_ok          0x07
//--------------------------- 全局变量定义 --------------------------
unsigned char second, minute, hour;          //时间变量
unsigned char sign_set;                      //设定时间标志
unsigned char d[6];                          //显示缓存
//-------------------------------------------------------------------
void display(unsigned char t)                //循环扫描 t 遍,t 不同则延时时间不同
{
    unsigned char i;
    unsigned char code BCD_7[10] = {0xc0,0xf9,0xa4,0xb0,0x99,0x92,0x82,0xf8,0x80,
                                    0x90};
```

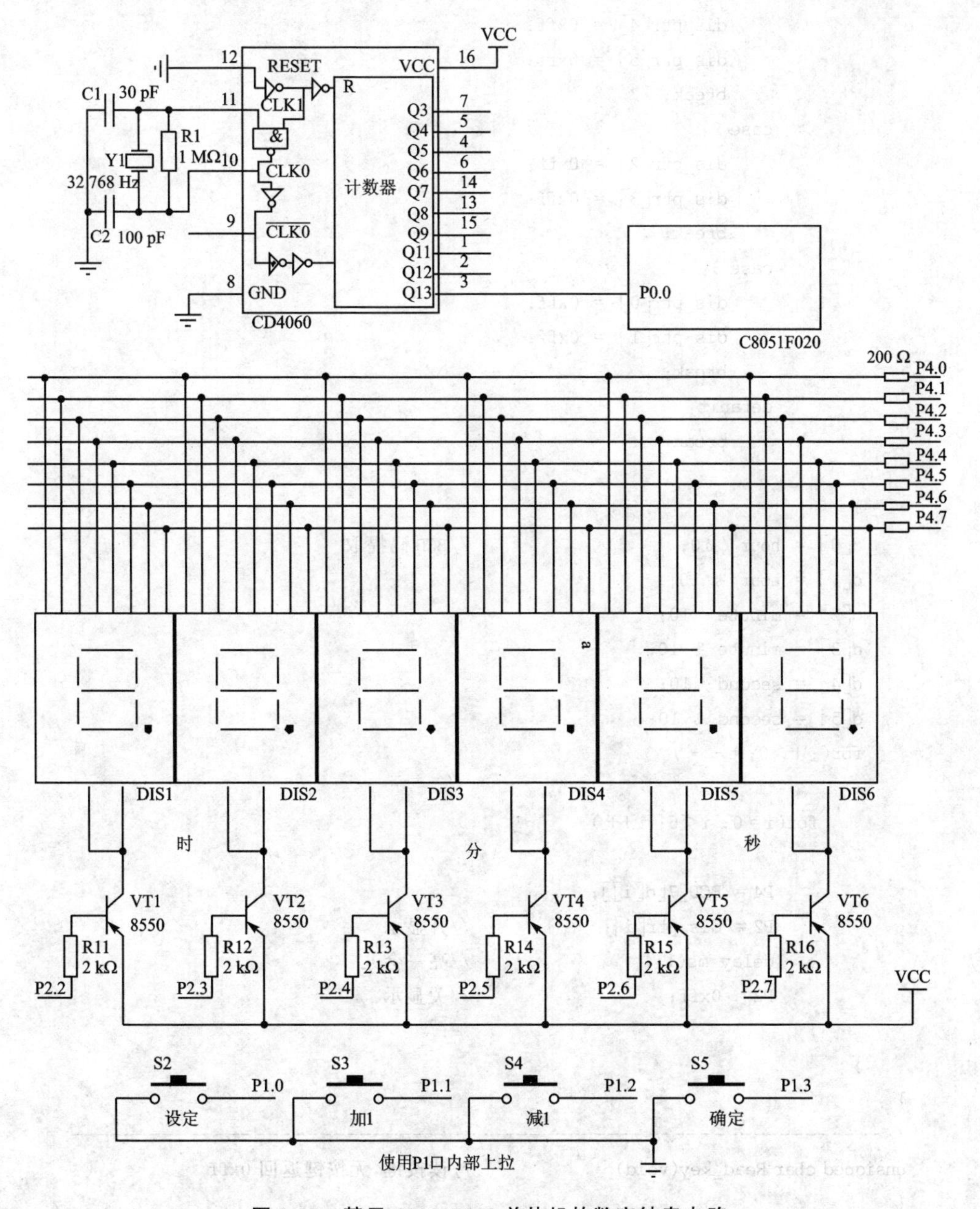

图 8.25　基于 C8051F020 单片机的数字钟表电路

```
unsigned char dis_ptr[6] = {0xfb,0xf7,0xef,0xdf,0xbf,0x7f} ;
if(sign_set && (TL0 == 0xff))          //设定时的闪烁控制,0.5 s亮,0.5 s灭
{
    switch(sign_set)
    {
        case 1:
```

```
            dis_ptr[4] = 0xff;
            dis_ptr[5] = 0xff;
            break;
        case 2:
            dis_ptr[2] = 0xff;
            dis_ptr[3] = 0xff;
            break;
        case 3:
            dis_ptr[0] = 0xff;
            dis_ptr[1] = 0xff;
            break;
        default:
            break;
        }
    }
    d[0] = hour / 10;                          //BCD码提取
    d[1] = hour % 10;
    d[2] = minute / 10;
    d[3] = minute % 10;
    d[4] = second / 10;
    d[5] = second % 10;
    for(; t>0; t--)
    {
        for(i=0; i<6; i++)
        {
            P4 = BCD_7[d[i]];
            P2 = dis_ptr[i];                   //开显示
            delay_ms(1);                       //亮一会儿
            P2 = 0xff;                         //关显示
        }
    }
}
//-----------------------------------------------------------------
unsigned char Read_key(void)                   //读按键,无按键返回0xff
{
    unsigned char n;
    P1 |= 0x0f;                                //低4位给1作为输入口
    n = P1 & 0x0f;                             //读按键
    if(n == 0x0f)return 0xff;
    else return n;
}
//-----------------------------------------------------------------
```

```
int main(void)
{
    unsigned char i, k;

    WDT_disable();                          //禁止看门狗定时器
    OSC_Init();
    XBR1 =  0x02;                           //使能 T0 计数引脚到 P0.0
    XBR2 =  0x40;                           //使能交叉开关和所有弱上拉电阻

    TMOD = 0x06;                            //T0 方式 2,计数器
    TH0 = 254;
    TL0 = 254;
    ET0 = 1;
    EA = 1;
    TR0 = 1;
    second = 0;
    minute = 0;
    hour = 12;
    for(i = 2; i < 6; i++) d[i] = 0;
    d[0] = 1;
    d[1] = 2;
    sign_set = 0;
    while(1)
    {
        k = Read_key();                     //读取按键到变量 k
        if(k != 0xff)                       //有按键按下
        {
            display(5);                     //滤除前沿抖动
            switch(k)
            {
                case key_set:
                    if(sign_set<3)          //选择设定对象:秒/分/时
                    {
                        sign_set++;
                    }
                    else sign_set = 1;
                    break;
                case key_ok:
                    sign_set = 0;
                    break;
                case key_add:
                    switch(sign_set)
```

```
        {
            case 1:
                if(second<59)second++;
                else second = 0;
                break;
            case 2:
                if(minute<59)minute++;
                else minute = 0;
                break;
            case 3:
                if(hour<23)hour++;
                else hour = 0;
                break;
            default:
                break;
        }
        break;
    case key_dec:
        switch(sign_set)
        {
            case 1:
                if(second>0)second--;
                else second = 59;
                break;
            case 2:
                if(minute>0)minute--;
                else minute = 59;
                break;
            case 3:
                if(hour>0)hour--;
                else hour = 23;
                break;
            default:
                break;
        }
        break;
    default:
        break;
}
while(k ! = 0xff)               //等待按键抬起
{
    k = Read_key();
```

```
            display(1);
          }
          display(5);                        //滤除后沿抖动
        }
        display(1);
        }
    }
//------------------------------------------------------------------------
void T0_ISR(void) interrupt 1 using 1
{
    if(second < 59) second++;
    else
    {
        second = 0;
        if(minute < 59)minute++;
        else
        {
            minute = 0;
            if(hour < 23)hour++;
            else hour = 0;
        }
    }
}
```

8.6.2 赛跑用电子秒表的设计

秒表作为比赛中一种常用的工具,电子秒表具有较高的实用性,也是定时器的典型应用领域。

电子秒表由显示、按键和电源等组成。设计采用 C8051F020 单片机,四位共阳极数码管动态扫描显示,P0 口作为段选,P2.4~P2.7 作为位选(有三极管驱动),系统设置 6 个按键,分别接至 P1.0~P1.5,依次为开始键 start、暂停键 pause、清除键 clr、停止测量键 stop、即时保存键 save 和翻页查看键 look。其电路如图 8.26 所示。

工作过程如下:

① 开始测量前,先按 clr 键将秒表恢复到开始测量的最初状态,4 位数码管实现 00.00;

② 按 start 键则计时开始,秒表开始计时,每 10 ms 计时刷新一次;

③ 计时过程中,按 pause 键则停止计时,再按 start 键则计时继续;

④ 终点计时,按照运动员先后到达终点,连续按 save 键记录成绩;

⑤ 全部到达终点后,按 stop 键结束,这时再按 look 键则开始查看第一名到最后一名的成绩。

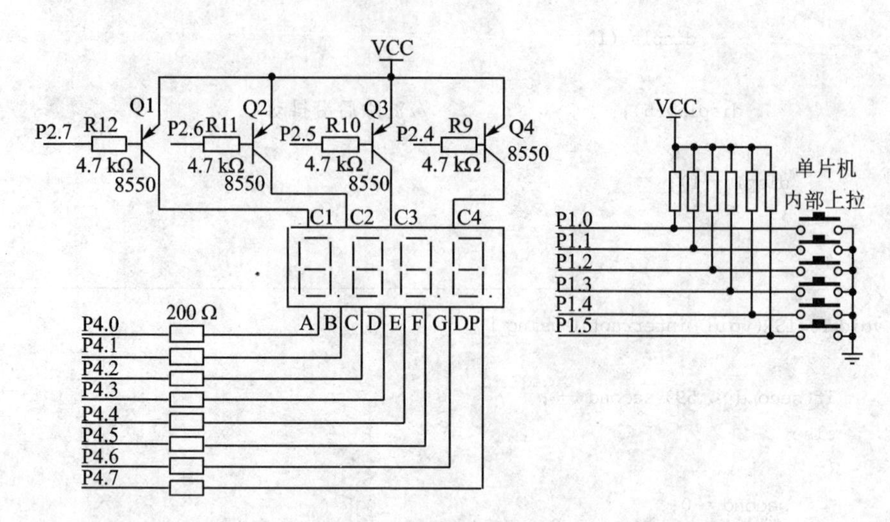

图 8.26 基于单片机的电子秒表人机接口电路图

采用定时/计数器 T2 的 16 位自动重载方式,计数时钟为外部 22.1184 MHz 的 12 分频。因为采用汇编进行应用程序过于繁琐,尤其是涉及多字节除法运算等时更是如此。因此,本例仅提供 C51 程序如下:

```
#include <C8051F020.h>

void WDT_disable(void);
void OSC_Init(void);
void delay_ms(unsigned int t);

//------------------按键定义(据实际情况定)------------------
#define start        0xfe
#define pause        0xfd
#define clr          0xfb
#define stop         0xf7
#define save         0xef
#define look         0xdf
//--------------------------------------------------------
unsigned int         times_10ms;
idata unsigned int   s[12];                     //用于存储成绩
unsigned char        s_ptr;                     //存储成绩指针序号
unsigned char        d[4];                      //显示缓存
//----------------------------------------------------------------
void display(unsigned int t)                     //循环扫描 t 遍
{
    unsigned char i;
```

```
    unsigned char code BCD_7[11] = {0xc0,0xf9,0xa4,0xb0,0x99,0x92,0x82,0xf8,0x80,
                                    0x90,0xff};
                                            //BCD_7[10]为灭的译码
    for(; t>0; t--)
    {
        for(i=0; i<4; i++)
        {
            P4 = BCD_7[d[i]];
            if(i == 2) P4 &= 0x7f;          //加小数点
            P2 &= ~(0x10<<i);               //位选导通
            delay_ms (1);                   //亮一会儿
            P2 |= 0xf0;                     //关闭显示
        }
    }
}
//---------------------------------------------------------------------------
unsigned char Read_key(void)                //读按键,无按键返回 0xff
{
    unsigned char k;
    P1 = 0xff;                              //设置为输入口
    k = P1;
    if(k == 0xff)return 0xff;
    else
    {
        display(3);                         //显示任务(约 12 ms)充当去抖动延时
        k = P1;
        if(k == 0xff)return 0xff;
        else return k;
    }
}
//---------------------------------------------------------------------------
int main(void)
{
    unsigned char i,k;
    unsigned int  tem;
    unsigned char run_sign;

    WDT_disable();                          //禁止看门狗定时器
    OSC_Init();
    XBR1 = 0x02;                            //使能 T0 计数引脚到 P0.0
    XBR2 = 0x40;                            //使能交叉开关和所有弱上拉电阻
```

```
    TH2 = RCAP2H = (65536 - 10000/(1/(22.1184/12)))/256; //设定 10 ms 定时及重载值
    TL2 = RCAP2L = (65536 - 10000/(1/(22.1184/12))) % 256;
    EA = 1;
    ET2 = 1;                                    //使能 T2 中断
    times_10ms = 0;
    s_ptr = 0;
    for(i = 0; i<12; i++)s[i] = 0;
    for(i = 0; i<4; i++)d[i] = 0;
    while(1)
    {
        k = Read_key();
        if(k ! = 0xff)
        {
            switch(k)
            {
                case start:
                    run_sign = 1;
                    TR2 = 1;                    //开始或继续计时
                    break;
                case pause:
                    TR2 = 0;                    //暂停计时
                    break;
                case stop:
                    TR2 = 0;                    //停止计时
                    s_ptr = 0;                  //为从第一次保存开始查看结果
                    run_sign = 0;               //不显示时间运行,而是显示要查询的存储值
                    break;
                case clr:                       //清除测量信息,准备重新测量
                    TR2 = 0;
                    times_10ms = 0;
                    TH2 = (65536 - 10000)/256; //10 ms 定时
                    TL2 = (65536 - 10000) % 256;
                    s_ptr = 0;
                    for(i = 0; i<12; i++)s[i] = 0;
                    for(i = 0; i<4; i++)d[i] = 0;
                    break;
                case save:
                    s[s_ptr++] = times_10 ms;
                    while(k ! = 0xff)    //等待按键抬起
                    {
                        k = Read_key();
                        display(1);
```

```
                }
                break;
            case look:                      //停止后查看
                tem = s[s_ptr++];
                d[3] = tem/1000;
                d[2] = tem/100%10;
                d[1] = tem/10%10;
                d[0] = tem%10;
                while(k != 0xff)        //等待按键抬起
                {
                    k = Read_key();
                    display(1);
                }
                break;
            default:
                break;
        }
    }
    if(run_sign)
    {
        tem = times_10ms;
        d[3] = tem/1000;
        d[2] = tem/100%10;
        d[1] = tem/10%10;
        d[0] = tem%10;
    }
    display(1);
  }
}
//----------------------------------------------------------------------
void T2_overFlow(void) interrupt 5 using 3
{
    if(TF2)
    {
        TF2 = 0;
        times_10ms++;
    }
    EXF2 = 0;
}
```

8.7 时间间隔、时刻测量及应用

8.7.1 概　述

时间间隔、时刻的测量,它包括一个周期信号波形上同相位两点间的时间间隔测量(即,测量周期),对同一信号波形上两个不同点之间的时间间隔的测量,用于准确测量两个事件间的时间差,以及两个信号波形上两点之间的时间间隔测量,是单片机定时器及智能仪器仪表的典型应用。

8.2 节已经讲述,结合 T0 和 T1 的门控位 GATE 可以实现时刻、时间段的测量。当 T0 和 T1 的门控位 GATE 为 1 时,TRx=1、$\overline{\text{INTx}}$=1 才能启动定时器。利用这个特性,可以测量外部输入脉冲的宽度。

T2、T4 和 PCA0 的捕获功能也可以实现时间、时刻的测量。"捕获"即及时捕获住输入信号发生跳变时的时刻信息。常用于精确测量输入信号的参数,如脉宽等。

8.7.2 超声波测距仪的设计

由于超声波指向性强,能量消耗慢,在介质中传播的距离远,因而超声波经常用于距离的测量。利用超声波检测距离设计比较方便,计算处理也比较简单,并且在测量精度方面也能达到日常使用的要求。因此,超声波测距广泛应用于汽车倒车、建筑施工工地以及一些工业现场的位置监控,也可以用于如液位、井深、管道长度、物体厚度等的测量。而且测量时与被测物体无直接接触,能够清晰、稳定地显示测量结果。

1. 超声波测距原理

目前,在近距离测量方面较为常用的是压电式超声波换能器。接收换能器对声波脉冲的直接接收能力将决定最小的可测距离。由于超声波属于声波范围,其声速与温度有关。表 8.7 列出了几种不同温度下的超声波声速。

表 8.7　不同温度下的超声波声速

温度/℃	−30	−20	−10	0	10	20	30	100
声速/(m·s^{-1})	313	319	325	323	338	344	349	386

图 8.27 示意了超声波测距的原理,即超声波发生器 T 在某一时刻发出一个超声波信号,当这个超声波信号遇到被测物体反射回来,就会被超声波接收器 R 接收到,此时只要计算出从发出超声波信号到接收到返回信号所用的时间,就可计算出超声波发生器与反射物体的距离。该距离的计算公式为

$$d=s/2=(v\times t)/2 \tag{8.6}$$

式中:d 为被测物体与测距器的距离;s 为声波往返的路程;v 为声速;t 为声波往返

所用的时间。

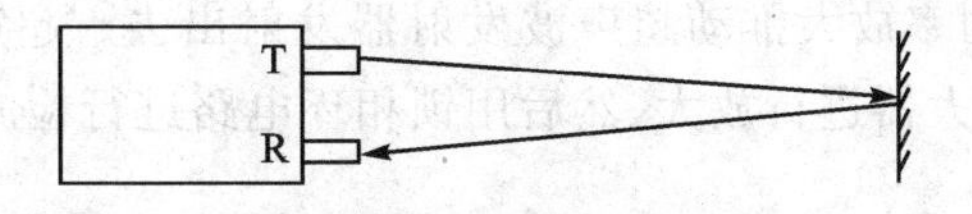

图 8.27 超声波测距原理图

在测距时由于温度变化，可通过温度传感器自动探测环境温度，确定计算距离时的超声波声速 v，较精确地得出该环境下超声波经过的路程，提高了测量精确度。超声波声速确定后，只要测得超声波往返的时间 t，即可求得距离 d。其系统原理框图如图 8.28 所示。

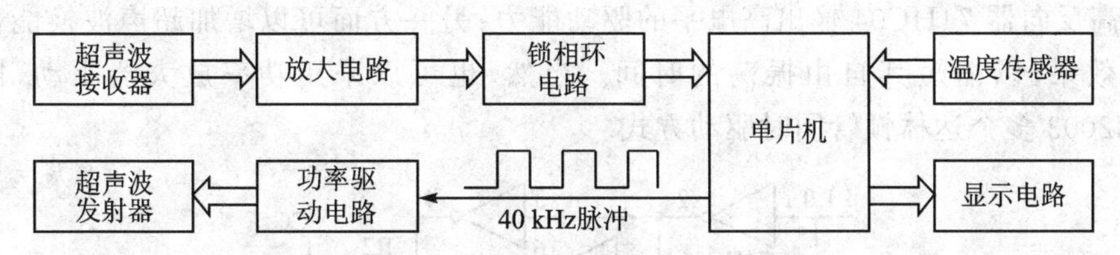

图 8.28 超声波测距系统原理框图

采用中心频率为 40 kHz 的超声波传感器。单片机发出短暂(200 μs)的 40 kHz 信号，经放大后通过超声波换能器输出；反射后的超声波经超声波换能器作为系统的输入，锁相环对此信号锁定，产生锁定信号启动单片机中断程序，得出时间 t，再由系统软件对其进行计算、判别后，相应的计算结果被送至 LED 显示电路进行显示，若测得的距离超出设定范围，系统将提示声音报警电路报警。

2. 基于单片机的超声波测距仪的设计

(1) 40 kHz 方波发生器的设计

40 kHz 方波信号用于触发发射 40 kHz 超声波，因此 40 kHz 方波发生器的设计尤为重要。对于 C8051F020 单片机，主要有两种方法获取 40 kHz 方波信号。

① 利用指令累积延时实现。

② 利用 PCA0 的波形输出能力输出 40 kHz 方波。通过 PCA0 的启动位即可控制是否产生 40 kHz 的方波。

另外，利用 NE555 电路等产生 40 kHz 方波，再通过与门控制是否产生 40 kHz 的方波也可以实现，如图 8.29 所示。

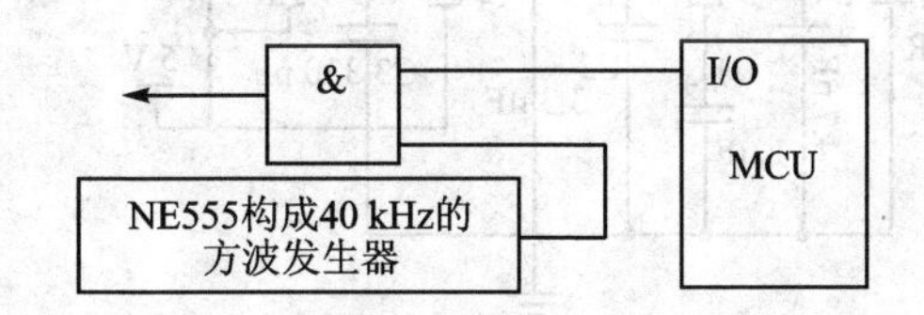

图 8.29 基于 NE555 的 40 kHz 方波发生器与控制

(2) 超声波发射驱动电路设计

40 kHz 方波经功率放大推动超声波发射器发射出去。超声波接收器将接收到的反射超声波送到放大器进行放大,然后用锁相环电路进行检波,经处理后输出低电平,送到单片机。

超声波发射电路原理图如图 8.30 所示。发射电路主要由反相器 74HC04 和超声波换能器构成,单片机 P1.0 端口输出的 40 kHz 方波信号,一路经一级反向器后送到超声波换能器的一个电极,另一路经两级反相器后送到超声波换能器的另一个电极。用这种推挽形式将方波信号加到超声波换能器两端可以提高超声波的发射强度。输出端采用两个反向器的并联,用以提高驱动能力。上拉电阻 R2、R3 一方面可以提高反向器 74HC04 输出高电平的驱动能力;另一方面可以增加超声波换能器的阻尼效果,以缩短其自由振荡的时间。当然,也可以采用功率放大器驱动,比如 ULN2003 多个达林顿管同时驱动方式。

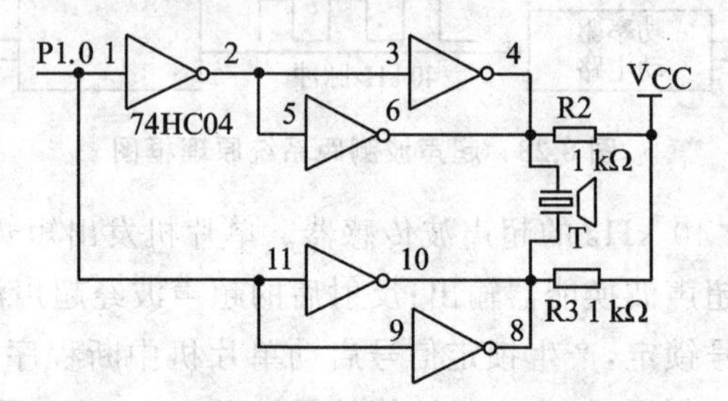

图 8.30 采用反相器的超声波发射电路原理图

(3) 超声波接收电路设计

超声波接收电路的关键有二,即信号"检测—放大—整形"电路和 40 kHz 锁相环电路。其设计主要有以下两种方法。

1) 采用 CX20106A 芯片

集成电路 CX20106A 是一款红外线检波接收和超声波接收的专用芯片,常用于电视机红外遥控接收器,通过外接电阻可以调整检波频率,如图 8.31 所示。实验证

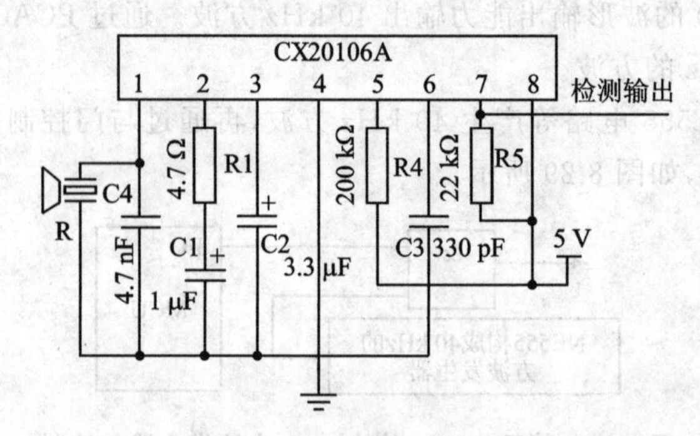

图 8.31 基于 CX20106A 的超声波检测接收电路原理图

明，用 CX20106A 接收超声波具有很高的灵敏度和较强的抗干扰能力。电阻器 R4 决定检波频率，当其阻值为 220 kΩ 时，检波频率为 38 kHz。适当地更改电容器 C4 的容值，可以改变接收电路的灵敏度和抗干扰能力。使用 CX20106A 集成电路对接收探头收到的信号进行放大、滤波，其总放大增益为 80 dB，CX20106A 引脚说明如表 8.8 所列。

表 8.8　CX20106A 引脚说明

引脚号	说　明
1	超声信号输入端，该引脚的输入阻抗约为 40 kΩ，内置输入偏置电路
2	该引脚与地之间连接 RC 串联网络，它们是负反馈串联网络的一个组成部分，改变它们的数值能改变前置放大器的增益和频率特性。增大电阻器 R1 的阻值或减小电容器 C1 的容值，将使负反馈量增大，放大倍数下降，反之则放大倍数增大，增益可达 79 dB。但电容器 C1 容值的改变会影响到频率特性，一般在实际使用中不必改动，推荐 C1 的容值为 1 μF。R1 的阻值一般为 4.7～200 Ω。当 R1 的阻值达到 3～4 kΩ 时，测试距离仅为 2～20 cm
3	该引脚与地之间连接检波电容，电容量大则为平均值检波，瞬间响应灵敏度低；若容量小，则为峰值检波，瞬间响应灵敏度高。但检波输出的脉冲宽度变动大，易造成误动作，推荐参数为 3.3 μF
4	接地端
5	该引脚与电源间接入一个电阻器，用以设置带通滤波器的中心频率 f_0(30～60 kHz)：阻值越大，中心频率越低。例如，若取 R 的阻值为 200 kΩ，则 $f_0≈42$ kHz；若取 R 的阻值为 220 kΩ，则 $f_0≈38$ kHz
6	该引脚与地之间接一个积分电容器，标准值为 330 pF，如果该电容值取得太大，会使探测距离变短
7	遥控命令输出端，它是集电极开路输出方式，因此该引脚必须接一个上拉电阻到电源端，推荐阻值为 22 kΩ。没有接收信号时，该端输出为高电平，有信号时会产生低脉冲。注意，调试时若一直发射超声波，则该引脚不会持续输出低电平，而是产生周期性低脉冲
8	电源正极，4.5～5.5 V。电源稳压及退耦很重要

CX20106A 的增益最大可达 79 dB，发送超声波后产生的衍射很快就会被 CX20106A 捕获到，之后捕获到的才是回程波。因此，处于高增益工作状态的 CX20106A 要将在发送器发送完超声波后约 2 ms 时间内接收的信号舍弃，或在发送器发送完超声波后约 2 ms 时间内 CX20106A 处于低增益状态(这可以通过改变 R1 的阻值来实现：R1 采用一个 3.3 kΩ 的电阻和一个程控并联接入的小电阻)。超声波测距是有盲区的，后一方案可以将 20～30 cm 的近距盲区缩小到 2～3 cm，因为低增益时测量距离为 2～30 cm，高增益时测量距离为 25～450 cm。

2) 放大并通过比较器整形

该方法调试比较困难，且无选频效果，一般较少用。

(4) 总体电路及软件设计

单片机通过软件延时的方式在 P3.0 引脚输出脉冲宽度为 40 kHz 的超声波脉冲串。40 kHz，即周期为 25 μs，软件需要延时 25/(1/22.118 4)=552.96 个系统时钟，即 552.96/2=276.48 个系统时钟周期就要取反 P3.0。采用 CX20106A 芯片接收超声波，并利用 T2 的捕获功能，通过 T2EX 捕获 40 kHz 超声波发收时间历程。其电路如图 8.32 所示。四位共阳数码管动态扫描显示，P4 口作为段选，P2.4～P2.7 作为位选(有三极管驱动)，显示测量结果，单位：mm。采用指令累积延时方法产生 40 kHz 超声波。用 P0.7 引脚输出高阻态和输出低电平来控制 CX20106A 的增益。

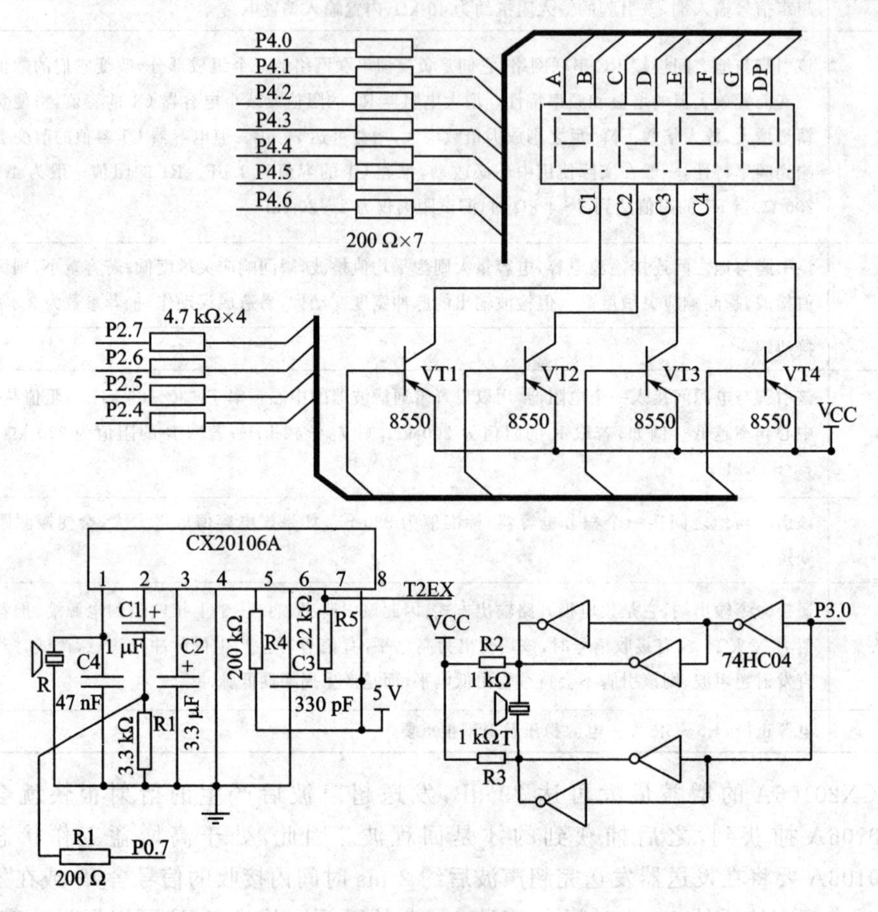

图 8.32 超声波测距仪辅助电路图

C51 程序如下：

```
#include <C8051F020.h>
#include <intrins.h>

void WDT_disable(void);
```

```
void OSC_Init(void);
void delay_ms(unsigned int t);

sbit s40hHz = P3^0;
sbit CX20106A_gain_Ctrl_PIN = P0^7;
//--------------------------------------------------------------------
unsigned int  s,t;              //s为测量距离(单位:mm),t为测量时间(单位:μs)
unsigned char d[4];             //显示缓存
unsigned char temperature;      //当前温度值,单位为摄氏度
unsigned char sign_failure;     //测量失败标志
unsigned char sign_complete;    //测量完成标志
//--------------------------------------------------------------------
void display(unsigned int t)    //循环扫描t遍
{
    unsigned char i;
    unsigned char code BCD_7[11] ={0xc0,0xf9,0xa4,0xb0,0x99,0x92,0x82,0xf8,0x80,
                                   0x90,0xff};
                                 //BCD_7[10]为灭的译码
    d[0] = s/1000%10;
    d[1] = s/100%10;
    d[2] = s/10%10;
    d[3] = s%10;
    for(; t>0; t--)
    {
        for(i=0; i<4; i++)
        {
            P4 = BCD_7[d[i]];
            P2 &= ~(0x10<<i);
            delay_ms (1);
            P2 |= 0xf0;
        }
    }
}
//------------------------------------------------------------
void send_wave(void)
{
    unsigned char i;
    for(i=0; i<8; i++)          //40 kHz
    {
        s40hHz=0;
        _nop_();……_nop_();      //共274个_nop_()
        s40hHz=1;
```

```
        _nop_();…… _nop_();     //共274个_nop_()
    }
}
//--------------------------------------------------------
void measure(void)                  //超声波测距子函数
{
    sign_failure = 0;               //测量开始,清测量失败标志
    sign_complete = 0;              //测量开始,清测量完成标志

    CX20106A_gain_Ctrl_PIN = 1; //CX20106A处于低增益状态
    TH2 = 0;
    TL2 = 1;
    TR2 = 1;                        //测量计时开始

    send_wave();                    //发生8个1/40 kHz周期的超声波

    //利用T0设定2 ms防止衍生干扰定时中断,中断时间到则将CX20106A切换为高增益
    TH0 = (-2000)/256;
    TL0 = (-2000)%256;
    TR0 = 1;

    while(sign_complete == 0)       //等待测量完成
    {
        display(1);
        //若T2溢出也未能检测到回波(65.536 ms×340 m/s = 22.3 m),则表示测量失败
        if(sign_failure)
        {
            TR2 = 0;
            s = 0;
            return;
        }
    }
    TR2 = 0;
    s = t * 0.17;                   //s = 340 000×(t×0.000 001)/2
}
//--------------------------------------------------------
int main(void)
{
    WDT_disable();                  //禁止看门狗定时器
    OSC_Init();

    XBR1 = 0x40;                    //使能T2EX引脚。由于没有其他外设使能,T2EX在P0.0
```

```
    XBR2 = 0x40;                    //使能交叉开关和所有弱上拉电阻

    //T2 工作在捕获状态来测量超声波往返时间
    T2CON = 0x09;                   //T2 工作在捕获状态
    EA = 1;                         //开总中断
    ET2 = 1;                        //使能定时器 2 中断

    //利用 T0 设定 2 ms 防止衍生干扰定时中断,中断时间到则将 CX20106A 切换为高增益
    TMOD = 0x01;
    ET0 = 1;

    s = 0;
    while(1)
    {
        measure();
        display(80);                //显示测量结果约 4 ms×80 = 320 ms
    }
}
//-----------------------------------------------------
void T0_ISR (void) interrupt 1 using 2
{
    CX20106A_gain_Ctrl_PIN = 0; // CX20106A 处于高增益状态
    TR0 = 0;
}
//-----------------------------------------------------
void T2_ISR(void) interrupt 5 using 1
{
    if(TF2)
    {
        TF2 = 0;
        sign_failure = 1;           //置测量失败标志
    }
    else
    {
        EXF2 = 0;
        t = RCAP2H * 256 + RCAP2L;
        sign_complete = 1;          //测量结束,置测量完成标志
    }
}
```

若加强超声波发送驱动能力,则测量范围会更远。本例中没有加入温度传感器部分,关于温度传感器可以参阅相关章节,加强设计的适用范围。

8.8 频率测量及应用

频率测量是电子测量技术中最基本的测量参数之一,直接或间接地广泛应用于计量、科研、教学、航空航天、工业控制、军事等诸多领域。工程中很多测量,如用振弦式方法测量力、时间测量、速度测量、速度控制等,都涉及到频率测量,或可归结为频率测量。频率测量方法的精度和效能常常决定了这些测量仪表或控制系统的性能。频率作为一种最基本的物理量,其测量问题等同于时间测量问题,因此频率测量具有广泛的工程意义。

频率的测量方法取决于所测频率范围和测量任务,但是频率的测量原理是不变的。仪器仪表中的频率测量技术主要有直接测量法、测周期法(组合法)、倍频法、F-V法和等精度法等。各种方法并不孤立,需要配合使用才能准确测量频率。本节讲述以单片机为核心的频率测量系统的设计方法。

8.8.1 直接测量方法测量频率

根据频率的定义,若某一信号在 t 秒时间内重复变化了 n 次,则可知其频率为 $f=n/t$。直接测量法就是基于该原理,即在单位闸门时间内测量被测信号的脉冲个数(简称为"定时计数"法):

$$f=\frac{n\text{(闸门时间内脉冲的个数)}}{t\text{(闸门时间)}} \tag{8.7}$$

图8.33所示为直接频率测量的基本电路框图,被测信号经信号调理电路转换为同频的标准方波,供单片机测量使用。比如,正弦波经过零比较器即可转换为方波。

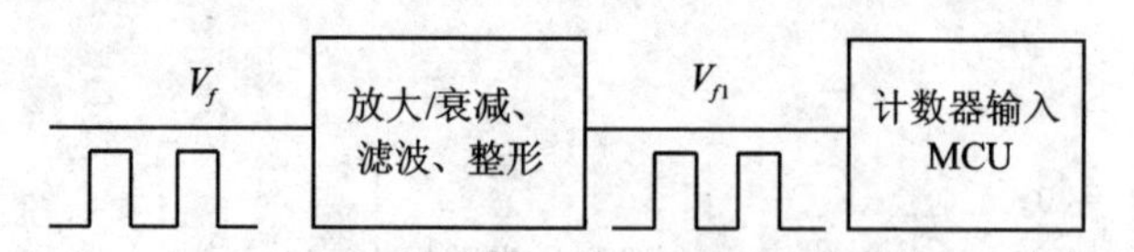

图8.33 直接频率测量的基本电路框图

在测量中,误差分析计算是不可少的。理论上讲,不管对什么物理量的测量,不管采用什么样的测量方法,只要进行测量,就可能有误差存在。误差分析的目的就是要找出引起误差的主要原因,从而有针对性地采取有效措施,减小测量误差,提高测量的精度。虽然"定时计数"法测频原理直观且易于操作,但对于单片机来讲需要有两个定时器,一个设定闸门时间,一个计数。闸门时间的设定是直接测量法测量精度的决定性因素。详细分析如下:

在测频时,闸门的开启时刻与计数脉冲之间的时间关系是不相关的,即,它们在时间轴上的相对位置是随机的,边沿不能对齐。这样,即使是相同的闸门时间,计数器所计得的数却不一定相同，如图 8.34 所示。当然，闸门的起始时间可以做到可控，比如可以是被测信号的上升沿作为起始时刻，但是由于被测信号频率未知，闸门结束时刻不可控。这样，当闸门结束时，闸门并未“闸”在被测信号的上升沿，这样就产生了一个舍弃误差。

对 $f_x = n/t$ 两边同时取对数，得

$$\ln f_x = \ln n - \ln t \tag{8.8}$$

对式(8.8)两边求偏微分，并用增量符号 Δ 代替微分符号，得

$$\frac{\Delta f_x}{f_x} = \frac{\Delta n}{n} - \frac{\Delta t}{t} \tag{8.9}$$

由上式可以看出，直接测频法的相对误差由计数器计数的相对误差和闸门时间的相对误差组成。

1. 计数误差

见图 8.34，对于下降沿计数的计数器，有

$$nT_x + \Delta t_2 - \Delta t_1 = \left(n + \frac{\Delta t_2 - \Delta t_1}{T_x}\right) T_x \tag{8.10}$$

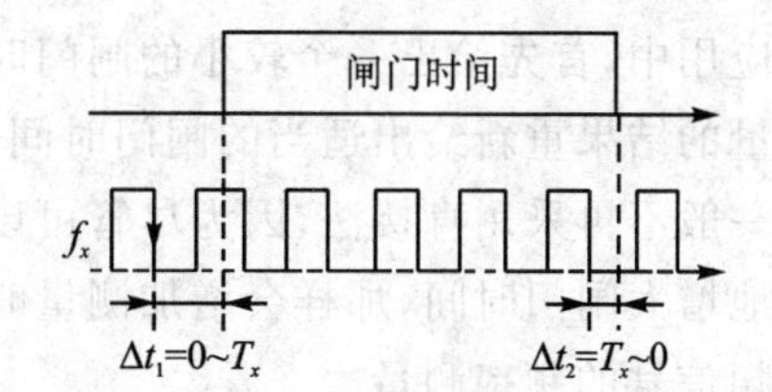

图 8.34 “定时计数”法测频误差分析图

因此，脉冲计数的绝对误差为

$$\Delta n = \frac{\Delta t_2 - \Delta t_1}{T_x} \tag{8.11}$$

由于 Δt_1 和 Δt_2 都是不大于 T_x 的正时间量，有 $|\Delta t_2 - \Delta t_1| \leqslant T_x$，所以 $|\Delta n| \leqslant 1$，即脉冲计数最大绝对误差为 ±1，表示为

$$\Delta n = \pm 1 \tag{8.12}$$

从而得到脉冲计数最大相对误差为

$$\frac{\Delta n}{n} = \pm \frac{1}{n} = \pm \frac{1}{t/T_x} = \pm \frac{1}{t \times f_x} \tag{8.13}$$

结论：脉冲计数相对误差与闸门时间和被测信号频率成反比。即被测信号频率越高，闸门时间越宽，相对误差就越小，测量精度就越高。

2. 计时误差

如果闸门时间不准，显然会产生测量误差。一般情况下，闸门时间 T 由晶振振荡的周期数 m 确定。设晶振频率为 f_s(周期为 T_s)，有

$$t = mT_s = \frac{m}{f_s} \tag{8.14}$$

对式(8.14)求微分，由于 m 是常数，并用增量符号 Δ 代替微分符号，得

$$\frac{\Delta t}{t} = -\frac{\Delta f_s}{f_s} \tag{8.15}$$

可见，闸门时间相对误差是由标准频率误差引起的，在数值上等于晶振频率的相

对误差及晶振频率稳定度。由于晶振频率稳定度一般都在10^{-6}以上,所以若频率测量精度要求远小于晶振频率稳定度,则该项误差可以忽略。也就是说,闸门时间准确度应该比被测信号频率高一个数量级以上,以保证频率测量精度,故通常晶振频率稳定度要求达到10^{-6}～10^{-10}。其主要误差源都来自于计数器的±1计数误差。

综合式(8.9)、式(8.13)和式(8.15),得到直接测频的相对误差为

$$\frac{\Delta f_x}{f_x}=\frac{\Delta n}{n}-\frac{\Delta t}{t}=\frac{\Delta n}{n}+\frac{\Delta f_s}{f_s}=\pm\frac{1}{n}+\frac{\Delta f_s}{f_s}=\pm\left(\frac{1}{tf_x}\pm\left|\frac{\Delta f_s}{f_s}\right|\right) \tag{8.16}$$

若忽略晶振频率稳定度(即闸门时间误差)的影响,对于1 Hz的被测信号,测量精度要求达到0.1%,则$n=1$时闸门时间t需要1000 s,这么长的闸门时间肯定令人无法忍受;若闸门时间$t=1$ s,测量精度仍然要求达到0.1%,则$f_x \geqslant 1$ kHz。也就是说,频率越低,周期越大,假设固定闸门定时1 s,计数个数越少,1个周期的舍弃误差就越大,基于直接测量法的频率计的测量精度将随被测信号频率的下降而降低。实际应用中,首先给出一个较小的闸门时间,粗略地测出被测信号的频率,然后根据所测量的结果重新给出适当的闸门时间作为测量结果。如果粗测结果信号频率很低,则一般不再采用直接法,因为尽管可以增长闸门时间来提高测量精度,但是不能无限制地增大闸门时间,那样会增加测量时间,实时性会变差。所以直接测频法不适用于低频信号的频率测量。

对于低频被测信号,可以分为几个频段,利用倍频器在不同的频段采用不同的倍频系数将低频信号转化成高频信号,从而提高测量精度。这种方法称为倍频法。

当被测信号的频率较高时,有可能单片机的速度不能支持计数器正常工作,这时可以采用图8.35所示的电路,将被测信号经过一个针对高频信号的预处理电路后,先进入一个分频器(如分频系数为10),然后再进入单片机计数端,选择合适的分频系数处理较高的频率信号。对于一般的定时计数方法,以分频系数等于10为例,此时存在着±(10－1)误差。不过,基于定时计数的思想,利用带有高电平使能计数和异步清零的计数器,并利用单片机定时器的GATE功能,通过闸门时间,高电平控制分频计数器的计数使能端,即可消除该分频系数误差。具体操作为:T0作为计数器

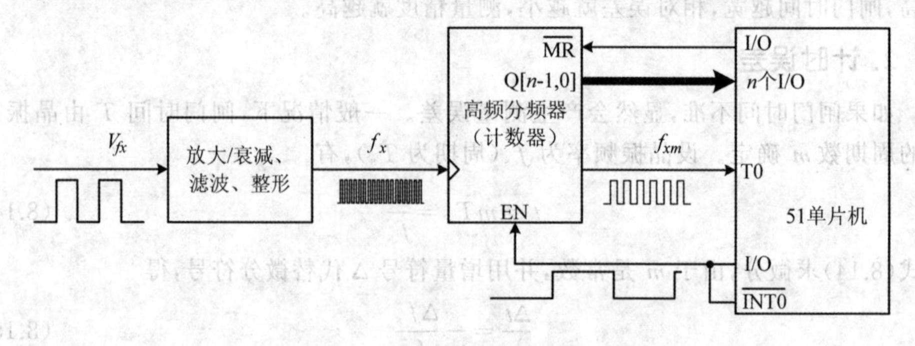

图8.35 高频频率测量电路原理框图

使用，并使能 GATA 位。测量前，首先将分频计数器异步清零，然后给出闸门时间，同时使能分频计数器计数，此时 T0 计数同步开始，测量开始，然后等待闸门时间结束。闸门时间到，给出分频计数器使能关闭信号，之后即可读出分频计数器的计数值 Q 和 T0 的计数值，从而得到

$$n = m \times (\mathrm{TH0} \times 256 + \mathrm{TL0}) + Q \tag{8.17}$$

也就是说，利用计数器的使能端保持由分频带来的误差。

8.8.2 测量周期方法测量频率

通过测量周期测量频率的方法是根据频率是周期的倒数的原理设计的，即

$$f_x = 1/T_x \tag{8.18}$$

与分析直接测量法测量频率的误差类似。这里周期 $T = n_s T_s$（T_s 为标准时钟，频率为 f_s），对于单片机来讲就是机器周期，如图 8.36 所示。在测周期时，被测信号经过 1 次分频后的高电平时间就是其周期，其作为闸门截取信号与 f_s 仍是不相关的，即它们在时间轴上的相对位置也是随机的，边沿不能对齐。引起的 ±1 个机器周期的误差，分析如下：

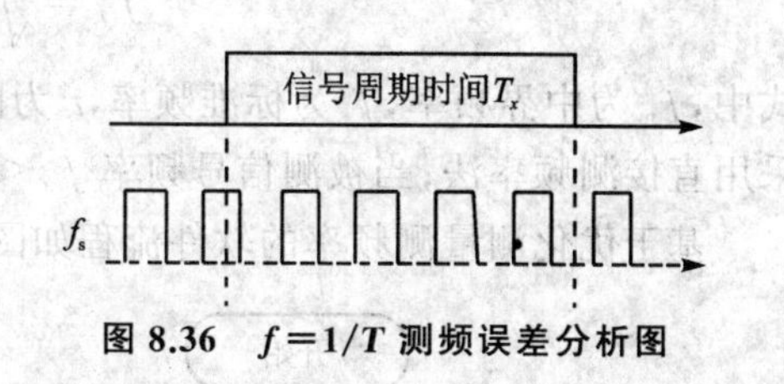

图 8.36 $f=1/T$ 测频误差分析图

与直接测量频率法误差分析类似，可得

$$\frac{\Delta T_x}{T_x} = \frac{\Delta n_s}{n_s} - \frac{\Delta f_s}{f_s} \tag{8.19}$$

结合 $\Delta n_s = \pm 1$，有

$$\frac{\Delta T_x}{T_x} = \frac{\Delta n_s}{n_s} - \frac{\Delta f_s}{f_s} = \pm \frac{1}{n_s} - \frac{\Delta f_s}{f_s} = \pm \left(\frac{1}{T_x f_s} \mp \left| \frac{\Delta f_s}{f_s} \right| \right) \tag{8.20}$$

可见：T_x 越大（即被测信号频率越低），±1 的绝对误差对测量的影响越小，标准计数时钟频率 f_s 越高，测量的误差越小。

若忽略晶振频率稳定度的影响，对于 1 MHz 的被测信号，测量精度要求达到 0.1%，则 $N_x = 1000$，$f_s = 1\,000$ MHz，这样得到的频率的标准信号即使能获得也将付出极大的成本；若 $f_s = 1$ MHz，测量精度仍然要求达到 0.1%，则 $f_x \leqslant 1$ kHz，即 $T_x \geqslant 1$ ms。所以测周期来测频率的方法不适用于高频信号的频率测量。

运用该方法，一般采用多次测量取平均值的方法，因为被测信号不一定是一个波形十分规整的方波信号，或者多周期测量减小误差。

8.8.3 频率计的设计

优化测量法进行频率测量就是综合应用直接测频法和测周期间接测频，即当被测信号频率较高时采用直接测频，而当被测信号频率较低时采用先测量周期，然后换

算成频率的方法,就称为组合法测频。可见,优化测量法具有以上两种方法的优点,兼顾低频与高频信号,提高了测量精度。

两种方法的相对误差都随频率的变化而单调变化。测频与测周期误差相等时所对应的频率即为中界频率,记为 f_m,它成为直接测频率与测周期的分水岭。那么,如何确定中界频率呢?

忽略晶振频率稳定度的影响,让两种方法的相对误差相等,有

$$\frac{\Delta f_x}{f_x}=\frac{\Delta T_x}{T_x}\text{,即}\frac{1}{tf_x}=\frac{1}{T_x f_s} \tag{8.21}$$

式(8.21)整理可得

$$f_x=\sqrt{\frac{f_s}{t}}=f_m \tag{8.22}$$

式中,f_m为中界频率,f_s为标准频率,t 为闸门时间。当被测信号频率 $f_x > f_m$时,宜采用直接测频率法;当被测信号频率 $f_x < f_m$时,宜采用测周期测频率法。

基于优化测量测频率的软件流程如图 8.37 所示。

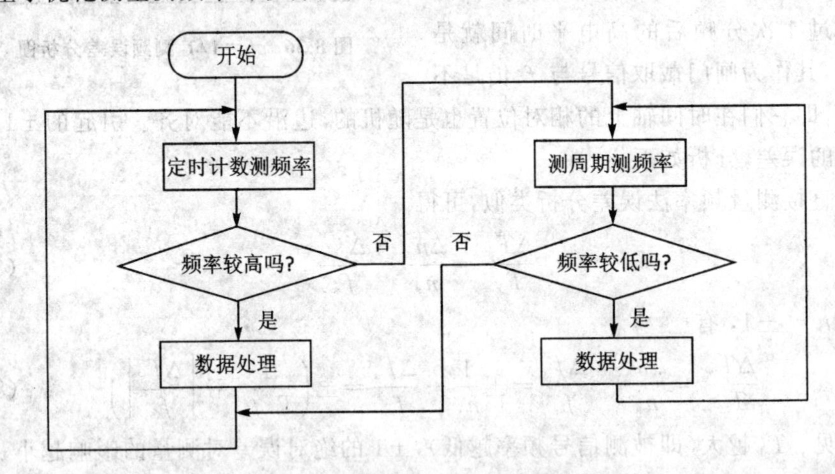

图 8.37 基于优化测量测频率的软件流程

本设计采用优化测量法设计一种频率计。在设计中应用单片机的内部的定时/计数器和中断系统完成频率的测量。当被测信号频率较高时,采用直接测频率法;当被测信号频率较低时,采用先测量周期,然后换算成频率。下面演绎优化测量法测量频率的设计及实现。

直接测频率法的实现,可以采用 T1 定时、T0 计数的方法测得频率。对于周期的测量,我们可以借助 GATE 位,直接测量通过 D 触发器二分频输出方波的高脉冲宽度即可。

优化测量法测量频率的电路如图 8.38 所示。四位共阳数码管动态扫描显示,P0 口作为段选,P2.7~P2.4 作为位选(有三极管驱动)。

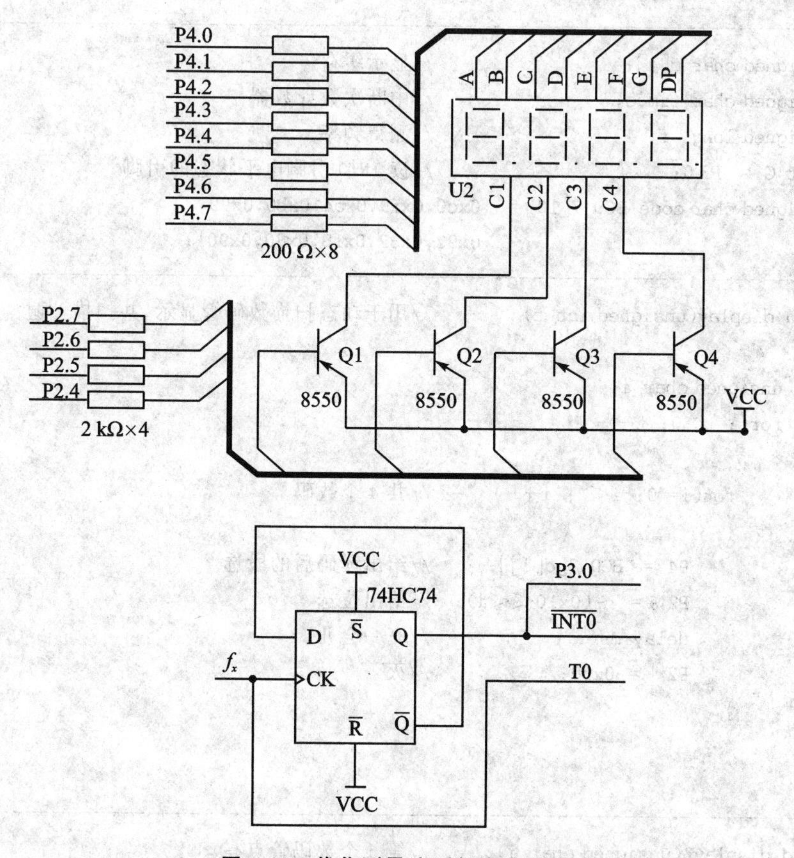

图 8.38 优化测量法测频率电路图

该电路只能测量方波信号的频率，若测量正弦波或三角波信号频率，需要将信号首先整形为方波，然后再测量。无论方波，还是整形转换后得到的同频方波，为提高测量精度，一般还要通过一个具有施密特门（如与非门 74HC132、非门 74HC14 等）电路再进行频率测量，一是保证边沿足够陡，二是保证方波的电平。

关于软件实现，闸门时间选为 1 s，f_s为经过机器周期分频后的 1 MHz，所以 $f_m=\sqrt{f_s/t}=1\,000$ Hz，高于 1 000 Hz 采用直接法测量，低频采用 $f=1/T$ 的方法，即 0～1 000 Hz 范围采用测量周期的方法测量。

当然，本例只连接了 4 个数码管，测量范围为 0～9 999 Hz。若需要可再扩大测量范围，增加数码管。软件结构很清晰，极易修改，请读者自行尝试。

```
#include <C8051F020.h>

void WDT_disable(void);
void OSC_Init(void);
void delay_ms(unsigned int t);
```

```
//-----------------------------------------------------------------
unsigned char d[4];                    //显示缓存
unsigned char times;                   //中断次数计数器
unsigned long  f;                      //测得频率
sbit G =  P3^0;                        //读 INT0 引脚电平状态的引脚
unsigned char code BCD_7[10] = {0xc0,0xf9,0xa4,0xb0,0x99,
                                0x92,0x82,0xf8,0x80,0x90};
//-----------------------------------------------------------------
void display(unsigned int t)           //用于动态扫描数码管显示,共扫描 t 遍
{
    unsigned char i;
    for(; t>0; t--)
    {
        for(i = 0; i<4; i++)           //共 4 个数码
        {
            P4 =  BCD_7[d[i]];         //给出译码后的段选
            P2 &= ~(0x10<<i);          //给出位选
            delay_ms(1);               //亮一会儿
            P2 |= 0xf0;                //灭
        }
    }
}
//-----------------------------------------------------------------
void display2(unsigned char i)         //第 i 个数码管点亮
{
    P2 |= 0xf0;
    P4 = BCD_7[d[i]];
    P2 &= ~(0x10<<i);
}
//-----------------------------------------------------------------
unsigned long using1(void)             //f = n/t,T0 计数,T1 定时
{
    unsigned char i = 0;
    unsigned long n = 0;
    TMOD = 0x15;                       //T0 计数,T1 定时,都工作在方式 1
    TH0 =  TL0 = 0;                    //计数器清 0
    TH1 = (-50000)/256;                //50 ms 定时
    TL1 = (-50000)%256;
    times = 0;                         //定时中断计数器清 0,中断 20 次即为 1 s
    TF0 = 0;
    TF1 = 0;
    TR0 = 1;
```

```
    TR1 = 1;                          //同时启动定时器和计数器
    EA = 1;
    ET1 = 1;                          //开启定时中断
    while(times < 20)                 //1 s 还没到,只扫描显示
    {
        if(TF0)                       //计数值超过 0xffff,频率值加上 65 536
        {
            n + = 65536;
            TF0 = 0;
        }
        display(1);
    }
    EA = 0;                           //定时时间到,关闭总中断
    return n + (256 * TH0 + TL0);     //返回 1 s 时间内计数器的计数值,即频率值
}
void T1_(void) interrupt 3 using 1
{
    TH1 = ( - 50000)/256;
    TL1 = ( - 50000) % 256;           //定时初值重载
    if( ++ times > 19)
    {
        TR0 = 0;
        TR1 = 0;
    }
}
//-----------------------------------------------------------------
unsigned int using2(void)             //f = 1/T
{
    unsigned char i = 0;
    unsigned char j = 0;
    times = 0;
    TMOD = 0x09;                      //T0 的 GATE = 1,方式 1 定时
    TH0 = TL0 = 0;
    TF0 = 0;
    while(G == 1)  //INT0 引脚为高,先避过去,因为此为非完整高电平,只是扫描显示
    {
        if( ++ j == 1)
        {
            display2(i ++ );
            i &= 0x03;
        }
        else                          //亮一会儿。使用 display2 减少循环 1 次的时间
```

```
            if(j > 200)j = 0;
        }
        TR0 = 1;            //启动定时器,等待 INT0 引脚高电平,启动定时器进行周期测量
        while(G == 0)                    //INT0 引脚为低,扫描显示等待
        {
            if( ++ j == 1)
            {
                display2(i ++ );
                i &= 0x03;
            }
            else if(j>200)j = 0;
        }
        while(G == 1)                    //INT0 引脚为高,开始测量,扫描显示等待
        {
            if(TF0)                      //定时值超过 0xffff,周期值加上 65 536
            {
                times ++ ;
                TF0 = 0;
            }
            if( ++ j == 1)
            {
                display2(i ++ );
                i &= 0x03;
            }
            else if(j>200)j = 0;
        }
        TR0 = 0;                         //测量结束,关闭定时器
        return 1000000/(TH0 * 256 + TL0 + 65536 * times); //返回频率值,极低频时取整误差较大
}
//------------------------------------------------------------------------
int main(void)
{
        WDT_disable();                   //禁止看门狗定时器
        OSC_Init();
        XBR1 = 0x04;                     //使能 INT0 引脚在 P0.0 引脚
        XBR2 = 0x40;                     //使能交叉开关和所有弱上拉电阻

        while(1)
        {
            while(1)
            {
                f = using1();            //f = n/td[3] = f/1 000;
```

```
            d[2] = f/100 % 10;
            d[1] = f/10 % 10;
            d[0] = f % 10;
            display(1);
            if(f <= 1000)break;     //频率小于 1 000 Hz 转向方法 2 测量
        }
        while(1)
        {
            f = using2();           //f = 1/T
            d[3] = f/1 000;
            d[2] = f/100 % 10;
            d[1] = f/10 % 10;
            d[0] = f % 10;
            display(50);
            if(f > 1000)break;      //频率大于 1 000 Hz 转向方法 1 测量
        }
    }
}
```

测频技术是单片机应用的基本技能，测速、测心率，利用多谐振荡器测电阻或电容等都可以是测频的间接应用。

习题与思考题

8.1 定时/计数器 T0 和 T1 的工作方式 2 有什么特点？试分析其应用场合。

8.2 试比较说明 T2、T4 相对于 T0 或 T1 的技术优势。

8.3 C8051F020 单片机采用外部 22.118 4 MHz 时钟，试基于 T2 实现周期为 200 ms、占空比为 50％的方波发生器。

8.4 当定时/计数器 T0 和 T1 采用 GATE 位测量高脉冲宽度，且脉冲宽度为 ms 级时，技术上应如何处理？

8.5 利用定时器测量时间段的方法有哪些？并说明各自的测量过程。

8.6 请说明频率测量的各个主要测量方法，并给出各自的误差分析。

8.7 22.118 4 MHz 的时钟，通过 PCA0 实现占空比为 0.2、频率为 100 Hz 的 PWM 波形。

8.8 请至少用一种方法利用定时/计数器扩展外中断。

第 9 章

51 单片机的 UART 接口

串行通信以比特流的方式，一位一位地进行数据传输。具有大量节省 I/O 和节省线路的优势。51 单片机的串行口主要用于实现 UART 串行通信，所以亦称 UART 接口。经典型 51 单片机只有一个 UART；C8051F020 有两个串行口，分别为 UART0 和 UART1，其中 UART0 兼容经典型 51 单片机的 UART。本章将学习 51 单片机的 UART 接口，并用汇编语言和 C 语言给出相应例子。

9.1 嵌入式系统数据通信的基本概念

1. 并行通信和串行通信

嵌入式计算机与外界进行信息交换是数据通信的重要表现形式。既包括（嵌入式）计算机与（嵌入式）计算机之间的通信，也包括（嵌入式）计算机与外设之间的通信。数据通信基本的通信方式有两种：并行通信和串行通信，如图 9.1 所示。

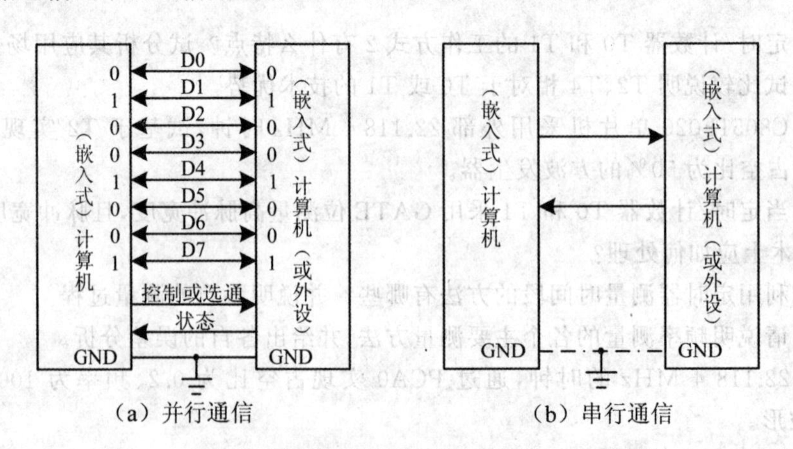

图 9.1　并行通信与串行通信

通信时一次同时传送多个二进制位的称为并行通信。例如一次传送 8 位或 16 位数据。在 51 单片机中，并行通信可通过并行输入/输出接口实现，一次传送 8 位。并行通信的特点是通信速度快，但传输信号线多，传输距离较远时线路复杂，成本高，通常用于近距离传输。除此之外，并行通信占用单片机的 I/O 口过多，限制了单片机的扩展能力。

通信时，数据是一位一位顺序传送的称为串行通信。串行通信的特点是传输线少，通信线路简单，通信速度慢，成本低，适合长距离通信。

按照串行通信位顺序，有 LSB(Least Significant Bit)和 MSB(Most Significant Bit)两种通信方式之分。MSB 意为最高有效位；LSB 意为最低有效位。MSB 通信方式，先传输高位，后传输低位；LSB 通信方式，先传输低位，后传输高位。

串行通信接口通常按照应用分为两种类型：串行通信接口(Serial Communication Interface，SCI)和串行扩展接口(Serial Extension interface，SEI)。串行通信接口用于(嵌入式)计算机与(嵌入式)计算机之间的远距离通信，完成设备之间的互联，这可以充分发挥串行通信的优势，如 PC 机的 COM 接口(COM1、COM2 等)。例如，单片机应用于数据采集或工业控制时，往往作为前端机安装在工业现场，远离主机，现场数据采用串行通信方式发往主机并进行处理，以降低通信成本，提高通信可靠性。串行扩展接口用于完成板级的串行通信，也就是某一单机系统中芯片与芯片的串行通信，作为片外串行接口外设。最重要的串行扩展接口技术有 SPI 和 I^2C 通信等，这部分内容将在第 10 章讲述。本章主要讲述前者。本节将介绍串行通信的概念、原理及 51 单片机串行接口的结构和应用。

2. 串行通信的位同步

CPU 只能处理并行数据，要进行串行通信必须接串行接口，完成并行和串行数据的转换，并遵从串行通信协议。所谓通信协议就是通信双方必须共同遵守的一种约定，包括数据的格式、位同步的方式、传送的步骤、纠错方式及控制字符的定义等。

数据通信双方的数字设备工作时钟频率上存在差异，这种差异将导致不同的计算机的时钟周期的偏差，所以必须解决单个二进制位传输的同步问题，简称位同步。位同步是数字通信中必须解决的一种重要的问题，位同步的目的是使接收端接收的每一位信息都与发送端保持同步。其实同步，就是要求通信的收发双方在时间基准上保持一致，包括在开始时间、位边界、重复频率等上的一致。串行通信的位同步可分为异步串行通信和同步串行通信两种方式。

(1) 异步串行通信方式

异步串行通信方式的通信协议规定了通信起始时刻、每个位的时间长短和帧格式。即，数据在线路上传送时是以“帧”为单位，未传送时线路处于空闲状态，空闲线路约定为高电平“1”。每一帧数据的开始为一个低电平的起始位，然后是数据位，数据位可以是 5 位、6 位、7 位、8 位或 9 位，按照低位在前，高位在后的 LSB 方式传输。数据位后可以带一个奇偶校验位，用于校验，确定传送中是否有误码。最后是停止位，停止位用高电平表示，它可以是 1 位、1 位半或 2 位。异步通信数据格式如图 9.2 所示。

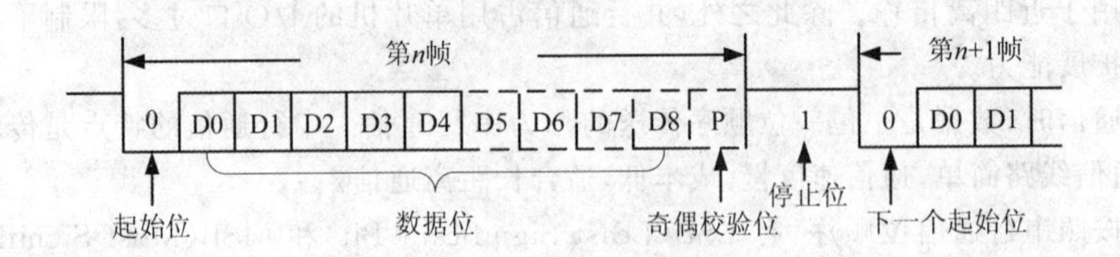

图 9.2　异步通信数据格式

异步串行通信的一帧数据各个位的时间长度要一致，且通信双方要采用同样的位时间间隔，否则无法同步位，导致通信失败。因此，异步串行通信需要有定时器定时发送和接收各个位信息，用于完成该功能，能产生该时钟的电路叫做波特率(baud rate)发生器。也就是说，异步串行通信是通过波特率发生器进行位同步的。波特率是指异步串行通信中，单位时间传送的二进制位数，单位为 b/s(位/秒)，用于衡量一部串行通信速度快慢。每秒传送 1 200 位二进制位，则波特率为 1 200 b/s。在异步串行通信中，波特率一般为 1 200～115 200 b/s。

用于完成异步串行通信的辅助外设为通用异步收发器（Universal Asynchronous Receiver/Transmitter，UART）。UART 需要波特率发生器与之配合完成异步串行通信。UART 在每个位期间多次采样确定位信息。

异步传送时，各帧数据间可以有间隔位，且间隔的位数随意，对发送时钟和接收时钟的要求相对不高，线路简单，但传送速度较慢，且必须在帧格式和波特率都相同的情况下才能通信。

(2) 同步串行通信方式

同步通信时要建立发送方时钟对接收方时钟的直接控制，使双方达到完全同步。发送方对接收方的同步可以通过两种方法实现，外同步和自同步。同步串行通信方式，外同步有专门的时钟线作为位同步，一般以时钟线的上升沿或下降沿时刻数据线上的信息作为 1 位有效的数据传输位，而不需要定时器，如图 9.3(a)所示。外同步串行通信主要应用于串行扩展接口。

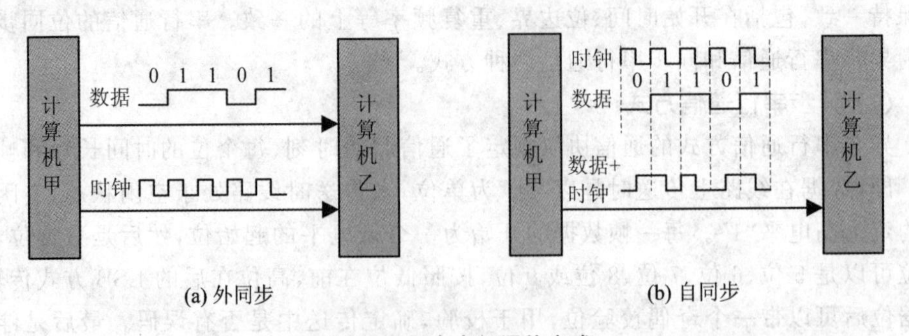

图 9.3　同步串行通信方式

典型的自同步就是曼彻斯特编码，即时钟同步信号就隐藏在数据波形中。在曼彻斯特编码中，每一位的中间有一跳变，位中间的跳变既作时钟信号，又作数据信号；从高到低跳变表示“1”，从低到高跳变表示“0”，如图 9.3(b)所示。

3. 串行通信的传送方向及实时性

根据信息传送的方向，串行通信可以分为单工、半双工和全双工三种，如图 9.4 所示。

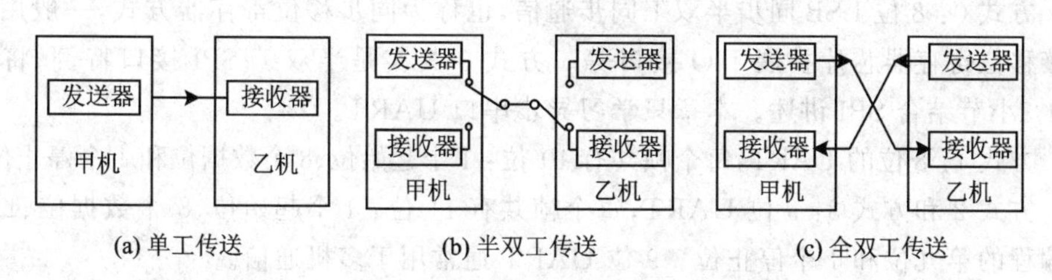

图 9.4 通信方向示意图

在串行通信中，如果某机的通信接口只能发送或接收，这种单向传送的方法称为单工传送，典型应用系统为广播。而通常数据需在两机之间双向传送，这种方式称为双工传送。

在双工传送方式中，如果接收和发送不能同时进行，只能分时接收和发送，这种传送称为半双工传送，典型应用系统为对讲机。在半双工通信中，因收发使用同一根线，所以各机内还需有换向器，以完成发送、接收方向的切换；若两机的发送和接收可以同时进行，则称为全双工传送，典型应用系统为电话。

9.2 51 单片机 UART 接口的工作方式及波特率设置

C8051F020 中有两个增强型串行口：UART0 和 UART1。由于 UART0 和 UART1 的结构类似，下面将二者一起讲述。另外，由于 UART0 兼容经典型 51 单片机的 UART 的同时进行了功能扩展，所以下面讲述时也会指出哪些是扩展功能。

UART0 和 UART1 都属于多功能串行口，除了实现 UART 通信外，还可以实现 8 位 LSB 同步半双工同步串行通信。UART 通信的两个引脚分别为接收数据的 RX 引脚和发送数据的 TX 引脚。当 UART0 使用输出信号 TX0 和输入信号 RX0 时，应将交叉开关寄存器(XBR0)中的 UART0EN(XBR0.2)置 1，以确定的 I/O 引脚连到输出信号 TX0 和输入信号 RX0；同时，将交叉开关寄存器(XBR2)中的 XBR2.6(XBARE)置 1，以允许交叉开关。因为 UART0 在交叉开关中具有最高的优先级，只要使用了 UART0，输出信号 TX0 必然连到 P0.0 引脚，输入信号 RX0 也必然连到 P0.1 引脚。当 UART1 使用输出信号 TX1 和输入信号 RX1 时，应将交叉开关寄存器(XBR0)中的 UART1EN(XBR0.2)置 1，以确定 I/O 引脚连到输出信号 TX1 和输入信号RX1。UART1在交叉开关配置中的优先级远比UART0低,其TX1和RX1到底配置到哪一个引脚,取决于整个系统中,到底使用了哪些数字外设以及所使用的数字外设的优先级。

需要强调的是,RX0、TX 0、RX1和TX1的输出属性不受P0MDOUT的影响,总是被配置为开漏式。

UART0和UART1都有四种工作方式,分别是方式0、方式1、方式2和方式3。

方式0:8位LSB同步半双工同步通信,也称为同步移位寄存器方式,一般用于外接移位寄存器芯片扩展I/O接口等。方式0其实是半双工SPI接口特例,将在10.1.3小节结合SPI讲述。本章只学习异步串口UART。

方式1:8位的UART,每个帧共有10位:1个起始位、8个数据位和1个停止位。

方式2和方式3:9位UART,每个帧共有11位:1个起始位、8个数据位、1个可编程的第九位和1个停止位。9位UART通常用于多机通信。

可见,UART0和UART1的UART通信帧格式都为:1个起始位,8个或9个数据位和1个停止位,没有专门的奇偶校验位。

不同的工作方式,串行通信的波特率是不一样的。方式0和方式2的波特率直接由系统时钟产生。UART0和UART1的方式2时的波特率固定为

$$波特率=\frac{\mathrm{SYSCLK}\times 2^{\mathrm{SMOD}n}}{64},\quad n=0,1$$

UART0和UART1的方式1和方式3需要专门的波特率发生器来设置波特率,并与工业标准波特率值相对应。UART0的方式1和方式3的波特率由定时/计数器T1或T2的溢出率决定,UART1的方式1和方式3的波特率由定时/计数器T1或T4的溢出率决定。为实现连续准确定时以保证固定速率传输位数据,用于波特率发生器的定时/计数器要工作于自动重载方式。

定时器T1作为UART0或UART1波特率发生器的波特率计算公式如下:

$$波特率=\frac{2^{\mathrm{SMOD}n}}{32}\times \mathrm{T1}的溢出率=\frac{2^{\mathrm{SMOD}n}}{32}\times\frac{\mathrm{SYSCLK}\times 12^{\mathrm{T1M}-1}}{256-\mathrm{TH1}},\quad n=0,1$$

其中:T1M为T1的时钟选择位(CKCON.4);TH1为T1的8位重装载寄存器,即初值;SMODn为波特率加倍控制位,位于寄存器PCON中。

电源控制寄存器PCON是一个不支持位寻址的SFR,主要用于电源控制方面。其最高位就是波特率加倍控制位SMODn,它用于对串行口的波特率控制。PCON的位格式如下:

	b7	b6	b5	b4	b3	b2	b1	b0
PCON	SMOD0	SSTAT0	—	SMOD1	SSTAT1	—	PD	IDL

当SMODn位为1时,对应串行口的方式1、方式2、方式3的波特率加倍。SSTAT 0是UART0增强状态方式选择位,SSTAT 1是UART1增强状态方式选择位,

后面再讲述。b3、b4 和 b6 位是 C8051F020 单片机相对于经典型 51 单片机新增添的功能。PCON 的 b1 和 b0 位为低功耗工作方式控制位，相关内容将在 12.4.2 小节讲述。

定时器 T2 作为 UART0 的波特率发生器时的波特率计算公式如下：

$$波特率=\frac{1}{32}\times T2\ 的溢出率=\frac{1}{32}\times\frac{SYSCLK\times 12^{T1M-1}}{(65\,536-RCAP2)}$$

其中：T2M 为 T2 的时钟选择位(CKCON.5)；RCAP2 为 T2 的 16 位重装载寄存器，即初值。

定时器 T4 作为 UART1 的波特率发生器时的波特率计算公式如下：

$$波特率=\frac{1}{32}\times T4\ 的溢出率=\frac{1}{32}\times\frac{SYSCLK\times 12^{T4M-1}}{65\,536-RCAP4}$$

其中：T4M 为 T4 的时钟选择位(CKCON.6)；RCAP4 为 T4 的 16 位重装载寄存器，即初值。

从波特率公式可以看出，为提高采样的分辨率，时钟频率总是高于波特率若干倍，这个倍数称为波特率因子。

根据波特率发生器公式即可计算出初值，例如 T1 作为波特率发生器时的初值可由下面公式求得：

$$T1\ 的初值=256-SYSCLK\times 2^{T1M-1}\times 2^{SMOD}/(波特率\times 32)$$

一般基于 T1 实现波特率发生器。为了方便，将常用的波特率、外部时钟晶体频率、SMOD、T1 的初值列表，如表 9.1 所列，可供实际应用时参考。

表 9.1　基于 T1 的常用波特率设置表

常用的波特率/(b·s⁻¹)	系统时钟/MHz	SMOD	T1M	TH1 初值	误　差
115 200	11.059 2	0	1	FDH	0
38 400	11.059 2	0	1	F7H	0
19 200	11.059 2	1	0	FDH	0
9 600	11.059 2	0	0	FDH	0
4 800	11.059 2	0	0	FAH	0
2 400	11.059 2	0	0	F4H	0
1 200	11.059 2	0	0	E8H	0
115 200	22.118 4	0	1	FAH	0
38 400	22.118 4	1	0	FDH	0
19 200	22.118 4	0	0	FDH	0
9 600	22.118 4	1	0	F4H	0
4 800	22.118 4	0	0	F4H	0
2 400	22.118 4	1	0	D0H	0
1 200	22.118 4	0	0	D0H	0
2 400	12	0	0	F3H	0.16%
1 200	12	0	0	E6H	0.16%

由于 UART0 和 UART1 的功能几乎一样,因此,本节以讲述 UART0 为主,再适当指出 UART1 的不同。UART0 的通信部分结构如图 9.5 所示。

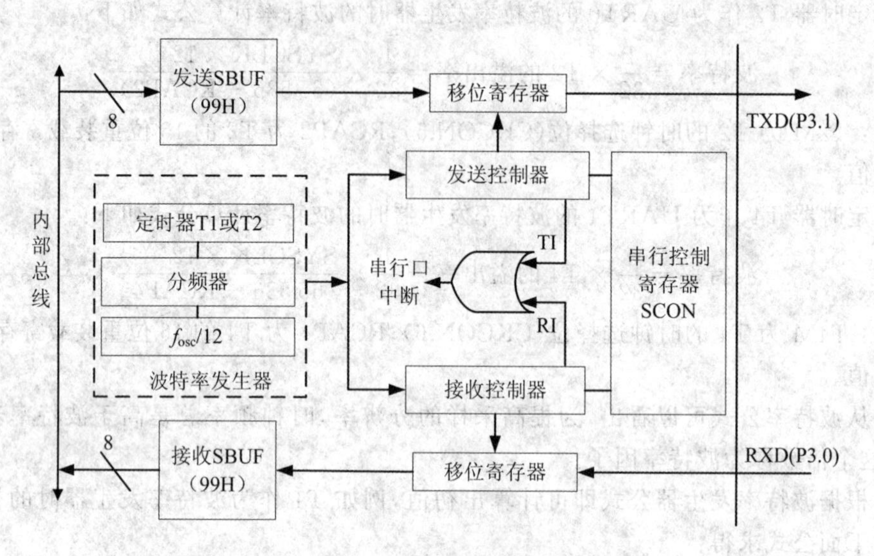

图 9.5　51 单片机 UART0 通信部分结构框图

UART0 有两个中断标志:一个发送中断标志 TI0(SCON0.1)(数据字节发送结束时置位)和一个接收中断标志 RI0(SCON0.0)(接收完一个数据字节后置位)。当 CPU 转向中断服务程序时,硬件不清除 UART0 中断标志,必须用软件清除。

串行口数据寄存器为 SBUF,其实际对应两个寄存器:发送数据寄存器和接收数据寄存器。当 CPU 向 SBUF 写数据时,对应的是发送数据寄存器;当 CPU 读 SBUF 时,对应的是接收数据寄存器。输入数据先逐位进入输入移位寄存器,再送入接收 SBUF。在此采用了双缓冲结构,这是为了避免在接收到第二帧数据之前,CPU 未及时响应接收器的前一帧的中断请求而把前一帧数据读走,造成两帧数据重叠的错误。对于发送器,因为发送时 CPU 是主动的,不会产生写重叠问题,一般不需要双缓冲器结构,为了保持最大传送速率,仅用了 SBUF 一个缓冲器。

如果甲机和乙机的发送端与接收端交叉连接、地线相连,就可以完成甲机和乙机的双工通信。设有两个单片机串行通信,甲机发送,乙机接收,如图 9.6 所示。发送数据时,要保证 TI 为 0,且当执行一条向 SBUF 写入数据的指令,把数据写入串口发送数据寄存器,就启动发送过程。串行通信中,甲机 CPU 向 SBUF 写入数据(MOV SBUF,A),启动发送过程。在发送控制器的控制下,按设定的通信速率,SBUF 中的数据以 LSB 方式一位一位地发送到电缆线上,移出的数据位通过电缆线直达乙机。一帧数据发送完毕,串行口控制寄存器中的发送中断标志位 TI 置位,该位可作为查询标志,如果设置为允许中断,将引起中断,甲机的 CPU 可发送下一帧数据。

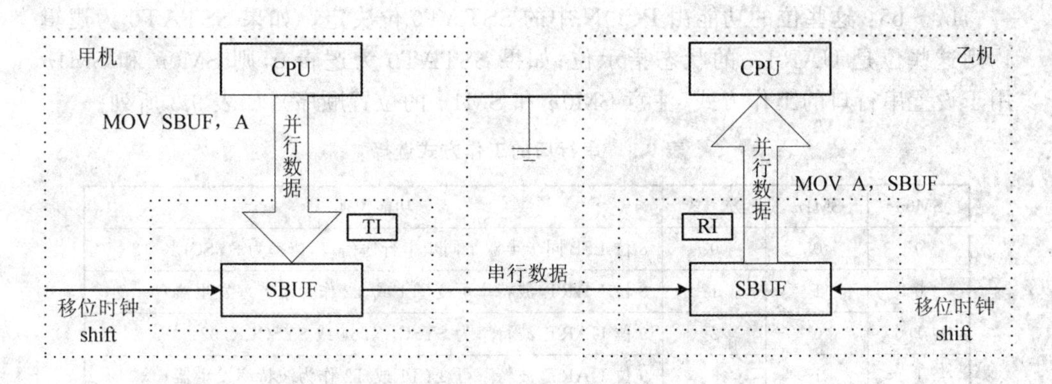

图 9.6 串行传送示意图

9.3 UART0 和 UART1 特殊功能寄存器

对 UART0 和 UART1 的控制和访问是通过相关的特殊功能寄存器来实现的。UART0 和 UART1 的特殊功能寄存器如表 9.2 所列。

表 9.2 UART0 和 UART1 的特殊功能寄存器

寄存器		符 号	地 址	寻址方式	复位值	备 注
UART0	UART0 控制寄存器	SCON0	98H	字节、位	00H	经典型 51 单片机的 SCON 和 SBUF
	UART0 数据缓冲寄存器	SBUF0	99H	字节	00H	
	UART0 从地址寄存器	SADDR0	0A9H	字节	00H	
	UART0 从地址使能寄存器	SADEN0	0B9H	字节	00H	
UART1	UART1 控制寄存器	SCON1	0F1H	字节	00H	
	UART1 数据缓冲寄存器	SBUF1	0F2H	字节	00H	
	UART1 从地址寄存器	SADDR1	0F3H	字节	00H	
	UART1 从地址使能寄存器	SADEN1	0AEH	字节	00H	

UART0 和 UART1 的特殊功能寄存器的功能分述如下。

1. UART 控制寄存器——SCON*n*

UART0 和 UART1 的控制寄存器 SCON*n*（*n*＝0，1）用于设置串行口的工作方式，进行接收、发送控制和监控串行口的工作过程等。其位格式如下：

	b7	b6	b5	b4	b3	b2	b1	b0
SCON0	SM00/FE0	SM10/RXOV0	SM20/TXCOL0	REN0	TB80	RB80	TI0	RI0
SCON1	SM01/FE1	SM10/RXOV1	SM21/TXCOL1	REN1	TB81	RB81	TI1	RI1

b7～b5：这些位的功能由PCON中的SSTAT0位决定。如果SSTAT0为逻辑1,则这些位是UARTn的状态指示位;如果SSTAT0为逻辑0,则SM0n和SM1n用于设置串行口的工作方式(注意SM0n和SM1n的位置顺序),如表9.3所列。

表9.3　串行口的工作方式选择

SM0n	SM1n	方　式	功能说明
0	0	0	8位LSB同步半双工同步串行通信口,速率为SYSCLK/12
0	1	1	8位UART,波特率可变(T1或T2作为波特率发生器)
1	0	2	9位UART,波特率为SYSCLK/64或SYSCLK/32
1	1	3	9位UART,波特率可变(T1或T2作为波特率发生器)

如果SSTAT0为逻辑0,SM2n位的功能取决于串行口的工作方式。

方式0,SM2n位必须设置为0。

方式1,只有接收到的停止位为逻辑1时RIn激活。

方式2和方式3,SM20n用于多机通信允许控制。若该位设置为0,则第9位的逻辑电平不影响RI;若该位设置为1,则当接收到的第9位数据(RB8n)为0时,输入移位寄存器中接收的数据不能移入到接收数据寄存器SBUFn,只有当第9位接收到的是1,对于C8051F020增强型串口,接收到的地址与设定地址或广播地址匹配时,RIn才被置位并产生中断。

51单片机的串行口在实际使用中通常用于三种情况：利用方式0扩展并行I/O接口;利用方式1实现点对点的双机通信;利用方式2或方式3实现多机通信。

C8051F020的串口对经典型51单片机的串口进行了两个方面的增强,分别是都具有帧错误检测和通信地址识别硬件功能。当寄存器PCON中的SSTATn位被设置为1时,下列方式具有帧错误检测功能。

以UART0为例,在任何工作方式下,当一次发送过程正在进行时,如果用户软件向SBUF0寄存器写数据,则发送冲突位(寄存器SCON0中的TXCOL0)被置1。注意,访问状态位(FE0、RXOVR0和TXCOL0)时,SSTAT0位必须被设置为1;访问UART0方式选择位(SM00、SM10和SM20)时,SSTAT0位必须被设置为0。工作于方式1、方式2或方式3时,如果一个新的数据字节被锁存到接收缓冲器,而前面接收的字节尚未被读取,则接收覆盖位(寄存器SCON0中的RXOVR0)被置1;如果检测到一个无效(低电平)停止位,则帧错误位(寄存器SCON0中的FE0)被置1。

RENn：允许接收控制位。当RENn=1时,允许接收;当RENn=0时,禁止接收。

TB8n：发送数据的第9位。在方式2和方式3中,TB8n(n=0,1)为发送数据的第9位。在方式0和方式1中该位未用。根据需要,该位可以用软件置1或清0。该位也可以用做奇偶校验位。在多机通信中,该位往往用来表示主机发送的是地址还是数据：TB8n =0为数据,TB8n =1为地址。

RB8n：接收数据的第 9 位。在方式 2 和方式 3 中，RB8n(n=0,1)用于存放接收数据的第 9 位。方式 1 时，若 SM2n=0，则 RB8 为接收到的停止位。在方式 0 时，不使用 RB8。

TIn：发送中断标志，当 UARTn(n=0,1)发送完一帧数据时(方式 0 时，是在发送完第 8 位后，其他方式在停止位的开始)，该位被硬件置 1。TI 置位，标志着前一个数据发送完毕，告诉 CPU 可以通过串行口发送下一个数据了。在 UARTn 中断被允许时，置 1 该位将导致 CPU 转到 UARTn 中断服务程序。在 CPU 响应中断后，TI 不能自动清零，必须用软件清零。

RIn：接收中断标志，当 UARTn(n=0,1)数据接收有效后由硬件置位。在方式 0 时，当接收数据的第 8 位结束后，由内部硬件使 RI 置位。在方式 1、方式 2、方式 3 时，当接收有效，由硬件使 RIn 置位。RIn 置位，标志着一个数据已经接收到，通知 CPU 可以从接收数据寄存器中取接收的数据了。对于 RIn 标志，在 CPU 响应中断后，也不能自动清零，必须用软件清零。

另外，对于串口发送中断 TIn 和接收中断 RIn，无论哪个响应，都触发串口中断。到底是发送中断还是接收中断，只有在中断服务程序中通过软件来识别。

进一步论述图 9.6 实例。作为接收方的乙机，须预先置位 SCONn 寄存器中断允许接收位 RENn。以异步传输为例：当 RENn 位置 1，接收控制器就开始工作，对接收数据线进行采样，当采样到从 1 到 0 的负跳变时，接收控制器开始接收数据。乙机按设定的波特率，每来一个移位时钟即移入一位，由 LSB 方式一位一位移入到 SBUFn。一个移出，一个移进，很显然，如果两边的移位速度一致，甲移出的数据位正好被乙移进，就能完成数据的正确传送；如果不一致，必然会造成数据位的丢失。当一帧数据接收完毕，硬件自动置位接收中断标志 RIn，通知 CPU 来取数据。该位可作为查询标志，如果设置为允许中断，将引起接收中断，乙机的 CPU 可通过读 SBUFn，将这帧数据读入，从而完成一帧数据的传送。

2. UARTn 的从地址寄存器 SADDRn 和从地址使能寄存器 SADENn

方式 2 和方式 3，SADDRn(n=0,1)是 UARTn 作为从机的地址，SADENn(n=0,1)是 SADDRn 的屏蔽字，它决定 SADDRn 中哪些位用于检查接收到的地址。与 SADENn 中被置 1 的那些位对应的地址位被检查，与 SADENn 中被置 0 的那些位对应的位被忽略。

经典型 51 单片机的串口是没有 SADDR 和 SADEN 寄存器的，也就没有多机通信下的从机地址自动匹配功能。C8051F020 为了兼容经典型 51 单片机，采用 SADEN0对应位为 0 屏蔽相应地址位的方法，就实现了单片机复位后，所有子地址位都被屏蔽，即无需地址匹配，等同于与经典型 51 单片机一致的效果，做到完全兼容。

需要说明的是，UART0 和 UART1 的相关 SFR 还包括相应中断配置和引脚的交叉开关配置等寄存器。中断配置相关 SFR 已经在第 7 章说明，下面强调的是

UART0和UART1的引脚交叉开关配置：

① 使用UART0时，要将交叉开关寄存器(XBR0)中的UART0EN(XBR0.2)置1，以确定I/O引脚连到输出信号TX0和输入信号RX0，同时，将XBR2.6(XBARE)置1，以使能交叉开关。UART0交叉开关配置如图9.7所示。因为，UART0在交叉开关中具有最高的优先级，只要使用了UART0，输出信号TX0必然连到P0.0，输入信号RX0也必然连到P0.1引脚。

② 使用UART1时，要将交叉开关寄存器(XBR0)中的UART1EN(XBR0.2)置1，以确定I/O引脚连到输出信号TX1和输入信号RX1，同时，将XBR2.6(XBARE)置1，以使能交叉开关。UART1交叉开关配置如图9.8所示。UART1在交叉开关配置中的优先级远比UART0低，其TX1和RX1到底配置到哪一个引脚，取决于整个系统中，到底使用了哪些数字外设以及所使用的数字外设的优先级。

而且，RX0、TX0、RX1和TX1配置的端口不受PnMDOUT的影响，总是被配置为开漏式。

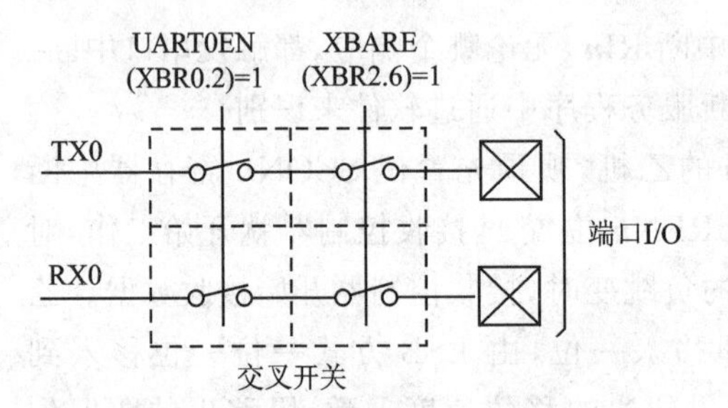

图9.7　UART0交叉开关配置示意图

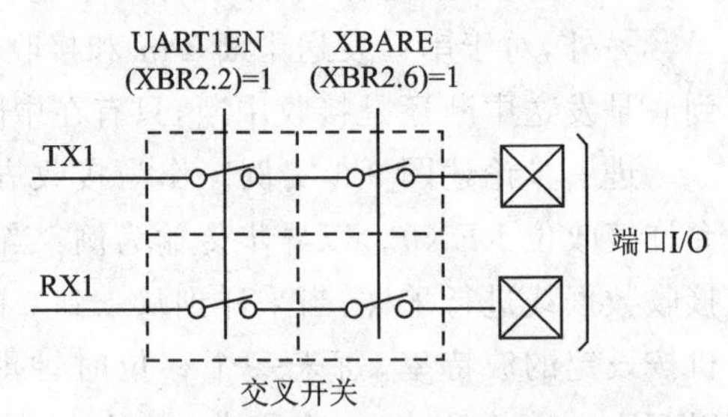

图9.8　UART1交叉开关配置示意图

9.4　51单片机串行口的异步点对点通信及RS-232接口

9.4.1　51单片机串行口的异步点对点通信

1. 方式1的点对点通信

当串行口控制寄存器SCONn中的SM0n和SM1n为01时，51单片机的串行口工作于方式1的8位异步串行通信方式。在方式1下，一帧信息为10个位：1个起始位(0)、8个数据位和1个停止位(1)。TXn为发送数据端，RXn为接收数据端。波特率可变，由定时/计数器T1或T2的溢出率和电源控制寄存器PCON中的SMODn位决定。

(1) 发送过程

TIn=0，当CPU执行一条向SBUF写数据的指令时，如“MOV　SBUFn，A”，就启动发送过程。在波特率发生器发送时钟的作用下，先通过TX端送出一个低电平的起始位，然后是 8 位数据(LSB)，其后是一个高电平的停止位。当一帧数据发送完毕后，由硬件使发送中断标志位 T1 置位，向 CPU 申请中断，完成一次发送过程。

(2) 接收过程

当允许接收控制位 REN*n* 被置 1，接收器就开始工作，由接收器以所选波特率的 16 倍速率对 RX*n* 引脚上的电平进行采样，如图 9.9 所示。当采样到从"1"到"0"的负跳变时，启动接收控制器开始接收数据。在接收移位脉冲的控制下依次把所接收的数据移入移位寄存器。当 8 位数据及停止位全部移入后，根据以下状态，进行响应操作。

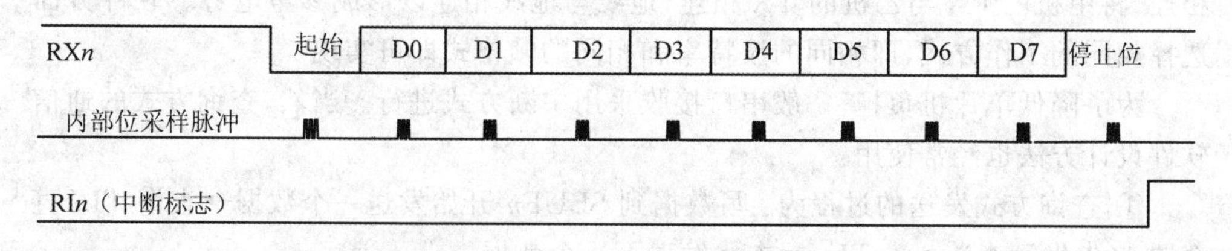

图 9.9 方式 1 接收时序

① 如果 RI*n*＝0、SM2*n*＝0，则接收控制器发出"装载 SBUF*n*"信号，将输入移位寄存器中的 8 位数据装入接收数据寄存器 SBUF*n*，停止位装入 RB8*n*，并置 RI*n*＝1，向 CPU 申请中断。

② 如果 RI*n*＝0、SM2*n*＝1，那么只有停止位为 1 才发生上述操作。

③ RI*n*＝0、SM2*n*＝1 且停止位为 0，所接收的数据不会装入 SBUF*n*，数据将会丢失。此时，发生帧错误(停止位为 0)。

④ 如果 RI*n*＝1，则所接收的数据在任何情况下都不装入 SBUF，即数据丢失。

2. 方式 2 和方式 3 的点对点异步通信

方式 2 和方式 3 时都为 9 位异步通信接口。接收和发送一帧信息长度为 11 位，即 1 个低电平的起始位，9 个数据位，1 个高电平的停止位。发送的第 9 位数据放于 TB8*n* 中，接收的第 9 位数据放于 RB8*n* 中。TX*n* 为发送数据端，RX*n* 为接收数据端。方式 2 和方式 3 的区别在于波特率不一样，其中方式 2 的波特率只有两种：SYSCLK/32或 SYSCLK /64；方式 3 的波特率与方式 1 的波特率设置方法相同。

(1) 发送过程

方式 2 和方式 3 发送的数据为 9 位，其中发送的第 9 位在 TB8*n* 中。在启动发送之前，必须把要发送的第 9 位数据装入 SCON*n* 寄存器中的 TB8*n* 中。准备好 TB8*n* 后，就可以通过向 SBUF*n* 中写入发送的字符数据来启动发送过程，发送时前 8 位数据从发送数据寄存器中取得，发送的第 9 位从 TB8*n* 中取得。一帧信息发送完毕，TI*n* 置 1。

(2) 接收过程

方式 2 和方式 3 的接收过程与方式 1 类似。当 REN 位置 1 时也启动接收过程，不同的是，接收的第 9 位数据是发送过来的 TB8*n* 位，而不是停止位，接收后存放到 SCON*n* 中的 RB8*n* 中。对接收是否有判断也是用接收的第 9 位，而不是用停止位。其余情况与方式 1 相同。

无论出现哪种情况，接收控制器都将继续采样 RX*n* 引脚，以便接收下一帧信息。

下面将利用方式 1 实现点对点的双机 UART 通信。

要实现甲与乙两台单片机点对点的双机通信，只需将甲机的 TX 与乙机的 RX 相连，将甲机的 RX 与乙机的 TX 相连，地线与地线相连以形成参考电势。软件方面选择相同的工作方式，即相同的波特率和相同的帧格式即可实现。

为了降低单片机负担，一般串口接收采用中断方式进行。当然，查询方式的通信软件设计方法也经常使用：

① 查询方式发送的过程为：写数据到 SBUF*n* 开始发送一个数据→查询 TI*n* 直至置 1(先发后查) →清 TI*n* 标志→发送下一个数据。

② 查询方式接收的过程为：查询 RI*n* 直至置 1→清 RI*n* 标志→读入数据(先查后收)→查询 RI*n* 直至置 1→清 RI*n* 标志→读下一个数据。

相对于接收，发送一般采用查询方式。以上过程将体现在编程中，请读者牢记。

【例 9.1】 C8051F020 单片机的 UART0 以中断方式接收单个字节，接收后立即将接收到的数据以查询方式发送出去。系统采用 22.118 4 MHz 的晶振，8 位 UART，115 200 b/s 的波特率。

分析：查表 9.1 得到基于 T1 的波特率设定信息：

$$SMOD0 = 0,\quad T1M=0,\quad TH1 = FAH$$

程序如下：

汇编语言程序

```
$ include (C8051F000.inc)
  ORG   0000H
  LJMP MAIN
  ORG   0023H
  LJMP UART0_ISR
  ORG   0100H
 MAIN:
  ;禁止看门狗
  MOV  WDTCN, ＃0DEH
  MOV  WDTCN, ＃0ADH
  LCALL OSC_INIT
  ;TX0 连到 P0.0,RX0 连到 P0.1
  MOV  XBR0, ＃04H
```

C 语言程序

```
＃include <C8051F020.h>

void WDT_disable(void);
void OSC_Init(void);
void delay_ms(unsigned int t);

unsigned char buf;//接收数据缓存
//接收到数据标志
unsigned char R_sign;
void serial_init(void)//串口初始化
{
  WDT_disable();//禁止看门狗
  OSC_Init();
```

```
    ;使能交叉开关和所有弱上拉电阻
    MOV  XBR2, #40H

    ;T1 设为方式 2
    MOV  TMOD, #20H
    ;115 200 b/s
    MOV  TL1, #0FAH
    MOV  TH1, #0FAH      ;重载
    ANL  PCON, #7FH
    ;串口设为方式 1,允许收
    MOV  SCON0, #50H
    ORL  CKCON, #10H     ;T1M = 1
    SETB ES0      ;开串口中断
    SETB EA       ;开总中断
    SETB TR1      ;启动定时器 T1
    ;F0 作为已经收到数据标志
    CLR  F0

LOOP:
    ⋮
    JB   F0, L1
    LJMP LOOP
L1:
    MOV  SBUF0, A         ;发回收到的数据
    JNB  TI0, $           ;查询发送
    CLR  TI0
    CLR  F0               ;清标志
    LJMP LOOP

UART0_ISR:
    JNB  RI0, OUT         ;若不是接收中断
    MOV  A, SBUF0         ;收数据
;给出接收到的数据标志
    SETB  F0
    CLR   RI0             ;清接收中断标志
OUT:RETI

    END
```

```
    //TX 连到 P0.0,RX 连到 P0.1
    XBR0 = 0x04;
    //使能交叉开关和所有弱上拉电阻
    XBR2 = 0x40;
    //T1 方式 2,用于波特率发生器
    TMOD = 0x20;
    TH1 = 0xfa; //波特率 115 200 b/s
    TL1 = 0xfa;
    PCON &= 0x7f;
    SCON0 = 0x50;       //允许发送接收
    CKCON |= 0x10;      //T1M = 1
    ES = 1;             //允许串口中断
    EA = 1;
    TR1 = 1;
}
void putchar(unsigned char c)
{
    SBUF0 = c;
    while(TI0 == 0);    //等待发送完成
    TI0 = 0;//清标志,准备下一次发送
}
int main(void)
{
    serial_init();
    R_sign = 0;
    while(1)
    {
        ⋮
        if(R_sign)
        {
            //将接收到的字符发回
            putchar(buf);
            R_sign = 0;
        }
    }
}
void UART0_ISR(void) interrupt 4
{
    if(RI0) //接收中断
    {
        RI0 = 0;
            buf = SBUF0;
```

```
        R_sign = 1;
    }
  }
```

下例为典型的查询方式的串口编程方法。单片机中可以设置一个接收缓冲区，将接收到的字符串存入，达到一定长度时再读出整段信息并校验，以根据接收的数据决策程序的运行，这种方式一般应用于串口发送控制命令或数据。

【例9.2】 甲、乙两C8051F020单片机都采用UART0，且都工作在方式1，8位异步通信方式，波特率为115 200 b/s。为了保持通信的畅通与准确，在通信中双机作了如下约定：通信开始时，甲机首先发送一个呼叫信号AAH，乙机接收到后回答一个信号BBH，表示同意接收。而乙机20 ms内都没有应答，则重新呼叫。甲机收到BBH后，就可以发送数据了。假定共发送10个ASCII字符，存于数据缓冲区buf(地址自80H开始)中，通信时每个字符的最高位用作偶校验，且数据发送完后发送一个校验和。乙机接收到10个数据后，存入乙机的数据缓冲区buf(地址自80H开始)中，并用接收的数据产生校验和，与接收的校验和相比较。如果校验和相同，则乙机发送00H，回答接收正确；如果校验和不同，则发送7FH，请求甲机重发。

分析：由于甲、乙两机都要发送和接收信息，所以甲、乙两机的串口控制寄存器的REN位都应设为1，方式控制字SCON0都为50H。

串口工作在方式1，波特率由定时/计数器T1的溢出率和电源控制寄存器PCON中的SMOD0位决定。定时/计数器T1工作在方式2。

乙机正确接收将返回00H，然而这个确认信息(记为n)也可能被错误接收。这里我们假设最多错1位，也就是确认信息中最多一个1。若确认信息有且仅有一个1，那么这个数字减1，即$n-1$将从最低位开始依次向高位借位，直到遇到第一个不为0的位。依次借位使得经过的位由原来的0变为1，而第一个遇到的那个1位则被借位变为0。如果最低位本来就是1，那么没有发生借位。现在计算$n\&(n-1)$的结果，2个数字在原先最低为1的位以下(包括这个位)的部分都不同，整个结果为0；而若n中有多个1，那么“与”运算的结果不为0。

其实，对于接收的任何数想确认是否为某个已知值，只需要将接收到的数据与这个已知值作异或运算，则结果为0。当然，假设最多接收错误1位数据，则异或运算结果最多一个1，判断方法与上述方法一致。

整个通信过程中，仅乙机接收呼叫时采用中断方式，其他的收发都采用查询方式。软件流程图如图9.10所示。

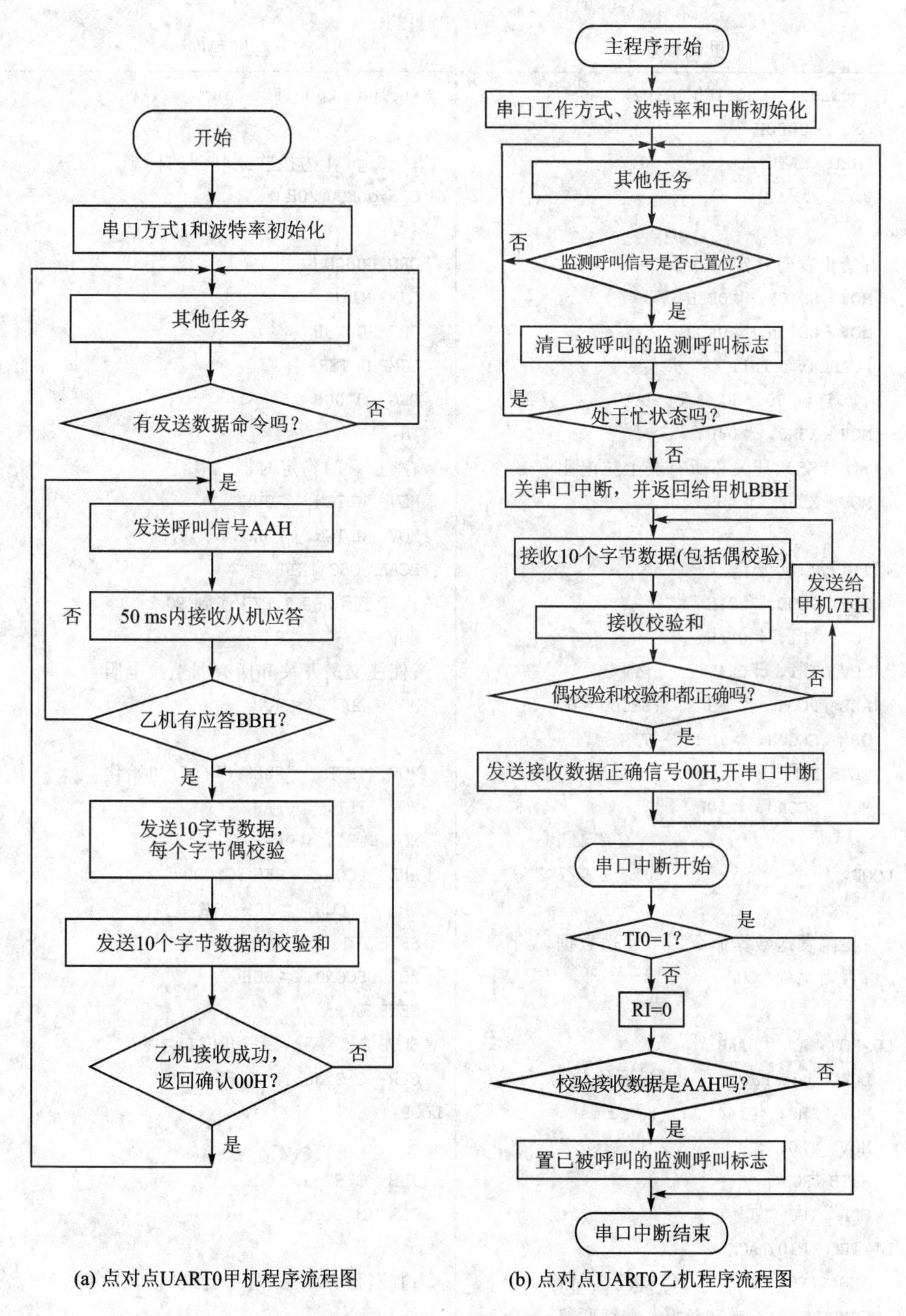

(a) 点对点UART0甲机程序流程图　　(b) 点对点UART0乙机程序流程图

图 9.10 【例 9.2】点对点 UART 程序流程图

汇编程序如下：

甲机程序

```
$ include  (C8051F000.inc)
  ORG   0000H
  LJMP  MAIN

MAIN:
  ;禁止看门狗定时器
  MOV  WDTCN, #0DEH
  MOV  WDTCN, #0ADH
  LCALL OSC_INIT
  ;TX连到P0.0,RX连到P0.1
  MOV  XBR0, #04H
  ;使能交叉开关和所有弱上拉电阻
  MOV  XBR2, #40H

  ;串行口初始化
  MOV  TMOD, #21H
  MOV  TL1, #0FAH
  MOV  TH1, #0FAH
  ANL  PCON, #7FH     ;SMOD0 = 0
  ORL  CKCON, #10H    ;T1M = 1
  SETB TR1
  MOV  SCON0, #50H

LOOP:
      ⋮
  ;检测发送数据命令即可发送数据,
  ;否则跳到LOOP

L0:MOV  A, #0AAH
  LCALL putchar       ;发送联络信号
  MOV  TH0, #144      ;定时20 ms
  MOV  TL0, #0
  SETB TR0
  CLR  TF0
L1:JBC  RI0, ACK
  JNB  TF0, L1         ;等待乙机回答
  SJMP L0   ;乙未准备好，继续联络
```

乙机程序

```
$ include(C8051F000.inc)

  ;C_Sign作为接收到呼叫的标志
  C_SignEQU 20H.0

  ORG  0000H
  LJMP MAIN
  ORG  0023H
  LJMP S_ISR
  ORG  0100H
MAIN:
  ;禁止看门狗定时器
  MOV  WDTCN, #0DEH
  MOV  WDTCN, #0ADH
  LCALL OSC_INIT
  ;TX0连到P0.0,RX0连到P0.1
  MOV  XBR0, #04H
  ;使能交叉开关和所有弱上拉电阻
  MOV  XBR2, #40H

  MOV  TMOD, #20H ;串行口初始化
  MOV  TL1, #0FAH
  MOV  TH1, #0FAH
  ANL  PCON, #7FH ;SMOD0 = 0
  ORL  CKCON, #10H;T1M = 1
  SETB TR1
  MOV  SCON0, #50H
  SETB EA
  SETB ES0           ;开串口中断
  CLR  C_Sign
LOOP:
  ⋮
  JNB  C_Sign, LOOP
  CLR  C_Sign

  ;判断任务状态,若忙就跳回到LOOP

L1:CLR  ES0        ;关串口中断
```

```
ACK:CLR   TR0
L2:MOV    B, #0        ;B作为校验和
   MOV    R7, #10      ;10个数
   MOV    R0, #80H     ;指向数据区首址
L3:MOV    A, @R0
   MOV    C, P
   MOV    ACC.7, C     ;加偶校验位
   LCALL putchar
   ADD    A, B         ;求校验和
   MOV    B, A
   INC    R0
   DJNZ R7, L3

   MOV    A, B         ;发送校验和
   LCALL putchar

   JNB    RI0, $       ;等待乙机回答
   CLR    RI0
   MOV    A, SBUF0
   JZ     C_OK
   MOV    R6, A        ;暂存
   DEC    R6
   ANL    A, R6        ;A = A&(A-1)
   JNZ    L2           ;应答出错,则重发
C_OK:

   LJMP LOOP

   putchar:
   MOV    SBUF, A
   JNB    TI0, $
   CLR    TI0
   RET

   END
```

```
   MOV    A, #0BBH     ;发送应答,同意接收
   LCALL putchar
L2:MOV    R0, #80H     ;指向数据区首址
   MOV    B, #0        ;B作为校验和
   MOV    R7, #10      ;10个数
   CLR    F0           ;偶校验错误标志
L3:JNB    RI0, $
   CLR    RI0
   MOV    A, SBUF0     ;接收一个字节数据
   JNB    P, N1
   SETB F0             ;偶校验报错
N1:MOV    R6, A        ;暂存
   ADD    A, B         ;求校验和
   MOV    B, A
   MOV    A, R6
   ANL    A, #7FH      ;去掉偶校验位
   MOV    @R0, A
   INC    R0
   DJNZ R7, L3

   JNB    RI0, $       ;接收甲机发送的校验和
   CLR    RI0
   MOV    A, SBUF0
   CJNE A, B, N2       ;比较校验和
   JB     F0, N2
   MOV    A, #00H      ;校验成功发 00H
   LCALL putchar
   SETB ES0            ;开串口中断
   LJMP LOOP
N2:MOV    A, #7FH      ;校验错误发"7FH"
   LCALL putchar
   SJMP L2             ;重新接收数据

putchar:
   MOV    SBUF0, A
   JNB    TI0, $
   CLR    TI0
   RET

S_ISR:
   JB     TI0, OUT_S_ISR
```

```
  CLR  RI0
  MOV  A, SBUF0
  XRL  A, #0AAH
  JZ   S_ISR_OK   ;判断甲机是否请求
  MOV  R5, A      ;暂存
  DEC  R5
  ANL  A, R5      ;A = A&(A - 1)
  JZ   S_ISR_OK
  RETI
S_ISR_OK:
  SETB C_Sign
OUT_S_ISR:
  RETI

  END
```

C51 程序如下：

甲机程序

```
#include <C8051F020.h>
void WDT_disable(void);
void OSC_Init(void);
void delay_ms(unsigned int t);

unsigned char buf[10];
//-------------------------------
void putchar(unsigned char c)
{
  SBUF0 = c;
  while(TI0 == 0);
  TI0 = 0;
}
//-------------------------------
void Delay_50ms(void)
{
  TH0 = 144;
  TL0 = 0;
  TR0 = 1;
  while(TF0 == 0);
  TF0 = 0;
  TR0 = 0;
```

乙机程序

```
#include <C8051F020.h>
void WDT_disable(void);
void OSC_Init(void);
void delay_ms(unsigned int t);

unsigned char buf[10];
//定义接收到呼叫的标志
unsigned char C_Sign;
//-------------------------------
void putchar(unsigned char c)
{
  SBUF0 = c;
  while(TI0 == 0);
  TI0 = 0;
}
//-------------------------------
void revData(void)
{
  unsigned char i, tem, sign;
  unsigned char check_sum, P_err;
  ES0 = 0;          //关串口中断
  putchar(0xbb);//发送应答
```

```
}
//------------------------------
void sendData(void)
{
  unsigned char i, tem;
  unsigned char check_sum;
  do
  {
    //发送呼叫信号
    putchar(0xaa);
    //等待乙机回答
    Delay_20ms();
  }
  //乙未准备好,继续联络
  while(RI0 == 0 );
  RI0 = 0;

  do
  {
    check_sum = 0;
    for (i = 0; i<10; i ++ )
    {
      tem = buf [i];
      ACC = tem;
      //加偶校验位
      if(P)tem |= 0x80;
      //发送一个数据
      putchar(tem);
      //求校验和
      check_sum += tem;
    }
    //发送校验和
    putchar(check_sum);
    //等待乙机应答
    while(RI0 == 0);
    RI0 = 0;
    tem = SBUF0;
    if(tem)
    {
      //有 1 位确认位发错
      tem&= tem - 1;
```

```
    sign = 0;
    while(sign)
    {
      check_sum = 0;
      P_error = 0;
      for(i = 0; i < 10; i++)
      {
        while(RI0 == 0);
        RI0 = 0;
        Tem = SBUF0;
        //去掉校验位
        buf[i] = tem & 0x7f;
        //求校验和
        check_sum += tem;
        ACC = tem;
        if(P)
        {   //偶校验报错
          P_err = 1;
        }
      }
      //接收甲机发送的校验和
      while(RI0 == 0);
      RI0 = 0;
      if(((check_sum == SBUF0))
        || (! P_err))//校验
      {
        //校验正确发 00H
        putchar(0x00);
        sign = 0;
      }
      else
      {
        //校验错误发 7fH
        putchar(0x7f);
      }
    }
    C_Sign = 0;
    ES0 = 1;  //开串口中断
}
//------------------------------
int main(void)
```

```
        }
    }
    //应答出错,则重发
    while(tem ! = 0);
}
//----------------------------------
int main(void)
{
    //禁止看门狗定时器
    WDT_disable();
    OSC_Init();
    //TX0 连到 P0.0,RX0 连到 P0.1
    XBR0 = 0x04;
    //使能交叉开关和所有弱上拉电阻
    XBR2 = 0x40;

    TMOD = 0x21;  //串行口初始化
    TL1 = 0xfa;   //115 200 b/s
    TH1 = 0xfa;
    PCON& = 0x7f;
    CKCON = 0x10; //T1M = 1
    TR1 = 1;
    SCON0 = 0x50;
    while(1)
    {
        ⋮
      if(检测发送数据命令请求,
        即刻发送数据)
      {
        sendData();
      }
    }
}
```

```
{
    //禁止看门狗定时器
    WDT_disable();
    OSC_Init();
    //TX0 连到 P0.0,RX 连到 P0.10
    XBR0 = 0x04;
    //使能交叉开关和所有弱上拉电阻
    XBR2 = 0x40;

    TMOD = 0x20;        //串行口初始化
    TL1 = 0xfa;         //115 200 b/s
    TH1 = 0xfa;
    PCON& = 0x7f;
    CKCON| = 0x10;  //T1M = 1
    TR1 = 1;
    SCON0 = 0x50;
    EA = 1;
    ES0 = 1;            //开串口中断
    C_Sign = 0;
    while(1)
    {
        ⋮
      if(C_Sign)
      {
        revData();
      }
    }
}
//--------------------------------------
void serial_ISR(void) interrupt 4
{
    unsigned char tem;
    if(RI0)
    {
      RI0 = 0
      tem = SBUF0;
      tem^ = 0xaa;
      if(tem)tem & = tem - 1;
      if(! tem)C_Sign = 1;
    }
}
```

此例中，若数据不是 ASCII 码，此时，只要采用 9 位 UART，且将第 9 位作为奇偶校验位，上述软件稍加修改即可。

9.4.2 RS－232 接口

数字信号的传输随着距离的增加和传输速率的提高，在传输线上的反射、衰减、共地噪声等影响将引起信号畸变，从而影响通信距离。普通的 TTL 电路由于驱动能力差、抗干扰能力差，因而传送距离短，一般仅能应用于板级通信。

美国电子工业协会(EIA)制定了 RS－232 串行通信标准接口，通过增加驱动以及增大信号幅度，使通信距离增大到 15 m。PC 机上的 COM1、COM2 等口使用的是 RS－232 串行通信标准接口。RS－232 之后又推出了 RS－422 和 RS－485 等串行通信标准，其采用平衡通信接口，即在发送端将 TTL 电平信号转换成差分信号输出，接收端将差分信号变成 TTL 电平信号输入，提高了抗干扰能力，使通信距离增加到几十米至上千米，并且增加了多点、双向通信能力。以上标准都有专用接口芯片实现，这些接口芯片称为收发器，即若要增大传输距离，通信信号需要驱动或调制。

根据通信距离不同，所需信号线的根数是不同的。如果是近距离，又不使用握手信号，则只需 3 根信号线：TX、RX 和 GND(地线)，如图 9.11(a)所示；如果距离在 15 m左右，则通过 RS－232 接口，提高信号的幅度，可以增加传送距离，如图 9.11(b)所示。如果是远程通信，则通过电话网通信，因为电话网是根据 300～3 400 Hz 的音频模拟信号设计的，而数字信号的频带非常宽，在电话线上传送势必产生畸变，因此传送中先通过调制器将数字信号变成模拟信号，再通过公用电话线传送，在接收端再通过解调器解调，还原成数字信号。现在调制器和解调器通常做在一个设备中，这就是调

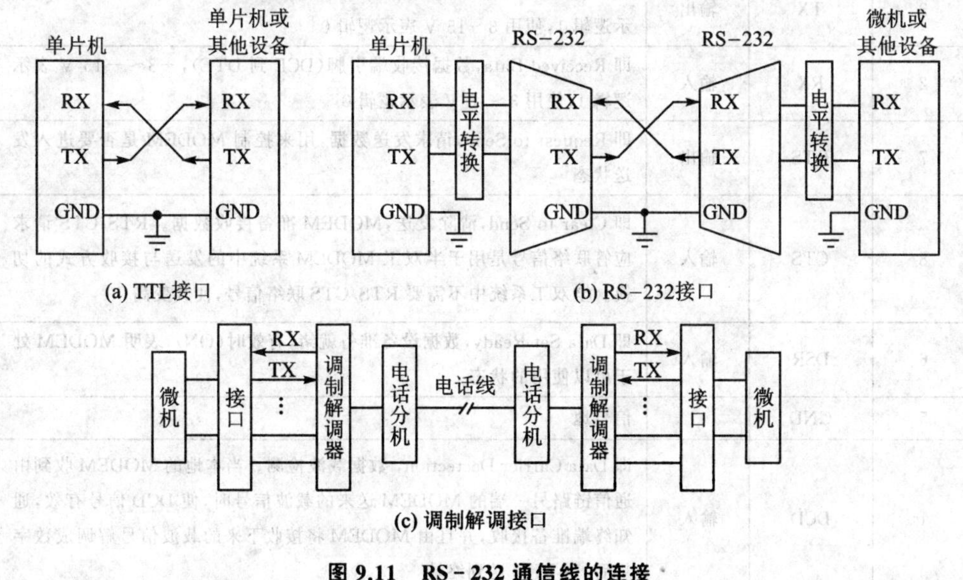

图 9.11 RS－232 通信线的连接

制解调器(MODEM),如图9.11(c)所示(注意,图中只标注了发送数据线TX和接收数据线RX,没有标注握手信号)。

RS-232接口实际上是一种串行通信标准,是由美国EIA(电子工业协会)和BELL公司一起开发的通信协议,它对信号线的功能、电气特性、连接器等都作了明确的规定,RS-232C是广泛应用的一个版本。RS-232C采用EIA反逻辑电平,其规定如下:逻辑1时,电压为-3~-15 V;逻辑0时,电压为+3~+15 V。-3~+3 V之间的电压无意义,低于-15 V或高于+15 V的电压也认为无意义,因此,实际工作时,应保证电平在±(3~15) V之间。可以看出,RS-232C是通过提高传输电压来扩大传输距离的。

RS-232有25针的D型连接器和9针的D型连接器,目前PC机普遍采用9针的D型连接器,因此这里只介绍9针D型连接器。RS-232不但对连接器的每个引脚的信号内容加以规定,还对各种信号的电平加以规定。业界把公头(针)的接插件叫做DRx,母头(孔)的叫DBx,比如PC机上的9针D型连接器串口叫做DR9。RS-232除通过它传送数据的TXD和RXD外,还对双方的互传起协调作用,这就是握手信号。9根信号分为两类,其各个信号引脚定义如表9.4所列。9针D型连接器的信号及引脚如图9.12所示。9针D型连接器的基本通信引脚为2(RX)、3(TX)和5(GND)。在串行通信中,最简单的通信只需连接这3根线,在PC机与PC机、PC机与单片机、单片机与单片机之间,多采用这种连接方式,例如图9.11 (a)和图9.11 (b)。

表9.4 RS-232 D型连接器引脚及功能

DB9	信号名称	方向	含义
3	TX	输出	即Transmitted Data,数据发送端引脚(DTE到DCE),-3~-15 V表示逻辑1,使用3~15 V表示逻辑0
2	RX	输入	即Received Data,数据接收端引脚(DCE到DTE),-3~-15 V表示逻辑1,使用3~15 V表示逻辑0
7	RTS	输出	即Request to Send,请求发送数据,用来控制MODEM是否要进入发送状态
8	CTS	输入	即Clear to Send,清除发送,MODEM准备接收数据。RTS/CTS请求应答联络信号是用于半双工MODEM系统中的发送与接收方式的切换。全双工系统中不需要RTS/CTS联络信号,使其变高
6	DSR	输入	即Data Set Ready,数据设备准备就绪,有效时(ON),表明MODEM处于可以使用的状态
5	GND	—	信号地
1	DCD	输入	即Data Carrier Dectection,数据载波检测。当本地的MODEM收到由通信链路另一端的MODEM送来的载波信号时,使DCD信号有效,通知终端准备接收,并且由MODEM将接收下来的载波信号解调成数字量后,由RXD送到终端

续表 9.4

DB9	信号名称	方 向	含 义
4	DTR	输出	即 Data Terminal Ready，数据终端准备就绪，有效时(ON)，表明数据终端可以使用
9	RI	输入	即 Ringing，当 MODEM 收到交换台送来的振铃呼叫信号时，使该信号有效(ON)，通知终端已被呼叫

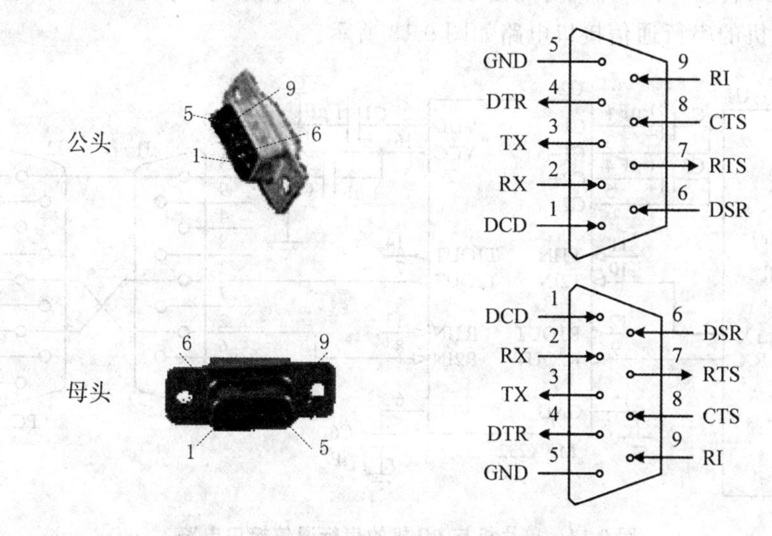

图 9.12　RS-232C 9 针 D 型连接器信号及引脚

由于 UART0 和 UART1 都不提供握手信号，因此通常采用直接 3 线数据传送方式。如果需要握手信号，可由 I/O 口编程产生所需的信号。以上握手信号与 MODEM 连接时使用，本书不作详细介绍。

那么，如何实现 RS-232C 的 EIA 电平和 TTL 电平转换呢？很明显，RS-232 的 EIA 标准是以正负电压来表示逻辑状态的，与 TTL 以高低电平表示逻辑状态的规定不同。因此，为了能够同计算机接口或终端的 TTL 器件连接，必须在 EIA 电平与 TTL 电平之间进行电平变换。目前，较广泛地使用集成电路转换器件，如美国 MAXIM 公司的 MAX232CPE(DIP16 封装)芯片，可完成 TTL 和 EIA 之间的双向电平转换，且只需单一的+5 V 电源，自动产生±12 V 两种电平，实现 TTL 电平与 RS-232 电平的双向转换，因此获得了广泛应用。MAX232CPE 的引脚图和连线图参见图 9.13。从该图可知，一个 MAX232 芯片可连接两对收/发线，完成两对 TTL 电平与 RS-232 的电平转换。

电平转换芯片 MAX3232 与 MAX232 功能及引脚都相同，只是 MAX3232 采用 SO16 贴片封装，且支持 3.3 V 供电电压。RS-232 规定最大负载电容为 2 500 pF，限制了通信距离和通信速度，电平转换后推荐最大通信距离为 15 m，可以满足通信要求,最高速率20 kb/s。注意,RS-232电路本身不具有抗共模干扰的特性。

因为在计算机内接有EIA-TTL的电平转换和RS-232连接器,称为COM口。PC机可以通过COM口连接MODEM和电话线,进入互联网;也可以通过COM口连接其他的串行通信设备,如单片机、仿真机等。由于单片机的串行发送线TXD和接收线RXD是TTL电平,而PC机的COM1或COM2等的RS-232连接器(D型9针插座)是EIA电平,因此,若实现单片机和计算机的连接,需要通过RS-232接口转换,即单片机需加接MAX232电平转换芯片,才能与PC机连接。单片机和PC机的串行通信接口电路如图9.13所示。

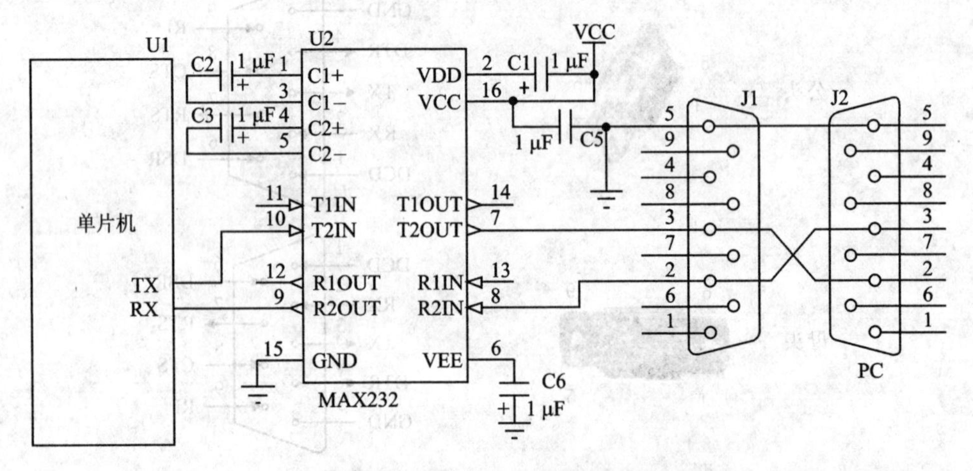

图9.13 单片机与PC机的串行通信接口电路

通过计算机Windows的超级终端与单片机的串口通信互通信息,可以实现单片机应用系统开发调试,以及形成互动界面。该方法是一种普适性的调试技术,适合面很广,这就要求每一位程序员要具有优秀的串行通信编程能力。

不过,近些年很多计算机都取消了COM口,尤其是笔记本,极大地限制了COM口和RS-232应用。为此很多公司都设计和生产了USB转UART芯片,如PL2303HX、CH340T、CP2102和FT232RL等。一端通过USB与计算机相连,直接虚拟出COM口,而转换芯片的另一端桥接MAX232芯片,即可虚拟出RS-232口,使用非常方便,有效地继承了原串口的应用领域,被广泛应用。CH340T实现USB转UART虚拟串口电路如图9.14所示。若其TXD和RXD再经MAX232电平转换即可成为RS-232电平串口了。

RS-232有效地扩展了点对点UART的传输距离,实现全双工通信。不过RS-232有两个固有的缺点:

① 距离仅有15 m左右(采用双绞线可达百米);

② 无法实现多机通信。

RS-485很好地解决了以上两个问题。

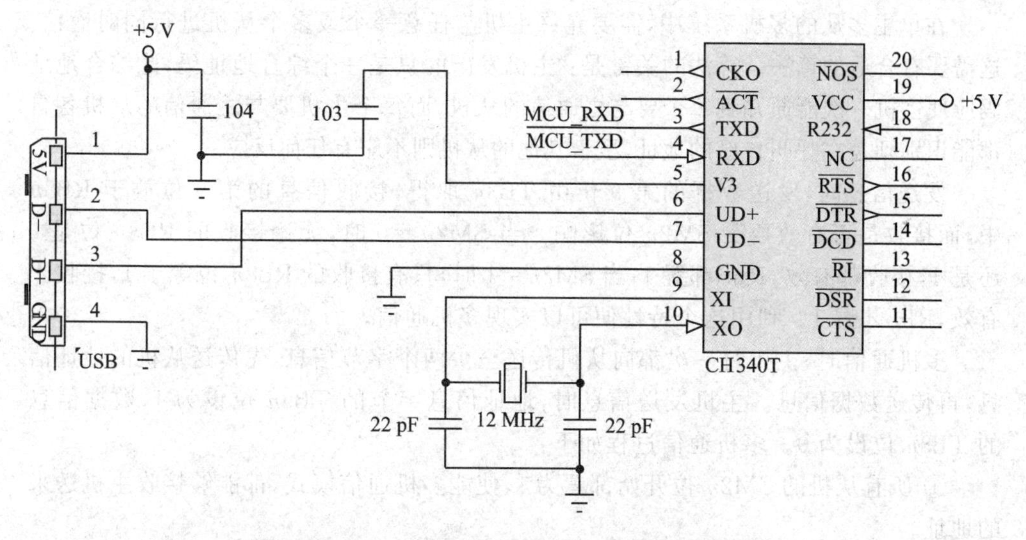

图 9.14　CH340T 实现 USB 转 UART 虚拟串口电路

9.5　多机通信与 RS－485 总线系统

9.5.1　多机通信原理

通过 51 单片机 UART 能够实现一台主机与多台从机进行通信，主机和从机之间能够相互发送和接收信息，但从机与从机之间不能相互通信，整个系统采用半双工方式通信。多机通信线路图如图 9.15 所示。注意，所有从机的 TX 必须支持“线与”功能，否则将烧毁引脚。

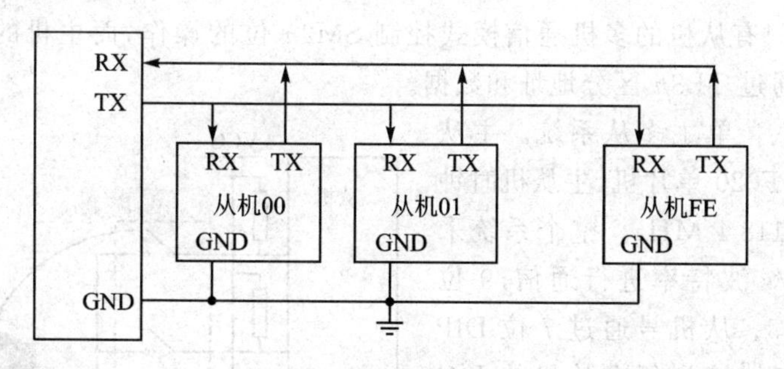

图 9.15　多机通信线路图

51 单片机串行口的方式 2 和方式 3 是 9 位异步通信。通过使用第 9 数据位和内置 UARTn 地址识别硬件支持一个主处理器与一个或多个从处理器之间的多机通信。当主机开始一次数据传输时，先发送一个用于选择目标从机的地址字节。地址字节与数据字节的区别是：地址字节的第 9 位为逻辑 1；数据字节的第 9 位总是设置为逻辑 0。

在单主多从的多机系统中,需要允许主机与任意一个或多个从机进行同时通信。这需要有合适的算法。算法的关键是:主机发出的只是一个综合地址码,此综合地址码应使主机一次能通知到每个要与之通信的从机,而每个主机要与之通信的从机各自都能识别到是在呼叫自已的地址,至于其他的从机则不应有任何反应。

发送信息时,发送数据的第9位由TB8n取得,接收信息的第9位放于RB8n中,而接收是否有效要受SM2n位影响。当SM2n=0时,无论接收的RB8n位是0还是1,接收都有效,RIn都置1;当SM2n=1时,只有接收的RB8n位等于1,接收才有效,RIn才置1。利用这个特性便可以实现多机通信。

多机通信时,主机每一次都向从机传送至少两个字节信息,先传送从机的地址信息,再传送数据信息。主机发送信息时,地址信息字节的TB8n位设为1,数据信息的TB8n位设为0。多机通信过程如下:

① 所有从机的SM2n位开始都置为1,使能多机通信模式,都能够接收主机送来的地址。

② 主机发送1帧地址信息,包含8位的从机地址信息,且TB8n置1,表示发送的为地址帧。

③ 由于所有从机的SM2n位都为1,所以从机都能接收主机发送来的地址。从机接收到主机送来的地址后,与本机的地址相比较,如果接收的地址与本机的地址相同,则使SM2n位为0,准备接收主机送来的数据;如果不同,则不做处理。

④ 主机发送数据,发送数据时TB8n置为0,表示为数据帧。

⑤ 对于从机,由于主机发送的第9位TB8n为0,所以只有SM2n位为0的从机可以接收主机送来的数据。这样就实现了主机从多台从机中选择一台从机进行通信。

⑥ 一次通信完成,对应从机再将SM2n位置1,以恢复总线识别能力,通信系统恢复到原始状态。

要注意,只有从机的多机通信模式控制SM2n位的操作,而主机的SM2n位固定为0,只是通过TB8n区分地址和数据。

【例9.3】 单主多从系统。主从机都为C8051F020单片机,主从机时钟频率均为22.1184 MHz。整个系统采用115200 b/s波特率进行通信,9位UART,方式3。从机号通过7位DIP拨码开关设定挂接到每个从机的I/O(本例挂接到P1口)上(这样所有的从机在没有特殊要求的情况下只需要一套程序即可,该方法被广泛应用),电路如图9.16所示,从机地址号范围为1～127。各从机单片机接收地址后,核对

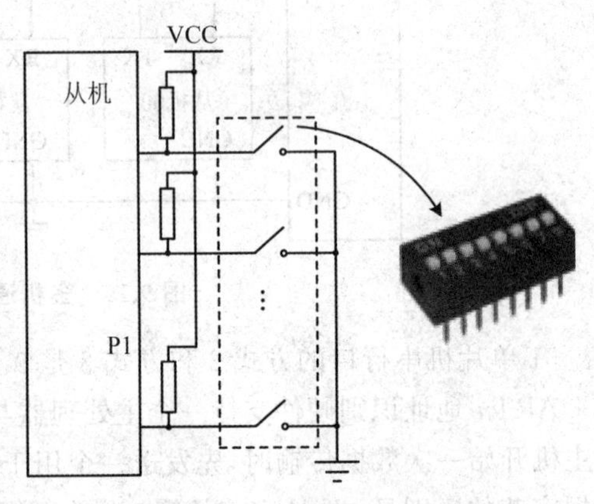

图9.16 从机设备号设置

从机号，只有地址匹配的从机返回 00H，握手成功。从机从 20H 单元开始存储温度、湿度等多个双字节信息，分别标号 0、1、2……主机发送 1 个字节的从机地址后，发送 1 个字节的信息号，以确定自某从机读回的信息。对应从机接收到信号后，校验成功返回 00H，并给主机两个字节的信息及两个字节的和校验，否则返回 7FH。主机读回的双字节信息写入 40H 和 41H 地址中，同样，校验成功返回 00H，否则返回 7FH。

分析：主机发送从机地址和信息号，以及确认信息时，低 7 位是内容，b7 位为偶校验位。而当从机返回两个字节信息数据时，各个字节都是 8 位内容，并附加两个字节信息数据的和校验。软件流程如图 9.17 所示。

汇编程序如下：

主机程序

```
 $ include (C8051F000.inc)
   ORG   0000H
   LJMP MAIN
   ORG   0100H
 MAIN:
   ;禁止看门狗定时器
   MOV   WDTCN, #0DEH
   MOV   WDTCN, #0ADH
   LCALL OSC_INIT
   ;TX0 连到 P0.0,RX0 连到 P0.1
   MOV   XBR0, #04H
   ;使能交叉开关和所有弱上拉电阻
   MOV   XBR2, #40H

   MOV   TMOD, #21H ;串行口初始化
   MOV   TL1, #0FAH
   MOV   TH1, #0FAH
   ANL   PCON, #7FH
   ORL   CKCON, #10H     ;T1M = 1
   SETB TR1
   MOV   SCON0, #0D0H     ;方式 3

LOOP:
        ⋮
   ;检测读取命令即刻读取,
   ;否则跳到 LOOP
   SETB TB80
LO:MOV   A, R6   ;假定从机号在 R6 中
   MOV   C, P
```

从机程序

```
 $ include(C8051F000.inc)
   ;C_Sign 是接收到呼叫后标志
   C_SignEQU 20H.0
   ORG   0000H
   LJMP MAIN
   ORG   0023H
   LJMP S_ISR
   ORG   0100H
MAIN:
   ;禁止看门狗定时器
   MOV   WDTCN, #0DEH
   MOV   WDTCN, #0ADH
   LCALL OSC_INIT
   ;TX0 连到 P0.0,RX 连到 P0.1
   MOV   XBR0, #04H
   ;使能交叉开关和所有弱上拉电阻
   MOV   XBR2, #40H

   MOV   TMOD, #20H ;串行口初始化
   MOV   TL1, #0FAH
   MOV   TH1, #0FAH
   ANL   PCON, #7FH
   ORL   CKCON, #10H     ;T1M = 1
   SETB TR1
   MOV   SCON0, #0D0H     ;方式 3
   SETB EA
   SETB ES0
   CLR   C_Sign
   SETB SM20   ;使能多机通信模式
```

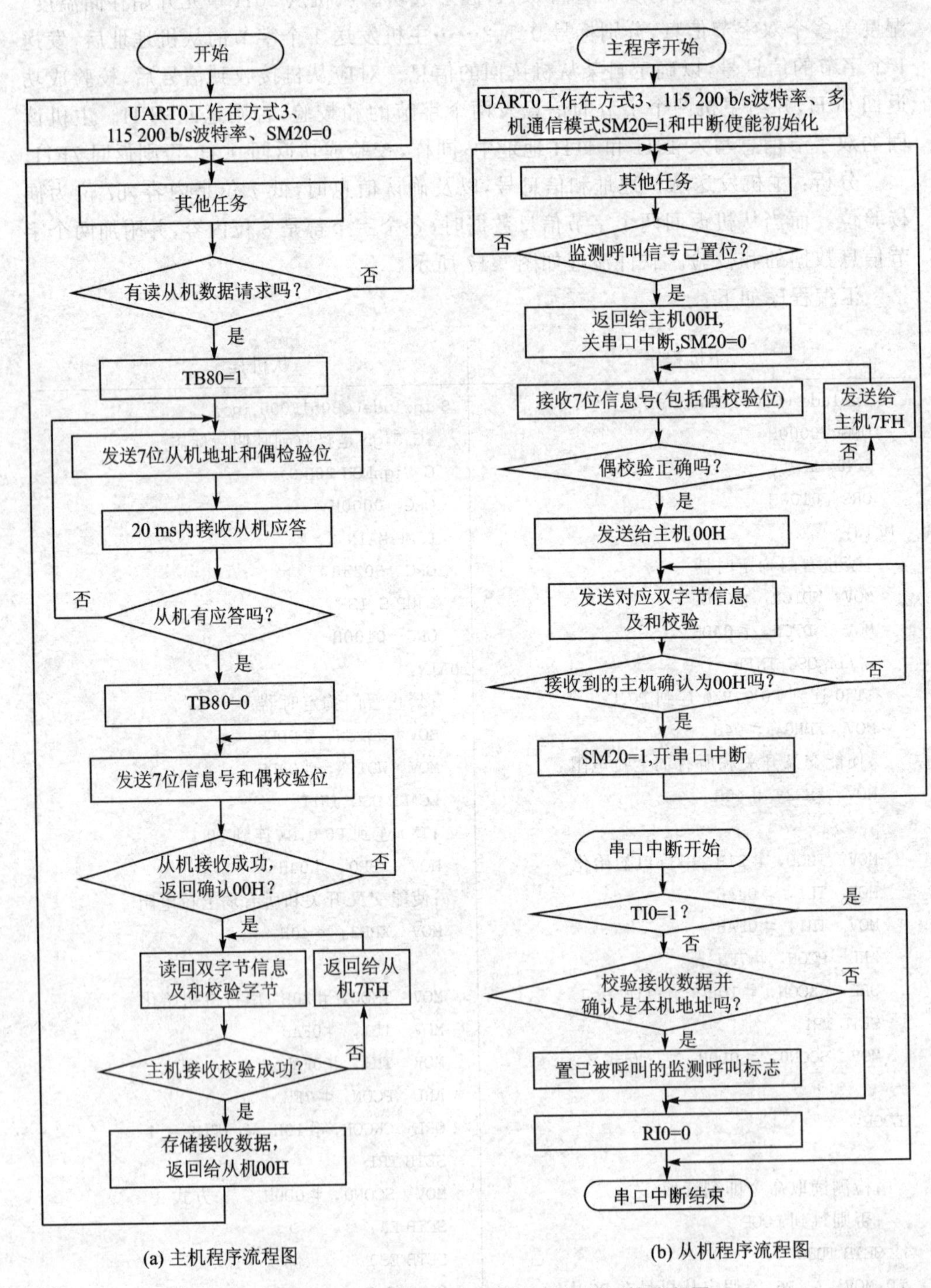

图 9.17 【例 9.3】基于 UART0 的多机通信流程图

```
  MOV   ACC.7, C
  LCALL putchar        ;发送从机号
  ;等待乙机回答
  MOV   TH0, #144
  MOV   TL0, #0
  SETB TR0             ;使能 50 ms 定时
  CLR   TF0
L1:JBC  RI0, ACK
  JNB   TF0, L1
  SJMP L0              ;未成功,继续联络
  CLR   TR0
ACK:CLR  TF0
  CLR   TB80
L2:MOV  A, R5          ;假定信息号在 R5 中
  MOV   C, P
  MOV   ACC.7, C
  LCALL putchar        ;发送信息号
  JNB   RI0, $
  CLR   RI0
  MOV   A, SBUF0
  JZ inf_OK
  MOV   R4, A          ;暂存
  DEC   R4
  ;A = A&(A - 1),应答可以有 1 位错误
  ANL   A, R4
  JNZ   L2             ;应答出错,则重发
inf_OK:

L3:MOV  R0, #40H
  MOV   R7 ,#2
  JNB   RI0, $         ;接收数据信息
  CLR   RI0
  MOV   A, SBUF0

  MOV   @R0, A
  INC   R0
  DJNZ R7, L3
  JNB   RI0, $         ;接收和校验字节
  CLR   RI0
  MOV   B, SBUF0
  MOV   A, 40H
```

```
LOOP:
      :
  JB    C_Sign,L1
  LJMP LOOP
L1:CLR  SM2            ;关闭多机通信模式
  CLR   ES             ;关闭串口中断
  MOV   A,#00H
  LCALL putchar        ;发送应答

L2:JNB  RI0, $
  CLR   RI0
  MOV   A, SBUF0       ;接收信息号
  JNB   P, L3
  MOV   A, #7FH
  LCALL putchar        ;发送校验错误应答
  SJMP L2
L3:CLR  ACC.7          ;去掉校验信息
  RL    A              ;双字节,A = A * 2
  ADD   A, #20H        ;确定数字节数据地址
  MOV   B, A
L4:MOV  R0, B
  MOV   R7, #2
  MOV   R2, #0         ;和校验计算赋初值
L5:MOV  A, @R0
  ADD   A, R2
  MOV   R2, A
  LCALL putchar
  INC   R0
  DJNZ R7, L5
  MOV   A, R2
  LCALL putchar        ;发送和校验字节
  JNB   RI0, $         ;等待接收校验信息
  CLR   RI0
  MOV   A, SBUF0
  JZ   send_OK
  MOV   R4, A
  DEC   R4
  AND   A, R4          ;A = A&(A - 1)
  JZ   send_OK
  SJMP L4
```

```
    ADD   A, 41H
    CJNE A, B, N1   ;和校验错误
    MOV   A, #00H
    LCALL putchar
    LJMP LOOP
N1:MOV   A, #7FH
    LCALL putchar
    SJMP L3          ;重新接收

putchar:
    MOV   SBUF0, A
    JNB   TI0, $
    CLR   TI0
    RET

    END
```

```
send_OK:
    CLR   C_Sign
    SETB SM20          ;重新使能多机通信模式
    SETB ES0           ;开串口中断
    LJMP LOOP

putchar:
    MOV   SBUF, A
    JNB   TI0, $
    CLR   TI0
    RET

S_ISR:
    JB    TI0, OUT_S_ISR
    CLR   RI0
    MOV   A, SBUF0
    JB    P, OUT_S_ISR       ;校验失败
    CLR   ACC.7
    CJNE A, P1, OUT_S_ISR ;匹配地址
    SETB C_Sign
OUT_S_ISR:
    RETI

    END
```

C51 程序如下：

主机程序

```
#include <C8051F020.h>

void WDT_disable(void);
void OSC_Init(void);
void delay_ms(unsigned int t);

unsigned char buf[2];
unsigned char Slave_addr;
unsigned char inf_num;
//------------------------------
void putchar(unsigned char c)
{
```

从机程序

```
#include <C8051F020.h>

void WDT_disable(void);
void OSC_Init(void);
void delay_ms(unsigned int t);

unsigned char inf_buf[20];
//------------------------------
void putchar(unsigned char c)
{
  SBUF = c;
  while (TI == 0);
```

```
  SBUF = c;
  while(TI == 0);
  TI = 0;
}
//----------------------------
void revSlaveData(void)
{
  unsigned char i, tem, sign;

  TB8 = 1;
  do
  {
    tem = Slave_addr;
    ACC = tem;
    if(P)
    {   //加偶校验位
      tem|= 0x80;
    }
    //发送从机地址
    putchar(tem);
    //20 ms 定时
    TH0 = 144;
    TL0 = 0;
    TF0 = 0;
    TR0 = 1;
    if(RI)break;
  }
  //乙未准备好,继续联络
  while(TF0 == 0);
  RI0 = 0;
  TR0 = 0;

  TB80 = 0;
  do
  {
    tem = inf_num;
    ACC = tem;
    if(P)
    {   //加偶校验位
      tem|= 0x80;
    }
  TI = 0;
}
//----------------------------
void sendData(void)
{
  unsigned char i,tem, addr;
  unsigned char sign, inf_num;

  SM20 = 0;      //关闭多机通信模式
  ES0 = 0;        //关闭串口中断
  putchar(0x00);

  sign = 0;
  do
  {
    while(RI0 == 0);
    RI0 = 0;
    tem = SBUF0;
    ACC = tem;
    if(P == 0)     //校验正确
    {
      inf_num = tem & 0x7f;
      sign = 1;
      putchar(0x00);
    }
    else putchar(0x7f);
  }
  while(sign == 0);

  do
  {
    tem = 0;//首先作为和变量
    //发送双字节信息
    for(i = 0; i<2; i++)
    {
      addr = inf_num * 2 + i;
      tem + = inf_buf[addr];
      putchar(inf_buf[addr]);
    }
    //发送和检验
    putchar(tem);
```

```
    //发送从机地址
    putchar(tem);
    //等待从机应答
    while (RI0 == 0);
    RI0 = 0;
    tem = SBUF0;
    if(tem)
    {   //有1位确认位发错
      tem&= tem - 1;
    }
  }
  //应答出错,则重发
  while(tem ! = 0);

  sign = 0;
  do
  {
    //接收从机双字节信息
    for(i = 0; i<2; i++)
    {
      while(RI0 == 0);
      RI0 = 0;
      buf[i] = SBUF0;
    }
    while(RI0 == 0);
    RI0 = 0;
    tem = SBUF0;
    if(tem == (buf[0] + buf[1]))
    {   //校验成功
      sign = 1;
      putchar(0x00);
    }
    else putchar(0x7f);
  }
  while(sign == 0);
}
//------------------------------
int main(void)
{
  //禁止看门狗定时器
  WDT_disable();
    //接收校验信息
    while(RI0 == 0);
    RI0 = 0;
    tem = SBUF0;
    if(tem)
    {   //有1位确认位发错
      tem&= tem - 1;
    }
  }
  //应答出错,则重发
  while(tem ! = 0 );

  SM20 = 1;
  ES0 = 1;
}
//------------------------------
int main(void)
{
  //禁止看门狗定时器
  WDT_disable();
  OSC_Init();
  //TX0 连到 P0.0,RX0 连到 P0.1
  XBR0 = 0x04;
  //使能交叉开关和所有弱上拉电阻
  XBR2 = 0x40;

  TMOD = 0x21;   //串行口初始化
  TL1 = 0xfa;
  TH1 = 0xfa;
  PCON = 0x00;
  CKCON| = 0x10;//T1M = 1
  TR1 = 1;
  SCON0 = 0xd0; //方式3
  EA = 1;
  ES0 = 1;
  C_Sign = 0;
  SM20 = 1;        //使能多机通信模式
  while(1)
  {
      ⋮
    if(C_Sign)
```

```
    OSC_Init();
    //TX0 连到 P0.0,RX0 连到 P0.1
    XBR0 = 0x04;
    //使能交叉开关和所有弱上拉电阻
    XBR2 = 0x40;

    TMOD = 0x21;      //串行口初始化
    TL1 = 0xfa;
    TH1 = 0xfa;
    PCON& = 0x7f;
    CKCON| = 0x10; //T1M = 1
    TR1 = 1;
    SCON0 = 0xd0;  //方式 3
    while(1)
    {
        ⋮
      if(检测读取命令信号,
        即刻开始读取)
      {
        revSlaveData();
      }
    }
}
```

```
    {
      sendData();
    }
  }
}
//------------------------------------
void serial_ISR(void) interrupt 4
{
  unsigned char tem;
  if(RI0)
  {
    RI0 = 0
    tem = SBUF0;
    ACC = tem;
    if(P == 0)
    {
      tem &= 0x7f;
      if(tem == P1)
      {
        C_Sign = 1;
      }
    }
  }
}
```

9.5.2 RS-485 接口与多机通信

鉴于 RS-232 标准的诸多缺点,EIA 相继公布了 RS-422、RS-485 等替代标准。RS-485 以其优秀的特性、较低的实现成本在工业控制领域得到了广泛的应用。

RS-422 的数字信号采用差分信号传输,每个通道采用一对双绞线 A 和 B,其在改善了 RS-232 标准的电气特性的同时,又考虑了与 RS-232 兼容。它采用非平衡发送器和差分接收器,驱动器驱动 AB 线输出±(2～6) V,接收器可以监测到的输入信号电平可低至 200 mV,电平变化范围为 12 V(－6～＋6 V),接口信号电平比 RS-232降低了,就不易损坏接口电路的芯片,且该电平与 TTL 电平兼容,可方便与 TTL 电路连接。RS-422 允许使用比 RS-232 串行接口更高的波特率,且可传送到更远的距离(通信速率最大为 10 Mb/s,此时传输距离可达 120 m;通信速率为 90 kb/s 时,传输距离可达 1 200 m)。

RS-485 是 RS-422 的变形。RS-422 为全双工工作方式,可以同时发送和接收数据,而 RS-485 则为半双工工作方式,在某一时刻,一个发送另一个接收。在同一个RS-485网络中,可以有多达32个模块,这些模块可以是被动发送器、接收器或收发器。当然某些RS-485驱动器网络可连接更多的RS-485节点。如表9.5所列,RS-485相比于RS-232,具有以下特点:

① RS-485的电气特性:发送端,逻辑1以AB线间的电压差为+2～+6 V表示,逻辑0以AB线间的电压差为-2～-6 V表示;接收端,逻辑1以AB线间的电压差(A-B)>200 mV表示,逻辑0以AB线间的电压差(A-B)<-200 mV表示。

② RS-485的数据最高传输速率为10 Mb/s。当然,只有在很短的距离下才能获得最高速率传输。一般100 m长双绞线最大传输速率仅为1 Mb/s。

③ RS-485接口是采用平衡驱动器和差分接收器的组合,抗共模干扰能力增强,即抗噪声干扰性好。

④ RS-485接口的最大传输距离标准值为1 200 m。另外,RS-232接口在总线上只允许连接一个收发器,即具有单站能力;RS-485接口在总线上允许连接多个收发器,即具有多站能力。这样用户可以利用单一的RS-485接口方便地建立起设备网络。

⑤ 因为RS-485接口组成的半双工网络,一般只需2根连线,所以RS-485接口均采用屏蔽双绞线传输。

表9.5 RS-232与RS-485总线性能对比

对比项目	RS-232	RS-485
电平逻辑	单端反逻辑	差分方式
通信方式	全双工	半双工
最大传输距离	15 m(24 kb/s)	1 200 m(100 kb/s)
最大传输速率	200 kb/s	10 Mb/s
最大驱动器数目	1	32(典型)
最大接收器数目	1	32(典型)
组网拓扑结构	点对点	点对点或总线型

随着数字控制技术的发展,由单片机构成的控制系统也日益复杂。在一些要求响应速度快、实时性强、控制量多的应用场合,单个单片机构成的系统往往难以胜任。这时,由多个单片机结合PC机组成分布式测控系统成为一个比较好的解决方案。在这些分布式测控系统中,经常使用的是RS-485接口标准,与传统的RS-232协议相比,其最大优势就是可以组网,这也是工业系统中使用RS-485总线的主要原因。由于RS-485总线是RS-232总线的改良标准,所以在软件设计上它与RS-232总线基本一致。如果不使用RS-485接口芯片提供的接收器、发送器选通的功能,为RS-232总线系统设计的软件部分完全可以不加修改,直接应用到RS-485网络中。RS-485总线工业应用成熟,而且大量的已有工业设备均提供RS-485接口。RS-232、RS-422与RS-485标准只对接口的电气特性做出规定,

而不设计协议。虽然后来发展的CAN总线等具有数据链路层协议的总线在各方面的表现都优于RS-485,呈现出CAN总线取代RS-485的必然趋势。但由于RS-485总线在软件设计上与RS-232总线基本兼容,其工业应用成熟,所以至今,RS-485总线仍在工业应用中具有十分重要的地位。

RS-485接口可连接成半双工和全双工两种通信方式。常见的半双工通信芯片有MAX481、MAX483、MAX485、MAX487等,全双工通信芯片有MAX488、MAX489、MAX490、MAX491等。下面以MAX485为例来介绍RS-485串行接口的应用。采用MAX485芯片构成的RS-485分布式网络系统如图9.18所示,其中,平衡电阻器R通常为100～300 Ω。

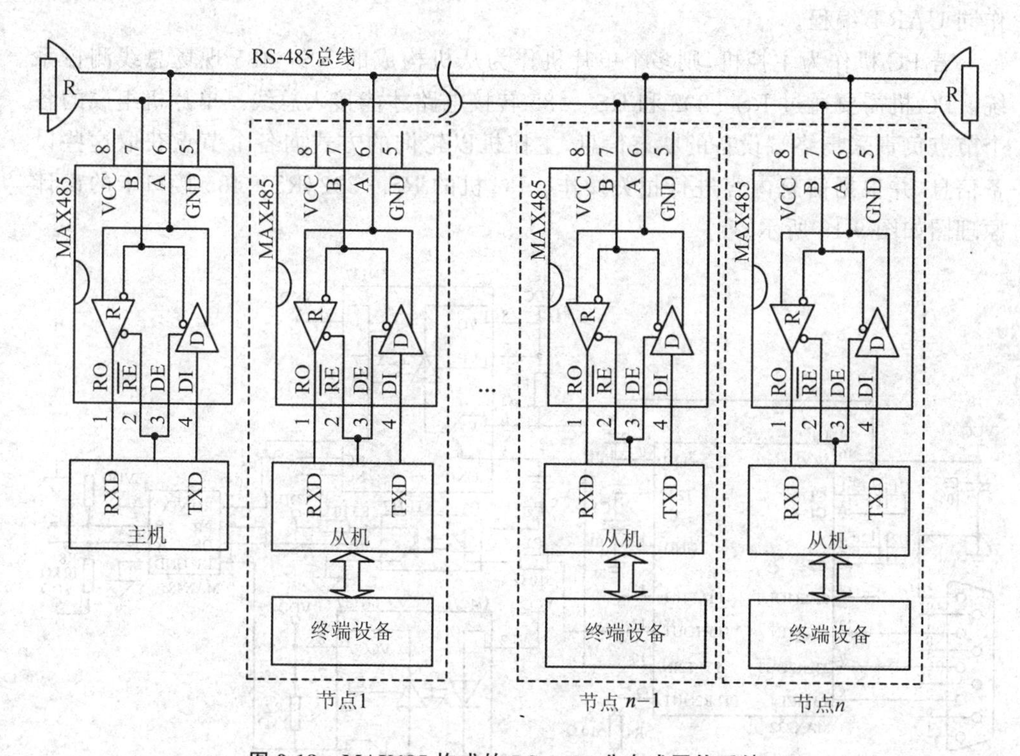

图9.18　MAX485构成的RS-485分布式网络系统

MAX485的封装有DIP、SO和μMAX三种,MAX485的引脚的功能如下:

RO:接收器输出端。若A比B大200 mV,则RO为高电平;反之,若B比A大200 mV,则RO为低电平。

$\overline{RE}$:接收器输出使能端。$\overline{RE}$为低电平时,RO有效;$\overline{RE}$为高电平时,RO呈高阻状态。

DE:驱动器输出使能端。若DE=1,驱动器输出A和B有效;若DE=0,则它们呈高阻状态。若驱动器输出有效,则器件作为线驱动器;反之,作为线接收器。

DI:驱动器输入端。DI=0,则A=0,B=1;DI=1,则A=1,B=0。

GND：接地。

A：同相接收器输入和同相驱动器输出。

B：反相接收器输入和反相驱动器输出。

VCC：电源端，一般接+5 V。

MAX485多机网络的拓扑结构采用总线方式，传送数据采用主从站方法——单主机、多从机。上位机作为主站，下位机作为从站。主站启动并控制网上的每一次通信，每个从站有一个识别地址，只有当某个从站的地址与主站呼叫的地址相同时，该站才响应并向主站发回应答数据。单片机与MAX485的接口电路多采用MAX485的$\overline{RE}$与DE短接，再通过单片机的某一引脚来控制MAX485的接收或发送，其余操作同UART编程。

若PC机作为主控机，则多个单片机作为从机构成的RS-485现场总线测控系统。PC机需要通过RS-232和RS-485转接电路才能接入总线。单片机组成的各个节点负责采集终端设备的状态信息，主控机以轮询的方式向各个节点获取这些设备信息，并根据信息内容进行相关操作。PC机的RS-232/RS-485接口卡的设计原理图如图9.19所示。

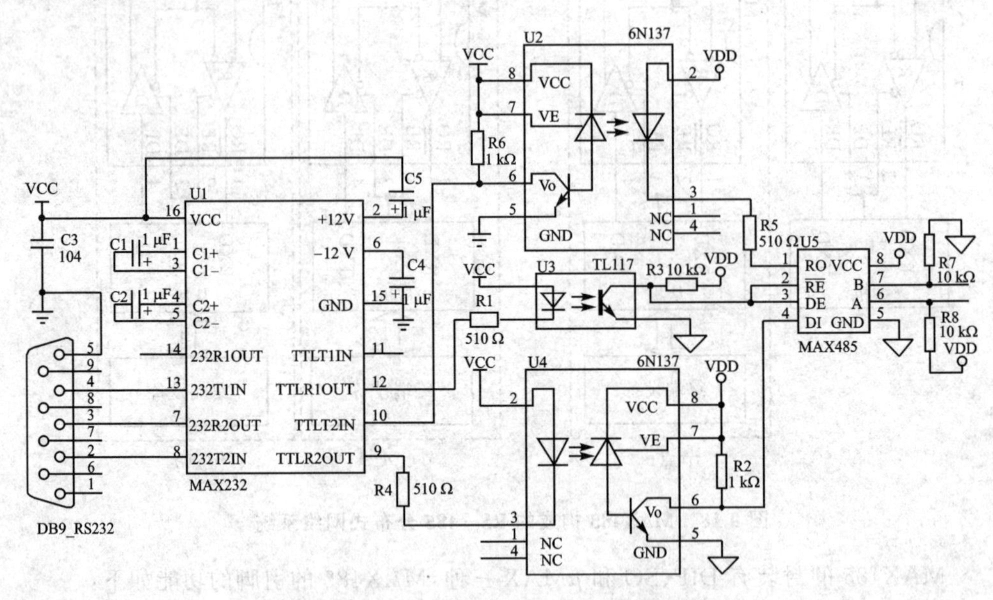

图9.19 RS-232/RS-485接口卡原理图

该接口卡主要是通过MAX232将RS-232通信电平转换成TTL电平，经过高速光耦6N137光电隔离后，再经由MAX485将其变为RS-485接口标准的差分信号。注意，系统中需要两路5 V电源。本设计中的接口卡最多可以同时驱动32个单片机构成的RS-485通信节点。

9.5.3 RS-485 总线通信系统的可靠性分析及措施

在工业控制及测量领域较为常用的网络之一就是物理层采用 RS-485 通信接口所组成的工控设备网络。这种通信接口可以十分方便地将许多设备组成一个控制网络。从目前解决单片机之间中长距离通信的诸多方案来看，RS-485 总线通信模式由于具有结构简单、价格低廉、通信距离和数据传输速率适当等特点，而被广泛应用于仪器仪表、智能化传感器集散控制、楼宇控制、监控报警等领域。但 RS-485 总线存在自适应、自保护功能脆弱等缺点，如不注意一些细节的处理，常出现通信失败甚至系统瘫痪等故障，因此提高 RS-485 总线的运行可靠性至关重要。

RS-485 总线应用系统设计中需要注意的问题如下：

(1) 电路基本原理

某 RS-485 节点的硬件电路设计如图 9.20 所示。SP485R 接收器是 Sipex 半导体的 RS-485 接口芯片，具有极高的 ESD 保护，且该器件输入高阻抗可以使 400 个收发器接到同一条传输线上又不会引起 RS-485 驱动器信号的衰减。SP485R 通过使能引脚提供关断功能，可将电源电流（ICC）降低到 0.5 μA 以下。采样 DIP8 或 SOIC8 封装，引脚与 MAX485 兼容。在图 9.20 中，光电耦合器 TLP521-3 隔离了单片机与 SP485R 之间的电气特性，提高了工作的可靠性。基本原理为：当单片机 P1.0=0 时，光电耦合器的发光二极管发光，光敏三极管导通，输出高电压（+5 V），选中 RS-485 接口芯片的 DE 端，允许发送。当单片机 P1.0=1 时，光电耦合器的发光二极管不发光，光敏三极管不导通，输出低电平，选中 RS-485 接口芯片的$\overline{RE}$端，允许接收。SP485R 的 RO 端（接收端）和 DI 端（发送端）的原理与上述类似。不过光耦 TLP521 的光电流导通和关断时间分别为 15 μs 和 25 μs，速度较慢，若要提高传输速度，更换为 6N137 等高速光耦即可。

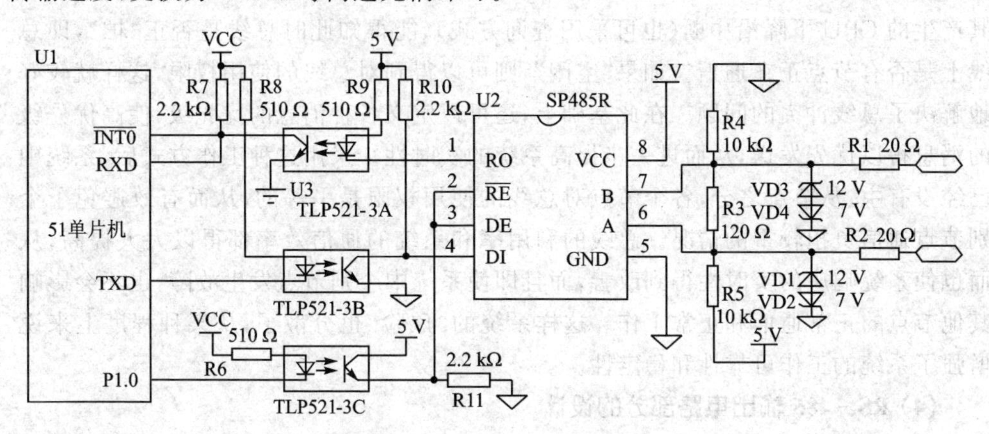

图 9.20 RS-485 通信接口原理图

(2) RS－485的DE控制端设计

在RS－485总线构筑的半双工通信系统中,在整个网络中任一时刻只能有一个节点处于发送状态并向总线发送数据,其他所有节点都必须处于接收状态。如果有2个节点或2个以上节点同时向总线发送数据,将会导致所有发送方的数据发送失败。因此,在系统各个节点的硬件设计中,应首先力求避免因异常情况而引起本节点向总线发送数据而导致总线数据冲突。为避免单片机复位时,I/O口输出高电平,如果把I/O口直接与RS－485接口芯片的驱动器使能端DE相连,会在单片机复位期间使DE为高,从而使本节点处于发送状态。如果此时总线上有其他节点正在发送数据,则此次数据传输将被打断而告失败,甚至引起整个总线因某一节点的故障而通信阻塞,继而影响整个系统的正常运行。考虑到通信的稳定性和可靠性,在每个节点的设计中应将控制RS－485总线接口芯片的发送引脚设计成DE端的反逻辑,即控制引脚为逻辑1时,DE端为0;控制引脚为逻辑0时,DE端为1。在图9.20中,将单片机的P1.0引脚通过光电耦合器驱动DE端,这样就可以使控制引脚为高,或者异常复位时使SP485R始终处于接收状态,从而从硬件上有效避免节点因异常情况而对整个系统造成的影响。这就为整个系统的通信可靠奠定了基础。

此外,电路中要有看门狗,能在节点发生死循环或其他故障时,自动复位程序,交出RS－485总线控制权。这样就能保证整个系统不会因某一节点发生故障而独占总线,导致整个系统瘫痪。

(3) 避免总线冲突的设计

当一个节点需要使用总线时,为了实现总线通信可靠,在有数据需要发送的情况下先侦听总线。在硬件接口上,首先将RS－485接口芯片的数据接收引脚反相后接至CPU的中断引脚$\overline{INT0}$。在图9.20中,$\overline{INT0}$是连至光电耦合器的输出端。当总线上有数据正在传输时,SP485R的数据接收端(RO端)表现为变化的高低电平,利用其产生的CPU下降沿中断(也可采用查询方式),能得知此时总线是否正“忙”,即总线上是否有节点正在通信。如果“空闲”,则可以得到对总线的使用权限,这样就较好地解决了总线冲突的问题。在此基础上,还可以定义各种消息的优先级,使高优先级的消息得以优先发送,从而进一步提高系统的实时性。采用这种工作方式后,系统中已经没有主、从节点之分,各个节点对总线的使用权限是平等的,从而有效避免了个别节点通信负担较重的情况。总线的利用率和系统的通信效率都得以大大提高,从而也使系统响应的实时性得到改善,而且即使系统中个别节点发生故障,也不会影响其他节点的正常通信和正常工作。这样系统的“危险”也分散了,从某种程度上来说增强了系统的工作可靠性和稳定性。

(4) RS－485输出电路部分的设计

在图9.20中,VD1～VD4为信号限幅二极管,其稳压值应保证符合RS－485标准,VD1和VD3取12 V,VD2和VD4取7 V,以保证将信号幅度限定在－7～＋12 V之间,进一步提高抗过压的能力。

其实，此时的限压保护采用瞬态电压抑制器(Transient Voltage Suppressor, TVS)管更为合理。TVS 管有单向与双向之分，单向 TVS 管的特性与稳压二极管相似，双向 TVS 管的特性相当于两个稳压二极管反向串联。当 TVS 二极管的两极受到反向瞬态高能量冲击时，它能以约 10^{-12} s 量级的速度，将其两极间的高阻抗变为低阻抗，吸收高达数千瓦的浪涌功率，使两极间的电压嵌位于一个预定值，有效地保护电子线路中的精密元器件，免受各种浪涌脉冲的损坏。

考虑到线路的特殊情况(如某一节点的 RS-485 芯片被击穿短路)，为防止总线中其他分机的通信受到影响，在 SP485R 的信号输出端串联了两个 20 Ω 的电阻器 R1 和 R2，这样本机的硬件故障就不会使整个总线的通信受到影响。同时，两个20 Ω 的电阻串接在 RS-485 通信接口中，可有效防止通信线路因意外破损或人为损害而导致 220 V 市电对该接口的损坏，也可适当降低雷电感应通信线路对该接口的影响。当然，在工程应用中，这两个 20 Ω 的电阻多采用常温 20 Ω 的 PTC 热敏电阻，不但能起到自动保护功能，而且还能自动恢复，其具有对温度和电流的双重敏感性，电流过大，发热后电阻骤增形成断开效果，无触点、无噪声、无火花，又称“万次保险丝”，或称“自恢复保险丝”，是继“温度保险丝”和“温度开关”之后推出的第三代保护器件。适用于万用表、充电器、小型变压器、智能电表、数字万用表、微电机、小型电子仪器等线路中，做过流、过热保护。

在应用系统工程的现场施工中，由于通信载体是双绞线，它的特性阻抗为 120 Ω 左右，所以在线路设计时，在 RS-485 网络传输线的始端和末端应各接一个 120 Ω 的匹配电阻(如图 9.20 中的 R3)，以减少线路上传输信号的反射。当然，只有 RS-485总线两端点的 RS-485 驱动器配有 120 Ω 的匹配电阻。

(5) 系统的电源选择

对于由单片机结合 RS-485 组建的测控网络，应优先采用各节点独立供电的方案，同时电源线不能与 RS-485 信号线共用同一股多芯电缆。RS-485 信号线宜选用截面积 0.75 mm^2 以上的双绞线而不是平直线，并且选用线性电源 TL750L05 比选用开关电源更合适。TL750L05 必须有输出电容，若没有输出电容，则其输出端的电压为锯齿波形状，锯齿波的上升沿随输入电压变化而变化，加输出电容后，可以抑制该现象。

(6) 通信协议与软件编程

在数据传输过程中，每组数据都包含着特殊的意义，这就是通信协议。主机、分机之间必须有协议，这个协议是以通信数据的正确性为前提的，而数据传输的正确与否又完全决定于传输途径传输线，传输线状态的稳定与通信协议有直接联系。

SP485R 在接收方式时，A、B 为输入，RO 为输出；在发送方式时，DI 为输入，A、B 为输出。当传送方向改变一次后，如果输入未变化，则此时输出为随机状态，直至输入状态变化一次，输出状态才确定。显然，在由发送方式转入接收方式后，如果 A、B 状态变化前，RO 为低电平，在第一个数据起始位时，RO 仍为低电平，单片机认为此时无起始位,直到出现第一个下降沿,单片机才开始接收第一个数据,这将导致接收错误。由接收方式转入发送方式后,D变化前,若A与B之间为低电压,则发送第一个数据起始位时,A与B之间仍为低电压,A、B引脚无起始位,同样会导致发送错误。克服这种后果的方案是:主机连续发送两个同步字,同步字要包含多次边沿变化(如55H,0AAH),并发送两次(第一次可能接收错误而忽略),接收端收到同步字后,就可以传送数据了,从而保证正确通信。

为了更可靠地工作,在RS-485总线状态切换时需要适当延时,再进行数据的收发。具体的做法是在数据发送状态下,先将控制端置1,延时0.5 ms左右,再发送有效的数据,数据发送结束后,再延时0.5 ms,将控制端置0。这样的处理会使总线在状态切换时,有一个稳定的工作过程。

多机通信系统通信可靠性与各个分机的状态也有关。无论是软件还是硬件,一旦某台分机出现问题,都可能造成整个系统混乱。出现故障时,有两种现象可能发生:一是故障分机的RS-485口被固定为输出状态,通信总线硬件电路被钳位,信号无法传输;二是故障分机的RS-485口被固定为输入状态,在主机呼叫该分机时,通信线路仍然有悬浮状态,还会出现噪声信号。所以,在系统使用过程中,应注意对整个系统的维护,以保证系统的可靠性。

RS-485由于使用了差分电平传输信号,传输距离比RS-232更长,最多可达到3000 m,因此很适合工业环境下的应用。但与CAN总线等更为先进的现场工业总线相比,其处理错误的能力还稍显逊色,所以在软件部分还需要进行特别的设计,以避免数据错误等情况发生。另外,系统的数据冗余量较大,对于速度要求高的应用场所不适宜用RS-485总线。虽然RS-485总线存在一些缺点,但由于它的线路设计简单、价格低廉、控制方便,只要处理好细节,在某些工程应用中仍然能发挥良好的作用。总之,解决可靠性的关键在于工程开始施工前就要全盘考虑可采取的措施,这样才能从根本上解决问题,而不要等到工程后期再去亡羊补牢。

9.5.4 基于RS-485的网络节点软件设计

利用SM2的多机通信模式,当从机地址确认后,只有对应地址的从机与主机通信,而其他的从机不介入通信,有效减少了总线错误的可能。但是,地址的确认是有风险的,一旦主机发送地址期间受到干扰而发生错误,那么将会有非目的从机介入通信。其实,除了利用SM2的多机通信模式实现单主多从的多机通信外,还可以通过数据帧的方式实现单主多从的多机通信。

通过数据帧的方式实现的单主多从的多机通信,在软件设计中,首先需要进行通信协议和通信信息的帧结构的设计。一般,数据帧是由若干个UART帧构成,其内容包括地址字节(1字节)、功能代码(1字节)、数据长度字节(1字节)、数据字节(N字节),以及和校验字节(1字节,包括地址)。数据帧中,每个UART帧从发送结束到下一个UART帧开始的时间间隔小于1.5个UART帧时间,每个数据帧结束要至少相隔 1.5 个 UART 帧时间后方可进行下一个数据帧传输，以方便软件基于 1.5 个 UART 帧时间判断通信是否结束。数据帧的方式实现单主多从的多机通信，其通过最后的和校验，也就是比对该数据帧中前面各个数据的和确定是否正确接收数据。

地址字节实际上存放的是从机对应的设备号，此设备号由拨动开关组予以设置，在工作时，每个设备都按规定设置好，一般不做改动，改动时重新设置开关即可。注意，设置时应避免设备号重复。

本系统的数据帧主要有四种，这由功能代码字节决定，它们是主机询问从机是否在位的 ACTIVE 指令（编码 0x11）、主机发送读设备请求的 GETDATA 指令（编码 0x22）、从机应答在位的 READY 指令（编码 0x33）和从机发送设备状态信息的 SENDDATA 指令（编码 0x44）。SENDDATA 帧实际上是真正的数据帧，该帧中的数据字节存放的是设备的状态信息。其他三种是单纯的指令帧，数据字节为 0 字节，这三种指令帧的长度最短，仅为 4 个字节。所以，通信过程中帧长小于 4 个字节的帧都认为是错误帧。整个系统的通信还需遵守下面的规则：

① 主控机（PC 机）主导整个通信过程。由主控机定时轮询各个从机节点，并要求这些从机提交其对应设备的状态信息。

② 主控机在发送完 ACTIVE 指令后，进入接收状态，同时开启超时控制。如果接收到错误的信息，则重发 ACTIVE 指令；如果在规定时间内未能接收到从机的返回指令 READY，则认为从机不在位，取消这次查询。

③ 主控机接收到从机的返回指令 READY 后，发送 GETDATA 指令，进入接收状态，同时开启超时控制。如果接收到错误的信息，则重发 GETDATA 指令；如果规定时间内未能接收到从机的返回信息，则超时计数加 1，并且主控机重新发送 GETDATA 指令；如果超时三次，则返回错误信息，取消这次查询。

④ 从机复位后，将等待主控机发送指令，并根据具体的指令内容做出应答。如果接收到的指令帧错误，则会直接丢弃该帧，不做任何处理。

⑤ 字节数据采用偶校验，一帧数据采取和校验。

整个系统软件分为主控机（PC 机）端和单片机端两部分。除了通信接口部分的软件以外，主控机端软件还包括用户界面、数据处理、后台数据库等。单片机端软件包括数据采集和 RS-485 通信程序，这两部分可以完全独立，数据采集部分可设计成一个函数，在主程序中调用即可。主控机端通信接口部分软件的流程如图 9.21 所示。

对于从机而言，它的工作与主机密切相关，它是完全被动的，根据主机的指令执行相应的操作。从机何时去收集设备的状态信息也取决于主机。当从机收到主机发送读设备状态信息指令 GETDATA 时，才开始收集信息并发送 SENDDATA 指令。单片机端 RS-485 总线通信软件流程如图 9.22 所示。

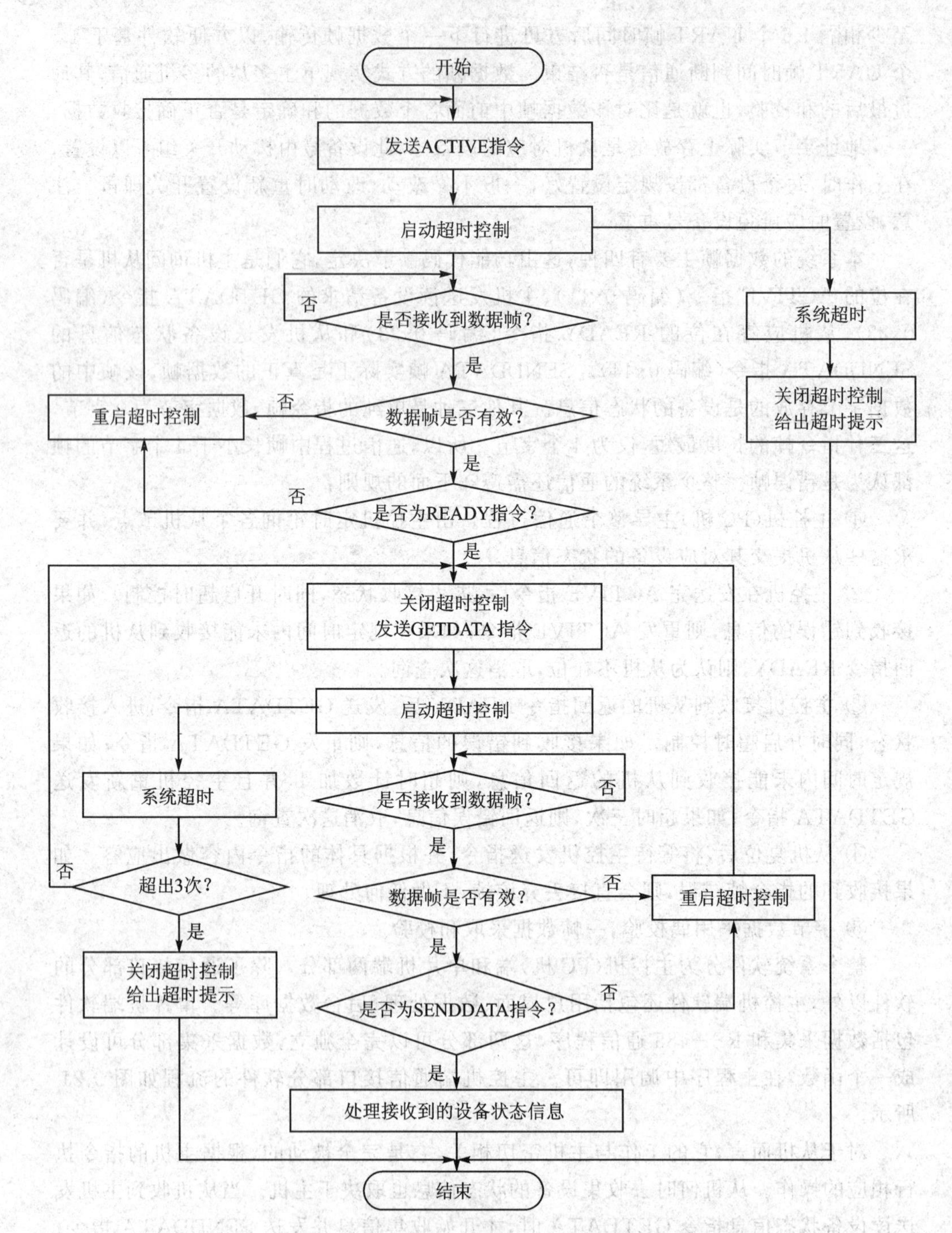

图 9.21　主控机端通信接口部分软件的流程

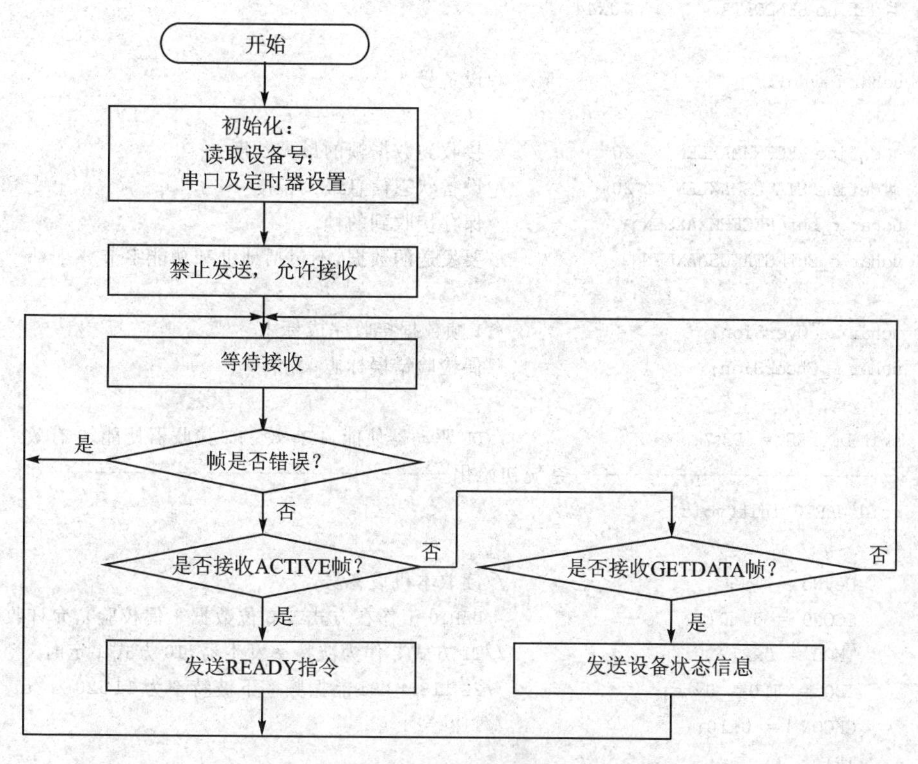

图 9.22　单片机端 RS-485 总线通信软件的流程

下面给出单片机终端从节点的 C51 通信程序，并通过注释加以详细说明。汇编程序过于繁琐，也不符合实际应用，这里没有给出。

```
#include <C8051F020.h>
#include <string.h>

void WDT_disable(void);
void OSC_Init(void);
void delay_ms(unsigned int t);

#define uchar unsigned char
#define uint   unsigned int

#define band              115200
#define time1_5_init     62368          //(65536 - (1000000/band * 11 * 1.5)/
                                        //(1/22.1184)) = 1.5 帧(11×1.5 位)时间间隔
#define ACTIVE            0x11
#define GETDATA           0x22
#define READY             0x33
```

```
#define SENDDATA           0x44

uchar DevNo;                          //设备号

#define RECFRMMAXLEN    20            //接收到数据帧的最大长度
#define STATUSMAXLEN    20            //设备状态信息最大长度
uchar r_buf[RECFRMMAXLEN];            //保存接收到的帧
uchar t_Buf[STATUSMAXLEN];            //要发送的数据,不包括地址和功能字节

uchar RecOverSign;                    //1帧数据接收完成标志
uchar P_CheckSign;                    //偶检验错误标志

sbit DE_nRE = P3^7;                   //DE驱动器使能,1有效；RE接收器使能,0有效
//------------------------系统初始化------------------------------
void UART0_init(void)
{
    DevNo = P1;                       //读取本机设备号
    SCON0 = 0xd0;                     //UART0工作在方式3(8位数据+偶校验),允许收
    TMOD = 0x21;                      //T1方式2作为波特率发生器,T0方式1定时
    TH0 = TL0 = 0xfa;                 //22.118 4 MHz晶振频率下波特率为11 520 kb/s
    CKCON |= 0x10;                    //T1M = 1
    TR1 = 1;
    ET0 = 1;
    EA = 1;                           //开总中断
    DE_nRE = 0;                       //处于接收状态
}
//------------------------字符输入函数---------------------------
unsigned char getchar(void)
{
    unsigned char tmp;
    TL0 = (time1_5_init) % 256;
    TH0 = time1_5_init/256;
    TR0 = 1;                          //启动定时器0, 1.5帧时间定时开始
    while(RI0 == 0)
    {
        if(RecOverSign)
        {
            TR0 = 0;                  //关定时器0
            return 0;                 //仅为了返回,返回值无意义
        }
    }
    TR0 = 0;                          //关定时器0
```

```
    tmp =  SBUF0;
    ACC = tmp;
    if(P ! = RB80)P_CheckSign = 1;
    return tmp;                                  //返回读入的字符
}
//---------------------------------------------------------------
void T0_ISR(void) interrupt 1 using 1
{
    RecOverSign = 1;                             //1.5 个 UART 帧时间已到标志
}
//-------------接收数据帧函数,实际上接收的是主机的指令 -------------
unsigned char Recv_Data(uchar * type)            //通过指针实参传递返回数据帧类型
{
    unsigned char tmp, rCount, i;
    unsigned char check_sum;                     //校验和
    unsigned char Len;                           //信息字节长度变量

    rCount = 0;
    RecOverSign = 0;
    P_CheckSign = 0;                             //开始没有奇偶校验错误
    while(1)//两个字符间时间间隔超过 1.5 个 UART 帧时间间隔,1 帧数据则结束
    {
        tmp =  getchar();
        if(RecOverSign)break;
        r_buf[rCount ++ ] = tmp;
    }

    //计算校验字节
    check_sum = 0;
    for(i = 0; i <rCount - 2;i ++ )check_sum + =  r_buf[i];
    //判断帧是否错误
    if (r_buf[1] ! = DevNo)                      //地址不符合,错误,返回 0
    {
        return 0;
    }
if ((check_sum ! = r_buf[rCount - 1]) || P_CheckSign)
{
return 0;                                        //校验错误,返回 0
}
     * type =  r_buf[1];                         //获取指令类型
    return 1;                                    //成功,返回 1
}
```

```
//------------------------字符输出函数 --------------------------
void putchar(unsigned char c)
{
    SBUF0 = c;                              //开始发送数据
    while(TI0 == 0);                        //等待发送完成
    TI0 = 0;                                //清发送完成标志
}
//------------------------发送数据帧函 --------------------------
void Send_Data(uchar type, uchar len, uchar * buf)
{
    unsigned char i = 0;
    unsigned char check_sum;
    DE_nRE = 1;                             //允许发送,禁止接收
    check_sum = DevNo + type + len;
    putchar(DevNo);                         //设备号
    putchar(type);                          //功能字节
    putchar(len);                           //发送数据长度
    while(len)
    {
        putchar(buf[i]);
        check_sum += buf[i++];
        len--;
    }
    putchar(check_sum);                     //发送校验和
    DE_nRE = 0;                             //切回接收状态
}
//---------采集数据函数经过简化处理,取固定的13个字节数据----------
void Get_Stat(void)
{
    unsigned char i;
    for(i = 0; i<13; i++)t_Buf[i] = i;
}
//------------------清除设备状态信息缓冲区函数--------------------
void Clr_StatusBuf(void)
{
    unsigned char i;
    for (i = 0; i<STATUSMAXLEN; i++)t_Buf[i] = 0;
}
//---------------------------------------------------------------
int main(void)
{
    unsigned char type;
```

```
        WDT_disable();                              //禁止看门狗定时器
        OSC_Init();
        XBR0 = 0x04;                                //TX 连到 P0.0,RX 连到 P0.1
        XBR2 = 0x40;                                //使能交叉开关和所有弱上拉电阻

        UART0_init();                               //初始化
        while (1)
        {
            if (Recv_Data(&type) == 0)              //接收帧错误或者地址不符合,丢弃
            {
                continue;
            }
            switch (type)
            {
                case ACTIVE:                        //主机询问从机是否在位
                    Send_Data(READY, 0, t_Buf);     //发送 READY 指令
                    break;
                case GETDATA:                       //主机读设备请求
                    Clr_StatusBuf();
                    Get_Stat();                     //数据采集函数
                    Send_Data(SENDDATA,strlen(t_Buf), t_Buf);
                    break;
                default:
                    break;                          //指令类型错误,丢弃当前帧
            }
        }
    }
```

习题与思考题

9.1 串行通信的主要优点和用途是什么?

9.2 为什么可以采用定时/计数器 T1 的方式 2 作为波特率发生器?

9.3 请说明 UART 的通信格式及注意要点。

9.4 试说明采用 11.0592 MHz 或 22.1184 MHz 晶振用于 UART 通信的原因。

9.5 简述利用串行口进行多机通信的原理。

9.6 试基于 51 单片机的 UART 设计一个 8 位数码管显示“专用芯片”。设计要求如下:

(1) 动态显示8位共阳极数码管；

(2) 显示内容由其他单片机从UART的RX引脚送入,波特率为11 520 000 b/s,8个数据位；

(3) 送入数据格式如下：

D7～D4	D3～D0
数码管地址：0～7	对应数码管的BCD码

(4) 按送入数据的地址,更新对应数码管的显示内容,即自动译码显示。

第10章 串行扩展技术

近年来,芯片间的串行数据传输技术被大量采用,串行扩展接口和串行扩展总线的应用大大优化了系统的结构。由于串行总线连接线少,总线的结构比较简单,不需要专用的插座而直接用导线连接各种芯片即可。因此,采用串行总线可以使系统的硬件设计简化,系统的体积减小,可靠性提高,同时,系统的更改和扩充更为容易。

目前,单片机应用系统中使用的串行扩展接口总线主要有串行外设接口总线(Serial Peripheral Interface BUS,SPI BUS)、I^2C 总线(Inter IC BUS)和系统管理总线(System Management Bus,SMBus)。本章首先学习 SPI 总线和 SMBus 总线技术,最后学习单总线技术。

10.1 SPI 总线扩展接口及应用

10.1.1 SPI 总线及其应用系统结构

SPI 总线系统是一种极其广泛应用的同步串行外设接口,允许 MCU 与各种外围设备以同步串行方式进行通信来交换信息。其外围设备种类繁多,从最简单的移位寄存器到复杂的 LCD 显示驱动器、网络控制器等,可谓应有尽有。SPI 总线可直接与各厂家生产的多种标准外围器件直接接口,该接口一般使用 4 根线:串行时钟线 SCK、主机输入/从机输出数据线 MISO、主机输出/从机输入数据线 MOSI 和低电平有效的从机选择线$\overline{SS}$(也记为 NSS)。由于 SPI 系统总线只需 3 根公共的时钟数据线和若干根独立的从机选择线(依据从机数目而定),在 SPI 从设备较少而没有总线扩展能力的单片机系统中使用特别方便。即使在有总线扩展能力的系统中采用 SPI 设备也可以简化电路设计,省掉很多常规电路中的接口器件,从而提高了设计的可靠性。

一个典型的 SPI 总线系统结构如图 10.1 所示。SPI 总线应用系统中,只允许有一个器件作为 SPI 主机。一般某 MCU 作为主机。总线上还有若干作为 SPI 从设备的 I/O 外围器件。主机控制着数据向一个或多个从外围器件的传送。从器件只能在主机发命令时才能接收或向主机传送数据,其数据的传输格式可以是 MSB,也可以是 LSB。当有多个器件要连至 SPI 总线上作为从设备,必须注意两点:一是其必

须有片选端;二是其接 MISO 线的输出引脚必须有三态,片选无效时输出高阻态,以不影响其他 SPI 设备的正常工作。

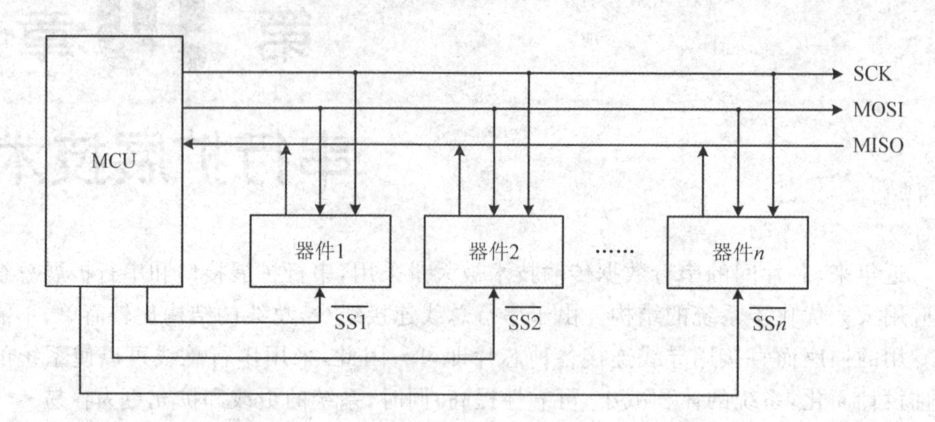

图 10.1　一个典型的 SPI 总线系统结构示意图

10.1.2　SPI 总线的接口时序

对于不同的 SPI 接口外围芯片,它们的时钟时序有可能不同,按照 SPI 的时钟相位和极性关系来看,通常有 4 种时序情况,它是由片选信号有效前的电平和数据传送时的有效沿来区分的,传送 8 位数据的 SPI 总线时序如图 10.2 所示。

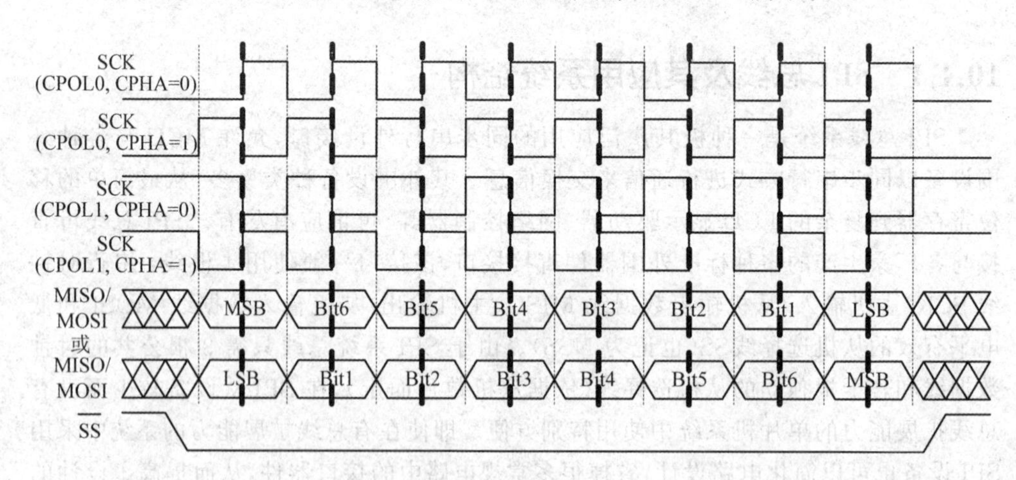

图 10.2　SPI 总线的 4 种工作时序图

显然,主机的时钟速率决定了传输速率。对于全双工的 SPI 通信,4 种时序都是在粗虚线对应的时钟边沿将总线上的数据锁存入接收器,我们称之为采样;而在细虚线对应的时钟边沿 1 位数据将从发送器更新到总线,我们称之为更新。进行 SPI 软件设计时一定要弄清楚是哪一种时序模式。

由图 10.2 可以看出,CPHA 和 CPOL 用于 SPI 的时钟相位和极性设置。其中,

CPHA 用于设置 SPI0 的时钟相位，CPHA＝0 时，在 SCK 的第一个边沿采样数据，CPHA＝1 时，在 SCK 的第二个边沿采样数据；CPOL 用于设置 SPI0 的时钟极性，CPOL＝0 时，SCK 在空闲状态时处于低电平，CPOL＝1 时，SCK 在空闲状态时处于高电平。

如果接多个器件，只需控制片选即可实现与不同器件间通信。而且，$\overline{SS}$不但作为片选线，很多应用中它还作为从芯片的启动信号和停止信号。需要特别指出的是，SPI 既可以半双工通信，也可以全双工通信。

对于大多的 51 单片机而言，没有提供 SPI 接口，通常可使用软件的办法来模拟 SPI 的总线操作，包括串行时钟、数据输入和数据输出。下面给出的是半双工的例子。

【例 10.1】 用 74HC595 扩展并行输出口驱动数码管。

在有些场合，需要较多的引脚并行完成输出操作，此时在 SPI 总线上挂接移位寄存器就可以很方便地实现串并的转换。74HC595 是一典型并被广泛应用的串入并出接口芯片，采取两级锁存，芯片引脚如图 10.3 所示，引脚说明如表 10.1 所列，内部结构如图 10.4 所示。利用 74HC595 进行串入并出静态驱动显示多个数码管是数码管驱动应用的常用方法，电路如图 10.5 所示。该电路，理论上仅需 3 线与单片机连接，却可以扩展无限个静态驱动数码管。

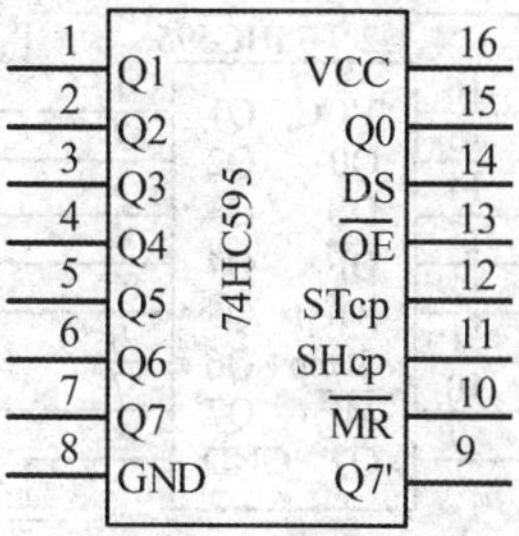

图 10.3 74HC595 引脚

表 10.1 74HC595 引脚说明

引脚名称	引脚编号	功能说明
Q0～Q7	15、1～7	并行数据输出口
GND	8	电源地
Q7′	9	串行数据输出端
$\overline{MR}$	10	一级锁存(移位寄存器)的异步清零端
SHcp	11	移位寄存器时钟输入，上升沿移入 1 位数据
STcp	12	锁存输出时钟，上升沿有效
$\overline{OE}$	13	输出三态使能控制
DS	14	串行数据输入端
VCC	16	供电电源

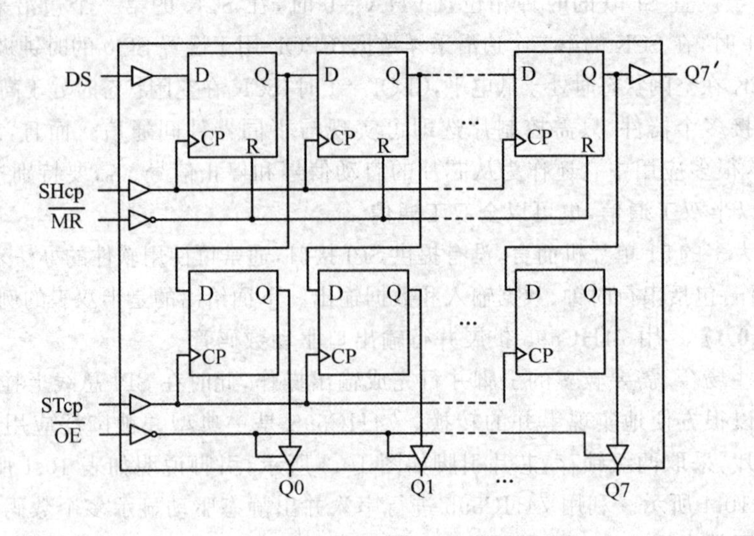

图 10.4　74HC595 内部结构

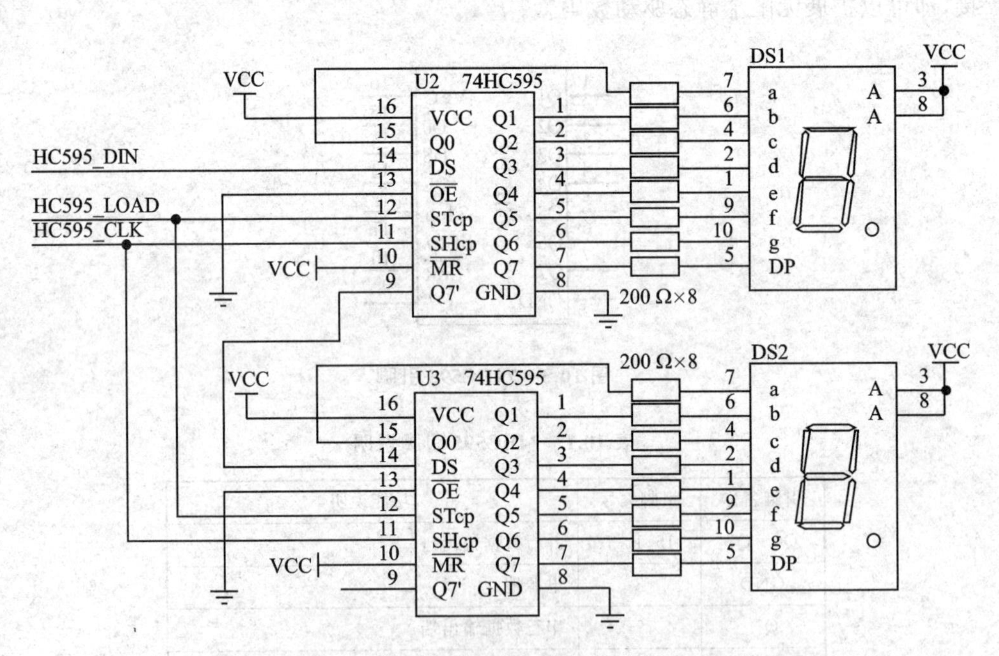

图 10.5　74HC595 一对一驱动多共阳数码管静态显示电路图

参见图 10.2 的第一种时钟时序,时钟上升沿锁入 1 位数据进入 74HC595。P3.0 作为 MOSI 与 74HC595 的 DS 相连,P3.1 作为 CLK 与 74HC595 的 SHcp 相连,P3.0 与 74HC595 的 STcp 相连。两个字节串并转换数据在 30H 和 31H 地址中,在 C 程序的 d[2]数组中,程序如下:

汇编语言程序	C语言程序

<pre>$ include (C8051F000.inc)
  MOSI BIT   P3.0
  CLK   BIT   P3.1
  STCP BIT   P1.3
  ORG   0000H
  LJMP MAIN
  ORG   0030H
SEND8bit: ;通过 A 传递参数
  MOV R6,#8   ;8bit
SPI_L:
  CLR CLK
  RLC A
  MOV MOSI,C
  SETB CLK   ;上升沿锁存
  DJNZ R6,SPI_L
  RET
  ORG 0100H
MAIN:
  ;禁止看门狗定时器
  MOV WDTCN, #0DEH
  MOV WDTCN, #0ADH
  LCALL OSC_INIT
 	
  ;使能交叉开关和所有弱上拉电阻
  MOV XBR2, #40H
 	
  MOV DPTR, #BCDto7SEG
  CLR STCP
  MOV R7,#2   ;两个字节
  MOV R0,#30H ;指向两个字节的首址
LOOP:
  MOV A, @R0
  MOVC A, @A+DPTR
  LCALL SEND8bit
  INC R0
  DJNZ R7, LOOP
  SETB STCP   ;装载输出
  SJMP $
BCDto7SEG:
  DB 0C0H,0f9H,0a4H,0b0H,99H</pre>
	<pre>#include <C8051F020.h>
	
	void WDT_disable(void);
	void OSC_Init(void);
	void delay_ms(unsigned int t);
	
	sbit MOSI = P3^0;
	sbit CLK = P3^1;
	sbit STCP = P1^3;
	
	unsigned char d[2];//待发送数据缓存
	unsigned char code BCDto7[10] =
	{
	  0xc0,0xf9,0xa4,0xb0,0x99,
	  0x92,0x82,0xf8,0x80,0x90
	};//0～9
	void send8bit(unsigned char d8)
	{
	  unsigned char i;
	  for(i = 0; i<8; i++)//8位
	  {
	    CLK = 0;
	    if(d8 & 0x80) //MSB
	    {
	      MOSI = 1;
	    }
	    else MOSI = 0;
	    CLK = 1; //上升沿锁存
	    d8<<= 1;
	  }
	}
	int main(void)
	{
	  unsigned char i;
	
	  //禁止看门狗定时器
	  WDT_disable();
	  OSC_Init();
	  //使能交叉开关和所有弱上拉电阻
	  XBR2 = 0x40;</pre>

```
DB  92H, 82H,0f8H, 80H,90H ;0～9

END
```

```
STCP = 0;
for(i = 0; i<2; i++)      //两个字节
{
   send8bit(BCDto7[d[i]]);
}

STCP = 1;
while(1)
{

}
}
```

然而一个数码管对应一个74HC595,浪费了硬件资源。为克服这一缺点,当有多个数码管时,我们一般采用动态显示方式。

10.1.3 基于UART的方式0扩展并行口

当SCONn(n=0,1)的SM0n和SM1n为00B时,51单片机的串行口工作于方式0的8位半双工同步串口主机模式,是SPI主机应用的特殊形式。在RXn引脚上发送和接收数据,TXn引脚提供发送和接收的移位时钟,如图10.6所示。

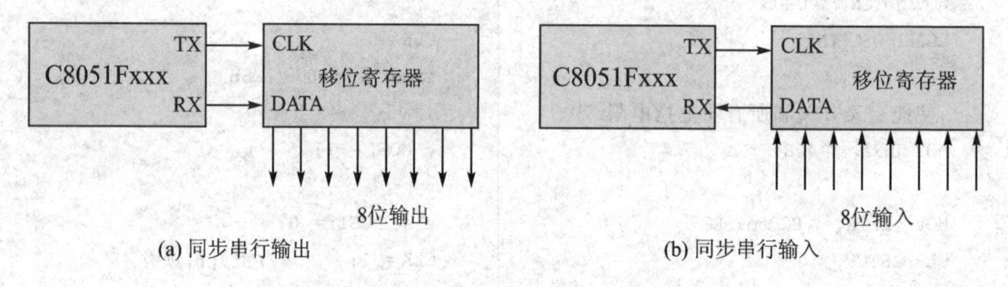

图10.6 UARTn方式0连接

方式0通常用来外接移位寄存器,用作扩展I/O接口。方式0工作时波特率固定为SYSCLK/12。工作时,串行数据通过RXn引脚输入和输出,同步时钟通过TXn引脚输出。发送和接收数据时,低位在前高位在后(LSB方式),长度为8位。实质上,它为半双工SPI主机接口。51单片机的串行口收发于方式0时的收发时序如图10.7所示。

可以看出,无论在哪个数据位上,时钟线都提供了两个边沿。也就是说,无论是上升沿还是下降沿传送数据,都满足位同步条件。

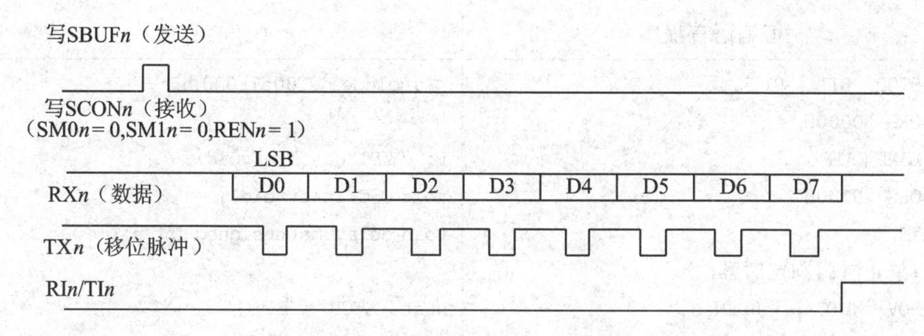

图 10.7　串行口方式 0 的收发时序

1. 发送过程

在 TI*n*＝0 条件下，当 CPU 执行一条向 SBUF*n* 写数据的指令时，如“MOV SBUFn,A”，就启动发送过程。经过一个机器周期，写入发送数据寄存器中的数据按 LSB 方式从 RX*n* 依次发送出去，同步时钟从 TX*n* 送出。8 位数据(一帧)发送完毕后，由硬件使发送中断标志 TI*n* 置位，向 CPU 申请中断。如果还需要再次发送数据，必须用软件将 TI*n* 清零，并再次执行写 SBUF*n* 指令。

2. 接收过程

在 RI*n*＝0 条件下，将 REN*n* 置 1 就启动一次接收过程。串行数据通过 RX*n* 接收，同步移位脉冲通过 TX*n* 输出。在移位脉冲的控制下，RX*n* 上的串行数据在时钟上升沿时刻依次移入移位寄存器。当 8 位数据(一帧)全部移入移位寄存器后，接收控制器发出“装载 SBUF*n*”信号，将 8 位数据并行送入接收数据缓冲器 SBUF*n* 中。同时，由硬件使接收中断标志 RI 置位，向 CPU 申请中断。CPU 响应中断后，从接收数据寄存器中取出数据，然后用软件将 RI*n* 复位，使移位寄存器接收下一帧信息。

如果在应用系统中，串行口未被占用，那么将它用来扩展并行 I/O 口既不占用片外的三总线地址，又可以节省硬件开销，是一种经济、实用的方法。当外接一个串入并出的移位寄存器时，就可以扩展并行输出口；当外接一个并入串出的移位寄存器时，就可以扩展并行输入口。

注意，C8051F020 的 RX*n* 被强制为漏极开路方式，通常需要外接一个上拉电阻。

下面介绍采用串口的方式 0 实现【例 10.1】的扩展双 74HC595 并行输出口的软件设计方法。

当 51 单片机串行口工作在方式 0 的发送状态时，串行数据由 RX0 送出，移位时钟由 TX0 送出。在移位时钟的作用下，串行口发送缓冲器的数据一位一位地从 RX0 移入 74HC595 中。两个字节串并转换数据在 30H 和 31H 地址中，在 C 程序的 d[2] 数组中，程序重新设计如下：

汇编语言程序

```
  STCP  BIT   P1.3
  ORG  0000H
  LJMP MAIN
  ORG  0100H
MAIN:
  ;禁止看门狗定时器
  MOV  WDTCN, #0DEH
  MOV  WDTCN, #0ADH
  LCALL OSC_INIT
  ;TX连到P0.0,RX连到P0.1
  MOV  XBR0, #04H
  ;使能交叉开关和所有弱上拉电阻
  MOV  XBR2, #40H
  MOV  SCON0, #00H  ;方式0
  CLR  STCP
  MOV  R7, #2      ;两个字节
  MOV  R0, #30H  ;指向两个字节首址
LOOP:
  MOV  SBUF0, @R0
  JNB  TI0, $
  CLR  TI0
  INC  R0
  DJNZ R7, LOOP
  SETB STCP  ;装载输出
  SJMP $

  END
```

C语言程序

```
#include <C8051F020.h>

void WDT_disable(void);
void OSC_Init(void);
void delay_ms(unsigned int t);

sbit  STCP = P1^3;
unsigned char d[2];

int main(void)
{
  unsigned char i;
  //禁止看门狗定时器
  WDT_disable();
  OSC_Init();
  //TX0连到P0.0,RX连到P0.10
  XBR0 = 0x04;
  //使能交叉开关和所有弱上拉电阻
  XBR2 = 0x40;

  SCON0 = 0x00;     //方式0
  STCP = 0;
  for(i = 0; i<2; i++)//两个字节
  {
    SBUF0 = d[i];
    while(! TI0);
    TI0 = 0;
  }
  STCP = 1;
  while(1)
  {

  }
}
```

【例10.2】 用74HC165扩展并行输入口。

图10.8是利用两片74HC165扩展两个8位并行输入口的接口电路。

74HC165是8位并行输入串行输出的寄存器。当74HC165的S/$\overline{L}$端由高到低跳变时,并行输入端的数据被置入寄存器;当S/$\overline{L}$=1且时钟禁止端(15引脚)为低电平

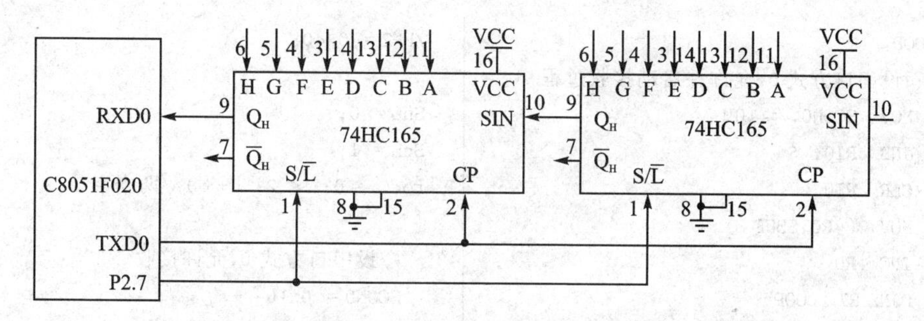

图 10.8　利用 74HC165 扩展并行输入口

时，允许 TXn 移位时钟输入，这时在时钟脉冲的作用下，数据将沿 Q_A 到 Q_B 方向移动。

图 10.8 中，TXD 作为移位脉冲输出与两片 75HC165 的移位脉冲输入端 CP 相连；RXD 作为串行数据输入端与两片 74HC165 的串行输出端 Q_H 相连；P2.7 用来控制 74HC165 的移位与并入，同 $S/\overline{L}$ 相连；74HC165 的时钟禁止端（15 引脚）接地，表示允许时钟输入。当扩展多个 8 位数入口时，相邻两芯片的首尾（Q_H 与 SIN）相连。

串行口方式 0 数据的接收，用 SCONn 寄存器中的 RENn 位来控制，采用查询 RIn 的方式来判断数据是否输入。两个字节串并转换数据读回到 30H 和 31H 地址中，或读回到 C 程序的 d[2]数组中，程序如下：

汇编语言程序

```
$ include  (C8051F000.inc)
  SnL  BIT  P2.7
  ORG  0000H
  LJMP MAIN
  ORG  0100H
MAIN:
  ;禁止看门狗定时器
  MOV WDTCN, ＃0DEH
  MOV WDTCN, ＃0ADH
  LCALL OSC_INIT
  ;TX 连到 P0.0,RX 连到 P0.1
  MOV XBR0, ＃04H
  ;使能交叉开关和所有弱上拉电阻
  MOV XBR2, ＃40H

  MOV  R7, ＃2     ;两个字节
  MOV  R0, ＃30H
  CLR  SnL   ;并行置入数据,S/L = 0
  SETB Sn    ;允许串行移位,S/L = 1
```

C 语言程序

```
＃include <C8051F020.h>

void WDT_disable(void);
void OSC_Init(void);
void delay_ms(unsigned int t);

sbit SnL = P2^7;
unsigned char d[2];

int main(void)
{
  unsigned char i;

  //禁止看门狗定时器
  WDT_disable();
  OSC_Init();
  //TX0 连到 P0.0,RX 连到 P0.10
  XBR0 =  0x04;
  //使能交叉开关和所有弱上拉电阻
```

```
LOOP:
  ;设串口方式 0,允许并启动接收过程
  MOV  SCON0, #10H
  JNB  RI0, $
  CLR  RI0
  MOV  @R0,SBUF
  INC  R0
  DJNZ R7, LOOP
  SJMP $

  END
```

```
XBR2 = 0x40;

SnL = 0;
SnL = 1;
for(i = 0; i<2; i++)//两个字节
{
  //设串口方式 0,允许接收
  SCON0 = 0x10;
  while(! RI0);
  RI0 = 0;
  d[i] = SBUF0;
}
while(1)
{

}
}
```

上面的程序对串行接收过程采用的是查询等待的控制方式,如有必要,也可改用中断方式。从理论上讲,串并转换的 I/O 口数量几乎是无限的,但扩展的 I/O 口数量越多,对其操作速度也就越慢。

10.2 C8051F020 的硬件 SPI 接口

10.2.1 串行外设接口总线(SPI0)

C8051F020 集成一个硬件的 SPI 接口——SPI0。其特点如下:

① 作为 SPI 单主多从总线的器件,SPI0 既可以设置为 SPI 主器件,也可以设定为 SPI 从器件。

② 当 SPI0 被配置为主器件时,主机的位传送速率是可编程的。

③ 传输时钟的极性和相位也是可编程的,与 4 种 SPI 总线时钟相序完全对应。

④ 发送结束可申请中断。

⑤ 一次 SPI 的通信位数可设定。

⑥ 当两个或多个主器件试图同时进行数据传输时,系统提供了冲突检测功能。

SPI0 的结构原理框图如图 10.9 所示。其核心部分是 8 位移位寄存器和数据寄存器(SPI0DAT)。发送时,写入 SPI0DAT 的数据将直接进入 8 位移位寄存器;接收时,8 个位都移位完成后,将数据送入数据寄存器(SPI0DAT),然后再读取数据。

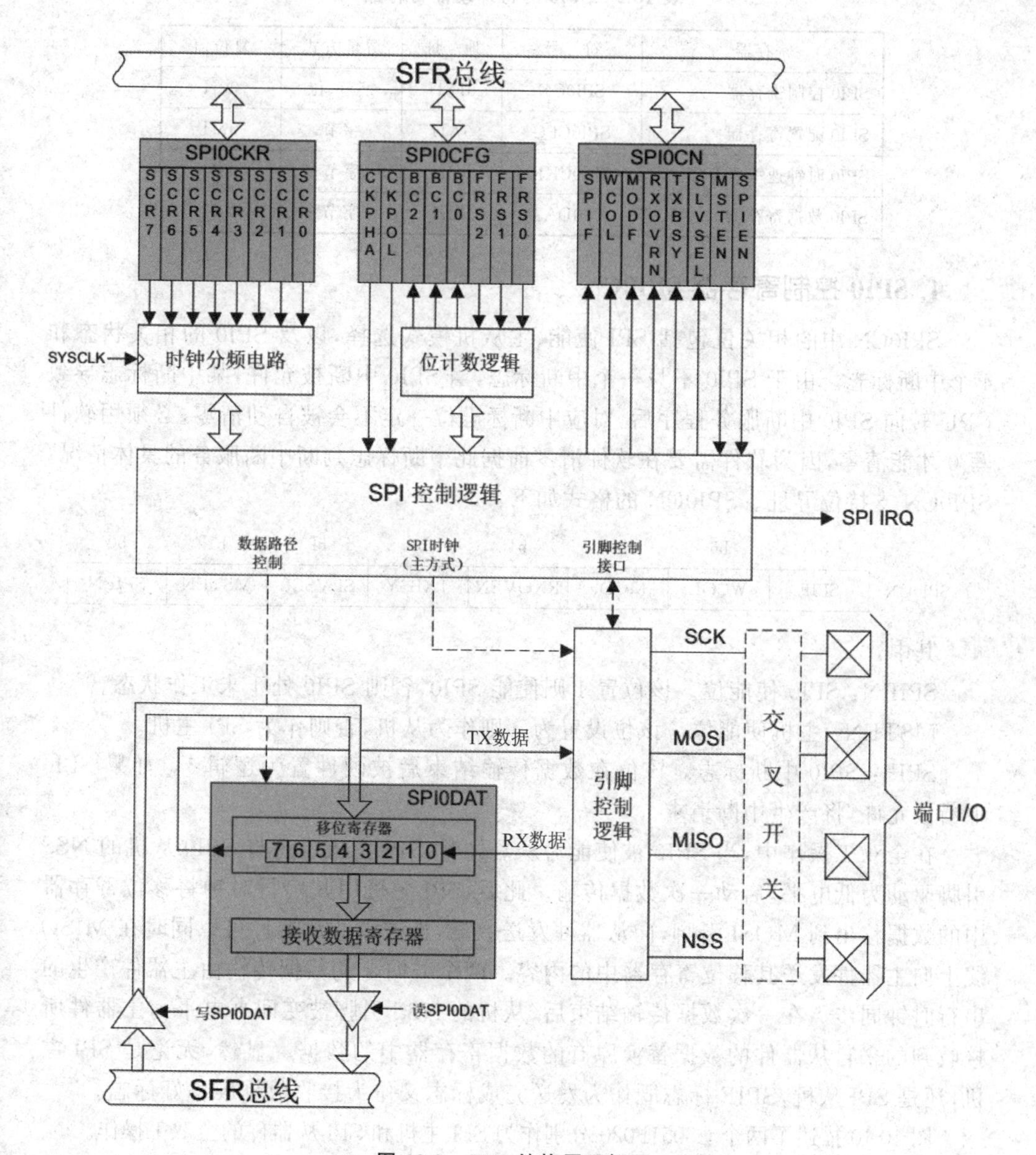

图 10.9 SPI0 结构原理框图

10.2.2 SPI0 的相关 SFR

对 SPI0 的访问和控制是通过 4 个 SFR 实现的，这 4 个 SFR 如表 10.2 所列。

表 10.2 SPI0 的特殊功能寄存器

寄存器	符 号	地 址	寻址方式	复位值
SPI0 控制寄存器	SPI0CN	0F8H	字节、位	00H
SPI0 配置寄存器	SPI0CFG	9AH	字节	07H
SPI0 时钟速率寄存器	SPI0CKR	9DH	字节	00H
SPI0 数据寄存器	SPI0DAT	9BH	字节	00H

1. SPI0 控制寄存器 SPI0CN

SPI0CN 中的相关位包括 SPI 使能、主从机模式选择,以及 SPI0 的相关状态和 4 个中断标志。由于 SPI0 不只一个中断标志,当 SPI0 中断被允许,某中断标志导致 CPU 转向 SPI0 中断服务程序后,对应中断标志位一定不会被自动清零,必须用软件写 0 才能清零,因为软件需要在软件清零前据此中断标志判断中断服务的具体情况。SPI0CN 支持位寻址。SPI0CN 的格式如下:

	b7	b6	b5	b4	b3	b2	b1	b0
SPI0CN	SPIF	WCOL	MODF	RXOVEN	TXBSY	SLVSEL	MSTEN	SPIEN

其中:

SPIEN:SPI0 使能位。该位置 1 则使能 SPI0,否则 SPI0 处于未工作状态。

MSTEN:主机使能位。该位设置为 0 则作为从机,否则作为 SPI 主机。

SPIF:SPI0 中断标志。该位在数据传输结束后被硬件置为逻辑 1。如果 SPI0 中断被允许,将产生中断请求。

在全双工操作中,当 SPI0 被使能为从器件时,SPI 主机通过将 SPI0 从机的 NSS 引脚驱动为低电平,启动一次数据传输。此后,SPI 主机用其串行时钟将移位寄存器中的数据移出到 MOSI 引脚,向从器件发送数据,被选中的从器件可以同时在 MISO 线上向主器件发送其移位寄存器中的内容。两个方向上的数据传输由主器件产生的串行时钟同步。在一次数据传输结束后(从机的 NSS 引脚被变回高电平),主器件所接收到的来自从器件的数据替换原有的数据寄存器中的数据。显然,无论是 SPI 主机,还是 SPI 从机,SPIF 标志既作为发送完成标志又作为接收数据准备好标志。

图 10.10 描述了两个 C8051F020 分别作为 SPI 主机和 SPI 从器件的全双工操作。

从器件可以通过写 SPI0 数据寄存器来为下一次数据传输装载它的移位寄存器。从器件必须在主器件开始下一次数据传输之前,至少一个 SPI 串行时钟周期,写数据寄存器。否则,已经位于从器件移位寄存器中的数据字节将被发送。注意,NSS 信号必须在每次字节传输的第一个 SCK 有效沿之前,至少两个系统时钟,被驱动到低电平。

对于多字节传输,在 SPI0 从器件每接收一个字节后,NSS 必须被释放为高电平至少 4 个系统时钟。

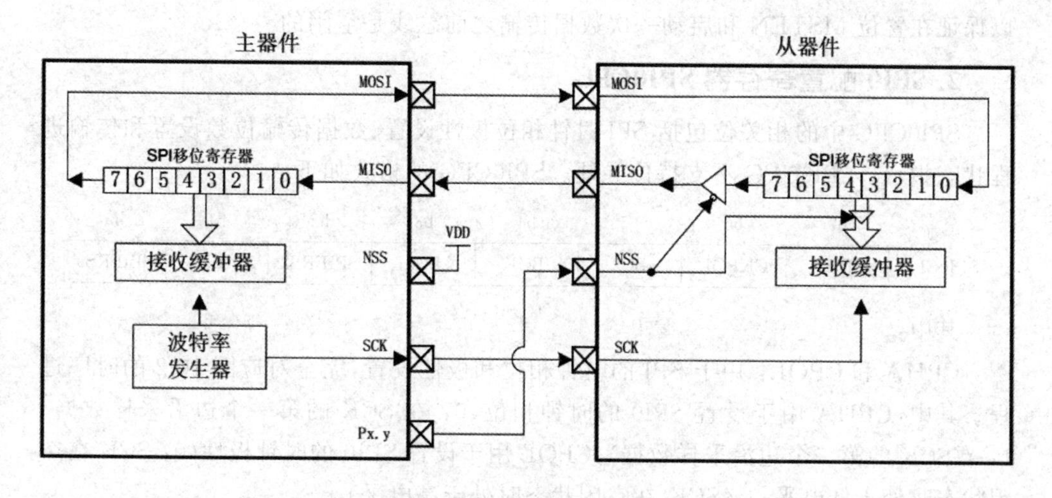

图 10.10　全双工 SPI 操作

MODF：方式错误中断标志。多个主器件可以共存于同一总线。当 SPI0 被配置为主器件(MSTEN＝1)，而其从选择信号 NSS 被拉为低电平时，MODF 被置 1 申请中断，且 MSTEN 和 SPIEN 位被硬件清除，将 SPI0 置于“离线”状态。NSS 信号总是作为 SPI0 的输入。当 SPI0 工作于从方式时，NSS 被拉为低电平，以启动一次数据传输；在 NSS 变为高电平之前，接收的数据不会被锁存到接收缓冲器；当 NSS 被释放为高电平时，SPI0 将退出从方式。当 SPI0 工作在主方式时，SPI0 用它来强制进入 SPI 从机模式，并关闭 SPI0 使能状态。

WCOL：写冲突中断标志。如果在一次数据传输期间，试图写 SPI0DAT，则 WCOL 将被置位，写操作被忽略，而当前的数据传输不受影响。如果 SPI0 中断被允许，该位置 1 将产生中断请求。

RXOVRN：接收溢出中断标志。写数据寄存器是单缓存的，而读数据寄存器是双缓冲的。CPU 读 SPI0 数据寄存器时，实际上是读接收缓冲器。显然，如果 SPI0 从器件检测到一个 NSS 上升沿，而接收缓冲器中仍保存着前一次传输未被读取的数据，则发生接收溢出，RXOVRN 标志被设置为逻辑 1。新数据不被传送到接收缓冲器，保持前面接收的数据未读取状态，引起溢出的数据字节丢失。如果 SPI0 中断被允许，该位置 1 将产生中断请求。

TXBSY：传输忙状态标志。当作为 SPI 主机并处于传输中时，该位被硬件置 1，表征处于忙状态。在传输结束后该位由硬件自动清零。

SLVSEL：SPI 从机的被选择状态标志。该位在 NSS 引脚为低电平时被置 1，说明它被选中并处于从机工作状态。它在 NSS 变为高电平时清零(作为从机处于休眠的被禁止工作状态)。

SPI0 支持多 SPI 主机，此时图 10.10 的主机 NSS 不是接到 VCC，而是接到其他主机用于从机选择的引脚。这样，该 SPI 主机的 CPU 应检查 SLVSEL 标志的状态，以保证在置位 MSTEN 和启动一次数据传输之前总线是空闲的。

2. SPI0 配置寄存器 SPI0CFG

SPI0CFG 中的相关位包括 SPI 时钟相位极性设置、数据传输位数设置和传输进程状态指示。SPI0CFG 不支持位寻址。SPI0CFG 的格式如下：

	b7	b6	b5	b4	b3	b2	b1	b0
SPI0CFG	CPHA	CKPOL	BC2	BC1	BC0	SPIFRS2	SPIFRS1	SPIFRS0

其中：

CPHA 和 CPOL：用于 SPI 的时钟相位和极性设置，完全对应图 10.2 的时序过程。其中，CPHA 用于设置 SPI0 的时钟相位(0：在 SCK 的第一个边沿采样数据；1：在SCK 的第二个边沿采样数据)，CPOL 用于设置 SPI0 的时钟极性(0：SCK 在空闲状态时处于低电平；1：SCK 在空闲状态时处于高电平)。

SPIFRS2～SPIFRS0：SPI0 帧长度。这 3 位用于设置在主机模式时，数据传输期间 SPI0 移位寄存器移入或移出的位数。该位段设置为 0～7，对应 SPI0 通信的位数为 1～8。该位段在从方式时被忽略。

BC2～BC0：SPI0 位计数器，指示 SPI 主机发送到了本帧数据的哪一位。无论是 LSB 还是 MSB 传送，该位段为 $n(n=0\sim7)$ 都表征已经传送完第 n 位。

3. SPI0 时钟速率寄存器 SPI0CKR

SPI0CKR 用于设置 SPI0 作为 SPI 主机模式时的时钟速率。

当 SPI0 工作于 SPI 从机模式时，该寄存器被忽略。

当 SPI0 工作于 SPI 主机模式时，SCK 的时钟频率是从系统时钟分频得到的，由下式给出：

$$f_{\text{SCK}}=\frac{\text{SYSCLK}}{2\times(\text{SPI0CKR}+1)},\quad 0\leqslant \text{SPI0CKR}\leqslant 255$$

式中：SYSCLK 是系统时钟频率，SPI0CKR 是 SPI0CKR 寄存器中的 8 位值。

例如，如果 SYSCLK＝22.1184 MHz，SPI0CKR＝47，则 $f_{\text{SCK}}=230.4$ kHz。

$$f_{\text{SCK}}=\frac{221\,184\ \text{MHz}}{2\times(47+1)}=0.230\,4\ \text{MHz}$$

需要注意的是，SPI0 作为主机时，其最大数据传输速率(b/s)可设置为系统时钟频率的二分之一。但是，当 SPI0 被配置为从器件时，全双工传输的时钟速率必须小于从机系统时钟频率的十分之一；在主器件只想发送数据到从器件，而不需要接收从器件发出的数据(即半双工操作)这一特殊情况下，SPI0 从器件接收数据时的最大数据传输速率是其系统时钟频率的四分之一。

4. SPI0 数据寄存器 SPI0DAT

SPI0 的数据寄存器为 SPI0DAT，用于发送和接收 SPI0 数据。在主机方式下，向 SPI0DAT 写入数据时，数据立即进入移位寄存器并启动发送。读 SPI0DAT 返回接收缓冲器的内容。

10.2.3 SPI0 作为主机的应用举例

只有 SPI0 主器件才能启动数据传输。当 SPI0 处于主机方式时，向 SPI0 的数据寄存器(SPI0DAT)写入一个字节将启动一次数据传输。SPI0 主器件立即在 MOSI 线上串行移出数据，同时在 SCK 上提供串行时钟。在传输结束后，SPIF 标志被置为逻辑 1。

如果中断被允许，在 SPIF 标志置位时，将产生一个中断请求。SPI 主器件可以被配置为在一次传输操作中移入/移出 1～8 位数据，以适应具有不同字长度的从器件。SPI0 配置寄存器中的 SPIFRS 位段(SPI0CFG[2:0])用于选择一次传输操作中移入/移出的位数。

使用 SPI0 之前，要通过交叉开关配置 SPI0 的引脚。这需要将交叉开关寄存器(XBR0)中的 SPI0EN(XBR0.1)置 1，以配置确定的 I/O 引脚连到 SCK、MOSI、MISO 及 NSS 实现，同时，还要交叉开关寄存器(XBR2)中，XBARE(XBR2.6)置 1，以允许交叉开关，如图 10.11 所示。至于，SCK、MOSI、MISO 及 NSS 到底连到哪一个端口 I/O 引脚，取决于整个系统中，到底使用了哪些数字外设以及所使用的数字外设的优先级。如果整个系统中，仅使用串行外设接口(SPI0)，则 SCK、MOSI、MISO 及 NSS 将分别连接到 P0.0、P0.1、P0.2 及 P0.3。

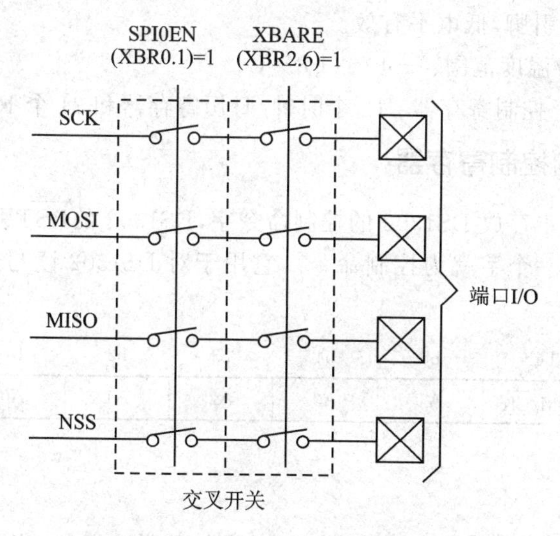

图 10.11　SPI0 交叉开关配置示意

下面以基于 SPI 总线 DS302 日历时钟芯片应用为例讲述 SPI0 作为主机的用法。

DS1302 是 DALLAS 公司推出的涓流充电时钟芯片，内含有一个实时时钟/日历逻辑，通过简单的串行接口与单片机进行通信，实时时钟/日历电路提供秒、分、时、日、日期、月、年的信息，每月的天数和闰年的天数可自动调整，广泛应用于电话传真、便携式仪器及电池供电的仪器仪表等产品领域中，是被广泛应用的 RTC 芯片。DS1302 的主要性能指标如下：

① DS1302 实时时钟具有能计算 2100 年之前的秒、分、时、日、月、星期、年的能力，还有闰年调整的能力。但是，没有修改年、月、日自动调整星期的能力。

② 内部含有 31 个字节静态 RAM，可提供用户访问。

③ 时钟或 RAM 数据的读/写有两种传送方式：单字节传送方式和多字节传送方式。

④ 采用 8 引脚 DIP 封装或 SOIC 封装。DS1302 的引脚如图 10.12 所示。

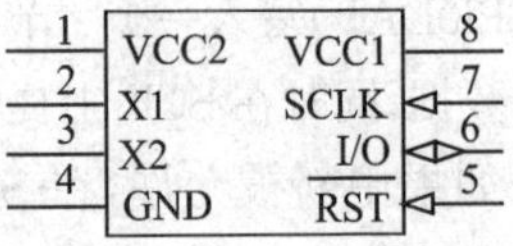

图 10.12　DS1302 引脚图

⑤ X1、X2：32.768 kHz 晶振接入引脚。

⑥ 采用主电源和备份电源双电源供应。

⑦ 工作电压(VCC2)范围宽：(2.0～5.5 V)。

⑧ 工作电流：电压 2.0 V 时，工作电流小于 300 nA。

⑨ 与 TTL 兼容，VCC 端电压为 5 V。

⑩ 备份电源(VCC1)可由电池或大容量电容实现。另外，还具有涓流充电能力。

⑪ 采用类 SPI 串行数据传送方式，使得引脚数量最少，简单 3 线接口。

- I/O：数据输入/输出引脚，具有三态功能。
- SCLK：串行时钟输入引脚。
- $\overline{\text{RST}}$：复位引脚，低电平有效。

⑫ 可选工业级温度范围：－40～＋85 ℃。

DS1302 有一个控制寄存器、12 个时钟/日历寄存器和 31 个 RAM。

1. DS1302 的控制寄存器

控制寄存器用于存放 DS1302 的控制命令字，DS1302 的$\overline{\text{RST}}$引脚复位完成回到高电平后写入的第一个字就为控制命令。它用于对 DS1302 读写过程进行控制，它的格式如下：

b7	b6	b5	b4	b3	b2	b1	b0
1	RAM/$\overline{\text{CK}}$	A4	A3	A2	A1	A0	RD/$\overline{\text{W}}$

其中：

b7：固定为 1。

b6：RAM/$\overline{\text{CK}}$位，片内 RAM 或日历/时钟寄存器选择位，当 RAM/$\overline{\text{CK}}$＝1 时，对片内 RAM 进行读/写；当 RAM/$\overline{\text{CK}}$＝0 时，对日历/时钟寄存器进行读/写。

b5～b1：地址位，用于选择进行读/写的日历/时钟寄存器或片内 RAM。对日历/时钟寄存器或片内 RAM 的选择见表 10.3。

表 10.3　DS1302 日历/时钟寄存器的选择

寄存器名称	b7	b6	b5	b4	b3	b2	b1	b0
	1	RAM/$\overline{CK}$	A4	A3	A2	A1	A0	RD/$\overline{W}$
秒寄存器	1	0	0	0	0	0	0	0 或 1
分寄存器	1	0	0	0	0	0	1	0 或 1
小时寄存器	1	0	0	0	0	1	0	0 或 1
日寄存器	1	0	0	0	0	1	1	0 或 1
月寄存器	1	0	0	0	1	0	0	0 或 1
星期寄存器	1	0	0	0	1	0	1	0 或 1
年寄存器	1	0	0	0	1	1	0	0 或 1
写保护寄存器	1	0	0	0	1	1	1	0 或 1
慢充电寄存器	1	0	0	1	0	0	0	0 或 1
日历/时钟连续传输模式	1	0	1	1	1	1	1	0 或 1
RAM0	1	1	0	0	0	0	0	0 或 1
⋮	1	1	⋮	⋮	⋮	⋮	⋮	0 或 1
RAM30	1	1	1	1	1	1	0	0 或 1
RAM 连续传输模式	1	1	1	1	1	1	1	0 或 1

b0：读/写位。当 RD/$\overline{W}$=1 时，对日历/时钟寄存器或片内 RAM 进行读操作；当 RD/$\overline{W}$=0 时，对日历/时钟寄存器或片内 RAM 进行写操作。

2. DS1302 的日历/时钟寄存器

DS1302 共有 12 个寄存器，其中有 7 个与日历/时钟相关，存放的数据为 BCD 码形式。DS1302 的日历/时钟寄存器的格式见表 10.4。

表 10.4　DS1302 日历/时钟寄存器的格式

寄存器名称	取值范围	b7	b6	b5	b4	b3	b2	b1	b0
秒寄存器	00～59	CH	秒的十位			秒的个位			
分寄存器	00～59	0	分的十位			分的个位			
小时寄存器	01～12 或 00～23	12/24	0	A/P	HR	小时的个位			
日寄存器	01～31	0	0	日的十位		日的个位			
月寄存器	01～12	0	0	0	1 或 0	月的个位			
星期寄存器	01～07	0	0	0	0	星期几			
年寄存器	01～99	年的十位				年的个位			
写保护寄存器		WP	0	0	0	0	0	0	0
慢充电寄存器		TCS	TCS	TCS	TCS	DS	DS	RS	RS

表10.4说明如下：

① 数据都以BCD码形式表示。

② 小时寄存器的b7位为12小时制/24小时制的选择位：该位为1时选12小时制，为0时选24小时制。12小时制时，b5位为1是上午，b5位为0是下午，b4位为小时的十位。24小时制时，b5、b4位为小时的十位。

③ 秒寄存器中的CH为时钟暂停位：初始上电时该位置为1，时钟振荡器停止；设置为0时，时钟振荡器开始启动。基于此，可以判断是否为初次上电，初次上电要初始化各个日历/时钟寄存器的值，否则，日历/时钟寄存器中的值为乱码。

④ 写保护寄存器中的WP为写保护位：当WP=1时，写保护；当WP=0时，未写保护。当对日历/时钟寄存器或片内RAM进行写时，WP应清零；当对日历/时钟寄存器或片内RAM进行读时，WP一般置1。

⑤ 慢充电寄存器中的TCS为控制慢充电的选择位。当它为1010时才能使慢充电工作。DS为二极管选择位。DS为01选择一个二极管，DS为10选择两个二极管，DS为11或00充电器被禁止，与TCS无关。RS用于选择连接在VCC2与VCC1之间的电阻，RS为00，充电器被禁止，与TCS无关，电阻选择情况见表10.5。

表10.5 RS对电阻的选择情况

RS位	电阻器	阻值/kΩ
00	无	无
01	R1	2
10	R2	4
11	R3	8

3. DS1302的片内RAM

DS1302片内有31个RAM单元，对片内RAM的操作有两种方式：单字节方式和多字节方式。当控制命令字为C0H～FDH时，为单字节读/写方式，命令字中的D5～D1用于选择对应的RAM单元，其中奇数为读操作，偶数为写操作。当控制命令字为FEH、FFH时，为多字节操作(表10.3中的RAM操作模式)，多字节操作可一次把所有的RAM单元内容进行读/写。FEH为写操作，FFH为读操作。

4. DS1302的输入/输出过程

DS1302通过$\overline{RST}$引脚驱动输入/输出过程，当$\overline{RST}$置高电平启动输入/输出过程。在SCLK时钟的控制下(第1种SPI时钟相位，即上升沿写入，下降沿更新数据)，首先把控制命令字写入DS1302的控制寄存器，其次根据写入的控制命令字，依次读/写内部寄存器或片内RAM单元的数据，对于日历/时钟寄存器，根据控制命令字，一次可以读/写一个日历/时钟寄存器；通过日历/时钟连续传输模式，也可以一次读/写8个字节(7个日历/时钟寄存器，加上写保护寄存器)，写的控制命令字为

0BEH,读的控制命令字为 0BFH;对于片内 RAM 单元,根据控制命令字,一次可读/写 1000 字节,也可读/写 31 字节。当数据读/写完后,$\overline{RST}$变为低电平,结束输入/输出过程。无论是命令字还是数据,一个字节传送时都是低位在前,高位在后,每一位的读/写发生在时钟的上升沿,按 LSB 方式传送数据。

DS1302 采用 SPI 同步串行外设总线方式传送数据,且 DS1302 将 MOSI 线和 MISO 线简化合并为一条线 I/O,采用半双工方式与 SPI 主机通信。DS1302 与 C8051F020 的 SPI0 连接电路原理图如图 10.13 所示。C8051F020 作为 SPI 主机,将 P0.7 连接 DS1302 的复位线$\overline{RST}$,P0.0 连接时钟 SCK,P0.1 作为 MISO,P0.2 作为 MOSI,连接到 DS1302 的 I/O。

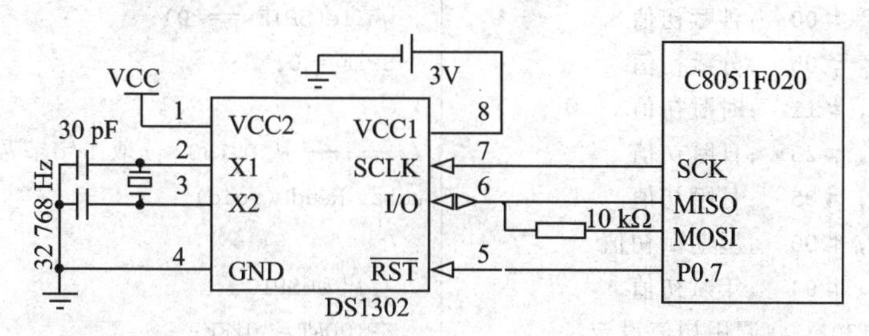

图 10.13　DS1302 与 C8051F020 单片机的 SPIO 连接电路图

图 10.13 中,在单电源与电池供电的系统中,VCC1 提供低电源并提供低功率的备用电源。双电源系统中,VCC2 提供主电源,VCC1 提供备用电源,以便在没有主电源时能保存时间信息以及数据。DS1302 由 VCC1 和 VCC2 两者中电压较大的供电。DSl302 的驱动程序如下:

汇编语言程序

```
$ include (C8051F000.inc)
  T_RST   BIT  P0.7
  ORG   0000H
  LJMP  MAIN
  ORG   0100H
MAIN:
  ;禁止看门狗定时器
  MOV  WDTCN, #0DEH
  MOV  WDTCN, #0ADH
  LCALL OSC_INIT

  CLR  T_RST
  MOV  XBR0, #02H
  MOV  P0MDOUT,#0DH
  ;使能交叉开关和所有弱上拉电阻
```

C 语言程序

```
#include <C8051F020.h>
#include <intrins.h>

void WDT_disable(void);
void OSC_Init(void);
void delay_ms(unsigned int t);

#define uchar unsigned char
#define uint   unsigned int

sbit  T_RST = P0^7;
//-------------------------------
#define DS1302_SECOND   0x80
#define DS1302_MINUTE   0x82
#define DS1302_HOUR     0x84
```

```
  MOV  XBR2,#40H
  ;230.4 kHz
  MOV  SPI0CKR,#47
  ;第一类时钟相位和极性,8 bit 数据
  MOV  SPI0CFG,#07H
  ;SPI0 使能并作为主机
  MOV  SPI0CN,#03H

  ;40H~46H 存放:秒、分、时、日、月、星期、年
  MOV  40H,#00  ;秒赋初值
  MOV  41H,#05  ;分赋初值
  MOV  42H,#11  ;时赋初值
  MOV  43H,#23  ;日赋初值
  MOV  44H,#05  ;月赋初值
  MOV  45H,#00  ;星期赋初值
  MOV  46H,#04  ;年赋初值
  LCALL SET1302  ;调用初值设定
LOOP:

  LJMP LOOP

;功能:将 A 中内容写入 DS1302 一字节
WriteB:
  MOV  SPI0DAT,A ;启动 SPI0 发送
  JNB  SPIF,$
  CLR  SPIF
  RET

;功能:读 DS1302 一个字节到 A 中
ReadB:
  MOV  SPI0DAT,#0FFH;启动 SPI0
  JNB  SPIF,$
  MOV  A,SPI0DAT
  CLR  SPIF
  RET

;************************************
;SET1302 子程序名
;功能:设置 DS1302 初始时间,并启动计时
```

```
#define DS1302_WEEK   0x8a
#define DS1302_DAY    0x86
#define DS1302_MONTH  0x88
#define DS1302_YEAR   0x8c
#define DS1302_WP     0x8e
//------往 DS1302 写入 1 字节数据-----
void WriteB(uchar ucDa)
{
  //启动 SPI0 发送
  SPI0DAT = ucDa;
  while(SPIF == 0);
  SPIF = 0;
}
//------从 DS1302 读取 1 字节数据-----
uchar ReadB(void)
{
  //启动 SPI0
  SPI0DAT = 0xFF;
  while(SPIF == 0);
  SPIF = 0;

  return SPI0DAT;
}
//-------------------------------
void v_W1302(uchar ucAddr,
uchar ucDa)
//向 DS1302 某地址写入命令/数据
{
  T_RST = 0;
  _nop_();_nop_();
  _nop_();_nop_();
  T_RST = 1;
  WriteB(ucAddr);//地址,命令
  WriteB(ucDa);  //写 1 字节数据
  _nop_();_nop_();_nop_();_nop_();
  T_RST = 0;
}
//读取 DS1302 某地址的数据,可直接用于
//读取 DS1302 当前某一时间寄存器
uchar uc_R1302(uchar ucAddr)
{
```

```
;调用:WRITE 子程序
;入口参数:初始时间:秒、分、时、日、月、
;星期、年在 40H～46H 单元
;影响资源:A   R0   R1   R6
;******************************
SET1302:
  CLR  T_RST
  NOP
  NOP
  NOP
  NOP
  SETB T_RST
  MOV  A, #8EH  ;写保护寄存器
  LCALL WriteB
  MOV  A, #00H  ;写操作前清写保护位
  LCALL WriteB
  NOP
  NOP
  NOP
  NOP
  CLR  T_RST
  MOV  R0, #40H ;指向时间缓存
  MOV  R6, #7   ;共 7 个字节
  MOV  R1, #80H ;写秒寄存器命令
SL:CLR  T_RST
  NOP
  NOP
  NOP
  NOP
  SETB T_RST
  MOV  A, R1    ;写入写秒命令
  LCALL  WriteB
  MOV  A, @R0   ;写秒数据
  LCALL WriteB
  INC  R0
  INC  R1
  INC  R1
  CLR  T_RST
  DJNZ R6, SL  ;未写完,继续写下一个
  CLR  T_RST
  NOP
```

```
  uchar ucDa;
  T_RST = 0;
  _nop_();_nop_();
  _nop_();_nop_();
  T_RST = 1;
  WriteB(ucAddr); //写地址
  //读 1 字节命令/数据
  ucDa = ReadB();
  _nop_();_nop_();
  _nop_();_nop_();
  T_RST = 0;
  return (ucDa);
}
//------------------------------
void Set1302_time(
  uchar time_addr, uchar time)
//设置秒、分、时、日、月、星期、年
{
  //WP = 0,写操作
  v_W1302(DS1302_WP, 0x00);
  //修改某时间寄存器
  v_W1302(time_addr, time);
  //WP = 1,写保护
  v_W1302(DS1302_WP,0x80);
}
//------------------------------
void SET1302 (uchar * pSecDa)
//往 DS1302 写入时钟数据(多字节方式)
//输入:pSecDa 指向时钟数组首地址
{
  uchar i;
  //WP = 0,写操作
  v_W1302(DS1302_WP, 0x00);
  T_RST = 0;
  _nop_();_nop_();
  _nop_();_nop_();
  T_RST = 1;
  //时钟多字节写命令
  WriteB(0xbe);
  for (i = 0;i<7;i++)
  {   //写 1 字节数据
```

```
    NOP
    NOP
    NOP
    SETB T_RST

    MOV  A, #8EH ;写保护寄存器
    LCALL WriteB
    MOV  A, #80H ;写完后打开写保护
    LCALL WriteB
    NOP
    NOP
    NOP
    NOP
    CLR  T_RST   ;结束写入过程
    RET

;*********************************
;GET1302 子程序名
;功能:从 DS1302 读时间
;调用:WRITE 写子程序 ,READ 读子程序
;入口参数:无
;出口参数:秒、分、时、日、月、星期、年
;          保存在 40H~46H 单元
;影响资源:A  R0  R1  R6
;*********************************
GET1302:
    MOV  R0, #40H
    MOV  R6, #7
    MOV  R1, #81H ;读秒寄存器命令
GL:CLR  T_RST
    NOP
    NOP
    NOP
    NOP
    SETB T_RST
    MOV  A, R1      ;写入读秒寄存器命令
    LCALL WriteB
    LCALL ReadB
    MOV  @R0 , A   ;存入读出数据
    INC  R0
    INC  R1
```

```
    WriteB( * pSecDa);
    pSecDa ++ ;
  }
  //WP = 1,写保护
  v_W1302(DS1302_WP,0x80);
  _nop_();_nop_();
  _nop_();_nop_();
  T_RST = 0;
}
//------------------------------
void GET1302 (uchar * pSecDa)
//读取 DS1302 时钟数据(时钟多字节方式)
//输入:pSecDa 指向时钟数组首地址
{
  uchar  i;
  T_RST = 0;
  T_CLK = 0;
  T_RST = 1;
  //时钟多字节读命令
  WriteB(0xbf);
  for (i = 0; i<7; i ++ )
  {   //读 1 字节数据
    * pSecDa = ReadB();
    pSecDa ++ ;
  }
  T_CLK = 1;
  T_RST = 0;
}
//------------------------------
void Initial_DS1302(void)
{
  unsigned char S;
  S = uc_R1302(0x80|0x01);
  if(S & 0x80)
  {
    Set1302_time(0x80,0);
  }
}
//------------------------------
int main(void)
{
```

```
    INC  R1
    CLR  T_RST
    DJNZ R6, GL    ;未读完，读下一个
    RET

    END
```

```
    //禁止看门狗定时器
    WDT_disable();
    OSC_Init();

    T_RST = 0;
    XBR0 = 0x02;
    P0MDOUT = 0x0D;
    //使能交叉开关和所有弱上拉电阻
    XBR2 = 0x40;

    //230.4 kHz
    SPI0CKR = 47;
    //第一类时钟相位和极性,8 位数据
    SPI0CFG = 0x07;
    //SPI0 使能并作为主机
    SPI0CN = 0x03;

    Initial_DS1302();
    while(1)
    {
      ;
    }
}
```

10.2.4 C8051F020 的 SPI0 作为 SPI 从机驱动 8 个数码管

下面是一个 SPI 从机实例,实现基于 C8051F020 和 SPI 接口的专用数码管驱动芯片,电路如图 10.14 所示。

该从机 SPI 软件具有典型性,编程思想如下:

① 动态扫描驱动 8 个共阳极数码管,因此芯片内部软件需要有 8 字节的显示缓存。

② SPI0 每次通信 1 字节,采用译码显示。b7 为小数点位;b6～b4 为地址,即显示内容送到哪个数码管;b3～b0 为待显示内容的 BCD 码,若低 4 位为 A～F 则表示该数码管不显示。自定义 SPI 接口器件协议如表 10.6 所列。

表 10.6 自定义 SPI 接口器件协议

位 段	b7	b6～b4	b3～b0
接口定义	小数点	地址	BCD 码

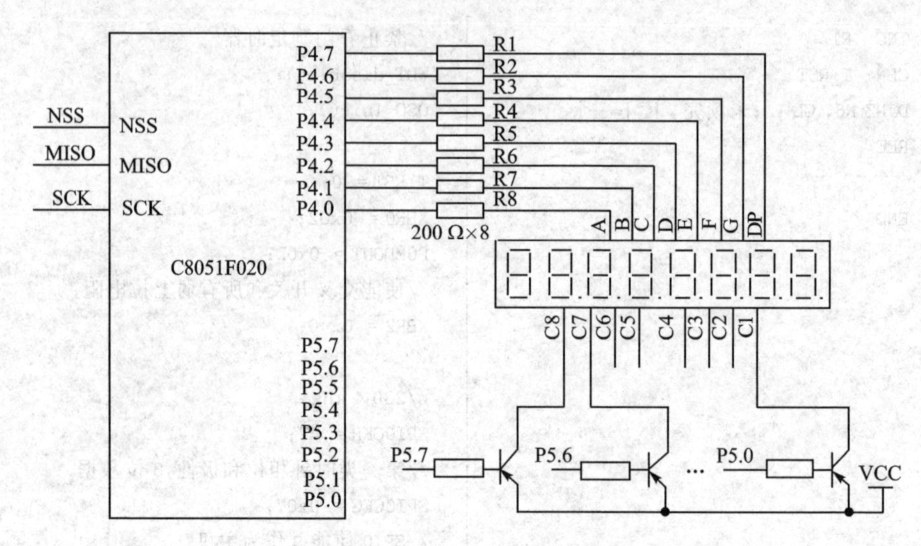

图 10.14　基于 C8051F020 和 SPI 接口的专用数码管驱动芯片电路图

程序如下：

```
#include <C8051F020.h>
#include <intrins.h>

void WDT_disable(void);
void OSC_Init(void);
void delay_ms(unsigned int t);

#define uchar unsigned char
#define uint  unsigned int

unsigned char Reg_disDate[8];
//定义数码管扫描指针
unsigned char Dis_Dir;
code unsigned char BCDto7SEG[10] =
{
    0xC0,0xF9,0xA4,0xB0,0x99,
    0x92,0x82,0xF8,0xF0,0x90
};
//----SPI 从机初始化 -----------
void SPI_SlaveInit(void)
{
    //第一类时钟相位和极性,8 位数据
    SPI0CFG = 0x07;
    //SPI0 使能并作为从机
    SPI0CN = 0x01;
    EIE1 = 0x01;  //使能 SPI0 中断
```

```
    EA = 1;        //使能总中断
}
//----------------------------------------
int main(void)
{
    WDT_disable();//禁止看门狗定时器
    OSC_Init();

    XBR0 = 0x02;
    P0MDOUT = 0x0D;
    //使能交叉开关和所有弱上拉电阻
    XBR2 = 0x40;

    SPI_SlaveInit();
    while(1)
    {
        if( ++ Dis_Dir > 7)
        {
            Dis_Dir = 0;
        }
        //给出段选
        P4 = Reg_disDate[Dis_Dir];
        //给出位选点亮数码管
        P5 = ~(1 << Dis_Dir);
        delay_ms(1);   //亮一会儿
        P5 = 0xff;     //灭
    }
}
//----------------------------------------
void SPI0_ISR(void) interrupt 6
{
    unsigned char addr, d8, tmp;
    tmp = SPI0DAT;
    SPIF = 0;
    addr = (tmp & 0x70) >> 4;
    d8 = tmp & 0x0f;
    if(d8 > 0x09)
    {  //不显示
        Reg_disDate[addr] = 0x00;
    }
    else
    {   //小数点 + 译码数据
        Reg_disDate[addr] =
        (tmp & 0x80) ^ BCDto7SEG[d8];
    }
}
```

10.3 I^2C 和 SMBus 总线扩展技术

10.3.1 概 述

系统管理总线(SMBus)是一种二线的双向同步串行总线。它首先由 Intel 公司开发,C8051F020 中的 SMBus0 完全符合 SMBus 规范 1.1 版,与 I^2C 串行总线兼容。I^2C 总线是 PHILIPS 公司推出的一种高性能芯片间串行传输总线。

在一般情况下,I^2C 与 SMBus 没有太大的差别,从实际接线上看也几乎无差异,甚至两者直接相连多半也能相安无误地正确互通并运作。一般只关注通信速率的差别即可,I^2C 总线的数据传输位速率最低频率可至 0 Hz,在标准模式下最高可至 100 kb/s,快速模式下可达 400 kb/s,高速模式下可达 3.4 Mb/s。而 SMBus 要求通信速率下限为 10 kb/s,最快不快于 100 kb/s。很明显的,I^2C 与 SMBus 的交集速率范围是 10~100 kb/s。

与 SPI 接口不同,I^2C 和 SMBus 都仅以两根连线实现了完善的多主多从的半双工同步数据传送,可以极方便地构成多机系统和外围器件扩展系统。I^2C 与 SMBus 总线采用了器件地址的硬件设置方法,通过软件寻址完全避免了器件的片选线寻址的弊端,从而使硬件系统具有更简单、更灵活的扩展方法。

单片机应用系统中,现在带有 I^2C 或 SMBus 总线接口的器件使用越来越多,采用 I^2C 或 SMBus 总线接口的器件连接线和占用引脚数目少,与单片机连接简单,结构紧凑,在总线上增加器件不影响系统的正常工作,系统修改和可扩展性好,即使工作时钟不同的器件也可直接连接到总线上,使用起来很方便。

I^2C 和 SMBus 总线的主要特点有:

① I^2C 和 SMBus 总线进行数据传输时都只需两根信号线,一根是双向的数据线 SDA,另一根是时钟线 SCL。所有连接到总线上的设备,其串行数据都接到总线的 SDA 线上,而各设备的时钟均接到总线的 SCL 线上。这在设计中大大减少了硬件接口所使用的引脚数量。I^2C 和 SMBus 为双向半双工同步串行总线,因此 I^2C 和 SMBus 总线接口内部为双向传输电路。

② I^2C 和 SMBus 时钟线上时钟总是主机给出的。传送数据时,每个主机产生自己的时钟,主机产生的时钟仅在慢速的从机拉宽低电平时加以改变,或在竞争中失败而改变。同步时钟允许器件以不同的速率进行通信。

③ I^2C 和 SMBus 总线都是多主机总线,即总线上可以有一个或多个主机,总线运行由主机控制。这里所说的主机是指启动数据的传送(发起始信号),发出时钟信号,传送结束时发出终止信号的设备。通常,主机由各种单片机或其他微处理器担当。被主机寻访的设备叫从机,它可以是各种单片机或其他微处理器,也可以是其他器件,如存储器、LED 或 LCD 驱动器、ADC 或 DAC、时钟/日历器件等。I^2C 和

SMBus总线的基本结构如图 10.15 所示。

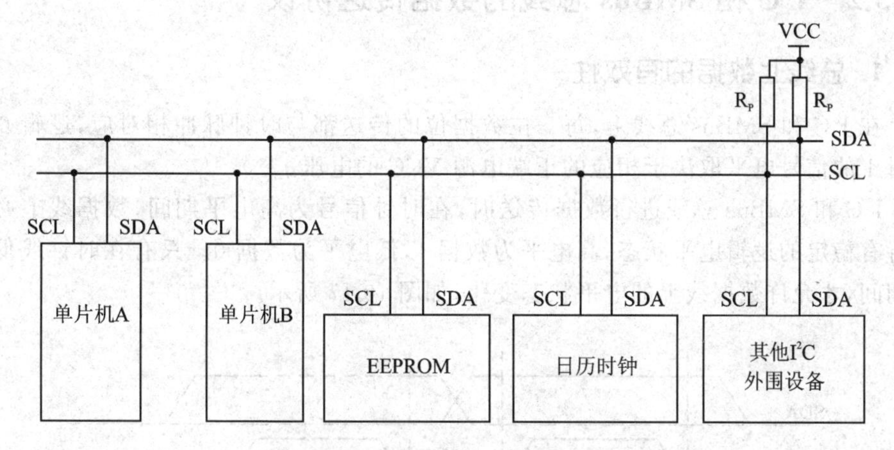

图 10.15 I^2C 和 SMBus 的总线基本结构

每个连接到总线上的器件都有一个用于识别的器件地址。器件地址由芯片内部硬件电路和外部地址引脚同时决定，避免了片选线的连接方法，并建立了简单的主从关系，每个器件既可以作为发送器，又可以作为接收器。

④ 在多主机系统中，可能同时有几个主机企图启动总线传送数据。为了避免混乱，保证数据的可靠传送，任一时刻总线只能由某一台主机控制，所以，I^2C 和 SMBus 总线要通过总线裁决，以决定由哪一台主机控制总线。若有两个或两个以上的主机企图占用总线，一旦一个主机送“1”，而另一个(或多个)送“0”，送“1”的主机则退出竞争。在竞争过程中，时钟信号是各个主机产生异步时钟信号“线与”的结果。“线与”就要求总线端口输出为开漏结构，所以总线上必须有上拉电阻，如图 10.16 所示。

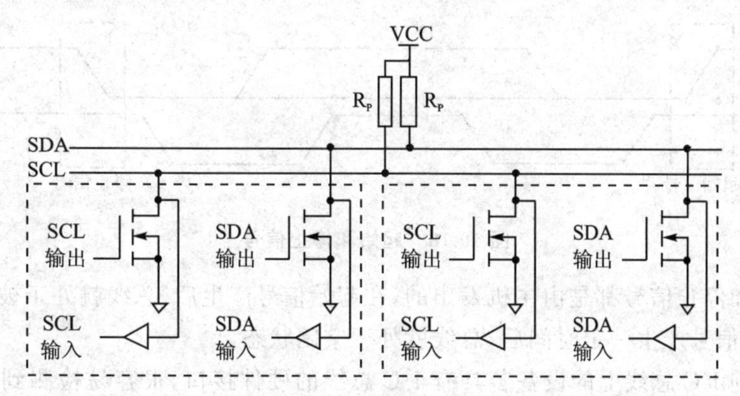

图 10.16 I^2C 总线接口电路结构

当总线空闲时，两根总线均为高电平。连到总线上的任一器件输出的低电平，都将使总线的信号变低。

10.3.2 I²C 和 SMBus 总线的数据传送协议

1. 总线上数据的有效性

在 I²C 和 SMBus 总线上，每一位数据位的传送都与时钟脉冲相对应，逻辑 0 和逻辑 1 的信号电平取决于相应的正端电源 VCC 的电压。

I²C 和 SMBus 总线进行数据传送时，在时钟信号为高电平期间，数据线上必须保持有稳定的逻辑电平状态，高电平为数据 1，低电平为数据 0。只有在时钟线低电平期间，才允许数据线上的电平状态变化，如图 10.17 所示。

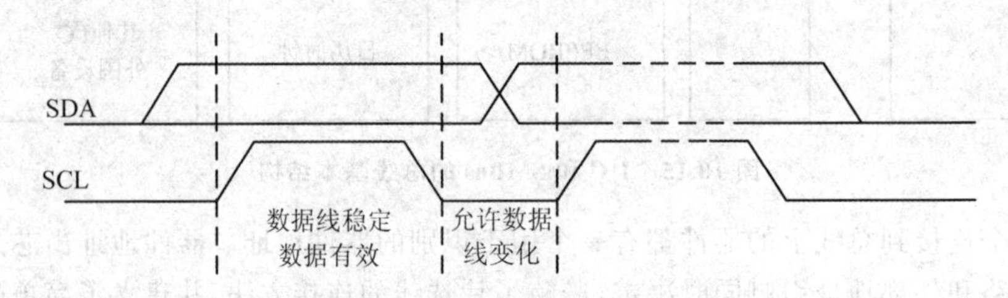

图 10.17 数据位的有效性规定

2. 数据传送的起始信号和停止信号

根据 I²C 总线协议的规定，起始信号和停止信号作为一帧 I²C 的开始和结束。

当 SCL 线为高电平期间，SDA 线由高电平向低电平的变化表示起始信号，或称为起始条件；SCL 线为高电平期间，SDA 线由低电平向高电平的变化表示停止条件，起始和停止信号如图 10.18 所示。

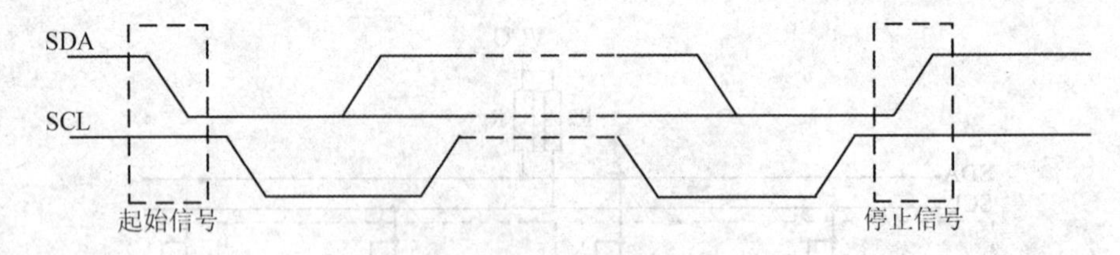

图 10.18 起始和停止信号

起始和停止信号都是由主机发出的，在起始信号产生后，总线就处于被占用的状态；在停止信号产生一定时间后，总线就处于空闲状态。

连接到 I²C 总线上的设备若具有 I²C 总线的硬件接口，很容易检测到起始和停止信号。对于不具备 I²C 总线硬件接口的一些单片机来说，为了能准确地检测起始和停止信号，必须保证在总线的一个时钟周期内对数据线至少采样两次。

从机收到一个完整的数据字节后，有可能需要完成一些其他工作，如处理内部中断服务等，可能使它无法立刻接收下一个字节。这时从机可以将 SCI 线拉成低电平，从而使主机处于等待状态，直到从机准备好可以接收下一个字节时，再释放 SCL 线使之为高电平，数据传送继续进行。

3. I^2C 和 SMBus 总线的寻址约定

I^2C 和 SMBus 总线是多主总线，总线上的各个主机都可以争用总线，在竞争中获胜者即刻占有总线控制权。有权使用总线的主机如何对从机寻址呢？I^2C 和 SMBus 总线协议对此做出了明确的规定：采用 7 位的寻址字节，寻址字节是起始信号后的第一个字节。

寻址字节的位定义格式如下：

b7	b6	b5	b4	b3	b2	b1	b0
×	×	×	×	×	×	×	$R/\overline{W}$

b7～b1 组成从机的地址。b0 是数据传送方向位，为 0 时，表示主机向从机发送（写）数据，为 1 时，表示主机由从机处读取数据。

主机发送地址时，总线上的每个从机都将这 7 位地址码与自己的器件地址进行比较，如果相同则认为自己正被主机寻址，根据读/写位将自己确定为发送器或接收器。若不相同，则其 I^2C 总线逻辑进入休眠状态，直至再次接收到起始条件时被唤醒并响应。

从机的地址是由一个固定部分和一个可编程部分组成。固定部分为器件的编号地址，表明了器件的类型，出厂时固定的，不可更改；可编程部分为器件的引脚地址，视硬件接线而定，引脚地址数决定了同一种器件可接入 I^2C 和 SMBus 总线中的最大数目。如果从机为单片机，则 7 位地址为纯软件地址。

4. 数据传送格式

（1）字节传送与应答

利用 I^2C 总线进行数据传送时，传送的字节数是没有限制的，但是每一个字节必须保证是 8 位长度，并且首先发送的数据位为最高位，即 MSB。每传送一个字节数据后，接收方都会给出一位应答信号，与应答信号相对应的时钟由主机产生，主机必须在这一时钟位上释放数据线，使其处于高电平状态，以便从机在这一位上送出应答信号，如图 10.19 所示。

应答信号在主机第 9 个时钟位上出现，接收方的 SDA 在第 9 个 SCK 的高电平期间保持稳定的低电平，表示发送应答信号（ACK）；接收方的 SDA 在第 9 个 SCK 的高电平期间保持稳定的高电平，表示发送非应答信号（NACK），结束接收，表示接收方不再接收数据，直至下一次启动总线并请求数据。

由于某种原因，从机不对主机寻址信号应答时（如从机正在进行实时性的处理工作而无法接收总线上的数据），它必须释放总线，将数据线置于高电平，然后由主机产生一个停止信号以结束总线的数据传送。通常，三次呼叫从机无应答后，要给出相应

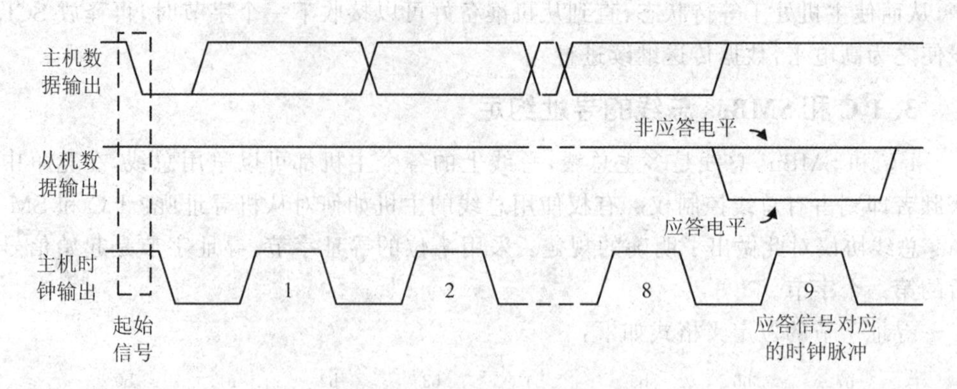

图 10.19 I²C 总线应答时序

处理，例如显示系统故障等。

如果从机对主机进行了应答，但在数据传送一段时间后无法继续接收更多的数据，那么从机可以通过发送非应答信号(NACK)通知主机，主机则应发出停止信号以结束数据的继续传送。

当主机接收数据时，它收到最后一个数据字节后，必须向从机发送一个非应答信号(NACK)，使从机释放 SDA 线，以便主机产生终止信号，从而停止数据传送。

(2) 数据传送格式

I²C 和 SMBus 总线上传输的数据信号既包括起始信号、停止信号，又包括地址和数据。I²C 和 SMBus 总线数据传输时必须遵守规定的数据传送格式。

① 主机向从机发送 n 个数据，数据传送方向在整个传送过程中不变，其数据传送格式如下：

无子地址情况：

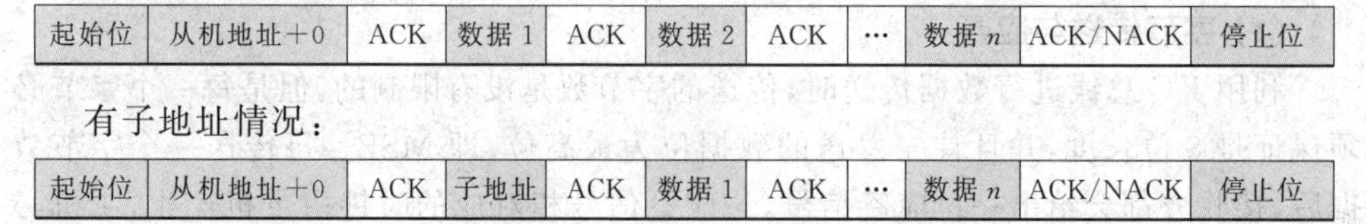

起始位	从机地址+0	ACK	数据 1	ACK	数据 2	ACK	…	数据 n	ACK/NACK	停止位

有子地址情况：

起始位	从机地址+0	ACK	子地址	ACK	数据 1	ACK	…	数据 n	ACK/NACK	停止位

其中，阴影部分表示数据由主机向从机传送，无阴影部分表示数据由从机向主机传送。

主机首先产生一个起始条件，然后发送含有目标从器件地址和数据方向位的第一个字节。在这种情况下数据方向位(R/$\overline{W}$)应为逻辑 0，表示这是一个写操作。在每发送完一个字节从地址或数据后，等待由从器件产生的应答信号(ACK)。最后，为了指示串行传输的结束，主机产生一个停止条件。

对于从机，如果收到的从地址与自身的地址一致，则产生一个 ACK。此后每接收一个字节从地址或数据，根据实际情况产生一个 ACK 或 NACK。在收到主器件发出的停止条件后，从机退出从接收器方式。

② 主机由从机处读取 n 个数据，在整个传输过程中除寻址字节外，都是从机发送、主机接收，其数据传送格式如下：

无子地址情况：

起始位	从机地址+1	ACK	数据1	ACK	数据2	ACK	…	数据 n	NACK	停止位

有子地址情况，主机既向从机发送数据也接收数据，当需要改变传送方向时，起始信号和从机地址都被重复产生一次，两次读、写方向正好相反，其数据传送格式如下：

起始位	从机地址+0	ACK	子地址	ACK	重新起始位	从机地址+1	ACK	数据1	ACK	…	数据 n	NACK	停止位

主机首先产生一个起始条件，然后发送含有目标从器件地址和数据方向位的第一个字节。在这种情况下数据方向位（$R/\overline{W}$）应为逻辑 1，表示这是一个读操作。此后，主机每收到一个字节后，都要产生一个 ACK 或 NACK 给从机。最后，为了指示串行传输的结束，SMBus0 产生一个停止条件。

从机收到的从地址与自身的地址一致且位（$R/\overline{W}$）为 1，则产生一个 ACK；且此后每送一个字节数据给从机后都要等待由主器件发送的 ACK 或 NACK。在收到主器件发出的停止条件后，退出从方式。

由以上格式可见，无论哪种方式，起始信号、停止信号和地址均由主机发送，数据字节的传送方向由寻址字节中方向位规定；每个字节的传送都必须有应答信号位（ACK 或 NACK）相随。

按照总线规定，起始信号表明一次数据传送的开始，其后为从机寻址字节，寻址字节由高 7 位地址和最低 1 位方向位组成；高 7 位地址是被寻址的从机地址，方向位是表示主机与从机之间的数据传送方向；方向位为 0 时表示主机要发送数据给从机（写），方向位为 1 时表示主机将接收来自从机的数据（读）。

在寻址字节后是从机内部存储器的地址（称为数据地址或子地址），以及将要传送的数据字节与应答位，在数据传送完成后主机必须发送停止信号。当然，部分从机内部无子地址，在寻址字节后直接就是要传送的数据字节与应答位。但是，如果主机希望继续占用总线进行新的数据传送，则可以不产生停止信号，马上再次发出起始信号对另一从机进行寻址。

因此，在总线的一次数据传送过程中，可以有几种读、写组合方式。这里子地址仅一个字节，很多时候子地址为多个字节，这时要连续发送各个字节，同时从机每接收到一个字节都会返回 ACK。

(3) 广播地址及广播操作模式

I^2C 和 SMBus 总线在起始信号之后的第一个字节为“0000 0000”时称为通用广播地址。广播地址用于寻访接到 I^2C 和 SMBus 总线上的所有器件，并向它们发送广播数据。不需要广播数据的从机可以不对广播地址应答,并且对于该地址置之不理;否则,接收到这个地址后必须进行应答,并把自己置为接收器方式以接收随后的各字节数据。从机有能力处理这些数据时应该进行应答,否则忽略该字节并且不做应答。广播寻址的用意是由第二个字节来设定的,其格式如下:

																LSB	
0	0	0	0	0	0	0	0	ACK	×	×	×	×	×	×	×	B	ACK
广播寻址(第一字节)									第二字节								

例如,当第二字节为0000 0110(即06H)时,所有能响应广播地址的从机都将复位。

当第二字节的最低位B为1时,广播寻址中的两个字节为硬广播呼叫,它表示数据是由一个硬主机设备发出的。所谓硬主机设备,就是它无法事先知道送出的信息将传送给哪个从机设备,因而,不能发送所要寻访的从机地址,如键盘扫描器等,制造这种设备时无法知道信息应向哪儿传送,所以,它只能通过发送这种硬广播呼叫和自身的地址(即第二字节的高7位),以使系统识别它。接在总线上的智能设备,如单片机或其他微处理器能够识别这个地址,并与之传送数据。硬主机设备作为从机使用时,也用这个地址作为其从机地址。硬主机设备的数据传送格式如下:

起始位	0000 0000	ACK	主机地址+1	ACK	数据	ACK	数据	ACK	停止位
通用呼叫地址(第一字节)			第二字节						

在一些系统中,广播寻址还可以有另外一种方式,即系统复位后,硬主机设备工作在从机接收器方式,这时由系统中的主机来通知它数据应传送的地址,当硬主机设备要发送数据时就可以直接向指定的从机设备发送数据了。

10.3.3 I²C和SMBus总线数据传送的软件模拟

在单主方式下,I²C和SMBus总线数据的传送状态要简单得多,没有总线的竞争与同步,只存在单片机对I²C和SMBus总线器件节点的读(单片机接收)、写(单片机发送)操作。因此,在主节点上可以采用不带I²C或SMBus总线接口的单片机,如AT89S52等,利用这些单片机的普通I/O口完全可以实现单主的I²C或SMBus主机节点从器件的读、写操作。当然,软件模拟对实现I²C SMBus从机无能为力。

I²C和SMBus总线数据传送的模拟具有较强的实用意义,它极大地扩展了I²C和SMBus总线器件的适用范围,使这些器件的使用不受系统中的单片机必须带有I²C总线接口的限制,因此,在许多单片机应用系统中可以将I²C或SMBus总线的模拟技术作为常规的设计方法。

1. I²C和SMBus总线数据传送的时序要求

为了保证数据传送的可靠性,I²C和SMBus总线数据传送有着严格的时序要求。例如,标准的 I^2C 总线和 SMBus 总线上时钟信号的最小低电平周期为 4.7 μs,最小的高电平周期为 4 μs 等。用普通的 I/O 口模拟 I^2C 或 SMBus 总线数据传送时,必须保证时钟速率要求,尤其是要保证典型信号,如起始、终止、数据发送、保持及应答位的时序要求。

标准的 I^2C 总线或 SMBus 总线数据传送的典型信号及其定时要求如图 10.20 所示。

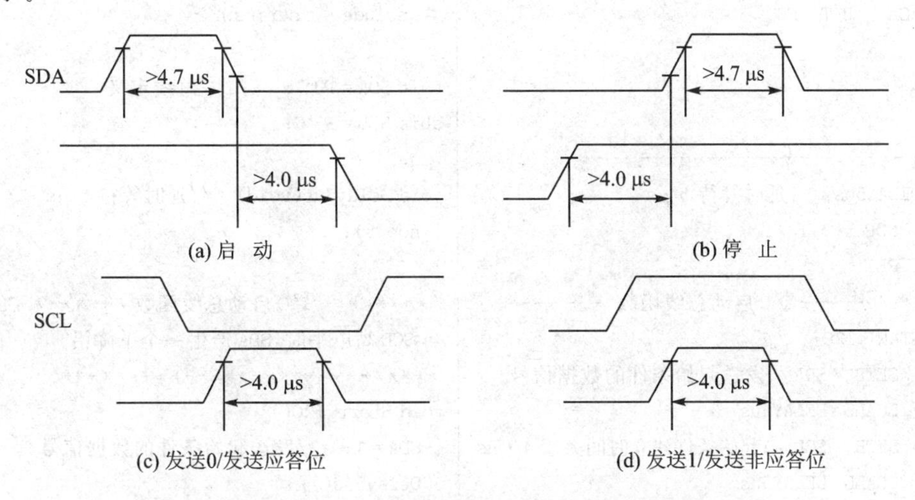

图 10.20 标准的 I^2C 总线和 SMBus 总线典型信号的时序要求

对于一个新的起始信号,要求起始前总线的空闲时间 t_{BUF} 大于 4.7 μs,而对于一个重复的起始信号,要求建立时间 $t_{SU;STA}$ 也必须大于 4.7 μs。图 10.20 中的起始信号适用于数据模拟传送中任何情况下的起始操作,起始信号到第一个时钟脉冲的时间间隔应大于 4.0 μs。

对于停止信号,要保证有大于 4.7 μs 的信号建立时间 $t_{SU;ST0}$,停止信号结束时,要释放 I^2C 总线,使 SDA、SCL 维持在高电平上,在大于 4.7 μs 后才可以开始另一次的起始操作。在单主系统中,为了防止非正常传送,终止信号后 SCL 可以设置在低电平上。

对于发送应答位、非应答位来说,与发送数据“0”和“1”的信号时序要求完全相同。只要满足在时钟高电平期间,SDA 线上有确定的电平状态即可。至于 SDA 线上高、低电平数据的建立时间,在编程时加以考虑。

2. 经典型 51 单片机软件模拟 I^2C 或 SMBus 主机的实现

采用 12 MHz 外部时钟的经典型 51 单片机软件模拟 I^2C 或 SMBus 主机的实现如下:

汇编语言程序

```
;程序占用内部资源:R0,R1,ACC,CY
SCL   BIT  P1.0     ;I²C 总线定义
SDA   BIT  P1.1
SLA   EQU  0AH      ;定义器件地址
SUBA  EQU  10H      ;定义器件子地址
ACK   BIT  F0


;-------------------------------
DELAY5us: ;延时等待 5 μs
  NOP
  RET
;--------- I²C启动总线函数 ---------
START_I2C:
  SETB  SDA  ;发送起始条件的数据信号
  LCALL DELAY5us
  SETB  SCL  ;起始条件建立时间大于 4.7 μs
  LCALL DELAY5us
  CLR   SDA  ;发送起始信号
  ;起始条件锁定时间大于 4 μs
  LCALL  DELAY5us
  CLR SCL  ;钳住总线,准备发送或接收数据
  NOP
  RET


;-------- I²C 结束总线函数 --------
STOP_I2C:
  CLR  SDA  ;发送结束条件的数据信号
  LCALL DELAY5us
  SETB SCL ;发送结束条件的时钟信号
  LCALL DELAY5us;结束总线时间大于 4 μs
  SETB SDA ;结束总线
  ;保证结束信号后空闲时间大于 4.7 μs
  LCALL DELAY5us
  RET
```

C 语言程序

```
/*这个头文件 51 系列机型可以通用。但要注
意:函数是采用软件延时的方法产生 SCL 脉冲,
故对高晶振频率要作一定的修改(本例是 1 μs
机器周期,即晶振频率要小于 12 MHz)*/
#include <reg52.h>
#include <intrins.h>

sbit SDA = P3^7;  //I²C 总线定义
sbit SCL = P3^6;

void Delay5us(void)  //延时等待 5 μs
{_nop_();
}
/*********I²C 启动总线函数*******
当 SCL 高电平时,SDA 产生一个下降沿
*******************************/
void Start_I2C()
{ SDA = 1;  //发送起始条件的数据信号
  Delay5us();
  SCL = 1;  //起始条件建立时间大于 4.7 μs
  Delay5us();
  SDA = 0;  //发送起始信号
  Delay5us(); //起始条件锁定时间大于 4 μs
  SCL = 0;  //钳住总线,准备发送或接收数据
  _nop_();
}
/******** I²C结束总线函数 ********
当 SCL 高电平时,SDA 产生一个上升沿
********************************/
void Stop_I2C()
{ SDA = 0;  //发送结束条件的数据信号
  Delay5us();
  SCL = 1;  //发送结束条件的时钟信号
  Delay5us();  //结束总线时间大于 4 μs
  SDA = 1;  //发送 I²C 总线结束信号
  //保证结束信号后空闲时间大于 4.7 μs
  Delay5us();
```

```
;--- 字节数据传送函数,并应答检测 ---
;字节数据放入 ACC,位变量 ACK 存放应答位
;ack = 1,表示发送数据正常
;ack = 0,表示被控器无应答或损坏

SendByte_AndCheck:
  MOV  R2, #08H
WLP:
  RLC   A   ;取数据位
  MOV  SDA,C
  NOP
  NOP
SETB   SCL    ;置时钟线为高,通知从
              ;器件开始接收 1 位数据
  LCALL  DELAY5us
  CLR    SCL
  NOP
  NOP
  NOP
  DJNZ  R2 , WLP

  SETB SDA   ;8 位发送完后释放数据线,置 1
             ;作为输入口准备接收应答位
  NOP
  NOP
  SETB  SCL  ;开始应答检测
  NOP
  NOP
  NOP
  NOP
  MOV   C,SDA   ;判断是否接收到应答信号
  MOV   ACK,C
  CPL   ACK
  CLR   SCL
  NOP
  NOP
  RET
```

```
}

/****字节数据传送函数,并应答检测****
功能:将 1 字节地址或数据发送出去,可以
是地址,也可以是数据,发完后等待应答,并
对此状态位进行检测:ack = 1,表示发送数据
正常;ack = 0,表示被控器无应答或损坏
*********************************/
bit  SendByte_AndCheck(unsigned char c)
{  unsigned char BitCnt;
  bit ack = 0; //应答状态标志位
  for(BitCnt = 0;BitCnt<8;BitCnt ++ )
  { //此时 SCL 为 0
    if(c&0x80)SDA = 1; //判断发送位
    else  SDA = 0;
    _nop_();
    SCL = 1; //置时钟线为高,通知从
             //器件开始接收 1 位数据
    c<< = 1;
    Delay5us();
    SCL = 0;
  }

    SDA = 1; //8 位发送完后释放数据线,
             //置 1 作为输入口准备接收应答位
    _nop_();
    _nop_();
    SCL = 1;  //开始应答检测
    _nop_();
    _nop_();
    _nop_();
    if(SDA == 0)//判断是否接收到应答信号
    {
      ack = 1;
    }
    SCL = 0;
    _nop_();
    _nop_();
    return ack;
}
```

```
;---------- 读取字节数据函数 -------
  ;读出的值在 ACC
  ;每读取一个字节要发送一个应答信号
RcvByte:
  MOV  R2, #08H
  SETB SDA ;置数据线为输入方式
RLP:
  CLR SCL;置 SCL 为低,准备接收数据位
  ;将 SCL 拉低,时间大于 4.7 μs
  LCALL  DELAY5us
  SETB  SCL;置高 SCL,使 SDA 上数据有效
  NOP
  RL    A
  MOV  C, SDA
  MOV  ACC.0, C
  NOP
  DJNZ  R2, RLP
  RET

;-------发送应答信号子程序 -----
I2C_ACK:
  CLR    SDA        ;发出应答信号
  NOP
  NOP
  SETB    SCL
  ;SCL 为高时间大于 4.7 μs
  LCALL  DELAY5us;
  ;清时钟线,钳住 I²C 总线以便继续接收
  NOP
  NOP
  RET

I2C_nACK:
  SETB  SDA        ;发出非应答信号
  NOP
  NOP
  SETB  SCL
  ;SCL 为高时间大于 4.7 μs
  LCALL  DELAY5us;
  ;清时钟线,钳住 I²C 总线以便继续接收
```

```
/*******读取字节数据函数 *********
功能:用来接收从器件传来的数据,每读取一
个字节要发送一个应答信号
*********************************/
unsigned char  RcvByte(void)
{ unsigned char rec = 0;
  unsigned char BitCnt;

  SDA = 1; //置数据线为输入方式
  for(BitCnt = 0;BitCnt<8;BitCnt++)
  { SCL = 0; //置 SCL 为低,准备接收数据位
    Delay5us();//将 SCL 拉低,时间大于 4.7 μs
    SCL = 1; //置高 SCL,使 SDA 上数据有效
    rec = rec<<1;
    _nop_();
    if(SDA == 1)rec| = 0x01;//数据位到 rec 中
  }
  SCL = 0;
  return(rec);
}
/********发送应答信号子程序 ********
功能:主控器进行应答信号,可以是应答 a = 1,
或非应答信号 a = 0
简介:
  1.发送应答位:SDA 在第 9 个 SCK 的高电平
    期间保持稳定的低电平
  2.发送非应答位:SDA 在第 9 个 SCK 的高电
    平期间保持稳定的高电平
*********************************/
void Ack_I2C(bit a)
{ if(a == 1)SDA = 0; //发出应答信号
  else SDA = 1; //发出非应答信号
  _nop_();
  _nop_();
  SCL = 1;
  Delay5us(); // SCL 为高时间大于 4.7 μs
  //清时钟线,钳住 I²C 总线以便继续接收
  SCL = 0;
  _nop_();
  _nop_();
}
```

```
  CLR  SCL
  NOP
  NOP
  RET

;--向无子地址器件发送1字节数据函数--
;入口参数:数据为ACC、器件从地址SLA
;A返回FFH表示操作成功
I2C_SendByte_AndCheck:
  START_I2C  ;启动总线
  PUSH  ACC
  MOV  A,SLA
  LCALL SendByte_AndCheck;发器件地址
  JB   ACK, I2WB1
  MOV  A,#1
  STOP_I2C  ;结束总线
  RET
I2WB1:
  POP  ACC
  LCALL SendByte_AndCheck  ;发送数据
  JB   ACK, I2WB2
  MOV  A, #2
  STOP_I2C  ;结束总线
  RET
I2WB2:
  STOP_I2C  ;结束总线
  MOV  A, #0FFH
  RET

;--向有子地址器件发送多字节数据函数--
;向器件指定地址写R1个数据
;入口参数:器件从地址SLA
;器件子地址SUBA
;发送数据缓冲区首址R0
;A返回FFH表示操作成功
I2C_SendStr:
  START_I2C  ;启动总线
  MOV  A,SLA
  LCALL SendByte_AndCheck ;发器件地址
  JB   ACK, I2WStr1
  MOV  A,#3
```

```
#define I2C_ACK() Ack_I2C(1) //发应答位
#define I2C_nACK()Ack_I2C(0) //发非应答位

/**向无子地址器件发送1字节数据函数**
如果返回0xff则表示操作成功,否则说明操作有误。
注意:使用前必须已结束总线
********************************/
unsigned char I2C_SendByte_AndCheck
    (unsigned char sla,unsigned char c)
{bit ack;
 Start_I2C();     //启动总线
 ack = SendByte_AndCheck(sla);//发器件地址
 if(ack == 0)
 { Stop_I2C();      //结束总线
   return(1);
 }
 ack = SendByte_AndCheck(c); //发送数据
 if(ack == 0)
 { Stop_I2C();  //结束总线
   return(2);
 }
 Stop_I2C();  //结束总线
 return(0xff);
}

/**向有子地址器件发送多字节数据函数**
功能:从启动总线到发送地址,子地址,数据,结束总线的全过程,从器件地址sla,子地址suba,发送内容是s指向的内容,发送no个字节。
如果返回0xff则表示操作成功,否则说明操作有误。
注意:使用前必须已结束总线
********************************/
unsigned char I2C_SendStr(
   unsigned char sla,unsigned char suba,
   unsigned char *s, unsigned char no)
{unsigned char i;
 bit ack;
 Start_I2C(); //启动总线
```

```
  STOP_I2C    ;结束总线
  RET
I2WStr1:
  MOV  A, SUBA
  LCALL SendByte_AndCheck  ;发子地址
  JB   ACK, I2WStr2
  MOV  A,#4
  STOP_I2C      ;结束总线
  RET
I2WStr2:
  MOV  A,@R0
  LCALL SendByte_AndCheck ;发送数据
  ;若写 EEPROM 等,这里需要加延时
  JB   ACK, I2WStr3
  MOV  A,#5
  STOP_I2C   ;结束总线
  RET
I2WStr3:
  INC  R0
  DJNZ R1, I2WStr2
  STOP_I2C   ;结束总线
  MOV  A,#0FFH
  RET

;---自无子地址器件读字节数据函数---
;入口参数:器件从地址 SLA
;A 返回 FFH 表示操作成功
;出口参数:数据为 R0 指针所指向的单元
I2C_RcvByte:
  INC  SLA
  MOV  A,SLA
  START_I2C            ;启动总线
  LCALL SendByte_AndCheck ;发器件地址
  JB   ACK, I2RB1
  MOV  A, #6
  STOP_I2C             ;结束总线
  RET
I2RB1:
  LCALL  RcvByte
  MOV   @R0, A
  LCALL  I2C_nACK
```

```
 ack = SendByte_AndCheck(sla);//发器件地址
 if(ack == 0)
 {Stop_I2C();  //结束总线
  return(3);
 }
 ack = SendByte_AndCheck(suba);//发子地址
 if(ack == 0)
 { Stop_I2C();     //结束总线
  return(4);
 }
 for(i = 0;i<no;i ++ )
 {ack = SendByte_AndCheck( * s ++ );//发送数据
  //若写 EEPROM 等,这里需要加延时
  if(ack == 0)
  {Stop_I2C();      //结束总线
   return(5);
  }
 }
 Stop_I2C();             //结束总线
 return(0xff);
}

/***自无子地址器件读字节数据函数 ***
功能:从启动总线到发送地址,读数据,结束总线的全过程,从器件地址 sla,返回值在中。如果返回 0xff 则表示操作成功,否则说明操作有误。
注意:使用前必须已结束总线
******************************/
unsigned char I2C_RcvByte
    (unsigned char sla,unsigned char * c)
{ bit ack;
  Start_I2C();  //启动总线
  //发送器件地址
  ack = SendByte_AndCheck(sla + 1);
  if(ack == 0)
  { Stop_I2C();  //结束总线
   return(6);
  }
   * c = RcvByte();  //读取数据
  I2C_nACK();  //发送非应答位
```

```
  STOP_I2C    ;结束总线
  RET

;--向有子地址器件读取多字节数据函数--
;从器件指定地址读取 R1 个数据
;入口参数:器件从地址 SLA
;          器件子地址 SUBA
;出口参数:接收数据缓冲区首址 R0
;A 返回 FFH 表示操作成功
I2C_RcvStr:
  START_I2C   ;启动总线
  MOV  A,SLA
  LCALL SendByte_AndCheck ;发器件地址
  JB   ACK, I2RStr1
  MOV  A,#7
  STOP_I2C   ;结束总线
  RET
I2RStr1:
  MOV  A, SUBA
  LCALL SendByte_AndCheck ;发子地址
  JB   ACK, I2RStr2
  MOV  A,#8
  STOP_I2C              ;结束总线
  RET
I2RStr2:

  START_I2C             ;启动总线
  MOV  A,SLA
  INC  A
  LCALL SendByte_AndCheck
  JB   ACK, I2RStr3
  MOV  A,#9
  STOP_I2C              ;结束总线
  RET
I2RStr3:
  DEC  R1
I2RStr_LOOP:
  LCALL  RcvByte
  MOV   @R0, A
  INC   R0
  LCALL  I2C_ACK
```

```
  Stop_I2C();  //结束总线
  return(0xff);
}

/**向有子地址器件读取多字节数据函数**
功能:从启动总线到发送地址,子地址,读数据,结束总线的全过程,从器件地址 sla,子地址 suba,读出的内容放入 s 指向的存储区,读 no 个字节。
如果返回 0xff 则表示操作成功,否则说明操作有误。
注意:使用前必须已结束总线
*******************************/
unsigned char I2C_RcvStr
    (unsigned char sla,unsigned char suba,
    unsigned char *s,unsigned char no)
{ unsigned char i;
  bit ack;
  Start_I2C();  //启动总线
  ack = SendByte_AndCheck(sla);//发器件地址
  if(ack == 0)
  {Stop_I2C();  //结束总线
   return(7);
  }
  ack = SendByte_AndCheck(suba);//发子地址
  if(ack == 0)
  { Stop_I2C();  //结束总线
   return(8);
   }

  Start_I2C();
  ack = SendByte_AndCheck(sla + 1);
  if(ack == 0)
    {Stop_I2C();         //结束总线
     return(9);
    }

  for(i = 0;i<no - 1;i++)
    { *s = RcvByte();  //发送数据
    I2C_ACK();  //发送应答位
    s++;
```

```
DJNZ  R1, I2RStr_LOOP                 }
LCALL  RcvByte                        *s = RcvByte();
MOV   @R0, A                          I2C_nACK();  //发送非应答位
LCALL  I2C_nACK                       Stop_I2C();  //结束总线
STOP_I2C              ;结束总线       return(0xff);
MOV  A,#0FFH                        }
RET
```

10.3.4 SMBus0 相关 SFR 及典型传输过程设置

C8051F020 具有一个 SMBus 协议接口 SMBus0,SMBus0 完全符合 SMBus 规范 1.1 版。

对 SMBus0 串行接口的访问和控制是通过 5 个 SFR 来实现,如表 10.7 所列。

表 10.7 SMBus0 的特殊功能寄存器

寄存器	符 号	地 址	寻址方式	复位值
SMBus0 的控制寄存器	SMB0CN	0C0H	字节、位	00H
SMBus0 的状态寄存器	SMB0STA	0C1H	字节	00H
SMBus0 的数据寄存器	SMB0DAT	0C2H	字节	00H
SMBus0 的地址寄存器	SMB0ADR	0C3H	字节	00H
SMBus0 的时钟速率寄存器	SMB0CR	0CFH	字节	00H

1. SMBus0 控制寄存器 SMB0CN

SMB0CN 寄存器用于配置和控制 SMBus0 接口。可位寻址的 SMB0CN 寄存器格式如下:

	b7	b6	b5	b4	b3	b2	b1	b0
SMB0CN	BUSY	ENSMB	STA	STO	SI	AA	FTE	TOE

其中:

ENSMB: SMBus0 使能位。该位置 1 将使能 SMBus0,否则 SMBus0 被禁止并移出总线。对 ENSMB 清 0 再置 1 将复位 SMBus0 通信逻辑。

BUSY: SMBus0 的忙状态标志。该位为 0 表明 SMBus0 空闲,否则 SMBus0 处于忙的工作状态。

STA: SMBus0 主机发送一个起始位的触发信号。软件置位 STA 将使 SMBus0 工作于主方式。如果总线空闲,SMBus0 硬件将产生一个起始条件;如果总线不空闲,SMBus0 硬件将等待停止条件释放总线,然后根据 SMB0CR 的值在经过 5 μs 的延时后,产生一个起始条件。根据 SMBus 协议,如果总线处于等待状态的时间超过 50 μs 而没有检测到停止条件,那么 SMBus0 接口可以认为总线是空闲的。向 STA

位写1后，如果此时已经发送或接收了一个或多个字节并且没有收到停止条件，则发送一个重复起始条件。为保证操作正确，应在对STA位置1之前，将STO标志清0。该位写0不会有任何动作。

STO：SMBus0主机发送一个停止位的触发信号，将STO置1将发送一个停止条件。当总线上出现一个停止条件时，硬件将STO清零。如果STA和STO都被置位，则发送一个停止条件后再发送一个起始条件。为保证操作正确，应在对STA位置1之前，将STO标志清0。该位写0不会有任何动作。

在从方式，置位STO可以用于从一个错误条件恢复。此时，SMBus0上不产生停止条件，但SMBus0硬件的表现就像是收到了一个停止条件并进入"未寻址"的从接收器状态。但是，这种模拟的停止条件并不会释放总线。总线将保持忙状态直到出现停止条件或发生总线空闲超时。当检测到总线上的停止条件时，SMBus0硬件自动将STO标志清为逻辑0。

SI：SMBus0的中断标志。当SMBus0进入27种可能状态之一时，该位被硬件置位。状态码F8H不使SI置位。当SI中断被允许时，该位置1将导致CPU转向SMBus0中断服务程序。该位不能被硬件自动清0，必须用软件写0清除。

AA：SMBus0的应答标志。该位定义在SCL线应答周期内返回的应答类型。AA位设置为0，则在应答周期内返回"非应答"；AA位设置为1，则在应答周期内返回"应答"。

在从方式下，发送完一个字节后可以通过清除AA标志使从器件暂时脱离总线。这样，从器件自身地址和全局呼叫地址都将被硬忽略。为了恢复总线操作，必须将AA标志重新设置为1以允许从地址被识别。也就是说，使用应答标志(AA)可以从总线临时移出器件，千万不要使用ENSMB从总线临时移出一个器件，因为这样做将使总线状态信息丢失。

FTE：SMBus0空闲定时器使能位。该位设置为0，则无SCL高电平超时；该位设置为1，将使能SMB0CR中的定时器，当SCL变高时，SMB0CR的定时器向上计数，且当SCL高电平时间超过由SMB0CR规定的极限值时发生溢出指示总线空闲超时。如果SMBus0等待产生一个起始条件，则将在超时发生后进行。总线空闲周期应小于50 μs。

TOE：SMBus0超时使能位。该位设置为0，则无SCL低电平超时；该位设置为1，则当SCL处于低电平的时间超过由定时器T3(如果被允许)定义的极限值时发生超时，即TOE位被设置为逻辑1时，T3用于检测SCL低电平超时。如果T3被使能，则在SCL为高电平时定时器T3被强制重载，SCL为低电平时使T3开始计数。当T3被使能并且溢出周期被编程为25 ms(且TOE置1)时，T3溢出表示发生了SCL低电平超时；T3的中断服务程序可以用于在发生SCL低电平超时的情况下复位SMBus0通信逻辑。

2. SMBus 状态寄存器 SMB0STA

SMB0STA 寄存器的高 5 位是 SMBus0 的状态代码,用于指示 SMBus0 接口的当前状态。共有 28 个可能的 SMBus0 状态,每个状态有一个唯一的状态码与之对应。低 3 位的读出值总是为逻辑 0,因此所有有效的状态码都是 8 的整数倍。对于用户软件而言,SMB0STA 寄存器的内容,只在 SI 标志(SMB0CN.3)为逻辑 1 时有定义。当 SI 标志为逻辑 0 时,SMB0STA 寄存器中的内容无定义。任何时候向 SMB0STA 寄存器写入,都会导致不确定的结果。这使我们可以很容易在软件中用状态码作为转移到正确的中断服务程序的条件或索引。

完成时序的每个环节,如起始位、字节传送完成并完成第 9 位 ACK/NACK、停止位等,都会中断,中断后判断状态码即可知道是什么时序环节完成产生的中断。

表 10.8 列出了 28 个 SMBus0 状态和 SMB0STA 的状态码。

表 10.8　SMBus0 状态和 SMB0STA 的状态码

器　件	状态码 (低 3 位为 000)	SMBus0 总线和硬件的状态
主发送器 主接收器	0x08	START 已发送
	0x10	重复 START 已发送
主发送器	0x18	SLA+W 已发送,接收到 ACK
	0x20	SLA+W 已发送,接收到 NACK
	0x28	数据或子地址已发送,接收到 ACK
	0x30	数据或子地址已发送,接收到 NACK
	0x38	SLA+W 或数据的仲裁失败
主接收器	0x40	SLA+R 已发送,接收到 ACK
	0x48	SLA+R 已发送,接收到 NACK
	0x50	接收到数据,ACK 已返回
	0x58	接收到数据,NACK 已返回
从接收器	0x60	自己的 SLA+W 已经被接收,ACK 已返回
	0x68	作为主机发送 SLA+R/W 时仲裁失败,自己的 SLA+W 已经被接收,ACK 已返回
	0x70	接收到广播地址,ACK 已返回
	0x78	作为主机发送 SLA+R/W 时仲裁失败,接收到广播地址,ACK 已返回
	0x80	以前以自己的 SLA+W 被寻址,眼下接收到数据,ACK 已返回
	0x90	以前以广播方式被寻址,眼下接收到数据,ACK 已返回
	0x88	以前以自己的 SLA+W 被寻址,眼下接收到数据,NACK 已返回
	0x98	以前以广播方式被寻址,眼下接收到数据,NACK 已返回
	0xA0	在以从机工作时接收到 STOP 或重复 START

续表 10.8

器 件	状态码（低 3 位为 000）	SMBus0 总线和硬件的状态
从发送器	0xA8	自己的 SLA＋R 已经被接收，ACK 已返回
	0xB0	作为主机发送 SLA＋R/W 时仲裁失败，自己的 SLA＋R 已经被接收，ACK 已返回
	0xB8	SMB0DAT 中的数据已经发送，接收到 ACK
	0xC0	SMB0DAT 中的数据已经发送，接收到 NACK
	0xC8	通过 SMB0DAT 将最后一个 字节数据已经发送，但接收到 ACK
从机	0xD0	SCL 时钟高电平定时器超时（根据 SMB0CR）
所有方式	0xF8	没有相关的状态信息，属于空闲状态。该状态不置位 SI
	0x00	由于非法的 START 或 STOP 引起的总线错误

3. SMBus0 数据寄存器 SMB0DAT

SMB0DAT 寄存器保存要发送到 SMBus0 串行接口上的一个数据字节，或刚从 SMBus0 串行接口接收到的一个字节。

在 SI 置位时，软件可以读或写数据寄存器；当 SMBus0 被使能并且 SI 标志清 0 时，不应用软件访问 SMB0DAT 寄存器，因为硬件可能正在对该寄存器中的数据字节进行移入或移出操作。

SMB0DAT 中的数据总是先移出最高位（MSB），因此，接收数据的第一位位于 SMB0DAT 的 MSB。在数据被移出的同时，总线上的数据被移入，所以 SMB0DAT 中总是保存最后出现在总线上的数据字节。因此，在竞争失败后，总线上某器件从主发送器转为从接收器时，SMB0DAT 中的数据仍保持正确。

4. SMBus0 地址寄存器 SMB0ADR

SMB0ADR 寄存器保存 SMBus0 接口的从地址。SMB0ADR 寄存器的格式如下：

	b7	b6	b5	b4	b3	b2	b1	b0
SMB0ADR	SLV6	SLV5	SLV4	SLV3	SLV2	SLV1	SLV0	GC

在从方式，该寄存器的高 7 位是从地址，当器件工作在从发送器或从接收器方式时，SMBus0 将应答该地址。最低位（位 0）用于使能广播地址（00H）识别。如果该位被设置为逻辑 1，则允许识别广播地址；否则，全局呼叫地址被忽略。当 SMBus 硬件工作在主方式时，该寄存器的内容被忽略。

5. SMBus0 时钟速率寄存器 SMB0CR

SMB0CR 寄存器用于控制主方式下串行时钟 SCL 的频率。存储在 SMB0CR 寄存器中的 8 位字预装一个专用的 8 位定时器。该定时器向上计数，当计满回到 00H

时,SCL改变逻辑状态。

SMBus的SCL高电平和低电平时间近似相等,时钟频率及数据转输速率满足如下公式:

$$f_{\mathrm{SMBus\_SCL}} = \frac{f_{\mathrm{SYSCLK}}}{514 - 2 \times \mathrm{SMB0CR} + 625 \times f_{\mathrm{SYSCLK}} / 10^9}$$

其中,f_{SYSCLK}为系统时钟频率,$f_{\mathrm{SMBus_SCK}}$为SUMBus0数据转输速率。

设系统时钟频率f_{SYSCLK}为22.1184 MHz,SMBus0数据转输速率为100 kHz,则

$$\mathrm{SMB0CR} = (514 + 625\ f_{\mathrm{SYSCLK}}/10^9 - f_{\mathrm{SYSCLK}}/f_{\mathrm{SMBus\_SCK}})/2 = 153.32$$

取SMB0CR = 153,则$f_{\mathrm{SMBus_SCK}} \approx 99.7$ kHz。

使用相同的SMB0CR值,总线空闲超时周期由下式给出:

$$f_{\mathrm{BFT}} = 10 \times \frac{(256 - \mathrm{SMB0CR}) + 1}{f_{\mathrm{SYSCLK}}}$$

基于相关SFR设置实现SMBus0的典型传输过程分析如下:

(1) 主器件发送、从器件接收时的操作

1) 一个成功的传送过程

① 发送起始位。主机在发送之前先查询BUSY(SMB0CN.7)位,若该位为0,则总线空闲,主机可以占用总线;若BUSY为1,则总线忙。主机可以一直查询该状态,直至BUSY为0。主机占用总线,通过STA(SMB0CN.1)置1实现产生起始条件,同时也使得该器件成为主机。

② 发送“从机地址+写”控制。若主机SMBus中断使能,即EIEl.1为1,且EA为1,则起始位发送后将会产生中断。主机在中断中查询SMB0STA的值。SMB0STA=08H,表明起始位发送成功,STA清0,将“从机地址+写”装入SMB0DAT,再将SI(SMB0CN.3)清0,使SMB0DAT中的数据按从高位到低位的顺序发送出去。

③ 判断从机应答信号。从机接收到地址,并与自身地址比较。若相符,则产生ACK信号,主机产生中断,查询SMB0STA值。SMB0STA=18H,表明“从机地址+写”控制发送成功,并收到从机ACK应答信号。此时主机将待发送的数据装入SMB0DAT,将SI清0,启动数据发送。

④ 发送停止位。从机收到数据,产生ACK应答信号,使主机产生中断,主机查询SMB0STA值。SMB0STA=28H,表明主机上次的数据发送成功。主机若没有发送完数据,则继续将下一个字节的数据装入SMB0DAT,将SI清0,启动数据发送;若主机的数据已发送完毕,则将STO(SMB0CN.4)置1,将SI清0,发送停止位。从机接收到停止位后,结束此次总线传输,释放总线。

2) 主机发送“从机地址+写”控制,从机无反应

主机发送完“从机地址+写”控制后,产生中断,但是查询到SMB0STA的值为0x20,表明从机没有应答。此时主机通常的做法是将STO置1,停止传输,因为从机

可能不在线，或将 AA 清 0，处于暂时离线状态。

主器件在发送完“从机地址＋写”后，收到一个 NACK。这种情况发生在从器件“离线”时，表示它不能回应其从地址。在这种情况下，主器件应发出一个停止条件或重新发出起始条件。为了重试传输过程，主器件在发出停止条件后，重新发送起始条件和“从机地址＋写”。主器件将一直重复该循环过程，直到收到一个 ACK 为止。这被称为“应答查询”。

3）主器件在收到一个 ACK 后，重新发出起始条件

首先主机发送从机地址，再写入要读取数据的地址空间。主机为了继续占用总线，在写入数据地址空间完毕后，将 STA 置 1，则重新产生起始位；发送成功后，将“从机地址＋读”装入 SMB0DAT，使主机变为接收器，使从机变为发送器，并接收从机发送过来的数据。注意，当主机处于接收模式时，需将 AA 置 1，以便在接收到数据时发送 ACK 应答信号给从机；在接收最后一个字节之前，主机将 AA 置 0，使得主机接收到最后一个字节数据后，发送 NACK 应答信号给从机，发送成功后，即可将 STO 置 1，结束传输。

注意，主机为发送器时，应答信号由从机产生，主机为接收器时，应答信号由主机产生。这一过程允许主器件在不放弃总线的情况下，启动一个新的传输过程（例如，从写操作切换到读操作）。

此情况往往出现在主机与 RAM 或 ROM 的通信中。重复起始条件通常在访问 EEPROM 时使用，因为一个读操作前面必须有一个写存储器地址的操作。

4）主机发送数据，从机无反应

主机发送地址，从机有应答，但是当主机发送数据时，从机无应答，这往往是由总线受干扰引起的。此时，主机宜将 STO 置 1 停止当前发送，或者将 STA 置 1，重新开始发送。

（2）主器件接收、从器件发送时的操作

主器件接收、从器件发送时的操作有三种情况：

① 主机成功接收从机的数据。主机发送起始位之后，将从机地址和读操作发送出去，并将 AA 置 1，以便在接收到从机的数据时给从机相应 ACK 信号。当接收到最后一个数据之前，将 AA 清 0，使得接收最后一个数据时给从机发送 NACK，且成功发送后 SMB0STA 为 58H，软件查询到该状态后，可将 STO 置 1，结束传输，释放总线。

② 主机发送从机地址，从机没有响应。此时表明从机离线（从机 ENSMB 为 0 或者从机器件根本没有上电），或从机暂时离线（从机 AA 为 0）。此时主机查询到 SMB0STA 为 48H，其软件处理通常是将 STO 置 1，放弃当前传输。

③ 主机角色改变，由读改为写。主机读完从机数据，可能立即要对从机进行写操作，为不释放总线，主机可将 STA 置 1，重新发送“从机地址＋写”控制，再发送数据。

10.3.5 SMBus0 应用举例——I^2C 总线存储器的扩展

1. AT24CXX 系列 I^2C 接口 EEPROM 存储器

AT24CXX 系列存储器是基于 I^2C 接口的 EEPROM,采用 DIP8 和 SO8 两种封装形式,引脚排列如图 10.21 所示。

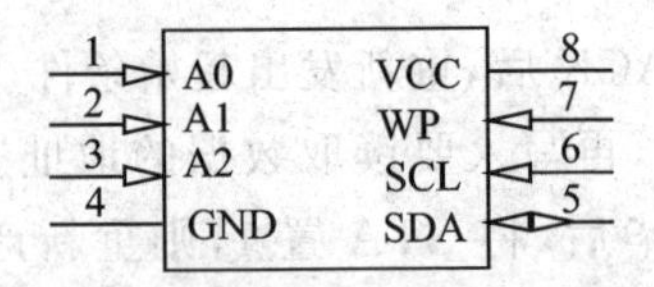

图 10.21 I^2C 总线 EEPROM 引脚

SCL：串行时钟线。这是一个输入引脚,用于形成器件所有数据发送或接收的时钟。

SDA：串行数据线。它是一个双向传输线,用于传送地址和所有数据的发送或接收。它是一个漏极开路端,因此要求接一个上拉电阻到 VCC 端(频率为 100 kHz 时电阻为 10 kΩ,400 kHz 时电阻为 1 kΩ)。对于一般的数据传输,仅在 SCL 为低电平期间 SDA 才允许变化。SCL 为高电平期间,留给起始信号(START)和停止信号(STOP)。

SCI 和 SDA 输入端接有施密特触发器和滤波器电路,即使总线上有噪声存在,它们也能抑制噪声峰值,以保证器件正常工作。

A0、A1、A2：器件地址输入端。这些输入端用于多个器件级联时设置器件地址,当这些引脚悬空时默认值为 0。

WP：写保护。如果 WP 引脚连接到 VCC,所有的内容都被写保护(只能读)。当 WP 引脚连接到 VSS 或悬空时,允许对器件进行正常的读/写操作。

VCC：电源线。AT24CXX 系列的工作电压范围为 1.8～5.5 V。

GND：地线。

芯片名称的尾数表示容量,比如 AT24C16,表示容量为 16K 位。AT24CXX 系列存储器以字节操作为对象,可以擦除,自动擦除及写入数据时间不超过 10 ms,因此,采用前面的 I^2C 软件实现对 EEPROM 写操作时,对应软件部分每写入 1 字节要至少延时 10 ms 才能再写下 1 字节。擦写次数达 100 万次,且数据 100 年不丢失。其器件地址的确定方法如下：

器件地址的第 1～4 位为从器件地址位(存储器为 1010)。控制字节中的前 4 位码确认器件的类型。此四位码由 PHILIPS 公司的 I^2C 规程所决定。1010 码即为从器件为串行 EEPROM 的情况。串行 EEPROM 将一直处于等待状态,直到 1010 码发送到总线上为止。当 1010 码发送到总线上时,其他非串行 EEPROM 从器件将不会响应。

从地址的第5～7位为1～8片的片选或存储器内的块地址选择位。此三个控制位用于片选或者内部块选择。

当总线上连有多片芯片时，引脚A2、A1、A0的电平作器件选择（片选），控制字节的A2、A1、A0位必须与外部A2、A1、A0引脚的硬件连接（电平）匹配，A2、A1、A0引脚中不连接的，为内部块选择。即，串行EEPROM器件地址的高4位D7～D4固定为1010，接下来的三位D3～D1（A2、A1、A0）为器件的片选地址位或作为存储器页地址选择位，用来定义哪个器件被主器件访问。这样，同一个I^2C总线就可以连接多个同一型号芯片，只要它们A2、A1、A0不一致，就不会出现从机地址冲突现象。

串行EEPROM一般具有两种写入方式，一种是字节写入方式，还有另一种是页写入方式。允许在一个写周期内同时对1个字节到一页的若干字节的编程写入，一页的大小取决于芯片内页寄存器的大小。

内部页缓冲器只能接收一页字节数据，多于一页的数据将覆盖先接收到的数据。

AT24C系列EEPROM的A2、A1、A0引脚功能及各器件页的大小定义如表10.9所列，其中，NC表示不连接。

表10.9　AT24C系列EEPROM的A2、A1和A0引脚功能及各器件页的大小定义

器　件	A2	A1	A0	页大小/字节	器　件	A2	A1	A0	页大小/字节
AT24C01	A2	A1	A0	8	AT24C64	A2	A1	A0	32
AT24C02	A2	A1	A0	8	AT24C128	NC	A1	A0	64
AT24C04	A2	A1	NC	16	AT24C256	NC	A1	A0	64
AT24C08	A2	NC	NC	16	AT24C512	NC	A1	A0	128
AT24C16	NC	NC	NC	16	AT24C1024	NC	A1	NC	256
AT24C32	A2	A1	A0	32					

这里，页大小是指一次连续读/写的数据个数，地址超出每个页的页顶端子地址，子地址将自动回到页底端子地址。

2. AT24CXX与SMBus0接口

对于SMBus0，需使用SDA和SCL接入总线。这就需要将交叉开关寄存器XBR0中的XBR0.0（SMB0EN）置1，使SDA和SCL配置到确定的I/O引脚；同时，使交叉开关寄存器XBR2中的XBR2.6（XBARE）置1，以允许交叉开关，如图10.22所示。至于，SDA和SCL配置到哪一个引脚，取决于整个系统中到底使用了哪些数字外设以及所使用的数字外设的优先级。

C8051F020采用外部22.1184 MHz时钟作为系统时钟。SMBus0的数据转输速率为100 kHz，则SMB0CR=153。AT24C02与C8051F020的接口电路如图10.23所示。

AT24C系列I^2C总线接口EEPROM广泛应用于单片机应用系统。下面示范SMBus0主机模式读/写AT24C02。

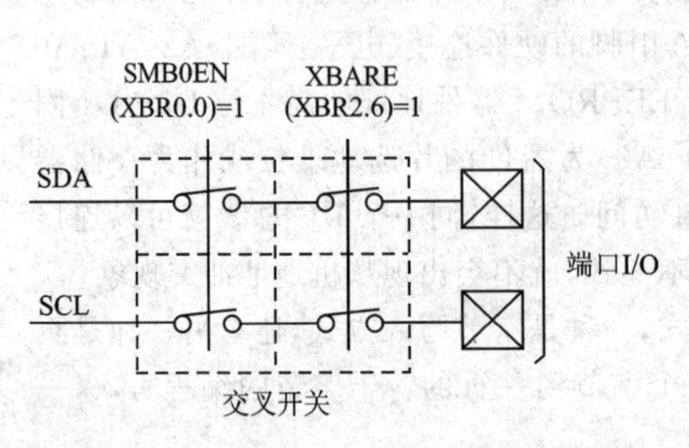

图 10.22　SMBus0 引脚交叉开关配置示意图

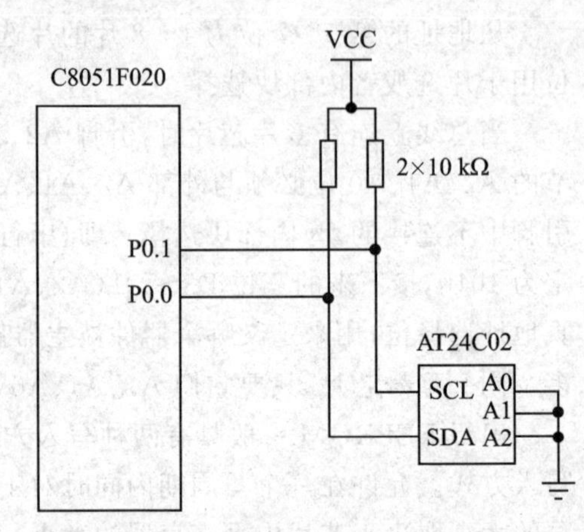

图 10.23　AT24C02 与 C8051F020 的接口电路

汇编语言程序	C 语言程序
$ include (C8051F020.inc)	#include <C8051F020.h>
ORG　0000H	
LJMP MAIN	void WDT_disable(void);
ORG　0100H	void OSC_Init(void);
	void delay_ms(unsigned int t);
;SMBus 状态定义	
;　MT:主方式传输	//SMBus 状态定义
;　MR:主方式接收	//　MT:主方式传输
;主机 START 已发送完成	//　MR:主方式接收
START　EQU　0x08	//主机 START 已发送完成
;主机重复 START 已发送完成	#define START　0x08
RE_START　EQU　0x10	//主机重复 START 已发送完成
;主机发送从机地址(写传输)并接收到 ACK	#define RE_START　0x10
MT_SLA_ACK　EQU　0x18	//主机发送从机地址(写传输)并接收到 ACK
;主机发送从机地址(写传输)并接收到 NACK	#define MT_SLA_ACK　0x18
MT_SLA_NACK　EQU　0x20	//主机发送从机地址(写传输)并接收到 NACK
;主机发送数据并接收到 NOACK	#define MT_SLA_NACK　0x20
MT_DATA_ACK　EQU　0x28	//主机发送数据并接收到 NOACK
;主机发送数据并接收到 NOACK	#define MT_DATA_ACK　0x28
MT_DATA_NACK　EQU　0x30	//主机发送数据并接收到 NOACK
;主机发送从机地址(读传输)并接收到 ACK	#define MT_DATA_NACK　0x30
MR_SLA_ACK　EQU　0x40	//主机发送从机地址(读传输)并接收到 ACK
;主机发送从机地址(读传输)并接收到 NACK	#define MR_SLA_ACK　0x40
MR_SLA_NACK　EQU　0x48	//主机发送从机地址(读传输)并接收到 NACK
;主机接收到数据并返回 ACK	#define MR_SLA_NACK　0x48
MR_DATA_ACK　EQU　0x50	//主机接收到数据并返回 ACK

```
;主机接收到数据并返回 NOACK
MR_DATA_NACK    EQU    0x58

;常用 SMBus 操作(主模式写和主模式读)
SMBusStart   EQU  MOV SMB0CN, #60H
SMBusStop    EQU  MOV SMB0CN, #50H
SMBusStateWait EQU  JB  BUSY, $
SMBusState   EQU  LCALL SMBusState-
                  WaitAndInit
SMBusNACK    EQU  MOV SMB0CN, #40H
SMBusACK     EQU  MOV SMB0CN, #44H

SMBus_ERROR_STATE  EQU   60H
; AT24C02 芯片的写地址
SMBusDeviceAddr     EQU   0A0H

SMBusStateWaitAndInit:
   JB    BUSY, $
   MOV   SMB0CN, #40H
RET

;*******************************
;SMBus 总线写多个字节
;成功信息记录到全局变量 SMBus_ERROR_STATE
;参数:子地址—R7
;        数据指针—R0
;        数据个数—R6(大于 0)
;*******************************
SMBusWrite:
  PUSH ACC
  不能
  MOV   SMBus_ERROR_STATE, #0ffH

  SMBusStart    ;SMBus 启动
  SMBus_STATE_Wait
  MOV   A, SMBusState
  XOR   A, START
  JZ    SMBusWrite_L1
  MOV   SMBus_ERROR_STATE, #0
  ;起始条件后不能立即给出停止条件
SMBusWrite_L1:
```

```
#define MR_DATA_ACK       0x50
//主机接收到数据并返回 NOACK
#define MR_DATA_NACK       0x58

//常用 SMBus 操作(主模式写和主模式读)
#define setENSMB      0x40
#define setSTA        0x20
#define setSTO        0x10
#define setAA         0x04
#define SMBusStart() SMB0CN = (setENSMB)  \
                              |(setSTA)
#define SMBusStop()  SMB0CN = (setENSMB)  \
                              |(setSTO)
#define SMBusStateWait() do{              \
                  while(BUSY == 1);  \
                  SMB0CN = setENSMB;  \
                 }while(0)
#define SMBusState() SMB0STA
#define SMBusNACK()  SMB0CN = (setENSMB)
#define SMBusACK()  SMB0CN = (setENSMB)\
                              |(setAA)
#define SMBusWrite(x)  SMB0DAT = (x)

unsigned char SMBus_ERROR_STATE;

unsigned char SMBusDeviceAddr = 0xa0;
/*******************************
  SMBus 总线写多个字节
  成功信息记录到全局变量 SMBus_ERROR_
STATE
*******************************/
void SMBusWrite(unsigned char SubAddr,
                unsigned char * p,
                unsigned char N)
{
  unsigned char i;

  //没有 SMBus 状态错误
  SMBus_ERROR_STATE = 0xff;
  while(1)
  {
```

```
;写 SMBus 从器件地址和写方式
 MOV  SMB0DAT, SMBusDeviceAddr
 SMBus_STATE_Wait
 MOV  A, SMBusState
 XOR  A, MT_SLA_ACK
 JZ   SMBusWrite_L2
 MOV  SMBus_ERROR_STATE, ＃1
SMBusWrite_L2:
 MOV  A, SMBus_ERROR_STATE
 CJNE A, ＃0ffH, SMBusWrite_Over
 MOV  SMB0DAT, R7        ;写子地址
 SMBus_STATE_Wait
 MOV  A, SMBusState
 XOR  A, MT_DATA_ACK
 JZ   SMBusWrite_LOOP
 MOV  SMBus_ERROR_STATE, ＃2
 SJMP SMBusWrite_Over;
SMBusWrite_LOOP:
 MOV  SMB0DAT,@R0       ;写数据
 SMBus_STATE_Wait
 MOV  A, SMBusState
 XOR  A, MT_DATA_ACK
 JZ   SMBusWrite_L3
 MOV  SMBus_ERROR_STATE, ＃3
 SJMP SMBusWrite_Over
SMBusWrite_L3:
 INC  R0
 MOV  R7, 10     ;延时 10 ms,
                 ;等 EEPROM 写完
 LCALL DELAY_MS
 DJNZ R6, SMBusWrite_LOOP

SMBusWrite_Over:
 SMBusStop       ;SMBus 停止
 POP  ACC
 RET

;**************************
;SMBus 总线读多个字节
;成功信息记录到全局变量 SMBus_ERROR_STATE
;参数: 子地址—R7
```

```
 SMBusStart();//I²C 启动
 SMBusStateWait();
 if(SMBusState() != START)
{
 SMBus_ERROR_STATE = 0;
 }
 //写 SMBus 从器件地址和写方式
 SMBusWrite(SMBusDeviceAddr);
 SMBusStateWait();
 if(SMBusState() != MT_SLA_ACK)
 {
   SMBus_ERROR_STATE = 1;
 }
 if(SMBus_ERROR_STATE != 0xff)
 {
   break;
 }
 SMBusWrite(SubAddr); //写子地址
 SMBusStateWait();
 if(SMBusState() != MT_DATA_ACK)
 {
   SMBus_ERROR_STATE = 2;
   break;
 }
 for(i = 0; i<N; i++)
 {
   //写数据到从器件
   SMBusWrite(*p++);
   SMBus_STATE_Wait();
   if(SMBusState() != MT_DATA_ACK)
   {
     SMBus_ERROR_STATE = 4;
     break;
   }
   //延时等 EEPROM 写完
   delay_ms(10);
 }
 break;
}
SMBusStop(); //SMBus 停止
```

```
;数据指针—R0
;数据个数—R6(大于 0)
;*****************************
SMBusRead:
  PUSH ACC
  ;首先设定为无状态错误
  MOV  SMBus_ERROR_STATE, #0ffH

  SMBusStart     ;SMBus 启动
  SMBus_STATE_Wait
  MOV  A, SMBusState
  XOR  A, START
  JZ   SMBusRead_L1
  MOV  SMBus_ERROR_STATE, #0
  ;起始条件后不能立即给出停止条件
SMBusRead_L1:
  ;写 SMBus 从器件地址和写方式
  MOV  SMB0DAT, SMBusDeviceAddr
  SMBus_STATE_Wait
  MOV  A, SMBusState
  XOR  A, MT_SLA_ACK
  JZ   SMBusRead_L2
  MOV  SMBus_ERROR_STATE, #1
SMBusRead_L2:
  MOV  A, SMBus_ERROR_STATE
  CJNE A, #0ffH, SMBusWrite_Over

  MOV  SMB0DAT, R7        ;写子地址
  SMBus_STATE_Wait
  MOV  A, SMBusState
  XOR  A, MT_DATA_ACK
  JZ   SMBusRead_L3
  MOV  SMBus_ERROR_STATE, #2
  SJMP SMBusRead_Over

SMBusRead_L3:
  SMBusStart     ;SMBus 重新启动
  SMBus_STATE_Wait
  MOV  A, SMBusState
  XOR  A, RE_START
  JZ   SMBusRead_L4
```

```
}
/ ******************************
 SMBus 总线读多个字节
成功信息记录到全局变量 SMBus_ERROR_STATE
 ******************************/
void SMBusRead(unsigned char SubAddr,
               unsigned char * StoreAddr,
               unsigned char N)
{
  unsigned char i;
  SMBus_ERROR_STATE = 0xff;//无状态错误
  while(1)
  {
    SMBusStart();  //SMBus 启动
    SMBusStateWait();
    if (SMBusState() ! = START)
    {
      SMBus_ERROR_STATE = 0;
    }
    //写 SMBus 从器件地址和写方式
    Write8Bit(I2C_DeviceAddr);
    SMBusStateWait();
    if(SMBusState() ! = MT_SLA_ACK)
    {
      SMBus_ERROR_STATE = 1;
    }
    if(SMBus_ERROR_STATE ! = 0xff)break;
    //写子地址
    SMBusWrite(SubAddr);
    SMBusStateWait();
    if(SMBusState() ! = MT_DATA_ACK)
    {
      SMBus_ERROR_STATE = 2;
      break;
    }
    SMBusStart();   //SMBus 重新启动
    SMBusStateWait();
    if (SMBusState() ! = RE_START)
    {
      SMBus_ERROR_STATE = 5;
    }
```

```
  MOV   SMBus_ERROR_STATE, #5
  ;起始条件后不能立即给出停止条件
SMBusRead_L4:
  ;写 SMBus 从器件地址和读方式
  MOV  A, SMBusDeviceAddr
  INC  A
  MOV  SMB0DAT, A
  SMBus_STATE_Wait
  MOV  A, SMBusState
  XOR  A, MT_SLA_ACK
  JZ   SMBusRead_L5
  MOV  SMBus_ERROR_STATE, #6
SMBusRead_L5:
  MOV  A, SMBus_ERROR_STATE
  CJNE A, #0ffH, SMBusWrite_Over

  CJNE R6, #1, SMBusRead_L7
SMBusRead_LOOPOVER:
  ;启动主 SMBus 读方式并 NACK
  SMBusNACK
  SMBus_STATE_Wait
  MOV  A, SMBusState
  XOR  A, MR_DATA_NACK
  JZ   SMBusRead_L6
  MOV  SMBus_ERROR_STATE, #7
  SJMP SMBusRead_Over;
SMBusRead_L6:
  MOV   @R0, SMB0DAT
  SJMP SMBusRead_Over;

SMBusRead_L7:
  DEC  R6
SMBusRead_LOOP:
  ;启动主 SMBus 读方式并 ACK
  SMBusACK
  SMBus_STATE_Wait
  MOV  A, SMBusState
  XOR  A, MR_DATA_ACK
  JZ   SMBusRead_L8
  MOV  SMBus_ERROR_STATE, #7
  SJMP SMBusRead_Over;
```

```
    //写 SMBus 从器件地址和读方式
    SMBusWrite(SMBusDeviceAddr + 1);
    SMBusStateWait();
    if(SMBusState() != MR_SLA_ACK)
    {
      SMBus_ERROR_STATE = 6;
    }
    if(SMBus_ERROR_STATE != 0xff)
    {
      break;
    }
    //N-1 次读取并 ACK
    for(i = 1; i<N; i++)
    {
      //启动主 SMBus 读方式并 ACK
      SMBusACK();
      SMBusStateWait();
      if(SMBusState()! = MR_DATA_ACK)
      {
        SMBus_ERROR_STATE = 7;
        break;
      }
      *StoreAddr++ = SMB0DAT;
    }
    //启动主 SMBus 读方式并 NACK
    SMBusNACK();
    SMBusStateWait();
    if(SMBusState() != MR_DATA_NACK)
    {
      SMBus_ERROR_STATE = 7;
    }
    *StoreAddr = SMB0DAT;

    break;
  }

  SMBusStop();    //SMBus 停止
}

int main(void)
{
```

```
SMBusRead_L8:
   MOV   @R0, SMB0DAT
   INC   R0
   DJNZ R6, SMBusRead_LOOP
   SJMP SMBusRead_LOOPOVER

SMBusRead_Over:
   SMBusStop         ;SMBus 停止
   POP  ACC
   RET

MAIN:
   ;禁止看门狗定时器
   MOV  WDTCN, #0DEH
   MOV  WDTCN, #0ADH

   ;系统时钟切换到外部 22.118 4 MHz
   LCALL OSC_INIT

   ;SDA 连到 P0.0,SCL 连到 P0.1
   ;注意,要接上拉电阻
   ANL  P0MDOUT, #0fcH ;OD
   ORL  XBR0, #01H
   ;使能交叉开关和所有弱上拉电阻
   MOV  XBR2, #40H
```

```
   //禁止看门狗定时器
   WDT_disable();
   OSC_Init();

   //SDA 连到 P0.0,SCL 连到 P0.1
   //注意,要接上拉电阻
   P0MDOUT &= 0xfc;  //OD
   XBR0 |= 0x01;
   //使能交叉开关和所有弱上拉电阻
   XBR2 = 0x40;
}
```

10.4 单总线技术与基于 DS18B20 的温度检测系统设计

在传统的模拟信号远距离温度测量系统中,需要很好地解决引线误差补偿问题、多点测量切换误差问题和放大电路零点漂移误差问题等技术问题,才能够达到较高的测量精度。DS18B20 是一个单线式温度采集数据传输,并直接转换数字量的温度传感器。多个 DS18B20 挂接到一条单总线上,即可构成多点温度采集系统。

1-wire 单总线是 Maxim 全资子公司 Dallas 的一项专有技术。与目前多数标准串行数据通信方式(如 SPI/I²C/MICROWIRE)不同,它采用单根信号线,既传输时钟,又传输数据,而且数据传输是双向的。它具有节省 I/O 口线资源、结构简单、成本低廉,便于总线扩展和维护等诸多优点。1-wire 单总线适用于单个主机系统,能够控制一个或多个从机设备。当只有一个从机位于总线上时,系统可按照单节点系统操作;而当多个从机位于总线上时,系统按照多节点系统操作。

DS18B20 的特点包括：

① 独特的单线接口仅需一个端口引脚进行双向通信，多个并联可实现多点测温；

② 可通过数据线供电，电源电压范围为 3～5.5 V；

③ 零待机功耗；

④ 用户可定义的非易失性温度报警设置；

⑤ 报警搜索命令识别并标志超过程序限定温度（温度报警条件）的器件；

⑥ 测温范围－55～＋125 ℃。精度为 9～12 位（与数据位数的设定有关），9 位的温度分辨率为±0.5 ℃，12 位的温度分辨率为±0.0625 ℃，缺省值为 12 位；在 93.75～750 ms 内将温度值转化为 9～12 位的数字量，典型转换时间为 200 ms；输出的数字量与所测温度的对应关系如表 10.10 所列。

表 10.10　DS18B20 的温度/数据关系

温度/℃	数据输出(二进制)	数据输出(十六进制)
＋125	0000 0111 1101 0000	07D0H
＋85	0000 0101 0101 0000	0550H
＋10.125	0000 0000 1010 0010	00A2H
＋0.5	0000 0000 0000 1000	0008H
0	0000 0000 0000 0000	0000H
－0.5	1111 1111 1111 1000	FFF8H
－10.125	1111 1111 0101 1110	FF5EH
－55	1111 1100 1001 0000	FC90H

从表 10.7 可知，温度以 16 bit 带符号位扩展的二进制补码形式读出，再乘以 0.0625，即可求出实际温度值。

DS18B20 通过一个单线接口发送或接收信息，因此在中央微处理器和 DS18B20 之间仅需一条连接线（加上地线）。用于读/写和温度转换的电源可以从数据线本身获得，无需外部电源。而且每个 DS18B20 都有一个独特的片序列号，所以多只 DS18B20 可以同时连在一根单总线上，这一特性在 HVAC 环境控制、探测建筑物、仪器或机器的温度以及过程监测和控制等方面非常有用。其引脚说明如表 10.11 所列。

表 10.11　DS18B20 引脚说明

<table>
<tr><th>引　脚</th><th>符　号</th><th>说　明</th><td rowspan="4">DALLAS
DS18B20
1 2 3
GND DQ VDD</td></tr>
<tr><td>1</td><td>GND</td><td>接地</td></tr>
<tr><td>2</td><td>DQ</td><td>数据输入/输出引脚。对于单线操作，漏极开路</td></tr>
<tr><td>3</td><td>VDD</td><td>可选的 VDD 引脚</td></tr>
</table>

10.4.1 DS18B20 的内部构成及测温原理

图 10.24 的方框图示出了 DS18B20 的主要部件。DS18B20 有三个主要数字部件：

① 64 位激光 ROM；

② 温度传感器；

③ 非易失性(EEPROM)温度报警触发器 TH 和 TL。

器件用如下方式从单线通信线上汲取能量：在信号线处于高电平期间把能量储存在内部电容里，在信号线处于低电平期间消耗电容上的电能工作，直到高电平到来再给寄生电源(电容)充电。DS18B20 也可由外部给 DS18B20 的 VDD 供电。

温度高于 100 ℃时，不推荐使用寄生电源，因为 DS18B20 在此时漏电流比较大，通信可能无法进行。在类似这种温度的情况下，要使用 DS18B20 的 VDD 引脚。

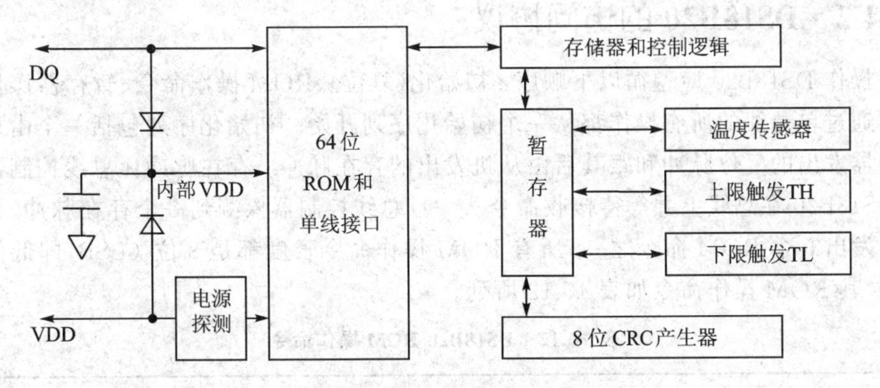

图 10.24 DS18B20 方框图

DS18B20 的单总线采用“线与”方式，因此使用 DS18B20 时，总线需要接 kΩ 级上拉电阻；但总线上所挂 DS18B20 增多时，就需要解决微处理器的总线驱动问题，如减小上拉电阻等。

DS18B20 为一种片上温度测量技术来测量温度。图 10.25 示出了温度测量电路方框图。DS18B20 是这样测温的：用一个高温度系数的振荡器确定一个门周期，内部计数器在这个门周期内对一个低温度系数的振荡器的脉冲进行计数来得到温度值。计数器被预置到对应于－55 ℃的一个值。如果计数器在门周期结束前到达 0，则温度寄存器(同样被预置到－55 ℃)的值增加，表明所测温度大于－55 ℃。

同时，计数器被复位到一个值，这个值由斜坡式累加器电路确定，斜坡式累加器电路用来补偿感温振荡器的抛物线特性。然后计数器又开始计数直到 0，如果门周期仍未结束，将重复这一过程。

斜坡式累加器用来补偿感温振荡器的非线性，以期在测温时获得比较高的分辨力。这是通过改变计数器对温度每增加一度所需计数的值来实现的。

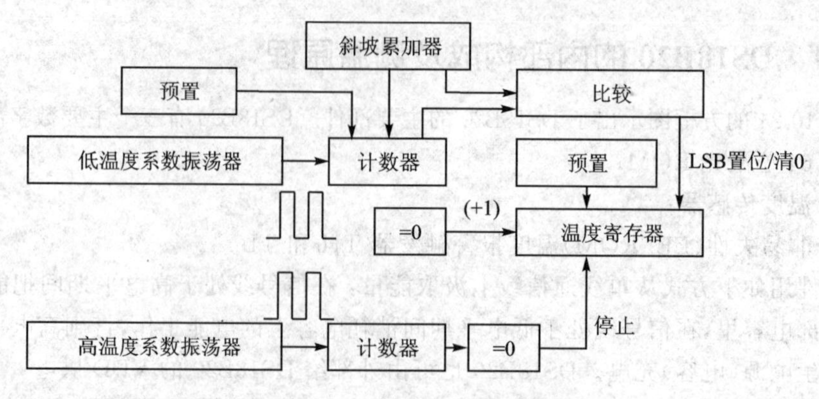

图 10.25　温度测量电路的方框图

10.4.2　DS18B20 的访问协议

操作 DS18B20 应遵循以下顺序：初始化(复位)、ROM 操作命令、暂存器操作命令。通过单总线的所有操作都从一个初始化序列开始。初始化序列包括一个由总线控制器发出的复位脉冲和跟其后由从机发出的存在脉冲。存在脉冲让总线控制器知道 DS18B20 在总线上并等待接收命令。一旦总线控制器探测到一个存在脉冲,它就可以发出 5 个 ROM 命令之一,所有 ROM 操作命令长度都是 8 位 (LSB,即低位在前)。其 ROM 操作命令如表 10.12 所列。

表 10.12　DS18B20 ROM 操作命令

操作命令	说　明
33H	读 ROM 命令(Read ROM)：通过该命令主机可以读出 ROM 中 8 位系列产品代码、48 位产品序列号和 8 位 CRC 码。读命令仅用在单个 DS18B20 在线情况,当多于一个时由于 DS18B20 为开漏输出,将产生“线与”,从而引起数据冲突
55H	匹配 ROM 序列号命令(Match ROM)：用于多片 DS18B20 在线。主机发出该命令,后跟 64 位ROM 序列,让总线控制器在多点总线上定位一只特定的 DS18B20。只有和 64 位 ROM 序列完全匹配的 DS18B20 才能响应随后的存储器操作命令,其他 DS18B20 等待复位。该命令也可以用在单片 DS18B20 情况
CCH	跳过 ROM 操作命令(Skip ROM)：对于单片 DS18B20 在线系统,该命令允许主机跳过 ROM 序列号检测而直接对寄存器操作,从而节省时间。对于多片 DS18B20 系统,该命令将引起数据冲突
F0H	搜索 ROM 序列号命令(Search ROM)：当一个系统初次启动时,总线控制器可能并不知道单总线上有多少器件或它们的 64 位 ROM 编码。该命令允许总线控制器用排除法识别总线上的所有从机的 64 位编码

续表 10.12

操作命令	说　明
ECH	报警查询命令(Alarm Search)：该命令操作过程同 Search ROM 命令，但是，仅当上次温度测量值已置位报警标志(由于高于 TH 或低于 TL)，即符合报警条件，DS18B20 才响应该命令。如果 DS18B20 处于上电状态，该标志将保持有效，直到遇到下列两种情况： ① 本次测量温度发生变化，测量值处于 TH、TL 之间； ② TH、TL 改变，温度值处于新的范围之间，设置报警时要考虑 EEPRAM 中的值

在多点温度测量系统中，DS18B20 因其体积小、构成的系统结构简单等优点，应用越来越广泛。如图 10.26 所示，每一个数字温度传感器内均有唯一的 64 位序列号(最低 8 位是产品代码，中间 48 位是器件序列号，高 8 位是前 56 位循环冗余校验(Cyclical Redundancy Check，CRC))码，只有获得该序列号后才可能对单线多传感器系统进行一一识别。

64 位光刻 ROM MSB　　　　　　LSB

8位CRC码	48 位序列号	8位系列编码(10H)

图 10.26　DS18B20 的 64 位序列号构成

读 DS18B20 是从最低有效位开始，8 位系列编码都读出后，48 位序列号再读入，移位寄存器中就存储了 CRC 值。控制器可以用 64 位 ROM 中的前 56 位计算出一个 CRC 值，再用这个和存储在 DS18B20 的 64 位 ROM 中的值或 DS18B20 内部计算出的 8 位 CRC 值(存储在第 9 个暂存器中)进行比较，以确定 ROM 数据是否被总线控制器接收无误。

在 ROM 操作命令中，有两条命令专门用于获取传感器序列号：读 ROM 命令(33H)和搜索 ROM 命令(F0H)。读 ROM 命令只能在总线上仅有一个传感器的情况下使用。搜索 ROM 命令则允许总线主机使用一种“消去”处理方法来识别总线上所有的传感器序列号。搜索过程为三个步骤：读一位，读该位的补码，写所需位的值。总线主机在 ROM 的每一位上完成这三个步骤，当全部过程完成后，总线主机便获得一个传感器 ROM 的内容，其他传感器的序列号则由相应的另外一个过程来识别。具体的搜索过程如下：

① 总线主机发出复位脉冲进行初始化，总线上的传感器则发出存在脉冲做出响应。

② 总线主机在单总线上发出搜索 ROM 命令。

③ 总线主机从单总线上读一位。每一个传感器首先把它们各自 ROM 中的第一位放到总线上，产生“线与”，总线主机读得“线与”的结果。接着每一个传感器把它们各自 ROM 中的第一位的补码放到总线上，总线主机再次读得“线与”的结果。总

线主机根据以上读得的结果,可进行如下判断:结果为00表明总线上有传感器连着,且在此数据位上它们的值发生冲突;结果为01表明此数据位上它们的值均为0;结果为10表明此数据位上它们的值均为1;结果为11表明总线上没有传感器连着。

④ 总线主机将一个数值位(0或1)写到总线上,则该位与之相符的传感器仍连到总线上。

⑤ 其他位重复以上步骤,直至获得其中一个传感器的64位序列号。

综上分析,搜索ROM命令可以将总线上所有传感器的序列号识别出来,但不能将各传感器与测温点对应起来,所以要一个一个传感器的测试序列号标定。

DS18B20的RAM暂存寄存器如表10.13所列。

表10.13 DS18B20的RAM暂存寄存器

寄存器内容及意义	暂存器地址
LSB:温度最低数字位	0
MSB:温度最高数字位(该字节的最高位表示温度正负,1为负)	1
TH:(高温限值)用户字节	2
TL:(低温限值)用户字节	3
转换位数设定,由b5和b6决定(0-R1-R0-11111): R1-R0: 00/9 bit 01/10 bit 10/11 bit 11/12 bit 至多转换时间: 93.75 ms 187.5 ms 375 ms 750 ms	4
保留	5
保留	6
保留	7
CRC校验	8

通过RAM操作命令,DS18B20完成一次温度测量。测量结果放在DS18B20的暂存器里,用一条读暂存器内容的存储器操作命令可以把暂存器中的数据读出。温度报警触发器TH和TL各由一个EEPROM字节构成。DS18B20完成一次温度转换后,就拿温度值和存储在TH和TL中的值进行比较,如果测得的温度高于TH或低于TL,器件内部就会置位一个报警标识,当报警标识置位时,DS18B20会对报警搜索命令有反应。如果没有对DS18B20使用报警搜索命令,这些寄存器可以作为一般用途的用户存储器使用,用一条存储器操作命令对TH和TL进行写入,对这些寄存器的读出需要通过暂存器。所有数据都是以低有效位(LSB)在前的方式进行读/写。DS18B20的6条RAM操作命令设置如表10.14所列。

表 10.14 DS18B20 的 RAM 操作命令设置

命令	说明	单总线发出协议后	备注
温度转换命令			
44H	开始温度转换：DS18B20 收到该命令后立刻开始温度转换。当温度转换正在进行时，主机读总线将收到 0，转换结束为 1。如果 DS18B20 是由信号线供电，主机发出此命令后主机必须立即提供至少相应于分辨率的温度转换时间的上拉	<读温度忙状态>	接到该协议后，如果器件不是从 VDD 供电，I/O 线就必须至少保持 500 ms 的高电平。这样，发出该命令后，单总线上在这段时间内就不能有其他活动
存储器命令			
BEH	读取暂存器和 CRC 字节：用此命令读出寄存器中的内容，从第一字节开始，直到读完第九字节，如果仅需要寄存器中部分内容，主机可以在合适时刻发送复位命令结束该过程	<读数据直到 9 字节>	
4EH	把字节写入暂存器的地址 2～4(TH 和 TL 温度报警触发，转换位数寄存器)，从第二字节(TH)开始。复位信号发出之前必须把这 3 个字节写完	<写 3 个字节到地址 2、3 和 4>	
48H	用该命令把暂存器地址 2 和 3 中的内容节复制到 DS18B20 的非易失性存储器 EEPROM 中：如果 DS18B20 是由信号线供电，主机发出此命令后，总线必须保证至少 10 ms的上拉，当发出命令后，主机发出读时隙来读总线，如果转存正在进行，则读结果为 0，转存结束为 1	<读拷贝状态>	接到该命令若器件不是从 VDD 供电，I/O 线必须至少保持 10 ms 的高电平。这样就要求，在发出该命令后，这段时间内单总线上就不能有其他活动
B8H	EEPROM 中的内容回调到寄存器 TH、TL(温度报警触发)和设置寄存器单元：DS18B20 上电时能自动回调，因此设备上电后 TL、TL 就存在有效数据。该命令发出后，如果主机跟着读总线，读到 0 意味着忙，1 为回调结束	<读温度忙状态>	
B4H	读 DS18B20 的供电模式：主机发出该命令，DS18B20 将发送电源标志，0 为信号线供电，1 为外接电源	<读供电状态>	

10.4.3 DS18B20的单总线读/写时序

DS1B820需要严格的协议以确保数据的完整性。协议包括几种单线信号类型：复位脉冲、存在脉冲、写0、写1、读0和读1。所有这些信号，除存在脉冲外，都是由总线控制器发出的。和DS18B20间的任何通信都需要以初始化序列开始。一个复位脉冲跟着一个存在脉冲表明DS18B20已经准备好发送和接收数据。

由于没有其他的信号线可以同步串行数据流，因此DS18B20规定了严格的读/写时隙，只有在规定的时隙内写入或读出数据才能被确认。协议由单线上的几种时隙组成：初始化脉冲时隙、写操作时隙和读操作时隙。单总线上的所有处理均从初始化开始，然后主机在相应的时间隙内读出数据或写入命令。

初始化要求总线主机发送复位脉冲(480～960 μs的低电平信号，再将其置为高电平)。在监测到I/O引脚上升沿后，DS18B20等待15～60 μs，然后发送存在脉冲(60～240 μs的低电平，后再置高)，表示复位成功，这时单总线为高电平。DS18B20初始化时序如图10.27所示。

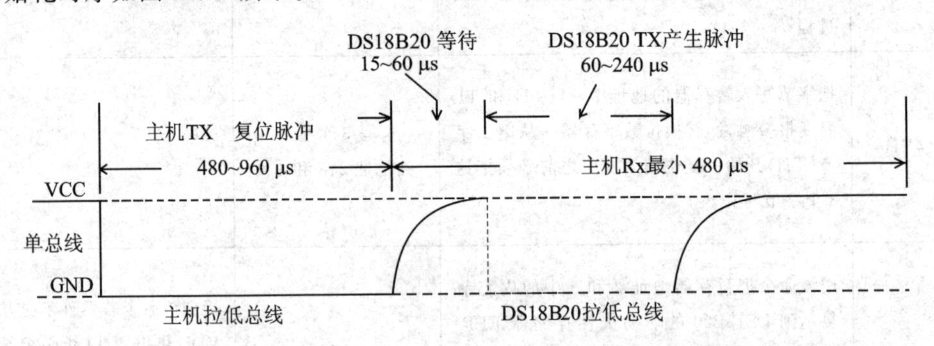

图 10.27 DS18B20 初始化时序

当主机把数据线从逻辑高电平拉到逻辑低电平的时候，写时间隙开始。有两种写时间隙：写1时间隙和写0时间隙。写1和写0时间隙都必须最少持续60 μs。I/O线电平变低后，DS18B20在一个15～60 μs的窗口内对I/O线采样。如果线上是高电平，就是写1，如果线上是低电平，就是写0。注意，写1时间隙开始主机拉低总线1 μs以上再释放总线。如此循环8次，完成一个字节的写入。写DS18B20时序如图10.28所示。

当从DS18B20读取数据时，主机生成读时间隙。自主机把数据线从高电平拉到低电平开始必须保持超过1μs。由于从DS18B20输出的数据在读时间隙的下降沿出现后15 μs内有效，因此，主机在读时间隙开始2 μs后即释放总线，并在接下来的2～15 μs范围内读取I/O引脚状态。之后I/O引脚将保持由外部上拉电阻拉到的高电平。所有读时间隙必须最少60 μs。重复8次完成一个字节的读入。读DS18B20时序如图10.29所示。

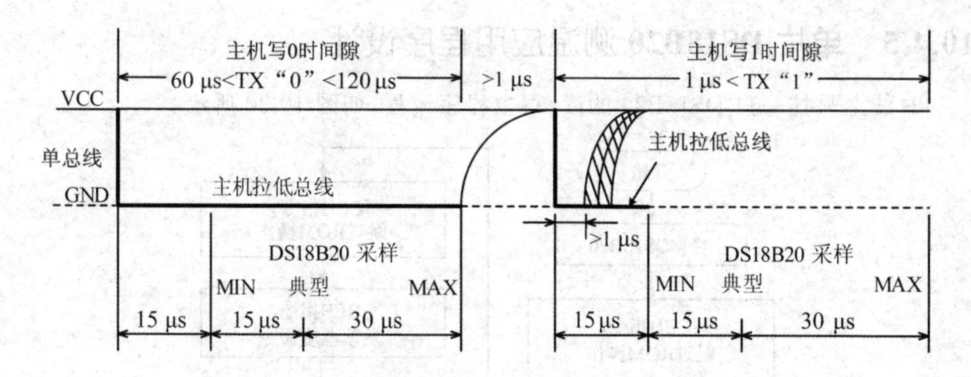

图 10.28　写 DS18B20 时序

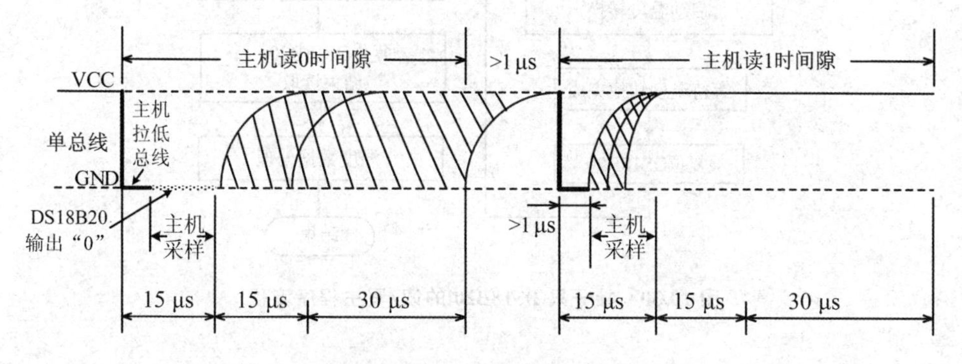

图 10.29　读 DS18B20 时序

10.4.4　DS18B20 使用中的注意事项

DS18B20 虽然具有测温系统简单、测温精度高、连接方便、占用口线少等优点，但在实际应用中也应注意以下几方面的问题：

① 连接 DS18B20 的总线电缆是有长度限制的。试验中，当采用普通信号电缆传输长度超过 50 m 时，读取的测温数据将发生错误。当将总线电缆改为双绞线带屏蔽电缆时，正常通信距离可达 150 m；当采用每米绞合次数更多的双绞线带屏蔽电缆时，正常通信距离进一步加长。这种情况主要是由总线分布电容使信号波形产生畸变造成的。因此，在用 DS18B20 进行长距离测温系统设计时，要充分考虑总线分布电容和阻抗匹配问题。

② 在 DS18B20 测温程序设计中，向 DS18B20 发出温度转换命令后，程序总要等待 DS18B20 的返回信号，一旦某个 DS18B20 接触不好或断线，当程序读该 DS18B20 时，将没有返回信号，程序进入死循环。这一点在进行 DS18B20 硬件连接和软件设计时也要给予一定的重视。

10.4.5 单片 DS18B20 测温应用程序设计

总线上只挂一只 DS18B20 的读/写主程序流程,如图 10.30 所示。

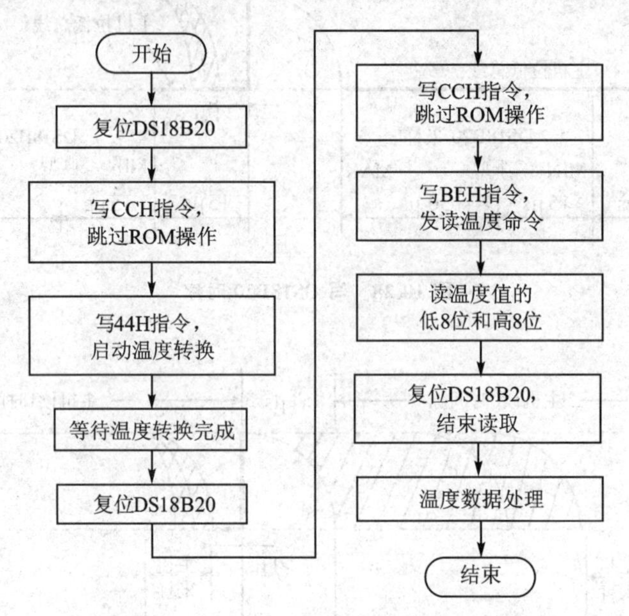

图 10.30 挂一只 DS18B20 的读/写主程序流程

```
#include <C8051F020.h>
#include <intrins.h>
sbit DS18B20 = P2^0;

void WDT_disable(void);
void OSC_Init(void);
void delay_ms(unsigned int t);

//------------------------------------
void delay500us(void)
{
    unsigned int i, j;
    for(j = 0; j < 21; j++)
        for(i = 0; i < 105; i++);
}
//------------------------------------
void delay60us(void)
{
```

```
    unsigned int i, j;
    for(j = 0; j< 3; j++)
        for(i = 0; i < 100; i++);
}
//-------------------------------------------
void delay1us(void)
{
    _nop_();_nop_();_nop_();_nop_();
    _nop_();_nop_();_nop_();_nop_();
    _nop_();_nop_();_nop_();_nop_();
    _nop_();_nop_();_nop_();
}
//----返回 0,总线上存在 DS18B20------
unsigned char Ds18b20_start ()
{
    unsigned char flag;          //定义初始化成功或失败标志
    DS18B20 = 0;                 //总线产生下降沿,初始化开始
    delay500us();                //总线保持低电平在 480～960 μs 之间
    DS18B20 = 1;                 //总线拉高,准备接收 DS18B20 的应答脉冲
    delay60us();                 //读应答等待
    _nop_();
    _nop_();
    flag = DS18B20;
    while(! DS18B20);            //等待复位成功
    return(flag);
}
//--------向 DS18B20 写 1 字节函数--------
void ds18_send(unsigned char i)
{
    unsigned char j = 8;         //设置读取的位数,1 字节 8 位
    for(; j > 0; j--)
    {
        DS18B20 = 0;             //总线拉低,启动"写时间片"
        delay1us();              //大于 1 μs
        if(i & 0x01)DS18B20 = 1;
        delay60us();             //延时至少 60 μs,使写入有效
        DS18B20 = 1;             //准备启动下一个"写时间片"
        i >>= 1;
    }
}
//------从 DS18B20 读 1 字节函数--------
unsigned char ds18_readChar(void)
```

```
{
    unsigned char i = 0, j = 8;
    for(; j > 0; j--)
    {
        DS18B20 = 0;            //总线拉低,启动读"时间片"
        delay1us();             //大于 1 μs
        DS18B20 = 1;            //总线拉高,准备读取
        i >>= 1;
        //从总线拉低时算起,约 15 μs 内读取总线数据
        if(DS18B20) i |= 0x80;
        delay60us();            //一个读时隙至少 60 μs
    }
    return(i);
}
//----------初始化 DS18B20---------------
void Init_Ds18B20(void)
{
    if(Ds18b20_start() == 0)  //复位
    {
        ds18_send (0xcc);       //跳过 ROM 匹配
        ds18_send (0x4e);       //设置写模式
        ds18_send (0x64);       //设置温度上限 100℃
        ds18_send (0xf6);       //设置温度下限 -10℃
        ds18_send (0x7f);       //12 位(默认)
    }
}
//--------读取单个 DS18B20 的温度-----------
unsigned int Read_ds18b20()
{
    unsigned char th, tl;

    if(Ds18b20_start ())        //Ds18b20_start()为初始化函数
    {
        //初始化失败,返回值超过 4095 以标志 DS18B20 出故障
        return(0x8000);
    }

    ds18_send(0xcc);            //发跳过序列号检测命令
    ds18_send(0x44);            //发启动温度转换命令
    while(! DS18B20);           //等待转换完成
    Ds18b20_start ();           //初始化
    ds18_send(0xcc);            //发跳过序列号检测命令
```

```
    ds18_send(0xbe);              //发读取温度数据命令
    tl = ds18_readChar();         //先读低 8 位温度数据
    th = ds18_readChar();         //再读高 8 位温度数据
    Ds18b20_start ();             //不需其他数据,初始化 DS18B20 结束读取
    return(((unsigned int)th << 8)|tl);
}
//--------------------------------
int main(void)
{
    unsigned int tem;

    //禁止看门狗定时器
    WDT_disable();
    OSC_Init();

    //使能交叉开关和所有弱上拉电阻
    XBR2 = 0x40;

    //温度放大了 10 倍,(×0.0625 = 1/16 = >>4)×10
    tem =  Read_ds18b20() * 10>>4;
//:
}
```

习题与思考题

10.1 请说明 SPI 通信的 CLK 线的作用。

10.2 请绘出 SPI 多机通信的线路图。

10.3 请说明 I^2C 和 SMBus 通信的特点,并与 SPI 通信进行对比。

10.4 试编写 SMBus 从机软件。

第 11 章

A/D、D/A 转换及信号链接口技术

当单片机用于实时控制和智能仪表等应用系统中时，经常会遇到连续变化的模拟量，如电压和电流等。若输入的是温度、压力和速度等非电信号物理量，还需要经过传感器转换成模拟电信号。这些模拟量必须先转换成数字量才能送给单片机处理，当单片机处理后，常常需要把数字量转换成模拟量再送给外部设备。实现模拟量转换成数字量的器件称为模/数转换器（Analog-to-Digital Conversion，简称 A/D 转换器或 ADC），数字量转换成模拟量的器件称为数/模转换器（Digital-to-Analog Conversion，简称 D/A 转换器或 DAC）。本章将介绍 A/D 转换器和 D/A 转换器，以及信号链接口技术。

11.1 DAC 原理及应用要点

DAC 实现把数字量转换成模拟量，在单片机应用系统设计中经常用到它，单片机处理的是数字量，而单片机应用系统中的很多控制对象都是通过模拟量控制，单片机输出的数字信号必须经 DAC 转换成模拟信号后，才能送给控制对象进行控制。本节就介绍 DAC 与单片机的接口问题。

11.1.1 DAC 原理及指标

1. $R-2R$ T 型电阻网络 DAC

4 位 $R-2R$ T 型电阻网络 DAC 原理如图 11.1 所示。电路中只有 R 和 $2R$ 两个阻值的电阻类型（$R_b=R$）。按照运放的虚短特性，I_{OUT1} 是虚地的，即图中的开关无论接入哪一侧都接入到零电势。又因为，D、C、B 和 A 节点右侧的等效电阻值都为 R，所以，总电流 $I_{REF}=V_{REF}/R$，各个支路的电流分别为 $I_{REF}/2$、$I_{REF}/4$、$I_{REF}/8$ 和 $I_{REF}/16$。多位的 $R-2R$ T 型电阻网络 DAC 的原理以此类推。

由运放的虚断特性，每个支路电流直接流入地还是经由电阻 R_b（$=R$）则由 4 个模拟开关决定。倒置 T 型网络 DAC 的转换过程计算如下：

$$I_{OUT1}=\frac{1}{2}I_{REF}b_3+\frac{1}{4}I_{REF}b_2+\frac{1}{8}I_{REF}b_1+\frac{1}{16}I_{REF}b_0$$

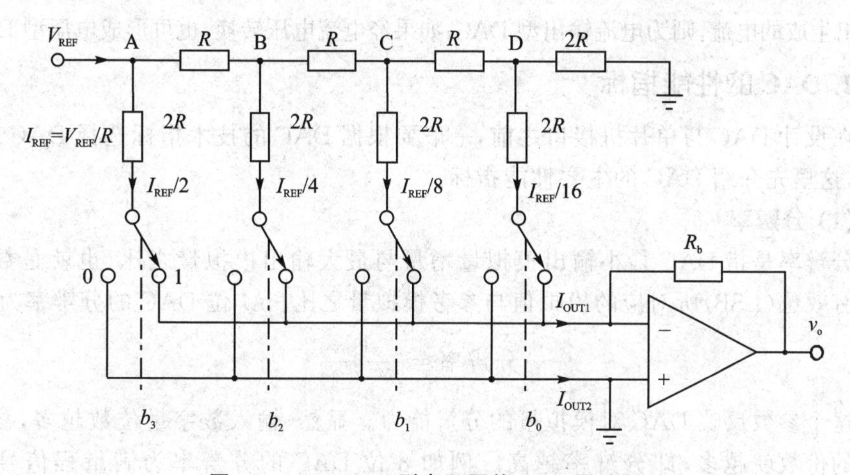

图 11.1 R－2R T 型电阻网络 DAC 原理图

$$=\frac{V_{REF}}{2^4\cdot R}(2^3b_3+2^2b_2+2^1b_1+2^0b_0)$$

$$v_o=-I_{OUT1}\cdot R_b=-\frac{V_{REF}}{2^4\cdot R}(2^3b_3+2^2b_2+2^1b_1+2^0b_0)\cdot R_b$$

$$=-\frac{V_{REF}R_b}{2^4\cdot R}D=-\frac{V_{REF}}{2^4}D$$

$$D=2^3b_3+2^2b_2+2^1b_1+2^0b_0,\quad R_b=R$$

对于 M 位，则有

$$v_o=-\frac{V_{REF}}{2^M}D$$

$$D=2^{M-1}b_{M-1}+2^{M-2}b_{M-2}+\cdots+2^1b_1+2^0b_0$$

$R-2R$ T 型电阻网络的特点是：电阻种类少，只有 R、$2R$，其制作精度提高。电路中的开关在地与虚地之间转换，不需要建立电荷和消散电荷的时间，因此在转换过程中不易产生尖脉冲干扰，减少动态误差，提高了转换速度，应用最广泛。

应用 $R-2R$ T 型电阻网络时需要注意，由于运放输出电压为负，所以运放必须采用双电源供电。

DAC 品种繁多、性能各异，但 DAC 的内部电路构成无太大差异。大多数 DAC 由电阻阵列和 M 个电压开关（或电流开关）构成，通过数字输入值切换开关，产生比例于输入的电压（或电流）。按输入数字量的位数可以分为 8 位、10 位、12 位和 16 位等；按传送数字量的输入方式可以分为并行方式和串行方式；按输出形式可以分为电流输出型和电压输出型等。如前面所述的电压开关型电路为直接输出电压型 DAC。尽管 $R-2R$ T 型电阻网络 DAC 具有较高的转换速度，但由于电路中存在模拟开关自身内阻压降，当流过各支路的电流稍有变化时，就会产生转换误差。因此，一般说来，由于电流开关的切换误差小，转换精度相对较高。电流开关型电路如果直接输出生成的电流,则为电流输出型DAC;如果经电流电压转换,也可形成电压型DAC。

2. DAC的性能指标

在设计DAC与单片机接口之前,一般要根据DAC的技术指标选择DAC芯片。因此,这里先介绍DAC的主要性能指标。

(1) 分辨率

分辨率是指DAC最小输出模拟量增量与最大输出模拟量之比,也就是数字量最低有效位(LSB)所对应的模拟值与参考模拟量之比。M位DAC的分辨率为

$$分辨率=\frac{1}{2^M-1}$$

这个参数反映DAC对模拟量的分辨能力。显然,输入数字量位数越多,参考电压分的份数就越多,即分辨率越高。例如8位DAC的分辨率为满量程信号值的1/255,12位DAC的分辨率为满量程信号值的1/4 095。

(2) 转换精度

由于DAC中受到电路元件参数误差、基准电压V_{REF}不稳定和运算放大器的零漂等因素的影响,DAC的模拟输出量实际值与理论值之间存在偏差。DAC的转换精度定义为这些综合误差的最大值,用于衡量DAC在将数字量转换成模拟量时,所得模拟量的精确程度。主要决定转换精度的因素就是参考电压V_{REF},因为对于

$$v_o=-\frac{V_{REF}}{2^M}D$$

输入量D不变,影响输出的量就是参考电压V_{REF}和分辨率M。若M固定,基准电压V_{REF}不稳定,输出自然会有随V_{REF}变化而变化的误差。当然,在选择高精准的电压源电路作为参考电压源V_{REF}的同时,提高分辨率,即增大M,可以提高在参考电压范围内输出任意模拟量的精度。

由于电路中各个模拟开关不同的导通电压和导通电阻、电阻网络中的电阻的误差等,都会导致DAC的非线性误差。一般来说,DAC的非线性误差应小于±1LSB。

再者,运算放大器的零漂不为零,会使DAC的输出产生一个整体增大或减小的失调电压平移。因此,运算放大器电路要有抑制或调整失调电压的功能。

因此,要获得高精度的DAC,不仅应选择高分辨率的DAC,更重要的是,要选用高性能的电压源电路和低零漂的运算放大器等器件与之配合才能达到要求。

(3) 温度系数

这个参数表明DAC具有受温度变化影响的特性。一般用满刻度输出条件下温度每升高1℃,输出模拟量变化的百分数作为温度系数。

(4) 建立时间

建立时间指从数字量输入端发生变化开始,到模拟输出稳定时所需要的时间。它是描述DAC转换速率快慢的一个参数。通常以V/μs为单位。该参数与运算放大器的压摆率SR类似。一般地,电流输出型DAC建立时间较短,电压输出型DAC

则较长。

模拟电子开关电路有 CMOS 开关型和双极型开关型两种。其中，双极型开关型又有电流开关型和开关速度更高的 ECL 开关型两种。模拟电子开关电路是影响建立时间的最关键因素。在速度要求不高的情况下，可选用 CMOS 开关型模拟开关 DAC；如果要求较高的转换速率，则应选用双极型电流开关 DAC。

(5) 输出极性及范围

DAC 输出范围与参考电压有关。对电流输出型，要用转换电路将其转换成电压，故输出范围与转换电路有关。输出极性有双极性和单极性两种。

11.1.2 DAC 与单片机的接口技术

不同的 DAC 与单片机的连接具有一定的差异，主要有三总线结构连接和 SPI 总线连接两种。常用的三总线 DAC 有 DAC0832 和 TLC7528 等；常用的 SPI 接口 DAC 有 TLC5620、TLC5615 和 TLV5618 等。下面以单片机与 DAC0832 的接口为例来说明。

1. DAC0832 芯片

DAC0832 是一个采用 $R-2R$ T 型电阻网络的 8 位 DAC 芯片，需要外扩运放形成电压型 DAC，建立时间为 1 μs。DAC0832 与外部数字系统接口方便，转换控制容易，价格便宜，在实际工作中使用广泛。数字输入端具有双重缓冲功能，可以双缓冲、单缓冲或直通方式输入，它的内部结构如图 11.2 所示。

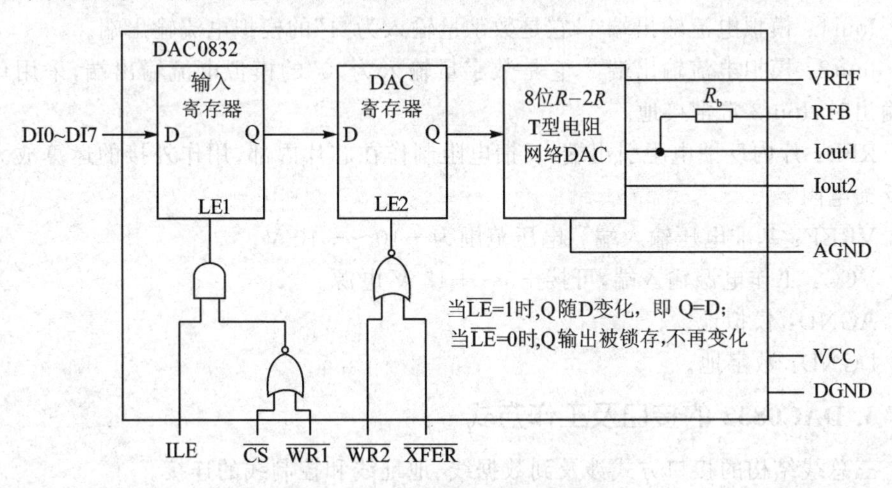

图 11.2 DAC0832 的内部结构图

DAC0832 内部主要由 8 位输入寄存器、8 位 DAC 寄存器、8 位 DAC 和控制逻辑电路组成。8 位输入寄存器接收从外部发送来的 8 位数字量，锁存于内部的锁存器中，8 位 DAC 寄存器从 8 位输入寄存器中接收数据，并能把接收的数据锁存于它内部的锁存器，8 位 DAC 对 8 位 DAC 寄存器发送来的数据进行转换，转换的结果由

Iout1 和 Iout2 端输出。8 位输入寄存器和 8 位 DAC 寄存器分别都有自己的异步控制端$\overline{\text{LE1}}$和$\overline{\text{LE2}}$,$\overline{\text{LE1}}$和$\overline{\text{LE2}}$由相应的控制逻辑电路控制,由此 DAC0832 可以很方便地实现双缓冲、单缓冲或直通方式处理。

2. DAC0832 的引脚

DAC0832 有 20 个引脚,采用双列直插式封装,如图 11.3 所示。

DI7～DI0(DI0 为最低位):8 位数字量输入端。

ILE:数据允许控制输入线,高电平有效,同$\overline{\text{CS}}$组合选通$\overline{\text{WR1}}$。

$\overline{\text{CS}}$:数组寄存器的选通信号,低电平有效,同 ILE 组合选通$\overline{\text{WR1}}$。

$\overline{\text{WR1}}$:输入寄存器写锁存信号,低电平有效,在$\overline{\text{CS}}$与 ILE 均有效时,$\overline{\text{WR1}}$为低,则$\overline{\text{LE1}}$为高,将数据装入输入寄存器,即为“透明”状态。当$\overline{\text{WR1}}$变高或是 ILE 变低时数据锁存。

$\overline{\text{WR2}}$:DAC 寄存器写锁存信号,低电平有效,当$\overline{\text{WR2}}$和$\overline{\text{XFER}}$同时有效时,$\overline{\text{LE2}}$为高,将输入寄存器的数据装入 DAC 寄存器。$\overline{\text{LE2}}$负跳变锁存装入的数据。

引脚	名称	名称	引脚
1	$\overline{\text{CS}}$	VCC	20
2	$\overline{\text{WR1}}$	ILE	19
3	AGND	$\overline{\text{WR2}}$	18
4	DI3	$\overline{\text{XFER}}$	17
5	DI2	DI4	16
6	DI1	DI5	15
7	DI0	DI6	14
8	VREF	DI7	13
9	RFB	Iout2	12
10	DGND	Iout1	11

DAC0832

图 11.3　DAC0832 引脚图

$\overline{\text{XFER}}$:数据传送控制信号输入端,低电平有效,用来控制$\overline{\text{WR2}}$选通 DAC 寄存器。

Iout1:模拟电流输出端 1,它是数字量输入为“1”的模拟电流输出端。

Iout2:模拟电流输出端 2,它是数字量输入为“0”的模拟电流输出端,采用单极性输出时,Iout2 常常接地。

RFB:片内反馈电阻引出端,反馈电阻制作在芯片内部,用作外接的运算放大器的反馈电阻。

VREF:基准电压输入端。电压范围为－10～＋10 V。

VCC:工作电源输入端,可接＋5～＋15 V 电源。

AGND:模拟地。

DGND:数字地。

3. DAC0832 的接口及工作方式

三总线结构的接口方式涉及到数据线、地址线和控制线的连接。

(1) 数据线的连接

DAC 与单片机数据线的连接主要考虑两个问题:一是分辨率,当高于 8 位的 DAC 与 8 位数据总线的 MCS－51 单片机接口时,MCS－51 单片机的数据必须分时输出,这时必须考虑数据分时传送的格式和输出电压的“毛刺”问题;二是 DAC 有无输入锁存器的问题,当 DAC 内部没有输入锁存器时,必须在单片机与 DAC 之间增设锁存器或 I/O 接口。

(2) 地址线的连接

一般的 DAC 只有片选信号，而没有地址线。这时单片机的地址线采用全译码或部分译码，经译码器输出来控制 DAC 的片选信号，也可以由某一位 I/O 线来控制 DAC 的片选信号。也有少数 DAC 有少量的地址线，用于选中片内独立的寄存器或选择输出通道(对于多通道 DAC)，这时单片机的地址线与 DAC 的地址线对应连接。

(3) 控制线的连接

DAC 主要有片选信号、写信号及启动转换信号等，一般由单片机的有关引脚或译码器提供。一般来说，写信号多由单片机的$\overline{WR}$信号控制；启动信号常为片选信号和写信号的合成。

基于以上考虑，可以采用改变控制引脚 ILE、$\overline{WR1}$、$\overline{WR2}$、$\overline{CS}$和$\overline{XFER}$的连接方法。DAC0832 具有单缓冲方式、双缓冲方式和直通方式三种工作方式。

1) 直通方式

当引脚$\overline{WR1}$、$\overline{WR2}$、$\overline{CS}$和$\overline{XFER}$直接接地时，ILE 接高电平，DAC0832 工作于直通方式下，此时，8 位输入寄存器和 8 位 DAC 寄存器都直接处于导通状态，当 8 位数字量一到达 DI0～DI7，就立即进行 D/A 转换，从输出端得到转换的模拟量。这种方式处理简单，DI7～DI0 直接与 51 单片机某一端口相连即可。

2) 单缓冲方式

通过连接 ILE、$\overline{WR1}$、$\overline{WR2}$、$\overline{CS}$和$\overline{XFER}$引脚，使得两个锁存器中的一个处于直通状态，另一个处于受控制状态，或者两个同时被控制，这时 DAC0832 就工作于单缓冲方式。例如图 11.4 就是一种单缓冲方式的连接，$\overline{WR2}$和$\overline{XFER}$直接接地，ILE 接电源，$\overline{WR1}$接 51 单片机的$\overline{WR}$，$\overline{CS}$接 51 单片机的 A15。

对于图 11.4 的单缓冲连接，只要数据 DAC0832 写入 8 位输入锁存器，就立即开始转换，转换结果通过输出端输出。

3) 双缓冲方式

当 8 位输入锁存器和 8 位 DAC 寄存器分开控制导通时，DAC0832 工作于双缓冲方式，此时单片机对 DAC0832 的操作分为两步：

第一步，使 8 位输入锁存器导通，将 8 位数字量写入 8 位输入锁存器中。

第二步，使 8 位 DAC 寄存器导通，8 位数字量从 8 位输入锁存器送入 8 位 DAC 寄存器。

第二步只使 DAC 寄存器导通，在数据输入端接入的数据无意义。图 11.5 就是一种双缓冲方式的连接。

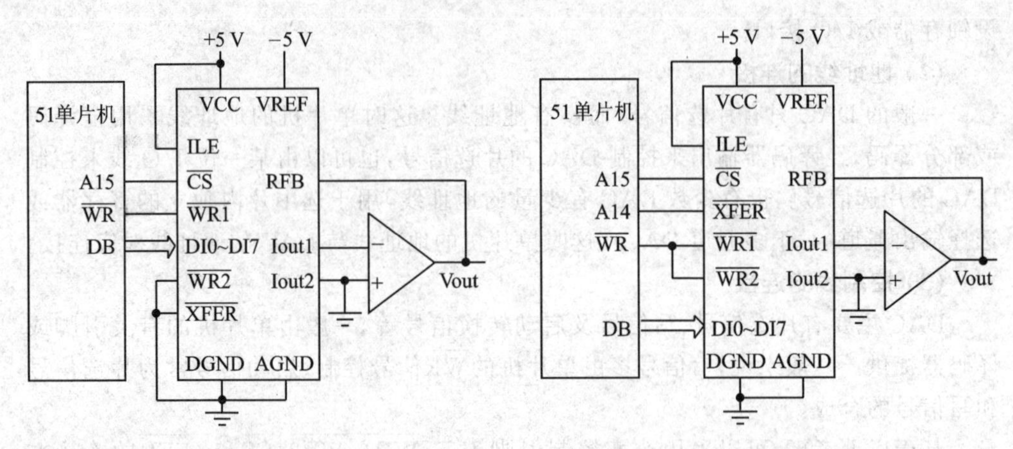

图 11.4 单缓冲方式的连接图　　图 11.5 双缓冲方式的连接图

4. 输出极性的控制

(1) 单极性输出

图 11.4 和图 11.5 中,电压输出为$-V_{REF}\times D/2^8$。输出为负电压,称为单极性输出。很多时候还需要正负对称范围的双极性输出。

(2) 双极性输出

如图 11.6 所示,有

$$v_o=-V_{REF}-2\,v_{o1}=-V_{REF}+2\,\frac{V_{REF}}{2^8}D=\left(\frac{D}{2^7}-1\right)V_{REF}=\frac{D-128}{2^7}V_{REF}$$

当 $D\geqslant128$ 时,$v_o>0$;当 $D<128$ 时,$v_o<0$。

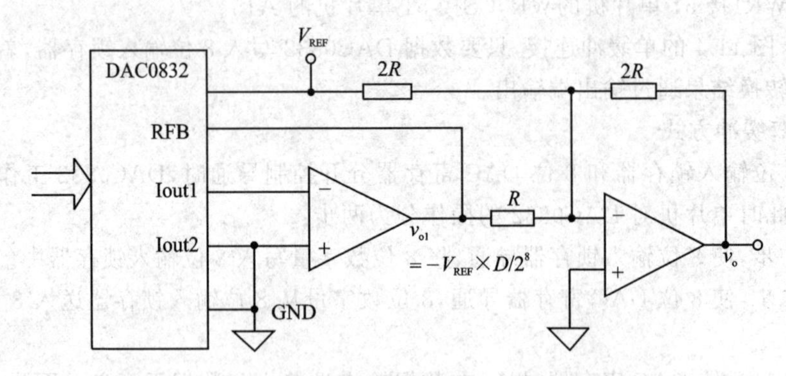

图 11.6 DAC0832 双极性输出应用示意图

11.2 ADC 原理及应用要点

ADC 的作用是把模拟量转换成数字量,以便于数字化处理。ADC 是将时间和幅度都连续的模拟量，转换为时间和幅值都离散的数字量。采样过程一定要满足奈奎斯特采样定理，一般要经过采样保持、量化和编码三个过程。其中，采样是在时间轴上对信号离散化；量化是在幅度轴上对信号数字化；编码则是按一定格式记录采样和量化后的数字数据。

采样保持(Sample Hold，S/H)电路用在 A/D 转换系统中，作用是在 A/D 转换过程中保持模拟输入电压不变，以获得正确的数字量结果。采样保持电路是 A/D 转换系统的重要组成部分，它的性能决定着整个 A/D 转换系统的性能。很多集成 ADC 都内建采样保持器，简化了电路设计。当 ADC 芯片没有内置采样保持电路，需要外接专用采样保持器电路；或者同一时刻要采集多个模拟量信号时，也需要外接多个采样保持器电路。采样保持器的选择要综合考虑捕获时间、孔隙时间、保持时间、下降率等参数。采样保持电路一般利用电容的记忆效应实现，如图 11.7 所示。A1 作为比较器并用于提高输入阻抗，A2 则增强保持能力并提供反馈信号。

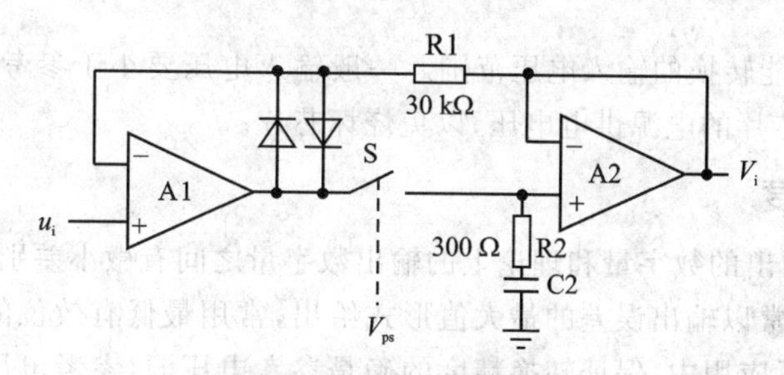

图 11.7　采样保持控制电路

常用的采样保持器有 AD582、AD583、LF398 等。加采样保持电路的原则：一般情况下，直流和变化非常缓慢的信号可以不用采样保持电路，其他情况都要加采样保持电路。

量化过程中所取最小数量单位称为量化单位。它是数字信号最低位为 1 时所对应的模拟量，即 1LSB。任何一个数字量的大小只能是某个规定的最小数量单位的整数倍。在量化过程中，由于采样电压不一定能被量化单位整除，所以量化前后不可避免地存在误差，此误差我们称为量化误差。量化误差属于原理误差，是无法消除的。ADC 的位数越多，各离散电平之间的差值越小，量化误差越小。两种近似量化方式：只舍不入的量化方式和四舍五入的量化方式。

随着超大规模集成电路技术的飞速发展，现在有很多类型的 ADC 芯片，不同的芯片其内部结构不一样，转换原理也不同。各种 A/D 转换芯片根据转换原理可分为计数型 ADC、逐次比较型和双积分型 ADC 等。

ADC 的主要技术指标有分辨率、转换精度和转换速率等。选择 ADC 时除考虑这两项技术指标外，还应注意满足其输入电压的范围和工作温度范围等方面的要求。

1. 分辨率

分辨率是指 ADC 能分辨的最小输入模拟量。通常,转换输出的二进制数字量的位数越高,分辨率就越高。例如 8 位 ADC 的分辨率为 $1/2^8$,对应的电压分度为 $V_{REF}/2^8$。

2. 转换时间

转换时间是指完成一次 A/D 转换所需要的时间,指从启动 ADC 开始到转换结束并得到稳定的数字输出量为止的时间。一般来说,转换时间越短,转换速度越快。

不同类型的 ADC 的转换速度相差甚远。比如,逐次比较型 ADC 的速度可以为每秒几十 k 到每秒几百 k,甚至为兆级速度,而双积分型 ADC 则仅为每秒几次到每秒几百次。

3. 量　程

量程是指所能转换的输入电压范围。一般输入电压要小于参考电压,并一定要小于 ADC 转换芯片的电源供电电压,以免烧坏芯片。

4. 转换精度

ADC 实际输出的数字量和理论上的输出数字量之间有微小差别,也就是存在转换精度问题。通常以输出误差的最大值形式给出,常用最低有效位的倍数表示转换精度。不过,实际应用中,保证转换精度的确是参考电压源,参考电压源设计是应用 A/D 转换的关键技术。

在实际应用中,应从系统数据总的位数、精度要求、输入模拟信号的范围及输入信号极性等方面综合考虑 ADC 的选用。

作为优良的测试系统,参考源的设计极其重要,这里以 A/D 的参考电压为 2.5 V 为例说明。比如,可以采用 TL431 来实现 2.5 V 参考源。另外,输入电压相对于参考电压两边的约 0.25 V 区域 A/D 结果具有较大的非线性,因此应该将输入电压调整到 0.25~2.25 V。一般用反相比例加法器进行信号调理,电路如图 11.8 所示。

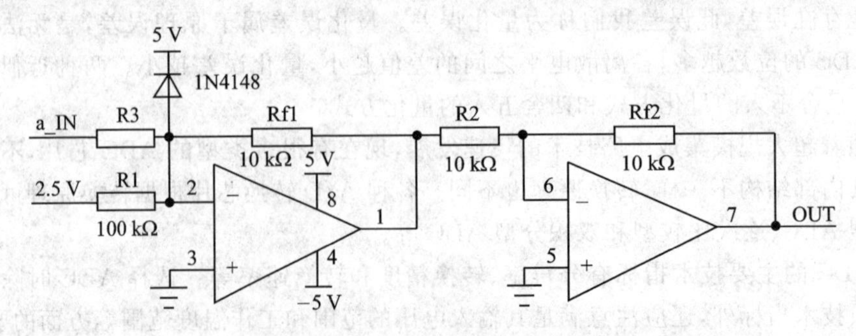

图 11.8　直流电压表输入调理电路

反相比例加法器通过 2.5 V 输入和 R1 与 Rf1 构成的 −1/10 倍反相比例放大器，形成固定 −0.25 V 偏置；同时，输入电压通过 R3 和 Rf1 形成的 $-R_{f1}/R_3$ 倍反相比例放大器，电压输出范围为 0～−2 V，再加上固定的偏置 −0.25 V，运放 1 引脚电压范围为 −0.25～−2.25 V，该负电压再通过 −1 倍的反相比例放大器，运放 7 引脚输出 0.25～2.25 V 符合 A/D 精准测量输入范围电压。当然，对于 A/D 的结果首先要减去 0.25 V 所对应的偏移量。其实，对于非精密测量可以不用考虑两侧的非线性。图 11.8 中，二极管 1N4148 为保护二极管，防止输入电压超过 5 V+0.7 V，以保护后级电路。

11.3 C8051F020 片内模拟外设与内部基准电压源

C8051F020 片内集成了两个 12 位的电压输出型 DAC（分别为 DAC0 和 DAC1）、一个带采样保持器的多路输入 12 位 ADC（称为 ADC0）、一个带采样保持器的多路输入 8 位 ADC（称为 ADC1）和两个模拟比较器（称为 CP0 和 CP1）。另外，C8051F020 片内还集成了一个温度传感器，可直接作为 ADC0 的一个模拟输入通道。

从 11.1 节和 11.2 节可以知道，决定 DAC 和 ADC 精度的核心问题就是首先要有一个电压基准源。有很多电压基准源芯片，如 TL431 等。令人喜悦的是，C8051F020 内部集成了一个电压基准电压源，该电压源由一个 1.2 V 的带隙电压基准发生器和一个两倍增益的输出缓冲放大器组成，为电路设计降低了难度，其组成原理如图 11.9 所示。

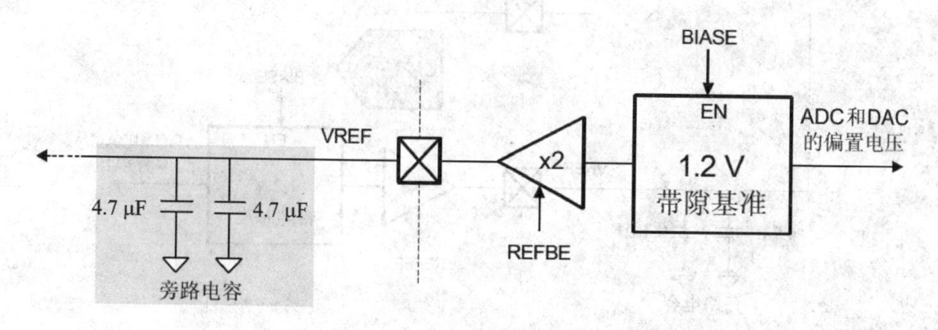

图 11.9　内部电压基准原理框图

内部电压基准具有以下特性：

① VREF 引脚输出电压（典型值）：2.43 V（VDD 电压为 3.0 V，AV+电压为 3.0 V，环境温度为 25 ℃）。使用时，应在 VREF 引脚与 AGND 之间接入 0.1 μF 和 4.7 μF 的旁路电容。

② 温度系数：15×10^{-6}/℃（典型值）。

③ 输出稳定时间：2 ms（4.7 μF 的钽电容、0.1 μF 的陶瓷旁路电容）；20 μs

(0.1 μF的陶瓷旁路电容)。

④ 输出短路电流(最大值):30 mA。

内部基准电压可以通过VREF引脚连到应用系统中的外部器件,当然也可以连至片内ADC0、ADC1、DAC0和DAC1的电压基准输入引脚(VREF0、VREF1及VREFD)。

C8051F020内部基准与片内模拟外设的连接关系如图11.10所示。

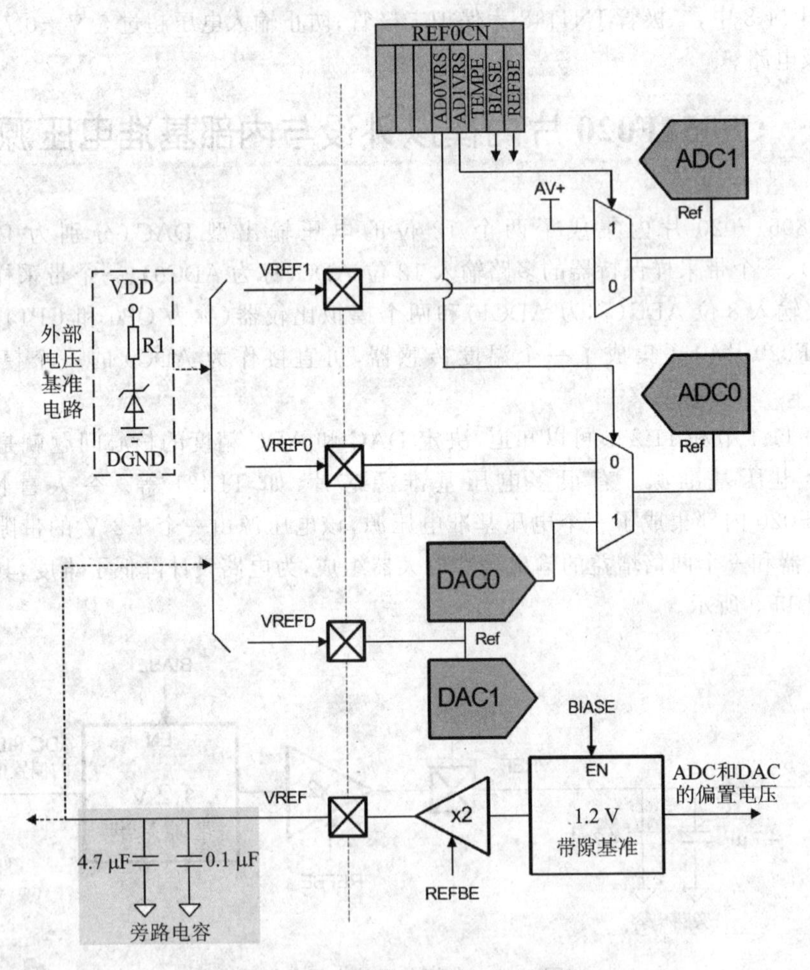

图11.10 电压基准电路功能框图

C8051F020的电压基准控制寄存器REF0CN用于内部基准与片内模拟外设的连接设置。复位值为00H,且不支持位寻址,REF0CN格式如下:

	b7	b6	b5	b4	b3	b2	b1	b0
REF0CN	—	—	—	AD0VRS	AD1VRS	TEMPE	BIASE	REFBE

其中：

b7～b5：未用。读都为 0，写被忽略。

AD0VRS：ADC0 电压基准选择位。ADC0 的基准电压有两种选择：AD0VRS 设置为 0，ADC0 电压基准取自 VREF0 引脚；AD0VRS 设置为 1，ADC0 电压基准取自 DAC0 输出。

AD1VRS：ADC1 电压基准选择位。ADC1 的基准电压也有两种选择：AD1VRS 设置为 0，ADC1 电压基准取自 VREF1 引脚；AD1VRS 设置为 1，ADC1 电压基准取自 AV+。

TEMPE：温度传感器使能位。设置为 0，内部温度传感器关闭；设置为 1，内部温度传感器工作。温度传感器接在 ADC0 输入多路开关的最后一个输入端。当被禁止时，温度传感器为缺省的高阻状态，此时对温度传感器的任何 A/D 测量结果都是无意义的。

BIASE：ADC/DAC 偏压发生器使能位。设置为 0，内部偏压发生器关闭；设置为 1，内部偏压发生器工作。如果使用 DAC 或 ADC，则不管电压基准取自片内还是片外，BIASE 位必须被置 1。如果既不使用 ADC 也不使用 DAC，则这两位都应被清 0 以降低功耗。

REFBE：内部电压基准缓冲器使能位。设置为 0，内部电压基准缓冲器关闭，带隙基准和缓冲放大器消耗的电流小于 1 μA(典型值)，缓冲放大器的输出进入高阻状态，降低功耗；设置为 1，内部电压基准缓冲器工作。内部电压基准自 VREF 引脚输出。

11.4 C8051F020 片上 12 位电压输出型 DAC

每个 C8051F020 都有两个片内 12 位电压输出型 DAC——DAC0 和 DAC1，如图 11.11 所示。每个 DAC 的输出摆幅均为 0 V～(VREFD 电压—1LSB 电压)，对应的输入数字量范围是 000H～FFFH。

可以通过控制寄存器 DAC0CN 和 DAC1CN 的使能或禁止对应 DAC。在被禁止时，DAC 的输出保持在高阻状态，DAC 的供电电流降到 1 μA 或更小。

11.4.1 C8051F020 片内 DAC 的相关 SFR

两个 DAC 的控制和访问是通过表 11.1 所列的特殊功能寄存器来实现的。

表 11.1　12 位 DAC 的相关 SFR

寄存器	符　号	地　址	寻址方式	复位值
DAC0 控制寄存器	DAC0CN	D4H	字节	00H
DAC0 高字节寄存器	DAC0H	D3H	字节	00H
DAC0 低字节寄存器	DAC0L	D2H	字节	00H

续表 11.1

寄存器	符　号	地　址	寻址方式	复位值
DAC1 控制寄存器	DAC1CN	D7H	字节	00H
DAC1 高字节寄存器	DAC1H	D6H	字节	00H
DAC1 低字节寄存器	DAC1H	D5H	字节	00H

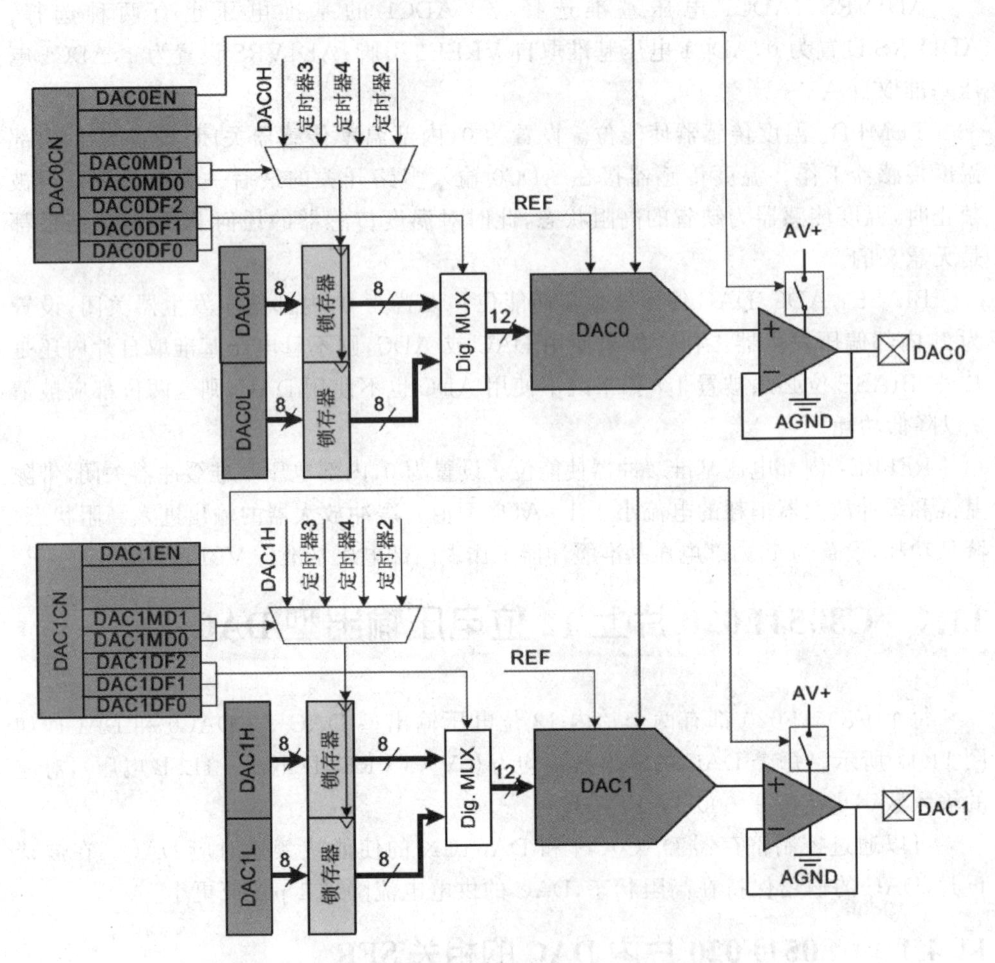

图 11.11　DAC0 和 DAC1 的结构及功能框图

1. 数据寄存器与 C8051F020 片上 DAC 的操作方法

12 位的 DAC,因此每个数据寄存器(DAC 用于转换为模拟量的数字量寄存器)都为两个字节,分别为高字节和低字节。

每个 DAC 都具有灵活的输出更新机制,且 DAC1 的操作与 DAC0 完全相同,都允许无缝的满度变化并支持无抖动输出更新,适合于波形发生器应用。下面以 DAC0 为例说明 C8051F020 片上 DAC 的操作和应用方法。

(1) 根据软件命令更新输出

在缺省方式下(DAC0CN.[4:3] =00),DAC0 的输出在写 DAC0 数据寄存器高字节(DAC0H)时刷新。即写低字节(DAC0L)时数据被保持,对 DAC0 输出没有影响,直到对 DAC0H 的写操作发生。因此,如果需要 12 位分辨率,应在写入 DAC0L 之后,再写 DAC0H。

可见,读 DAC0L 返回的是最后写入到该寄存器的数据,而不是 DAC0L 锁存器中的值。

DAC 可被用于 8 位方式,这种情况是将 DAC0L 初始化为一个所希望的数值(通常为 0x00),将数据只写入 DAC0H。

(2) 基于定时器溢出的输出刷新

在 DAC0 转换操作中,D/A 转换可以由定时器溢出触发启动,不用处理器干预。这一特点在用 DAC0 产生一个固定采样频率的波形时尤其有用,可以消除中断响应时间不同和指令执行时间不同对 DAC0 输出时序的影响。

当 DAC0MD 位(DAC0CN.[4:3])被设置为 01、10 或 11 时,对 DAC 数据寄存器的写操作被保持,直到相应的定时器溢出事件(分别为 T3、T4 或 T2)发生时,DAC0H:DAC0L 的内容才被复制到 DAC0 输入锁存器,允许 DAC0 数据改变为新值。

(3) DAC 输出调整

在某些情况下,对 DAC0 进行写入操作之前应对输入数据移位,以正确调整 DAC 输入寄存器中的数据。这种操作一般需要一个或多个装入和移位指令,以增加软件开销和降低 DAC 的数据通过率。

为了减少这方面的负担,数据格式化功能为用户提供了一种能对数据寄存器 DAC0H 和 DAC0L 中的数据格式编程的手段。三个 DAC0DF 位(DAC0CN.[2:0])允许用户在 5 种数据字格式中指定一种。

2. DAC 的控制寄存器

DAC0 的控制寄存器(DAC0CN)和 DAC1 的控制寄存器(DAC1CN)格式相同,且都不支持位寻址,格式分别如下:

	b7	b6	b5	b4	b3	b2	b1	b0
DAC0CN	DAC0EN	—	—	DAC0MD1	DAC0MD0	DAC0DF2	DAC0DF1	DAC0DF0
DAC1CN	DAC1EN	—	—	DAC1MD1	DAC1MD0	DAC1DF2	DAC1DF1	DAC1DF0

其中:

DAC*n*EN(*n*= 0,1):DAC*n* 使能位。DAC*n*EN 设置为 0,DAC*n* 禁止,DAC*n* 输出引脚被禁止,DAC*n* 处于低功耗关断方式;DAC*n*EN 设置为 1,DAC*n* 使能,DAC*n* 正常输出转换后的电压。

b6~b5:未用。读全为 0,写被忽略。

DACnMD[1:0]：DACn 输出更新时刻选择位段。

① DACnMD[1:0] = 00：DACn 输出更新发生在写 DACnH 时；

② DACnMD[1:0] = 01：DACn 输出更新发生在 T3 溢出时；

③ DACnMD[1:0] = 10：DACn 输出更新发生在 T4 溢出时；

④ DACnMD[1:0] = 11：DACn 输出更新发生在 T2 溢出时。

DACnDF[2:0]：DACn 数据格式设置位段。

① DACnDF[2:0] = 000：DACn 数据字的高 4 位在 DACnH[3:0]中，低字节在 DACnL 中。

DAC0H								DAC0L							
				MSB											LSB

② DACnDF[2:0] = 001：DACn 数据字的高 5 位在 DACnH[4:0]中，低 7 位在 DACnL[7:1]中。

DACnH								DACnL							
			MSB											LSB	

③ DACnDF[2:0] = 010：DACn 数据字的高 6 位在 DACnH[5:0]中，低 6 位在 DACnL[7:2]中。

DACnH								DACnL							
		MSB											LSB		

④ DACnDF[2:0] = 011：DACn 数据字的高 7 位在 DAC0H[6:0]中，低 5 位在 DAC0L[7:3]中。

DACnH								DACnL							
	MSB											LSB			

⑤ DACnDF[2:0] = 1xx：高有效字节在 DACnH 中，低 4 位在 DACnL[7:4]中。

DAC0H								DAC0L							
MSB											LSB				

11.4.2 DAC 应用举例

DAC 在实际中经常作为波形发生器使用，通过它可以产生各种各样的波形。它的基本原理如下：利用 DAC 输出模拟量与输入数字量成正比这一特点，通过程序控制 CPU 向 DAC 送出随时间成一定规律变化的数字，则 DAC 输出端就可以输出随时间按一定规律变化的波形。

【例 11.1】 基于 C8051F020 的 DAC0 输出如图 11.12 所示锯齿波。

分析：DAC0、DAC1 都能将数字信号转换成与此数值成正比的模拟量。采用 DAC0 输出更新发生在写 DAC0H 时的方式实现输出锯齿波，且数据右对齐。因此 DAC0 的控制寄存器(DAC0CN)设置为 80H。

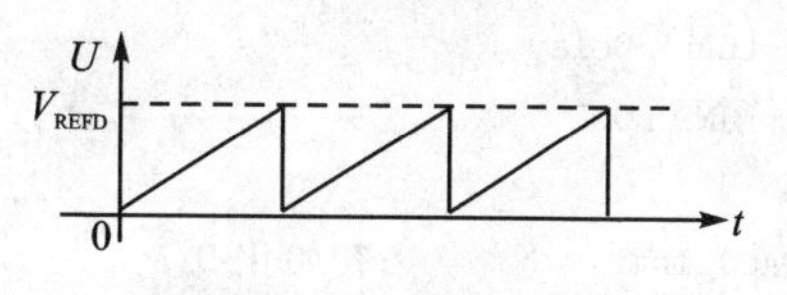

图 11.12 锯齿波

使用内部基准电压，因此设置电压基准控制寄存器(REF0CN)中的 BIASE＝1，REFBE＝1，即设置 REF0CN 为 03H，基准从 VREF 引脚输出，连接到 VREFD 引脚。

程序如下：

汇编语言程序	C 语言程序

``
$ include (c8051f020.inc)
  ORG 0000H
  LJMP MAIN
  ORG 0100H
 	
MAIN:
  ;禁止看门狗定时器
  MOV WDTCN, #0DEH
  MOV WDTCN, #0ADH
 	
  ;系统时钟切换到外部 22.118 4 MHz 时钟
  LCALL OSC_INIT
 	
  LCALL DAC0_Init;初始化 D/A
 	
LOOP:
  ;设置待转换的值
  MOV A, DAC0L
  ADD A, #1
  MOV DAC0L, A
  MOV A, DAC0H
  JNC PT
  INC A
  ANL A, #0FH
 	
PT:;启动 D/A 转换
  MOV DAC0H, A
  ;根据锯齿波的周期确定延时
``
	``
	#include <C8051F020.h>
	
	void WDT_disable(void);
	void OSC_Init(void);
	void delay_ms(unsigned int t);
	
	//-------------------------------
	void DAC0_Init(void) //初始化 D/A
	{ //内部偏压发生器和电压基准缓
	  //冲器工作，基准从 VREF 引脚输出
	  REF0CN = 0x03;
	  //DAC0 允许，DAC0 输出更新发生
	  //在写 DAC0H 时
	  DAC0CN = 0x80;
	}
	void Delay(void)
	{ …
	}
	
	//-------------------------------
	int main(void)
	{
	  union u16
	  {
	    unsigned int d16;
	    unsigned char d8[2];
	  }wave;
	``

```
    LCALL Delay
    LJMP LOOP

DAC0_Init:          ;初始化 D/A
    ;内部偏压发生器和电压基准缓冲
    ;器工作,基准从 VREF 引脚输出
    MOV   REF0CN, #03H
    ;DAC0 允许,DAC0 输出更新发
    ;生在写 DAC0H 时
    MOV DAC0CN, #80H
    RET
Delay:  …           ;延时子程序

    END
```

```
    //禁止看门狗定时器
    WDT_disable();
    //系统时钟切换到外部 22.118 4 MHz 时钟
    OSC_Init();

    DAC0_Init();
    while(1)
    {
        wave.d16++;
        wave.d8[0] &= 0x0f;//大端
        //设置待转换的值
        DAC0L = wave.d[1];
        //启动 D/A 转换
        DAC0H = wave.d[0];
        //根据锯齿波的周期确定延时
        Delay();
    }
}
```

【例 11.2】 基于 DDS 技术实现低频正弦信号发生器。

分析:直接数字合成(Direct Digital Synthesize)技术是 D/A 的重要应用领域。DDS 技术,即,对于一个周期正弦波连续信号,可以沿其相位轴方向,以等量的相位间隔对其进行相位/幅度抽样,得到一个周期性的正弦信号的离散相位的幅度序列,并且对模拟幅度进行量化,量化后的幅值采用相应的二进制数据编码。这样就把一个周期的正弦波连续信号转换成为一系列离散的二进制数字量,然后通过一定的手段固化在只读存储器 ROM 中,每个存储单元的地址即是相位取样地址,存储单元的内容是已经量化了正弦波幅值。这样的一个只读存储器就构成了一个与 2π 周期内相位取样相对应的正弦函数表,因它存储的是一个周期的正弦波波形幅值,因此又称其为正弦波形存储器。这样在一定频率定时周期下,通过一个线性的计数时序发生器所产生的取样地址对已得到的正弦波波形存储器进行扫描,进而周期性地读取波形存储器中的数据,其输出通过数/模转换器及低通滤波器就可以合成一个完整的、具有一定频率的正弦波信号。图 11.13 为 DDS 的原理框图。

DDS 正弦波发生器的设计存在两个问题:

1) 正弦表的生成

正弦表的生成一般借助于 MATLAB 工具来实现,其中关键问题有三个:

① 对于 8 位的 DAC,输入数字范围为 0~255,且为整数。所以,对于[−1,+1]的正弦波取点,加 1 后再放大$(2^{12}-1)/2$倍,以适应 D/A 转换输入范围。

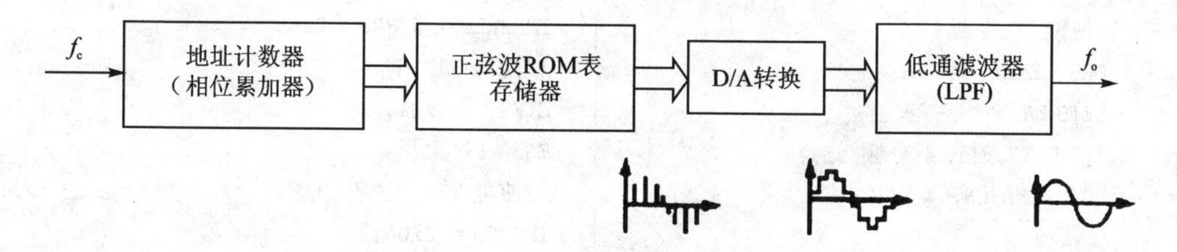

图 11.13　DDS 原理框图

② 对数据取整，这里四舍五入的取整方式较合理。

③ 为了软件书写，各数据间要自动加逗号。

以一个完整周期 256 点为例，利用 MATLAB 工具生成正弦表(数组)的具体方法如下：

```
n = 0:255; y = sin(2 * pi/256 * n);
y = y + 1;y = y * ((2^12 - 1)/2);
y = round(y); % 四舍五入取整(fix 为舍小数式取整,ceil 为向上取整)
fid = fopen('exp.txt','wt');fprintf(fid,', % 1.0f',y);fclose(fid); % 数据间加逗号
```

2) 定时周期的计算

以一个周期 256 采样点的 50 Hz 正弦波发生器设计为例。1 s 内总共通过 D/A 转换输出 256×50＝12 800 点，所以定时时间间隔为 $10^6/12\,800=78.125$ (μs)。当然，对于外部 22.118 4 MHz 时钟，在定时器时钟不分频的情况下，16 位定时器初值为

$$65\,536-78.125\times22.118\,4=65\,536-1\,728=63\,808$$

【例 11.1】　在的基础上，修改为 T3 溢出时刷新输出，DAC0MD[1:0]＝01，所以，此时 DAC0CN＝88H。

程序如下：

汇编语言程序	C51 语言程序
`$ include (C8051F020.inc)`	`#include <C8051F020.h>`
`ORG  0000H`	
`LJMP MAIN`	`sfr16 TMR3 = 0x94;//T3 计数器`
`ORG  0073H`	
`LJMP Timer3_ISR`	`void WDT_disable(void);`
`ORG  0100H`	`void OSC_Init(void);`
	`void delay_ms(unsigned int t);`
`;----------------------------------`	`//--------------------------------`
`Timer3_Init:`	`void Timer3_Init(void)`
`  MOV  TMR3RLL, #(63808 % 256)`	`{`
`  MOV  TMR3RLH, #(63808 / 256)`	`  TMR3RLL = 63808 % 256;`

```
    ;使能 T3 中断
    ORL   EIE2, #01H
    SETB EA
    ;使能 T3,时钟不分频
    MOV   TMR3CN, #06H

    RET
;--------------------------------
DAC0_Init:   ;初始化 D/A
    ;内部偏压发生器和电压基准缓
    ;冲器工作,基准从 VREF 引脚输出
    MOV   REF0CN, #03H
    ;DAC0 允许,DAC0 输出更新发生
    ;在 T3 溢出时
    MOV   DAC0CN, #88H
    RET
;--------------------------------
MAIN:
    ;禁止看门狗定时器
    MOV   WDTCN, #0DEH
    MOV   WDTCN, #0ADH

    ;系统时钟切换到外部 22.118 4 MHz 时钟
    LCALL OSC_INIT

    MOV   B, #0
    MOV   DPTR, #sin_ROM
    LCALL DAC0_Init
    LCALL Timer3_Init
LOOP:

    LJMP LOOP
;--------------------------------
Timer3_ISR:
    ;B 作为表格下标
    PUSH ACC
    ;清 T3 中断标志
    ANL   TMR3CN, #7fH
    MOV   A, B
```

```
    TMR3RLH = 63808 / 256;
    //使能 T3 中断
    EIE2| = 0x01;
    EA = 1;
    //使能 T3,时钟不分频
    TMR3CN = 0x06;
}
//--------------------------------
void DAC0_Init(void) //初始化 D/A
{ //内部偏压发生器和电压基准缓
  //冲器工作,基准从 VREF 引脚输出
  REF0CN = 0x03;
  //DAC0 允许,DAC0 输出更新发生
  //在 T3 溢出时
  DAC0CN = 0x88;
}
//--------------------------------
int main(void)
{

  //禁止看门狗定时器
  WDT_disable();
  //系统时钟切换到外部 22.118 4 MHz
  //时钟
  OSC_Init();

  DAC0_Init();
  Timer3_Init();
  while(1)
  {
    ⋮
  }
}
//--------------------------------
void Timer3_ISR(void) interrupt 14
{

  static unsigned char ptr;
  code unsigned char sin_ROM[256] =
  {2048,2098,2148,2198,2248,2298,2348,
  2398,2447,2496,2545,2594,2642,2690,
  2737,2784,2831,2877,2923,2968,3013,
```

```
    MOVC A, @A + DPTR
    MOV  TMR3H, A
    INC  B
    MOV  A, B
    MOVC A, @A + DPTR
    MOV  TMR3L, A
    POP  ACC
    ;保证下标与两字节数据对齐
    CLR  B.0
    RETI

sin_ROM:
    DW 2048,2098,2148,2198,2248,2298
    DW 2348,2398,2447,2496,2545,2594
    DW 2642,2690,2737,2784,2831,2877
    DW 2923,2968,3013,3057,3100,3143
    DW 3185,3226,3267,3307,3346,3385
    DW 3423,3459,3495,3530,3565,3598
    DW 3630,3662,3692,3722,3750,3777
    DW 3804,3829,3853,3876,3898,3919
    DW 3939,3958,3975,3992,4007,4021
    DW 4034,4045,4056,4065,4073,4080
    DW 4085,4089,4093,4094,4095,4094
    DW 4093,4089,4085,4080,4073,4065
    DW 4056,4045,4034,4021,4007,3992
    DW 3975,3958,3939,3919,3898,3876
    DW 3853,3829,3804,3777,3750,3722
    DW 3692,3662,3630,3598,3565,3530
    DW 3495,3459,3423,3385,3346,3307
    DW 3267,3226,3185,3143,3100,3057
    DW 3013,2968,2923,2877,2831,2784
    DW 2737,2690,2642,2594,2545,2496
    DW 2447,2398,2348,2298,2248,2198
    DW 2148,2098,2048,1997,1947,1897
    DW 1847,1797,1747,1697,1648,1599
    DW 1550,1501,1453,1405,1358,1311
    DW 1264,1218,1172,1127,1082,1038
    DW 995,952,910,869,828,788,749
    DW 710,672,636,600,565,530,497
    DW 465,433,403,373,345,318,291
    DW 266,242,219,197,176,156,137
```

```
        3057,3100,3143,3185,3226,3267,3307,
        3346,3385,3423,3459,3495,3530,3565,
        3598,3630,3662,3692,3722,3750,3777,
        3804,3829,3853,3876,3898,3919,3939,
        3958,3975,3992,4007,4021,4034,4045,
        4056,4065,4073,4080,4085,4089,4093,
        4094,4095,4094,4093,4089,4085,4080,
        4073,4065,4056,4045,4034,4021,4007,
        3992,3975,3958,3939,3919,3898,3876,
        3853,3829,3804,3777,3750,3722,3692,
        3662,3630,3598,3565,3530,3495,3459,
        3423,3385,3346,3307,3267,3226,3185,
        3143,3100,3057,3013,2968,2923,2877,
        2831,2784,2737,2690,2642,2594,2545,
        2496,2447,2398,2348,2298,2248,2198,
        2148,2098,2048,1997,1947,1897,1847,
        1797,1747,1697,1648,1599,1550,1501,
        1453,1405,1358,1311,1264,1218,1172,
        1127,1082,1038,995,952,910,869,828,
        788,749,710,672,636,600,565,530,
        497,465,433,403,373,345,318,291,
        266,242,219,197,176,156,137,120,
        103,88,74,61, 50,39,30,22,15,10,6,
        2,1,0,1,2,6,10, 15,22,30,39,50,61,
        74,88,103,120,137, 156,176,197,
        219,242,266,291,318,345,373,403,
        433,465,497,530,565,600,636, 672,
        710,749,788,828,869,910,952,995,
        1038,1082,1127,1172,1218,1264,1311,
        1358,1405,1453,1501,1550,1599,1648,
        1697,1747,1797,1847,1897,1947,1997
        };
        TMR3CN&= 0x7f; //清 T3 中断标志
        TMR3 = sin_ROM[ptr++];
    }
```

```
DW 120,103,88,74,61,50,39,30,22
DW 15,10,6,2,1,0,1,2,6,10, 15,22
DW 30,39,50,61,74,88,103,120,137
DW 156,176,197,219,242,266,291
DW 318,345,373,403,433,465,497
DW 530,565,600,636,672,710,749
DW 788,828,869,910,952,995,1038
DW 1082,1127,1172,1218,1264,1311
DW 1358,1405,1453,1501,1550,1599
DW 1648,1697,1747,1797,1847,1897
DW 1947,1997

END
```

11.5 C8051F020 片上 12 位 ADC0

11.5.1 ADC0 的组成

C8051F020 的片上 ADC0 模块由一个 9 通道的可编程模拟多路选择器(AMUX0)、一个可编程增益放大器(PGA0)、12 位的逐次逼近比较寄存器型 ADC 以及跟踪保持电路和可编程越限检测器组成,其原理框图如图 11.14 所示。

ADC0 具有下述特性:

- 分辨率:12 位;
- 非线性误差:±1LSB;
- 可编程转换速率,最大转换速率达 100 ksps;
- 可多达 8 个外部输入,可编程为单端输入或差分输入;
- 可编程放大器增益:16、8、4、2、1、0.5;
- 具有可编程的数据越限检测器,并能产生相应中断;
- 内置温度传感器(绝对精度:±3 ℃)。

下面对 ADC0 的主要组成部分予以说明。

1. 模拟多路选择器(AMUX0)

ADC0 中的可编程模拟多路选择器(AMUX0)共有 9 个独立的输入通道,其中的 8 个通道用于外部测量,而第九通道在内部被接到片内温度传感器。通道选择由 AMUX0 通道选择寄存器(AMUX0SL)所控制。

在 AMUX0 配置寄存器(AMX0CF)的控制下,可以将 AMUX 输入通道编程为按差分方式或单端方式工作。这就允许用户对每个通道选择最佳的测量技术,甚至

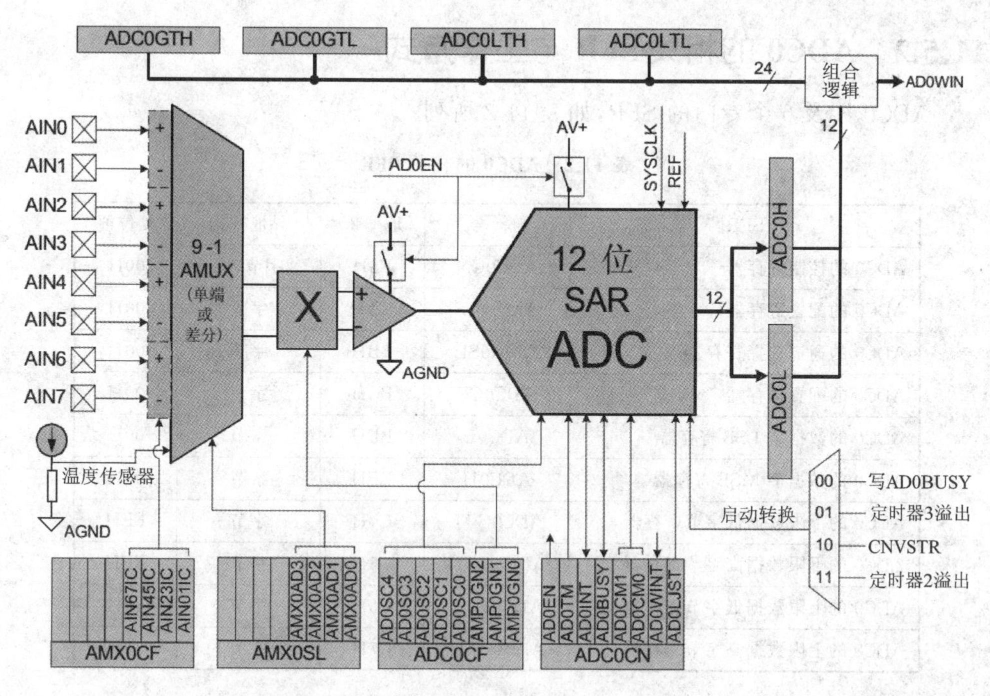

图 11.14　12 位的 ADC0 结构及原理框图

可以在测量过程中改变方式。在系统复位后，AMUX 的默认方式为单端输入。

作为第九输入通道的片内温度传感器，可用来检测芯片的温度。它可记录刚启动时芯片的温度和稳定运行一段时间后的芯片的温度差，以作为检测外部温度的偏移量。当温度传感器被选中(用 AMX0SL 中的 AMX0AD[3:0])时，其输出电压(V_{TEMP})是可编程增益放大器(PGA)的输入；PGA0 的增益对温度传感器也起作用。其对温度传感器的电压输出的放大倍数由用户编程的 PGA 设定值决定。

2. 可编程增益放大器(PGA0)

可编程增益放大器(Programmable-Gain Amplifier，PGA)对 AMUX 输出信号的放大倍数由 ADC0 配置寄存器 ADC0CF 中的 AMP0GN[2:0]确定。因此，PGA0 增益可以用软件编程为 0.5、1、2、4、8 或 16，复位后的默认增益为 1。

3. 12 位逐位逼近比较寄存器(SAR)

ADC0 中采用逐位逼近比较方式将输入的模拟信号进行转换，从而获得精度为 12 位的数字量。进行转换时需要的参考电压由外部电压基准或片内电压基准提供；转换时钟由系统时钟 SYSCLK 提供。

转换结果保存在 ADC0 数据字寄存器(ADC0H、ADC0L)中。

11.5.2 ADC0的相关SFR与工作方式

ADC0涉及6个专门的SFR,如表11.2所列。

表11.2 ADC0的相关SFR

SFR	符 号	地 址	寻址方式	复位值
ADC0的控制寄存器	ADC0CN	E8H	字节、位	00H
ADC0的配置寄存器	AMX0CF	BAH	字节	00H
ADC0的通道选择寄存器	AMX0SL	BBH	字节	00H
ADC0的配置寄存器	ADC0CF	BCH	字节	00H
ADC0的数据字LSB寄存器	ADC0L	BEH	字节	00H
ADC0的数据字MSB寄存器	ADC0H	BFH	字节	00H
ADC0的下限数据低字节寄存器	ADC0GTL	C4H	字节	FFH
ADC0的下限数据高字节寄存器	ADC0GTH	C5H	字节	FFH
ADC0的上限数据低字节寄存器	ADC0LTL	C6H	字节	00H
ADC0的上限数据高字节寄存器	ADC0LTH	C7H	字节	00H

1. ADC0控制寄存器——ADC0CN

可位寻址的ADC0CN寄存器格式如下：

	b7	b6	b5	b4	b3	b2	b1	b0
ADC0CN	AD0EN	AD0TM	AD0INT	AD0BUSY	AD0CM1	AD0CM0	AD0WINT	AD0LJST

其中：

AD0EN：ADC0的使能位。该位设置为0时,ADC0被禁止,ADC0处于低耗停机状态;设置为1时,ADC0使能。

AD0INT：ADC0的转换结束中断标志。该标志必须用软件清0。读该标志位,如果为0,说明从最后一次将该位清0后,ADC0还没有完成一次数据转换;如果为1,说明ADC0完成了一次数据转换。

AD0BUSY：ADC0忙标志位。该标志位在读和写的时候具有不同的含义。

① 读AD0BUSY。若读回为0,说明ADC0转换结束或当前没有正在进行的数据转换。AD0INT在AD0BUSY的下降沿被置1。若读回为1,说明ADC0正在进行转换。

② 写AD0BUSY。向AD0BUSY写0无作用;向AD0BUSY写1,且当ADSTM[1:0]=00B时启动ADC0转换。

当通过向AD0BUSY写1启动数据转换后,也可用查询AD0INT位的方式来确定转换何时结束。建议的查询步骤如下：

① 写0到AD0INT；

② 向AD0BUSY写1；

③ 查询并等待AD0INT变为1，转换数据被保存在ADC数据字的高位(MSB)和低位(LSB)寄存器(ADC0H和ADC0L)中；

④ 处理ADC0数据。

AD0TM：ADC0采样保持器的跟踪采样方式设置位。该位设置为0，当ADC0被使能时，除了转换期间之外一直处于跟踪采样方式；该位设置为1，工作于低功耗跟踪采样方式，每次启动ADC才跟踪采样。

AD0CM[1:0]：ADC0转换启动方式选择位。ADC0有4种转换启动方式，设置方法如表11.3所列。

表11.3 ADC0转换启动方式设置

AD0CM[1:0]	ADC0转换启动方式	
	AD0TM = 0(一般跟踪采样方式)	AD0TM = 1(低功耗跟踪采样方式)
00	向AD0BUSY写1启动ADC0转换	向AD0BUSY写1时启动跟踪采样，持续3个SAR时钟，然后进行转换
01	T3溢出启动ADC0转换	T3溢出启动跟踪采样，持续3个SAR时钟，然后进行转换
10	CNVSTR(通过交叉开关配置到低位端口)上升沿启动ADC0转换	只有当CNVSTR输入为逻辑低电平时，ADC0跟踪采样，在CNVSTR的上升沿开始转换
11	T2溢出启动ADC0转换	T2溢出启动跟踪采样，持续3个SAR时钟，然后进行转换

可见，AD0TM=1时，每次启动转换信号有效之后，到转换之前都有3个SAR时钟的跟踪采样周期。

ADC0采样保持和A/D转换时序如图11.15所示。

当整个芯片处于低功耗待机或休眠方式时，跟踪采样和保持可以被禁止(关断)。当AMUX或PGA的设置频繁改变时，低功耗跟踪保持方式非常有用，可以保证建立时间需求得到满足。

AD0WINT：ADC0越限比较中断标志，该位必须用软件清0。读该位为0，说明自该标志被清除后未发生过ADC0越限比较匹配；读该位为1，说明发生了ADC0越限比较匹配。

AD0LJST：ADC0数据左对齐选择位。设置该位为0，ADC0H:ADC0L寄存器数据右对齐；设置该位为1，ADC0H:ADC0L寄存器数据左对齐。

ADC0数据字LSB寄存器(ADC0L)和数据字MSB寄存器(ADC0H)中存放ADC0的转换结果。当右对齐时，ADC0H[3:0]是12位ADC0数据字的高4位，

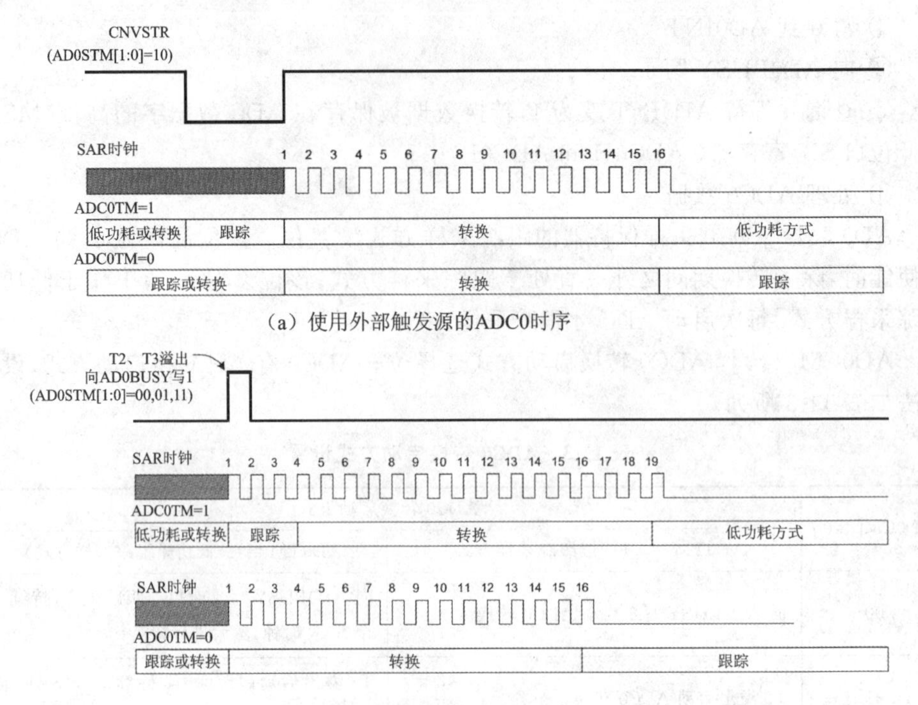

(a) 使用外部触发源的ADC0时序

(b) 使用内部触发源的ADC0时序

图 11.15 ADC0 采样保持和 A/D 转换时序

ADC0L 是 12 位 ADC0 数据字的低 8 位，如果是差分输入，ADC 的结果为二进制补码形式，ADC0H[7:4]是 ADC0H[3]的符号扩展位，否则 ADC0H[7:4]为 0000B。当左对齐时，ADC0H 为 12 位 ADC0 数据字的高 8 位，ADC0L[7:4]是 12 位 ADC 数据字的低 4 位，ADC0L[3:0]的读出值总是 0000B。

当 AD0LJST=0 时

$$\text{转换数值} = V_{in} \times \frac{\text{Gain}}{V_{REF0}} \times 2^n \tag{11.1}$$

其中，PGA0 的增益 Gain 由 AMP0GN[2:0]决定。单端方式时 $n=12$，差分方式时 $n=11$。

2. ADC0 配置寄存器——AMX0CF

AMX0CF 用于设置模拟输入方式，即是单端还是差分输入选择。AMX0CF 格式如下：

	b7	b6	b5	b4	b3	b2	b1	b0
AMX0CF	—	—	—	—	AIN67IC	AIN45IC	AIN23IC	AIN01IC

其中：

AMX0CF[7:4]：保留位。读时都为 0，写被忽略。

AIN67IC、AIN45IC、AIN23IC 和 AIN01IC：分别为“AIN6 与 AIN7”、“AIN4 与 AIN5”、“AIN2 与 AIN3”和“AIN0 与 AIN1”的模拟输入方式设置位。设置含义一致，对应位设置为 0，则对应的两个模拟输入引脚独立的单端输入；若对应位设置为 1，则对应的两个模拟输入引脚分别为差分输入对的正、负端。以 AIN67IC 为例，若 AIN67IC＝0，则 AIN6 和 AIN7 为独立的单端输入；若 AIN67IC＝1，则 AIN6、AIN7 分别为差分输入对的正、负端。

注意，对于被配置成差分输入的通道，ADC0 数据字格式为二进制补码形式。

3. ADC0 通道选择寄存器——AMX0SL

AMX0SL 的格式如下：

	b7	b6	b5	b4	b3	b2	b1	b0
AMX0SL	—	—	—	—	AMX0AD3	AMX0AD2	AMX0AD1	AMX0AD0

其中：

AMX0SL[7:4]：保留位。读时都为 0，写被忽略。

AMX0AD[3:0]：模拟开关 AMUX0 的模拟输入选择位，具体如表 11.4 所列。

表 11.4　ADC0 模拟开关的输入选择

AMX0CF[3:0]	AMX0AD[3:0]								
	0000	0001	0010	0011	0100	0101	0110	0111	1xxx
0000	AIN0	AIN1	AIN2	AIN3	AIN4	AIN5	AIN6	AIN7	温度传感器
0001	+(AIN0) -(AIN1)		AIN2	AIN3	AIN4	AIN5	AIN6	AIN7	温度传感器
0010	AIN0	AIN1	+(AIN2) -(AIN3)		AIN4	AIN5	AIN6	AIN7	温度传感器
0011	+(AIN0) -(AIN1)		+(AIN2) -(AIN3)		AIN4	AIN5	AIN6	AIN7	温度传感器
0100	AIN0	AIN1	AIN2	AIN3	+(AIN4) -(AIN5)		AIN6	AIN7	温度传感器
0101	+(AIN0) -(AIN1)		AIN2	AIN3	+(AIN4) -(AIN5)		AIN6	AIN7	温度传感器
0110	AIN0	AIN1	+(AIN2) -(AIN3)		+(AIN4) -(AIN5)		AIN6	AIN7	温度传感器
0111	+(AIN0) -(AIN1)		+(AIN2) -(AIN3)		+(AIN4) -(AIN5)		AIN6	AIN7	温度传感器

续表 11.4

AMX0CF[3:0]	AMX0AD[3:0]								
	0000	0001	0010	0011	0100	0101	0110	0111	1xxx
1000	AIN0	AIN1	AIN2	AIN3	AIN4	AIN5	+(AIN6) −(AIN7)		温度传感器
1001	+(AIN0) −(AIN1)		AIN2	AIN3	AIN4	AIN5	+(AIN6) −(AIN7)		温度传感器
1010	AIN0	AIN1	+(AIN2) −(AIN3)		AIN4	AIN5	+(AIN6) −(AIN7)		温度传感器
1011	+(AIN0) −(AIN1)		+(AIN2) −(AIN3)		AIN4	AIN5	+(AIN6) −(AIN7)		温度传感器
1100	AIN0	AIN1	AIN2	AIN3	+(AIN4) −(AIN5)		+(AIN6) −(AIN7)		温度传感器
1101	+(AIN0) −(AIN1)		AIN2	AIN3	+(AIN4) −(AIN5)		+(AIN6) −(AIN7)		温度传感器
1110	AIN0	AIN1	+(AIN2) −(AIN3)		+(AIN4) −(AIN5)		+(AIN6) −(AIN7)		温度传感器
1111	+(AIN0) −(AIN1)		+(AIN2) −(AIN3)		+(AIN4) −(AIN5)		+(AIN6) −(AIN7)		温度传感器

表11.5列出了AIN0为单端输入方式(AMX0CF=0x00,AMX0SL=0x00)时的典型ADC0数据字转换值。

表11.5 AIN0为单端输入方式时的典型ADC0数据字转换值

AIN0对AGND电压	ADC0H:ADC0L 右对齐(AD0LJST=0)	ADC0H:ADC0L 左对齐(AD0LJST=1)
$V_{REF0}\times(4\,095/4\,096)$	0FFFH	FFF0H
$V_{REF0}/2$	0800H	8000H
$V_{REF0}\times(2\,047/4\,096)$	07FFH	7FF0H
0	0000H	0000H

表11.6列出了AIN0—AIN1为差分输入对(AMX0CF=0x01,AMX0SL=0x00)时的典型ADC0数据字转换值。

表 11.6 AIN0—AIN1 为差分输入对时的典型 ADC0 数据字转换值

AIN0－AIN1	ADC0H:ADC0L 右对齐(AD0LJST＝0)	ADC0H:ADC0L 左对齐(AD0LJST＝1)
V_{REF0}×(2 047/2 048)	07FFH	7FF0H
V_{REF0}/2	0400H	4000H
V_{REF0}×(1/2 048)	0001H	0010H
0	0000H	0000H
－V_{REF0}×(1/2 048)	FFFFH(－1D)	FFF0H
－V_{REF0}/2	FC00H(－1024D)	C000H
－V_{REF0}	F800H(－2048D)	8000H

另外,单端输入方式和差分输入方式的建立时间是不一样的。当 ADC0 输入配置发生改变时(AMUX0 或 PGA0 的选择发生变化),在进行一次精确的转换之前,需要有一个最小的跟踪采样时间。该跟踪采样时间由 ADC0 多路模拟开关的阻容特性、外部信号源阻抗及所要求的转换精度决定。图 11.16 给出了单端方式和差分方式下等效的 ADC0 输入电路。ADC0 的建立时间可以用下式计算:

$$t=\ln\left(\frac{2^n}{\mathrm{SA}}\right)\times R_{\mathrm{TOTAL}}C_{\mathrm{SAMPLE}} \tag{11.2}$$

其中:SA 是建立精度,用一个 LSB 的分数表示(例如,建立精度 0.25 对应 1/4 LSB);t 为所需要的建立时间,单位为秒;R_{TOTAL} 为 ADC0 模拟多路器电阻与外部信号源电阻之和,当测量温度传感器的输出时,$R_{\mathrm{TOTAL}}=R_{\mathrm{MUX}}$;$n$ 为 ADC0 的分辨率。

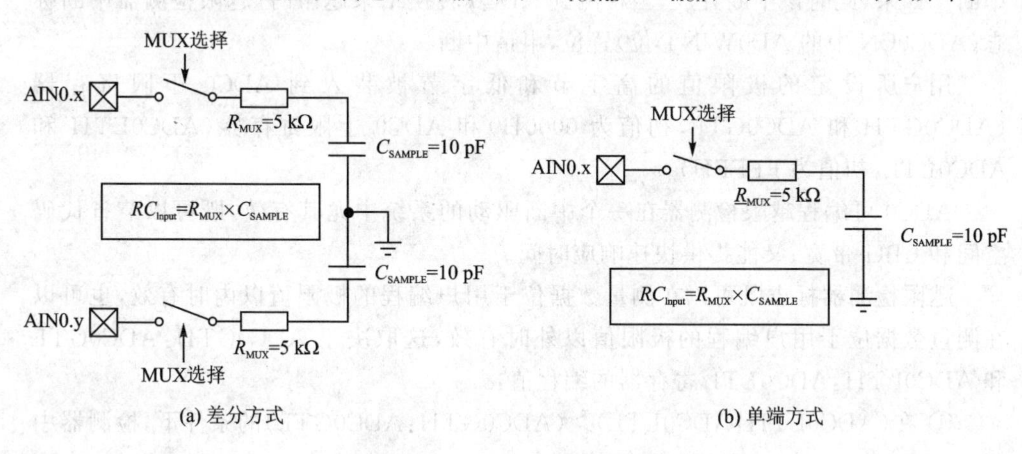

图 11.16 ADC0 等效输入电路

4. ADC0 配置寄存器——ADC0CF

ADC0CF 寄存器用于配置转换速率和 PGA0 增益,格式如下:

	b7	b6	b5	b4	b3	b2	b1	b0
ADC0CF	AD0SC4	AD0SC3	AD0SC2	AD0SC1	AD0SC0	AMP0GN2	AMP0GN1	AMP0GN0

其中:

AD0SC[4:0]:ADC0 的 SAR 型 ADC 的转换时钟周期控制位。ADC0 的最高转换速度为 100 ksps,其转换时钟 CLK_{SAR0} 来源于系统时钟分频,CLK_{SAR0} 由下式给出:

$$CLK_{SAR0}=\frac{SYSCLK}{AD0SC[4:0]+1},\quad CLK_{SAR0}\leqslant 2.5\ MHz \tag{11.3}$$

AMP0GN[2:0]:ADC0 内部 PGA0 增益设置如表 11.7 所列。

表 11.7 ADC0 内部 PGA0 增益设置

AMP0GN[2:0]	PGA0 增益	AMP0GN[2:0]	PGA0 增益
000	1	011	8
001	2	10x	16
010	4	11x	0.5

5. ADC0 可编程越限检测器及相关 SFR

ADC0 可编程越限检测器的作用是:不停地将 ADC0 输出(在 ADC0H:ADC0L 中)与用户编程时所设定的极限值进行比较。ADC0 可编程越限检测器可提供一个中断。如果,此时该中断开放,当检测到 ADC0 转换结果越限时,越限检测器中断标志(ADC0CN 中的 AD0WINT 位)置位,申请中断。

用户所设定的极限值的高字节和低字节被装入到 ADC0 下限寄存器(ADC0GTH 和 ADC0GTL,初值为 0000H)和 ADC0 上限寄存器(ADC0LTH 和 ADC0LTL,初值为 FFFFH)。

ADC0 可编程越限检测器在一个中断驱动的系统中尤其有效,既可以节省代码空间和 CPU 带宽,又能提供快速响应时间。

越限检测器标志既可以在测量数据位于用户编程的极限值以内时有效,也可以在测量数据位于用户编程的极限值以外时有效,这取决于 ADC0GTH:ADC0GTL 和 ADC0LTH:ADC0LTL 寄存器的编程值:

① 在(ADC0LTH:ADC0LTL)>(ADC0GTH:ADC0GTL)的条件下,检测器中断条件为

(ADC0GTH:ADC0GTL)<ADC0 转换值<(ADC0LTH:ADC0LTL)

② 在(ADC0LTH:ADC0LTL)<(ADC0GTH:ADC0GTL)的条件下,检测器中

断条件为

ADC0 转换值 >(ADC0GTH:ADC0GTL)

或

ADC0 转换值 <(ADC0LTH:ADC0LTL)

【例 11.3】 右对齐的单端数据(AMX0SL=00H,AMX0CF=00H,AD0LJST=0),有两种情况触发中断,请分析。

① 设定:

(ADC0LTH:ADC0LTL)= 0200H

(ADC0GTH:ADC0GTL)= 0100H

分析:如果"0100H<ADC0 数据<0200H",则 ADC0 转换结束会触发 ADC0 越限比较中断,AD0WINT 置位,如图 11.17(a)所示。

② 设定:

(ADC0LTH:ADC0LTL)=0100H

(ADC0GTH:ADC0GTL)=0200H

分析:如果"ADC0 数据字<0100H",或"ADC0 数据字>0200H",则 ADC0 转换结束会触发 ADC0 越限比较中断,AD0WINT 置位,如图 11.17(b)所示。

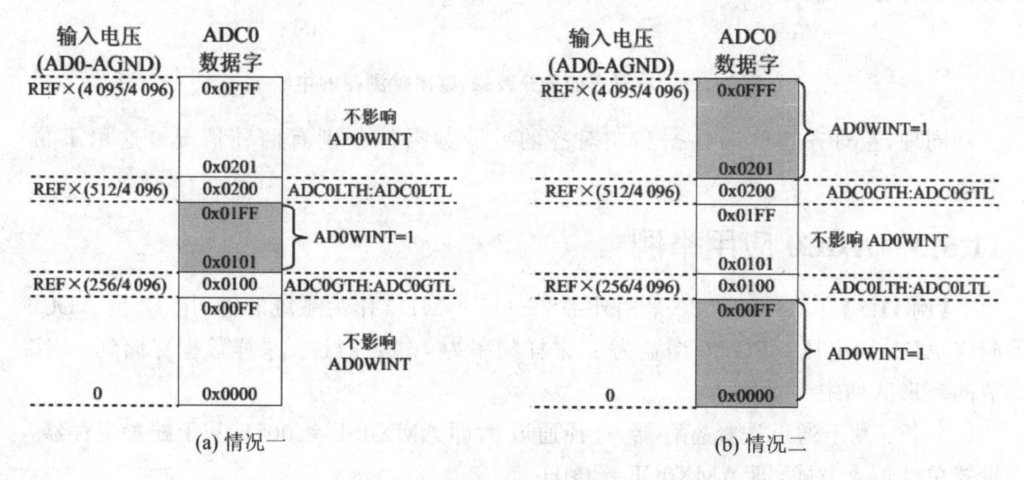

图 11.17 右对齐的单端数据,越限检测器的中断

【例 11.4】 右对齐的差分数据(AMX0SL=0x00,AMX0CF=0x01,AD0LJST=0),亦有两种情况触发中断,请分析。

① 设定:

(ADC0LTH:ADC0LTL)=0100H

(ADC0GTH:ADC0GTL)=FFFFH

分析:如果"FFFFH< ADC0 数据字<0100H",则 ADC0 转换结束会触发 ADC0 越限比较中断,AD0WINT 置位,如图 11.18(a)所示。

② 设定：

$$(ADC0LTH:ADC0LTL) = FFFFH$$
$$(ADC0GTH:ADC0GTL) = 0100H$$

分析：如果“ADC0 数据字＜ FFFFH”(2 的补码，FFFFH ＝－1)或“ADC0 数据字＞ 0100H”,则 ADC0 转换结束会触发 ADC0 越限比较中断,AD0WINT 置位,如图 11.18(b)所示。

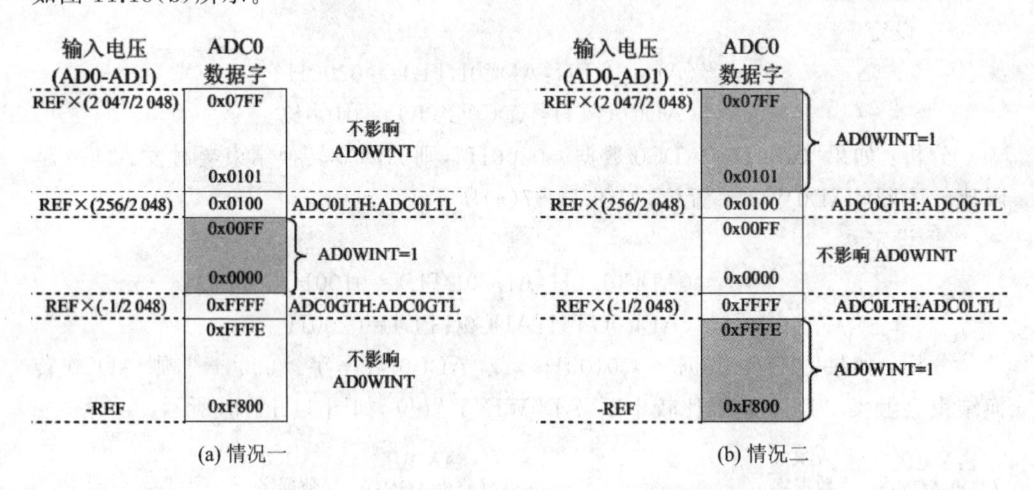

图 11.18 右对齐的差分数据,越限检测器的中断

同理,左对齐的单端数据和左对齐的差分数据都分别有两种情况。这里不再赘述。

11.5.3 ADC0 应用举例

【例 11.5】 C8051F020 采用外部 22.118 4 MHz 作为系统时钟,用 12 位 ADC0 测定 AIN0.0 电压。PGA0 增益为 1,采样频率为 46.08 kHz。采样数据存储到 64 字节的环形队列中。

分析：基于通道选择寄存器,选择通道 0,即 AMX0SL＝ 00H;基于配置寄存器,设置单端输入方式,即 AMX0CF＝ 00H。

根据式(11.3),AD0SC[4:0]设置为 8 时,转换时钟 CLK_{SAR0} 为 2.457 6 MHz。PGA0 增益为 1,所以 AMP0GN[2:0]设置为 0。因此设定 AMX0CF＝40H,设定 ADC0CN＝84H。

采样频率为 46.08 kHz,则基于系统时钟计数的 T3 需要计数 $\frac{22\ 118\ 400}{46\ 080}=480$ 次产生溢出中断。

程序如下：

汇编语言程序

```
$ include (C8051F020.inc)
;设定 T3 初始化重载计数值
T3_Reload  EQU  480

ORG  0000H
LJMP MAIN
ORG  0073H
LJMP Timer3_ISR
ORG  0100H

Timer3_Init: ;初始化 T3
  ;初始化重载值
  MOV TMR3RLH,#HIGH(-T3_Reload)
  MOV TMR3RLL,#LOW(-T3_Reload)
  MOV TMR3H, #0ffH
  MOV TMR3L, #0ffH

  ;使能 T3 中断
  ORL  EIE2, #01H
  SETB EA
  ;使能 T3,时钟不分频
  MOV  TMR3CN, #06H
  RET
;-------------------------------
ADC0_Init:  ;初始化 ADC0
  ;内部电压基准从 VREF 引脚输出,
  ;ADC0 电压基准取自 VREF0
  MOV  REF0CN,#03H
  ;设定转换周期,设定增益为 1
  MOV  ADC0CF,#50H
  ;单端输入,选择通道 0
  MOV  AMX0CF,#00H
  MOV  AMX0SL, #0
  ;ADC0 使能,T3 溢出启动转换
  MOV  ADC0CN, #84H
  RET
;-------------------------------
MAIN:
  ;禁止看门狗定时器
  MOV  WDTCN, #0DEH
```

C 语言程序

```
#include <C8051F020.h>
#define T3_Reload  480

void WDT_disable(void);
void OSC_Init(void);
void delay_ms(unsigned int t);

unsigned int ad_buf[64];
unsigned char ptr;

//-------------------------------
void Timer3_Init(void)
{
  //初始化重载值
  TMR3RLH = (-T3_Reload)/256;
  TMR3RLL = (-T3_Reload) % 256;
  TMR3H = 0x0ff;
  TMR3L = 0x0ff;

  //使能 T3 中断
  EIE2|= 0x01;
  EA = 1;
  //使能 T3,时钟不分频
  TMR3CN = 0x06;
}
//-------------------------------
void ADC0_Init(void)//初始化 ADC0
{
  //内部电压基准从 VREF 引脚输出,
  //ADC0 电压基准取自 VREF0
  REF0CN = 0x03;
  //设定转换周期,设定增益为 1
  ADC0CF = 0x50;
  //单端输入,选择通道 0
  AMX0CF = 0x00;
  AMX0SL = 0x00;
  //ADC0 使能,T3 溢出启动转换
  ADC0CN = 0x84;
}
//-------------------------------
```

```
    MOV   WDTCN, ＃0ADH

    ;系统时钟切换到外部 22.118 4 MHz 时钟
    LCALL OSC_INIT
    ;初始化 T3
    LCALL Timer3_Init
    ;初始化 A/D
    LCALL ADC0_Init
    ;R0 指向 64 数据队列的首地址
    MOV   R0, ＃40H
    MOV   R7, ＃64
LOOP:

    LJMP LOOP
;--------------------------------
Timer3_ISR:
    ;清 ADC0 的中断标志
    CLR   AD0INT
    ;清 T3 中断标志
    ANL   TMR3CN, ＃7fH
    MOV   @R0, ADC0H
    INC   R0
    MOV   @R0, ADC0L
    DJNZ R7, T3_ISR_L1
    MOV   R0, ＃40H
    MOV   R7, ＃64
T3_ISR_L1:
    RETI

    END
```

```
int main(void)
{
    unsigned int tem;

    //禁止看门狗定时器
    WDT_disable();
    //系统时钟切换到外部 22.118 4 MHz 时钟
    OSC_Init();

    //初始化 T3
    Timer3_Init();
    //初始化 A/D
    ADC0_Init();

    ptr = 0;
    while(1)
    {

    }
}
//--------------------------------
void Timer3_ISR(void) interrupt 14
{
    //清 ADC0 的中断标志
    AD0INT = 0;
    //清 T3 中断标志
    TMR3CN& = 0x7f;
    ptr++;
    if(ptr > 63)ptr = 0;
    ad_buf[ptr] =
        ((unsigned int)ADC0H << 8) |
      ADC0L;
}
```

11.5.4 温度传感器

1. 温度传感器的特性

在 C8051F020 单片机中集成了一个温度传感器,温度传感器产生一个与器件基材温度成正比的电压。该电压作为一个单端输入提供给 ADC0 的多路模拟开关,其输出电压与温度关系为

$$\mathrm{TEMP}=\frac{V_{\mathrm{TEMP}}-0.776\ \mathrm{V}}{0.00286\ \mathrm{V}/℃} \tag{11.4}$$

当选择温度传感器作为 ADC0 的一个输入并且 ADC 启动一次转换后，可以经过简单数学运算将 ADC 的输出结果转换成用度数表示的温度。

当温度传感器被选中(用 AMX0SL 中的 AMX0AD[3:0])时，其输出电压(V_{TEMP})是 PGA0 的输入；PGA0 的增益对温度传感器也起作用，PGA0 对 V_{TEMP}的放大倍数由用户编程的 PGA0 设置值决定。

2. 温度传感器的操作

为了能使用温度传感器，ADC0 一切就绪的前提下，温度传感器也必须被允许，且选择温度传感器作为 ADC0 的输入。

在单端方式下，ADC0 能够接收的最大直流输入电压等于 V_{REF0}。如果使用内部电压基准，该值大约为 2.4 V。温度传感器所能产生的最大电压值稍小于 1 V。因此，可以安全地将 ADC0 的 PGA0 增益设置为 2，以提高温度分辨率。

11.6 C8051F020 片上 8 位 ADC1

11.6.1 ADC1 的组成

ADC1 子系统包括一个 8 通道的可配置模拟多路开关(AMUX1)、一个采样保持电路、一个可编程增益放大器(PGA1)和一个逐次逼近寄存器型 ADC，如图 11.19 所示。

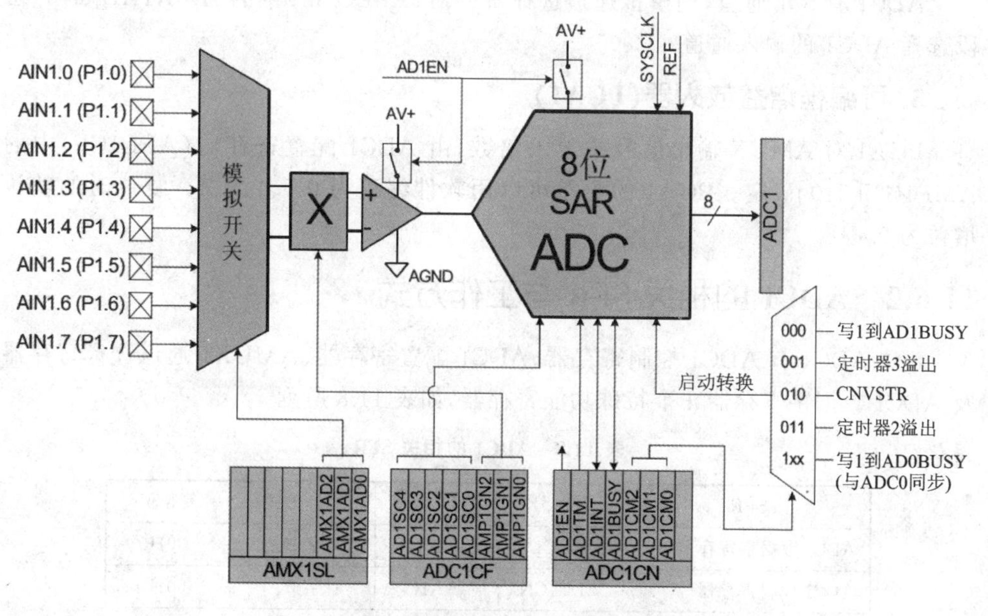

图 11.19 ADC1 功能框图

ADC具有下述特性：

- 分辨率：8位；
- 非线性误差：±1 LSB；
- 可编程转换速率，最大500 ksps；
- 8个外部输入；
- 可编程放大器增益：4、2、1、0.5。

1. 模拟输入(AIN[7:0])的配置

端口1的引脚用作ADC1模拟多路开关的模拟输入。在缺省的情况下，端口1引脚为数字输入方式。通过向P1MDIN寄存器中的对应位写0，即可将该端口的引脚配置为模拟输入。将端口引脚配置为模拟输入的过程如下：

① 禁止引脚的数字输入路径。这可以防止在引脚上的电压接近$V_{DD}/2$时消耗额外的电源电流。读端口数据位将返回逻辑0，与加在引脚上的电压无关。

② 禁止引脚的弱上拉部件。

③ 使交叉开关在为数字外设分配引脚时，跳过该引脚。

被配置为模拟输入的引脚输出驱动器并没有被明确地禁止。因此被配置为模拟输入的引脚所对应的P1MDOUT位应被设置为逻辑0(漏极开路方式)，对应的端口数据位应被设置为逻辑1(高阻态)。需要注意的是，将一个端口引脚用作ADC1模拟多路开关的输入时，并不要求将其配置为模拟输入，但强烈建议这样做。

2. ADC1输入通道的选择

ADC1有8个通道，用模拟通道选择寄存器(AMX1SL)中的AMX1AD[2:0]位段选择ADC1的输入通道。

3. 可编程增益放大器(PGA1)

PGA1对AMUX输出信号的放大倍数，由ADC1配置寄存器(ADC1CF)中的AMP1GN[2:0]确定。PGA1的增益可以用软件编程为0.5、1、2、4。复位时的默认增益为0.5。

11.6.2 ADC1的相关SFR与工作方式

8位ADC1有ADC1控制寄存器、ADC1配置寄存器、AMUX1通道选择寄存器及ADC1数据字寄存器4个特殊功能寄存器，如表11.8所列。

表11.8 ADC1的相关SFR

SFR	符 号	地 址	寻址方式	复位值
ADC1数据字寄存器	ADC1	9CH	字节	00H
ADC1控制寄存器	ADC1CN	AAH	字节	00H

续表 11.8

SFR	符　号	地　址	寻址方式	复位值
ADC1 配置寄存器	ADC1CF	ABH	字节	F8H
ADC1 通道选择寄存器	AMX1SL	ACH	字节	00H

1. ADC1 数据字寄存器——ADC1

ADC1 只有单端输入方式，其数据字寄存器为无符号数，范围为 00H～FFH，转换数值公式如下：

$$转换数值 = V_{in} \times \frac{Gain}{V_{REF1}} \times 256 \tag{11.5}$$

2. ADC1 控制寄存器——ADC1CN

不支持位寻址的 ADC1CN 寄存器格式如下：

	b7	b6	b5	b4	b3	b2	b1	b0
ADC1CN	AD1EN	AD1TM	AD1INT	AD1BUSY	AD1CM2	AD1CM1	AD1CM0	—

其中：

AD1EN：ADC1 使能位。该位设置为 0，ADC1 禁止，ADC1 处于低功耗停机状态；该位设置为 1，ADC1 使能。

AD1INT：ADC1 转换结束中断标志。该标志必须用软件清 0。读该标志位，如果为 0，说明从最后一次将该位清 0 后，ADC1 还没有完成一次数据转换；如果为 1，说明 ADC1 完成了一次数据转换。

AD1BUSY：ADC1 忙标志位。该标志位在读和写的时候具有不同的含义。

① 读 AD1BUSY。若读回为 0，说明 ADC1 转换结束或当前没有正在进行的数据转换。AD1INT 在 AD1BUSY 的下降沿被置 1。若读回为 1，说明 ADC1 正在进行转换。

② 写 AD1BUSY。向 AD1BUSY 写 0 无作用；向 AD1BUSY 写 1，且当 ADSTM[2:0]＝000B 时启动 ADC1 转换。

当采用向 AD1BUSY 位写 1 启动 ADC1 时，步骤如下：

① 向 AD1INT 写 0；

② 向 AD1BUSY 写 1；

③ 查询并等待 AD1INT 变为 1；

④ 处理 ADC1 数据。

AD1TM：ADC1 采样保持器的跟踪采样方式设置位。该位设置为 0，当 ADC1 被使能时，除了转换期间之外一直处于跟踪采样方式；该位设置为 1，工作于低功耗跟踪采样方式，每次启动 ADC 才跟踪采样。

AD1CM[2:0]：ADC1 转换启动方式选择位。ADC1 有 5 种转换启动方式，设置方法如表 11.9 所列。

表 11.9　ADC1 转换启动方式设置

AD1CM[2:0]	AD1TM = 0(一般跟踪采样方式)	AD1TM=1(低功耗跟踪采样方式)
000	向 AD1BUSY 写 1 启动 ADC1 转换	向 AD1BUSY 写 1 时启动跟踪采样,持续 3 个 SAR1 时钟,然后进行转换
001	T3 溢出启动 ADC1 转换	T3 溢出启动跟踪采样,持续 3 个 SAR1 时钟,然后进行转换
010	CNVSTR(通过交叉开关配置到低位端口)上升沿启动 ADC1 转换	只有当 CNVSTR 输入为逻辑低电平时 ADC1 跟踪采样,在 CNVSTR 的上升沿开始转换
011	T2 溢出启动 ADC1 转换	T2 溢出启动跟踪采样,持续 3 个 SAR1 时钟,然后进行转换
1xx	向 AD0BUSY 写 1 启动 ADC1 转换(与 ADC0 软件命令转换同步)	向 AD0BUSY 写 1 启动跟踪并持续 3 个 SAR1 时钟,然后进行转换

可见,AD1TM = 1 时,每次启动转换信号有效之后,到转换之前都有 3 个 SAR 时钟的跟踪采样周期。

ADC1 的启动过程如图 11.20 所示。

b0:保留位。读为 0,写被忽略。

注意,ADC1 没有越限检测器。

3. ADC1 配置寄存器——ADC1CF

ADC1CF 寄存器用于配置转换速率和 PGA1 增益,格式如下:

	b7	b6	b5	b4	b3	b2	b1	b0
ADC1CF	AD1SC4	AD1SC3	AD1SC2	AD1SC1	AD1SC0	—	AMP1GN1	AMP1GN0

其中:

AD1SC[4:0]:ADC1 的 SAR 型 ADC 的转换时钟周期控制位。ADC1 的最高转换速度为 500 ksps,其转换时钟 CLK_{SAR1} 来源于系统时钟分频,CLK_{SAR1} 由下式给出:

$$CLK_{SAR1} = \frac{SYSCLK}{AD1SC[4:0]+1}, \quad CLK_{SAR1} \leqslant 6\ MHz \tag{11.6}$$

AMP1GN[1:0]:ADC1 内部 PGA1 增益设置如表 11.10 所列。

表 11.10　ADC1 内部 PGA1 增益设置

AMP1GN[1:0]	PGA1 增益	AMP1GN[2:0]	PGA1 增益
00	0.5	10	2
01	1	11	4

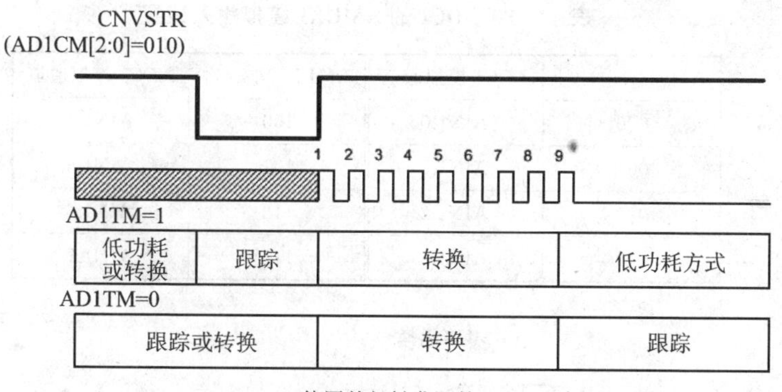

(a) 使用外部触发源的ADC1时序

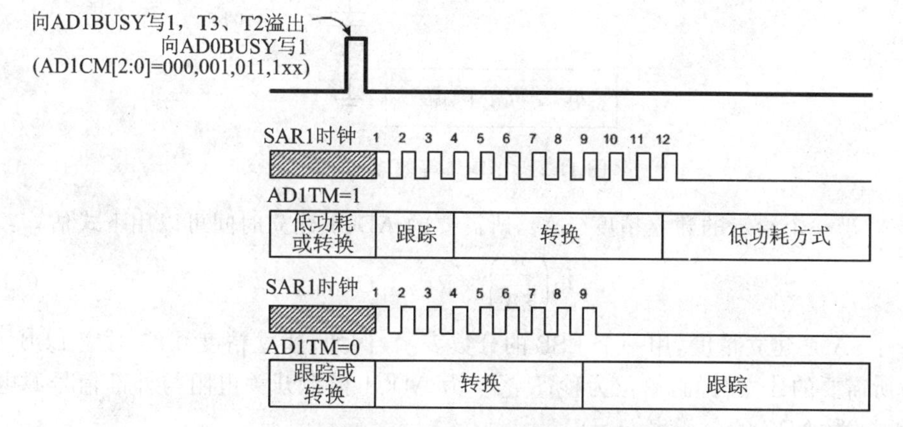

(b) 使用内部触发源的ADC1时序

图 11.20　ADC1 采样保持和 A/D 转换时序

b2：保留位。读为 0,写被忽略。

4. ADC1 通道选择寄存器——AMX1SL

AMX1SL 寄存器的格式如下：

	b7	b6	b5	b4	b3	b2	b1	b0
AMX1SL	—	—	—	—	—	AMX1AD2	AMX1AD1	AMX1AD0

其中：

AMX1SL[7:3]：保留位。读时都为 0,写被忽略。

AMX1AD[2:0]：模拟开关 AMUX1 的模拟输入选择位,具体如表 11.11 所列。

注意,当 ADC1 输入配置发生改变时(AMUX 或 PGA 的选择发生变化),在进行一次精确的转换之前,需要有一个最小的跟踪时间。该跟踪时间由 ADC1 模拟多路开关的电阻、ADC1 采样电容、外部信号源阻抗及所要求的转换精度决定。ADC1 等效的输入电路如图 11.21 所示。

表 11.11　ADC1 的 AMUX1 模拟输入设置

AMP1GN[2:0]	ADC1 模拟通道	AMP1GN[2:0]	ADC1 模拟通道
000	AIN1.0	100	AIN1.4
001	AIN1.1	101	AIN1.5
010	AIN1.2	110	AIN1.6
011	AIN1.3	111	AIN1.7

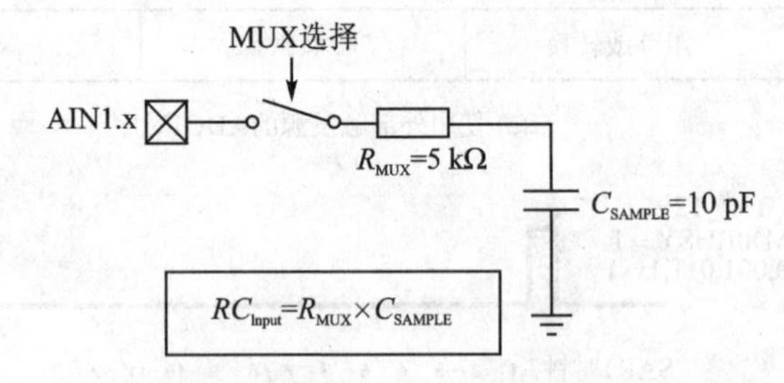

图 11.21　ADC1 等效输入电路

对于一个给定的建立精度(SA),所需要的 ADC1 建立时间可以用下式估算:

$$t=\ln\left(\frac{2^n}{\mathrm{SA}}\right)\times R_{\mathrm{TOTAL}}C_{\mathrm{SAMPLE}} \tag{11.7}$$

其中:SA 是建立精度,用一个 LSB 的分数表示(例如,建立精度 0.25 对应 LSB/4);t 为所需要的建立时间,单位为秒;R_{TOTAL} 为 ADC1 模拟开关电阻与外部信号源电阻之和;n 为 ADC 的分辨率,$n=8$。

注意,在 MUX 选择发生改变后,最少需要 0.8 μs 的建立时间;处于低功耗跟踪方式,每次转换需要用三个 SAR1 时钟跟踪。对于大多数应用,三个 SAR1 时钟可以满足跟踪需要。

11.7　C8051F020 片上模拟比较器

11.7.1　片上比较器的组成及相关 SFR

C8051F020 集成两个程控电压比较器——CP0 和 CP1。每个比较器都有专门的输入引脚:CP0+、CP0-、CP1+和 CP1-。

图 11.22 所示为两比较器功能框图。

图 11.22 所示两个比较器具有下述特性:

① 响应时间:4 μs(当(CP+)-(CP-)=100 mV 时)、12 μs((CP+)-(CP-)=10 mV 时)。

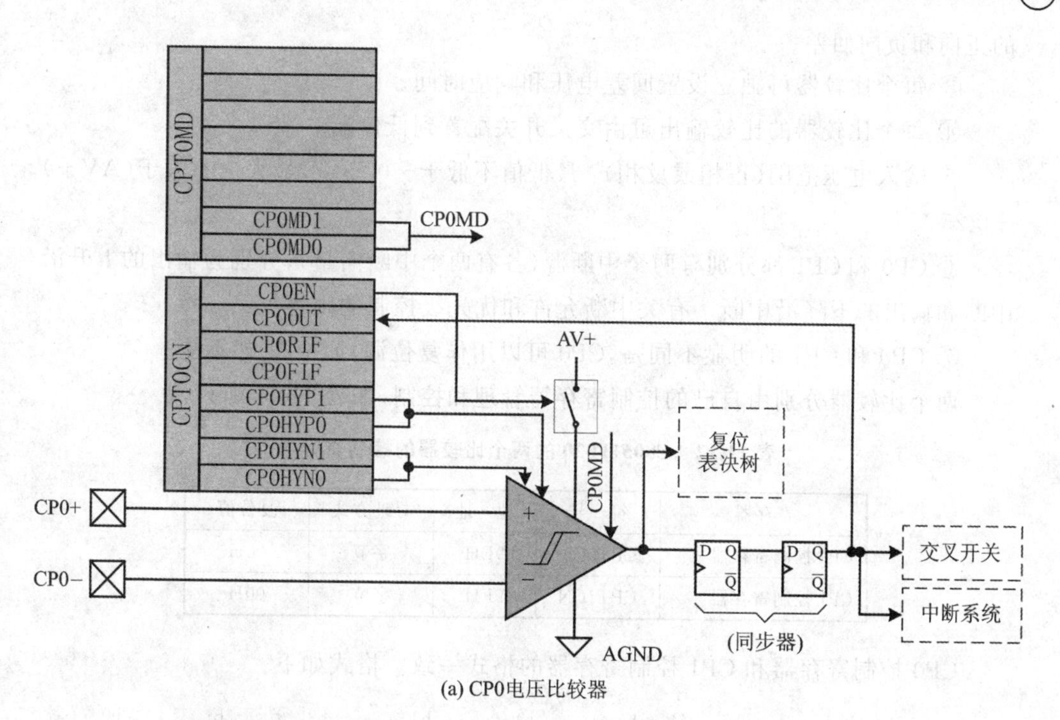

(a) CP0电压比较器

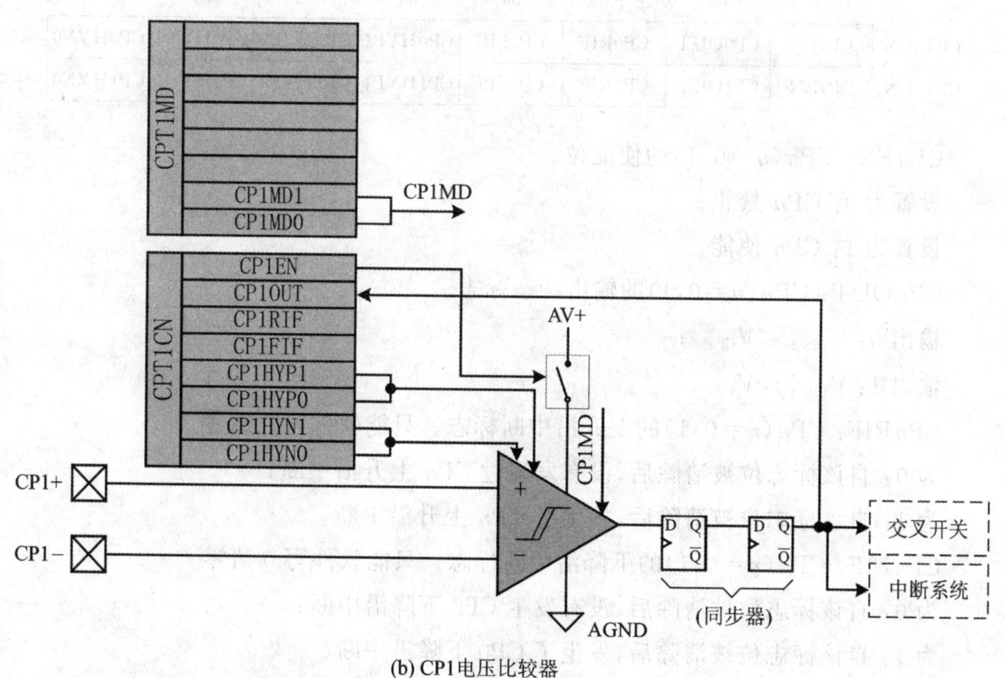

(b) CP1电压比较器

图 11.22 比较器功能框图

② 回差电压可编程：回差电压可设置为不同的正向和负向回差，也可设置相同

的正向和负向回差。

③ 每个比较器可独立设置回差电压和响应时间。

④ 每个比较器的比较输出可由交叉开关配置到低位端口。

⑤ 输入电压范围(正相或反相):最低值不低于−0.25 V,最大值不大于(AV+)+0.25 V。

⑥ CP0 和 CP1 都分别有两个中断源(各有两个中断向量),分别为输出的上升沿中断和输出的下降沿中断。有关中断允许和优先级控制的内容见第7章。

⑦ CP0 和 CP1 的明显不同是,CP0 可以用作复位源,而 CP1 却不能。

两个比较器分别由自已的控制寄存器管理和控制,如表11.12所列。

表11.12 C8051F020的两个比较器的控制寄存器

寄存器	符　号	地　址	寻址方式	复位值
CP0 控制寄存器	CPT0CN	9EH	字节	00H
CP1 控制寄存器	CPT1CN	9FH	字节	00H

CP0 控制寄存器和 CP1 控制寄存器的格式一致。格式如下:

	b7	b6	b5	b4	b3	b2	b1	b0
CPT0CN	CP0EN	CP0OUT	CP0RIF	CP0FIF	CP0HYP1	CP0HYP0	CP0HYN1	CP0HYN0
CPT1CN	CP1EN	CP1OUT	CP1RIF	CP1FIF	CP1HYP1	CP1HYP0	CP1HYN1	CP1HYN0

CP*n*EN:CP*n*(n=0,1)的使能位。

设置为0:CP*n* 禁止;

设置为1:CP*n* 使能。

CP*n*OUT:CP*n*(n=0,1)的输出状态标志。

输出0:$V_{CPn+} < V_{CPn-}$;

输出1:$V_{CPn+} > V_{CPn-}$。

CP*n*RIF:CP*n*(n=0,1)的上升沿中断标志。只能软件写0清零。

为0:自该标志位被清除后,没有发生过 CP*n* 上升沿中断;

为1:自该标志位被清除后,发生了 CP*n* 上升沿中断。

CP*n*FIF:CP*n*(n=0,1)的下降沿中断标志。只能软件写0清零。

为0:自该标志位被清除后,没有发生 CP0 下降沿中断;

为1:自该标志位被清除后,发生了 CP0 下降沿中断。

CP*n*HYP[1:0]:CP*n*(n=0,1)的正向回差电压控制位。

设置为00:禁止正向回差电压(最大1 mV);

设置为01:正向回差电压约为2 mV;

设置为 10：正向回差电压约为 4 mV；

设置为 11：正向回差电压约为 10 mV。

CP*n*HYN[1:0]：CP*n*(*n*=0,1)的负向回差电压控制位。

设置为 00：禁止负向回差电压(最大 1 mV)；

设置为 01：负向回差电压约为 2 mV；

设置为 10：负向回差电压约为 4 mV；

设置为 11：负向回差电压约为 10 mV。

如图 11.23 所示，当 $V_{CPn+}-V_{CPn-}$ 的电压值高于正回滞值时，CP*n* 输出为 1；当 $V_{CPn+}-V_{CPn-}$ 的电压值低于负回滞值时，CP*n* 输出为 0。基于 CP*n*HYP[1:0]和 CP*n*HYN[1:0]，用户既可以对输入回差电压值编程，也可以对门限电压两侧的正向和负向回差对称度编程。

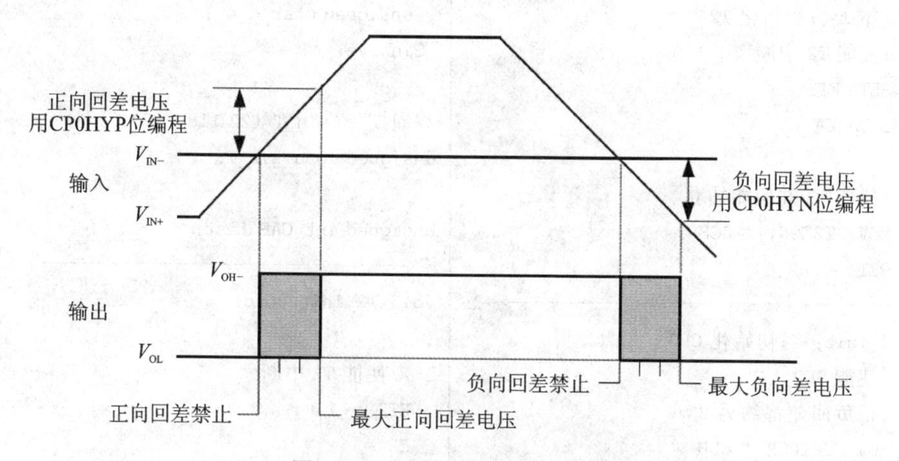

图 11.23 比较器回差电压曲线

11.7.2 模拟比较器应用——正弦波周期测量

如图 11.24 所示，CP0 的负输入端 CP0－接 0 V，即接地，正输入端 CP0＋接正弦波输入，CP0 的输出配置到外部引脚并与 T2 的外部捕获引脚相连，即可实现正弦波周期测量。

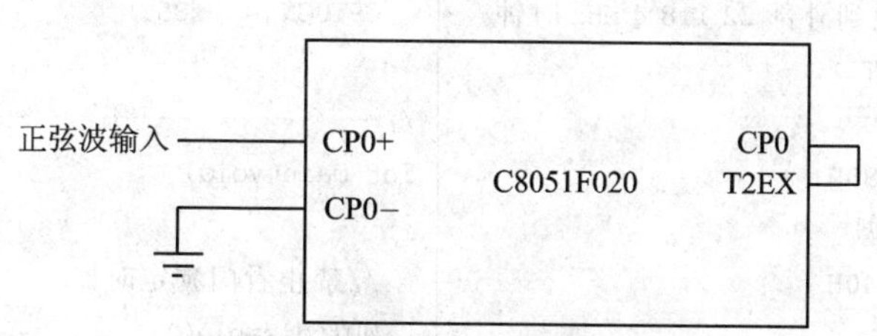

图 11.24 基于模拟比较器和定时器测量正弦波周期电路

程序如下：

汇编语言程序

```
$ include (C8051F020.inc)
Sin_T       EQU 40H
CAP_Last    EQU 44H

ORG   0000H
LJMP MAIN
ORG   002BH
LJMP T2_ISR
ORG   0100H
;---------------------------------
T2_Init: ;初始化 T2
  ;使能 T2 中断
  SETB ET2
  SETB EA

  ;使能 T2 并使能捕获
  MOV   T2CON, #0CH
  RET
;---------------------------------
CP0_Init:   ;初始化 CP0
  ;使能 SP0,
  ;正负回差都约为 2 mV
  MOV   CPT0CN, #85H
  RET
;---------------------------------
MAIN:
  ;禁止看门狗定时器
  MOV   WDTCN, #0DEH
  MOV   WDTCN, #0ADH

  ;系统时钟切换到外部 22.118 4 MHz 时钟
  LCALL OSC_INIT
  ;使能 CP0 引脚
  ORL   XBR0, #80H
  ;使能 T2EX 引脚
  ORL   XBR1, #40H
  ;使能交叉开关
```

C语言程序

```
#include <C8051F020.h>

void WDT_disable(void);
void OSC_Init(void);
void delay_ms(unsigned int t);

union
{
  unsigned long T;
  unsigned int t[2];
  unsigned char d[4];
}SinWave;

//周期 = (sin_T/(22.1184/12))微秒
unsigned long sin_T;

unsigned int CAP_Last;
//---------------------------------
void T2_Init(void)
{
  //使能 T2 中断
  ET2 = 1;
  EA = 1;
  //使能 T2 并使能捕获
  T2CON = 0x0C;
}
//---------------------------------
void CP0_Init(void) //初始化 CP0
{
  //使能 SP0,正负回差都约为 2 mV
  CPT0CN = 0x85;
}
//---------------------------------
int main(void)
{
  //禁止看门狗定时器
  WDT_disable();
  //系统时钟切换到外部
```

```
    ORL   XBR2, #40H
    ;初始化 T2
    LCALL T2_Init
    ;初始化 CP0
    LCALL CP0_Init

    MOV   R2, #0
    MOV   R3, #0
LOOP:
    JNB   TF2, LOOP
    INC   R2
    CLR   A
    XOR   A, R2
    JNZ   L1
    INC   R3
L1:CLR   TF2
    LJMP LOOP
;---------- 输入捕获中断 ----------
T2_ISR:
    JNB   TF2, T2_ISR_L3
    PUSH ACC
    MOV   A, RCAP2L
    MOV   R1, #CAP_Last
    INC   R1
    CLR   C
    SUBB A, @R1
    MOV   R1, #Sin_T
    INC   R1
    INC   R1
    INC   R1
    MOV   @R1, A
    MOV   A, RCAP2H
    MOV   R1, #CAP_Last
    SUBB A, @R1
    MOV   R1, #Sin_T
    INC   R1
    INC   R1
    MOV   @R1, A
    JNC   T2_ISR_L1
    DEC   R2
    MOV   A, #0FFH
```

```
    //22.118 4 MHz 时钟
    OSC_Init();
    //使能 CP0 引脚
    XBR0 | = 0x80;
    //使能 T2EX 引脚
    XBR1 | = 0x40;
    //使能交叉开关
    XBR2 | = 0x40;

    CP0_Init();
    T2_Init();
    SinWave.t[0] = 0;
    while(1)
    {
      if(TF2)
      {
        //高 16 位加 1
        SinWave.t[0]++;
        //清溢出标志
        TF2 = 0;
      }
    }

}
//--------输入捕获中断 --------
void T2_ISR(void) interrupt 5
{
    union  _temp
    {
      unsigned int d16;
      unsigned char d8[2];
    }temp;

    if(EXF2)
    {
      temp.d8[0] = RCAP2H;
      temp.d8[1] = RCAP2L;
      SinWave.t[1] = temp.d16;
      SinWave.T - = CAP_Last;
      sin_T = SinWave.T;
```

```
    XOR  A, R2
    JNZ  T2_ISR_L2
    DEC  R3
T2_ISR_L2:
    DEC  R1
    MOV  A, R2
    MOV  @R1, A
    DEC  R1
    MOV  A, R3
    MOV  @R1, A

    MOV  R1, #CAP_Last
    MOV  @R1, RCAP2H
    INC  R1
    MOV  @R1, RCAP2L

    MOV  R2, #0
    MOV  R3, #0
    ;清捕获中断标志
    CLR  TF2
    POP  ACC
T2_ISR_L3:
    RETI

    END
```

```
        CAP_Last = temp.d16;

        SinWave.t[0] = 0;
        //清捕获中断标志
        TF2 = 0;
    }
}
```

习题与思考题

11.1 对于电流输出的DAC,为了得到电压的转换结果,应使用(　　)。

11.2 请说明电压的测量技术要点。

11.3 在DAC和ADC的主要技术指标中,量化误差、分辨率和精度有何区别?

11.4 C8051F0200采用外部22.118 4 MHz时钟,请基于DAC1输出一个正三角波,要求频率为50 Hz。

11.5 试简述ADC0可编程越限检测器的工作原理。

第12章

单片机应用系统设计

前面介绍了单片机的基本组成、功能及其扩展方法等。掌握了单片机的软件、硬件资源的组织和使用。除此之外，一个基于单片机的嵌入式应用系统设计还涉及很多复杂的内容与问题，如涉及多种类型的接口电路(如模拟电路、伺服驱动电路、抗干扰隔离电路等)，软件设计，软件与硬件的配合，如何选择最优方案等内容。本章将对基于单片机的嵌入式应用系统的软件、硬件设计，开发和调试等方面进行介绍，以便用户能初步掌握单片机应用系统的设计。

12.1 单片机与嵌入式应用系统结构及设计

12.1.1 基于单片机的嵌入式应用系统结构

单片机应用系统硬件中所涉及的问题远比计算机系统要复杂得多。典型的单片机应用系统的基本组成如图 12.1 所示。

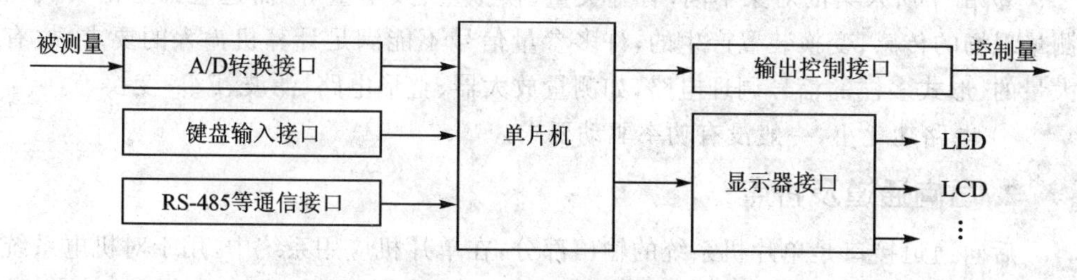

图 12.1 典型单片机系统结构

可以看出，单片机应用系统一般是一个模拟-数字混合系统：

① 单片机应用系统中，模拟部分与数字部分的功能是硬件系统设计的重要内容，它涉及应用系统研制的技术水平及难度。例如在传感器通道中，为了提高抗干扰能力，尽可能采用数字频率信号，而为了提高响应速度，往往不得不用模拟信号的A/D转换接口。

② 在这种模拟-数字系统中，模拟电路、数字逻辑电路功能与计算机的软件功能分工设计是应用系统设计的重要内容。计算机指令系统的运算、逻辑控制功能使得许多模拟-数字逻辑电路都可以依靠计算机的软件实现。因此，模拟-数字电路的分

工与配置,应用系统中硬件功能与软件功能的分工与配置,必须慎重考虑。用软件实现具有成本低、电路系统简单等优点,但是响应速度慢,占用CPU的工作时间。哪些功能由软件实现,哪些功能由硬件实现并无一定之规,它与微电子技术、计算机外围芯片技术发展水平有关,但常受到研制人员专业技术能力的影响。

③ 要求应用系统研制人员不只是通晓计算机系统的扩展与配置,还必须了解数字逻辑电路、模拟电路及在这些领域中的新成果、新器件,以便获得最佳的模拟、数字逻辑计算机应用系统设计。

如图12.1所示,实际中,一般一个完整的单片机应用系统是由前向通道、后向通道、人机对话通道及计算机相互通道组成。

前向通道和后向通道接口是两个不同的应用领域。前者延伸到了仪表测试技术、传感器技术、模拟信号处理领域,而后者延伸到了功率器件与驱动等技术。

1. 前向通道及特点

前向通道接口是单片机系统的输入部分,在单片机工业测控系统中,它是各种物理量的信息输入通道。目前,广泛应用的各种形式的传感器将物理量变换成电量,然后通过各种信号调理电路转换成单片机系统能够接收的信号形式。对于模拟电压信号,可以通过A/D转换输入;对于频率量或开关量,则可以通过放大整形成TTL电平输入。

前向通道有以下特点:

① 与现场采集对象相连,是现场干扰进入的主要通道,是整个系统抗干扰设计的重点部位。

② 由于所采集的对象不同,有开关量、模拟量、频率量等,而这些都是由安放在测量现场的传感、变换装置产生的,许多参量信号不能满足计算机输入的要求,故有大量的、形式多样的信号调理电路,如测量放大器、整形电路、滤波、F/V变换等。

③ 电路功耗小,一般没有功率驱动要求。

2. 后向通道及特点

后向通道接口是单片机系统的输出部分,在单片机应用系统中,用于对机电系统实现驱动控制。通常,这些机电系统功率较大。比如输出数字信号可以通过D/A转换成模拟信号,再通过各种对象相关的驱动电路实现对机电系统的控制。

后向通道具有以下特点:

① 是应用系统的输出通道,大多数需要功率驱动。

② 靠近伺服驱动现场,伺服控制系统的大功率负荷易从后向通道进入计算机系统,故后向通道的隔离对系统的可靠性影响极大。

③ 根据输出控制的不同要求,后向通路电路多种多样,电路形式有模拟电路、数字电路和开关电路等,输出量可以是电流输出、电压输出、开关量输出和数字量输出等。

3. 人机对话通道及特点

单片机应用系统中的人机对话通道是用户为了对应用系统进行干预及了解应用系统运行状态所设置的通道。主要有键盘、显示器、打印机等通道接口，其特点如下：

① 由于通常的单片机应用系统大多是小规模系统，因此，应用系统中的人机对话通道及人机对话设备的配置都是小规模的，如微型打印机、功能键、拨盘、LED/LCD 显示器等。若需要高水平的人机对话配置，则须将单片机应用系统通过总线与通用计算机相连，共享通用计算机的外围人机对话资源。

② 单片机应用系统中，人机对话通道及接口大多数采用总线形式，与计算机系统扩展密切相关。

③ 人机对话通道接口一般都是数字电路，电路结构简单，可靠性好。

4. 相互通道接口及特点

单片机应用系统的相互通道是解决单片机应用系统间相互通信问题，要组成较大的测控系统，相互通道接口是必不可少的。其特点如下：

① 中、高档单片机大多设有串行口，为构成应用系统的相互通道提供了方便条件。

② 单片机本身的串行口只给相互通道提供了硬件结构及基本的通信工作方式，并没有提供标准的通信规则，利用单片机串行口构成相互通道时，要配置较复杂的通信软件。

③ 很多情况下，采用扩展标准通信控制芯片来组成相互通道，例如用扩展RS-485和 CAN 等通信控制芯片来构成相互通道接口。

④ 相互通道接口都是数字电路系统，抗干扰能力强，但大多数都需长线传输，故要解决长线传输驱动、匹配、隔离等问题。

12.1.2 单片机应用系统的设计内容

单片机应用系统设计包含硬件设计与软件设计两部分，设计内容如下：

① 系统扩展。通过系统扩展构成一个完整的单片机系统，它是单片机应用系统中的核心部分。系统的扩展方法、内容、规模与所选用的单片机系列，以及供应状态有关。不同系列的单片机，内部结构、外部总线特征均不相同。

② 通道与接口设计。由于这些通道大都是通过 I/O 口进行配置的，与单片机本身联系不甚紧密，故大多数接口电路都能方便地移植到其他类型的单片机应用系统中去。

③ 系统抗干扰设计。抗干扰设计要贯穿于应用系统设计的全过程。从总体方案、器件选择到电路系统设计，从硬件系统设计到软件程序设计，从印刷电路板到仪器化系统布线等，都要把抗干扰设计列为一项重要工作。

④ 应用软件设计。应用软件设计是根据单片机的指令系统功能及应用系统的

要求进行的,因此,指令系统功能好坏对应用系统软件设计影响很大。目前,各种单片机指令系统各不相同,极大地阻碍了单片机技术的交流与发展。

12.2 嵌入式系统的一般设计过程及原则

单片机虽然是一个计算机,但其本身无自主开发能力,必须由设计者借助于开发工具来开发应用软件,并对硬件系统进行诊断。另外,由于在研制单片机应用系统时,通常都要进行系统扩展与配置,因此,要完成一个完整的单片机应用系统的设计,必须完成下述工作:

① 硬件电路的设计、组装和调试;

② 应用软件的编写、调试;

③ 完整应用软件的调试、固化和脱机运行。

12.2.1 硬件系统设计原则

一个单片机应用系统的硬件设计包括两部分:一是系统扩展,即单片机内部功能单元不能满足应用系统要求时,必须在片外给出相应的电路;二是系统配置,即按照系统要求配置外围电路,如键盘、显示器、打印机、A/D 转换和 D/A 转换等。

系统扩展与配置应遵循以下原则:

① 尽可能选择典型电路,并符合单片机的常规使用方法;

② 在充分满足系统功能要求的前提下,留有余地,以便于二次开发;

③ 硬件结构设计应与软件设计方案一并考虑;

④ 整个系统相关器件力求性能匹配;

⑤ 硬件上要有可靠性与抗干扰设计;

⑥ 充分考虑单片机的带载驱动能力。

12.2.2 应用软件设计原则

应用系统中的应用软件是根据功能要求设计的,应可靠地实现系统的各种功能。应用系统种类繁多,应用软件各不相同,但是一个优秀的应用系统的软件应具有下列特点:

① 软件结构清晰、简洁,流程合理。

② 各功能程序实现模块化、子程序化,这样既便于调试、连接,又便于移植、修改。

③ 程序存储区、数据存储区规划合理,既能节省内存容量,又使操作方便。

④ 运行状态实现标志化。各个功能程序运行状态、运行结果及运行要求都设置状态标志以便查询,程序的转移、运行、控制都可通过状态标志条件来控制。

⑤ 经过调试修改后的程序应进行规范化，除去修改“痕迹”。规范化的程序便于交流、借鉴，也为今后的软件模块化、标准化打下基础。

⑥ 实现全面软件抗干扰设计，软件抗干扰是计算机应用系统提高可靠性的有力措施。

⑦ 为了提高运行的可靠性，在应用软件中设置自诊断程序，在系统工作运行前先运行自诊断程序，用以检查系统各特征状态参数是否正常。

12.2.3 应用系统开发过程

应用系统的开发过程包括系统硬件设计、系统软件设计、系统仿真调试及脱机运行调试等核心技术环节，具体如下。

1. 系统需求与方案调研

系统需求与方案调研的目的是通过市场或用户了解用户对拟开发应用系统的设计目标和技术指标。通过查找资料，分析研究，解决以下问题：

① 了解国内外同类系统的开发水平、器材、设备水平、供应状态；对接收委托研制项目，还应充分了解对方的技术要求、环境状况、技术水平，以确定课题的技术难度。

② 了解可移植的软硬件技术。能移植的尽量移植，以防止大量低水平重复劳动。

③ 摸清软硬件技术难度，明确技术主攻方向。

④ 综合考虑软硬件分工与配合方案。在单片机应用系统设计中，软硬件工作具有密切的相关性。

2. 可行性分析

可行性分析的目的是对系统开发研制的必要性及可行性作明确的判定结论。根据这一结论决定系统的开发研制工作是否继续进行下去。

可行性分析通常从以下几个方面进行论证：

① 市场或用户的需求情况。

② 经济效益和社会效益。

③ 技术支持与开发环境。

④ 现在的竞争力与未来的生命力。

3. 系统功能设计

系统功能设计包括系统总体目标功能的确定及系统硬件、软件模块功能的划分与协调关系。

系统功能设计是根据系统硬件、软件功能的划分及其协调关系，确定系统的硬件结构和软件结构。系统硬件结构设计的主要内容包括单片机系统扩展方案、外围设备的配置及其接口电路方案，最后要以逻辑框图形式描述出来。系统软件结构设计的主要完成任务是确定出系统软件功能模块的划分及各功能模块的程序实现的技术方法，最后以结构框图或流程图描述出来。

4. 系统详细设计与制作

系统详细设计与制作就是将前面的系统方案付诸实施，将硬件框图转化成具体电路，并制作成电路板，软件框图或流程图用程序加以实现。

5. 系统调试与修改

系统调试是检测所设计系统的正确性与可靠性的必要过程。单片机应用系统设计是一个相当复杂的劳动过程，在设计、制作中，难免存在一些局部性问题或错误。系统调试可发现存在的问题和错误，以便及时地进行修改。调试与修改的过程可能要反复多次，最终使系统试运行成功，并达到设计要求。

6. 生成正式系统或产品

系统硬件、软件调试通过后，就可以把调试完毕的软件固化在程序存储器中，然后脱机(脱离开发系统)运行。如果脱机运行正常，再在真实环境或模拟真实环境下运行，经反复运行正常，开发过程即告结束。这时的系统只能作为样机系统，给样机系统加上外壳、面板，再配上完整的文档资料，就可以生成正式的系统(或产品)。

12.3 嵌入式系统的抗干扰技术

在嵌入式系统中，系统的抗干扰性能直接影响系统工作的可靠性。干扰可能来自本身电路的噪声，也可能来自工频信号、电火花、电磁波等。一旦应用系统受到干扰，程序“跑飞”，即程序指针发生错误，误将非操作码的数据当作操作码执行，就会造成执行混乱或进入死循环，使系统无法正常运行，严重时可能损坏元器件。

单片机的抗干扰措施有硬件方式和软件方式。

12.3.1 软件抗干扰

1. 数字滤波

当噪声干扰进入单片机应用系统并叠加到被检测信号上时，会造成数据采集的误差。为保证采集数据的精度，可采用硬件滤波，也可采用软件滤波。比如，对采样值进行多次采样，取平均值，或直接采用 IIR 滤波器等。

2. 设置软件陷阱

在非程序区采取拦截措施，当 PC 失控进入非程序区时，程序进入陷阱，这时通常使程序返回初始状态。例如用“LJMP 0000H”填满非程序区。

12.3.2 硬件抗干扰

1. 良好的接地方式

在任何电子线路设备中，接地是抑制噪声、防止干扰的重要方法，地线可以和大地连接，也可以不和大地相连。接地设计的基本要求是消除由于各电路电流流经一个公共地线，由阻抗所产生的噪声电压，避免形成环路。

单片机应用系统中的地线分为数字电路的地线（数字地）和模拟电路的地线（模拟地），如有大功率电气设备（如继电器、电动机等），还有噪声地，仪器机壳或金属件的屏蔽地，这些地线应分开布置，并在一点上和电源地相连。每单元电路宜采用一个接地点，地线应尽量加粗，以减少地线的阻抗。

模拟地跟数字地，很多应用最终都接到一起，那为什么还要分模拟地和数字地呢？原因是虽然相通，但是距离长了，情况就不一样了：同一条导线，不同点的电压可能是不一样的，特别是电流较大时，因为导线存在着电阻，电流流过时就会产生压降；另外，导线还有分布电感，在交流信号下，分布电感的影响就会表现出来。因此，我们要分成数字地和模拟地，因为数字信号的高频噪声很大，如果模拟地和数字地混合，就会把噪声传到模拟部分，造成干扰；如果分开接地，高频噪声可以在电源处通过滤波被隔离掉，而两个地混合，就不好滤波了。

2. 采用隔离技术

在单片机应用系统的输入、输出通道中，为减少干扰，普遍采用了通道隔离技术。用于隔离的器件主要有隔离放大器、隔离变压器、纵向扼流圈和光电耦合器等，其中应用最多的是光电耦合器。

光电耦合器具有一般的隔离器件切断地环路、抑制噪声的作用，此外，还可以有效地抑制尖峰脉冲及多种噪声。光电耦合器的输入和输出间无电接触，能有效地防止输入端的电磁干扰以电耦合的方式进入计算机系统。光电耦合器的输入阻抗很小，一般为 100～1 000 Ω，噪声源的内阻通常很大，因此能分压到光电耦合器输入端的噪声电压很小。

光电耦合器的种类很多，有直流输出的，如晶体管输出型、达林顿管输出型、施密特触发的输出型，也有交流输出的，如单（双）向可控硅输出型、过零触发双向可控硅型。

利用光电耦合器作为输入的电路如图 12.2 所示。

图 12.2 (a)是模拟信号采集，电路用线性光耦作为输入，信号可从集电极引出，也可以从发射极引出。图 12.2(b)是脉冲信号输入电路，采用施密特触发器输出的光电耦合电路。

利用光电耦合作为输出的电路如图 12.3 所示，J 为继电器线圈，图 12.3 (a)中 I/O输出 0，二极管导通发光，三极管因光照而导通，使继电器电流通过，控制外部电路。用光电耦合控制晶闸管的电路如图 12.3(b)所示，光耦控制晶闸管的栅极。

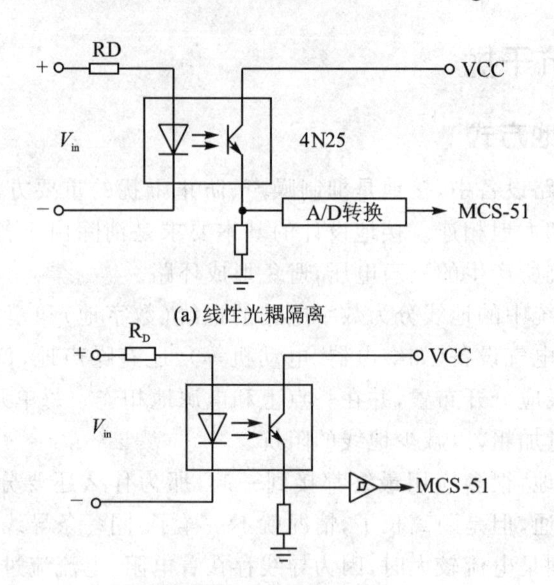

(a) 线性光耦隔离

(b) 开关耦合光耦隔离

图 12.2　光电耦合输入电路

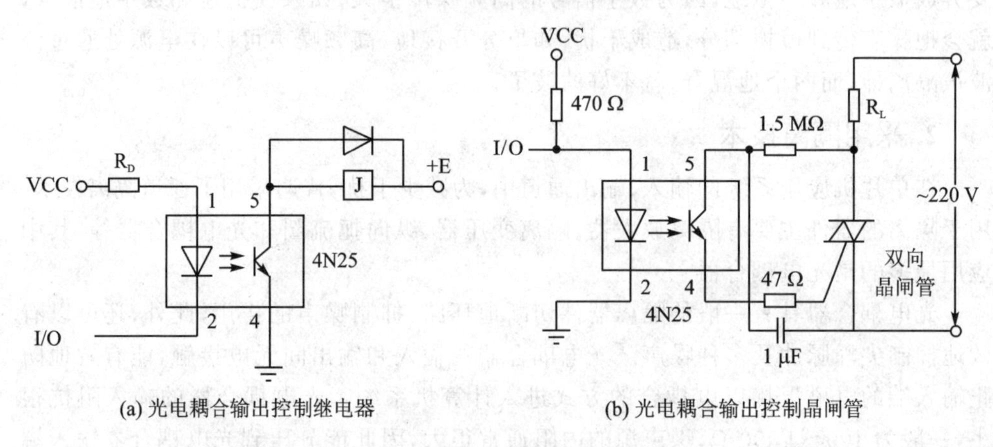

(a) 光电耦合输出控制继电器　　(b) 光电耦合输出控制晶闸管

图 12.3　光电耦合输出电路

12.3.3 "看门狗"技术

看门狗实质上是一个监视定时器，它的定时时间是固定不变的，一旦定时时间到，就会产生中断或溢出脉冲，使系统复位。正常运行时，如果在小于定时时间间隔内对其进行刷新(即重置定时器，称为喂狗)，定时器处于不断的重新定时过程，就不会产生中断或溢出脉冲。利用这一原理给单片机加一个看门狗电路，在执行程序中，在小于定时时间内对其进行重置。当程序因干扰而"跑飞"时，因没能执行正常的程序所以不能在小于定时时间内对其刷新。当定时时间到，定时器产生中断，在中断程序中使其返回到起始程序，或利用溢出产生的脉冲控制单片机复位。

C8051F020 看门狗使用方法举例如下：

汇编语言程序	C51 程序

ORG　0000H
LJMP MAIN
⋮
MAIN：
 	
LOOP：
⋮
MOV　WDTCN，#0A5H　;喂狗指令
LJMP LOOP
	int main(void)
	{
	
	while(1)
	{
	⋮
	WDTCN＝ 0xa5;//喂狗指令
	}
	}

12.4　嵌入式系统的低功耗设计

嵌入式应用系统中,普遍存在功耗浪费现象。在一个嵌入式应用系统中,由于普遍存在 CPU 高速运行功能和有限任务处理要求的巨大差异,会形成系统在时间上与空间上巨大的无效操作,造成巨大的功耗浪费。

电子工业发展总的趋势是提供更小、更轻和功能更强大的最终产品,功耗问题是近几年来人们在嵌入式系统的设计中普遍关注的难点与热点,特别是对于电池供电系统,而且大多数嵌入式设备都有体积和质量的约束。目前,单片机越来越多地应用在电池供电的手持机系统,这种手持机系统面临的最大问题,就是如何通过各种方法,延长整机连续供电时间。归纳起来,方法有两种:第一是选择大容量电池,但由于受到了材料及构成方式的限制,在短期内实现较大的技术突破是比较困难的;第二是降低整机功耗,在电路设计上下工夫,比如,合理地选择低功耗器件,确定合适的低功耗工作模式,适当改造电路结构,合理地对电源进行分割等。总之,低功耗已经是单片机技术的一个发展方向,也是必然趋势。

降低系统的功耗具有以下优点:

① 对于电池供电系统,降低系统的功耗可以延长电池的寿命,降低用户更换电池的周期,可以提高系统性能,降低系统开销,甚至能起到保护环境的作用。

② 降低电磁干扰:系统的功耗越低,电磁辐射的能量越小,对其他设备造成的干扰就越小;如果所有的电子产品都设计成低功耗的,那么电磁兼容性设计会变得容易。

目前的集成电路工艺主要有 TTL 和 CMOS 两大类,无论哪种工艺,电路中只要有电流通过,就会产生功耗。通常,集成电路的功耗分为静态功耗和动态功耗两部分：当电路的状态没有进行翻转(保持高电平或低电平)时,电路的功耗属于静态功耗,其大小等于电路的电压与流过的电流的乘积;动态功耗是电路翻转时产生的功耗,由于电路翻转时存在跳变沿,在电路的翻转瞬间,电流比较大,存在较大的动态功耗。

由于目前大多数电路采用CMOS工艺,静态功耗很小,可以忽略。起主要作用的是动态功耗,因此降低功耗从降低动态功耗入手。

12.4.1 硬件低功耗设计

1. 选择低功耗的器件

选择低功耗的电子器件可以从根本上降低整个硬件系统的功耗,目前的半导体工艺主要有TTL工艺和CMOS工艺,CMOS工艺具有很低的功耗,在电路设计上优先选用。使用CMOS系列电路时,其不用的输入端不要悬空,因为悬空的输入端可能存在的感应信号造成高低电平的转换,转换器件的功耗很大,尽量采用输出为高的原则。

单片机是嵌入式系统的硬件核心,消耗大量的功率,因此设计时应选用低功耗的处理器;另外,还应选择低功耗的通信收发器(对于通信应用系统)、低功耗的外围电路,目前许多的通信收发器也设计成节省功耗方式,这样的器件宜优先采用。

2. 选用低功耗的电路形式及工作方式

完成同样的功能,电路的实现形式有多种。例如,可以利用分立元件、小规模集成电路、大规模集成电路甚至单片实现。通常,使用的元器件的数量越少,系统的功耗越低。因此,尽量使用集成度高的器件,减少电路中使用的元件的个数,减少整机的功耗。

因此,原则上要选择既能满足设计要求,并且还具有电源管理单元的SOPC级单片机。单片机全速工作时功耗最大,低功耗模式可大幅减低功耗。

单片机的功耗与时钟频率密切相关,频率越高,功耗越大。单片机的工作频率选择,不仅影响单片机最小系统的功耗,还直接影响着整机功耗,应在满足最低频率的情况下,选择最小的工作频率。

影响单片机的工作频率不能进一步降低的因素有：串行通信速率、时间时刻测量、实时运算时间和外部电路时序要求。

3. 外围数字电路器件的选择及设计原理

全部选择CMOS器件4000系列或者74HC系列,其中74HC、74HCU系列的工作电压可以降到2 V,对进一步降低功耗大有益处。逻辑电路低功率标准被定义为每一级门电路功耗小于1.3 μW/MHz。

尽量减少器件输出端电平输出时间。低电平输出时,器件功耗远远大于高电平输出时的功耗，设计电路时要仔细分析各器件的低电平输出时间，比如对$\overline{RD}$、$\overline{WR}$等大部分为高电平的信号，在设计电路时尽量不要使它们做“非”的运算，否则这个非门的输出端就会产生一个较长时间的低电平，该非门的整体功耗就会大大增加。

遵照上述原则，对于IC内多余门电路的处理原则为：多余的或门、与门在输入端接成高电平，使输出为高电平；多余的“非”系列门，输入端接成低电平，使输出为高电平。

在可靠性允许的情况下，尽量加大上拉电阻的阻值，一般可以选在10～20 kΩ。

4. 外围模拟电路器件的选择及设计原则

(1) 单电源、低电压供电

延长电池连续供电时间，主要靠减小负载电流完成。在负载电阻一定的情况下，降低电源电压可以大幅度降低负载电流。

IC工业正寻求多种途径来满足低功率系统要求，其中一个途径是将数字器件的工作电压从5 V变为3.3 V(时功耗将减少60%)、2.5 V、1.8 V，甚至更低(0.9 V为电池电压的最低极限)，将模拟器件的电源电压从15 V变为5 V。

一些模拟电路如运算放大器等，供电方式有正负电源和单电源两种。双电源供电可以提供对地输出的信号。高电源电压的优点是可以提供大的动态范围，缺点是功耗大。例如低功耗集成运算放大器LM324，单电源电压工作范围为5～30 V，当电源电压为15 V时，功耗约为220 mW；当电源电压为10 V时，功耗约为90 mW；当电源电压为5 V时，功耗约为15 mW。可见，低电压供电对于降低器件功耗的作用十分明显。因此，处理小信号的电路可以降低供电电压。

(2) 优化电路参数

选择低功耗(模拟电路低功率标准被定义为小于5 mW)、单电源运放，如LM324等，不能使用普通的稳压管提供A/D的基准，因为普通稳压管最小的稳压电流一般大于2 mA，应该使用微电流稳压器件，比如MAX公司的产品。

旁路、滤波电容选择漏电流小的电容。

在满足抗干扰条件的情况下，尽量将放大电路的输入阻抗做大。

5. 分区/分时供电技术

一个嵌入式系统的所有组成部分并非时刻在工作，部分电路只在一小段时间内工作，其余大部分时间不工作。基于此，可以将这一部分电路的电源从主电源中分割出来，让其大部分时间不消耗电能，即采用分时/分区供电技术。

分区/分时供电技术是利用“开关”控制电源供电单元，当某一部分电路处于休眠状态时，关闭其供电电源，仅保留工作部分的电源。

可由CPU对被分割的电源进行控制，常用一个场效应管完成，也可以用一个漏电流较小的三极管来完成，只在需要供电时才使三极管处于饱和导通状态，其余时间处于截止状态。

注意,被分割的电路部分在上电以后,一般需要经过一段时间才能保证电源电压的稳定,因此,需要提前上电,同时在软件时序上要留出足够的时间裕量。

外扩系统存储器芯片也需要采用分区/分时供电技术以降低功耗。例如外扩存储器芯片选用 CMOS 的 27C64,本身工作电流就不大,经实测为 1.8 mA(与不同的厂家、不同质量的芯片有关,测试数据均来自笔者认为功耗较小的正规芯片),低功耗设计后,在 6 MHz 工作频率下,工作电流降到 1.0 mA,这里关键是对 27C64 的$\overline{\text{OE}}$引脚和$\overline{\text{CE}}$引脚(片选)的处理,有些设计者为了省事,在只有一片 EPROM 的情况下,将 CE 引脚固定接地,这样,EPROM 一直被选中,自然功耗较大。另一种设计是将高位地址线利用线选方式直接接到$\overline{\text{CE}}$上,EPROM 操作时,才会选中 EPROM,平均电流自然就下降了。虽然电流只减少 0.8 mA,但是在研究降低功耗技术时,即使是 1 个 mA 数量级的电流节省也是不容忽视的。

6. 降低持续工作电流

在一些系统中,尽量使系统在状态转换时消耗电流,在维持工作时期不消耗电流。例如 IC 卡水表、煤气表、静态电能表等,在打开和关闭开关时给相应的机构上电,开关的开状态和关状态是通过机械机构或磁场机制保持的,而不是通过电流保持的,所以进一步降低了电能的消耗。

12.4.2 软件低功耗设计

1. 采用编译低功耗优化技术

编译技术降低系统功耗是基于这样的事实:对于实现同样的功能,不同的软件算法消耗的时间不同、使用的指令不同,因而消耗的功率不同。目前的软件编译优化方式有多种,如基于代码长度优化,基于执行时间优化等。基于功耗的优化方法目前很少,仍处于研究中。但是,如果利用汇编语言开发系统(如对于小型的嵌入式系统开发),可以有意识地选择消耗时间短的指令和设计消耗功率小的算法,降低系统的功耗。

2. 硬件软化与软件硬化

通常硬件电路一定消耗功率,基于此,可以减少系统的硬件电路,数据处理功能由软件实现,如许多仪表中用到的对数放大电路、抗干扰电路,以及测量系统中用软件滤波代替硬件滤波器等。

需要考虑,软件处理需要时间,处理器也需要消耗功率,特别是处理大量数据的时候,需要高性能的处理器,可能会消耗大量的功率。因此,系统中某一功能用软件实现还是硬件实现,需要综合计算设计。

3. 采用快速算法

数字信号处理中的运算,采用如 FFT 和快速卷积等,可以节省大量运算时间,从而减少功耗；在精度允许的情况下，使用简单函数代替复杂函数作近似，也是减少功耗的一种方法。

4. 采用快速通信速率

在多机通信中，尽量提高传送的波特率。提高通信速率，意味着通信时间缩短，一旦通信完成，通信电路就进入低功耗状态；并且发送、接收均应采用外部中断处理方式，而不采用查询方式。

5. 降低采集速率

在测量和控制系统中，数据采集部分的设计需根据实际情况，不能只顾提高采样率，因为模/数转换时功耗较大，过大的采样速率不仅功耗大，而且为了传输处理大量的冗余数据，也会额外消耗 CPU 的时间和功耗。

6. 利用休眠与唤醒功能降低单片机系统功耗

如果可能，应尽量减少 CPU 的全速运行时间以降低系统的功耗，使 CPU 较长时间处于空闲或掉电方式是软件设计降低系统功耗的关键。工作或中断唤醒 CPU 后，要让它尽量在短时间内完成对信息或数据的处理，然后就进入空闲或掉电方式。这种设计软件的方法是所谓的事件驱动的程序设计方法。51 单片机有两种可编程的省电模式，它们是空闲模式和掉电模式。

(1) 掉电模式

进入掉电模式的方法是软件将特殊功能寄存器的 PCON 的 PCON.1，即 PD 位置 1。掉电模式下，CPU 和振荡器都被停止，实际上所有的数字外设都停止工作。在进入停机状态之前，必须关闭每个模拟外设。只有内部或外部复位能结束停机。复位时，CIP－51 进行正常的复位过程并从地址 0000H 开始执行程序。

(2) 空闲模式

空闲模式下 CPU 内核进入休眠，功耗下降，芯片内部的周边设备，如定时/计数器中断、外部中断、串口中断仍然工作。该模式与掉电模式不同，空闲模式下片内外设和中断系统仍处于工作状态，芯片上的 RAM 和 SFR 在该模式下保持原来的值，空闲模式可以由任何被使能的中断或者硬件复位来唤醒。

当有一个被允许的中断发生时，空闲方式选择位(PCON.0)被清 0，CPU 将继续工作。该中断将得到服务，中断返回(RETI)后将开始执行设置空闲方式选择位的那条指令的下一条指令。如果空闲方式因一个内部或外部复位而结束，则 CPU 进行正常的复位过程并从地址 0000H 开始执行程序。

7. 延时程序设计

延时程序的设计有两种方法：软件延时和硬件定时器延时。为了降低功耗，尽量使用硬件定时器延时，一方面提高程序的效率，另一方面降低功耗。原因如下：空闲模式也称为待机模式，大多数嵌入式处理器在进入待机模式时，CPU 停止工作，定时器可正常工作，定时器的功耗可以很低，所以处理器调用延时程序时，进入待机模式，定时器开始计时，时间到则唤醒 CPU。这样一方面 CPU 停止工作降低了功耗，另一方面提高了 CPU 的运行效率。

【例 12.1】 定时中断和定时器延时差不多，不同的就是开启了定时器中断功能，当定时器溢出标志 TFx(x=0,1,2)置位时触发中断，单片机进入中断服务子程序，执行中断服务子程序功能。

定时器中断的好处就是单片机在定时器计时期间可以做其他的事情，进而增强单片机运行效率。如果只在单片机定时中断中完成所有任务，那么单片机可以设置为休眠模式，以节省功耗。

这里给出的代码是通过定时器中断实现 P4 口 LED 隔 1 s 闪烁一次，其间睡眠等待。

```
#include <C8051F020.h>

#define  T0_INTERRUPT   1            //T0 中断向量号
#define  LED            P4
//--------------------------------------------------------
typedef unsigned char uchar;
typedef unsigned int uint;

void Init_T0(void)
{
    TMOD = 0x01;                     //16 位定时器模式
    TH0 = 0xFC;
    TL0 = 0x18;
    EA = 1;                          //开全局中断
    ET0 = 1;                         //允许 T0 中断
    TR0 = 1;                         //启动定时器
}
//--------------------------------------------------------
int main(void)
{
    LED = 0xFF;                      //熄灭所有的 LED
    Init_T0();                       //初始化定时器 0
    while(1)
    {
        PCON| = 0x01;                //单片机进入休眠模式，节省功耗
    }
}
//--------------------------------------------------------
```

```
void T0_Interrupt(void) interrupt T0_INTERRUPT
{
    static uint i = 0;
    TH0 = 0xFC;
    TL0 = 0x18;
    i++;
    TF0 = 0;
    if(i == 1000)              //1 s 取反 LED,使之闪烁
    {
        LED^= 0xFF;
        i= 0;
    }
}
```

8. 静态显示与动态显示

嵌入式系统的显示方式有两种:静态显示和动态显示。

静态显示,显示的信息通过锁存器保存,然后接到数码管上,显示的信息一旦写到数码管上,在显示的过程中,处理器则不需要干预,可以进入待机模式,只有数码管和锁存器在工作。

动态显示的原理是利用 CPU 控制显示的刷新,为了达到显示不闪烁,刷新的频率也有下限要求,可想而知,动态显示技术要消耗一定的 CPU 功耗。

如果动态显示需要 CPU 控制显示的刷新,那么会消耗一定的功耗;静态显示的电路复杂,静态显示会消耗一定的功率,如果采用低功耗电路和高亮度显示器,则可以降低功耗。

系统设计时,采用静态显示还是动态显示,需要根据使用的电路进行计算以选择合适的方案。

嵌入式系统的功耗设计涉及软件、硬件、集成电路工艺等多个方面,本节从原理和实践上探讨了系统的低功耗设计问题,并说明了低功耗系统的设计方案和原理。文中提供的方案原理在实际系统中应用时,须综合考虑、综合应用,以达到降低系统功耗的目的。

习题与思考题

12.1 试说明单片机应用系统的特点。

12.2 请说明单片机应用系统的一般设计过程。

12.3 请说明单片机系统抗干扰设计的意义,并列举单片机应用系统的抗干扰措施。

12.4 请说明看门狗在单片机应用系统的意义,并说明看门狗的工作过程。

12.5 试说明单片机应用系统的低功耗设计的工程含义及主要技术。

附录 A

51 单片机指令系统指令速查表

表 A.1 算术运算指令

十六进制代码	助记符	功能	对标志的影响				字节数	经典型周期数	CIP-51时钟数
			P	OV	AC	C			
28～2F	ADD A，Rn	(A)←(A)+(Rn)	√	√	√	√	1	1	1
25 direct	ADD A，direct	(A)←(A)+(direct)	√	√	√	√	2	1	2
26，27	ADD A，@Ri	(A)←(A)+((Ri))	√	√	√	√	1	1	2
24 data	ADD A，#data	(A)←(A)+data	√	√	√	√	2	1	2
38～3F	ADDC A，Rn	(A)←(A)+(Rn)+(CY)	√	√	√	√	1	1	1
35 direct	ADDC A，direct	(A)←(A)+(direct)+(CY)	√	√	√	√	2	1	2
36，37	ADDC A，@Ri	(A)←(A)+((Ri))+(CY)	√	√	√	√	1	1	2
34 data	ADDC A，#data	(A)←(A)+data+(CY)	√	√	√	√	2	1	2
98～9F	SUBB A，Rn	(A)←(A)-(Rn)-(CY)	√	√	√	√	1	1	1
95 direct	SUBB A，direct	(A)←(A)-(direct)-(CY)	√	√	√	√	2	1	2
96，97	SUBB A,@Ri	(A)←(A)-((Ri))-(CY)	√	√	√	√	1	1	2
94 data	SUBB A，#data	(A)←(A)-data-(CY)	√	√	√	√	2	1	2
04	INC A	(A)←(A)+1	√	×	×	×	1	1	1
08～0F	INC Rn	(Rn)←(Rn)+1	×	×	×	×	1	1	1
05 direct	INC direct	(direct)←(direct)+1	×	×	×	×	2	1	2
06，07	INC @Ri	((Ri))←((Ri))+1	×	×	×	×	1	1	2
A3	INC DPTR	(DPTR)←(DPTR)+1	×	×	×	×	1	1	1
14	DEC A	(A)←(A)-1	√	×	×	×	1	1	1
18～1F	DEC Rn	(Rn)←(Rn)-1	×	×	×	×	1	1	1
15 direct	DEC direct	(direct)←(direct)-1	×	×	×	×	2	1	2
16，17	DEC @Ri	((Ri))←((Ri))-1	×	×	×	×	1	1	2
A4	MUL AB	AB←(A)×(B)	√	√	×	√	1	4	4
84	DIV AB	AB←(A) / (B)	√	√	×	√	1	4	8
D4	DA A	对 A 进行十进制调整	√	√	√	√	1	1	1

表 A.2　数据传送指令

十六进制代码	助记符	功　能	对标志的影响				字节数	经典型周期数	CIP－51 时钟数
			P	OV	AC	C			
E8～EF	MOV　A，Rn	(A)←(Rn)	√	×	×	×	1	1	1
E5 direct	MOV　A，direct	(A)←(direct)	√	×	×	×	2	1	2
E6，E7	MOV　A，@Ri	(A)←((Ri))	√	×	×	×	1	1	2
74 data	MOV　A，＃data	(A)←data	√	×	×	×	2	1	2
F8～FF	MOV　Rn，A	(Rn)←(A)	×	×	×	×	1	1	1
A8～AF direct	MOV　Rn，direct	(Rn)←(direct)	×	×	×	×	2	2	2
78～7F data	MOV　Rn，＃data	(Rn)←data	×	×	×	×	2	1	2
F5 direct	MOV　direct，A	(direct)←(A)	×	×	×	×	2	1	2
88～8F direct	MOV　direct，Rn	(direct)←(Rn)	×	×	×	×	2	2	2
85 direct2 direct1	MOV direct1，direct2	(direct1)←(direct2)	×	×	×	×	3	2	3
86，87 direct	MOV　direct，@Ri	(direct)←((Ri))	×	×	×	×	2	2	2
75 direct data	MOV　direct，＃data	(direct)←data	×	×	×	×	3	2	3
F6，F7	MOV　@Ri，A	((Ri))←(A)	×	×	×	×	1	1	2
A6，A7 direct	MOV　@Ri，direct	((Ri))←(direct)	×	×	×	×	2	2	2
76，77 data	MOV　@Ri，＃data	((Ri))←data	×	×	×	×	2	1	2
90 data16	MOV DPTR,＃dada16	(DPTR)←data16	×	×	×	×	3	2	3
93	MOVC A,@A＋DPTR	(A)←((A)＋(DPTR))	√	×	×	×	1	2	3
	MOVC　A，@A＋PC								
83	MOVX　A,@Ri	(A)←((A)＋(PC))	√	×	×	×	1	2	3
E2，E3	MOVX　A,@DPTR	(A)←((Ri))	√	×	×	×	1	2	3
E0	MOVX　@Ri，A	(A)←((DPTR))	√	×	×	×	1	2	3
F2，F3	MOVX　@DPTR,A	((Ri))←(A)	×	×	×	×	1	2	3
F0	PUSH　direct	((DPTR))←(A)	×	×	×	×	1	2	3
C0 direct		(SP)←(SP)＋1，	×	×	×	×	2	2	2
	POP　direct	((SP))←(direct)							
D0 direct		(direct)←((SP))，	×	×	×	×	2	2	2
	XCH　A，Rn	(SP)←(SP)－1							
C8～CF	XCH　A，direct	(A)↔(Rn)	√	×	×	×	1	1	1
C5 direct	XCH　A，@Ri	(A)↔(direct)	√	×	×	×	2	1	2
C6，C7	XCHD　A，@Ri	(A)↔((Ri))	√	×	×	×	1	1	2
D6，D7		(A)[3:0]↔((Ri))[3:0]	√	×	×	×	1	1	2

表 A.3　控制转移指令

十六进制代码	助记符	功　能	对标志的影响				字节数	经典型周期数	CIP－51时钟数
			P	OV	AC	C			
$a_{10}a_9a_8 10001 a_7$ $a_6a_5a_4a_3a_2a_1a_0$	ACALL addr11	(SP)←(SP)＋1，(SP)←(PC)[7:0]，(SP)←(SP)＋1，(SP)←(PC)[15:8]，PC[10:0]←addr11	×	×	×	×	2	2	3
12 addr16	LCALL addr16	(SP)←(SP)＋1，(SP)←(PC)[7:0]，(SP)←(SP)＋1，(SP)←(PC)[15:8]，(PC)←addr16	×	×	×	×	3	2	4
22	RET	PC[15:8]←((SP))，(SP)←(SP)－1，PC[7:0]←((SP))，(SP)←(SP)－1	×	×	×	×	1	2	5
32	RETI	PC[15:8]←((SP))，(SP)←(SP)－1，PC[7:0]←((SP))，(SP)←(SP)－1	×	×	×	×	1	2	5
$a_{10}a_9a_8 00001 a_7$ $a_6a_5a_4a_3a_2a_1a_0$	AJMP addr11	PC[10:0]←addr11	×	×	×	×	2	2	3
02 addr16	LJMP addr16	(PC)←addr16	×	×	×	×	3	2	4
80 rel	SJMP rel	则(PC)←(PC)＋rel	×	×	×	×	2	2	3
73	JMP @A＋DPTR	(PC)←(A)＋(DPTR)	×	×	×	×	1	2	3
60 rel	JZ rel	若(A)＝0，则(PC)←(PC)＋rel	×	×	×	×	2	2	2/3
70 rel	JNZ rel	若(A)≠0，则(PC)←(PC)＋rel	×	×	×	×	2	2	2/3
40 rel	JC rel	若 Cy=1，则(PC)←(PC)＋rel	×	×	×	×	2	2	2/3
50 rel	JNC rel	若 Cy=0，则(PC)←(PC)＋rel	×	×	×	×	2	2	2/3
20 bit rel	JB bit，rel	若(bit)＝1，则(PC)←(PC)＋rel	×	×	×	×	3	2	3/4

续表 A.3

十六进制代码	助记符	功　能	对标志的影响				字节数	经典型周期数	CIP－51 时钟数
			P	OV	AC	C			
30 bit rel	JNB bit，rel	若(bit)＝0， 则(PC)←(PC)＋rel	×	×	×	×	3	2	3/4
10 bit rel	JBC bit，rel	若(bit)＝1,则←(bit)0， (PC)←(PC)＋rel	×	×	×	×	3	2	3/4
B5 data rel	CJNE A，direct，rel	若(A)≠(direct)， 则(PC)←(PC)＋rel； 若(A)←(direct)， 则(Cy)←1	×	×	×	×	3	2	3/4
B4 data rel	CJNE A，＃data，rel	若(A)≠data， 则(PC)←(PC)＋rel； 若(A)＜data， 则(Cy)←1	×	×	×	×	3	2	3/4
B6，B7 data rel	CJNE @Ri，＃data，rel	若((Ri))≠data， 则(PC)←(PC)＋rel； 若((Ri))＜data， 则(Cy)←1	×	×	×	×	3	2	4/5
B8～BF data rel	CJNE Rn，＃data，rel	若((Rn))≠data， 则(PC)←(PC)＋rel； 若((Rn))＜data， 则(Cy)←1	×	×	×	×	3	2	3/4
D8～DF rel	DJNZ Rn，rel	(Rn)←(Rn)－1， 若(Rn) ≠0， 则(PC)←(PC)＋rel	×	×	×	×	2	2	2/3
D5 direct rel	DJNZ direct，rel	(direct)←(direct)－1， 若(direct)≠0， 则(PC)←(PC)＋rel	×	×	×	×	3	2	3/4
00	NOP	空操作	×	×	×	×	1	1	1

说明：CIP－51 的条件转移指令在不发生转移时的执行周期数比发生转移时少一个。

表 A.4 逻辑运算指令

十六进制代码	助记符	功 能	对标志的影响				字节数	经典型周期数	CIP－51时钟数
			P	OV	AC	C			
58～5F	ANL A，Rn	(A)←(A)&(Rn)	√	×	×	×	1	1	1
55 direct	ANL A，direct	(A)←(A)&(direct)	√	×	×	×	2	1	2
56，57	ANL A，@Ri	(A)←(A)&((Ri))	√	×	×	×	1	1	2
54 data	ANL A，#data	(A)←(A)&data	√	×	×	×	2	1	2
52 direct	ANL direct，A	(direct)←(direct)&(A)	×	×	×	×	2	1	2
53 direct data	ANL direct，#data	(direct)←(direct)&data	×	×	×	×	3	2	3
48～4F	ORL A，Rn	(A)←(A)|(Rn)	√	×	×	×	1	1	1
45 direct	ORL A，direct	(A)←(A)|(direct)	√	×	×	×	2	1	2
46，47	ORL A，@Ri	(A)←(A)|((Ri))	√	×	×	×	1	1	2
44 data	ORL A，#data	(A)←(A)|data	√	×	×	×	2	1	2
42 direct	ORL direct，A	(direct)←(direct)|(A)	×	×	×	×	2	1	2
43 direct data	ORL direct，#data	(direct)←(direct)|data	×	×	×	×	3	2	3
68～6F	XRL A，Rn	(A)←(A)^(Rn)	√	×	×	×	1	1	1
65 direct	XRL A，direct	(A)←(A)^(direct)	√	×	×	×	2	1	2
66，67	XRL A，@Ri	(A)←(A)^((Ri))	√	×	×	×	1	1	2
64 data	XRL A，#data	(A)←(A)^data	√	×	×	×	2	1	2
62 direct	XRL direct，A	(direct)←(direct)^(A)	×	×	×	×	2	1	2
63 direct data	XRL direct，#data	(direct)←(direct)^data	×	×	×	×	3	2	3
E4	CLR A	(A)←00H	√	×	×	×	1	1	1
F4	CPL A	(A)←$(\overline{A})$	×	×	×	×	1	1	1
23	RL A	(A)循环左移一位	×	×	×	×	1	1	1
33	RLC A	(A)带进位循环左移一位	√	×	×	√	1	1	1
03	RR A	(A)循环右移一位	×	×	×	×	1	1	1
13	RRC A	(A)带进位循环右移一位	√	×	×	√	1	1	1
C4	SWAP A	(A)[7:4]↔(A)[3:0]	×	×	×	×	1	1	1

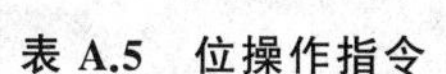

表 A.5 位操作指令

十六进制代码	助记符	功 能	对标志的影响				字节数	经典型周期数	CIP-51时钟数
			P	OV	AC	C			
C3	CLR C	(CY)←0	×	×	×	√	1	1	1
C2 bit	CLR bit	(bit)←0	×	×	×		2	1	2
D3	SETB C	(CY)←1	×	×	×	√	1	1	1
D2 bit	SETB bit	(bit)←1	×	×	×		2	1	2
B3	CPL C	(CY)←($\overline{CY}$)	×	×	×	√	1	1	1
B2 bit	CPL bit	(bit)←($\overline{bit}$)	×	×	×		2	1	2
82 bit	ANL C, bit	(CY)←(CY)&(bit)	×	×	×	√	2	2	2
B0 bit	ANL C, /bit	(CY)←(CY)&($\overline{bit}$)	×	×	×	√	2	2	2
72 bit	ORL C, bit	(CY)←(CY)|(bit)	×	×	×	√	2	2	2
A0 bit	ORL C, /bit	(CY)←(CY)|($\overline{bit}$)	×	×	×	√	2	2	2
A2 bit	MOV C, bit	(CY)←(bit)	×	×	×	√	2	1	2
92 bit	MOV bit, C	(bit)←(CY)	×	×	×	×	2	2	2

附录 B

C8051F020 的特殊功能寄存器

首个地址	SFR							
	可位寻址	不支持位寻址						
F8	SPI0CN	PCA0H	PCA0CPH0	PCA0CPH1	PCA0CPH2	PCA0CPH3	PCA0CPH4	WDTCN
F0	B	SCON1	SBUF1	SADDR1	TL4	TH4	EIP1	EIP2
E8	ADC0CN	PCA0L	PCA0CPL0	PCA0CPL1	PCA0PL2	PCA0CPL3	PCA0CPL4	RSTSRC
E0	ACC	XBR0	XBR1	XBR2	RCAP4L	RCAP4H	EIE1	EIE2
D8	PCA0CN	PCA0MD	PCA0CPM0	PCA0CPM1	PCA0CPM2	PCA0CPM3	PCA0CPM4	
D0	PSW	REF0CN	DAC0L	DAC0H	DAC0CN	DAC1L	DAC1H	DACICN
C8	T2CON	T4CON	RCAP2L	RCAP2H	TL2	TH2		SMB0CR
C0	SMB0CN	SMB0STA	SMB0DAT	SMB0ADR	ADC0GTL	ADC0GTH	ADC0LTL	ADC0LTH
B8	IP	SADEN0	AMX0CF	AMX0SL	ADC0CF	P1MDIN	ADC0L	ADC0H
B0	P3	OSCXCN	OSCICN			P74OUT	FLSCL	FLACL
A8	IE	SADDR0	ADCICN	ADCICF	AMXISL	P3IF		EMI0CN
A0	P2	EMI0TC		EMI0DAT	P0MDOUT	P1MDOUT	P2MDOUT	P3MDOUT
98	SCON0	SBUF0	SPI0CFG	SPI0DAT	ADC1	SPI0CKR	CPT0CN	CPT1CN
90	P1	TMR3CN	TMR3RLL	TMR3RLH	TMR3L	TMR3H	P7	
88	TCON	TMOD	TL0	TL1	TH0	TH1	CKCON	PSCTL
80	P0	SP	DPL	DPH	P4	P5	P6	PCON
→(地址递增)								

注:(1)阴影部分是经典增强型 51 单片机具有的 26 个 SFR;

(2) SCON0 与经典型的 SCON 一致。由于 C8051F020 有两个 UART,所以有 SCON0 和 SCON1。

附录 C

C8051F020 中断源

序　号	中断源	中断入口地址
0	$\overline{INT0}$	0003H
1	定时/计数器 T0	000BH
2	$\overline{INT1}$	0013H
3	定时/计数器 T1	001BH
4	串行口 UART0(RI0、TI0)	0023H
5	定时/计数器 T2	002BH
6	SPI0	0033H
7	SMBus	003BH
8	ADC0WC	0043H
9	PCA0	004BH
10	比较器 0 下降沿	0053H
11	比较器 0 上升沿	005BH
12	比较器 1 下降沿	0063H
13	比较器 1 上升沿	006BH
14	定时/计数器 T3	0073H
15	ADC0 转换结束	007BH
16	定时/计数器 T4	0083H
17	ADC1 转换结束	008BH
18	INT6	0093H
19	INT7	009BH
20	UART1(RI1、TI1)	00A3H
21	外晶振准备好	00ABH

注：阴影部分为兼容经典型 51 单片机的中断源。

附录 D

ASCII 码表

十进制	字　符	十进制	字　符	十进制	字　符
32	space	64	@	96	`
33	!	65	A	97	a
34	"	66	B	98	b
35	#	67	C	99	c
36	$	68	D	100	d
37	%	69	E	101	e
38	&	70	F	102	f
39	´	71	G	103	g
40	(	72	H	104	h
41	)	73	I	105	i
42	*	74	J	106	j
43	+	75	K	107	k
44	,	76	L	108	l
45	—	77	M	109	m
46	.	78	N	110	n
47	/	79	O	111	o
48	0	80	P	112	p
49	1	81	Q	113	q
50	2	82	R	114	r
51	3	83	S	115	s
52	4	84	T	116	t
53	5	85	U	117	u
54	6	86	V	118	v
55	7	87	w	119	w
56	8	88	X	120	x
57	9	89	Y	121	y
58	:	90	Z	122	z
59	;	91	[	123	{
60	<	92	\	124	|
61	=	93	]	125	}
62	>	94	ˆ	126	~
63	?	95	_	127	DEL

参考文献

[1] 何立民.单片机高级教程——设计与应用[M].2 版.北京：北京航空航天大学出版社,2007.

[2] 张俊谟.单片机中级教程[M].北京：北京航空航天大学出版社,2000.

[3] 刘海成. 单片机及工程应用基础[M].北京：北京航空航天大学出版社,2015.

[4] 谢维成,等.单片机原理与应用及 C51 程序设计[M].北京：清华大学出版社,2006.

[5] 张毅刚.单片机原理及应用[M].北京：高等教育出版社,2003.

[6] 史健芳,等.智能仪器设计基础[M].北京：电子工业出版社,2007.

[7] 刘海成. 单片机及应用原理教程[M].北京：中国电力出版社,2012.

[8] 刘海成.AVR 单片机原理及测控工程应用——基于 ATmega48 和 ATmega16[M].2 版.北京：北京航空航天大学出版社,2015.